Australische Papageien

Australische Papageien

DEUTSCHE ERSTAUSGABE

Band 1

Joseph M. Forshaw

illustriert von

William T. Cooper

übersetzt von

Dr. Rainer Niemann

Dr. Dieter Vogels

Arndt-Verlag · Bretten

Erstveröffentlichung der englischsprachigen Ausgabe 1969
bei Lansdowne Press

Zweite (überarbeitete) Ausgabe 1981
bei Lansdowne Editions

Dritte (überarbeitete) Ausgabe 2002
bei Alexander Editions

Erste (vollständig überarbeitete) deutsche Ausgabe 2002
im Arndt-Verlag, Bretten

ISBN 3-9808245-1-9

Forshaw, Joseph M. & Cooper, William T.:
Australische Papageien
Band 1

1. deutschsprachige Auflage (2002)
Arndt-Verlag

Gesamtgestaltung:

Thomas Arndt, Dr. Rainer Niemann

Übersetzung:

Dr. Rainer Niemann, Dr. Dieter Vogels

Lektorat:

Walter Weinberger

Druck:

Hirsch GmbH Printmedien, Bretten

Inhaltsverzeichnis

Vorwort

Die Papageien sind dank ihrer charakteristischen Schnabelform, ihrer unterschiedlichen Körpergrößen und ihrer beeindruckenden Farbenpracht eine sehr auffällige Vogelgruppe. Wir Australier haben das Glück, eine große Vielfalt dieser Vögel in unserem Land vorzufinden. Es spielt keine Rolle, wo jemand in Australien wohnt: Eine oder mehrere Papageienarten werden stets zu seinem alltäglichen Leben gehören. Die Anwesenheit dieser Vögel bereitet in der Regel viel Freude und Spaß, je nach Standpunkt des Betrachters können sie aber auch lästig werden oder Zorn erregen. Ein Besucher unseres Landes begeistert sich an den Farben und den Flugkünsten der Rosakakadus (*Eolophus roseicapilla*), für die meisten Australier sind diese Vögel hingegen ein vertrauter Anblick, ihre Gegenwart ist nichts Außergewöhnliches mehr. Wer seinen Lebensunterhalt auf dem Lande verdient, sieht die Papageien jedoch oftmals in einem ganz anderen Licht: Wenn sich die Vögel das Getreide oder das mühsam zur Fruchtreife kultivierte Obst schmecken lassen, sehen die Bauern und Plantagenbesitzer ihre Einkommen schwinden. Ironischerweise verringern diese Kulturpflanzen als wertvolle Nahrungsquelle die natürliche Sterblichkeitsrate der Papageien, so dass ihre Populationen sehr schnell anwachsen können.

Ich muss zugeben, dass ich überrascht war, als Joe FORSHAW mich bat, ein Vorwort für die überarbeitete Ausgabe seines Buches zu schreiben. Ich wollte es insbesondere vermeiden, die exzellenten Ausführungen meines Kollegen und Mentors Dom SERVENTY für die ersten beiden Ausgaben zu plagiieren. Joe erzählte mir in Erläuterung seines Anliegens, dass ihm für das Vorwort der dritten Auflage etwas anderes vorschwebe - etwas Persönliches, basierend auf einem Erfahrungsschatz aus 20 Jahren in der Forschung als Ornithologe bei der Commonwealth Scientific and Industrial Research Organisation (CSIRO) und zehn Jahren als nebenberuflicher Herausgeber der Zeitschrift *Emu*. Also dann ...

1969 schloss ich eine Langzeitstudie über Rabenvögel ab. Sie sollte die Bedeutung dieser Vögel für die Schafzucht abschätzen, denn Rabenvögel machen Jagd auf Lämmer. Als die Zeit gekommen war, sich nach einem neuen Projekt umzuschauen, empfahl mir mein Arbeitgeber, über Kängurus zu arbeiten. Dem hielt ich entgegen, dass ich zehn Jahre damit verbracht hätte, ein kompetenter Ornithologe zu werden, und nicht die Absicht hätte, das Fachgebiet zu wechseln. Man erklärte mir, dass es in diesem Fall nur einen Vogel gebe, den es zu erforschen gelte, den Rosakakadu (*Eolophus roseicapilla*). Mit anderen Worten: Nur eine Studie über eine als ernsthafter Schädling angesehene Art konnte auf finanzielle staatliche Unterstützung hoffen. Zu diesem Zweck musste ich nach Western Australia umziehen, wo eine Gruppe von Wissenschaftlern das Verhalten von Tieren erforschte und die Rosakakadus nach wie vor vergiftet wurden. Ich hatte acht Jahre damit verbracht, Bäume mit den Nestern von Rabenvögeln zu besteigen. Daher waren meine Mitarbeiter und ich nicht besonders erpicht darauf, eine Studie mit einer weiteren Vogelart durchzuführen, die ebenfalls hoch über dem Boden brütete. Wir hatten jedoch keine Wahl, falls wir weiterhin über Vögel arbeiten wollten. So zog ich also um, und es begann eine lange Verbindung mit Kakadus – ich führte zwei Langzeitstudien durch, die erste mit Rosakakadus, die zweite mit Inkakakadus (*Cacatua leadbeateri*). Zeitgleich widmete ich mich mit meinem Kollegen David SAUNDERS dem Studium der beiden Weißohr-Rabenkakadus (*Calyptorhynchus latirostris* und *C. baudinii*) und des Banks-Rabenkakadus (*C. banksii*) sowie zusammen mit Graeme SMITH der Erforschung der Wühlerkakadus (*Cacatua pastinator*).

Wir sahen uns einer großen Zahl weitestgehend gleich aussehender Vögel gegenüber, die ständig ihren Standort wechselten. Es war offensichtlich, dass wir einen Teil der Tiere zur Wiedererkennung im Freiland individuell kennzeichnen mussten. Die Benutzung von farbigen Ringen (die übliche Methode von Ornithologen, Tiere individuell zu markieren) erwies sich als unpraktisch, da Kakadus recht kurze Läufe besitzen. Aus diesem Grund griffen wir auf Flügelmarken in verschiedenen Farben mit eingravierten Zahlen- und Buchstabenkombinationen zurück. Wir fingen nicht nur adulte Vögel zur Kennzeichnung ein, sondern versahen auch Jungvögel kurz vor dem Ausfliegen mit einer Markierung. Von den Populationen dieser markierten Vögel lernten wir sehr viel über das Verhalten, das Überleben im Freiland und die Wanderungen der Kakadus.

Seit der ersten englischsprachigen Ausgabe dieses Buches 1969 kamen viele neue Erkenntnisse über die Lebensweise der Vögel ans Licht. Die meisten stammen von Langzeitstudien markierter Vögel in Freilandpopulationen. Dieser Forschungsansatz ist in unserer hektischen Welt, die nach schnellen Ergebnissen verlangt, leider aus der Mode gekommen. Zum Beispiel wissen wir heute, dass viele australische Vögel sehr langlebig sind. So finden sich in einem großen Kakaduschwarm Tiere unterschiedlicher Altersstufen. Zwischen dem jüngsten und dem ältesten Tier besteht mitunter ein Altersunterschied von 35 Jahren und mehr. Große Individuenzahlen können durchaus auf relativ wenige, aber sich sehr erfolgreich fortpflanzende Tiere zurückzuführen sein, die jedes Jahr nur eine kleine Zahl von Nachkommen aufziehen. Ein so drastisches und wahlloses Kontrollmittel wie das Vergiften kann eine Population so stark dezimieren, dass sie sich nicht erholen kann. Die Individuenzahlen werden entsprechend für einen längeren Zeitraum deutlich zurückgehen.

Viele Menschen haben Schwierigkeiten zu verstehen, dass Vögel sehr unterschiedlich auf Veränderungen in ihrer Umwelt reagieren können. Unterschiedliches Verhalten auf ein und dasselbe Ereignis findet man nicht nur bei verschiedenen Arten, sondern auch innerhalb einer Art in Abhängigkeit von Populationsgröße, Jahreszeit und Lebensraum. Einige Arten haben es nicht geschafft, sich den Veränderungen anzupassen, denen Australien in den letzten 200 Jahren unterzogen wurde. Über den Fortbestand dieser Arten im Freiland muss man sich große Sorgen machen – einige sind bereits ausgestorben. Wir sollten versuchen zu lernen, wie die verschiedenen Vogelarten leben, und ihre Lebensweise und ihre Ökologie studieren, um die unterschiedlichen Antworten auf durch Umweltveränderungen verursachte Stressfaktoren zu verstehen.

Nur wenn wir die Faktoren verstehen, welche die Populationsgröße und Stabilität beeinflussen – die Langlebigkeit und die Produktivität –, können wir beginnen, das Management der so genannten „Schädlinge“ in Angriff zu nehmen oder solchen Arten zu helfen, die gefährdet sind. Man sollte aber Realist bleiben und erkennen, dass wir niemals alles über sämtliche Vogelarten in Erfahrungen bringen können. Die beste Lösung ist es, möglichst umfangreiches Grundlagenwissen über viele Arten zusammenzutragen und sehr viele Details über wenige Arten zu erforschen. Dann sollten wir versuchen, die Daten der gut untersuchten Arten möglichst genau auf jene Spezies zu übertragen, die unseren Schutz benötigen oder kontrolliert werden müssen. Wir, die Menschen, haben unsere Umwelt mehrfach maßgeblich verändert. Wir haben Städte mit ihren Vororten gebaut oder die Landschaft für den Ackerbau urbar gemacht. Diese Veränderungen haben wird der einheimischen Tierwelt aufgebürdet, und nun ist es an uns, die schädlichen Folgen dieser Veränderungen möglichst gering zu halten. Die Auswirkungen sind je nach Tierart und Situation verschieden und reichen vom starken Anstieg der Individuenzahlen und dem damit einhergehenden Status als „Schädling“ bis zum Aussterben einer Art.

Kakadus bieten ein gutes Beispiel für die Vielfalt an unterschiedlichen Antworten auf Umweltveränderungen. Die Vögel kommen in nahezu jedem Lebensraum Australiens vor, vom Regenwald bis zur Wüste, und so sind die Probleme, mit denen sie konfrontiert werden, weitestgehend beispielhaft für die übrigen Papageien Australiens. Die Eingriffe des Menschen in die ursprüngliche Vegetation haben nicht nur die Nahrungsquellen und die Verfügbarkeit der Nisthöhlen beeinflusst. Hinzu kam die zunehmende Nachfrage der westlichen Gesellschaft nach Käfigvögeln als Heimtiere, welche die Ausplünderung der Wildpopulationen nach sich zog, um den Bedarf in Australien und in Übersee zu decken. Unglücklicherweise wetteifern viele Vogelhalter untereinander und suchen gezielt nach Raritäten – doch diese Raritäten sind gewöhnlich in ihrem Bestand im Freiland gefährdet.

Andere Papageienarten haben sich unserer landwirtschaftlich geprägten Landschaft und ihren Feldfrüchten so gut angepasst, dass sie von den Bauern als Schädlinge angesehen werden, deren Bestände notwendigerweise kontrolliert werden müssen, bevor sie die Ernte und somit die Gewinne der Landwirte auffressen.

Der Braunkopfkakadu (*Calyptorhynchus lathami*) und die beiden weißschwänzigen Rabenkakadus (*C. baudinii*, *C. latirostris*) haben sich zum Beispiel in Bezug auf ihre Ernährung stark spezialisiert. Mit der voranschreitenden Flurbereinigung zur Schaffung von landwirtschaftlich nutzbaren Flächen verschwanden auch die Bäume und Sträucher, welche die Vögel mit Nahrung versorgten. Die Fortpflanzungsrate war als Folge bei diesen Arten sehr gering. Die Zahl der aufgezogenen Jungvögel konnte die Sterblichkeitsrate nicht mehr ausgleichen; die Populationsgrößen der drei Kakaduarten schrumpften. Die kritische Freilandsituation wurde durch die Entnahme von Jungvögeln aus dem Nest für den Handel noch verschärft. Die Bruthöhlen wurden oftmals mit Äxten aufgeschlagen, um auf diese Weise besser an die Nestlinge zu gelangen. Diese Baumhöhlen wurden als Nistplätze von den Altvögeln nicht mehr von den Altvögeln benutzt. Bei Arten mit geringer Gelegegröße und Paaren, die selten mehr als einen Jungvogel pro Nest erfolgreich aufziehen, und das nicht einmal jedes Jahr, ist der Grat zwischen Überleben und Untergang sehr schmal.

Das andere Extrem repräsentieren die Generalisten. Dazu gehören der Rosakakadu (*Eolophus roseicapilla*), verschiedene Corellas und der Gelbhaubenkakadu (*Cacatua galerita*). Die Gelege dieser Arten bestehen aus drei bis fünf Eiern, und die Paare ziehen in weiten Teilen Zentral-Australiens häufig drei oder, falls nötig, auch mehr Flügglinge auf, um die natürliche Sterblichkeitsrate auszugleichen. Dieser Lebenswandel ist ausgezeichnet geeignet, um die Höhen und Tiefen im Laufe der Jahre mit schwankenden Umweltbedingungen zu meistern. Geringe Aufzuchtraten in manchen Jahren werden durch gelegentlich auftretende „gute" Jahre schnell ausgeglichen. Unsere Landwirtschaft hat es nun sehr erfolgreich geschafft, die „Tiefen" im Leben dieser Kakadus zu beseitigen. Futter steht ihnen jetzt ganzjährig zur Verfügung, auch im Winter (für viele Arten unter natürlichen Bedingungen oftmals eine Zeit des Mangels). Die Populationsgrößen explodierten förmlich, und die Vögel wurden plötzlich zum großen Ärgernis.

Südwest-Australien bietet ein geeignetes Beispiel für die vielfältigen Veränderungen, die sich infolge der Flurbereinigung eingestellt haben. Für den großflächigen Getreideanbau wurde das ursprüngliche Buschland (*kwongan*) gerodet. Generalisten wie Rosakakadus (*Eolophus roseicapilla*), Wühlerkakadus (*Cacatua pastinator*) und Inkakakadus (*C. leadbeateri*) sind in der Lage, sich von überschüssigen Getreidekörnern zu ernähren, doch nur die beiden erstgenannten Arten profitierten von der Urbarmachung der Landschaft. Inkakakadus benötigen beim Brüten im Gegensatz zu ihren Verwandten ein größeres Maß an Privatsphäre, und man findet selten mehr als ein Brutpaar in einem Umkreis von 2 km. Nach der großflächigen Flurbereinigung im „Weizengürtel" blieben nur noch vereinzelt kleine Baumgruppen übrig, die den Rosakakadus und Wühlerkakadus zum Brüten ausreichten. Die Verteilung dieser übrig gebliebenen Waldinseln in der Landschaft brachte jedoch das soziale Gefüge der Inkakakadus in Unordnung, so dass sich die Vögel trotz des üppigen Nahrungsangebotes in die unberührten Randgebiete des Weizengürtels zurückzogen.

Rosa- und Wühlerkakadus sind die Nutznießer des Weizengürtels und gedeihen hier prächtig. Neben dem Inkakakadu gibt es in diesem Gebiet noch eine weitere einheimische Kakaduart, den Carnabys Weißohr-Rabenkakadu (*Calyptorhynchus latirostris*), der niemals dabei beobachtet wurde, wie er Getreidesamen verzehrte. Die schwindenden und zerstreuten Inseln mit ursprünglicher Vegetation, die den Rabenkakadu noch mit Nahrung versorgen, reichen nicht aus, um in der Brutsaison Junge aufzuziehen. Die Vögel benötigen Futterquellen, die leicht von den Bruthöhlen aus zu erreichen sind. In den letzten 30 Jahren ist die Fortpflanzungsrate bei den Carnabys Weißohr-Rabenkakadus um ein Drittel zurückgegangen. Heute kommen die Vögel nur noch in der Küstenregion vor.

Eine weitere Variante der Auswirkungen von durch Menschen verursachte Veränderungen findet man im Südwesten Australiens in Gestalt eines weiteren Nutznießers, der ursprünglich im Inneren des Kontinents verbreiteten Unterarten des Banks-Rabenkakadus (*Calyptorhynchus banksii*), die mit dem so genannten „Kap-Spinat" (*Emex australis*), eine sehr annehmbare Futterquelle entdeckt haben. In Australien wird sie als *Double-Gee* bezeichnet; es handelt sich dabei um eine schädliche und besonders lästige, aus Südafrika eingeführte Pflanzenart mit stacheligen „Kletten", die sogar Autoreifen durchbohren können. Die Banks-Rabenkakadus sind von ihrem ursprünglichen Verbreitungsgebiet, dem semiariden Buschland im Inneren des Landes, wo sie sich normalerweise von verschiedenen Samen und hartschaligen Früchten ernähren, hierher gezogen, um die Vorteile dieser „Goldgrube" in Anspruch zu nehmen. Ironischerweise gehen andernorts in Südaustralien die Bestände der Unterarten *naso* und *graptogyne* zurück, da die bewaldeten Lebensräume, welche die Vögel für ihre Nahrungsansprüche benötigen, der Landwirtschaft oder Nutzwäldern weichen mussten. Zur selben Zeit werden die Unterarten des Banks-Rabenkakadus im Norden Australiens als Schädlinge in den Reis oder Erdnüsse anbauenden Distrikten angesehen.

Was können wir tun, um sicherzustellen, dass sich auch die nachfolgenden Generationen an der Schönheit dieser auffälligen und farbenprächtigen Vögel erfreuen können? Ein wesentliches Problem stellt heute wie auch in Zukunft die Verfügbarkeit geeigneter Nisthöhlen für die Brutpaare dar. Hohle Bäume werden nicht nur von vielen Forstwirten als wertloser Abfall angesehen, sondern brennen auch leicht nieder. Ausgehöhlte Stämme entzünden sich oft bei Buschbränden. Darüber hinaus werden sie gezielt von Brennholzsammlern gesucht. Diese Stämme sind jedoch für die Wildtiere von unschätzbarem Wert und sollten entsprechend geschont werden. Es dauert sehr lange, bis das Innere eines Stammes verrottet ist, und neu angepflanzte Bäume benötigen viel Zeit, bevor sie eine Größe erreicht haben, bei der sich geeignete Nisthöhlen bilden können. Als unmittelbare Antwort auf die Abholzungen auf Kangaroo Island, South Australia, wo der bedrohte Braunkopfkakadu (*Calyptorhynchus lathami*) vorkommt, boten die Mitarbeiter des Schutzprojektes den Vögeln künstliche Nisthöhlen an, die von den Brutpaaren sofort akzeptiert wurden.

Das andere Extrem der Probleme im Zusammenhang mit Papageien stellen die Populationen dar, die zur „Plage" wurden. Noch vor 50 Jahren war das Abschlachten von „schädlichen Arten" eine anerkannte Vorgehensweise in Australien. In der Öffentlichkeit stoßen drakonische Maßnahme wie das Vergiften von Papageien heute weitestgehend auf Unverständnis. Man hat mehrfach vorgeschlagen, die als Schädlinge betrachteten Vögel zu fangen und zu exportieren. Die Gewinne aus dem Verkauf könnten die Kosten auffangen, die bei den Bauern durch den Ernteverlust anfallen. Doch kein Vogelfänger hat es jemals geschafft, das Problem wirklich unter Kontrolle zu bringen – die Durchführenden geben stets auf, bevor ein lohnendes Ergebnis erreicht ist. Der Gedanke, Gewinne aus dem Verkauf der heimischen Wildtiere zu erwirtschaften, ist für viele Australier nicht annehmbar. Die Regierungsbehörden wollen ebenso keine Schlupflöcher in den Ausfuhrbestimmungen schaffen, die ohnehin sehr kompliziert und nur sehr kostenintensiv aufrecht zu erhalten sind.

Wenn man sicherstellt, dass die als Schädlinge angesehenen Papageienarten aufhören, sich von wertvollen Getreidesamen zu ernähren, besäße man eine durchführbare Methode, Ernteschäden durch diese Arten unter Kontrolle zu halten. Dazu ist es notwendig, bereits die ersten „Kundschafter" abzuschrecken, um das Nachfolgen des Schwarms von vornherein zu vermeiden. Weiterhin kann man rings um die zu schützenden Getreidefelder weniger wertvolle Pflanzen anbauen, die früher reifen und die Bedürfnisse der hungrigen Papageienschwärme so lange zufrieden stellen, bis die Ernte des kostbaren Getreides abgeschlossen ist. Als letztes Mittel kann es manchmal unumgänglich sein, auf Getreidefelder einfallende Papageien zu fangen und zu töten. Viele wertvolle Obstplantagen werden heute schon vollständig von Netzen geschützt. Da durch die erstklassige Qualität der Früchte hohe Preise erzielt werden, gilt dies heutzutage nicht mehr als übertriebene Schutzmaßnahme.

Bücher wie *Australische Papageien* bieten einen Abriss an Informationen über eine spezielle Gruppe von Vögeln. Die deutsche Übersetzung der dritten, überarbeiteten Originalausgabe bietet dem Leser die neuesten Erkenntnisse in der Systematik und Ökologie aller australischen Papageienvögel sowie den aktuellen Stand der Schutzbemühungen. Das Werk vermittelt dem Leser schnell verfügbare und leicht verständliche Fakten über jede Art, herausragend illustriert von William COOPER, und schlägt eine Brücke zwischen den manchmal recht abschreckenden wissenschaftlichen Artikeln, der verwirrenden Vielfalt an Daten des vierten Bandes des *Handbook of Australian, New Zealand and Antarctic Birds* und den Beiträgen in Tageszeitungen und populärwissenschaftlichen Zeitschriften.

Ich gehe davon aus, dass die Leser an dieser Ausgabe ebenso viel Freude haben werden, wie mir durch die faszinierenden Vögel zuteil wurde – trotz zahlreicher Bisswunden an meinen Fingern!

Ian Rowley
Perth, Western Australia

15. Juli 1999

Einleitung

In der zweiten englischsprachigen Ausgabe von *Australian Parrots* sprach ich das zunehmende Interesse der Forscher an den Papageienvögeln an und wies darauf hin, dass in Australien einige bemerkenswerte Feldstudien durchgeführt wurden. Im Besonderen erwähnte ich die Untersuchungen der *Division of Wildlife Research, Commonwealth Scientific and Industrial Research Organisation* sowie der staatlichen und örtlichen Naturschutzbehörden, einiger Universitäten und von Amateur-Ornithologen. In den letzten 20 Jahren wurden zahlreiche dieser Projekte abgeschlossen, die Ergebnisse in wissenschaftlichen Zeitschriften veröffentlicht oder in Berichten zusammengefasst. Im selben Zeitraum wurden neue Forschungsprojekte in Angriff genommen. Bedrohte Arten wie der Orangebauchsittich (*Neophema chrysogaster*) und der Goldschultersittich (*Psephotus chrysopterygius*) wurden ebenso intensiv erforscht wie häufige Spezies wie der Rosakakadu (*Eolophus roseicapilla*) und der Nasenkakadu (*Cacatua tenuirostris*), so dass geeignete Schutz- oder Management-Programme in die Wege geleitet werden konnten. Ein erfreulicher Umstand ist die Aufmerksamkeit, die dem Bergsittich (*Polytelis anthopeplus*), dem Schwalbensittich (*Lathamus discolor*) und dem Schönsittich (*Neophema pulchella*) geschenkt wurde, deren Populationsgrößen offenbar schrumpfen oder empfindlich auf die Praktiken der Landschaftsnutzung reagieren. Die Untersuchungen wurden sehr frühzeitig in Angriff genommen, noch bevor diese Arten als gefährdet eingeschätzt werden müssen. Das verbessert die Erfolgsaussichten bei späteren Erhaltungsmaßnahmen. Erfreulicherweise konnte ich die Ergebnisse einiger dieser Feldstudien in dieser überarbeiteten Ausgabe mit einbeziehen, und ich kann allen Forschern eine vorzügliche Arbeit bescheinigen.

Die Entwicklung und Verfeinerung der molekularbiologischen Techniken (viele basieren auf der DNA-DNA-Hybridisierung) waren einer der großen Fortschritte in der taxonomischen Forschung der letzten zehn Jahre. Australische Forscher habe ihre Aufmerksamkeit auf die Verwandtschaftsgrade innerhalb der Psittaciformes gelenkt, mit besonderer Beachtung der stammesgeschichtlichen Beziehungen oberhalb des Artniveaus. Die Ergebnisse dieser Forschungen haben einige Änderungen in der systematischen Anordnung der Papageienvögel, wie sie in den letzten englischsprachigen Ausgaben verwendet worden ist, notwendig gemacht. Für die Überarbeitung der Systematik in dieser Ausgabe orientierte ich mich weitgehend an den Vorschlägen von CHRISTIDIS und BOLES (1994) und SCHODDE (1997). Letzterer ist der Autor der aktuellsten vollständig überarbeiteten taxonomischen Abhandlung. Wenn ich von SCHODDES Empfehlungen abweiche, habe ich meine Gründe hierfür im Text erläutert. Um den taxonomischen Änderungen Rechnung zu tragen, hat William COOPER einige neue Farbtafeln gezeichnet. Seine neuen Bilder verleihen diesem Buch nicht nur große optische Attraktivität, sondern verstärken auch die wissenschaftliche Korrektheit des illustrierten Teils.

Bei den Literaturzitaten im Text folge ich dem Harvard-System, das Erscheinungsjahr und Autor nennt. Diese Methode ermöglicht es dem Leser, die zeitliche Komponente mit einzubeziehen. Mit anderen Worten: Bei einem Literaturzitat aus dem Jahr 1985 weiß der Leser sofort, dass es sich um Daten handelt, die vor 17 Jahren gesammelt wurden. Einzelheiten sämtlicher Literaturquellen, alphabetisch geordnet nach Autorennamen und Publikationsjahr, sind dem Literaturanhang am Ende des zweiten Bandes zu entnehmen.

AUFBAU DES BUCHES

Ich hab dieses Buch als Nachschlagewerk konzipiert, und die Texte sind so angeordnet, dass die gewünschten Informationen schnell gefunden werden können. Daher sind sämtliche Daten, die zu einer Art gehören, auch in den entsprechenden Unterkapiteln der Artbeschreibungen nachzulesen, auch wenn sich manche Verhaltensweisen mit denen anderer Arten weitestgehend decken. Ich glaube, dass in einem Nachschlagewerk Wiederholungen von Textpassagen sinnvoller sind, als den Leser zu zwingen, ständig vor- und zurückzublättern, um nach der gewünschten Information zu suchen. Der Gebrauch von Kapiteln und Unterkapiteln im Text ist als weitere Hilfe für ein schnelles Auffinden von Informationen gedacht.

Für die Bestimmung sämtlicher australischer Vögel gibt es eine Reihe ausgezeichneter Feldführer, daher habe ich auf Bestimmungsschlüssel für die Papageienvögel verzichtet.

Die sehr detailgetreuen Abbildungen jeder Papageienart verschafft dem Leser eine exzellente Grundlage zur Bestimmung der Vögel anhand der charakteristischen Merkmale, die auf den Bildtafeln deutlich zu erkennen sind. Im Text habe ich bei Arten, die sehr schwer zu identifizieren oder leicht zu verwechseln sind, speziell die Hilfsmittel zur Bestimmung der Vögel im Feld erwähnt, zum Beispiel die Unterschiede zwischen dem Braunkopfkakadu (*Calyptorhynchus lathami*) und dem Banks-Rabenkakadu (*C. banksii*) oder die Unterscheidung der *Neophema*-Arten.

WEITERE NAMEN

In der deutschen Übersetzung von *Australian Parrots* dienen die gebräuchlichsten deutschen Bezeichnungen als Überschriften für die Artbeschreibungen. In der englischsprachigen Literatur gibt es eine Vielzahl von verwendeten Namen, deren Gebrauch von den Autoren zum Teil sehr kontrovers diskutiert wird. Ich bevorzuge stets die am häufigsten benutzten und bekanntesten Namen und den Gebrauch von eigenen Bezeichnungen für Unterarten.

Unter den weiteren Namen sind etliche Bezeichnungen, die unter den Züchtern und Vogelhaltern weit verbreitet sind, aber auch weniger geläufige und veraltete. Letztere stammen aus der Zeit der ersten Siedler in Australien und sind daher bemerkenswerte historische Zeugnisse. Die wichtigste Quelle für die englischen Bezeichnungen war „*An Index of Australian Bird Names*", die 1969 im *CSIRO Wildl. Res. Tech. Paper Nr. 20* veröffentlicht wurde. Als Orientierungshilfe für die internationale Leserschaft habe ich die in der Literatur gebräuchlichsten französischen und niederländischen Namen aufgeführt.

BESCHREIBUNG

Wenn nicht anders aufgeführt, bezieht sich die Beschreibung stets auf die Nominatform. Falls die Nominatform nicht in Australien vorkommt, wird eine andere Unterart beschrieben, die an erster Stelle der aufgelisteten Unterarten geführt wird. Die Beschreibungen der adulten Männchen, adulten Weibchen und der Jungvögel stammen stets von Bälgen. Die angegebene Gesamtlänge wurde an einem Museumsbalg gemessen und dient lediglich als Hilfe bei Größenvergleichen, nicht als präzises Maß. Die Körpermassen wurden aus Literaturdaten und gewogenen Bälgen zusammengestellt. Abbildung 1 gibt einen Überblick der in der Beschreibung erwähnten Gefiederpartien.

Der Beschreibung sind die Standardmaße einer bestimmten Anzahl von Balgexemplaren aus Museen angeschlossen. Dazu zählen:

Flügel	Länge des ausgebreiteten rechten Flügels
Schwanz	Länge des Schwanzes, gemessen von der Basis der inneren Steuerfedern bis zur Spitze der längsten Steuerfeder
Oberschnabel	Länge des Oberschnabels, gemessen als direkte Linie von der Spitze des Oberschnabels bis zum vorderen Ansatz der Wachshaut an den Oberschnabel
Lauf	Länge des Tarsometatarsus *in situ*. Bei Museumsbälgen ist es praktisch unmöglich, ein genaues Maß zu nehmen, da die Läufe geschrumpft sind und oftmals in einer ungünstigen Position fixiert wurden.

Die Maße sind als Minimal- und als Maximalwerte aufgeführt, der nachfolgenden Klammer ist der Mittelwert zu entnehmen.

VERBREITUNG

Hier wird zunächst das Gesamtverbreitungsgebiet aufgeführt. Sind von einer Art keine Unterarten bekannt, folgt sofort eine detaillierte Analyse des Verbreitungsgebietes mit Informationen von jedem Bundesstaat oder Territorium. Falls Unterarten beschrieben sind, wird das Gesamtverbreitungsgebiet nur grob umrissen. Ausführliche Informationen sind im Text für die einzelnen Subspezies enthalten.

UNTERARTEN

In diesem Unterkapitel sind die bestimmenden Merkmale, Körpermaße und das Verbreitungsgebiet jeder Unterart aufgeführt. Alle vergleichenden Aussagen beziehen sich auf die Beschreibung der Nominatform, zum Beispiel: Der Satz „Grüne Grundfärbung des Gefieders dunkler und bläulicher" bedeutet, dass die grüne Grundfärbung der Unterart dunkler und bläulicher ist als die der Nominatform. Wenn die Nominatform nicht in Australien vorkommt, beziehen sich alle vergleichenden Beschreibungen auf die erstgenannte Subspezies. Ich habe auf die Erwähnung einiger beschriebener Unterarten verzichtet, sofern ihr eigenständiger taxonomischer Status aus meiner Sicht unbegründet erschien. Erklärungen hierzu

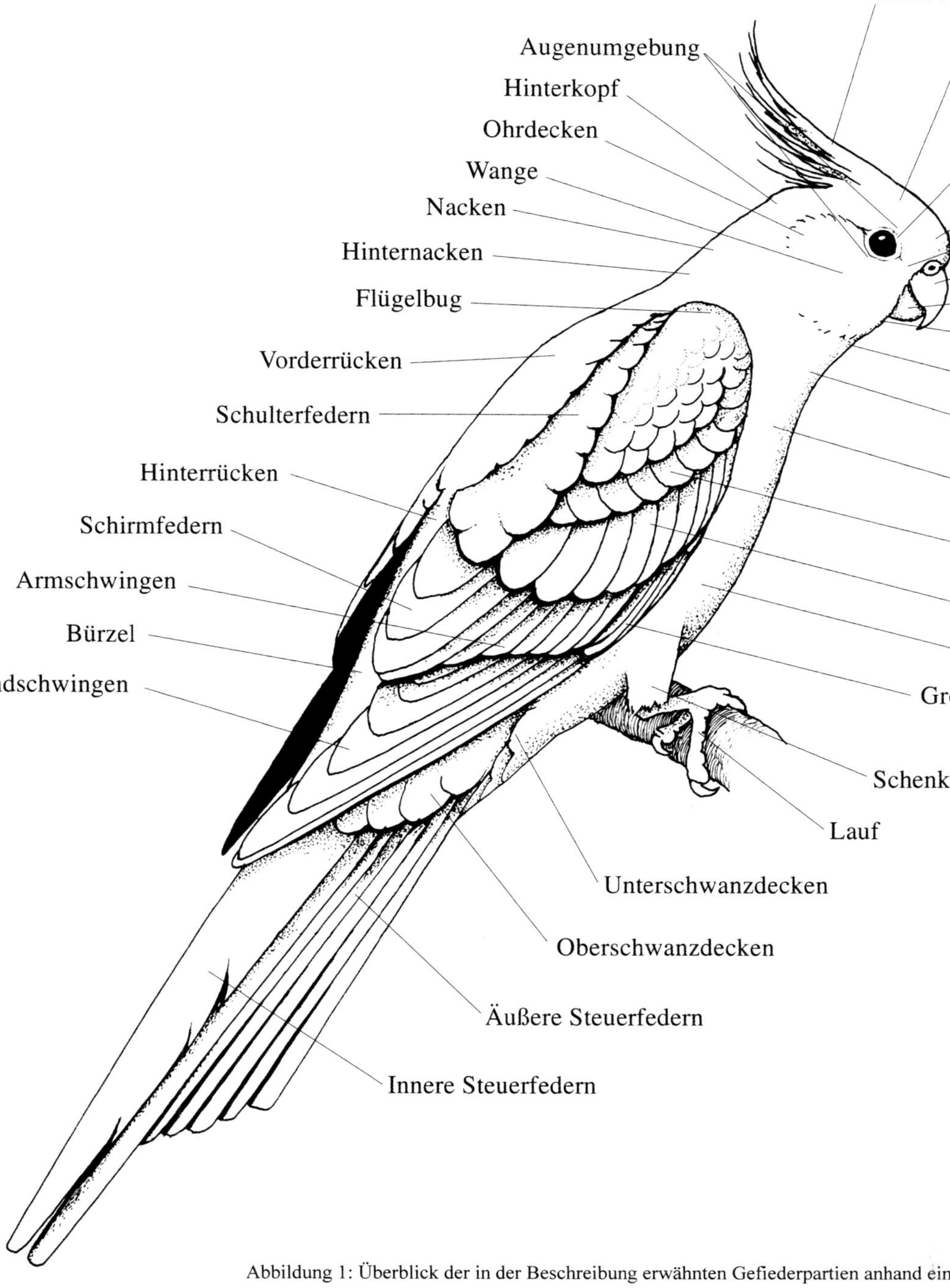

Abbildung 1: Überblick der in der Beschreibung erwähnten Gefiederpartien anhand eines Nymphensittichs *Nymphicus hollandicus*

finden sich in der Regel im Unterkapitel „Verbreitung“. Die Nummerierung der Unterarten unterliegt keinem System und dient lediglich dazu, schnell herauszufinden, wie viele Subspezies ich bei den jeweiligen Arten anerkannt habe.

ALLGEMEINES
In diesem Unterkapitel findet der Leser bemerkenswerte historische Fakten, Kommentare bezüglich ungewöhnlicher morphologischer Merkmale oder adaptiver Anpassungen sowie wichtige Daten zu Bestimmung der Art im Feld.

HABITATE
Bei der Beschreibung der Habitate habe ich absichtlich einfache und sich selbst erklärende Begriffe benutzt und oftmals die dominierenden Pflanzengesellschaften angegeben. Zum Beispiel: Akazienstrauchwald ist ein Strauchwald, in dem Akazien vorherrschen, dasselbe gilt für *Eucalyptus-Melaleuca*-Mischwälder, Salzwiesen oder *Melaleuca*-Buschland. In Australiens Wäldern, Baumsavannen und anderen baumbestandenen Flächen sind Eukalypten die vorherrschenden Bäume.

Ich möchte noch einige Bemerkungen zur Mallee-Vegetation machen, einem der wenigen Begriffe, der sich nicht selbst erklärt. Es handelt sich hierbei um einen für Papageien überaus bedeutsamen Lebensraum. McLuckie und McKee (1954) beschreiben Mallee als eine Pflanzengemeinschaft mit niedrig wachsenden Bäumen, in der strauchartige Eukalypten vorherrschen, die meist mehrstämming sind und je nach Standort zwei bis acht Meter hoch werden können. Die Stämme heben sich aus einer großen verholzten grundständigen Knolle empor. In der geschlossenen oder dichten Mallee-Vegetation wachsen die Bäume eng beieinander und bilden eine gemeinsame Wipfelregion. Der Bodenbewuchs ist spärlich. In der offenen Mallee-Vegetation stehen die Bäume weiter voneinander entfernt, so dass der Boden mit niedrigen Sträuchern, gewöhnlich *Acacia-*, *Grevillea-* oder *Dodonaea*-Arten, sowie *Triodia-* und *Plectrachne*-Gräsern bewachsen ist.

Manche Papageienarten sind bezüglich ihres Habitats wenig anspruchsvoll und fühlen sich in einer Vielzahl von Lebensräumen heimisch. Diese Arten bezeichnet man als Generalisten. Andere Spezies stellen hingegen hochspezialisierte Anforderungen an ihr Habitat. Rosakakadus (*Eolophus roseicapilla*) sind in Australien weit verbreitet und häufig. Sie gehören zu den erfolgreichen Generalisten mit der Fähigkeit, sich in von Menschen geprägten oder geschaffenen Lebensräumen anzusiedeln. Im Gegensatz zu ihnen kommt der spezialisierte Braunkopfkakadu (*Calyptorhynchus lathami*) ausschließlich in Wäldern oder baumbestandenen Landschaften, wo Kasuarinen ihn mit Futter versorgen und alte oder seneszente Eukalypten große Nisthöhlen zur Verfügung stellen. Das Vorkommen des Bergsittichs (*Polytelis anthopeplus*) ist abhängig von geeigneten Futterplätzen im Mallee-Buschland in unmittelbarer Nähe zu ufernahen Eukalyptuswäldern, in denen die Vögel brüten. Verschiedene *Eucalyptus*-Arten dominieren in den Brut- und Überwinterungsgebieten des Schwalbensittichs (*Lathamus discolor*), eines Zugvogels. Die Erdsittiche (*Pezoporus wallicus*) in Südost-Queensland und im Nordosten von New South Wales halten sich je nach Jahreszeit entweder in den feuchten oder in den trockenen Heidelandschaften auf. Diese saisonalen Wanderungen stehen mit der Verfügbarkeit und Erreichbarkeit von Samen in Zusammenhang, eventuell auch mit den klimatischen Bedingungen. Historische Berichte lassen vermuten, dass der Nachtsittich (*Pezoporus occidentalis*) nach ergiebigen Regenfällen das *Triodia-Plectrachne*-Grasland aufsucht, um von der danach auftretenden Massenreifung von Samen zu profitieren. In der Trockenzeit scheinen die Vögel hingegen die von Gänsefußgewächsen dominierten Flächen als Lebensraum zu bevorzugen, die in Verbindung mit den großen Salzseen des Landesinneren stehen.

LOKALE POPULATIONSDICHTEN

In diesem Unterkapitel wird der gegenwärtige Status einer Art innerhalb ihres Verbreitungsgebietes beziehungsweise in jedem Bundesstaat oder Territorium diskutiert. Dabei wurde den Faktoren Aufmerksamkeit geschenkt, welche die Populationsgrößen gegenwärtig beeinflussen oder in Zukunft beeinflussen könnten, sowie die Bedürfnisse der gefährdeten Arten in Rahmen von zukünftigen Schutzmaßnahmen betrachtet. Dabei finden auch nationale oder internationale gesetzliche Schutzmaßnahmen Erwähnung. In der *Convention on International Trade in Endangered Species* (CITES) wurden alle australischen Papageienvögel mit Ausnahme des Nymphensittichs (*Nymphicus hollandicus*) und des Wellensittichs (*Melopsittacus undulatus*), die nicht berücksichtigt wurden, auf Anhang I oder II gelistet. Um unnötige Wiederholungen zu vermeiden, habe ich in den Steckbriefen lediglich die Anhang-I-Arten besonders erwähnt.

VERHALTEN

In diesem Unterkapitel wird ein allgemeiner Überblick von Verhaltensweisen präsentiert. In meinen Ausführungen habe ich eigene Feldbeobachtungen sowie Informationen aus Publikationen mit einfließen lassen. Wichtige Hinweise von Kollegen habe ich im Text als „pers. Mittlg." gekennzeichnet, Informationen aus Briefwechseln sind als „briefl. Mittlg." zitiert.

WANDERUNGEN

In diesem Unterkapitel wird von den Beobachtungen und Berichten über lokale, nomadische oder saisonale Wanderbewegungen berichtet. Von einigen Arten standen mir Daten von beringten Vögeln zur Verfügung. Diese Nachweise stammen aus den *Annual Reports of the Australian Bird-Banding Scheme*, dem *Australian Bird-Bander* und der *Corella*.

FLUG

In diesem Unterkapitel wird der Flug beschrieben, mit speziellen Hinweisen auf besondere Merkmale, die bei der Bestimmung der Arten im Feld hilfreich sind.

LAUTÄUSSERUNGEN

Ich bin mir durchaus bewusst, dass die Rufe von Papageien lautmalerisch oder mit Ausdrücken wie „Kreischen“ oder „Pfeifen“ nur unvollkommen wiedergegeben werden können. Zurzeit gibt es aber nur wenige zufriedenstellende Alternativen. Wer sich regelmäßig die im Handel käuflichen Tonträger mit Vogelstimmen anhört, wird schon bald mit den Rufen der häufigen Papageienarten Australiens vertraut sein. Die Erkennung dieser Rufe ist ein wertvolles Hilfsmittel zur Bestimmung der Vögel im Freiland.

NAHRUNG
In diesem Unterkapitel erhält der Leser eine kompakte Beschreibung der Nahrung sowie des bevorzugten Futters. Zitiert werden die Beobachtungen und Berichte über die Fressgewohnheiten der Vögel sowie die Ergebnisse von untersuchten Kropf- und Mageninhalten.

FORTPFLANZUNG
Vögel pflanzen sich in der Regel zu einer Zeit fort, wenn die äußeren Umstände für das Überleben des Nachwuchses besonders vorteilhaft erscheinen. Experimente mit Lichtstimulation bei Vögeln in Menschenobhut lassen vermuten, dass der Zeitpunkt der Brutzeit in den gemäßigten Breiten und sogar in den äquatorialen Regionen von den Lichtverhältnissen bestimmt wird. Mit zunehmender Tageslänge nehmen auch die sexuellen Aktivitäten zu; daher ging man davon aus, dass die Arten in den gemäßigten Breiten der Nordhemisphäre als Folge der physiologischen Anregung durch den verlängerten Lichteinfall im Frühjahr zur Brut schreiten würden. Heute weiß man jedoch, dass weitaus komplexere Kriterien den Beginn der Fortpflanzungsperiode bestimmen, zumindest bei einigen arktischen Arten (MARSHALL 1952) und bei Bewohnern der australischen Wüsten (KEAST & MARSHALL 1954). Neben den Lichtverhältnissen wurden weitere Faktoren in Erwägung gezogen; vor allem die Bedeutung von Niederschlägen wurde von manchen Forscher hervorgehoben. SERVENTY und MARSHALL (1957) konnten zeigen, dass die Brutzeit vieler Vogelarten in Western Australia von den Regenfällen beeinflusst wird und die sich ändernden Lichtverhältnisse als Regulator des Fortpflanzungszyklus nur eine untergeordnete Rolle spielten. Die Kopplung der Fortpflanzung an die Regenfälle wird als physiologische Anpassung von Wüstenbewohnern an die Trockenheit ihres Lebensraums angesehen.

In Australien ist das Brutgeschäft vieler Papageien eng mit den Niederschlägen verbunden. Im Süden regnet es überwiegend im Winter, und die meisten hier lebenden Arten brüten vom Spätwinter bis Frühsommer. Im Norden Australiens ist der Sommer die feuchte Jahreszeit, entsprechend reicht die Brutzeit hier im Allgemeinen vom Spätsommer bis Anfang Winter. Im ariden Landesinneren sind die Niederschläge unberechenbar, die Papageien sind in der Lage, zu jeder Zeit des Jahres zu brüten, wenn es regnet oder Oberflächenwasser zur Verfügung steht. Rosakakadus (*Eolophus roseicapilla*) brüten im Süden von Juli bis Dezember, im Norden gewöhnlich von Februar bis März. Im ariden Landesinneren ziehen die Vögel in verschiedenen Monaten des Jahres Junge auf; in äußerst trockenen Monaten bleibt das Brutgeschäft jedoch unter Umständen ganz aus.

Der Begriff „Brutzeit“, wie er in diesem Buch benutzt wird, bezieht sich auf den Zeitraum ab der Ablage des ersten Eies bis zum Ausfliegen des letzten Jungvogels. In diesem Unterkapitel habe ich alle Informationen zur Brut vereint, einschließlich der Daten über den Entwicklungsgrad der Geschlechtsorgane bei gesammelten Vögeln. Brutinformationen von Vögeln aus Menschenobhut habe ich im Unterkapitel „Haltung in Menschenobhut“ aufgeführt.

Birds Australia führt das nationale *Nest Record Scheme* der Royal Australasian Ornithologists' Union (RAOU). Ich habe die Eintragungen von Nestmeldungen in diesem Register überprüft. Fälle, in denen nicht nachgewiesen werden konnte, dass sich Eier oder Jungvögel im Nest befanden, habe ich nicht berücksichtigt. Die übrigen Daten habe ich tabellarisch zusammengefasst. Für jeden Bundesstaat oder jede Region sind folgende Information verfügbar:

- Gesamtanzahl der Nachweise.
- Wahl des Nistbaumes, vereinfacht ausgedrückt als Anzahl der Nester, die in (A) Eukalypten, (B) anderen Baumarten oder (C) nicht identifizierten Bäumen gefunden wurden.
- Höhe des Nestes über dem Boden, ausgedrückt als mittlere Höhe des Höhleneingangs, zusammen mit den Minimal- und Maximalhöhen.
- Anzahl der Eier oder Jungvögel in jedem Nest; so bedeutet zum Beispiel 1/1, dass in einem Nest nur ein Ei oder Jungvogel entdeckt wurde, 3/7 bedeutet, dass drei Eier oder Jungvögel in jedem von sieben Nestern, 6/4 bedeutet, dass sechs Eier oder Jungvögel in jedem von vier Nestern gefunden wurden, und so weiter.
- Das früheste und das späteste Datum, an dem Eier in einem Nest gefunden wurden;

ein einzelnes Datum bedeutet, dass Eier lediglich an diesem Datum entdeckt wurden (gewöhnlich weil das Nest oder die Nester nicht noch ein weiteres Mal kontrolliert wurden).

- Das früheste und das späteste Datum, an dem Jungvögel in einem Nest gefunden wurden; ein einzelnes Datum bedeutet, dass Jungvögel lediglich an diesem Datum entdeckt wurden (gewöhnlich weil das Nest oder die Nester nicht noch ein weiteres Mal kontrolliert wurden).

EIER

Die Eier sämtlicher Papageienarten sind weiß und in Relation zur Körpermasse der adulten Vögel recht klein. Für jede Art habe ich kurz die Form und die Oberflächentextur der Eier beschrieben und anschließend für jede Art und Unterart die Eimaße angegeben. Die Maße stammen von Eiern aus Museumssammlungen. Die verschiedenen Eiformen sind auf Abbildung 2 dargestellt:

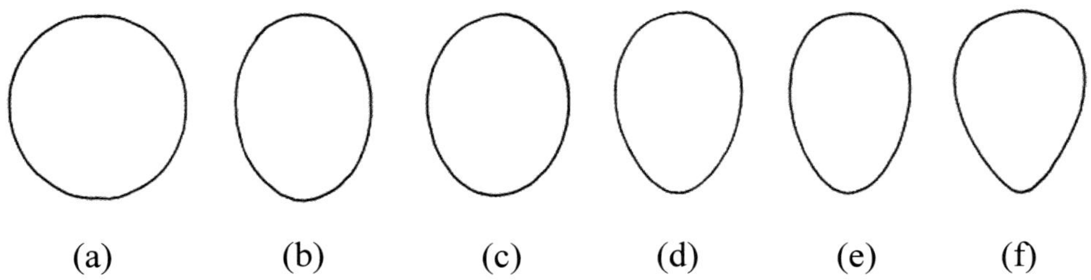

Abbildung 2
Formen von Papageieneiern:
(a) rundlich; (b) elliptisch; (c) breit-elliptisch; (d) oval; (e) elliptisch-oval; (f) birnenförmig

HALTUNG IN MENSCHENOBHUT

Bei der Zusammenstellung der Informationen aus der Vogelhaltung und -zucht habe ich besonderen Wert auf die Unterbringung, Fütterung und Bedürfnisse der Vögel in der Brutzeit gelegt. Die meisten Einzelheiten stammen aus veröffentlichten Berichten erfolgreicher Züchter in Australien und – in geringerem Ausmaß – von Züchtern anderer Länder. Weiterhin habe ich nicht veröffentlichte Hinweise und Details von Kollegen sowie eigene Erfahrungen in der Papageienhaltung und -zucht in diesem Unterkapitel mit einfließen lassen.

Berichte über Mischlingszuchten habe ich ebenfalls berücksichtigt, da diese als Hinweis für den Verwandtschaftsgrad relevant sein können (siehe Smith 1975). In den letzten Jahren hat sich das Interesse der Vogelzüchter verstärkt auf die Zucht von Mutationsformen gerichtet. Daher habe ich auch die geläufigen Mutationsformen ebenfalls erwähnt, muss aber betonen, dass meine Auflistung keinesfalls vollständig ist und jederzeit neue Mutationen zu erwarten sind.

KARTEN

Es gibt immer berechtigte Gründe, um Verbreitungskarten zu kritisieren. Vögel sind sehr bewegliche Lebewesen. Die meisten Arten können fliegen und tauchen oftmals in Distrikten weitab ihres eigentlichen Verbreitungsgebietes auf. Solche ungewöhnlichen Vorkommen werden möglicherweise durch klimatische Veränderungen beeinflusst. So können zum Beispiel Nymphensittiche (*Nymphicus hollandicus*) in Dürrezeiten in und um Canberra und sogar in der Umgebung von Sydney beobachtet werden. Weder Canberra noch Sydney liegen innerhalb des Verbreitungsgebietes des Nymphensittichs. Mein Anliegen war es, das normale Verbreitungsgebiet einer Art aufzuzeigen, daher sind Vorkommen, wie ich sie oben beim Nymphensittich erläutert habe, nicht in die Karten übernommen worden.

Ein weiteres Problem war die Anfertigung von Verbreitungskarten der Arten mit dürftigen oder wenigen Nachweisen. Diese Spezies leben meist in entlegenen Gebieten, die sehr gering vom Menschen besiedelt sind und in denen es entsprechend an Beobachtern fehlt. Arten wie der Princess-of-Wales-Sittiche (*Polytelis alexandrae*), der Glanzsittiche (*Neophema splendida*) und der Nachtsittich (*Pezoporus occidentalis*) wurden an Stellen gesichtet, die sehr weit voneinander entfernt liegen. Zwischen den einzelnen Sichtmeldungen liegen zudem oftmals größere Zeiträume. Dennoch basieren die Verbreitungskarten für diese Arten auf der Annahme, dass die Vögel zeitweise in den zwischen den Beobachtungspunkten liegenden Gebieten vorkommen.

Verwilderte Populationen einiger Arten, vor allem vom Nacktaugen- und vom Nasenkakadu, konnten sich innerhalb und in der Umgebung der großen Städte etablieren. Diese Vorkommen werden im Text erläutert, aber nicht für die Erstellung der Verbreitungskarten berücksichtigt.

ILLUSTRATIONEN

Jede Illustration in diesem Buch wurde einem bestimmten Museumsbalg nachempfunden. Die entsprechenden Registrierungsnummern der Bälge sind in Klammern bei den Bildtafeln angegeben. Das Buchstabenkürzel vor der Nummer bezieht sich auf den Standort des Balges. Darüber hinaus werden einige Exemplare auch bei den Artbeschreibungen besonders erwähnt. Museen und andere Sammlungen, die etikettierte Balgexemplare besitzen, sind folgende:

AM	Australian Museum, Sydney, Australien
AMNH	American Museum of Natural History, New York, USA
ANWC	Australian National Wildlife Collection, Division of Wildlife and Ecology, Commonwealth Scientific and Industrial Research Organisation, Canberra, Australien
BM	British Museum (Natural History), Tring, Großbritannien
JMF	J. M. Forshaw Collection, Wauchope, Australien
MV	Museum of Victoria, Melbourne, Australien
QM	Queensland Museum, Brisbane, Australien
QVM	Queen Victoria Museum, Launceston, Australien
SAM	South Australian Museum, Adelaide, Australien
TM	Tasmanian Museum, Hobart, Australien
WAM	Western Australian Museum, Perth, Australien

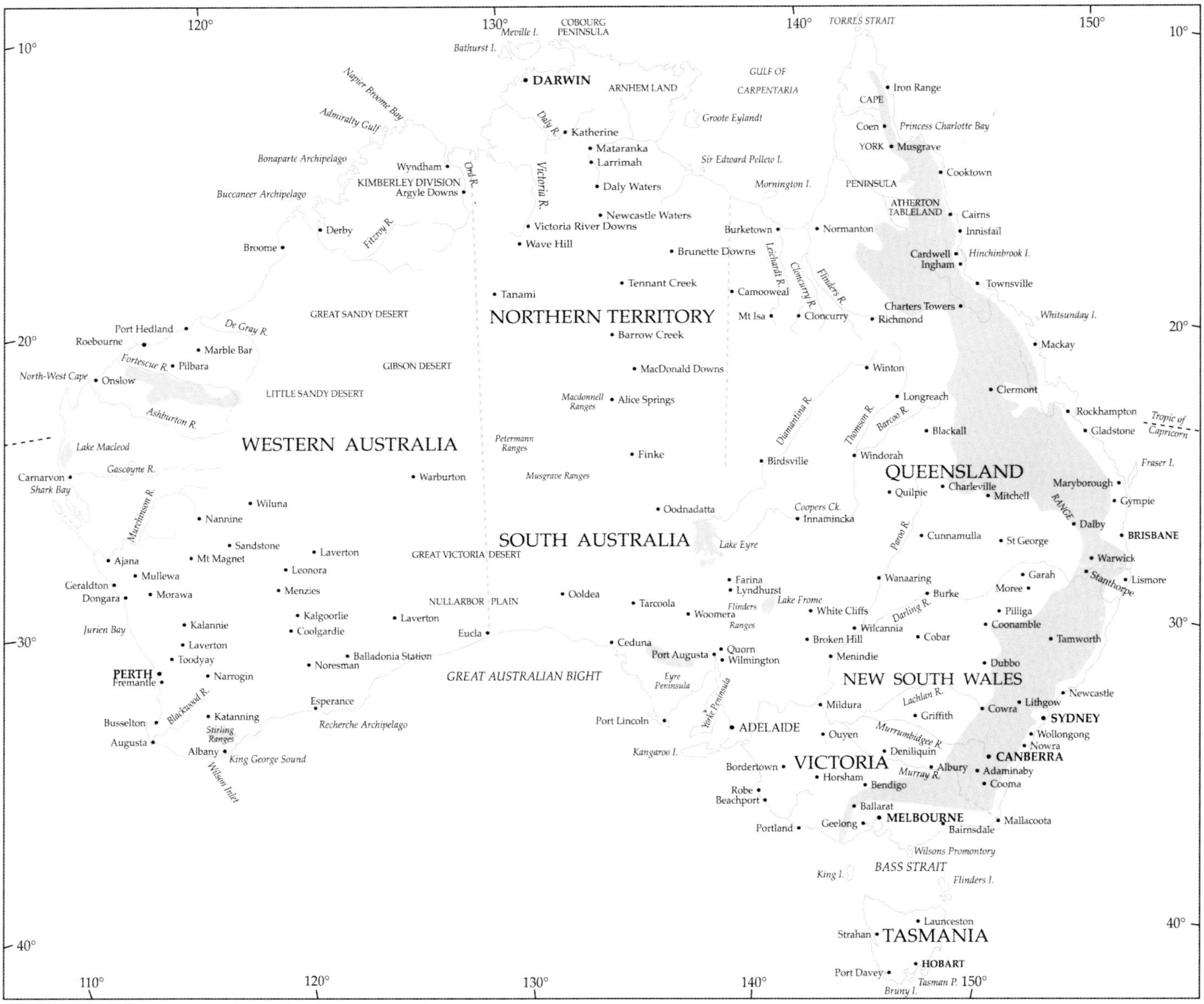

Abbildung 3: Karte Australiens mit den wichtigsten Ortsangaben

Danksagung

Zahlreiche Personen waren bei der Anfertigung dieser Auflage auf unterschiedliche Art und Weise beteiligt, und wir sind überaus dankbar für die großzügige Hilfestellung, die wir von verschiedenen Quellen in Anspruch genommen haben. Besonders erfreulich war es, Ian Rowley gewinnen zu können, einige Erinnerungen und Erfahrungen während seiner ausführlichen Feldstudien mit Kakadus in Western Australia für das Vorwort dieses Buches zum Ausdruck zu bringen. Ebenfalls sehr willkommen war der Beitrag von Walter Boles, der ausführlich auf die faszinierende Fossilgeschichte der Papageien eingeht und dabei Bezug auf die bekanntesten Fachleute für lebende und ausgestorbene Papageien in der austral-asiatischen Region nimmt.

Wir möchten unsere Wertschätzung gegenüber den zahlreichen Autoren zum Ausdruck bringen, deren Publikationen im Text zitiert werden. Neben diesen veröffentlichten Arbeiten haben wir auf Informationen zurückgegriffen, die uns persönlich übermittelt wurden. Diese haben wir im Text als *briefliche Mitteilung* oder *persönliche Mitteilung* gekennzeichnet. In der überarbeiteten dritten englischen Auflage weisen wir wiederholt auf einige Zitate aus der zweiten Auflage hin. Diesen Autoren möchten wir an dieser Stelle erneut danken. Unser Dank gilt weiterhin den Autoren, die in den früheren Ausgaben noch nicht zitiert worden waren: Ian Abbott, Peter Brown, Allan Burbidge, Peter Chapman, William Emison, Angus Emmott, Robert Forsyth, Stephen Garnett und Gabriel Crowley, Neil Hamilton, William Homburg, Ron Johnstone, Barbara Jones, John Long, Peter Mawson, Alan Morris, Liz Romer, Richard Schodde, Raylene Sexton, Des Spittall und Rick Webster. Wir bedanken uns bei Peter Brown, William Emison, Martin Fortescue, Stephen Garnett und Gabriel Crowley, Mark Holdsworth, David McFarland, Denis Saunders und Rick Webster, die uns freundlicherweise Datenmaterial zukommen ließen. Die Mitarbeiter von Birds Australia, welche das *RAOU Nest Record Scheme* verwalten, stellten uns ebenfalls Daten zur Verfügung, und der mittlerweile verstorbene Rex Buckingham war eine wertvolle Hilfe beim Ausfindigmachen relevanter Nachweise.

Die Kuratoren und Museumsmitarbeiter, die der Autor besuchte, waren sehr hilfsbereit und vereinfachten die Untersuchungen der Bälge in ihren Sammlungen. Wir sind den Direktoren und dem Personal der Museen, die uns Balgmaterial zur Verfügung gestellt haben, zu großem Dank verpflichtet. Die Namen der einzelnen Institutionen, von denen wir uns Bälge liehen, sind in der *Einleitung* aufgeführt worden. Darüber hinaus danken wir folgenden Personen, die uns Daten über Bälge zur Verfügung stellten: Walter Boles und Wayne Longmore (Australian Museum, Sydney), Mary LeCroy (American Museum of Natural History, New York), Richard Schodde, Ian Mason und John Wombey (Australian National Wildlife Collection, Canberra) und Rory O'Brien (Museum of Victoria, Melbourne). Das Ausleihen der Bälge zwischen den einzelnen Instituten wurde vom Australian Museum in Sydney organisiert, und wir danken Walter Boles und Wayne Longmore für die ihre Mühe bei der Beschaffung des Materials. Am American Museum of Natural History, New York, wo Bälge der Mathews-Sammlung von Autor untersucht wurden, war uns Ken Mays eine große Hilfe.

Walter Bock vom American Museum of Natural History, New York, und Richard Schodde von der Australian National Wildlife Collection, CSIRO, Canberra, gaben uns Ratschläge bei taxonomischen und nomenklatorischen Problemen.

Der Autor erwarb Kenntnisse von Studien an Papageien in Menschenobhut, doch all diese Studien wären nicht ohne die Erlaubnis der staatlichen und territorialen Naturschutzbehörden möglich gewesen. Wir danken Paul Andrew, Graeme Phipps und Kevin Evans vom Taronga Park Zoo, Sydney, Peter Brown vom Tasmanian Parks and Wildlife Service, Gary Fitzpatrick und Michael Young vom South Australian National Parks and Wildlife Service, Neil Hamilton vom Perth Zoo, Bruce Kubbere vom Featherdale Wildlife Park sowie Liz Romer und Des Spittall vom Currumbin Sanctuary, die uns Vögel zur Verfügung stellten oder bei dem Erwerb von Vögeln für diese Studien unterstützten. Wir danken Mark Craig vom Adelaide Zoo und Neil Hamilton vom Perth Zoo für ihre Informationen über Vögel aus ihrem Bestand. Weitere Informationen über Vögel in verschiedenen Anlagen in Australien und anderen Ländern stellten uns Peter Chapman, Michael Curzon, Gordon Greenblatt, Kees Lansen, Cyril Laubscher, Rosemary Low, Stan Sindel und Roger Wilkinson zur Verfügung. Besonders zu Dank verpflichtet sind wir Cyril Laubscher und

Stan SINDEL, da anhand ihrer Fotografien einige Farbtafeln angefertigt wurden, die in Menschenobhut gehaltene Farbschläge zeigen. Der Illustrator fertigte Arbeitsskizzen von Vögeln in den Volierenanlagen von Peter CHAPMAN und Terry MCKENZIE an.

Der vorliegende überarbeitete Text dieser Ausgabe wurde vom Autor als Research Associate im Department of Ornithology des Australian Museum, Sydney, verfasst. Wir bedanken uns sehr beim Museumsdirektor und den Mitarbeitern für ihre Unterstützung. Besonders hilfreich war es, die Kapazitäten der Bibliothek ausschöpfen zu können, Kopien von bedeutsamen Veröffentlichungen schickten uns Walter BOLES und Wayne LONGMORE.

Äußerst dankbar sind wir Beth FORSHAW, die das englische Manuskript in den Computer eingegeben hat, und Derrick STONE, der die Publikation des Originalwerkes in Australien ermöglichte. Große Anerkennung gebührt in diesem Zusammenhang auch den Anstrengungen von Martin und Jennifer CLELAND, die maßgeblich zur Verwirklichung des Projekts beigetragen haben.

Unser besonderer Dank gilt Dr. Rainer NIEMANN und Dr. Dieter VOGELS, den Übersetzern des englischen Originalmanuskriptes für die vorliegende deutsche Ausgabe, Herrn Walter WEINBERGER für das Lektorat der deutschen Ausgabe und dem Herausgeber des Arndt-Verlages, Herrn Thomas ARNDT, für die Gestaltung und Realisierung der deutschen Ausgabe.

Zu guter Letzt möchten wir noch unseren Ehefrauen und Familien Tribut zollen; sie haben uns nicht nur unterstützt und ermutigt, sondern haben auch Verständnis gezeigt, dass wir sehr viel unserer Zeit in dieses Projekt gesteckt haben.

Joseph M. Forshaw
William T. Cooper

1. März 2002

Einführung

Australien wurde als *Terra Psittacorum* bezeichnet – als Land der Papageien. Etwa ein Sechstel aller Papageienarten lebt hier, und kein anderes Land weist einen größeren Reichtum und eine größere Vielfalt an Formen auf. Seit der Ankunft der ersten europäischen Siedler hat die Papageienwelt Australiens Biologen und Naturbeobachter in ihren Bann gezogen. John Gould schrieb 1865: „Keine Vogelgruppe gibt Australien ein tropischeres und fremdartigeres Antlitz wie die zahlreichen Vertreter dieser großen Familie, die, jeder individuell sehr häufig, diesen Kontinent bevölkern.“ Dieser Kommentar hat auch heute noch seine Gültigkeit, obwohl sich die lokalen Populationsdichten einiger Arten seitdem geändert haben. Papageien sind ein sehr auffälliger Bestandteil der australischen Vogelfauna, und in jeder Region des Kontinents können sie in großer Zahl beobachtet werden.

SYSTEMATIK DER AUSTRALISCHEN PAPAGEIEN

Die Homogenität der Papageienvögel, die sie von allen anderen Vogelgruppen deutlich abgrenzt, bereitet den Taxonomen erhebliche Probleme, eine Klassifizierung innerhalb der Ordnung vorzunehmen. Abgesehen von den Kriterien für die Differenzierung der niederen taxonomischen Kategorien hat sich die systematische Gliederung im Laufe der Jahre deutlich geändert. Schodde und Mason (1997) wiesen darauf hin, dass die jüngsten Erkenntnisse das Ergebnis einer verstärkten und genaueren phylogenetischen Analyse und der Einbeziehung zusätzlicher taxonomischer Maßstäbe, vor allem des Verhaltens, der funktionalen Morphologie und der genetischen Biochemie sind. Biochemische Analysen, besonders diejenige, welche auf DNA-DNA-Hybridisierungen basieren, haben einen maßgeblichen Beitrag zu unserem Verständnis der verwandtschaftlichen Beziehungen der australischen Papageien beigesteuert (siehe Adams *et al.* 1984). Hinzu kamen in einer Serie von ausführlichen Publikationen die Ergebnisse von Courtneys (1996, 1997a–c) Untersuchungen zum Verhalten der Vögel mit besonderer Beachtung der Zusammensetzung und Struktur der Jungvogel-Bettellaute. Christidis und Boles (1994) hoben die Ergebnisse der biochemischen und chromosomalen Studien hervor, als sie die Papageien auf ihrer Liste der australischen Vogelarten einordneten. Schodde (1997) wertete morphologische und biochemische Aspekte sowie das Verhalten der Vögel aus und präsentierte ein überarbeitetes taxonomisches System für die Papageien Australiens.

In dieser Ausgabe folge ich im wesentlichen der taxonomischen Anordnung, die Schodde vorgeschlagen hat. Wenn ich von diesem System abweiche, erläutere ich meinen Standpunkt im nachfolgenden Text. Ein wesentlicher Unterschied zwischen dieser und der zweiten englischen Auflage ist die Anerkennung von zwei Papageienfamilien – Cacatuidae und Psittacidae. Innerhalb der Cacatuidae unterscheidet man zwei Unterfamilien, die beide in Australien vertreten sind. Innerhalb der Psittacidae gibt es in Australien nur Vertreter aus drei Unterfamilien, wobei die Platycercini eine Gattungsgruppe innerhalb der Psittacinae bilden. Charakteristische Merkmale sämtlicher taxonomischer Gruppen werden im einleitenden Text zu den Kapiteln und Steckbriefen erläutert.

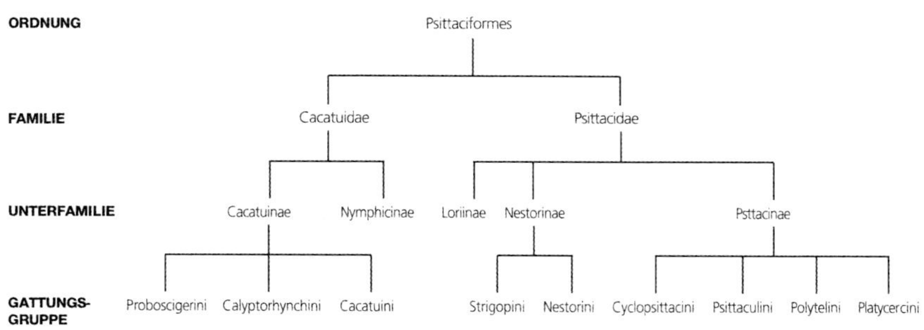

Abbildung 4
Die Abbildung zeigt die in diesem Buch verwendete taxonomische Anordnung der Ordnung der Papageienvögel (Psittaciformes)

VERBREITUNG DER PAPAGEIEN IN AUSTRALIEN

Jede Region Australiens, vom dichten Regenwald im tropischen Norden bis zum kühlen, windgepeitschten Hochland im Süden Tasmaniens und zu den spärlich bewachsenen Wüsten des trockenen Inlands, wird von Papageien bewohnt. Einige Arten wie der Rosakakadu (*Eolophus roseicapilla*) und der Nymphensittich (*Nymphicus hollandicus*) haben sehr ausgedehnte Verbreitungsgebiete, die sich fast über den gesamten Kontinent erstrecken.

Tropischer Regenwald nördlich von Cooktown (Cape York Peninsula). Typische Regenwaldpapageien sind hier *Probosciger aterrimus*, *Geoffroyus geoffroyi* und *Eclectus roratus.*

Foto: Karl-Heinz Schallenberg

Tropischer Regenwald (Daintree, nordöstliches Queensland). Diesen Vegetationstyp nutzen *Alisterus scapularis*, *Psittaculirostris diophthalma* und *Platycercus elegans.*

Foto: Dieter Vogels

Tropische Savanne im Kakadu National Park (Northern Territory). *Trichoglossus*-Arten sind im Norden die auffälligsten Papageien zusammen mit *Calyptorhynchus banksii*, *Cacatua sanguinea* und *Aprosmictus erythropterus*.

Foto: Thomas Arndt

Eucalyptus-Melaleuca-Mischwälder in der Nähe von Pine Creek (Northern Territory). Hier findet man *Trichoglossus haematodus*, *P. versicolor*, *Calyptorhynchus banksii*, *Aprosmictus erythropterus*, *Platycercus venustus* und *Psephotus chrysopterygius.*

Foto: Thomas Arndt

Trockener Regenwald (Bunya Mountains National Park, südöstliches Queensland). Diesen Vegetationstyp nutzen *Alisterus scapularis* und *Platycercus elegans.*

Foto: Dieter Vogels

Trockene Savanne (Macquarie Marshes, zentrales New South Wales). Diesen Vegetationstyp nutzen *Nymphicus hollandicus*, *Aprosmictus erythropterus, Melopsittacus undulatus, Barnardius barnardi* und *Northiella haematogaster.*

Foto: Dieter Vogels

Acacia-Eucalyptus-Callitris-Gesellschaft (Pilliga Scrub, New South Wales, westlich der Great Dividing Range). Neben *Calyptorhynchus lathami* sind *Barnardius barnardi* und *Neophema pulchella* in diesem Vegetationstyp zu finden.

Foto: Dieter Vogels

Sumpfige Strauchheide (nördliches New South Wales). Hier findet man *Pezoporus wallicus.*

Foto: Dieter Vogels

Andere Arten hingegen – wie der Edelpapagei (*Eclectus roratus*) oder der Rotkappensittich (*Purpureicephalus spurius*) – haben ein sehr eingeschränktes Verbreitungsgebiet.

Auf der Grundlage bekannter Verbreitungsgebiete verschiedener Tiergruppen einschließlich der Vögel schlug Spencer (1896) als Erster eine Unterteilung des australischen Kontinents in zoogeographische Subregionen vor. Er unterschied eine Torres-, eine Bass- und eine Eyre-Subregion (siehe Abb. 5a). Die Torres-Subregion umfasst den tropischen Norden und Nordosten von den Kimberleys in Western Australia ostwärts bis Nord-Queensland und südwärts bis etwa zum Clarence River im Nordosten von New South Wales. Die Gebiete der Bass-Subregion in Südost-Australien zeichnen sich durch eine hohe jährliche Niederschlagsmenge aus. Die Subregion reicht von der Ostküste landeinwärts bis zu den westlichen Ausläufern der Great Dividing Range und schließt Tasmanien mit ein. Das trockene Landesinnere von Australien bildet die Eyre-Subregion. In Südwest-Australien gibt es ein Mischgebiet mit charakteristischen Elementen sowohl der Eyre-Subregion als auch der Bass-Subregion.

Kikkawa und Pearse (1969) werteten die Nachweise verschiedener Vogelarten von ausgewählten Standorten statistisch aus und legten anhand der Ergebnisse zoogeographische Regionen fest, die bemerkenswert mit den Subregionen Spencers übereinstimmten. Die beiden Autoren kamen zu der Überzeugung, dass die bedeutsamste Faunengrenze die Trennung der östlichen Subregion vom Rest Australiens darstelle. Die Trennlinie verläuft grob gesehen entlang des Westhangs der Great Dividing Range von der Ostseite des Gulf of Carpentaria südwärts bis nach West-Victoria und zu den Mount Lofty Ranges im Südosten von South Australia. Eine Verbindung zwischen dem Südosten und den Flinders Ranges, östliches South Australia, ist offensichtlich. Man vermutet, dass sich die älteste geographische Barriere im Gebiet der Kimberleys in Western Australia befindet, welche die Fauna des Landesinneren von der Tierwelt im Norden trennt. Danach spaltete sich die Fauna Tasmaniens von der des Festlands ab. Es bildeten sich im Laufe der Zeit weitere Barrieren im Südwesten und im Nordosten, in der letztgenannten Region die so genannte „Carpentaria Barrier", die bis zum Süden des Gulf of Carpentaria reicht (siehe Macdonald 1969). Kikkawa und Pearse behaupteten, dass der Südwesten ursprünglich von typischen Vertretern der südlichen Fauna besiedelt war. Eine Mischgemeinschaft entstand zunächst durch die Einwanderung von Tieren aus der Bass-Subregion Ost-Australiens und später durch den Zuzug von an Trockenheit angepassten Formen aus dem Landesinneren, als im Südwesten Arten ausstarben oder sich innerhalb ihrer geographischen Isolation in neue Taxa aufspalteten. Die Cape York Peninsula stellt eine bemerkenswerte zoogeographische Region dar, die faunistisch offenbar mehr Übereinstimmungen mit Neuguinea als mit dem Rest von Australien aufweist. Auch das Becken des Darling River gilt als bedeutende zoogeographische Enklave im Südosten Australiens. Hier bewohnt eine Reihe von Tierarten der Bass-Subregion flussnahe Lebensräume und dringt dabei tief in die Peripherie der Eyre-Subregion vor. Die faunistischen Regionen nach Vorschlag von Kikkawa & Pearse sind in Abbildung 5b dargestellt.

Abbildung 5
Zoogeographische Subregionen Australiens

(a) Zoogeographische Subregionen Australiens nach Spencer (1896)

(b) Zoogeographische Subregionen Australiens nach Kikkawa & Pearse (1969)

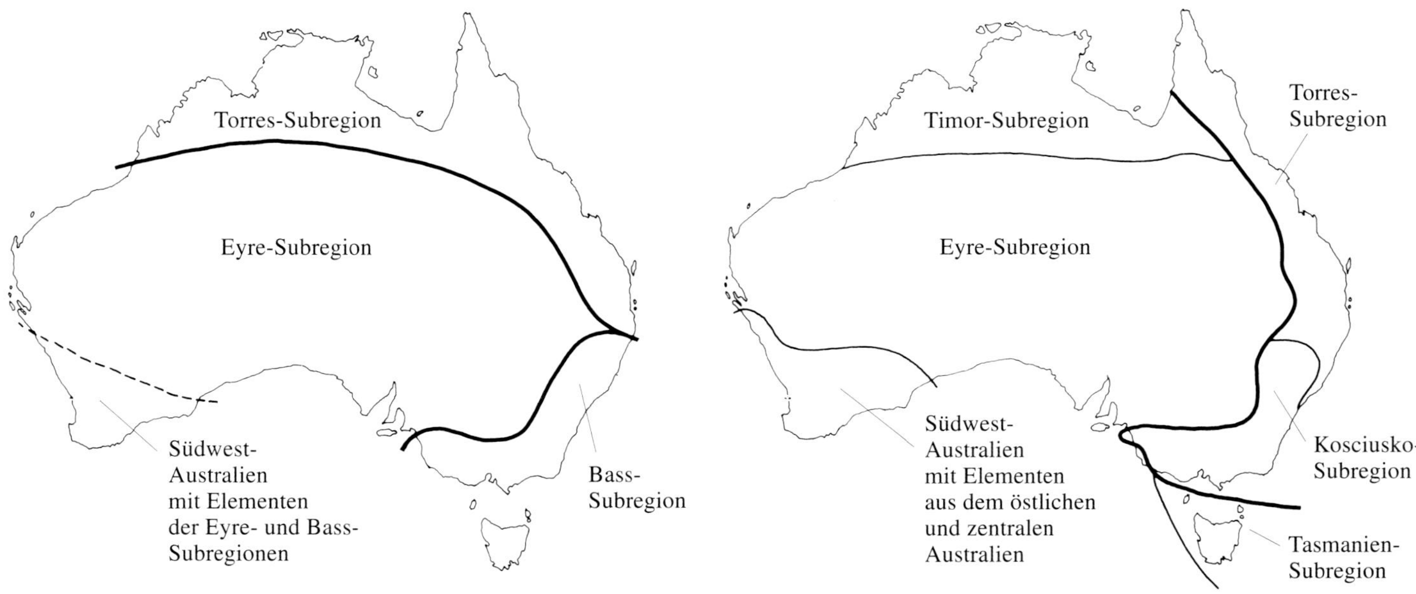

SCHODDE (1976) äußerte sich ebenso zu den Affinitäten zwischen Neuguinea und der Cape York Peninsula. Er betont, dass die Unterteilung in drei faunistische Subregionen nach SPENCER nicht länger geeignet sei, um die Ausgangspunkte und Abläufe der Ausbreitungsbewegungen der australischen Vogelwelt angemessen widerzuspiegeln. SPENCERS Subregionen berücksichtigen weder die Lebensgemeinschaften des subtropischen Regenwaldes als kohärente Einheit noch nehmen sie Bezug auf die äquivalente Avifauna Neuguineas. Um diese Unstimmigkeiten zu korrigieren, fügt SCHODDE zwei weitere Subregionen hinzu – die Tumban-Subregion, die den subtropischen Regenwald von Ost-Australien südlich der Cape York Peninsula umfasst, und die Papua-Subregion, zu der er das Tiefland Neuguineas und die Regenwaldinseln der Cape York Peninsula zählt.

Kakadus kommen in allen Subregionen vor. Es gibt typische Formen der Eyre-Subregion wie den Nymphensittich (*Nymphicus hollandicus*), den Inkakakadu (*Cacatua leadbeateri*) und den Nacktaugenkakadu (*C. sanguinea*). Dieser wird im äußersten Südwesten von dem sehr eng verwandten Wühlerkakadu (*C. pastinator*) ersetzt, in der Bass-Subregion im Südosten Australiens vom Nasenkakadu (*C. tenuirostris*). Der Helmkakadu (*Callocephalon fimbriatum*) ist eine Art, die ausschließlich im Kosciusko-Gebiet vorkommt, während der weit verbreitete Gelbhaubenkakadu (*Cacatua galerita*) die Eyre-Subregion meidet. Die Art ist bis heute nicht in den Südwesten Australiens vorgestoßen und bildet auf beiden Seiten der „Carpentaria Barrier" getrennte Unterarten aus. Beim ubiquitär vorkommenden Rosakakadu (*Eolophus roseicapilla*) sind mittlerweile keine subregionalen Beziehungen mehr erkennbar. Ursprünglich schien es sich um eine Art aus der Peripherie der Eyre-Subregion gehandelt zu haben. Die Rabenkakadus (*Calyptorhynchus*) werden in der Eyre-Subregion durch Populationen des Banks-Rabenkakadus (*C. banksii*) im Lake-Eyre-Becken und in höher gelegenen Gebieten in der Nähe von Alice Springs vertreten. Ich glaube jedoch, dass die Art trotz der isolierten Populationen im Südosten und Südwesten charakteristisch für die Torres-Timor-Region ist. Der Braunkopfkakadu (*C. lathami*) und der Gelbohr-Rabenkakadu (*C. funereus*) sind Formen der Bass-Subregion, die beiden Arten der Weißohr-Rabenkakadus (*C. baudinii, C. latirostris*) vertreten die Gattung im Südwesten, einer isolierten Region, die sich nach wie vor in reger Artenbildung befindet. Der Palmkakadu (*Probosciger aterrimus*) kommt ausschließlich auf der Cape York Peninsula, Nord-Queensland, vor und ist offensichtlich erst vor stammesgeschichtlich kurzer Zeit von Neuguinea her eingewandert und daher eine charakteristische Art der Papua-Subregion.

Loris gibt es in der Eyre-Subregion nicht, obgleich der Porphyrkopflori (*Glossopsitta porphyrocephala*) im äußersten Süden Australiens vorkommt und offensichtlich ein früher Einwanderer der Bass-Subregion in den Südwesten ist. Hier ist die Art der einzige ursprünglich heimische Lori. Die Gattung *Glossopsitta* beschränkt sich vorwiegend auf die Bass- oder Kosciusko-Tasmanien-Subregion, die Gattung *Trichoglossus* hat sich hingegen so weit nach Norden ausgedehnt, dass zu ihr nach KIKKAWA und PEARSE (1969) Repräsentanten verschiedener Subregionen zählen; der Schuppenlori (*T. chlorolepidotus*) und der Gebirgslori (*T. haematodus moluccanus*) bewohnen den Nordosten der Torres-Subregion, der Rotnackenlori (*T. haematodus rubritorquis*) und der Buntlori (*Psitteuteles versicolor*) sind hingegen charakteristische Vögel der nördlichen Timor-Subregion westlich der „Carpentaria Barrier".

Die Platycercini sind die dominierende Papageiengruppe Australiens. Es handelt sich um eine sehr artenreiche Gattungsgruppe, die fast ausschließlich in Australien vorkommt und in jedem Teil des Kontinents präsent ist. Innerhalb der Plattschweifsittiche (*Platycercus*) lassen sich zwei „Artenkomplexe" beziehungsweise Superspezies mit jeweils mehreren, sehr eng miteinander verwandten Arten unterscheiden, die sich gegenseitig geographisch ersetzen. Darüber hinaus gibt es einen isoliert im Südwesten Australiens lebenden Vertreter der Platycercini. Der erste „Artenkomplex" zeichnet sich durch blauviolette Wangenflecken und ein auffälliges, überwiegend grünliches Jugendgefieder aus. Die Vögel gehören grundsätzlich zur Kosciusko-Tasmanien-Subregion mit entlegenen Populationen auf dem Atherton Tableland, Nordost-Queensland, im Darling-River-Becken, südwestliches New South Wales bis Nord-Victoria und zum östlichen South Australia, und in den Flinders Ranges, östliches South Australia. Bei den Vögeln des zweiten „Artenkomplexes" sind die Wangen weiß oder weiß mit Blau verwaschen. Die Jungvögel ähneln den Adulten; eine Art ist ausschließlich in der Kosciusko-Tasmanien-Subregion verbreitet, eine weitere Spezies zählt zur Torres-Subregion, eine dritte kommt nur in der Timor-Subregion vor. Die beiden letztgenannten Spezies werden durch die „Carpentaria Barrier" getrennt. Im Südwesten kommt der sehr auffällige Stanleysittich (*Platycercus icterotis*) vor, der entfernt mit dem zweiten „Artenkomplex" verwandt zu sein scheint. In der Eyre-Subregion wird die Gattung *Platycercus* durch die eng verwandte Gattung *Barnardius* ersetzt. Kleinere breitschwänzige Papageien der Gattung *Psephotus* kommen fast überall in Australien vor, sie fehlen ledig-

Arides Buschland mit Akazien bedeckt große Flächen im trockenen Landesinneren von Australien. Typische Papageien sind hier *Eolophus roseicapilla*, *Psephotus varius* und *Melopsittacus undulatus*.

Foto: Thomas Arndt

Trockene *Casuarina*-Savanne mit Spinifex im Uluru National Park (nördliches South Australia). Diesen Vegetationstyp nutzen *Cacatua leadbeateri*, *Eolophus roseicapilla*, *Nymphicus hollandicus*, *Barnardius zonarius*, *Psephotus varius* und *Melopsittacus undulatus*.

Foto: Thomas Arndt

Mallee-Vegetation mit ihrem ariden Buschland und überwiegend niedrig wachsenden, mehrstämmigen Eukalypten. Diesen Vegetationstyp findet man vornehmlich im südlichen Teil des Inlands. *Polytelis anthopeplus* und *Barnardius barnardi* sind in der Mallee-Region endemisch, weitere 23 Papageienarten kommen hier dauerhaft oder saisonal vor.

Foto: Thomas Arndt

Offener *Acacia-Eucalyptus-Callitris*-Mischwald (Südwestaustralien). Diesen Vegetationstyp nutzen *Calyptorhynchus latirostris*, *Purpureicephalus spurius, Barnardius zonarius* und *Neophema elegans.*

Foto: Thomas Arndt

Dichter, hoher Mischwald bei Walpole (Südwestaustralien). Hier findet man *Barnardius zonarius* und *Platycercus icterotis.*

Foto: Thomas Arndt

Küstenstrauchland bei Windy Harbour (Südwestaustralien). Diese Vegetationsform wird regelmäßig von *Calyptorhynchus baudinii* zur Nahrungsaufnahme besucht.

Foto: Thomas Arndt

Felsige Küstenlandschaft bei Point D'Entrecasteaux (westliches Südwestaustralien). Hier findet man regelmäßig *Neophema petrophila.*

Foto: Thomas Arndt

lich im Südwesten (hier ist der Stanleysittich ihr Gegenstück) und auf Tasmanien. Offenbar hat sich das Verbreitungsgebiet der Gattung *Psephotus* nach Süden verlagert, die Bestände der heutigen Vertreter der Torres-Timor-Subregion, des Goldschultersittichs (*P. chrysopterygius*) und des Hoodedsittichs (*P. dissimilis*), sind rückläufig beziehungsweise beim Paradiessittich (*P. pulcherrimus*) erloschen. Eine weitere überwiegend im Süden Australiens verbreitete Gattung ist *Neophema*, zu der sowohl Arten der Bass- als auch der Eyre-Subregion zählen und die auch im Südwesten vertreten ist. Der Wellensittich (*Melopsittacus undulatus*) ist ausschließlich in der Eyre-Subregion verbreitet, während in der verwandten Gattung *Pezoporus* eine Art der Bass-Fauna, eine weitere der Eyre-Fauna zugerechnet werden muss. Der auf Nektar und Pollen spezialisierte Schwalbensittich (*Lathamus discolor*) brütet nur auf Tasmanien und wandert im Winter zum Festland Südost-Australiens.

Die Psittaculini sind eine sehr erfolgreiche Papageiengruppe. Zu ihrem Verbreitungsgebiet zählt die Inselwelt der Maskarenen im Indischen Ozean und ein Gebiet von Westafrika ostwärts durch die Orientalische Region bis zum äußersten Norden Australiens, wo die Gruppe von *Geoffroyus* und *Eclectus* repräsentiert wird, zwei auffällige Gattungen der Papua-Subregion, die offensichtlich vor stammesgeschichtlich kurzer Zeit von Neuguinea her eingewandert sind. Im Gegensatz dazu sind die Vögel der wahrscheinlich eng verwandten Polytelini überwiegend australischen Ursprungs und in allen zoogeographischen Regionen des Festlands verbreitet. Hierzu zählen die sehr eng verwandten Gattungen *Alisterus* aus der Bass-Subregion und *Aprosmictus* aus der Torres-Timor-Subregion sowie die Gattung *Polytelis* mit einer ausschließlich in der Eyre-Subregion vertretenen Art, dem Princess-of-Wales-Sittich (*Polytelis alexandrae*), und zwei Arten der Bass-Subregion; eine von ihnen hat sich an ein Leben in trockenen Regionen angepasst und kommt im Südwesten vor.

In Australien wird die Gruppe der Cyclopsittacini durch den polytypischen Maskenzwergpapagei (*Cyclopsitta diophthalma*) repräsentiert, eine Art der Papua-Subregion mit drei auffälligen Unterarten in Australien, von denen jeweils eine in den drei isolierten subtropischen oder tropischen Regenwaldinseln an der Ostküste von der Cape York Peninsula, Nord-Queensland, bis zum Nordosten von New South Wales vorkommt.

Die Nestorinae sind endemisch auf Neuseeland, obwohl die Gruppe früher auf Norfolk Island mit dem heute ausgerotteten Norfolk-Kaka oder Dünnschnabelnestor (*Nestor productus*) vertreten war, einer Art, die sich nur wenig vom rezenten Kaka (*N. meridionalis*) unterscheidet.

PAPAGEIEN IN IHREM NATÜRLICHEN LEBENSRAUM

Australien ist ein trockener und flacher Kontinent. Auf etwa sechzig Prozent der Fläche fällt pro Jahr weniger als 250 mm Niederschlag, und weniger als fünf Prozent der Landmasse liegen höher als 600 m ü. NN. Daher gibt es in Australien auch kaum montane Lebensräume. Weite Flächen des Kontinents sind trocken und gestatteten nur einen spärlichen Pflanzenwuchs. Unweit der östlichen Küstenlinie befindet sich Australiens einzige ausgedehnte Gebirgsregion, eine lockere Kette unterschiedlich hoher Berge, die in ihrer Gesamtheit als Great Dividing Range bezeichnet wird. Es gibt keine ausschließlichen Hochlandpapageien, die Gebirgslebensräume bieten jedoch Rückzugsgebiete für einige vom Hauptverbreitungsgebiet isolierte Populationen. So gibt es zum Beispiel vom Australischen Königssittich (*Alisterus scapularis*) und vom Pennantsittich (*Platycercus elegans*), zwei Arten mit recht großen Verbreitungsgebieten im Südosten, isolierte Populationen im Küstengebirge im Nordosten von Queensland. Vom Banks-Rabenkakadu (*Calyptorhynchus banksii*) gibt es eine offenbar isolierte Population in den höher gelegenen Gebieten in der Nähe von Alice Springs, Zentral-Australien. Im Südosten Australiens lebt der Helmkakadu (*Callocephalon fimbriatum*) vorzugsweise in den Waldgebieten. Von ihm sind saisonbedingte vertikale Wanderungen bekannt.

Die Niederschlagsrate ist in weiten Teilen des Kontinents gering, und die Regenfälle sind kaum vorhersehbar. Die Niederschlagsmenge nimmt vom trockenen Landesinneren zur Küste hin gleichmäßig zu. Im tropischen Norden lassen sich, bedingt durch den Einfluss des Monsuns, eine feuchte Jahreszeit (von November oder Dezember bis April) und eine trockene Jahreszeit (von Mai bis Oktober) definieren. Im Südosten und Südwesten regnet es überwiegend im Winter, in Richtung Landesinnere ist das Auftreten von Niederschlägen unregelmäßig und kaum vorhersehbar. Die Vegetation ist dort besonders üppig, wo die Regenfälle saisonal bedingt relativ zuverlässig sind. Daher gibt es eine größere Vielfalt an Lebensräumen für Vögel in den feuchteren, bewaldeten Küstenregionen als im trockenen Landesinneren. In semiariden oder ariden Gebieten bestimmt die Lage der Wasserläufe die Vegetation, und Galeriewälder sind überaus wichtige Lebensräume von Papageien. So sind zum Beispiel Strohsittiche (*Platycercus elegans flaveolus*) und Schildsittiche (*Polytelis swainsonii*) auf ufernahe Wälder entlang der größeren Fluss-Systeme im Inland von Südost-Australien angewiesen. Im Osten Australiens haben sich mehrere Arten einschließlich der Loris, des Gelbhaubenkakadus (*Cacatua galerita*), des Australischen Königssittichs (*Alisterus scapularis*) und einiger *Platycercus*-Arten am westlichen Ende ihrer Verbreitungsgebiete sehr eng an Lebensräume in Flussnähe gebunden.

NORDAUSTRALIEN

Die Cape York Peninsula ist eine besonders bemerkenswerte Region Australiens, da zahlreiche ihrer faunistischen Elemente sehr stark mit denen Neuguineas übereinstimmen. Infolgedessen gibt es hier auch viele regionale Endemiten. Auf der Halbinsel prägen *Eucalyptus*-Wälder oder *Eucalyptus-Melaleuca*-Mischwälder die Vegetation mit *Imperata* und anderen tropischen Gräsern als Bodenbewuchs. In diesen Lebensräumen findet man überwiegend oder ausschließlich nördliche Arten wie den Buntlori (*Psitteuteles versicolor*), den Rotflügelsittich (*Aprosmictus erythropterus*), den Blasskopfrosella (*Platycercus adscitus*) und den Goldschultersittich (*Psephotus chrysopterygius*), aber auch Arten mit größerem Verbreitungsgebiet wie den Allfarblori (*Trichoglossus haematodus*), den Rosakakadu (*Eolophus roseicapilla*), den Banks-Rabenkakadu (*Calyptorhynchus banksii*) und den Gelbhaubenkakadu (*Cacatua galerita*). Hoch wachsender tropischer Regenwald gedeiht entlang den Wasserläufen und auf den Überflutungsflächen der Flüsse. In diesem beschränkten Lebensraum sind die mit Neuguinea übereinstimmenden Elemente besonders auffällig; typische Regenwaldpapageien sind der Palmkakadu (*Probosciger aterrimus*), der Rotkopfpapagei (*Geoffroyus geoffroyi*), der Edelpapagei (*Eclectus roratus*) und die am weitesten nördlich vorkommende australische Unterart des Maskenzwergpapageis (*Cyclopsitta diophthalma*).

Im Norden des Kontinents westlich des Gulf of Carpentaria wird die Vegetation von *Eucalyptus*-Wäldern und *Eucalyptus-Melaleuca*-Mischwäldern geprägt, die mit den Wäldern auf der Cape York Peninsula vergleichbar sind. Der Bodenbewuchs ist allerdings vielgestaltiger mit vorherrschenden *Themeda*- und *Digitaria*-Gräsern. Es gibt nur wenige isolierte Regenwaldinseln, überwiegend im Gebiet der Wasserläufe, die durch den Arnhem Land Escarpment fließen. Diese Lebensräume sind jedoch keine bedeutsamen Habitate für Papageien. *Trichoglossus*-Arten sind im Norden die auffälligsten Papageien zusammen mit den allgemein recht häufigen Banks-Rabenkakadus (*Calyptorhynchus banksii*), Nacktaugenkakadus (*Cacatua sanguinea*) und Rotflügelsittichen (*Aprosmictus erythropterus*). Der endemische Brownsittich (*Platycercus venustus*) ist weit verbreitet, aber nie sehr zahlreich anzutreffen. Der Hoodedsittich (*Psephotus dissimilis*) hat ein beschränktes Verbreitungsgebiet und ist örtlich recht selten geworden.

OSTAUSTRALIEN

In Ostaustralien beherrschen feuchte Wälder das Landschaftsbild. Sie machen schrittweise Platz für die Bergwälder des Küstenvorlands und für die Küstenebenen. In Richtung Landesinnere werden die Feuchtwälder durch semiaride Baumsavannen abgelöst. In Ost-Queensland südlich der Cape York Peninsula gibt es zwei Hauptgebiete mit tropischem Regenwald; das erste erstreckt sich entlang der Küste von Cooktown bis nördlich von Townsville und landeinwärts bis zum Atherton Tableland, das zweite liegt im Südosten und reicht von Maryborough bis in ein Gebiet südlich von Gympie und in den äußersten Nordosten von New South Wales hinein. Beide Regenwaldgebiete werden von jeweils einer endemischen Unterart des Maskenzwergpapageis (*Cyclopsitta diophthalma*) bewohnt. Im Nordosten von New South Wales gibt es subtropischen Regenwald, weiter südlich, gewöhnlich in größeren Höhenlagen mit gemäßigtem Klima, Primärwälder, die beispielsweise von *Nothofagus cunninghamii* dominiert werden, besonders auf Tasmanien. Eukalypten herrschen in Wäldern und feuchten Baumsavannen vor, in den trockeneren Gebieten Richtung Westen nimmt der Anteil anderer Baumarten zu, überwiegend Akazien, Kasuarinen und *Callitris* spp. Papageien sind in den dichten Bergwäldern nicht besonders zahlreich vertreten; zu den bemerkenswerten Arten zählen der Gelbohr-Rabenkakadu (*Calyptorhynchus funereus*), der Helmkakadu (*Callocephalon fimbriatum*), der Königssittich (*Alisterus scapularis*) und der Pennantsittich (*Platycercus elegans*). All diese Spezies kommen jedoch auch in anderen Lebensräumen vor. In feuchten Baumsavannen leben zahlreiche Loris und Plattschweifsittiche sowie der Gelbhaubenkakadu (*Cacatua galerita*), der Braunkopfkakadu (*Calyptorhynchus lathami*), der Feinsittich (*Neophema chrysostoma*), der Schönsittich (*N. pulchella*) und der Nektar fressende Schwalbensittich (*Lathamus discolor*). Entlang der Küstenlinie gibt es Gebiete mit Salzwiesen, Heide- und Grasland, Lebensräume, die häufig von spezialisierten Arten wie dem Klippensittich (*Neophema petrophila*), dem Orangebauchsittich (*N. chrysogaster*) und dem Erdsittich (*Pezoporus wallicus*) aufgesucht werden.

Westlich der Great Dividing Range gibt es einen allmählichen Übergang von der feuchten

Baumsavanne und offenen Wäldern zur trockenen Baumsavanne und zum Grasland mit geringem Baumbestand, das gleichmäßig von Wasserläufen mit angrenzendem Galeriewald oder ausgedehnten Wäldern des *River Red Gum* (*Eucalyptus camaldulensis*) auf den Überschwemmungsflächen durchzogen wird. Zu den für diese Übergangszone charakteristischen Papageien zählen der Rosakakadu (*Eolophus roseicapilla*), der Nasenkakadu (*Cacatua tenuirostris*), der Schildsittich (*Polytelis swainsonii*), der Bergsittich (*P. anthopeplus*), der Singsittich (*Psephotus haematonotus*) und der Schmucksittich (*Neophema elegans*).

ZENTRAL-AUSTRALIEN

Im trockenen Landesinneren Australiens befinden sich ausgedehnte Flächen ariden Buschlands mit Akazien als dominierender Baumart und örtlich mit einer variablen Mischung aus Eukalypten, Kasuarinen, *Hakea-* oder *Callitris*-Bäumen. Die Mallee-Vegetation mit ihrem ariden Buschland und überwiegend niedrig wachsenden, mehrstämmigen Eukalypten findet man vornehmlich im südlichen Teil des Inlands. Schodde (1981) fand heraus, dass der Bergsittich (*Polytelis anthopeplus*) und der Barnardsittich (*Barnardius barnardi*) in der Mallee-Region endemisch sind und 23 weitere Papageienarten dauerhaft oder saisonal in diesem bedeutsamen Lebensraum vorkommen. Der Bodenbewuchs umfasst einjährige oder mehrjährige Gräser und wird oft von *Triodia-Plectrachne*-Gesellschaften geprägt, zusammen mit einer Vielzahl von krautigen Pflanzen und mehrjährigen Holzgewächsen. In besonders niederschlagsarmen Gegenden wachsen nur wenige Bäume, die Landschaft wird geprägt von offenem Grasland, dominiert von *Triodia* oder *Astrebla*, oder einer Steppe mit Büschen. In dieser wachsen überwiegend Gänsefußgewächse wie *Atriplex* und *Maireana*-Büsche als besonders auffällige Pflanzen. Im nördlichen South Australia und im östlichen Western Australia gibt es mehrere, in der Regel ausgetrocknete Salzseen, von denen einige sehr groß sind. Charakteristisch für sie ist eine spärliche Vegetation mit niedrig wachsenden Strauchgesellschaften. Papageien haben sich auch an die rauen Lebensbedingungen des trockenen Inlands hervorragend angepasst. Die meisten Arten, die hier zu finden sind, ziehen als Nomaden umher. Große Schwärme von Wellensittichen (*Melopsittacus undulatus*) und Nymphensittichen (*Nymphicus hollandicus*) sind ständig auf der Suche nach Oberflächenwasser, Princess-of-Wales-Sittiche (*Polytelis alexandrae*) oder Glanzsittiche (*Neophema splendida*) tauchen plötzlich in Distrikten auf, in denen man die Vögel seit Jahrzehnten nicht beobachten konnte. Weitere charakteristische Arten für das trockene Inland Australiens sind der Inkakakadu (*Cacatua leadbeateri*), die Ringsittiche (*Barnardius*), der Vielfarbensittich (*Psephotus varius*), der Blutbauchsittich (*Northiella haematogaster*), der Bourkesittich (*Neopsephotus bourkii*) und der in jüngster Zeit wiederentdeckte Nachtsittich (*Pezoporus occidentalis*).

SÜDWESTAUSTRALIEN

Im südwestlichen Australien stoßen das Akazienbuschland des Inlands und die Eukalyptus-Wälder des äußersten Südwestens entlang einer eng definierten Grenze zusammen, die als „Mulga-Eukalyptus-Linie" bezeichnet wird. Die Vegetationsgrenze reicht von der Shark Bay an der Westküste landeinwärts bis zum Mount Singleton und zum Mount Jackson sowie in das Gebiet nördlich von Kalgoorlie (siehe Serventy & Whittell 1976). Die „Mulga-Eukalyptus-Linie" stellt für viele Vogelarten – sowohl für die Inlandarten als auch für die Spezies des Südwestens – die Verbreitungsgrenze dar. Im äußersten Südwesten Australiens bildet der dichte Eukalyptuswald eine weitere Barriere, die das Verbreitungsgebiet einiger Vogelarten begrenzt. Zu den weit verbreiteten Papageienarten, die den Südwesten Australiens erreicht haben, zählen der Porphyrkopflori (*Glossopsitta porphyrocephala*), der Banks-Rabenkakadu (*Calyptorhynchus banksii*), der Bergsittich (*Polytelis anthopeplus*), der Bauers Ringsittich (*Barnardius zonarius*), der Schmucksittich (*Neophema elegans*), der Klippensittich (*N. petrophila*) und der Erdsittich (*Pezoporus wallicus*). Auch das Verbreitungsgebiet des Rosakakadus (*Eolophus roseicapilla*) reicht bis in den Südwesten, während der Nymphensittich (*Nymphicus hollandicus*) und der Wellensittich (*Melopsittacus undulatus*) diese Region nur unregelmäßig aufsuchen. Zu den Arten, die ausschließlich im Südwesten Australiens vorkommen, zählen die beiden Weißohr-Rabenkakadus (*Calyptorhynchus baudinii*, *C. latirostris*), der Wühlerkakadu (*Cacatua pastinator*), der Rotkappensittich (*Purpureicephalus spurius*) und der Stanleysittich (*Platycercus icterotis*).

ERHALTUNGSMASSNAHMEN

Seit fast zwei Jahrhunderten gehört Australien zu den Rohstofflieferanten für die europäischen Märkte. Obwohl die Phrase „Australien lebt vom Rücken der Schafe aus" oft abgestritten wird, ist sie doch nicht ganz von der Hand zu weisen. Die überragende Bedeutung der Rohstoffproduktion in Australien hat zu weitreichenden, manchmal dramatischen Veränderungen in der natürlichen Umwelt geführt, besonders in den feuchten Küstenregionen, in denen sich die landwirtschaftliche Entwicklung und die Urbanisation konzentriert haben. Recher (1985) schrieb, dass in den einhundert Jahren nach der Besiedlung 1788 fast ganz

Australien kolonisiert und in Acker- oder Weideland umgewandelt wurde. Die ursprüngliche Landschaft wurde im Übermaß zerstört. Die Lebensraumfunktionen wurden in weiten Teilen des Landes vor allem durch die Versalzung der Böden gestört. Ohne Sinn und Verstand beseitigte man selbst auf kargen Böden, die niemals eine gewinnträchtige Ernte erlaubt hätten, den natürlichen Pflanzenbewuchs. Bedauerlicherweise geht dieser verschwenderische Raubbau in der Natur weiter, vor allem im westlichen Queensland.

Seit der Besiedlung durch die Europäer sind sämtliche Lebensräume Australiens in Mitleidenschaft gezogen worden; es wurde zwar bisher keiner vollständig vernichtet, aber einige einschließlich der tropischen und subtropischen Regenwälder sowie das Mallee-Buschland sind im besorgniserregenden Maße zerstört worden. Entsprechend ist auch die Lebensweise einiger Papageienarten auf die eine oder andere Art von diesen Eingriffen des Menschen in die Landschaft beeinflusst worden. Offenbar haben nur wenige Arten wie der Rosakakadu (*Eolophus roseicapilla*) und der Bauers Ringsittich (*Barnardius zonarius*) von dieser Entwicklung profitiert, auf andere haben die Veränderungen der Lebensräume scheinbar kaum Auswirkungen gehabt. Die Populationsgrößen der meisten Arten sind jedoch heute ohne Zweifel rückläufig. Smith (1978) fasste das Vorkommen und die tendenzielle Populationsentwicklung der australischen Papageien zusammen und stellte fest, dass 72 % der Arten ihre Populationsgröße behaupten konnten, aber nur 60 % eine stabile oder wachsende Populationsgröße aufwiesen. Zwischen 1970 und 1989 ist die Zahl der ausführlichen ökologischen Forschungsstudien über australische Papageien stark gestiegen. Joseph (1988) bemerkte in diesem Zusammenhang, dass es nicht ausreiche, die Zahl der Forschungsarbeiten und die Anzahl der untersuchten Arten zu erhöhen, sondern dass in Anbetracht des oftmals wachsenden Drucks seitens der Landwirtschaft und der Industrie die bestehenden natürlichen Lebensräume dringend erhalten werden müssten. Laut Garnett (1993) gibt es vier ungenügend erforschte Arten: den Palmkakadu (*Probosciger aterrimus*), den Baudins Weißohr-Rabenkakadu (*Calyptorhynchus baudinii*), den Princess-of-Wales-Sittich (*Polytelis alexandrae*) und den Nachtsittich (*Pezoporus occidentalis*). Darüber hinaus sind die Populationen von 16 weiteren Arten oder Unterarten verwundbar oder gefährdet.

Im Rahmen von Freilandarbeiten zur Brutbiologie des Carnabys Weißohr-Rabenkakadus (*Calyptorhynchus latirostris*) an zwei Stellen im Weizengürtel von Western Australia stellte Saunders (1977b) fest, dass jedes Paar versuchte, einmal pro Jahr zu brüten, die durchschnittliche Fortpflanzungsrate pro Gelege jedoch an einer der untersuchten Stellen nur halb so groß war wie an der anderen. Darüber hinaus ging mit der geringeren Reproduktionsrate auch eine signifikant geringere durchschnittliche Körpermasse der Jungvögel zum Zeitpunkt des Ausfliegens einher. Beobachtungen wiesen darauf hin, dass der schwache Fortpflanzungserfolg auf Nahrungsknappheit zurückzuführen war. Die Altvögel waren gezwungen, sehr viel Zeit mit der Suche nach Futter in den verstreut liegenden Nahrungsgebieten zu verbringen. Manche Gebiete mit geeignetem Futter wurden von den Vögeln von einem Jahr aufs nächste nicht mehr aufgesucht. Es hatte den Anschein, dass die Menge an Futter in der Region ausreichend war, den Vögeln jedoch aufgrund der verstreuten Lage der Futtergebiete zu wenig Zeit blieb, Futter zu sammeln. Die bedeutsame Studie demonstrierte, dass Brutpopulationen durch die Zerschneidung der nahe liegenden Futtergebiete bedroht werden können, obwohl das Gesamtangebot an Nahrung weiterhin völlig ausreichend ist.

Saunders (1979b) fand heraus, dass die jährliche Verlustrate an Bruthöhlen an den beiden oben genannten Untersuchungsstellen 4,8 % beziehungsweise 2,2 % betrug. Die Brutbäume stürzten entweder bei Stürmen um oder wurden im Rahmen von Flurbereinigungsmaßnahmen brandgerodet beziehungsweise von Planierraupen beseitigt. Weitere Verluste sind auch darauf zurückzuführen, dass Teile der Brutbäume wegbrachen oder die Höhlen in sich zusammenstürzten. An einer dritten Untersuchungsstelle wurde die Studie abgebrochen, nachdem eine große Zahl von Brutbäumen während einer kontrollierten Brandrodung durch das State Forest Reserve zerstört worden war. Weitere Bruthöhlen wurden von Wilderern illegal aufgebrochen und die Nestlinge für den Vogelmarkt entnommen. Diese Erkenntnisse verdeutlichen, was meiner Meinung nach die größte Bedrohung für die Papageien und andere Höhlenbrüter darstellt.

Der Verlust von ausgewachsenen Bäumen mit geeigneten Bruthöhlen stellt aufgrund der Rodungen zugunsten der Landwirtschaft und der zunehmenden Praxis der Ausräumung und Auslichtung der Wälder fast auf dem gesamten australischen Kontinent ein großes Problem dar. Waldbestände auf Privatgrund sind in der Regel überaltert, die Bäume dienen dem Vieh als Schutz, und die Beweidung verhindert die Regeneration des Waldes. Dem Auslichten der Wälder besonders während der Produktion von Baumhäckseln fallen besonders die alten Bäume zum Opfer. Darüber hinaus wird in so kurzen Abständen geerntet, dass ein

Nachwachsen nicht möglich ist. Zusätzlich mache ich mir große Sorgen wegen der Verluste von Brutbäumen, die dem so genannten „*dieback*“ zuzuschreiben sind, eine umgangssprachliche Bezeichnung für die schädlichen Auswirkungen des *Phytophthora-cinnamomi*-Pilzes auf die Wurzeln und das massenhafte Auftreten Laub fressender Insekten. Diese Verluste wiegen dort, wo Waldgebiete durch großflächige Abholzungen bereits zerschnitten sind oder in sehr empfindlichen Ökosystemen wie den Auwäldern mit *Red River Gum* (*Eucalyptus camaldulensis*), besonders schwer.

Es gibt zahlreiche Beweise dafür, dass der Verlust von Bäumen mit Höhlen schädliche Auswirkungen auf die Wildtierpopulationen hat. In den letzten Jahren konnte man einen Anstieg der unmittelbar aufeinander folgenden oder sogar gleichzeitigen Belegung von Baumhöhlen feststellen. Darüber hinaus vertreiben aggressive Spezies weniger wehrhafte aus den Höhlen. Im Osten und Süden Australiens stehen die kleineren Papageien im harten Wettbewerb um die Brutplätze mit den eingeführten Haussperlingen (*Passer domesticus*), Europäischen Staren (*Sturnus vulgaris*) und Hirtenmainas (*Acridotheres tristis*). In Canberra beobachtete ich Singsittiche (*Psephotus haematonotus*), wie sie Öffnungen unter der Dachtraufe oder seitlich des Schornsteins in Augenschein nahmen, und Rosellasittiche (*Platycercus eximius*) brüteten in einem ausgehöhlten Baumstamm, den meine Nachbarn in ihrem Garten aufgestellt hatten.

Im Wombat State Forest in der Nähe von Daylesford, im Landesinneren von Victoria, wurde der Nutzen von in Bäumen aufgehängten hohlen Baumstümpfen überprüft. GOLDING (1979) berichtete, dass die Höhlen von Fledermäusen, baumbewohnenden Säugetieren und einer Vielzahl von Vögeln genutzt wurden einschließlich Pennantsittichen (*Platycercus elegans*), die gelegentlich auch die Nisthöhlen übernehmen, welche von Weißkehl-Baumrutschern (*Climacteris leucophaeus*) aufgegeben wurden. Die schnelle Inbesitznahme der Nisthilfen, die für den Banks-Rabenkakadu (*Calyptorhynchus banksii*) in seinem Brutgebiet im Südwest-Victoria angebracht worden waren, legt die Vermutung nahe, dass die schrumpfende Zahl geeigneter Nisthöhlen eine wichtige Ursache für den Rückgang dieser gefährdeten Population ist (EMISON *et al.* 1994). Künstliche Nisthöhlen werden ebenso bei dem vom Aussterben bedrohten Orangebauchsittich (*Neophema chrysogaster*) in Südwest-Tasmanien und beim Braunkopfkakadu (*Calyptorhynchus lathami*) auf Kangaroo Island, South Australia, eingesetzt.

Papageien, die auf dem Boden nach Nahrung suchen, sind abhängig vom Vorkommen von Gräsern und Kräutern, von deren Samen sie sich ernähren, vor allem in der Brutzeit. Änderungen beim Bodenbewuchs können unter Umständen lokale Populationen schwer schädigen. Man hat vermutet, dass zu Beginn des 20. Jahrhunderts eine lang anhaltende Dürre, gepaart mit einer schnellen Ausdehnung der Weidewirtschaft in Teilen des Landesinneren von Queensland, zu grundlegenden Veränderungen der bodendeckenden Vegetation und als Folge davon zur wahrscheinlichen Ausrottung des Paradiessittichs (*Psephotus pulcherrimus*) und zum Verschwinden des Schönsittichs (*Neophema pulchella*) aus dem Norden seines ursprünglichen Verbreitungsgebietes geführt hat. Ich bin der festen Überzeugung, dass für das Verschwinden des Goldschultersittichs (*Psephotus chrysopterygius*) und des Hoodedsittichs (*P. dissimilis*) aus Teilen ihres Verbreitungsgebietes vergleichbare Eingriffe in die bodendeckende Vegetation verantwortlich sind wie zum Beispiel Beweidung und regelmäßiges Niederbrennen des Graslandes in der Trockenzeit. Einen zusätzlichen Druck auf die Vögel übt der Schwarzkehl-Würgatzel (*Cracticus nigrogularis*) aus, der sowohl Jungvögel als auch die Adulten erbeutet. Da die heutige Population sehr klein geworden ist, kommt dem natürlichen Fressfeind der Papageien jetzt eine größere Bedeutung zu.

Die Jagd auf Papageien wird oft als Grund für die schrumpfenden Populationsgrößen angeführt. Ich möchte nicht die Wichtigkeit von Maßnahmen für einen angemessenen gesetzlichen Schutz der Papageien herabsetzen, aber durch das Jagdverbot wird nichts erreicht, wenn nur wenig gegen die Folgen der Lebensraumzerstörung getan wird – beide Maßnahmen müssen einander ergänzen! Die Jagd ist selten die Hauptursache für die Gefährdung einer Art, aber als sekundärer Druck erlangt sie eine starke Bedeutung, wenn die Art bereits durch den Primärdruck in Mitleidenschaft gezogen wurde (wie zum Beispiel durch Habitatzerstörung). Mir ist kein Beweis bekannt, dass eine in Australien gefährdete Art zurzeit durch den Jagddruck bedroht wird, wohl aber durch das Zerstören der Nisthöhlen und die illegale Entnahme von Eiern oder Jungvögeln, nach wie vor ein ernstes Problem für lokale Populationen einiger Rabenkakadus (*Calyptorhynchus*) und des Inkakakadus (*Cacatua leadbeateri*). Für mich besteht kein Zweifel, dass die Plünderung der Nester des Goldschultersittichs (*Psephotus chrysopterygius*) zwischen 1960 und 1980 für den drastischen Rückgang der Individuenzahlen dieser Art verantwortlich war.

Bedenklich sind die Folgen des Handels mit lebenden Papageien oder Kakadus, die in großer Zahl als Heim- und Zuchttiere verkauft werden. Seit den 70er Jahren des letzten Jahrhunderts haben sich von einigen Spezies, vor allem vom Nacktaugenkakadu (*Cacatua sanguinea*) und vom Nasenkakadu (*C. tenuirostris*), verwilderte Populationen außerhalb des ursprünglichen Verbreitungsgebietes etabliert. Viele dieser Populationen dehnen sich dramatisch aus, vor allem innerhalb und im Umkreis der großen Städte. Darüber hinaus gedeiht in der Umgebung von Perth eine Population der östlichen Unterart des Rosakakadus (*Eolophus roseicapilla*) prächtig, und eine genetische Vermischung mit den lokalen Populationen der gut unterscheidbaren westlichen Unterart ist bereits nachweisbar. Es ist zu erwarten, dass die Ausdehnung der verwilderten Populationen des Gelbhaubenkakadus (*Cacatua galerita*) und des Allfarbloris (*Trichoglossus haematodus*) in der Region um Perth Auswirkungen auf die Populationen endemischer Spezies haben und die Wahrscheinlichkeit des Auftretens von Ernteschäden vergrößern wird.

Von Ernteschädigungen durch Papageien wurde aus vielen Ländern berichtet, aber bis heute hat es nur selten eine objektive Einschätzung des Problems gegeben, weder in Australien noch anderswo. In Australien wird jede Bewertung der Thematik durch Kampagnen beeinflusst, die kurzfristige oder „Ruckzuck"-Antworten propagieren, welche gewiss keine effektiven Lösungen darstellen. Ernteschäden durch Papageien sind, volkswirtschaftlich betrachtet, ohne signifikante Bedeutung, die Ernteausfälle können jedoch lokal für die ansässigen Landwirte ernste Folgen haben. In diesem Fall besteht die Notwendigkeit, das Getreide zu schützen. Es hat sich wiederholt gezeigt, dass der Einsatz von Schusswaffen, Netzen und Giftködern nicht geeignet war, um die Ernteschäden zu vermindern. Trotzdem gibt es für die Aufrechterhaltung dieser Maßnahmen weiterhin zahlreiche Befürworter. Die Jagd und die Ausfuhr der so genannten „Ernteschädlinge" unter den Papageien wird häufig als Lösung des Problems angeregt. Ich staune, dass es Menschen gibt, die sich mit dieser Idee anfreunden können. Die Ausfuhr von Papageien würde die Konflikte mit der Landwirtschaft in Australien sicherlich nicht entschärfen und ernste Umweltprobleme und wirtschaftliche Risiken für manche importierende Länder heraufbeschwören. Vor kurzem hat sich eine verwilderte Population des Allfarbloris (*Trichoglossus haematodus*) in den Vororten von Auckland, Neuseeland, etabliert. Die Vögel stellen eine Bedrohung für die einheimischen Nektarfresser dar, und die Behörden arbeiten an einem Programm zur Beseitigung dieser unerwünschten Nahrungskonkurrenten (siehe *Wingspan, Jhrg. 9, Nr. 3, September 1999, S. 17*). Ernteschäden durch Papageien können sicherlich nie ganz vermieden werden, aber das Ausmaß lässt sich durch Veränderungen in den landwirtschaftlichen Praktiken oder durch Getreideschutzmaßnahmen reduzieren, die auf soliden ökologischen Grundsätzen beruhen. BEETON (1977) stellte fest, dass der Abschuss von Papageien völlig ungeeignet sei, Ernteschäden durch Nacktaugenkakadus (*Cacatua sanguinea*) auf Sorghum-Feldern in den Kimberleys, Western Australia, zu vermeiden. Er empfiehlt, den Termin der Samenreifung in eine Zeit zu legen, in der mit der geringsten Individuendichte im jährlichen Populationszyklus des Kakadus zu rechnen ist. Die erste Aussaat sollte in den Bereichen erfolgen, welche die Kakaduschwärme im Rahmen ihrer festgelegten Flugrouten zuerst überfliegen. Wenn diese Pflanzen als erste reifen und die Kakadus zum Fressen anlocken, könnte man die Vögel möglicherweise davon abhalten, sich auf die Suche nach den übrigen Getreidefeldern zu machen. FORD (1990) betonte, dass solche „Getreideköder" für den Schutz wertvoller Ölsaaten erheblich effektiver und wirtschaftlich sinnvoller sind als das Abschießen oder abschreckende Maßnahmen. GARNETT (1999) berichtete über den hervorragenden Erfolg, der mit ablenkenden Köderpflanzungen zum Schutz von Erdnussplantagen gegen den Einfall von Banks-Rabenkakadus (*Calyptorhynchus banksii*) bei Lakeland auf der Cape York Peninsula, Nord-Queensland, erzielt wurde. Viel zu oft höre ich, dass Sonnenblumen und andere für Papageien höchst attraktive Futterpflanzen in der Nähe von baumgesäumten Wasserläufen angepflanzt werden, einem bevorzugten Lebensraum von vielen Papageienarten. Hohe Ernteausfälle sind die unausweichliche Folge dieser Fehlplanung. In dieser Situation ist es ratsam, einen Austausch vorzunehmen und für Papageien unattraktive Pflanzen wie Ölraps oder Sojabohnen anzubauen. Untersuchungen haben gezeigt, dass das Aufspannen von Schutznetzen in neu angelegten, intensiv genutzten Obstplantagen eine sehr kostenintensive Maßnahme ist, jedoch nicht bei alten Obstbaumpflanzungen (SINCLAIR 1990). Die Wahrscheinlichkeit von Ernteschäden durch Vögel muss bei den ersten Vorüberlegungen zur Planung von Anpflanzungen ebenso in Betracht gezogen werden wie vorbeugende Maßnahmen, die zum festen Bestandteil des landwirtschaftlichen Managements zählen müssen.

Papageien können sehr langlebig sein, vor allem die großen Kakadus. Daher erscheinen mitunter Populationen mit unzureichender Fortpflanzungsrate bezogen auf ihre Gesamtindividuenzahl trotzdem stabil. Das Durchschnittsalter der Vögel steigt jedoch im Laufe der Zeit stark an, ein plötzlich auftretender und dramatischer Zusammenbruch der Population kann dann die Folge sein. Diesem Umstand muss bei den Überlegungen für Schutzmaßnahmen für Papageien Rechnung getragen werden. SAUNDERS (1979b) warnte, dass, wenn die Praktiken der Landnutzung in Western Australia in Zukunft nicht vernünftigen Richtlinien für das Waldmanagement folgen und dauerhaft eine ausreichende Anzahl ausgewachsener Bäume erhalten bleibt, Carnabys Weißohr-Rabenkakadu (*Calyptorhynchus latirostris*) und andere Höhlenbrüter schon bald am Rande der Ausrottung stehen könnten. Feldstudien am Schildsittich (*Polytelis swainsonii*) und am Bergsittich (*P. anthopeplus*) in Südost-Australien haben vergleichbare Ansprüche an das Brutgebiet hervorgehoben. Die Bedürfnisse der Vögel sind in den meisten Gegenden Australiens zu befriedigen, die bestehenden Lebensräume müssen jedoch dringend durch den Einsatz von sinnvollen Praktiken der Landnutzung geschont werden. Zusätzlich ist es notwendig, besondere Schutzmaßnahmen für bedrohte Papageienarten zu ergreifen, entweder im gesamten oder in Teilen ihrer Verbreitungsgebiete.

Die Fossilgeschichte der Papageien

Walter E. Boles, Department of Ornithology, Australian Museum

Papageien gehören zu den charakteristischen Bestandteilen der gegenwärtigen Vogelwelt der südlichen Hemisphäre. Man hat vermutet, dass der Ursprung dieser Gruppe auf dem Superkontinent Gondwana lag, was jedoch nicht notwendigerweise so sein muss! Von vielen Vogelfamilien, die heute nur noch auf der Südhalbkugel vorkommen, kennen wir Fossilfunde von der Nordhalbkugel. Diese Erkenntnis veranlasste Olson zu der Vermutung, dass das gegenwärtige Verbreitungsgebiet solcher Vogelfamilien reliktär ist (siehe Olson 1988). Obwohl die Papageienvögel in der heutigen Zeit in Australien eine sehr auffällige Gruppe sind, gibt es von ihnen auf diesem Kontinent nur sehr wenige fossile Nachweise. In den übrigen Regionen der Welt sind die Fossilfunde über fast den gesamten Zeitraum des Tertiärs (vor 65 Mill. bis 1,6 Mill. Jahren) ebenfalls spärlich und nicht besonders hilfreich bei der Rekonstruktion des Stammbaums und der Verbreitungswege der modernen Papageien.

Man hat angenommen, dass die Papageien eine stammesgeschichtlich sehr alte Gruppe sind. Die Fossilfunde konnten bisher nicht aufzeigen, welcher lebenden Familie die Papageien verwandschaftlich am nächsten stehen; mit ihrer Hilfe ist es jedoch möglich, einige andere Aspekte der frühen Stammesgeschichte der Papageienvögel zu beleuchten. Die ältesten Funde nachweislicher Papageien oder zumindest papageiähnlicher Vögel stammen von der Nordhalbkugel. Inwieweit es sich bei diesen Fossilien tatsächlich um Ahnen der heutigen Papageienvögel handelt und in welcher verwandtschaftliche Beziehung sie zu ihnen stehen, wird heute diskutiert. Aus etwas jüngerer Zeit stammen die ersten Fossilfunde, bei denen es sich zweifelsfrei um echte Papageien handelt. Von ihnen sind nur wenige Exemplare bekannt. Vor etwa 50.000 Jahren begann eine faszinierende Fossilgeschichte, ein Zeitraum, aus dem mehrere Arten in Australien und von einigen Inseln im südwestpazifischen Raum beschrieben wurden.

Der älteste Fossilnachweis eines mutmaßlichen Papageis stammt aus der Lance-Formation (Obere Kreidezeit, Maastricht, vor 74 Mill. bis 65 Mill. Jahren) aus Niobara County, Wyoming, USA. Die Identifizierung durch Stidham (1998) beruhte auf der Beschreibung der Spitze eines Unterschnabels, die etwa 15 mm lang war. Sie war zahnlos, die Verbindung zwischen der rechten und linken Kieferhälfte war vollständig verschmolzen mit kleinen Löchern oder Foramina entlang dem Mittelteil der zur Zunge gerichteten Seite. Furchen und erhabene Bereiche fehlten auf den Seitenwänden ebenso wie typische Merkmale für neurovaskuläre Kanäle. Stidham kam zu dem Schluss, dass die Form der Schnabelspitze des Fossils innerhalb der rezenten Papageien am meisten der eines Loris ähnelt. Es handelt sich bei diesem Exemplar nicht nur um den ältesten Nachweis eines Papageis, sondern auch um den ältesten Fund eines Vogels einer modernen „terrestrischen" Vogelfamilie. Dyke & Mayr (1999) hinterfragten die Bewertung des Fossils als Papageienvogel und wiesen darauf hin, dass einige Merkmale, die zur Identifizierung des Exemplars benutzt wurden, auch bei anderen Vogelgruppe und sogar bei anderen Wirbeltieren aufträten. Hinzu kam, dass sich die Morphologie des Fossils von der der tertiären Papageien aus Europa unterschied. Daher wurde vorgeschlagen, zum gegenwärtigen Zeitpunkt die Zuordnung der Papageienfossilien aus der Kreidezeit als provisorisch zu betrachten. In seiner Antwort bemerkte Stidham (1999), dass einige Merkmale zwar auch bei anderen Gruppen vorhanden seien, spezielle Merkmale des Fossils jedoch nur bei Papageien vorkämen und die Kombination von Merkmalen einzigartig für diese Vogelgruppe sei.

Harrison (1982) beschrieb elf Knochenfragmente, die wahrscheinlich von einem einzigen Exemplar stammten, aus dem London Clay (Frühes Eozän, vor 57 Mill. bis 52 Mill. Jahren) bei Walton-on-the-Naze in Essex, England. Zur selben Art zählte er das distale Fragment eines Tarsometatarsus aus dem Mittleren Eozän (vor 52 Mill. bis 40 Mill. Jahren) bei Hampshire. Diese Fossilien wurden einem Papagei zugeordnet, der eine ähnliche Größe wie der heutige Mohrenkopfpapagei (*Poicephalus senegalus*) hatte. Die Art wurde *Palaeopsittacus georgei* genannt. Bei dem Vergleich des Skeletts mit dem moderner Papageien kam Harrison zu der Erkenntnis, dass der fossile Vogel weniger spezialisiert war als seine rezenten Verwandten. Er vermutete, dass die Flügel proportional zum Körper länger waren als die moderner Papageien. Der Flug muss daher allgemein weniger kraftvoll gewesen sein. Die Merkmale der Beine einschließlich der Ansatzstellen der Sehnen, die dazu benutzt wurden, den Körper beim Klettern zu den Füßen zu ziehen, lassen laut HARRISON darauf schließen, dass bei *Palaeopsittacus* die Fähigkeit zum Klettern und die Bereitschaft, im Geäst umherzuklettern, wenig oder gar nicht entwickelt war. Andere Merkmale ließen den Schluss zu, dass die Vielfalt der Bewegungen des Fußes stark eingeschränkt war. Im Vergleich zu den modernen Papageien scheint es *Palaeopsittacus* an Geschicklichkeit gefehlt zu haben. OLSON (1985) bemerkte, dass diesen Fossilien fast alle Merkmale moderner Papageien fehlten. Daher bedürfe es der weitergehenden Überprüfung, ob es sich bei den Fossilien in der Tat um Vertreter der Papageienvögel handelt.

Die nächsten beschriebenen Papageienfossilien sind etwa so alt wie *Palaeopsittacus*. MOURER-CHAUVIRÉ (1982) berichtete über das Vorkommen von Papageien aus dem Phosphorites du Quercy (Spätes Eozän, vor 40 Mill. bis 36 Mill. Jahren) bei Le Bouffie, Frankreich. Sie zitierte die Exemplare als Psittacidae und beschrieb nachfolgend den Bau von Coracoid, Carpometacarpus, Tibiotarsus und Tarsometatarsus (MOURER-CHAUVIRÉ 1992). Diese Vögel zeigten eine Kombination von Merkmalen, wie sie für moderne Papageien typisch sind: zygodaktyle Zehenstellung und andere Primitivmerkmale. Sie ordnet die Funde zwei Arten zu, *Quercypsitta sudrei* und *Q. ivani*, für die sie eine neue Famile fossiler Papageien beschrieb: Quercypsittidae. Auch *Palaeopsittacus georgei* wurde in diese Familie eingeordnet. Zwei Interpretationen der Quercypsittidae wurden in Erwägung gezogen. Die erste besagt, dass diese Vögel die Urahnen der modernen Papageien waren, die zweite geht davon aus, dass die Vertreter der Familie entfernte Verwandte der modernen Papageien waren, die auf einen gemeinsamen Urahn zurückzuführen sind. Die Quercypsittidae haben sich auf der Nordhemisphäre entwickelt, ihre Verwandten hingegen auf der Südhalbkugel. Die Quercypsittiden starben aus, die Vögel im Süden überlebten und entwickelten sich zu einer sehr erfolgreichen Gruppe. MOURER-CHAUVIRÉ gab zu verstehen, dass sie der zweiten Möglichkeit den Vorzug gebe.

In jüngster Zeit berichteten MAYR und DANIELS (1998) von papageiähnlichen Vögeln aus dem London Clay (Frühes Eozän) und den Ablagerungen der Grube Messel in Hessen (Deutschland) aus dem Mittleren Eozän. Die Exemplare aus Messel wurden als *Psittacopes lepidus* beschrieben; sie waren etwa so groß wie ein Fledermauspapagei (*Loriculus*). Drei sehr gut erhaltene Exemplare aus dem London Clay scheinen enge Verwandte dieser Art gewesen zu sein, sind aber leider Bestandteil einer privaten Sammlung. MAYR und DANIELS beschlossen daher, diese Exemplare nicht formal zu beschreiben. *Psittacopes* und die drei namenlosen Exemplare ähneln den modernen Papageien im Bau des Tarsometatarsus und anderen Knochen, nicht jedoch im Bau des Brustbeins, des Schultergürtels und des Carpometatarsus. Diese Merkmale veranlassten MAYR und DANIELS (1998) zu vermuten, dass sich die Flugeigenschaften der Vögel deutlich von denen der modernen Papageien unterschieden haben müssen. Zu den auffälligsten Eigenschaften der fossilen Exemplare gehörte der kurze und flache Schnabel. Die Forscher wiesen besonders auf den Bau des Oberkiefers mit seinen großen Nasenlöchern hin, der, oberflächlich betrachtet, große Ähnlichkeit mit dem von Mausvögeln (Coliidae) hat.

Im London Clay wurden darüber hinaus Knochen der hinteren Gliedmaßen gefunden, die denen von *Quercypsitta sudrei* ähneln. Sie unterscheiden sich von anderen Exemplaren des London Clay durch mehrere Merkmale im Bau des Tarsometatarsus. Die Übereinstimmungen der Quercypsittidae mit den Papageien werden auch von anderen Vogelfamilien erreicht, so dass MAYR und DANIELS zu dem Schluss kamen, dass die mutmaßlichen verwandtschaftlichen Beziehungen der Papageien zu anderen Familien noch genauer überprüft werden müssen. MAYR und DANIELS bewerten *Psittacopes* und die drei unbenannten Exemplare als Schwestergruppe der modernen Papageien, während die Quercypsittidae (sofern es sich bei ihnen tatsächlich um Vertreter der Psittaciformes handelt) wiederum eine Schwestergruppe zu diesen beiden darstellt. Die Autoren kamen zu der Erkenntnis, dass die Papageien eine stammesgeschichtlich sehr alte Gruppe sind, die sich von den übrigen Vögeln wahrscheinlich im Paläozän (vor 66 Mill. bis 57 Mill. Jahren) oder früher abgespalten haben.

Im London Clay fand man ergänzende Exemplare von *Palaeopsittacus georgei* einschließlich eines fast vollständig erhaltenen Tarsometatarsus. Bei seiner Erstbeschreibung lag HARRISON (1982) lediglich das proximale Ende des Knochens vor, das neue Exemplar zeigte, dass *Palaeopsittacus* eher eine anisodaktyle als eine zygodaktyle Zehenstellung hatte. Obwohl die verwandtschaftlichen Beziehungen dieser Art unklar bleiben, handelt es sich nicht um einen Vertreter der Psittaciformes. Nach der Untersuchung weiterer Exemplare von *Palaeopsittacus* beschlossen DYKE und COOPER (2000), dass der taxonomische Status dieser Gattung zum gegenwärtigen Zeitpunkt nicht sicher festzulegen ist. Die Zuordnung der Originalexemplare, die kein für die Ordnung diagnostisches Merkmal aufweisen, ist ungewiss.

Später beschrieben DYKE und COOPER ein weiteres Fossil aus dem London Clay: *Pulchrapollia gracilis* (*Pulchrapollia* bedeutet, sehr frei übersetzt, „schöner Papagei"). Anhand ihrer Analysen schlossen DYKE und COOPER, dass es sich bei diesem Taxon um eine Schwestergruppe der modernen Psittazinen handelt, die enger mit den rezenten Arten verwandt sei als mit *Psittacopes*. Das Skelett von *Pulchrapollia* mit seinen teilweise verschmolzenen Elementen offenbarte neben anderen Übereinstimmungen mit modernen Papageien eine vollständig zygodaktyle Zehenstellung. DYKE und COOPER platzierten *Quercypsitta* stammesgeschichtlich zwischen *Pulchrapollia* und *Psittacopes*. Die Einordnung von *Pulchrapollia* in die Ordnung der Papageienvögel wurde von MAYR (2001) in Frage gestellt. Er zeigte, dass dieses Taxon vielmehr einen Vertreter einer anderen Vogelgruppe mit zygodaktyler Zehenstellung repräsentiert, der Familie Pseudasturidae, deren verwandtschaftliche Beziehung zu anderen Vögeln unklar ist. *Pulchrapollia* zeichnet sich durch etliche Merkmale aus, die sich bei keiner ausgestorbenen oder rezenten Papageienart finden lassen, wohl aber bei den Pseudasturidae. Darüber hinaus verweist MAYR auf die Möglichkeit, dass die Knochen des Holotyps von *Pulchrapollia* ein Kompositum von mehr als einer Spezies sind.

Von diesem Punkt an bis zu einer Zeit vor etwa 10.000 Jahren sind die Nachweise von fossilen Papageien sehr spärlich, und es existiert nur einen Handvoll Funde von wenigen, verstreut liegenden Orten. Vieles spricht dafür, dass diese Vogelgruppe im Frühen und Mittleren Miozän (vor 21 Mill. bis 11 Mill. Jahren) weit verbreitet und vielgestaltig war. Einige Taxa wurden von ihren Erstbeschreibern in rezente Gattungen eingeordnet (obwohl die meisten dieser Einschätzungen fragwürdig sind), für andere sind hingegen neue Gattungen erstellt worden.

Basierend auf wenigen Knochenfunden (Humerus, Tibiotarsus, Tarsometatarsus) beschrieb MILNE-EDWARDS (1870) *Psittacus verreauxi* aus dem Frühen Miozän (vor 23 Mill. bis 16 Mill. Jahren) in Frankreich. LYDEKKER (1891) bemerkte dazu, dass der Tarsometatarsus dem eines Graupapageis (*Psittacus erithacus*) am ähnlichsten sei, obgleich er deutlich kleiner ist als dieser. Darüber hinaus zeigt der Knochen „gewisse Übereinstimmungen mit *Palaeornis* [= *Psittacula*]". LAMBRECHT (1933) schuf für die Art die neue Gattung *Archaeopsittacus*. BALLMAN pflichtete MILNE-EDWARDS bezüglich der Ähnlichkeit der Knochen mit denen von *Psittacus* bei (*pers. Mittlg.* OLSON 1985). MLÍKOVSKÝ (1998) ordnete *Archaeopsittacus* in die Gattungsgruppe Psittaculini ein. Darüber hinaus beschrieb er anhand der Basis des Tarsometatarsus und Teilen der Humeri das Taxon *Xenopsitta feifari* aus Ablagerungen des Frühen Miozäns in Merkur, westliches Böhmen, Tschechische Republik. Er platzierte die Gattung *Xenopsitta* in die Gattungsgruppe Psittacini; das neue Taxon wurde somit zum ältesten Nachweis dieser Gruppe und zum ersten Fund außerhalb Afrikas.

BALLMAN erwähnte die Fossilfunde von Papageien aus dem Mittleren Eozän (vor 16 Mill. bis 11 Mill. Jahren) in den Ablagerungen des Nördlinger Rieses, Deutschland, und von Sansan, Frankreich (1983, *pers. Mittlg.* 1985). HEINZMANN und HESSE (1995) wiesen auf unbestimmte Papageienfunde im Nördlinger Ries und aus ähnlich alten Ablagerungen im Steinheimer Becken, Deutschland, hin.

MILNE-EDWARDS (1867-1871) beschrieb aus einer Sammlung von Knochenfunden eine fossile Rallenart (*Rallus dispar*), für die LAMBRECHT (1933) später die neue Gattung *Pararallus* schuf. CRACRAFT (1973) legte als Teil seiner verbesserten Diagnose für diese Art das distale Ende eines Humerus als Lektotyp fest. CHENEVAL (2000) entdeckte später, dass die Exemplare von *Pararallus dispar* mit Ausnahme des Lektotyps, zu einer anderen fossilen Rallenart gehörten, *Palaeoaramides beaumontii*, und identifizierte den Humerus als Teil eines kleinen Papageienvogels und benutzte den Name *Pararallus dispar* fortan für ein Mitglied der Familie Psittacidae. Bei dieser Interpretation ergeben sich allerdings nomenklatorische Probleme, so dass dieses Taxon bis auf Weiteres unbenannt bleibt (siehe Diskussion bei MLÍKOVSKÝ 1998). Heute sind von dem Vogel Coracoid, Ulna, Radius, Tibiotarsus und Tarsometatarsus sowie vollständige Skelette bekannt.

Anhand eines Humerus-Fundes aus den Steinbrüchen am Snake Creek in Sioux County, Nebraska, USA (Mittleres Miozän) beschrieb WETMORE (1926) *Conuropsis fratercula* und wies auf die Übereinstimmungen mit dem in rezenter Zeit ausgerotteten und etwas größeren Karolinasittich (*C. carolinensis*) hin: „Der Bau des Humerus kommt dem des modernen Vogels so nahe ..., dass beide wohl nur anhand der Größe voneinander zu trennen gewesen wären". Trotz dieser Behauptung bewertete OLSON (1985) die Einordnung der beiden Arten in dieselbe Gattung als noch nicht endgültig geklärt. BECKER (1987) berichtete von dem Vorkommen einer unbestimmten Papageiengattung in der Rexroad Formation, Meade County, Kansas, aus dem Pliozän (vor 3,3 Millionen Jahren).

Die ersten Nachweise moderner Papageien aus Australien stammen etwa aus derselben Epoche wie die aus der nördlichen Hemisphäre. Es handelt sich hierbei um eine Maxille eines Papageis von der RSO-Stelle bei Riversleigh im Nordwesten von Queensland aus dem Frühen Eozän. Ich verglich den Fund mit Exemplaren von mehr als 40 Gattungen moderner Papageien und achtete dabei vor allem auf die Umrisse und die seitlichen Winkel des Naso-Frontal-Gelenkes, den Bau der Wachshautregion, Größe, Position und Ausrichtung der Nasenlöcher, die Weite der Nasenscheidewand, die Krümmung des Knochens bei seitlicher Ansicht, die Form des Zahnausschnitts im Oberschnabel (Tomium) und die Relation von Länge zur Breite (siehe BOLES 1993). Ich stellte fest, dass man verschiedene Gruppen von Papageien anhand der charakteristischen Merkmale der Maxille differenzieren konnte. Das Fossil konnte leicht als Vertreter der Kakadus identifiziert werden, genauer gesagt, der Weißen Kakadus (*Cacatua*). Es handelte sich um den ältesten Kakadu der Welt. Seine Maxille ist von der des Nacktaugenkakadus (*Cacatua sanguinea*) oder des Rosakakadus (*Eolophus roseicapilla*) kaum zu unterscheiden, so dass das Fossil keinen eigenständigen Artnamen erhielt. Das Exemplar wird als *Cacatua indet.* (nicht bestimmbarer Weißer Kakadu) geführt. Wegen der großen Ähnlichkeit dieses Fossils mit den kleinen Weißen Kakadus habe ich spekuliert, dass der Vogel nicht nur denselben kleinen Schnabel wie seine heutigen Verwandten besaß, sondern auch eine kurze, abgerundete und weiße Haube sowie leicht zugespitzte Flügel.

Der nächste Nachweis eine australischen Papageis stammt ebenfalls von Riversleigh (von der Rackham's Roost Site) aus dem Frühen Pliozän (vor 4,5 Mill. bis 4,0 Mill. Jahren). Diese Ansammlung von Fossilien besteht überwiegend aus den Überresten der Mahlzeit einer räuberischen Gespenstfledermaus (*Macroderma*), einer Gattung, die heute in Australien nur noch von einer einzigen Art repräsentiert wird. Diese großen Flugtiere ernährten sich von einer Vielzahl kleiner Wirbeltiere einschließlich Vögel. Die Beute wurde in der Schlafhöhle verzehrt, wobei verschmähte Körperteile auf den Höhlenboden fielen. Man hat verschiedene Knochen der Gliedmaßen entdeckt: drei Carpometacarpi und ein Tarsometatarsus. Sie stammen zweifelsfrei von einem Wellensittich (*Melopsittacus undulatus*) (BOLES 1998). Die Präsenz dieser Art legt die Vermutung habe, dass während des Pliozäns in der Umgebung von Riversleigh lichte Wälder vorherrschten, ähnlich dem Lebensraum, den die Wellensittiche auch heutzutage bevorzugen.

Alle weiteren Nachweise von fossilen Papageien stammen aus dem Quartär (vor 1,6 Millionen Jahren bis heute). Unsere Kenntnisse über die Vögel dieser Epoche basieren auf der Arbeit von Robert BAIRD, der Ansammlungen von Fossilien in Höhlenablagerungen im Süden des australischen Festlands untersucht hat. Er konnte folgende Papageienarten in den Ablagerungen nachweisen: Braunkopfkakadu (*Calyptorhynchus lathami*), Banks-Rabenkakadu (*C. banksii*), Gelbohr-Rabenkakadu (*C. funereus*), Helmkakadu (*Callocephalon fimbriatum*), Rosakakadu (*Eolophus roseicapilla*), Nasenkakadu (*Cacatua tenuirostris*), Allfarblori (*Trichoglossus haematodus*), Moschuslori (*Glossopsitta concinna*), Zwergmoschuslori (*G. pusilla*), Porphyrkopflori (*G. porphyrocephala*), Australischer Königssittich (*Alisterus scapularis*), Bergsittich (*Polytelis anthopeplus*), Pennantsittich (*Platycercus elegans*), Rosellasittich (*P. eximius*), Stanleysittich (*P. icteroris*), Rotkappensittich (*Purpureicephalus spurius*), Bauers Ringsittich (*Barnardius zonarius*), Blutbauchsittich (*Northiella haematogaster*), Vielfarbensittich (*Psephotus varius*), Schmucksittich (*Neophema elegans*), Feinsittich (*N. chrysostoma*), Glanzsittich (*N. splendida*), Schwalbensittich (*Lathamus discolor*), Wellensittich (*Melopsittacus undulatus*), Erdsittich (*Pezoporus wallicus*) und Nachtsittich (*P. occidentalis*) (siehe BAIRD 1985, 1991a, 1991b, 1992, 1993). In manchen Ablagerungen nahmen die Papageien einen signifikant hohen Anteil bei den fossilen Überresten der Vögel ein. Bei Devil's Lair, Western Australia, stammen 42 Prozent der Mindestanzahl von Individuen, die durch Knochenfunde repräsentiert wurden, vom Porphyrkopflori.

Obwohl all diese Papageien zu rezenten Arten gehören, erlauben die Daten Einblicke in die Verbreitung der Spezies in vergangenen Epochen der Erdgeschichte und gestatteten Rückschlüsse auf den damals im Umfeld der Höhlen vorherrschenden Lebensraum. Der Braunkopfkakadu kommt heute nur noch an der Ostküste des australischen Festlands und auf Kangaroo Island vor. Fossile Überreste dieser Art wurden in der Green Waterhole Cave (Pleistozän) im Südosten von South Australia gefunden (BAIRD 1985, 1986). An mehreren Stellen weist die Zusammensetzung der fossilen Vögel darauf hin, dass früher in diesen Gebieten ein trockeneres Klima vorherrschte als heute. Überreste von Wellensittichen kennt man von der Clogg's Cave in der Nähe von Buchan in Ost-Victoria, Vielfarbensittiche wurden bei Devil's Lair gefunden (im äußersten Südwesten von Western Australia). Das Vorkommen dieser Arten legt nahe, dass während der Eiszeit, also der Epoche, in der die Vögel versteinerten, das Klima trockener und die Landschaft lichter war als heute. Anhand der zahlreichen Exemplare fossiler Nasenkakadus, die in der Green Waterhole Cave entdeckt wurden, konnt festgestellt werden, dass die Vögel früher im Durchschnitt vier Prozent größer waren als ihre heutigen Verwandten. Vergleichbare Beispiele des „Gigantismus" während des Pleistozäns findet man auch bei anderen Spezies dieser Ablagerung.

Die Fossilgeschichte der australischen Papageien außerhalb des Festlands beschränkt sich auf Funde auf Norfolk Island. MEREDITH (1991) beschrieb das Vorkommen des Ziegensittichs (*Cyanoramphus novaezelandiae*) und des Dünnschnabelnestors (*Nestor productus*) in den sandigen Dünen der Küstenregion, die schätzungsweise nur wenige tausend Jahre alt sind. Diese Funde bestätigen die Annahme, dass sich das Verbreitungsgebiet des Dünnschnabelnestors erst in jüngerer Zeit auf Philip Island beschränkte. Auf Norfolk Island muss die Art früher gelebt haben und starb dort aus. Bis heute gibt es keine Nachweise auf Lord Howe Island.

Die Nachweise von Neuseeland beschränken sich ebenso auf heute noch lebende Arten und stammen aus Ablagerungen des Späten Holozäns. Vom Kea (*Nestor notabilis*), Kaka (*N. meridionalis*), Kakapo (*Strigops habroptilus*) und von Laufsittichen (*Cyanoramphus*) sind subfossile Überreste von verschiedenen Fundstellen sowohl von North Island als auch von South Island bekannt (HOLDAWAY & WORTHY 1993, MILLENER 1991). Mehrere Populationen des Ziegensittichs (*C. novaezelandiae*) beziehungsweise des Springsittichs (*C. auriceps*) wurden entdeckt; meistens ist es nicht möglich, anhand der Skelettfunde die exakte Art zu identifizieren, besonders wenn es sich um Funde einzelner Knochen handelt.

Die faszinierende Verbreitung der Papageien vergangener Epochen über die Inselwelt des Südwest-Pazifik wurde von David STEADMAN und seinen Kollegen erforscht. Anhand von Fossilien und archäologischen Funden haben sie mehrere Arten bestimmen können, die vor relativ kurzer Zeit ausstarben, darüber hinaus Populationen von rezenten Arten, die heute auf wenige kleine Inseln beschränkt sind, früher hingegen ein weitaus größeres Verbreitungsgebiet hatten. Das Verschwinden der Vögel war offenbar eine direkte Folge der Besiedlung der Inseln durch den Menschen.

Auf Neuirland im Bismarck-Archipel, Papua-Neuguinea, wurden Überreste von lokal ausgestorbenen *Lorius*- und *Charmosyna*-Loris sowie eines Vertreters der Gattung *Cacatua* gefunden, bei dem es sich möglicherweise um einen Brillenkakadu (*C. ophthalmica*) oder zumindest um eine sehr ähnliche Art handelte (STEADMAN *et al.* 1999). Eine offensichtlich unbeschriebene Art oder Unterart der Gattung *Cacatua* stammt von den Mussau-Inseln, die ebenfalls zum Bismarck-Archipel zählen (STEADMAN & KIRCH 1998). STEADMAN und ZARRIELLO (1987) beschrieben zwei ausgestorbene Maidlori-Arten, *Vini vidivici* und *V. sinotoi*, von den Marquesas-Inseln und wiesen erstmals nach, dass einst auch der rezente Smaragdlori (*V. ultramarina*) dort vorkam. Später wurden *V. vidivici* und *V. sinotoi* auch auf Huahine nachgewiesen, einer Gesellschaftsinsel (STEADMAN & PAHLAVAN 1992). Bei einem kleinem Lori von Mangaia, Cook-Inseln, handelt es sich eventuell um einen Rubinlori (*V. kuhlii*), der heute nur noch auf den Tubuai- oder Austral-Inseln vorkommt (STEADMAN 1985). Auf der tongaischen Insel 'Eua fand man Hinweise auf das frühere Vorkommen und die Ausrottung der Saphirloris (*V. peruviana*), die heute noch auf einigen umliegenden Inseln leben, sowie des Einsiedlerloris (*Phigys solitarius*), der heute nur noch auf den Fidschi-Inseln und einigen Inseln des Lau-Archipels zu finden ist (STEADMAN 1983). Auf 'Eua wurde auch eine ausgestorbene *Eclectus*-Art nachgewiesen. Von Rota, einer Insel der südlichen Marianen, stammen die Überreste eines großen Papageis, der Übereinstimmungen mit *Eclectus* aufweist.

Durch die zahlreichen Lücken in der fossilen Dokumentation ist die Stammesgeschichte der Papageien nicht so aufschlussreich, wie wir es gerne hätten. Die Zahl der Nachweise fossiler Papageien oder möglicher Verwandter der Papageien ist jedoch in den letzten Jahrzehnten des 20. Jahrhunderts sprunghaft angestiegen. So konnten wir bedeutsame Einblicke in die frühe Stammesgeschichte dieser Vogelgruppe erlangen, vor allem in der austral-asiatischen Region. Wir wissen heute mehr über die frühere Verbreitung rezenter Arten und die dramatischen Folgen der ersten Begegnung der pazifischen Inselpopulationen mit dem Menschen. Zurzeit sind leider noch viele Fragen ungeklärt, so dass alle weiteren Entdeckungen auf jeden Fall dazu beitragen werden, die lange Stammesgeschichte der Papageien zu verstehen.

Anisodaktyle Zehenstellung	Fuß mit drei nach vorne gerichteten Zehen und einer nach hinten gerichteten Zehe.
Carpometacarpus	„Hand“knochen
Coracoid	Raben(schnabel)bein, ein Knochen des Schultergürtels
Femur	Oberschenkelknochen
Humerus	Oberarmknochen
Maxille	Oberschnabel, Oberkieferknochen
Tarsometatarsus	Fußknochen
Tibiotarsus	Unterer Beinknochen, Schienbein
Zygodaktyle Zehenstellung	Fuß mit zwei nach vorne gerichteten und zwei nach hinten gerichteten Zehen.

Erklärung der verwendeten Fachausdrücke

Papageien in Menschenobhut

Die hohe Popularität der australischen Papageien als Volierenvögel reicht bis fast in die Zeit der ersten europäischen Siedler auf dem Kontinent zurück. Im 19. Jahrhundert wurden viele Papageien von Australien nach Großbritannien und ander europäische Länder transportiert, wo sich die Vögel schon bald in den Sammlungen etablierten. Heute gibt es von den meisten Arten in Menschenobhut eine sich selbst erhaltende Population. Wenn man die Bedeutung der einheimischen Papageien in Australien anspricht, muss man erwähnen, dass die Mehrheit der australischen Züchter sich auf die Pflege dieser Arten konzentriert hat. Die Bevorzugung von australischen Arten hat nicht nur Tradition, sondern ist auch die Folge eines lang andauernden Einfuhrverbotes für lebende Vögel. Ich bin jedoch überzeugt, dass diese Importsperre nicht den großen Einfluss auf die Papageienhaltung in Australien hatte, wie oftmals behauptet wird. Die Entwicklung, einheimische Arten zu bevorzugen, ist wenig überraschend, denn diese Vögel waren den Züchtern vertraut und leicht zu erwerben. Ich beschreibe meine Zeit als Schuljunge, die ich in ländlichen Städten in New South Wales verbrachte, oft als „Aufwachsen in einer Voliere ohne Maschendraht". Meine Begeisterung für Papageien wurde dadurch begünstigt, dass die Vögel in meiner Heimat sehr häufig und auffällig waren. Bis in die 60er Jahre des vorigen Jahrhunderts konnte man einheimische Papageien ohne Weiteres von den Vogelhändlern erwerben. Ihr Nachschub wurde von lizenzierten Vogelfängern gewährleistet. Darüber hinaus war ohne konkrete gesetzliche Maßnahmen zum Schutz der Wildtiere das nicht-lizenzierte Fangen von häufigen Arten für den persönlichen Besitz, also nicht für den gewerblichen Handel, überall weit verbreitet. Als Schuljunge fing ich in den 40er und 50er Jahren an den Wochenenden Zebrafinken (*Taeniopygia guttata*) und Singsittiche (*Psephotus haematonotus*) in den Handelsgärtnereien am Flussufer. Wie viele meiner Freunde besaß ich hinter dem Haus eine kleine Voliere, in der ich meine Vögel hielt und recht erfolgreich züchtete. In dieser Atmosphäre entwickelte sich in Australien die Vogelhaltung, und ich glaube, dass es sich bis in die späten 70er Jahre im Wesentlichen um eine reine Liebhaberzucht mit einheimischen Arten gehandelt hat.

Verschiedene Ereignisse in den 80er Jahren führten zu dramatischen Veränderungen in der Vogelhaltung Australiens, und die Auswirkungen, auch die schädlichen, sind heute noch zu spüren. Bis in die späten 70er Jahre wurden die Vögel traditionell gehalten, das heißt, man ließ die Tiere ihre Jungen eigenständig aufziehen. Der Züchter mischte sich in das Brutgeschäft und die Aufzucht der Jungen nur wenig ein, und auch die Handaufzucht wurde noch nicht im großen Umfang betrieben. Die Nachzuchterfolge fielen entsprechend von Jahr zu Jahr recht unterschiedlich aus, waren jedoch stets ausreichend, um ein Gleichgewicht zwischen Nachfrage und Bedarf zu wahren. In den 80er Jahren setzte sich dann in der Vogelzucht eine Entwicklung durch, für die ich gerne den Ausdruck „manipulative Haltung" benutzte. Der Aufwand in der Pflege der Papageienvögel wurde intensiver, und es besteht kein Zweifel, dass dies ein sehr bedeutsamer Fortschritt in der Vogelhaltung war. Das gilt besonders bei der Behandlung von Krankheiten. Ein weiterer wichtiger Segen für die Züchter infolge der verstärkten Bemühungen und Fortschritte in der Veterinärmedizin war eine nun leichtere Verfügbarkeit diagnostischer Geschlechtsuntersuchungen. Kommerzielle Produkte wie Medikamente, Vitaminpräparate und Mineralstoffzusätze, künstliche Futtermittel und Handaufzuchtfutter waren nun auf dem Markt erhältlich. Insgesamt betrachtet, bekam die Vogelhaltung einen neuen, professionellen Anstrich, der sich besonders in der signifikanten Steigerung der Nachzuchtrate und der erfolgreichen Zucht von einer größeren Vielfalt an Arten, von denen man geglaubt hatte, sie seien in Menschenobhut nur schwer zu halten, widerspiegelte. In der zweiten englischsprachigen Ausgabe dieses Buches nannte ich als Beispiele den Vielfarbensittich (*Psephotus varius*), den Goldschultersittich (*P. chrysopterygius*), den Feinsittich (*Neophema chrysostoma*), den Klippensittich (*N. petrophila*) und die kleinen *Glossopsitta*-Loris. Heute sind all diese Arten in der Vogelzucht so fest etabliert, dass bereits Mutationsformen gezüchtet werden. Die „manipulative Vogelhaltung" hat jedoch auch ihre Schattenseiten: Sie minderte die wissenschaftliche Bedeutung der Zuchten, bei denen die Jungvögel von Hand aufgezogen wurden, und hatte Auswirkungen auf das Gleichgewicht zwischen Angebot und Nachfrage. Ich erachte die Handaufzucht nur als Mittel, um ein Scheitern der Brut zu verhindern, wenn die Altvögel das Nest aufgeben, sterben oder ein anderes, unvorhersehbares Problem auftritt. Ich muss in der Lage sein, Daten von Vögeln in Menschenobhut mit Papageien aus dem Freiland zu vergleichen. Mit Eiern, die in Inkubatoren ausgebrütet wurden, und von Hand aufgezogenen Jungvögeln ist dies nicht möglich. Der Steigerung bei der Nachzuchtrate ist lobenswert, führt jedoch bei manchen Arten zu einem Überangebot. Dies birgt stets das Risiko, dass nachgezogene Vögel unabsichtlich oder mit Vorsatz freigelassen werden.

Es gibt zahlreiche Bücher mit ausführlichen Ratschlägen und Hinweisen zur Haltung, Pflege und zum Zuchtmanagement australischer Papageien und Sittiche. Aus diesem Grund führe ich hier nur die grundlegenden Bedürfnisse der Vögel auf. Weiterführende Kommentare und Empfehlungen sind für jede Art in den Kapiteln „Haltung in Menschenobhut" aufgeführt.

UNTERBRINGUNG UND PFLEGE

Heute sind von vielen australischen Arten Nachzuchtvögel leicht erhältlich. Es ist nicht schwierig, diese in guter körperlicher Verfassung zu halten, sofern man ihren Grundbedürfnissen nach Unterbringung und Ernährung die nötige Aufmerksamkeit schenkt. Unerfahrenen Vogelhaltern sei jedoch dringend empfohlen, ihren Erfolg zunächst mit geläufigen und weniger anspruchsvollen Arten zu suchen, bevor sie den Versuch unternehmen, Arten zu pflegen, die als etwas schwieriger zu halten und zu züchten gelten. Ich habe leider allzu oft von Leuten gehört, die sich Brownsittiche (*Platycercus venustus*) gekauft haben, obwohl sie zuvor an der Haltung von Singsittichen (*Psephotus haematonotus*) gescheitert waren! Man sollte beim Erwerb jede Vorsichtsmaßnahme ergreifen, um sicherzustellen, dass die neuen Vögel gesund sind. Die Vögel sollten ausschließlich von angesehenen Züchtern oder Händlern erworben werden.

Bau und Gestaltung der Volieren hängen im Allgemeinen von der Verfügbarkeit des Platzes und den Materialkosten ab. Deshalb sollten Vorüberlegungen und eine gründliche Planung vorangehen. Es ist ratsam, Anregungen von einem erfolgreichen Züchter einzuholen und seine Zuchtanlage zu besichtigen. Eine Voliere richtet man am besten so aus, dass die Freivoliere im Winter möglichst sonnenbeschienen ist, vor allem morgens. Die Innenvoliere dient den Vögeln als Schutz vor Wind und Regen. Vor dem Bau sollte man sich im Klaren sein, welche Vogelarten und wie viele Tiere man in die Voliere setzen möchte, denn diese Entscheidung ist bedeutsam für die Bemessung der Volierengröße und die Auswahl des Materials. In den städtischen Ballungsräumen steht oft nur wenig Platz zur Verfügung; daher werden hier üblicherweise lange Volierentrakte mit bis zu 20 nebeneinander stehenden abgetrennten Freivolieren errichtet. Diese bautechnische Lösung des Platzproblems ist durchaus zufriedenstellend, sofern man nicht eng verwandte Arten in unmittelbarer Nachbarschaft ohne solide Trennwände zwischen den Volieren hält. Ohne diese Vorsichtsmaßnahme werden die Papageien viel Zeit damit verbringen, am Gitter zur Nachbarvoliere zu hängen und sich mit deren Bewohnern zu zanken. Die Bruterfolge fallen in diesem Fall entsprechend unbefriedigend aus. Wenn das Drahtgeflecht jeweils auf der Innenseite der Volieren angebracht wird, lassen sich zwei benachbarte Volieren durch die doppelte Lage Draht gut voneinander separieren. Diese Maßnahme lässt die Wahrscheinlichkeit von Verletzungen durch Streitereien zwar deutlich sinken, verhindert jedoch nicht, dass die Vögel ihr Brutgeschäft vernachlässigen. Ich verfüge über ausreichend Platz, so dass ich nur Trakte von maximal sechs nebeneinander stehenden Freivolieren besitze. Ich glaube, dass diese Bauart dazu beiträgt, die Entstehung und die Verbreitung von Krankheiten zu reduzieren.

Volieren müssen den Vögeln Sicherheit und Komfort bieten, sollten aber auch so konstruiert sein, dass sie gut zu warten und zu reinigen sind. Verschmutzte Volieren erhöhen signifikant das Krankheitsrisiko. Die Gesamtlänge ist wichtiger als die Breite der Voliere. Sitzäste sollten nur an Vorder- und Rückseite der Freivoliere sowie im Schutzraum angebracht werden. Zusätzliche Äste nehmen lediglich Platz weg und halten die Vögel vom Fliegen ab. Für Grassittiche (*Neophema*) und kleine Loris ist eine Breite von einem Meter ausreichend, Länge und Höhe sollten jedoch nicht weniger als zwei Meter messen. Plattschweifsittiche (*Platycercus*) und größere Papageien benötigen eine Voliere mit einer Breite von mindestens 1,5 m und einer Länge von mindestens 4 m. Die Breite einer Kakadu-Voliere sollte nicht schmaler als 2 m sein, für die Länge plane man mindestens 6 m ein. Besonders hohe Volieren sind bei den Rabenkakadus (*Calyptorhynchus*) und den Helmkakadus (*Callocephalon fimbriatum*) wichtig, da es sich bei ihnen um baumbewohnende Arten handelt. Bei den übrigen Arten ist eine Volierenhöhe von 2–3 m ausreichend.

Auf Bau und Gestaltung der Volieren hat auch das örtliche Klima einen großen Einfluss. Es versteht sich von selbst, dass in Regionen, in denen kaltes und windiges Wetter vorherrscht, ein Schutzhaus nicht fehlen darf. Im Gegensatz dazu sind in Gegenden, in denen heiße Sommer die Regel sind, schattige Plätze und Maßnahmen zur Verbesserung der Luftzirkulation unbedingt vonnöten. Die Bauweise der Voliere, wie sie in der Zeichnung (Abbildung 6) abgebildet ist, hat sich für meine Zwecke sehr bewährt. Die Anlage kann, ohne dass man bedeutende Veränderungen vornehmen muss, je nach Vogelart vergrößert oder verkleinert werden. Ein gemauertes oder betoniertes Fundament bis zu einer Tiefe von 30 cm gibt der gesamten Anlage Schutz vor dem Eindringen von Ratten und Mäusen. An der Rückseite jeder Freivoliere befindet sich ein Schutzhaus, das ebenso breit ist wie die Freivoliere und von dieser durch feste Wände abgetrennt ist. Die Vorderseite des Schutzhauses ist höher als die Rückseite. Das Dach des Schutzhauses ist an der Vorderwand höher als die angrenzende Freivoliere und fällt dann schräg zur Rückwand des Hauses ab. Am höchsten Punkt der Voliere, der für die Vögel besonders anziehend ist, erhalten sie eine Rückzugsmöglichkeit und einen sicheren Schlafplatz. Wenn der Schutz vor kalter Witterung Vorrang hat, sollte man die Breite des Einflugs von der Freivoliere in das Schutzhaus mindestens um die Hälfte verengen können. Bei besonders kalter Witterung oder über Nacht wird die verbleibende Öffnung mit einer fest installierten Klappe verschlossen. Es ist überaus wichtig, dass das Schutzhaus reichlich von natürlichem Sonnenlicht durchflutet ist, da die Vögel nicht freiwillig ins Dunkle fliegen werden. Um ein Davonfliegen der Vögel zu erschweren, kann man an den beiden Enden des Volierenblocks eine Sicherheitsschleuse sowie an der Vorderseite der Anlage einen mit Maschendraht verkleideten Durchgang errichten.

Die abgebildete Anlage kann, ohne dass man bedeutende Veränderungen vornehmen muss, je nach Vogelart vergrößert oder verkleinert werden.

Abbildung 6
Plan einer Volierenanlage, die für die Unterbringung von Rosellas oder mittelgroßen Papageien geeignet ist

Hängekäfige mit Maschendraht als Boden empfehlen sich wegen der leichten Reinigung bei Loris und Feigenpapageien. SINDEL (1987) merkt an, dass eine Länge von 1,8 m, eine Breite von 0,6 m und eine Höhe von 0,9 m für jeweils ein Paar angemessen sind. In der Praxis werden meist mehrere Hängekäfige Seite an Seite angebracht, die von einem gemeinsamen, nach vorne offenen Schutzhaus überdacht sind. Ich habe jedoch starke Bedenken wegen der möglichen Gesundheitsrisiken, die eine solche Anordnung von Käfigen auf engstem Raum mit sich bringt. Daher habe ich meine Hängekäfige einzeln angebracht. Ihre Ausmaße entsprechen den Empfehlungen von SINDEL, ein Ende ist jedoch vollständig als Schutzhaus geschlossen. In ihm befindet sich der Nistkasten. Am anderen Ende des Käfigs bietet ein Dach und eine geschlossene Rückwand im Bereich des Sitzastes Schutz vor Wind und Regen. Die Käfige sind von Ost nach West ausgerichtet, so dass die nach Norden zeigende, offene Seite so viel Sonnenlicht wie möglich ausgesetzt ist. Die geschlossenen Bereiche bieten vor allem Schutz gegen die vorherrschenden Westwinde.

Meine Volieren und Hängekäfige sind vollständig aus Metall, die einzelnen Elemente sind galvanisiert. Diese Konstruktion empfiehlt sich bei Volieren für mittelgroße bis große Papageien oder Kakadus. Die Rahmenelemente aus Edelstahl sind miteinander verschweißt. Der kräftige verschweißte Draht hat eine sehr geringe Maschenweite; damit soll ein Eindringen von Mäusen, Sperlingen oder anderen ungebetenen Gästen in die Voliere verhindert werden. Das Dach besteht aus Wellblech, für die Wände des Schutzhauses und die soliden Trennwände zwischen den Volieren habe ich geriffeltes Eisenblech benutzt. Eine Platte aus durchsichtigem Fiberglas mit einem auf der Innenseite angebrachten Schutznetz ist auf der Rückseite des Schutzhauses installiert worden, damit möglichst viel Sonnenlicht in den Raum gelangen kann. Der Boden des Schutzhauses ist betoniert, in den Freivolieren liegt über einem tiefen Kiesbett eine Lage grober Sand. Diese Schichtung hat sich als sehr effektive Drainage bewährt. Holzelemente sollte man nur für Volieren benutzen, in denen kleine

Papageien (z.B. *Neophema, Psephotus*) untergebracht sind, welche den hölzernen Rahmen nicht zernagen. Bei ihnen kann man auch einen schwächeren Maschendraht verwenden und so wirksam die Kosten senken.

KRANKHEITEN

Es ist an dieser Stelle nicht möglich, sämtliche Krankheiten aufzulisten, die bei Papageien in Menschenobhut auftreten können; und es wäre anmaßend, wenn ich auch nur den Versuch unternähme, dies zu tun, da ich nicht über eine tiermedizinische Ausbildung verfüge. Hier möchte ich auf die Vielzahl ausgezeichneter Bücher hinweisen, in denen erfahrene Tierärzte dem Halter von Papageien praktische Ratschläge zur Erkennung und Behandlung von Krankheiten geben. Ich bevorzuge es, den professionellen Rat eines Tiermediziners einzuholen, sobald Probleme bei den Vögeln erkennbar werden. Eine frühzeitige Behandlung der Tiere vergrößert die Wahrscheinlichkeit der Genesung.

Es ist wichtig zu wissen, dass Vögel in dem begrenzten Lebensraum einer Voliere automatisch einem höheren Infektionsrisiko ausgesetzt sind als im Freiland. Will man den Ausbruch von Krankheiten auf ein Minimum reduzieren, ist eine strenge Hygiene unbedingt vonnöten. Die Futter- und Trinkwassergefäße müssen regelmäßig gereinigt und die Sitzäste häufig ausgetauscht werden. Zur Routine gehört ebenso die Beseitigung von Unrat, zum Beispiel von Exkrementen oder von Nahrungsresten. Eine unbedingt notwendige Vorsichtsmaßnahme gegen eine Einschleppung von infektiösen Krankheiten in einen Bestand ist die Quarantäne. Neu erworbene Vögel sollten frühestens nach 30 Tagen in eine Volieren der Anlage umgesetzt werden. Während der Quarantänezeit sollte man die Vögel gut beobachten, um jedes Anzeichen einer möglichen Krankheit zu entdecken, und ihnen ein Entwurmungsmittel gegen Spulwürmer und andere parasitäre Nematoden zu verabreichen. Eine auffällige Veränderung im Verhalten eines Vogels ist oftmals das erste Anzeichen einer sich verschlechternden Gesundheit, und das frühe Erkennen einer Krankheit vergrößert stets die Erfolgsaussichten der Behandlung. Wenn sich ein Vogel unwohl fühlt, wird er teilnahmslos und versucht, dem Verlust an Körperwärme durch Aufplustern des Gefieders und das Verbergen des Kopfes unter dem Flügel vorzubeugen. Diese Position erinnert sehr an die normale Ruhestellung eines Vogels. Ein kranker Vogel umgreift jedoch stets mit beiden Füßen den Sitzast, während ein gesunder schlafender Papagei einen Fuß im Bauchgefieder verbirgt. Kranke Vögel erliegen erstaunlich schnell ihrem Leiden, daher ist eine rasche Behandlung meist entscheidend für das Überleben.

Zu jeder Behandlung eines kranken Vogels gehört die Zufuhr von Wärme, um ein Auskühlen des geschwächten Körpers zu verhindern. Zur Standardausrüstung eines jeden Vogelhalters sollte daher ein Käfig für kranke Vögel zählen. Hierbei handelt es sich meist um einen kleinen Kistenkäfig mit einer abnehmbaren Glas- oder Plexiglas-Platte, die vor der vergitterten Vorderseite platziert werden kann. Unter der Bodenplatte befindet sich eine thermostatgesteuerte Wärmequelle, meist Wärmelampen. Nachdem man den kranken Vogel in den Käfig gesetzt hat, sollte man die Temperatur schrittweise auf 30 °C erhöhen.

Erkältungskrankheiten sind oft die Folge einer Volierenhaltung, in der die Vögel ungeschützt Regen und kaltem Luftzug ausgesetzt sind. Geschwächte Vögel sprechen meist schnell auf die künstliche Wärme an. Wenn sie nicht medizinisch behandelt werden, kann sich jedoch eine Lungenentzündung mit all ihren schädlichen Folgen für den Organismus entwickeln.

Rapider Gewichtsverlust, der bei Vögeln oftmals als „Going-light" bezeichnet wird, ist keine Krankheit, sondern ein Symptom mit einer Vielzahl möglicher Ursachen. Dazu zählen der Befall mit Endoparasiten, Entzündungen des Magen-Darm-Trakts (Enteritis), Leber- und Nierenkrankheiten, Trichomonadose, Aspergillose, Vogeltuberkulose, Krebs und sogar fehlerhafte Ernährung (SHEPHARD 1989). Ähnlich verhält es sich mit dem Begriff „Enteritis", der allgemein Entzündungen des Magen-Darm-Trakts infolge bakterieller, viraler und protozoischer Infektionen beschreibt. Früher wurden diese Erkrankungen mit einem wasserlöslichen Breitbandantibiotikum behandelt, das ins Trinkwasser gegeben wurde. Heute gilt diese Maßnahme als unangemessen oder sogar kontraproduktiv. Antibiotika sind geeignet zur Bekämpfung bakterieller Infektionen, jedoch unwirksam gegenüber Viren und Pilzen. Eine Langzeitbehandlung mit Antibiotika kann die Widerstandsfähigkeit des Vogelorganismus gegenüber Virus- und Pilz-Infektionen herabsetzen und dazu beitragen, dass sich hochvirulente Bakterienstämme entwickeln, die gegen die eingesetzten Antibiotika resistent sind.

Wellensittiche (*Melopsittacus undulatus*) und Loris sind anfällig für Kokzidiose, eine Erkrankung, die durch protozoische Darmparasiten hervorgerufen wird. Diese Einzeller gedeihen besonders gut in feuchten, schmutzigen und überbesetzten Volieren. Infizierte Vögel sind teilnahmslos und sitzen mit aufgeplustertem Federkleid auf dem Ast. Viele Tiere leiden unter blutigem Durchfall. In den frühen Stadien der Infektion hat sich die Gabe von Natriumsulphaquinoxalin unter das Trinkwasser als wirksame Behandlung bewährt. Von der im Handel erhältlichen 4,3-%-igen Lösung gibt man 2,5 ml auf 3 Liter Trinkwasser. Sulfonamide haben sich ebenfalls als Medikamente gegen Infektionen bewährt, im fortgeschrittenen Stadium schlägt die Behandlung jedoch oftmals nicht an.

Zu den größten Problemen in der Vogelhaltung zählen die Chlamydiose oder Psittakose in ihren verschiedenen Variationen. Diese Krankheit ist hochgradig ansteckend, besonders anfällig sind junge Vögel. SHEPHARD betont, dass die allgemeinen Symptome variieren, stets jedoch schneller Gewichtsverlust, Entkräftung, erhöhte Atemfrequenz, wässrig eitrige Ausflüsse aus den Augen und Nasenlöchern, Durchfall und aufgeplustertes Gefieder auftreten. *Polytelis*- und *Neophema*-Arten sind besonders anfällig für die „Augen-Variante" der Chlamydiose: Die betroffenen Vögel leiden unter wässrig eitrigem Ausfluss aus einem oder beiden Augen. Die Federn der Augenumgebung sind zerzaust, im Laufe der Infektion schwillt das Auge stark an, bis schließlich die Lider vollständig geschlossen sind. Betroffene Vögel reiben ihre Augen an den Sitzästen oder den Gitterstäben ihrer Voliere. Vorbeugung ist bei der Bekämpfung dieser Krankheit die beste Maßnahme. Dazu zählen die Einhaltung der Quarantänezeit für neu erworbene Vögel, die Vermeidung von überbesetzten Volieren und die schnelle Isolierung von Vögeln, die in Verdacht stehen, mit Chlamydien infiziert zu sein. Zur Behandlung dieser Krankheit werden Tetrazyklin-Antibiotika eingesetzt.

Es wurde schon viel über das Auftreten von Circoviren bei Papageien und über die Schnabel-und-Feder-Krankheit (PBFD) geschrieben und erzählt. Typische Merkmale sind abnormales Federwachstum oder abnormale Federfärbung, darüber hinaus in manchen Fällen Schnabeldeformationen. In minderschweren Fällen sind diese Auswirkungen jedoch schwer zu entdecken. Diese unheilbare Virus-Erkrankung ist ansteckend und wird im Nest von den Alttieren auf die Jungen übertragen. Der Infektionskreislauf kann durch die Entnahme der Eier aus dem Nest für die künstliche Bebrütung und spätere Handaufzucht der Jungvögel unterbrochen werden.

Der Befall des Darms mit Spulwürmern (Ascarididen) ist ein ernstes Problem, das für eine signifikant hohe Verlustrate unter den Vögeln in Menschenobhut verantwortlich ist. Vogelhalter sollten ihre Vögel prophylaktisch in regelmäßigen Abständen gegen Wurmbefall behandeln, denn keine Behandlung infizierter Vögel oder die Säuberung der Volieren kann eine erneute Infektion wirkungsvoll verhindern. Ich rate, alle Vögel mindestens zweimal im Jahr mit einem Wurmmittel zu behandeln, und zwar im Spätsommer nach der Brutzeit und im Spätwinter kurz vor Beginn der nächsten Brutsaison. Ich habe mit einem Teil „Nilvern Pig and Poultry Wormer" (Mallinckrodt Veterinaty Limited) auf vier Teile Wasser recht gute Ergebnisse erzielt. Ich setze folgende Dosierungen ein:

0,5 ml der Lösung bei kleinen Papageien
1,0 ml der Lösung bei mittelgroßen Papageien
1,5 ml der Lösung bei großen Papageien und Kakadus

Mit Hilfe einer Kropfsonde wird die Lösung mit dem Wurmmittel direkt in den Kropf gegeben. Sämtliches Futter und das Trinkwasser müssen mindestens 12 Stunden vor der Behandlung der Vögel entfernt werden, und es ist ratsam, nach der Verabreichung noch einige Stunden zu warten, bis man die Näpfe wieder auffüllt. Da Wurmeier die Behandlung unbeschadet überstehen, sollte man im Abstand von etwa zehn Tagen die Gabe des Wurmmittels wiederholen. Dadurch werden auch die letzten Würmer getötet, die in der Zwischenzeit aus den Eiern geschlüpft sind. Die Verabreichung des Wurmmittels sollte nicht bei hohen Außentemperaturen durchgeführt werden.

ERNÄHRUNG

Entscheidend für die Gesundheit der Vögel und ihre Bereitschaft zu brüten ist weniger die Basis-Körnermischung, sondern vielmehr die Zusammensetzung des Zusatzfutters. Frei lebende Papageien ernähren sich von einer Vielzahl von Früchten, daher sollte man die Vögel in Menschenobhut nicht dazu zwingen, von einer einfachen, abwechslungsarmen Diät zu leben. Man erinnere sich daran, dass frei lebende Papageien in der Lage sind, aus einem großen Angebot an Futter das von ihnen Bevorzugte auszuwählen. In Menschenobhut müssen sich die Vögel mit dem zufrieden geben, was ihnen vorgesetzt wird. Früher hatte man angenommen, dass sich die meisten Papageienarten ausschließlich von Samen ernähren, und die Vögel dementsprechend gefüttert. Heute hat man erkannt, dass die

Ernährung von Papageien abwechslungsreicher sein muss und sogar tierisches Eiweiß mit einschließt. Und in der Tat verursacht eine ausschließliche Fütterung mit Samen eine Vielzahl von Ernährungsproblemen. Ein Tierarzt vom Philadelphia Zoological Gardens, USA, betonte, dass Fehlernährung bei Heimtieren das Problem schlechthin sei, durch das sich die Halter gezwungen sehen, sich an einen Tierarzt zu wenden (AMAND 1976). Um dem weit verbreiteten Missverständnis entgegenzuwirken, alle Papageien benötigen ausschließlich Sonnenblumenkerne, legte AMAND folgende Bestandteile für eine ausgewogene Fütterung fest:

- eine begrenzte Menge Samen von hoher Qualität: eine Mischung aus Sonnenblumenkernen und kleinen Samen für große Papageien oder ausschließlich kleine Samen für kleinere Arten;
- tierisches Eiweiß: rohes Fleisch, Hackfleisch, gekochtes Hühnerfleisch, Kalbfleisch usw.; hart gekochtes Ei; Eifutter und Futterkuchen; Molkereiprodukte wie zum Beispiel Hüttenkäse, milder Käse, fettarme Milch;
- grünes Blattgemüse und Wurzelgemüse;
- frische Früchte und Beeren;
- Kies oder Grit von angemessener Größe;
- Sepiaschale, Mineralsteine und zerstoßener Muschelkalk.

Im Zusammenhang mit der Bedeutung einer abwechslungsreichen Fütterung vermutete GILL, dass die Ernährung der einzig entscheidende Faktor für den Fortpflanzungserfolg bei Papageien in Menschenobhut sei. Bezüglich der Anforderungen, die Papageien an ihre Ernährung stellen, hinkt unser Kenntnisstand bei vielen Arten im Vergleich zu den Fortschritten in der Unterbringung, im Management und in der Krankheitsvorsorge weit hinterher (in SINDEL & GILL 1996).

Stan SINDEL, ein sehr erfolgreicher und erfahrener Züchter australischer Papageien, erzählte mir, dass er für die meisten Arten als Grundfutter eine einfache Samenmischung aus Weißer Hirse und Rispenhirse bevorzugt. Dem fügt er eine tägliche Ration von etwa 10 g gekeimten Sonnenblumenkernen pro Vogel zusammen mit einer reichlichen Menge Früchte und Grünfutter hinzu. Jeder Vogel erhält darüber hinaus pro Tag ein Milch-Pfeilwurz-Biskuit. Im Currumbin Sanctuary in Südost-Queensland steht den größeren Papageien und Kakadus eine Basis-Körnermischung mit folgender Zusammensetzung zur Verfügung (ROMER, *briefl. Mittlg.* 1998):

20 % graue Sonnenblumenkerne
14 % Kardisaat
10 % geschälter Hafer
5 % zerstoßener Mais
15 % Kanariensaat
10 % Weiße Hirse
8 % Rispenhirse
8 % Rote oder Japanische Hirse

Während der Brutsaison werden zusätzlich noch geringe Mengen Rübsen, Negersaat und Leinsamen hinzugefügt. SINDEL warnt, dass Rosakakadus (*Eolophus roseicapilla*) besonders anfällig für Fettleibigkeit sind. Um die Vögel schlank und gesund zu halten, müssen sämtliche fettreichen Samen aus dem Futter entfernt werden, zum Beispiel Sonnenblumenkerne, Kardisaat, Kanariensaat und geschälter Hafer (in SINDEL & LYNN 1989). Im Gegensatz dazu neigen die Rabenkakadus nicht zur Fettleibigkeit. Daher gibt es auch keinen Grund, ihnen fettreiche Samen vorzuenthalten. Die Vögel fressen überaus gerne Wildsamen und -früchte und schätzen besonders *Allocasuarina*-Zapfen sowie *Banksia*- und *Hakea*-Früchte.

Im Currumbin Sanctuary erhalten die kleinen Papageien folgende Basis-Körnermischung (ROMER, *briefl. Mittlg.* 1998):

4 Teile Weiße Hirse
4 Teile Kanariensaat
2 Teile Gelbe Hirse
2 Teile geschälter Hafer
2 Teile Weizen
1 Teil Rispenhirse
1 Teil Leinsamen
1 Teil graue Sonnenblumenkerne

Für *Psephotus-* und *Neophema*-Arten empfiehlt SINDEL, die Fütterung fettreicher Samen wie Sonnenblumenkerne, Kanariensaat und geschälten Hafer auf die Brutzeit zu beschränken und dann auch nur in Maßen anzubieten (in SINDEL & GILL 1993, 1996).

Die besondere Bedeutung des Zusatzfutters während der Brutsaison spiegeln die verschiedenen Zusammenstellungen des Erhaltungsfutters und des Zuchtfutters im Currumbin Sanctuary wider (ROMER, *briefl Mittlg.* 1998). Das Erhaltungsfutter setzt sich aus folgenden Bestandteilen zusammen:

3 Teile fein gehackter Mangold
5 Teile fein gehackter Kopfsalat
2 Teile geraspelte Möhren
2 Teile blanchierte Erbsen
2 Teile blanchierter Zuckermais

In der Brutsaison wird das Erhaltungsfutter durch das folgende Zuchtfutter ersetzt:

2 Teile gekeimte Mungbohnen
4 Teile gekeimte Luzerne
4 Teile Hirse
1 Teil fein gehackter Kopfsalat
1 Teil fein gehackter Brokkoli
1 Teil fein gehackte Petersilie
1 Teil blanchierte Erbsen
1 Teil blanchierter Zuckermais
2 Teile Sultaninen
2 Teile geraspelte Möhren

Ein Kalzium-Präparat wird in Trinkwasser gelöst und über das Futter gegeben.

Wenn man seine Papageien dazu bewegen möchte, neues Futter anzunehmen, können erhebliche Schwierigkeiten auftreten. Solange die gewohnten Früchte und Samen verfügbar sind, wird Unbekanntes meist ignoriert. In diesem Fall bleibt dem Halter nur die Beharrlichkeit, denn seine Vögel an eine abwechslungsreiche Kost zu gewöhnen, ist sicherlich der Mühe wert.

Ich habe festgestellt, dass die beste Methode, seinen Vögeln Eier und Molkereiprodukte zur Verfügung zu stellen, ein einfacher Kuchen mit zusätzlichen Eiern ist. Solche Papageienkuchen werden von den meisten Papageien gerne gefressen, vor allen von den Vertretern der Psittaculini und Polytelini, besonders in der Aufzuchtphase. Das nachfolgende Rezept für den Papageienkuchen, der den Insekten fressenden Vögeln im Featherdale Wildlife Park in Sydney angeboten wird, stammt von Bruce KUBBERE. Ich habe festgestellt, dass dieser Kuchen eine ausgezeichnete Nahrungsergänzung für Papageien während der Brutzeit darstellt:

500 g Hüttenkäse
750 g mit Backpulver versetztes Mehl
250 g Rohzucker
250 g Margarine
3 Esslöffel Pflanzenöl
7 Eier mit Schale

Die Margarine wird geschmolzen und in einem Mixer mit den Eiern, dem Zucker und dem Pflanzenöl gemischt. Danach wird das Mehl untergerührt, als Letztes der Hüttenkäse. Die Masse wird anschließend 90 Minuten bei 170° C gebacken.

Seitdem im Handel kommerzielles Lorifutter erhältlich ist, hat sich die Haltung und Zucht der Loris erheblich vereinfacht. Diese Futtermischungen sind als Trockenfutter oder Nassfutter erhältlich und haben sich als Ergänzungsfutter für Nahrungsspezialisten als sehr zufriedenstellend erwiesen, vor allem, wenn es weiche Früchte enthält. Bei dem Nassfutter muss man jedoch höchste Vorsicht walten lassen und sicherstellen, dass das Futter nicht verdirbt. Die beiden australischen *Trichoglossus*-Arten sind in der Lage, mit einer reinen Körnerdiät zu überleben und sogar Nachwuchs aufzuziehen. Diese Art der Fütterung fördert jedoch weder die Gesundheit noch lassen sich mit ihr gute Zuchtergebnisse erzielen. Einige Züchter bevorzugen es, ihre Futtermischungen selbst herzustellen. Es sind eine Reihe von Rezepten bekannt, die sich in der Praxis sehr gut bewährt haben. Das Lorifutter im Currumbin Sanctuary wird wie folgt zubereitet:

8 Teile Hafermehl
4 Teile Weizenkeime
2 Teile Trockenmilch
1 Teil Traubenzucker in Pulverform
0,25 Teile Bierhefe
50 g Kalzium-Präparat in Pulverform

Die Bestandteile werden gemischt und mit einer Zuckerlösung (1 kg Rohzucker auf 2 Liter Wasser) so lange befeuchtet, bis eine krümelige Masse entstanden ist.

Zu diesem Futter erhalten die Loris eine Früchtemischung aus Äpfeln, Birnen, Warzenmelonen oder Honigmelonen, Wassermelonen, Papayas, Weintrauben und Sultaninen sowie blanchierte Erbsen, Möhren und Zuckermais. Sämtliche Früchte werden geschält und in Würfel geschnitten, die nicht größer als 10 mm x 10 mm sind, und anschließend mit dem blanchierten Gemüse vermischt.

Die Loris in meiner Zuchtanlage wissen es zu schätzen, dass ich ihnen regelmäßig Zweige mit *Eucalyptus*-, *Grevillea*- oder *Callistemon*-Blüten anbiete; die größeren Arten verzehren kleine Mengen des „Insektenfresserkuchens".

Laut SHEPHARD (1989) besitzen gequollene Samen keinen höheren Nährwert als trockene Samen. Die eingeweichten Körner sind jedoch für Jungvögel, die von ihren Eltern mit hervorgewürgtem Futter versorgt werden, leichter verdaulich. Im Gegensatz dazu sind gekeimte Samen nahrhafter als trockene Samen und stellen daher eine wertvolle Nahrungsergänzung dar, vor allem während der Brutsaison. Bei der Fütterung von gequollenen oder gekeimten Samen muss darauf geachtet werden, dass die Körner nicht verpilzen. Das gilt vor allem bei feuchter Witterung. Zur Sicherheit kann man die Samen vor der Fütterung mit einer Lösung waschen, dem ein spezielles Antipilzmittel untergerührt wurde.

Ich habe festgestellt, dass größere Loris, Edelpapageien (*Eclectus roratus*), Prachtsittiche (*Polytelis*), die Plattschweifsittiche und die meisten Kakadus, insbesondere die Helmkakadus (*Callocephalon fimbriatum*), sehr gerne die Beeren des Feuerdorns (*Pyracantha*), der Zwergmispeln (*Cotoneaster*) und des Weißdorns (*Crataegus*) fressen. Die Sträucher sind in vielen Gebieten des südlichen Australien als Ziergehölze weit verbreitet und ihre Früchte im Winter verfügbar, der Jahreszeit, in denen das Angebot an Zusatzfutter knapp ist. Darüber hinaus mögen es die Vögel, wenn man ihnen nasse Eukalyptus-Zweige in die Voliere hängt. Die Papageien baden in dem feuchten Laub und verbringen danach viel Zeit, die Blätter von den Ästen zu entfernen und die Rinde zu schälen, um an die innen liegende Kambiumschicht zu gelangen. Zweige oder Beeren sowie alle anderen Pflanzen, die als Zusatzfutter Verwendung finden, dürfen auf keinen Fall mit Pestiziden belastet sein. Die Blütenstände von Gräsern und Kräutern sollten man nicht an Stellen sammeln, die von Hunden und Katzen verunreinigt wurden.

Ich habe keine Erfahrungen mit pelletiertem Futter sammeln können, welches heute in großer Vielfalt als Alleinfutter für Papageien im Handel angeboten wird. SINDEL stellte fest, dass die Vogelhalter mit diesem Futter unterschiedliche Ergebnisse erzielt haben. Manche Züchter berichten von großen Erfolgen, andere verzeichnen gemischte Erfolge (in SINDEL & LYNN 1996). Ein weiterer Faktor beim Einsatz von Pellets sind die Kosten, denn konventionelles Futter ist in der Regel erheblich preisgünstiger.

Futter- und Wassernäpfe sollte man nie unter Sitzästen oder anderen Orten in der Voliere platzieren, an denen eine Verunreinigung des Futters oder des Trinkwassers mit Exkrementen möglich ist. Das Trinkwasser sollte im Sommer jeden Tag gewechselt werden, in den anderen Jahreszeiten mindestens jeden zweiten Tag. Es kann allerdings jederzeit die Notwendigkeit eintreten, die Wassernäpfe neu zu befüllen, wenn die Vögel sie zum Beispiel umgeworfen oder durch ausgiebiges Baden geleert haben. Grit und Sepiaschale müssen den Vögeln stets zur Verfügung stehen.

ZUCHT

Die meisten Papageien beginnen im Frühjahr mit dem Brutgeschäft. Vorbereitende Inspektionen der Nisthöhlen kann man jedoch schon vorher beobachten. Daher müssen Nistkästen oder Niststämme rechtzeitig in der Voliere angebracht werden. Hohle Stämme, deren Größe den Proportionen der jeweiligen Vogelart angepasst sein müssen, ähneln zwar mehr einer natürlichen Bruthöhle als ein Nistkasten, sind aber bei der Kontrolle der Bruthöhle unangenehmer in der Handhabung. Wenn ein Paar also einen Nistkasten zum Brüten akzeptiert, sollte man es auch dazu ermutigen. Anfangs biete ich einem Paar sowohl einen Nistkasten als auch einen Niststamm zur Auswahl an. Wenn die Vögel den Nistkasten akzeptiert haben, entferne ich umgehend den Stamm aus der Voliere. Nistkästen oder –stämme sind dort aufzuhängen oder aufzustellen, wo das Paar am wenigsten beim Brut- und Aufzuchtgeschäft gestört wird. Beginnt es mit den Nestbau, kann der Fortschritt durch regelmäßige Kontrollen der Nisthöhle verfolgt werden, aber nur, wenn sich kein Vogel in ihr befindet. Äußerste Sorgfalt ist notwendig, um die brütenden Vögel nicht dazu zu bringen, ihr Nest aufzugeben. Das gilt vor allem für die ersten Tage der Brutdauer. Während des Nestbaus und ganz besonders während der Jungenaufzucht benötigen die Altvögel, um erfolgreich Nachwuchs aufziehen zu können, eine ausgewogene, sehr nahrhafte Diät.

Natürlich sind nicht alle Paare vorbildliche Eltern, und sowohl Eier als auch Jungvögel können von ihnen aufgegeben werden. In diesem Fall benötigt man Ammenvögel beziehungsweise die künstliche Bebrütung und Handaufzucht. Singsittiche (*Psephotus haematonotus*), Laufsittiche (*Cyanoramphus*) und einige Grassitticharten (*Neophema*) akzeptieren bereitwillig untergeschobene Eier und Nestlinge fremder Spezies, und manche Züchter halten sich diese Arten ausschließlich, um sie bei Bedarf als Ammen einsetzen zu können. Die Handaufzucht von Jungvögeln ist zwar sehr zeitaufwendig, besonders bei Kakadus und größeren Papageien, kann aber auch sehr befriedigend sein, wenn man kräftige und gesunde Jungvögel zur Selbständigkeit führen kann. Wenn ein Nestling von Hand gefüttert wird, bevor sich seine Augen geöffnet haben, gibt es meist nur wenige Probleme zu bewältigen. Bei älteren Jungvögeln ist die Bindung an die Altvögel bereits sehr weit vorangeschritten, so dass zu Beginn der Handaufzucht mit größeren Problemen zu rechnen ist. Die Jungen sollten in einer Kiste untergebracht werden, deren Boden mit Holzspänen oder weichem Papier ausgelegt ist. Unbefiederte Jungvögel benötigen eine Wärmequelle, zum Beispiel von einer Wärmflasche oder einer anderen geeigneten Quelle. Die Oberseite der Kiste ist teilweise bedeckt, damit die Jungen wie unter natürlichen Bedingungen den Schutz der Dunkelheit aufsuchen können. Anfangs sollten die Abstände zwischen den Fütterungen von den frühen Morgenstunden bis zum späten Abend etwa drei Stunden betragen. Mit zunehmendem Wachstum der Jungen wird die Anzahl der Fütterungen verringert. Kurz vor dem Entwöhnen erhalten die Vögel dann nur noch zweimal am Tag ihre Ration. Gefüttert wird mit einer Kropfsonde oder mit einem Esslöffel. Die Benutzung der Kropfsonde ist besonders bei Jungvögel hilfreich, die in ihrer Entwicklung bereits sehr weit fortgeschritten sind. Die Technik des Fütterns mit einer Kropfsonde bedarf jedoch einiger Erfahrung, und es besteht die Gefahr, dass der Brei nicht in den Kropf gelangt, sondern in die Luftröhre. Die Folgen sind gewöhnlich fatal. Ich bevorzuge es, die Jungen mit einem Löffel zu füttern, der an den Seiten nach oben gebogen wurde, so dass an der Spitze eine schmale Öffnung entsteht. Die Antwort des Jungvogels auf den Futterlöffel entspricht mehr dem natürlichen Bettelverhalten als es bei der Fütterung mit der Kropfsonde der Fall wäre. Jeder Jungvogel wird so lange gefüttert, bis sein Kropf fast vollständig gefüllt ist. Nach der Mahlzeit werden der Schnabel und das Gefieder von den Futterresten gesäubert.

Fütterung von Edelpapageien-Jungen

Die Seiten des Löffels wurden nach oben gebogen, um an der Spitze eine schmalere Ausflussöffnung für den Brei zu schaffen.

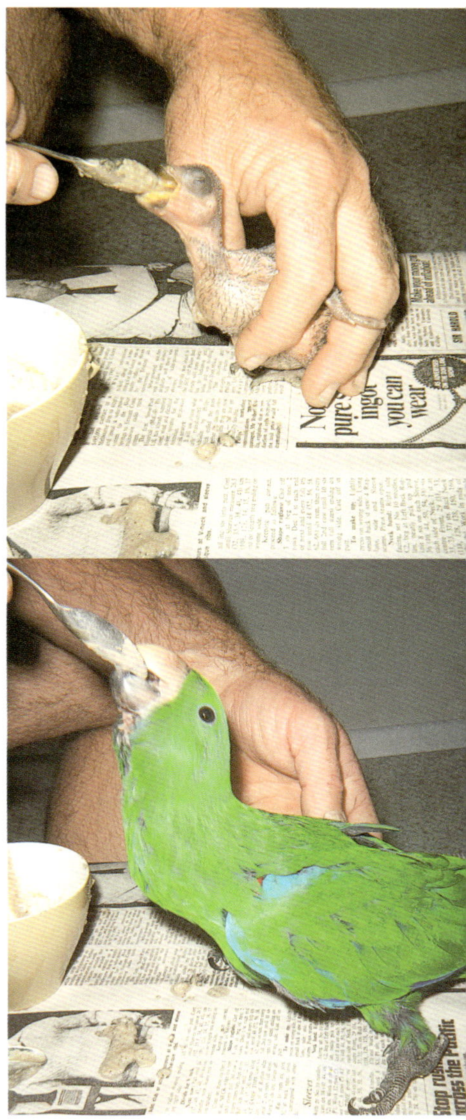

Im Handel sind eine Vielzahl kommerzieller Handaufzuchtfuttermischungen erhältlich, mit denen ich gemischte Resultate erzielt habe. Die unterschiedlichen Reaktionen der Jungvogel auf den Futterbrei legen die Vermutung nahe, dass manche Marken wohlschmeckender sind als andere. Ich möchte betonen, dass sich die kommerziellen Handaufzuchtfutter wegen der gleichförmigeren und feineren Konsistenz besser für die Fütterung mit der Kropfsonde eignen. Ich betreibe die Handaufzucht nicht als Routine, sondern nur im Notfall. Für die Fütterung von Lori-Nestlingen verwende ich handelsübliches Lorifutter mit geraspeltem Apfel. Für die Aufzucht der übrigen Papageienarten stelle ich mir ein Aufzuchtfutter aus natürlichen Bestandteilen selbst zusammen. Das folgende Gemisch hat sich als sehr erfolgreich bewährt:

2 Teile fein gemahlene Sonnenblumenkerne
2 Teile Baby-Getreideflocken mit hohem Proteinanteil
1 Teil fein gemahlene Weizenkeime
1 Teil fein gemahlene Milch-Pfeilwurz-Biskuits
1 Teil fein gemahlenes kommerzielles Mischfutter für Hühnerküken
Vitamin- und Kalzium-Präparate in Pulverform

Vor jeder Fütterung gebe ich warmes Wasser sowie einen Esslöffel zerkleinertes Gemüse und Apfel-Babybrei zu der Masse. Wenn ich die Vögel füttere, halte ich den Futterbrei im Wasserbad warm.

In der Volierenhaltung ist der Zeit kurz vor dem Ausfliegen der Jungen besondere Aufmerksamkeit zu schenken. Wenn die Jungvögel flügge werden, sind sie meist besonders scheu und unbeholfen im Flug. Zusammenstöße der unerfahrenen Vögel mit dem Gitter oder mit Einrichtungsgegenständen enden mitunter mit Verletzungen oder sogar tödlich. Die Flügglinge des Rotkappensittichs (*Purpureicephalus spurius*) und einiger *Neophema*-Arten sind besonders ängstlich. Es ist daher ratsam, an der Vorderseite der Freivoliere Zweige von dichten Büschen anzubringen, um zu verhindern, dass die Jungvögel gegen den Maschendraht fliegen. Wenn die Jungen sich eingelebt haben, kann man diese Zweige schrittweise entfernen.

MISCHLINGE UND FARBMUTATIONEN

Von einer gezielten Mischlingszucht ist auf jeden Fall abzuraten. Sie erfüllt keinen sinnvollen Zweck und schadet nur dem Genpool der Zuchtstämme in Menschenobhut, vor allem bei den seltener gehaltenen Arten. Bei der Haltung gemischter Gruppen ist besondere Vorsicht vonnöten, um zu verhindern, dass man Arten miteinander vergesellschaftet, die hybridisieren können.

Mischlinge im Freiland ziehen unweigerlich die Aufmerksamkeit auf sich. Ihr Auftreten ist aber häufig nur ein Anzeichen von Veränderungen in der Umwelt, die auf den Menschen zurückzuführen sind. Von mehreren Futterplätzen sind Hybridisierungen zwischen dem Allfarblori (*Trichoglossus haematodus*) und dem Schuppenlori (*T. chlorolepidotus*) gemeldet worden, ebenso in den Gärten der Vororte, wo das ganzjährige Angebot an blühenden Büschen und Sträuchern gemischte Schwärme beider Loriarten anlockt. Nach der Etablierung verwilderter Populationen von Corellas im Kerngebiet und in der Umgebung der großen Städte mehrten sich die Meldungen von Hybridisierungen zwischen den Corellas und den heimischen Rosakakadus (*Eolophus roseicapilla*). Die ersten Nachweise von natürlichen Mischlingen verwirrte die Sammler, und mancher Hybride wurde schon als eigenständige Spezies beschrieben. John GOULD beschrieb den auffälligen Mischling zwischen dem Australischen Königssittich (*Alisterus scapularis*) und dem Rotflügelsittich (*Aprosmictus erythropterus*) und nannte ihn „*Aprosmictus insignissimus*“. Der Vogel wurde als neue Art in *The Birds of New Guinea and the Adjacent Papuan Islands* abgebildet, ein Werk, in dem auch die zu jener Zeit neu entdeckten Vogelarten Australiens aufgeführt wurden. Von diesem außergewöhnlichen Mischling gibt es recht regelmäßige Meldungen in Menschenobhut, aber auch im Freiland taucht er von Zeit zu Zeit auf. Ich finde es sehr bemerkenswert, dass all diese Vögel durchweg mit der Abbildung des Hybriden von John GOULD in Übereinstimmung gebracht werden können.

Obwohl ich an der Mutationszucht persönlich nicht besonders interessiert bin, habe ich doch zur Kenntnis genommen, dass die Züchtung von Mutationsformen australischer Papageienvögel in den letzten Jahren einen gewaltigen Aufschwung erlebt hat. Die Zucht solcher Vögel ist für viele Züchter das wichtigste Ziel geworden. KREMER (1992) stellt fest, dass dieses Interesse an der Mutationszucht eine völlig neue Seite der Vogelzucht aufgeschlagen hat. Meine einzige Sorge in Anbetracht der Mutationszucht gilt der Tatsache, dass man die Notwendigkeit, lebensfähige Zuchtstämme der „normalen“, wildfarbenen Vögel aufrecht zu halten, zunehmend aus dem Blickfeld verliert. Es hat den Anschein, dass der „normale“ Nymphensittich (*Nymphicus hollandicus*) in Menschenobhut weder in Australien noch sonstwo überlebt hat, und es wird zunehmend schwieriger, wildfarbene Princess-of-Wales-Sittiche (*Polytelis alexandrae*), Schönsittiche (*Neophema pulchella*) oder Glanzsittiche (*N. splendida*) zu erwerben. Sicherlich können wir es uns nicht erlauben, die artenreinen Stämme dieser so vertrauten Papageienarten in unseren Volieren zu verlieren.

ORDNUNG **Psittaciformes**

FAMILIE **Cacatuidae G. R. Gray**

Biochemische und chromosomale Studien haben in den letzten Jahren den entscheidenden Ausschlag für den breiten Konsens gegeben, die Kakadus als eigenständige Familie von den übrigen Papageienvögeln zu trennen (siehe SCHODDE 1997). Zu den auffälligsten äußeren Merkmalen der Kakadus zählt die bewegliche Haube auf dem Kopf. Die Vögel richten sie gewöhnlich ruckartig auf, wenn sie beunruhigt oder erregt sind beziehungsweise kurz nach der Landung. Unter den übrigen Papageienvögeln besitzt nur eine Art eine Haube, der Hornsittich (*Eunymphicus cornutus*) von Neukaledonien. Seine Haube besteht jedoch lediglich aus einigen verlängerten Scheitelfedern. Die „echten", beweglichen Hauben findet man nur bei den Kakadus. Zu den anatomischen Merkmalen, die SMITH (1975) beschreibt, zählen der komplizierte Bau der Karotis-Arterien, der verknöcherte Augenring im Schädel, eine Knochenbrücke, welche die beiden Temporalöffnungen miteinander verbindet, und eine Gallenblase. Gefiederbereiche mit Puderdunen sind besonders auffällig, den Federn fehlt hingegen die so genannte „Dyck-Textur", ein strukturelles Element der Federäste, das durch die Reflexion des Sonnenlichts für Gefiederfarben verantwortlich ist, wie sie für die meisten Papageienvögel typisch sind (siehe DYCK 1971).

Die Untersuchung der Spermatozoen von drei Papageienarten ergab deutliche morphologische Unterschiede zwischen den Kakadus, die durch den Nymphensittich (*Nymphicus hollandicus*) repräsentiert wurden, und den übrigen Papageienvögeln (JAMIESON *et al.* 1995).

Aufgrund des scheinbar primitiven Baus der Zungenmuskulatur vermutete man, dass die Kakadus eine ursprüngliche Gruppe innerhalb der Psittaciformes darstellten. JOSHUA und PARKER wiesen jedoch darauf hin, dass Unterschiede im Bau der Zungenmuskulatur nicht generell gegen eine konvergente Entwicklung als Folge übereinstimmender Futterpräferenzen sprächen. Bei der Verdeutlichung stammesgeschichtliche Verwandtschaftsgrade sind solche Unterschiede also nur sehr bedingt zu verwenden (in LOW 1993).

Die Verwandtschaftsverhältnisse innerhalb der Cacatuidae sind nicht gänzlich geklärt. Die Anwendung verschiedener biochemischer Analyseverfahren haben zu unterschiedlichen Ergebnissen geführt, die sehr gegensätzliche taxonomische Anordnungen befürworten. Übereinstimmung besteht jedoch bei der Unterteilung der Kakadus in drei Gruppen, die vereinfacht ausgedrückt als „Schwarze Kakadus", „Weiße Kakadus" und „Kakadus mit unsicherer Zuordnung" bezeichnet werden (siehe ADAMS *et al.* 1984, BROWN & TOFT 1999). JOSHUA und PARKER stellten fest, dass sich der Karyotyp von *Probosciger aterrimus* deutlich von dem der Schwarzen und Weißen Kakadus unterscheidet. Somit gibt es vier markante Abstammungslinien in der Phylogenese der Kakadus. Anstatt diese vier Gruppen als eigenständige Unterfamilien zu bewerten, bevorzuge ich es, sämtliche Kakadus mit Ausnahme von *Nymphicus* in eine gemeinsame Unterfamilie zu stellen. Der Nymphensittich ist der einzige Repräsentant der zweiten Unterfamilie.

Kakadus baden, indem sie im feuchtem Blätterwerk eines Baumes mit den Flügeln schlagen oder während eines Regenschauers umherfliegen beziehungsweise sich kopfunter von den Ästen hängen lassen. Wenn die Vögel in die Enge getrieben werden oder erregt sind, geben sie auffällige zischende Laute von sich. COURTNEY (1996) wies darauf hin, dass Kakadus offenbar die einzigen Papageienvögel sind, die während des Schluckens der Nahrung Laute von sich geben. Dahinter verbirgt sich eine Reihe von kurzen, schnell wiederholten Tönen, welche Jungvögel hervorbringen, die gerade Futter aus den Schnäbeln der Altvögel erhalten. Auch diese „keuchenden" Bettellaute der Jungen, denen jedes Tongefüge fehlt, trennt die Kakadus von den übrigen australischen Papageienvögeln.

Bei wenigen Arten ist ein deutlicher Sexualdimorphismus vorhanden, bei vielen ist er nur schwach angedeutet, bei anderen fehlt er. Bei den meisten Arten wechseln sich beide Geschlechter beim Brüten ab. Frisch geschlüpfte Nestlinge sind bei den meisten Arten von langen gelben Dunenfedern bedeckt.

Kakadus kommen in der Papua-Australischen Region vor. Ihr Verbreitungsgebiet reicht von den Salomoninseln westwärts bis zu den Kleinen Sunda-Inseln, Indonesien, und von den Philippinen südwärts bis Süd-Australien. BROWN und TOFT (1999) wiesen darauf hin, dass die Ergebnisse molekularbiologischer Untersuchungen aus dem Blickwinkel der biogeographischen Analytik die Hypothese unterstützen, dass der Ursprung der Kakadus in Australien liegt. Von hier aus sind sie in zwei unabhängigen Ausbreitungswellen zu den nördlich gelegenen Inseln gewandert, wo durch sekundäre Artaufspaltung die heutige Artenvielfalt der Gattung *Cacatua* entstanden ist. Mit 14 Arten kommen die meisten Kakadus in Australien vor; in anderen Regionen des Verbreitungsgebietes gibt es in der Regel nur ein bis zwei, seltener drei Arten.

UNTERFAMILIE CACATUINAE

Die Kakadus dieser Unterfamilie sind mittelgroße bis große Vögel mit kräftigem Körperbau und breiten abgerundeten oder quadratischen Schwänzen. Ihre Schnäbel sind wuchtig und sehr kräftig.

GATTUNGSGRUPPE PROBOSCIGERINI Mathews

Die Ergebnisse biochemischer Untersuchungen haben gezeigt, dass zu dieser Gruppe lediglich eine Spezies zählt, die unter den rezenten Arten die erste war, welche sich von den Urahnen der Kakadus in Australien abgespaltet hat (Brown & Toft 1999).

Bei der Art handelt es sich um einen großen schwarzen Kakadu, der leicht anhand seines gewaltigen Schnabels und der nackten Gesichtshaut an der Basis des Unterschnabels zu erkennen ist. Die Schenkel sind ebenfalls unbefiedert. Wenn der Vogel Ober- und Unterschnabel aufeinanderpresst, berühren sich die beiden Hälften lediglich an einem Punkt. Die relativ kleine zweifarbige Zunge ist gut zu erkennen. Die Wachshaut ist befiedert, und die sehr auffällige, nach hinten gebogene Haube besteht aus schmalen, verlängerten Federn. Auf den äußeren Steuerfedern ist keine Bänderung erkennbar.

GATTUNG PROBOSCIGER Kuhl

Probosciger Kuhl. Nova Acta Acad. Caesar. Leop. Carol., 10, 1820, S. 12. Typus durch spätere Umbenennung *Psittacus aterrimus* Gmelin (Salvadori, Cat. Bds. Brit. Mus., 20, 1891).

Die charakteristischen Merkmale der Gattung entsprechen der Beschreibung der Gattungsgruppe. Der Sexualdimorphismus ist schwach ausgeprägt. Die Jungvögel unterscheiden sich von den Adulten, und den frisch geschlüpften Nestlingen fehlt das gelbe Dunengefieder.

Die Gattung kommt nur auf Neuguinea und einigen benachbarten Inseln, den Aru-Inseln, Indonesien, und auf der Cape York Peninsula im äußersten Nordosten von Australien vor.

PALMKAKADU

Probosciger aterrimus (Gmelin)

Psittacus aterrimus Gmelin, Syst. Nat., 1, Tafel 1, 1788, S. 330 (New Holland; begrenzt auf Nordaustralien von van Oort, Notes Leyden Mus., 33, 1911, S. 239; geändert in Aru-Inseln von Mees, Zool. Meded. Leiden, 35, 1957, S. 220).

WEITERE NAMEN
E: Palm Cockatoo, Great Palm Cockatoo, Great Black Cockatoo, Goliath Cockatoo, Cape York Cockatoo, Goliath Aratoo, Black Macaw (Cape York Peninsula); F: Microglosse noir; NL: Palmkaketoe.

Gesamtlänge 56 cm.

BESCHREIBUNG
ADULTES MÄNNCHEN
Gefieder ober- und unterseits schwarz, Federn deutlich mit Puder (Puderdunen) bedeckt, der das Gefieder blaugrau erscheinen lässt; Stirn und Zügel schwarz (ohne Puder); nackte Gesichtshaut karmesinrot; nackte Unterschenkel blaugrau; sichtbarer Gaumen rot; Zunge rot mit schwarzer Spitze; Schnabel schwarzgrau; Iris dunkelbraun; Läufe dunkelgrau; Körpermasse 882–1040 g.

Artenschutzübereinkommens (CITES) aufgenommen.

VERHALTEN

In der Iron Range im Osten der Cape York Peninsula stellte ich fest, dass Palmkakadus einzeln übernachten und hierzu die äußersten Äste hoher Bäume aufsuchen. Offenbar bevorzugen sie Bäume, deren obere Äste kein Laub aufweisen. Die Palmkakadus wurden erst weit nach Sonnenaufgang aktiv; hierin unterscheiden sie sich eindeutig von Gelbhaubenkakadus (*Cacatua galerita*), die ihre Schlafplätze bereits vor Tagesanbruch verlassen. Vor dem Verlassen des Schlafbaumes verbrachte jeder Palmkakadu einige Zeit mit der Gefiederpflege. Wood (1988) berichtete, dass an einer anderen Stelle des gleichen Distriks mehrere Palmkakadus im selben Baum, jedoch getrennt voneinander, übernachteten. Ein Paar nutzte dieselbe Baumgruppe über einen Zeitraum von 30 Monaten als Schlafplatz. Auch wurde berichtet, dass die Vögel in diesem Gebiet ihre Schlafplätze vor Sonnenaufgang verließen und „Markierbäume" aufsuchten. Darüber hinaus wurde beobachtet, dass sie in ruhigen, von Mondlicht erhellten Nächten umherflogen.

Nach meinen Erfahrungen beginnen Palmkakadus mit ihren Tagesaktivitäten etwa eine Stunde nach Sonnenaufgang. Dann kommunizieren sie mittels Lautäußerungen, was gewöhnlich dazu führt, dass sich sechs oder sieben Vögeln in einem hohen Baum einer Baumsavanne zu einem kleinen Schwarm zusammenschließen. Hohe Bäume waren außerhalb des Regenwaldes eher selten, und es schien, dass die Palmkakadus bestimmte Bäume individuell bevorzugten. Zur Bildung kleiner Schwärme kam es immer auf denselben Bäumen. Wenn die Vögel an so genannten „Versammlungsbäumen" aufeinandertrafen, nahm ihre Aktivität zu, und sie führten ein „clownhaftes" Verhalten aus, das bereits frühe Beobachter von frei lebenden Palmkakadus beschrieben haben.

MacGillivray (1914) berichtete, er habe mehrfach kleine Schwärme von fünf bis sieben Palmkakadus beobachtet, die in einem frei stehenden großen Baum wiederholt clownhaftes Verhalten ausführten. Mitunter saß auf einem Bewässerungsrohr ein Paar, das andere Palmkakadus von allen Seiten anflogen, offenbar um es zu vertreiben. Im November 1963 konnte ich bei einem kleinen Schwarm Palmkakadus, der sich auf einem Versammlungsbaum aufhielt, ein ähnliches Verhalten beobachten. Zwei oder mehr Kakadus verließen einen Ast, auf dem sie gesessen hatten, und griffen einen anderen Kakadu an, der in der Nähe saß. Als Folge dieses Angriffs verlor das angegriffene Individuum den Halt und hing kopfunter mit ausgebreiteten Schwingen am Ast, bis es wieder die normale, aufrechte Körperhaltung einnahm. Ein Imponierverhalten, das regelmäßig beobachtet werden kann, wenn sich die Vögel auf Versammlungsbäumen aufhalten, ist in Abbildung 7 illustriert. Diese Verhaltensweise wurde stets von einem zweisilbigen Kontaktlaut begleitet, der sich wie eine Pfeife anhörte. Bei dem ersten Ton nahm der Vogel eine aufrechte Haltung mit zur Hälfte angehobener Haube ein (siehe Abbildung 7a). Mit dem Ausstoßen des zweiten, lang gezogenen Tones verneigte sich der Vogel ruckartig – die Flügel wurden ausgebreitet, die Haube aufgerichtet und der Schwanz angehoben – und nahm die in Abbildung 7b dargestellte Haltung ein. Das „Imponieren" wurde häufig zwei- oder dreimal in Folge von verschiedenen Vögeln, die sich auf dem Baum befanden, ausgeführt. Wood (1988), der dieses Verhalten bei Palmkakadus beobachtete, die sich in der Nähe eines Nahrungsbaumes und abseits eines potentiellen Brutbaumes zu mehreren sammelten, stellte fest, dass die Vögel neben dem schon beschriebenen Verhalten ihr Gefieder pflegten und häufig „angenehm" klingende Lautäußerungen produzierten. Die Federn wurden mit den Krallen geputzt oder zwischen Oberschnabel und Zunge genommen, zusätzlich rieben die Vögel ihre nackten Wangen an einem Ast. Das Imponierverhalten schließt auch „Scheinangriffe" ein; hierbei richteten die Vögel ihre Haube auf, verbeugten sich, breiteten die Flügel aus und wiegten sich hin und her; es fehlten aber die Verhaltensweisen, die für territoriale Auseinandersetzungen zwischen Männchen typisch sind (wie die heiser klingenden Rufe und der Körperkontakt zwischen den Kontrahenten). Im Osten der Cape York Peninsula (McIlwraith Range) beobachtete Cooper (*briefl. Mittlg.* 1997) am 5. August 1997 um 8.30 Uhr ein Paar Palmkakadus, das etwa fünf Meter über dem Wasser des Rocky River auf einem Ast saß. Die Vögel imponierten („Verbeugen") und widmeten sich der Gefiederpflege. Das Männchen präsentierte die nackten Wangen und rief, während es mit einem Fuß aufstampfte, dann neigte es sich so weit nach vorn, dass es beinahe kopfüber hing. Anschließend nahm das Männchen eine aufrechte Körperhaltung mit angelegter Haube ein, pflegte zuerst das eigene Gefieder und kraulte dann den Kopf des Weibchens. Nach etwa fünf Minuten segelte es nach unten zu einer Sandkuhle, wohin ihm das Weibchen mit nach unten gebogenen Flügeln folgte. Das Männchen lief umher und nahm sehr kleine Gegenstände – möglicherweise Sand, kleine Steine oder Holzkohle – auf, die es eventuell auch hinunterschluckte.

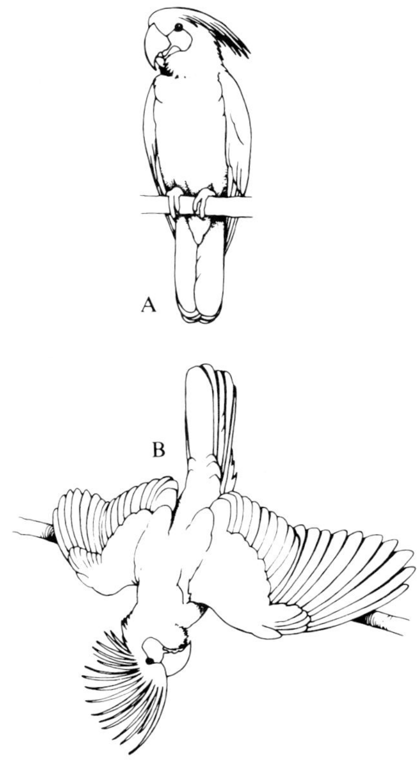

Abbildung 7

Imponierverhalten des Palmkakadus *Probosciger aterrimus* auf den „Versammlungsbäumen":

(a) die aufrechte Körperhaltung mit teilweise aufgerichteter Haube geht mit dem ersten Ton des Kontaktlautes einher;

(b) die ruckartige Verneigung begleitet den schrillen, in die Länge gezogenen zweiten Ton des Kontaktlautes.

Palmkakadus werden gewöhnlich einzeln, paarweise oder in kleineren Schwärmen angetroffen. Schwärme treten meist außerhalb der Brutsaison auf, gelegentlich können Palmka-

kadus sogar in größeren Schwärmen mit bis zu 30 Vögeln Nahrung aufnehmen. Zur sozialen Organisation von Palmkakadus liegen nur spärliche Informationen vor, die vermuten lassen, dass Brutpaare territorial sind und sich die meiste Zeit des Jahres innerhalb ihres Territoriums aufhalten. Bei diesen Brutpaaren können die Jungvögel der letzten Brut oder auch Nachkommen aus vorausgegangenen Bruten leben. Kleinere Schwärme mit Nichtbrütern sind dagegen weniger ortstreu und wandern großflächig umher. Wood (1988) erwähnte, dass im Iron-Range-Distrikt zwei Paare ein Gebiet von etwa einem Quadratkilometer Größe bewohnten. Innerhalb dieser Fläche führten die Vögel an 23 Plätzen regelmäßig Markierverhalten aus. Diese „Markierplätze", die sich stets in der Nähe von Bäumen befanden, die potentielle Bruthöhlen aufwiesen, wurden von den Vögeln das ganze Jahr über regelmäßig aufgesucht, meist am frühen Morgen und am Abend. Wood (1984) beschrieb das außergewöhnliche, nahezu bizarr wirkende Markierverhalten, welches das Männchen in 15 m Höhe auf einem abgestorbenen, hohlen Eukalyptus-Stumpf ausführt. Mit vollständig aufgerichteter Haube, ausgebreiteten Flügeln und intensiv geröteten Wangen dreht der Vogel sich langsam im Kreis und schlägt mit einem Ast, einem Stein oder einem großen Samen, die im linken Fuß gehalten werden, auf den abgestorbenen Baumstamm. Auf diese Weise entsteht ein laut hallendes Klopfgeräusch. Während der gesamten Zeit werden durchdringende Pfiffe ausgestoßen. Wood wies darauf hin, dass dieses Verhalten am frühen Morgen und am späten Nachmittag ausgeführt wurde und das ganze Jahr über beobachtet werden kann, am häufigsten aber in den Monaten Juni und Juli. Das beschriebene Markierverhalten kann zwei bis mehr als hundert „Trommelschläge" aufweisen – die Stelle des Astes, die auf den Stamm geschlagen wird, wirkt mit der Zeit wie poliert. Die Trommelstöcke werden von den Vögeln vorher bearbeitet: Sie beißen ein Stück von einem Ast ab, streifen die Blätter ab und entfernen an den Enden die Rinde; auf diese Weise entsteht ein Werkzeug mit einem Durchmesser von etwa 2 cm und einer Länge bis zu 12 cm, das im Schnabel zu dem „Markierbaum" getragen wird. Ein Stock wurde mehr als 50 Mal gegen den Baum geschlagen, und das Ende, das auf den Stamm traf, wirkte wie blank gerieben. Nach dem „Markieren" wird der Trommelstock einfach fallen gelassen, oder er landet – zu Spänen zerbissen – im Innern des hohlen Stammes. Große Samen von *Grevillea glauca* oder – seltener – Steine finden ebenfalls als Trommelwerkzeuge Verwendung, gelegentlich schlagen die Vögel auch nur mit dem Fuß gegen den Stamm, was aber nur ein leises Geräusch verursacht.

Andere Beobachter stellten fest, dass die Trommelwerkzeuge auch mit dem rechten Fuß gehalten werden – in diesem Zusammenhang wäre es interessant zu wissen, ob ein Individuum beide Füße benutzen kann, oder ob es unter den Palmkakadus im übertragenen Sinne „Links-" und „Rechtshänder" gibt. Am 5. August 1997 traf Cooper (*briefl. Mittlg.* 1997) um 12.30 Uhr in der Nähe des Rocky River (McIlwraith Range) in einer *Eucalyptus*-Savanne auf drei Palmkakadus; ein Vogel flog rufend umher, doch dann ließen sich alle drei nieder und verhielten sich ruhig. Schließlich flog einer der Vögel zu einer benachbarten Eukalypte, begann an einem Ast zu nagen und biss anschließend einen Zweig von etwa 10 cm Länge und mit einem Durchmesser von 15 mm ab. Mit diesem Zweig im Schnabel flog der Vogel etwa 150 m weit zu einem Baumstumpf. Dort nahm er den Zweig in den rechten Fuß und schlug laut rufend mit ihm auf das obere Ende des Baumstumpfes ein. Das hierbei entstehende Klopfgeräusch war aus einer Entfernung von mehr als 100 m zu hören. Nach ein paar Minuten ließ der Vogel den Zweig fallen, blieb aber ab und zu rufend auf dem Baumstumpf sitzen.

An der gleichen Stelle beobachteten Rigel Jensen and John Grant im September 1997 um 8.30 Uhr einen Palmkakadu, der einen Zweig abbiss und damit auf den horizontal verlaufenden Ast schlug, auf dem er saß (Cooper *briefl. Mittlg.* 1997). Dann ließ der Vogel den Trommelstock fallen, biss einen anderen Zeig ab, den er ebenfalls fallen ließ, nachdem er mit ihm auf den Ast geschlagen hatte. Gleiches geschah mit einem dritten Zweig, und erst den vierten Zweig trug der Vogel zu einem großen Baumstumpf, führte ihn mit dem Schnabel zum rechten Fuß und schlug ihn dann gegen das obere Ende des hohlen Baumstumpfs. Bemerkenswert ist in diesem Zusammenhang, dass der jeweils aktuelle Zweig dicker war als der vorausgehende. Nach einigen Minuten zerbiss der Vogel den Zweig zu Spänen und ließ diese nacheinander in das Innere des hohlen Stammes fallen.

1 Palmkakadu
Probosciger aterrimus macgillivrayi
MV R8422 adult, Männchen
Somerset, Cape York Peninsula, Queensland
9. November 1896

2 Palmkakadu
Probosciger aterrimus macgillivrayi
QM 04988 adult, Weibchen
Iron Range, Cape York Peninsula, Queensland
21. Juni 1948

Wood (1988) machte darauf aufmerksam, dass territoriale Auseinandersetzungen zwischen Paaren nur zweimal beobachtet wurden. In beiden Fällen wurde ein Männchen, das in ein fremdes Territorium eindrang, unmittelbar nach seiner Landung von dem territorialen Männchen vertrieben. Dieses flog direkt auf den Eindringling zu – unmittelbar vor der Landung streckte es die Füße nach vorn und nahm die Flügel nach hinten. Der Eindringling wurde bei dem Zusammenprall vom Ast gestoßen – geschah dies nicht, versuchte das territoriale Männchen mit heftigen Flügelschlägen den Eindringling zu vertreiben. Die Auseinandersetzung wurde erst beendet, als sich das in das fremde Territorium eindringende Paar

W.T.Cooper 79

zurückzog. Zu keiner Zeit wurde von den miteinander streitenden Vögeln der Schnabel beim Angriff oder bei der Verteidigung eingesetzt. Während der Auseinandersetzungen zwischen den konkurrierenden Männchen flogen die Weibchen laut rufend an der Seite ihres Partners, sie beteiligten sich aber nicht unmittelbar an den Kämpfen. MURPHY (2001) beschrieb ebenfalls die territorialen Kämpfe zwischen Männchen. In einem Fall beobachtete er, wie ein imponierendes Männchen mehrere Eindringlinge vertrieb, und ein Zusammenprall zweier Vögel führte zu einer Wolke schwarzer Federn, als die beiden Rivalen zu Boden stürzten. In der Iron Range beobachtete ich zweimal, wie sich Palmkakadus aggressiv gegenüber Gelbhaubenkakadus (*Cacatua galerita*) verhielten. Das eine Mal landete ein Gelbhaubenkakadu auf einem „Versammlungsbaum" und wurde sofort von zwei Palmkakadus vertrieben. Die zweite Beobachtung fand an einem Schlafbaum statt: Ein Gelbhaubenkakadu landete frühmorgens neben einem ruhenden Palmkakadu. Der Palmkakadu richtete die Haube auf und näherte sich mit langsamen, bedächtig wirkenden Schritten dem kleineren Gelbhaubenkakadu, der davonflog, noch bevor es zu einem Kontakt zwischen den beiden Vögeln gekommen war.

In der Iron Range konnte ich beobachteten, wie kleine Schwärme von Palmkakadus ihre Versammlungsbäume verließen und in der Baumsavanne bis zur Mitte des Vormittags Nahrung aufnahmen und sich anschließend in den Regenwald zurückzogen. Sie verließen den Regenwald nicht vor dem späten Abend, bis sie zu den verschiedenen Schlafbäumen zurückkehrten. Wenn Palmkakadus im Regenwald ruhen oder Nahrung aufnehmen, so lassen sie einen Beobachter verhältnismäßig nahe heran. In der Baumsavanne sind sie dagegen sehr scheu und fliegen auf, sobald sich ihnen der Beobachter nähert. WOOD (1988) stellte in der gleichen Gegend – etwa 14 km von der Küste entfernt – eine abweichende Abfolge der Tagesaktivitäten fest. Nachdem die Kakadus morgens ihr Territorium durchstreift hatten, flogen sie in Richtung Küste ab, wobei Flugstrecke und Flugrichtung von der vorherrschenden Windstärke abzuhängen schienen. Bei starkem Wind hielten sich die Vögel meist in Regenwaldabschnitten auf, die in der Nähe ihrer jeweiligen Territorien lagen. Am späten Nachmittag kehrten kleine Schwärme zurück, einzelne Paare lösten sich vom Schwarm, sobald sie ihre Territorien erreicht hatten. COOPER (*briefl. Mittlg.* 1997) machte am 8. August 1997 am Rocky River (McIlwraith Range) folgende Beobachtung: Um 9.15 Uhr traf er auf drei Palmkakadus, die auf einem abgestorbenen Ast in der Morgensonne saßen, ein Vogel streckte einen Flügel, während ein anderer zu einer Baumhöhle in der Nähe flog, in die Höhle hineinsah und dann für 15 Minuten ruhig sitzen blieb; gegen 9.30 Uhr flogen alle drei Vögel in Richtung Küste ab.

D'OMBRAIN (1933) beschrieb, dass Palmkakadus ihrem Gefieder Puder von Puderdunen hinzufügen. Die Puderdunen sitzen am Ende der Wirbelsäule über dem Schwanz. Der Vogel erreicht die Puderdunen, indem er den Kopf zurückwirft und das Gefieder des Hinterrückens sträubt. Der Kopf wird an den Puderdunen gerieben, anschließend wird der Puder auf das übrige Gefieder verteilt, einschließlich der Flügeldecken. Das Verteilen des Puders hat zur Folge, dass das ansonsten schwarze Gefieder blaugrau wirkt.

Eine Besonderheit dieser Vogelart ist die Fähigkeit, die Farbe der nackten Wangen zu ändern: Sind die Vögel beunruhigt oder erregt, so wird das Rot der Wangen dunkler. Eine vergleichbare Farbänderung von nackten Gesichtsteilen tritt bei *Ara*-Arten Mittel- und Südamerikas auf.

WANDERUNGEN

In ihrem gesamten Verbreitungsgebiet werden Palmkakadus ganzjährig angetroffen. Ich vermute, dass sich Brutpaare ständig innerhalb oder in der Nähe ihres Territoriums aufhalten. Allerdings finden auch Ortsveränderungen statt, welche die Vögel aus ihrem eigentlichen Verbreitungsgebiet hinausführen – vermutlich handelt es sich hierbei aber um jüngere Vögel, die sich noch nicht fortpflanzen. Irrzügler erreichen gelegentlich die am weitesten südlich gelegenen Inseln der Torres Strait, wo ein kleiner Schwarm mit sieben Vögeln auf Horn Island und ein einzelnes Exemplar auf Prince of Wales Island beobachtet wurde (in DRAFFAN *et al.* 1983, GARNETT *pers. Mittlg.* 1997). Ebenfalls ein einzelner Vogel wurde 1973 in der Nähe des an der Westküste der Cape York Peninsula gelegenen Edward River Settlement festgestellt – er hielt sich dort aber nur kurze Zeit auf (GARNETT & BREDL 1985).

FLUG

Der Flug von Palmkakadus wirkt träge und schwerfällig – gewöhnlich fliegen sie mit langsamen, weit ausholenden Flügelschlägen. Im Flug wird der Schnabel zur Brust hin geneigt. Bei Flügen über eine kurze Distanz segeln Palmkakadus mit abwärts gebogenen Flügeln. Sie segeln außergewöhnlich gut, und es ist ein beeindruckender Anblick, wenn sie das Blätterdach des Waldes verlassen und über einen Fluss oder einen größeren Wasserlauf gleiten. Wenn sie zur Landung ansetzen, steuern sie den betreffenden Baum in einem direkten Gleitflug an, ohne vorher Kreise zu ziehen, die für viele andere Kakaduarten typisch sind.

LAUTÄUSSERUNGEN

Wood (1988) wies darauf hin, dass Palmkakadus Abfolge und Tonhöhe von „Grundtönen" ändern, was eine auffällige Variabilität der Lautäußerungen zur Folge hat. Es gibt Hinweise, dass Vögel aus dem Bamaga-Distrikt (am nördlichen Ende der Cape York Peninsula) die gleichen Rufe verwenden – allerdings in einer permanent abweichenden Tonhöhe – wie ihre Artgenossen, die mehr als 200 km südlich in der Iron Range vorkommen.

Palmkakadus produzieren ganztägig Lautäußerungen, jedoch sind diese am Morgen, etwa eine Stunde nach Sonnenaufgang, und erneut am späten Nachmittag besonders auffällig. Den Kontaktlaut, einen zweisilbigen Pfiff, lassen sie im Flug, unmittelbar nach dem Landen und auf den Versammlungsbäumen hören, wenn sie imponieren. Der erste Ton wirkt weich und tief, der zweite ist hingegen grell und hoch, er wirkt langgezogen und steigt bis zum abrupten Ende an. Ein anderer Laut, der gelegentlich während des Fluges produziert wird, ist ein einsilbiger Pfiff, der drei- oder viermal wiederholt wird.

Der Warnruf besteht aus einem kurzen, heiser klingenden Kreischen und erinnert an den Warnruf von Gelbhaubenkakadus (*Cacatua galerita*), ist aber durch einen stärker gutturalen Unterton gekennzeichnet. Während der Nahrungsaufnahme und bei der Gefiederpflege am frühen Morgen lassen Palmkakadus oft einen klagend klingenden Laut hören; dieser seltsame Ruf erinnert an die Lautäußerungen von Schwarzohr-Katzenvögeln (*Ailuroedus melanotus*).

Der Bettellaut der Nestlinge – ein krächzender Laut, der wiederholt wird – ähnelt dem Bettellaut junger Gelbhaubenkakadus (Courtney 1996). Werden die Jungen gefüttert, so lassen sie den gleichen Laut in einer rhythmischen Abfolge mit dazwischen liegenden Pausen hören.

NAHRUNG

Palmkakadus ernähren sich von Samen, Nüssen, Früchten, Beeren, Blattknospen und vermutlich auch von Insekten und ihren Larven. Wood (1988) berichtete, dass in der Iron Range im Osten der Cape York Peninsula Palmkakadus beobachtet wurden, welche die Samen von Indischen Mandelbäumen (*Terminalia catappa*) aufnahmen. Andere wichtige Nahrungsbestandteile waren *Pandanus*-Früchte und die Samen von *Grevillea glauca* und *Canarium australianum*. Im Abstand von etwa 12 m zu einer Bruthöhle, die von dem betreffenden Brutpaar gegen Konkurrenten verteidigt wurde, befand sich ein *Canarium*-Baum, der auch von anderen Palmkakadus zur Nahrungsaufnahme aufgesucht wurde. Bis zu drei Paaren fanden sich gleichzeitig an dem Baum ein, doch nahmen sie jeweils nacheinander Nahrung auf. Bemerkenswert ist, dass das Brutpaar die übrigen Paare in diesem Fall tolerierte. Gelegentlich wurden Palmkakadus beobachtet, die Erde im Uferbereich von periodischen Wasserläufen oder unter Bäumen aufnahmen, in denen sich Brutkolonien von Weberstaren (*Aplonis metallica*) befanden. Allerdings ließ sich nicht feststellen, ob die Vögel heruntergefallene Samen, Insektenlarven oder kleine Steine suchten.

In der Iron Range konnte auch ich beobachten, dass Früchte von *Pandanus* und *Parinari nonda* die bevorzugte Nahrung sind. Eine reife *Pandanus*-Frucht ist orange und gleicht einer großen Ananas, jedes Segment besteht aus einem kleinen länglichen Kern, der von hartem, faserigem Fruchtfleisch bis zu 10 cm Dicke umgeben ist. Die Kakadus kommen auf den Boden und nehmen sowohl die Kerne als auch das faserige Fruchtfleisch der heruntergefallenen reifen Früchte auf. Im Oktober 1974 fand ich einen „Nonda"-Baum, der täglich von Kakadus aufgesucht wurde. Am Fuße des Baumes war der Boden übersät mit Samenschalen, Zweigen und Fruchtresten. Am 6. Oktober beobachtete ich gegen 7 Uhr an diesem Baum Palmkakadus, die mit der Nahrungsaufnahme beschäftigt waren. Überraschenderweise wirkten die Vögel ausgesprochen gewandt, während sie in den äußeren Bereichen der Äste kletterten. Um an die Früchte zu gelangen, ragten sie oft über die Äste hinaus und beugten sich hinunter. Anschließend wurden die Früchte in einem Fuß gehalten, während der Schnabel den Kern entlang der kleinen Achse spaltete, um an den Samen zu gelangen. Beobachtungen an Palmkakadus zeigen, dass sie junge Blattknopsen von Laubbäumen aufnehmen.

In den Kröpfen von Exemplaren, die in der Iron Range gesammelt wurden, befanden sich die Samen einer nicht näher bestimmten Leguminose (ANWC Collection).

FORTPFLANZUNG

Laut Murphy (2001) besteht bei den Palmkakadus die leichte Tendenz zum saisonalen Brüten. Die Eiablage findet meistens im August statt. Die lange Brutzeit, die Nestlingszeit und die Nachgelege von Paaren, deren erste Brut gescheitert war, führen zu einer verlängerten Brutsaison. Belegte Nester wurden in allen Monaten des Jahres gefunden. MacGillivray (1914) fand von der ersten Augustwoche an bis zum 22. Januar Nester mit Eiern. Als ich mich im November 1963 in der Iron Range (im Osten der Cape York Peninsula) aufhielt, hatte ich den Eindruck, dass die Legephase gerade begonnen hatte. Ein Vogel wurde beobachtet, der Zweige im Schnabel hielt, während er durch den Regenwald flog. Auch sah ich mir eine Bruthöhle an, die von einem Kakadu eine Woche oder länger untersucht wurde. Im Oktober 1974, gegen Ende eines sehr trockenen Jahres, konnten ebenfalls Paare beobachtet werden, die potentielle Bruthöhlen untersuchten – es fanden sich aber keine Hinweise darauf, dass die Legephase bereits begonnen hatte.

Palmkakadus sind monogam, vermutlich bleibt die Paarbindung bestehen, bis einer der beiden Vögel stirbt. Paare untersuchen das ganze Jahr über Nisthöhlen und tragen Zweige in diese ein. Neben der Abgrenzung des Territoriums besitzt das außergewöhnliche „Trommeln" vermutlich auch eine Funktion bei der Festigung der Paarbindung. Wood (1988) erwähnte, dass innerhalb der Balz auch eine soziale Gefiederpflege auftritt; hierbei stieß das Weibchen leise Laute aus, die denen von Nestlingen ähnelten. Die Partner fuhren sich gegenseitig mit dem Oberschnabel über Kopf und Nacken. Das Männchen nestelte in der Haube des Weibchens, indem es bei jeder Feder zuerst die Basis zwischen Oberschnabel und Zungenspitze nahm und dann die betreffende Feder langsam bis zur Spitze durch den Schnabel zog. Auch neigten beide Vögel ihren Kopf zur Seite und nahmen den Nacken des Partners zwischen ihre Schnabelhälften. Das Balzverhalten schließt folgende Verhaltenskomponenten mit ein: Ausbreiten der Flügel, Anheben der Haube und Aufstampfen mit dem Fuß. Zwei miteinander verpaarte Vögel wurden beobachtet, wie sie sich gegenüber saßen, ihre Flügel ruckartig ausbreiteten und sich zueinander verneigten. Das Verbeugen, Ausbreiten der Flügel, Anheben der Haube und Stampfen mit dem Fuß konnte bei balzenden Palmkakadus, die sich in Menschenobhut befanden, beobachtet werden. In der Iron Range wurde Ende November ein Palmkakadu – vermutlich ein männliches Exemplar – beobachtet, der sich einer Baumhöhle näherte und in der folgenden Stunde mehrfach kopfunter in diese hineinkletterte; auffallend häufig verharrte der Vogel in einer Haltung, bei der er den Kopf und den Schnabel aufwärts gerichtet hielt und die Öffnung der Baumhöhle mit dem Körper bedeckte (Frith & Frith 1993). Womöglich handelte es sich hierbei um ein „Werbeverhalten", mit dem der Vogel einen Partner aufforderte, den Nistplatz zu untersuchen oder auszuwählen. Derselbe Vogel führte ein Markierverhalten mit vollständig ausgebreiteten Schwingen und aufgerichteter Haube aus; einmal nahm er eine Körperhaltung ein, bei der er nahezu kopfunter hing; auch stampfte der Vogel mit einem Fuß mehrfach auf den Rand des Höhleneingangs oder auf stärkere Äste von in unmittelbarer Nachbarschaft stehenden Bäumen und produzierte auf diese Weise ein hörbares Trommelgeräusch.

Palmkakadus brüten in Baumhöhlen (entweder in einem hohlen Ast oder einem hohlen Stamm). Murphy (2001) wies darauf hin, dass die Vögel sowohl im Regenwald als auch in der Baumsavanne brüten. Die überwiegende Zahl der Nistnachweise stammt aus Baumsavannen. Das zeigt, wie vergleichsweise leicht es ist, die Nester in offenem Gelände ausfindig zu machen. Die meisten Nester befinden sich in Eukalypten, doch erwähnte Wood (1988), dass auch Höhlen in Bäumen der Arten *Melaleuca, Alstonia* und *Ficus* als Nistplatz genutzt werden. Storch (1996) berichtete, dass die Höhe der Brutbäume in der Iron Range von 6 m bis 37 m reichte und die Bäume eine mittlere Höhe von 16 m aufwiesen. Der Eingang zur Bruthöhle befand sich 4 m bis 21 m – im Mittel 13 m – über dem Boden. Zwei Drittel der Nester befanden sich in lebenden Bäumen, zumeist Eukalypten, die übrigen in abgestorbenen Bäumen. Die Bruthöhlen wiesen meist eine vertikale Ausrichtung auf. Von den 20 Baumhöhlen, deren Entstehung ermittelt werden konnte, waren 13 durch Windbruch entstanden. In der Iron Range beobachtete ich ein besetztes Nest, das ungefähr in drei Meter Höhe in dem Stamm eines schmalen, abgestorbenen Baumes war. Der Eingang zur Höhle hatte einen lichten Durchmesser von etwa 25 cm, zum Boden hin wurde die Höhle jedoch wesentlich breiter. Die zahlreichen Bruthöhlen, die von McLennan untersucht wurden, befanden sich im Mittel in eine Höhe von 10 m und wiesen eine durchschnittliche Tiefe von 1,3 m auf, der Innendurchmesser betrug 25 cm bis 60 cm (in Macgillivray 1914). Murphy (2001) berichtete, dass bei den belegten Nestern, die er während seiner Feldstudien untersucht hatte, der geringste Innendurchmesser 18 cm x 20 cm, der größte 80 cm x 35 cm betrug. Die Tiefe der Nisthöhle variierten zwischen 43 cm und mehr als zwei Meter.

Am Boden der Höhle befinden sich mehrere Schichten zersplissener Zweige. In der unmittelbaren Umgebung des Nestes oder in einer Entfernung bis zu 400 m werden von beiden Vögeln längere Zweige gesammelt und die Blätter entfernt, anschließend fliegen die Vögel damit zum Eingang der Höhle, beißen kürzere Stücke davon ab und lassen diese in die Höhle hineinfallen. Stärkere Zweige mit einem Durchmesser von bis zu 30 mm und mit einer Länge bis zu 20 cm werden abgebissen, indem der Vogel den Zweig mit dem Schnabel umfasst und dabei vor- und zurückschwingt (Wood 1988). Das Männchen übergibt diese Äste am Eingang zur Höhle dem Weibchen, das die Äste dann zerbeißt. Trockene

Blätter und zerbissene Rindenstücke, die unter einem Baum liegen, sind auffällige Anzeichen für eine besetzte Bruthöhle. In manchen Bruthöhlen kann die Lage aus zersplissenen Zweigen zwei oder drei Meter stark sein, in anderen dagegen weniger als 10 cm – es könnte sein, dass die Menge des Nistmaterials von der Tiefe der Höhle abhängt. Es wurde vermutet, dass die zersplissenen Zweige in der Regenzeit als Drainage dienen und Regenwasser von dem Ei oder dem Nestling fernhalten – denn viele Nisthöhlen sind in dieser Hinsicht ungeschützt. Zusätzlich können Schmutz wie Exkremente und die Hornscheiden wachsender Federn durch die Zwischenräume hindurchfallen. Auf die Lage aus Zweigen legt das Weibchen ein einziges Ei.

Im Katalog der „Macgillivray Egg Collection", die sich nun im Australian Museum (Sydney) befindet, sind Notizen enthalten, die McLennan bei seinen Feldarbeiten anfertigte. Diese Notizen lassen den Schluss zu, dass eine Bruthöhle jedes Jahr wieder genutzt wird oder sogar von verschiedenen Vögeln innerhalb eines Jahres. Auch ist es vorstellbar, dass ein zweites Ei produziert wird, wenn das erste Schaden genommen hat. Einige bemerkenswerte Anmerkungen von McLennan sollen hier zitiert werden:

> „7. August 1911 – Ging zurück zum Peak Pt. Track und folgte für etwa eine Meile dem Pfad zu einem weiteren Brutbaum von *M. aterrimus* [bezieht sich auf *Microglossus aterrimus*, eine frühere Bezeichnung für den Palmkakadu, Anm. der Übersetzer], scheuchte den Vogel vom Nest; im Nest befand sich ein Ei. Der Baum ist ein 'Bloodwood' [*Eucalyptus terminalis*, Anm. der Übersetzer]; die Höhle liegt in einem abgestorbenen Stamm in 25 Fuß Höhe. Der Höhleneingang weist einen Durchmesser von 18 Inches auf, die Tiefe der Höhle beträgt 5 Fuß, der Durchmesser am Höhlenboden etwa 20 Inches. In der Höhle die übliche Lage aus zersplissenen Zweigen. Dies ist das erste Nest, das Barnard im letzten Jahr fand; am 27.9.10 notierte er, dass sich im Nest ein Junges befindet, am 18. Dezember ein Ei und am 15. Januar ein weiteres Ei.
>
> 12. September 1911 – Ging hinaus zum Peak Point Track, um mir den Brutbaum von *M. aterrimus* anzusehen, dem ich am 7.8.11 ein Ei entnommen hatte. Scheuchte einen Vogel aus der Höhle, die ein weiteres Ei enthielt.
>
> 22. Januar 1912 – Ging nach Lockerbie; die ganze Zeit über regnet es. Scheuchte *M. aterrimus* aus einer 'Moreton Bay Ash' [*Eucalyptus tessellaris*, Anm. der Übersetzer] neben dem Pfad, das Nest enthielt ein frisch gelegtes Ei. Vor ein paar Monaten hatte ich diesem Nest ein Ei entnommen."

Storch (1996) wies darauf hin, dass Palmkakadus in der Iron Range vermutlich um Nistplätze konkurrieren, auch wurde in einer Bruthöhle erneut genistet, unmittelbar nachdem ein Jungvogel ausgeflogen war, was darauf schließen lässt, dass die Bruthöhle von einem zweiten Paar übernommen wurde. Zwischen 1994 und 1996 fielen in der Iron Range zwei von 33 bekannten Nestbäumen um, ein Baumes aufgrund des fortschreitenden Fäulnisprozesses, der andere durch Windbruch. Mindestens neun Nestbäume wurden 1990 in der selben Region durch Brände zerstört.

Im Januar 1966 beobachtete ich in der Iron Range ein Paar Palmkakadus an einer Bruthöhle, in der sich – so vermutete ich – ein Nestling befand. Das Weibchen saß neben dem Eingang zur Höhle, und als ich näher kam, wurde es unruhig, rief laut und stampfte mit jedem Fuß drei- oder viermal auf. Dann verbeugte es sich tief mit aufgerichteter Haube, drehte den Kopf zur Seite und fixierte mich. Als ich auf den Baum zuschritt, produzierte das Weibchen ein lautes Klopfen, indem es mit dem Schnabel gegen den hohlen Stamm schlug. Erst als ich den Baum erreicht hatte, flog es zu einem benachbarten Baum, wo das Männchen rufend saß. Da der Baum abgestorben und teilweise morsch war, verzichtete ich darauf, hinaufzuklettern, um die Bruthöhle näher zu untersuchen. Wood (1988) bezieht sich vermutlich auf Nester, die im Bereich der Iron Range gefunden wurden, wenn er darauf hinweist, dass das Bebrüten des Geleges ausschließlich durch das Weibchen erfolgt; für die Dauer von etwa einem Monat wird das Weibchen dann vom Männchen gefüttert. Die Nestlingszeit beträgt drei Monate. Gefüttert werden die Nestlinge vom Weibchen, das während der frühen Nestlingsphase das Nest nur selten verlässt und vom Männchen mit Nahrung versorgt wird. In der Nistphase verhält sich das Brutpaar ausgesprochen leise und unauffällig. An einem Nest änderte sich dies jedoch deutlich, kurze Zeit bevor das Junge das Nest verließ. Mindestens einmal täglich „trommelten" die Altvögel, und einen Tag vor dem Ausfliegen des Jungen wurde sogar dreimal getrommelt, einmal trommelten beide Altvögel sogar gleichzeitig. Als der Jungvogel – ein Männchen – das Nest verließ, flog er eine Strecke von etwa 15 m Länge. Nachdem er ungeschickt gelandet war, wurde er von dem männlichen Altvogel angegriffen und vom Ast gestoßen. Der Altvogel flog daraufhin –

gefolgt von dem Weibchen – davon, und einige Augenblicke später folgte den beiden auch der Jungvogel. Das junge Männchen kehrte zusammen mit den Eltern bis zur nächsten Brutsaison häufig zu dem Nistplatz zurück. Der Jungvogel blieb aber immer ein Stück hinter den Altvögeln zurück und auf Distanz – es schien, als wolle er den Altvögeln aus dem Wege gehen, wenn diese Paarbindungsverhalten ausführten. LOW (1993) erwähnte, dass das Männchen eines Paares, das sich in Menschenobhut befand, während der Bebrütung des Eies niemals bei dem Aufsuchen der Nisthöhle beobachtet wurde; es tat dies nur, wenn eine Person die Voliere betrat. Im Unterschied hierzu beteiligten sich bei einem Brutpaar, das im Zoo von Rotterdam gehalten wurde, beide Geschlechter zu fast gleichen Teilen an der Bebrütung des Geleges. LYNN berichtete, dass das Männchen seines Paares sich nicht nur am Brüten beteiligte, sondern während der ersten Woche, als sich das Weibchen von einer Legenot erholte, das Bebrüten des Geleges sogar vollständig übernahm und sowohl am Tag als auch in der Nacht brütete (in SINDEL & LYNN 1989). LYNN berichtet darüber hinaus, dass die Brutdauer 33 Tage umfasste und der Jungvogel 81 Tage nach dem Schlüpfen das Nest verließ. Dieser Jungvogel wurde von beiden Eltern noch drei bis vier Monate nach dem Ausfliegen gefüttert, und keiner der beiden Elternvögel verhielt sich dem Jungvogel gegenüber aggressiv – im Alter von sechs Monaten wurde er schließlich aus der Voliere entfernt. Bei aufeinanderfolgenden Bruten wurde eine Brutdauer von 33 und 34 Tagen festgestellt, die Nestlingszeit betrug 78 und 81 Tage.

Frisch geschlüpfte Nestlinge sind nackt und haben eine rosarote Haut, ihre Augenlider und ihre Ohröffnungen sind geschlossen und ihre Zehen noch miteinander verwachsen (MANN & MANN 1987). Die Augen der Nestlinge öffnen sich mit 17 Tagen, Federkiele werden um den 20. Tag sichtbar und im Alter von etwa sechs Wochen brechen die Federkiele auf (MANN & MANN 1987, SINDEL & LYNN 1989). COURTNEY (1996) ging davon aus, dass das Bettelverhalten der Nestlinge bisher noch nicht dokumentiert wurde. Es existiert aber zumindest ein Bericht, wonach ein Jungvogel in Menschenobhut beim Betteln nicht den Kopf auf und ab bewegte.

MURPHY (2001) berichtete über eine besorgniserregende Statistik, die anhand der Feldstudiendaten von zwei Brutzeiten auf der Cape York Peninsula erstellt worden war. Ihr zufolge sind in dieser Zeit besonders viele Bruten gescheitert. Junge Palmkakadus flogen nur aus vier von 21 untersuchten belegten Nestern aus. Die Nester wurden von Waranen und von Amethystpythons (*Morelia amethystina*) geplündert, wobei sowohl die Eier als auch die Jungvögel verloren gingen. Letztere wurden von den Nesträubern auch im fortgeschrittenen Alter gefressen. Auch Rostkäuze (*Ninox rufa*) schlagen vermutlich sowohl junge als auch ausgewachsene Palmkakadus (WOOD 1988, GARNETT pers. Mittlg. 1997).

EIER

Form und Größe der Eier können beträchtlich streuen. Die Form variiert von birnenförmig bis ellipsoid-eiförmig. Im Australian Museum, Sydney, befinden sich vier Eier mit den Maßen 47,1 mm x 35,0 mm, 53,3 mm x 39,0 mm, 48,3 mm x 36,2 mm und 54,9 mm x 39,9 mm. In der H. L. White Collection, Melbourne, gibt es zwei Eier mit den Maßen 47,0 mm x 34,5 mm und 44,7 mm x 35,0 mm. Ein weiteres Ei, das sich im Western Australian Museum, Perth, befindet, weist die Maße 46,6 mm x 35,3 mm auf. Sämtliche Eier stammen aus Bereichen der Nordostküste der Cape York Peninsula.

HALTUNG IN MENSCHENOBHUT

Unter den wenigen Palmkakadus, die in Australien in Menschenobhut gehalten werden, ist nur ein Exemplar, ein Männchen, im Currumbin Sanctuary in Südost-Queensland, das nachweislich von der Cape York Peninsula stammt. Es ist über 20 Jahre alt und leidet unter Gleichgewichtsstörungen, wahrscheinlich als Folge einer Kopfverletzung. Darüber hinaus fehlt ihm ein Teil eines Flügels. Der Vogel wurde als Nestling von Hand aufgezogen und später als Haustier gehalten. Bis vor kurzem lebte noch ein weiblicher Palmkakadu im Currumbin Sanctuary, der von einem Farmarbeiter unter einem Baum in der Nähe eines Wasserlochs im Weipa District gefunden worden war. Ein Flügel des Vogels war gebrochen, und obwohl er noch in der Lage war, vom Baum hinabzuklettern, um an die Wasserstelle zu gelangen, hatte er offensichtlich große Schwierigkeiten, geeignetes Futter zu finden. Der Vogel war deutlich unterernährt. Nachdem dieser Palmkakadu von einem Einheimischen wieder gesund gepflegt worden war, kam er in das Currumbin Sanctuary, wo er sich zunächst gut einlebte, aber dann plötzlich und unerwartet starb. Die Palmkakadus, die im Zoo von Adelaide, im Taronga Zoo in Sydney und bei privaten Züchtern gehalten werden, stammen aus Neuguinea oder sind Nachkommen dieser Vögel.

LOW (1993) berichtete, dass Palmkakadus bis Mitte der 70er Jahre weltweit sehr selten in Menschenobhut gehalten wurden. Dann wurde Hunderte von ihnen von Indonesien über Singapur in zahlreiche Länder exportiert. Die Ausfuhr von Palmkakadus über Singapur kam trotz Listung der Spezies auf Anhang I des Washingtoner Artenschutzübereinkommens zunächst nicht zum Erliegen. Erst als der Stadtstaat 1989 die CITES-Bestimmungen umsetzte, beendete dies den offiziellen Handel mit Palmkakadus. Obwohl über viele Jahre mit diesen Vögeln ein reger Handel getrieben wurde, konnte in Menschenobhut keine stabile Population etabliert werden. Bereits 1992 galt der Palmkakadu wieder als sehr seltener Pflegling – eine überaus enttäuschende Entwicklung, wenn man bedenkt, welch immenser Schaden durch den Fang der frei lebenden Vögel angerichtet worden sein muss.

UNTERBRINGUNG UND PFLEGE

MULLER (1975) stellte fest, dass Palmkakadus, die sich in Menschenobhut gut eingewöhnt haben, sehr widerstandsfähig werden und ein hohes Alter erreichen können. Diese Erfahrung lässt sich anhand einiger australischer Volierenvögel bestätigen, die vor fast 40 Jahren als adulte Exemplare aus Neuguinea eingeführt worden waren. In engen Käfigen werden die Kakadus jedoch träge und teilnahmslos. Palmkakadus benötigen viel Platz in einer geräumigen Voliere, deren Grundfläche pro Paar nicht weniger als 16 m^2 betragen sollte. Der flugunfähige Palmkakadu, der aus dem Weipa-Distrikt in das Currumbin Sanctuary gebracht worden war, lebte in einer 5 m langen, 4 m breiten und 2,2 m hohen Voliere. Die hintere Hälfte der Anlage war rundum geschlossen und diente dem Vogel als Rückzugsraum. Die Voliere entsprach genau den individuellen Bedürfnissen des behinderten Palmkakadus (SPITTALL *briefl. Mittlg.* 1997). Eine erheblich größere Behausung für flugfähige Vögel wurde an einem Hang errichtet. Die Vorderseite der Freivoliere ist 10 m lang und 3 m hoch. Sie befindet sich oben am Hang, die 14 m breite Rückseite am Fuß. Diese ist mit 8,5 m entsprechend höher als die Vorderseite, der Volierenboden fällt steil ab: Die horizontale Entfernung zwischen Vorder- und Rückwand beträgt etwa 10 m. Im Taronga Zoo in Sydney hielt man die Palmkakadu-Paare in den 70er Jahren in Volieren mit den Maßen 6,1 m Länge x 2,4 m Breite x 2,1 m Höhe beziehungsweise 7,6 m Länge x 3,0 m Breite x 2,4 m Höhe (MULLER 1975). Das einzige Paar, das heute noch im Taronga Zoo lebt, ist in einer halbrunden Anlage mit 12 m Durchmesser, 7 m Tiefe und 5 m an der höchsten Stelle untergebracht. Den Vögeln stehen so schätzungsweise 550 m^3 zur Verfügung (ANDREW *briefl. Mittlg.* 1998).

Robert LYNN, ein Züchter aus Sydney, hielt in den 60er und frühen 70er Jahren ein Brutpaar in einer 12 m langen, 3,6 m breiten und 3 m hohen, nach Osten ausgerichteten Voliere. Die Südseite war vollständig, die Ostseite teilweise durch Fiberglaswände geschlossen. Ein Fiberglasdach bedeckte nicht nur das komplette Schutzhaus auf der Westseite, sondern auch ein Drittel der Freivoliere im Ostteil (in SINDEL & LYNN 1989). In Großbritannien lebte ein Paar Palmkakadus in einer vergleichsweise kleinen Voliere von 4 m Länge, 1,5 m Breite und 2,1 m Höhe (MANN & MANN 1987). PETERS (1989) beschrieb das Aussehen von Volieren, die den Palmkakadus einen ausreichenden Schutz gegen die Kälte der europäischen Winter gewährte. Die Behausungen waren 8 m lang, 1,8 m breit und 2,5 bis 3,0 m hoch. Das sich anschließende beheizbare Schutzhaus war 2 m lang, 1,8 m breit und 2,5 m hoch. SCHUBOT (1990) erwähnte, dass die Palmkakadus in Florida, USA, in unterschiedlichen, zur Hälfte geschlossenen Anlagen untergebracht sind. Dazu zählen unter anderem Hängekäfige mit 1,3 m Breite, 1,3 m Höhe und 2,5 m Länge sowie große Freivolieren mit 1,3 m Breite, 2,5 m Höhe und 6 m Länge oder 2 m Breite, 2,5 m Höhe und 7,5 m Länge.

Ich habe bis heute noch keinen Hinweis darauf erhalten, dass ein Palmkakadu in Menschenobhut sein auffälliges Trommeln als territoriales Imponierverhalten gezeigt habe. Ich vermute, dass der begrenzte Raum einer Voliere die Vögel davon abhält, ein territoriales Verhalten wie im Freiland zu entwickeln. Dieses Imponierverhalten könnte jedoch eine wichtige Funktion bei der Paarbindung erfüllen und den Fortpflanzungszyklus der Vögel, besonders der Männchen, entscheidend beeinflussen. Um das Territorialverhalten der Palmkakadus anzuregen und somit die Wahrscheinlichkeit eines Bruterfolges zu erhöhen, ist eine große Voliere mit geeigneten Baumstümpfen notwendig. Die Männchen benachbarter Volieren sollten sich hören, aber nicht sehen können.

MULLER empfiehlt eine Haltung der Palmkakadus in einer feuchtwarmen Umgebung mit geringen Temperaturschwankungen, die eine Differenz von 10 bis 20 °C nicht überschreiten sollen. Die Vögel ertragen kein kaltes und windiges Wetter, so dass ein angemessenes, in sehr kalten Klimazonen beheizbares Schutzhaus vorhanden sein muss. Selbst im Currumbin Sanctuary, das in einer subtropischen Region liegt, steht den Vögel in einer Ecke des Schutzhauses, in dem sie die Nacht verbringen, eine Wärmelampe zur Verfügung (SPITTALL *briefl. Mittlg.* 1997). In trockenen, sehr heißen Klimazonen ist die Installation einer Sprinkleranlage anzuraten, da das Gefieder der Palmkakadus, wie das der meisten Regenwaldbewohner auch, bei starker Trockenheit leidet.

Aufgrund meiner Beobachtungen an frei lebenden Palmkakadus bin ich überzeugt, dass die Vögel in Menschenobhut regelmäßig belaubte Zweige und kräftige Äste in der Voliere benötigen. Im Freiland verbringen Palmkakadus sehr viel Zeit mit dem Entlauben der Äste, dem Zernagen von Zweigen und dem Schälen und Zerbeißen von Rinde. Wenn man den Vögeln in Menschenobhut diese Beschäftigungsmöglichkeiten vorenthält, leiden sie garantiert schnell unter Langeweile. LYNN erinnerte sich, dass das Weibchen seines Brutpaares nach der Eingewöhnung eine Schnabeldeformation entwickelte. Der Züchter reichte den Vögel daraufhin *Eucalyptus*- und *Hakea*-Zweige zum Benagen, und nach einigen Monaten fiel bei dem Weibchen das überstehende Horn am Oberschnabel ab. Zurück blieb ein perfekt geformter Schnabel (in SINDEL & LYNN 1989).

FÜTTERUNG

Eine ausgewogene und abwechslungsreiche Ernährung ist äußerst wichtig für das Wohlbefinden der Palmkakadus. LYNN reichte seinem Brutpaar während der Aufzucht eine Basiskörnermischung aus Sonnenblumenkernen mit Erdnüssen und Mandeln sowie geschälte und klein geschnittene Paranüsse, darüber hinaus *Hakea*-Früchte und Mangold, der von den Vögel sehr gerne gefressen wurden (in SINDEL & LYNN 1989). PETERS (1989) reichte seinem Brutpaar Piniensamen, Haselnüsse, Walnüsse, Erdnüsse und gekeimte Sonnenblumenkerne, darüber hinaus die Beeren von Weißdorn und Eberesche. Sämtliche Bestandteile der Futtermischung wurden gerne gefressen, Äpfel und Möhren hingegen nur in der Zeit, als der Nestling zwischen einer und fünf Wochen alt war. LOW berichtete von einem Paar, das sich in der Brutzeit überwiegend von Walnüssen und gequollenen Sonnenblumenkernen ernährte. Daneben fraßen die Vögel Möhren, Orangen und Granatäpfel, von diesen mindestens zwei pro Tag, so dass vermutet wurde, die Früchte seien sehr wichtig für den Bruterfolg. Den Vögeln standen jederzeit Maiskolben in unbegrenzter Zahl zur Verfügung, ebenso die orangefarbenen öligen und faserigen Früchte der *Arecastrum*-Palme. SCHUBOT (1990) schrieb, dass in Florida sehr abwechslungsreich gefüttert wird. Großen Wert legt man dabei auf die Darreichung von Wildsamen und -früchten. Die Basiskörnermischung besteht aus Sonnenblumenkernen, Kardisaat, Buchweizen, Piniensamen, Hirsekolben und zerkleinerten Sepiaschalen. Je nach saisonaler Verfügbarkeit erhielten die Vögel zusätzlich frisches Obst, unter anderem Granatäpfel sowie die Früchte von *Pandanus utilis* und *Syagrus*-Palmen, die bei den Palmkakadus sehr begehrt waren. Zweimal in der Woche bekamen die Vögel frische Eukalyptus-, Akazien- und Feuerdornzweige.

Im Currumbin Sanctuary erhält der Palmkakadu eine Samenmischung für „große Papageien" sowie eine Mischung aus Grünfutter, Mandeln, Früchten und Gemüse, wie sie außerhalb der Brutzeit gefüttert wird, darüber hinaus einheimische hartschalige Früchte (z.B. von *Allocasuarina* und *Pandanus*). Gelegentlich werden dem Vogel rohe Fleischstücke und zum Benagen Eukalyptus-Zweige gereicht. Sepiaschale und mineralstoffreicher Grit stehen ihm ständig zur Verfügung (SPITTALL *briefl. Mittlg.* 1997). Zur täglichen Futterration der Palmkakadus im Taronga Zoo gehören 300 g einer Mischung aus gequollenen Mungbohnen, Sonnenblumenkernen, Milokorn, Weizen und kleinen Samen, darüber hinaus Apfelstücke, fein gehacktes Grünfutter (Mangold, Rübenblätter und Endivie) sowie eine Vielzahl verschiedener Früchte (Papayas, Kiwis, Weintrauben, Birnen und Bananen). Als Zusatzfutter werden frischer Mais und eine Nüssemischung gefüttert (ANDREW *briefl. Mittlg.* 1997).

Palmkakadus suchen ihre Nahrung überwiegend in den Baumkronen, daher sollten die Futternäpfe in den Volieren ebenfalls in erhöhter Position angebracht werden.

ZUCHT

Nach LOW (1993) gehören Palmkakadus zu den am schwierigsten zu züchtenden Papageien. Die Handaufzucht der Vögel gilt als besonders heikel. Robert LYNN, ein Züchter aus Sydney, dokumentierte als Erster die erfolgreiche und schon fast legendäre Aufzucht eines Jungvogels durch die Altvögel bis zur Selbständigkeit (in SINDEL & LYNN 1989). Der Niststamm für das Paar stand senkrecht auf dem Boden. Er war 1,5 m hoch mit einem Durchmesser von 37 cm. Die Öffnung der Nisthöhle befand sich auf der Oberseite des Stammes, und die Höhle reichte senkrecht hinab bis zum Grund. Bis zur einer Tiefe von 45 cm hatte man den Stamm mit verrottendem Kernholz und Holzmulm gefüllt. Darüber legten die Kakadus eine Schicht aus zernagten Spänen von *Eucalyptus*- und *Hakea*-Zweigen. Der Abstand von der Eingangsöffnung bis zum Boden der Nisthöhle betrug 45 cm. Das Weibchen litt unter Legenot. Als der geschwächte Vogel das Ei endlich gelegt hatte, war er nicht mehr in der Lage, es zu bebrüten. Überraschenderweise brütete daraufhin das Männchen. Es bebrütete das Ei eine Woche lang, Tag und Nacht, bis sich seine Partnerin wieder erholt hatte. In der Folgezeit wechselten sich die Altvögel tagsüber mit dem Brutgeschäft ab, nachts saß das Weibchen allein auf dem Ei. Nach einer Brutdauer von 33 Tagen schlüpfte der Nestling. Im Gegensatz zu frisch geschlüpften Rabenkakadus war er nackt und besaß einen deutlich größeren Oberschnabel. Beide Altvögel fütterten den Jungvogel. Die ersten Federscheiden brachen nach drei bis vier Wochen durch die Haut. Der Jungvogel flog mit 81 Tagen aus und wurde noch weitere drei bis vier Monate von seinen Eltern gefüttert. Keiner der Altvögel zeigte jemals aggressives Verhalten gegenüber dem Jungvogel, der im Alter von sechs Monaten in eine eigene Voliere umgesetzt wurde.

Low (1993) beschrieb Einzelheiten einer weiteren erfolgreichen Zucht. Die genaue Brutdauer wurde leider nicht bestimmt. Im ersten Lebensmonat war der Jungvogel recht lautstark, so dass die Nisthöhle selten kontrolliert wurde. Mit 19 Tagen wog der Nestling 288 g, mit 40 Tagen 598 g und nach 54 Tagen 610 g. Danach war der Jungvogel zu lebhaft, um ihn exakt wiegen zu können. Während der Nestlingszeit hatte man gelegentlich dünne Zweige in die Voliere gehängt, damit das Männchen zusätzlich zernagte Holzspäne in den Niststamm einbringen konnte. Am Ende befand sich der Boden des Nestes nur noch 15 cm unter der Öffnung der Höhle. Um ein vorzeitiges Ausfliegen des Jungvogel zu verhindern, entfernte man 15 cm des eingetragenen Nistmaterials. Etwas mehr als zwei Monate nach dem Schlupf saß der Jungvogel an der Öffnung des Niststamms, knapp zwei Wochen später flog er aus. Während der ersten Woche außerhalb der Nisthöhle konnte man mehrere Male beobachten, dass der Jungvogel vom männlichen Altvogel gefüttert wurde, fast einen Monat später stellte man fest, dass er selbständig Futter aufnahm. Möglicherweise hatte er schon früher eigenständig gefressen. Das Männchen fütterte seinen Nachwuchs noch zwei weitere Monate lang. Dann wurde der Jungvogel in eine eigene Voliere umgesetzt, da das Weibchen sich ihm gegenüber aggressiv verhielt.

Eine schlechte Verdauung des Futterbreis ist ein Problem, das bei der Handaufzucht von Palmkakadus sehr oft auftritt. Der Jungvogel ist nicht in der Lage, den Kropf zwischen den Mahlzeiten zu leeren. Die Ursache liegt wahrscheinlich beim ungeeigneten Handaufzuchtfutter (Low 1993). Im Avicultural Breeding and Research Center in Florida, USA, hat sich folgende Futtermischung bei der Handaufzucht bewährt: 1,2 l trockene Affenpellets, 1,2 l Wasser, 2 Teelöffel Erdnussbutter und 112 g Haferbrei mit Banane (Trockenmischung für Kleinkinder). Das Gemisch wird mit vier Teilen Wasser verdünnt. Am ersten Tag der Handaufzucht wird das Futter zusätzlich noch mit einem Drittel einer Flüssigkeit verdünnt, die aus Wasser, einem Vitaminpräparat für Kleinkinder und Laktose-Lösung besteht. In den folgenden drei Tagen wird der Anteil an Zusatzflüssigkeit auf ein Fünftel reduziert. Das Volumen des gefütterten Breis wird mit jeder Fütterung erhöht, am Anfang um je 0,1 ml, am Ende des ersten Tage um 0,7 ml oder 0,8 ml. In den ersten Aufzuchttagen werden die Jungvögel zwischen 5.00 Uhr und 19.30 Uhr jeweils dann gefüttert, wenn der Kropf leer ist (Schubot 1990).

MISCHLINGE/FARBMUTATIONEN

Palmkakadu-Mischlinge sind nicht bekannt. Die einzige Farbmutation, die in der Literatur beschrieben wurde, war ein Albino, der in Indonesien gefangen und später von einem Händler in Singapur verkauft wurde (in Sindel & Lynn 1989).

GATTUNGSGRUPPE CALYPTORHYNCHINI Desmarest

Die Rabenkakadus dieser Gattungsgruppe sind unschwer an der farbigen Querbänderung der Steuerfedern und der kurzen oder mittellangen, flach anliegenden Haube zu erkennen. Mit Ausnahme des nackten Augenrings einiger Arten gibt es keine federlosen Bereiche am Kopf. Die Schenkel sind befiedert, die Wachshaut unbefiedert. Der leicht gerundete Schwanz ist recht lang. Alle Arten zählen zu einer Gattung.

GATTUNG CALYPTORHYNCHUS Desmarest

Calyptorhynchus „Horsfield", Desmarest, Dict. Sci. Nat., ed. Levrault, 39, 1826, Seiten 20 und 117. Typus durch nachträgliche Festlegung *Psittacus banksii* Latham (G. R. Gray, List Gen. Bds, 1840, S. 53)

Abbildung 8

Die Zeichnungen zeigen einen Vergleich des unterschiedlichen Schnabelbaus der verschiedenen *Calyptorhynchus*-Arten: (von links nach rechts) *C. funereus*, *C. banksii* und *C. lathami*

Die gattungstypischen Merkmale sind gleichermaßen auch die Kennzeichen der Gattungsgruppe. Der Schnabel ist groß und kräftig. Hinsichtlich der Schnabelform bestehen Unterschiede zwischen den Arten, die jeweils Anpassungen an eine Nutzung voneinander abweichender Nahrung darstellen. Bei *C. funereus* und verwandten Arten weist der schmale, hervorstehende Schnabel spitze Enden auf, die es den Vögeln erlauben, Insektenlarven aus Holz oder Samen aus harten, verholzten Samenschalen herauszuklauben. Der breite, plump wirkende Schnabel von *C. banksii* eignet sich hervorragend für das Zerkleinern von Samen und harten Nüssen. Die Schnabelform von *C. lathami* ist wiederum verschieden und an das Herausklauben von Samen aus *Allocasuarina*- und *Casuarina*-Zapfen angepasst – der hervorstehende, wuchtig wirkende Schnabel weist einen außergewöhnlich breiten Unterschnabel auf.

Anhand der verschiedenen Schnabelformen und der deutlichen Unterschiede hinsichtlich des Geschlechtsdimorphismus können die Arten in zwei leicht voneinander unterscheidbare Gruppen aufgeteilt werden, die hier als Untergattungen angesehen werden.

Bei *Calyptorhynchus*-Arten wird das Gelege nur vom Weibchen bebrütet, beide Altvögel versorgen aber die Jungen mit Nahrung. Frisch geschlüpfte Nestlinge besitzen außergewöhnlich lange gelbe Dunen. Courtney (1996) wies darauf hin, dass die Jungen beim Futterbetteln den Körper nicht seitwärts wiegen und auch nicht den Kopf heben und senken, wie es für andere Kakadus charakteristisch ist. Sie sitzen in geduckter Stellung im Nest und beschränken ihr Bettelverhalten auf sehr laute und eintönige Bettelrufe. Die Gattung kommt nur in Australien – einschließlich Tasmanien – vor.

UNTERGATTUNG ZANDA Mathews

Zanda Mathews, Austr. Av. Rec., 1, 1913, S. 196. Typus nach Originalbeschreibung *Calyptorhynchus baudinii tenuirostris* Mathews = *Calyptorhynchus baudinii* Lear

Die Arten, die zu dieser Untergattung gehören, besitzen schmale, hervorstehende Schnäbel mit spitz zulaufenden Schnabelhälften. Der Sexualdimorphismus ist nur schwach ausgeprägt – adulte und juvenile Exemplare weisen in beiden Geschlechtern gelbe oder weiße Querbänder und auffällige gelbe oder weiße Säumung der Körperfedern auf.

Die verwandtschaftlichen Beziehungen innerhalb dieser Untergattung sind unklar, deshalb werden sämtliche Arten zur *C.-funereus*-Superspezies zusammengefasst (ADAMS *et al.* 1984). Die zwei in Südostaustralien vorkommenden Formen mit gelben Steuerfedern – *funereus* und *xanthanotus* – wurden konventionell als Vertreter derselben Art betrachtet. Gleichermaßen wurden die beiden weißschwänzigen Formen Südwestaustraliens – *baudinii* und *latirostris* – als konspezifisch angesehen. SAUNDERS (1979) befürwortete eine Trennung der beiden weißschwänzigen Formen in zwei Arten und wies in diesem Zusammenhang auf Unterschiede hinsichtlich der Schnabelform und der Schädelmorphologie hin – die kurzschnäblige Form *latirostris* wird als konspezifisch mit der südostaustralischen, gelbschwänzigen Form *xanthanotus* angesehen. In der zweiten englischsprachigen Auflage des vorliegenden Werkes habe ich sämtliche Formen zu einer Art zusammengefasst, um der offensichtlich engen verwandtschaftlichen Beziehung Rechnung zu tragen. Aufgrund biochemischer Untersuchungen kann jedoch davon ausgegangen werden, dass die beiden weißschwänzigen Formen untereinander näher verwandt sind als mit den beiden gelbschwänzigen Formen, eine etwas überraschende Erkenntnis in Hinblick auf die auffallenden morphologischen und ethologischen Übereinstimmungen zwischen *latirostris* und *xanthanotus*. Ich betrachte im Folgenden die gelbschwänzigen Rabenkakadus als eigenständige Spezies.

Obwohl die beiden weißschwänzigen Formen überwiegend als zwei verschiedenen Arten angesehen werden, bleibt die verwandtschaftliche Beziehungen zwischen ihnen meiner Meinung nach weiterhin ungeklärt. SAUNDERS (1979b) wies darauf hin, dass *latirostris* und *baudinii* sich hinsichtlich der Schnabelform, der Schädelmorphologie, der Nahrungspräferenzen und der Kontaktlaute voneinander unterscheiden – dies lässt darauf schließen, dass die beiden Populationen eine Zeitlang voneinander isoliert waren. Außerhalb der Fortpflanzungsperiode überlappen sich die Verbeitungsgebiete der beiden Formen, die jeweiligen Brutgebiete liegen jedoch in unterschiedlichen Regionen. Aufgrund dieser Konstellation geht SAUNDERS davon aus, dass proto-*funereus* zweimal unabhängig voneinander in den Südwesten des Kontinents einwanderte, wobei *latirostris* aus der zweiten Besiedlung hervorgegangen sei – diese Auffassung widerspricht jedoch biochemischen Hinweisen. Da Nachweise von *baudinii-x-latirostris*-Hybriden fehlen, betrachtet SAUNDERS die beiden Formen als unterschiedliche Arten; die Tatsache, dass *baudinii* und *latirostris* voneinander abweichende Brutgebiete nutzen, zeigt jedoch, dass es sich um zwei allopatrische Brutpopulationen handelt – bei der taxonomischen Bewertung der beiden Formen sicherlich ein schwerwiegender Faktor. Nur wenn beide Formen sympatrisch vorkommen und nicht hybridisieren, können sie eindeutig als zwei unterschiedliche Arten definiert werden. Wenn ich hier *baudinii* und *latirostris* als zwei eigenständige Arten behandle, dann tue ich dies ungern und nur deshalb, um den Leser nicht unnötig zu verwirren. Zur endgültigen Klärung des taxonomischen Status von *baudinii* und *latirostris* ist die Durchführung zusätzlicher Feldarbeiten wünschenswert.

GELBOHR-RABENKAKADU

Calyptorhynchus funereus (Shaw)

Psittacus funereus Shaw, Nat. Misc., 6, 1794, Tafel 186 und Text (New Holland = New South Wales)

WEITERE NAMEN

E: Yellow-tailed Black Cockatoo, Funereal Cockatoo, Yellow-eared Cockatoo, Yellow-eared Black Cockatoo, Yellow-tailed Cockatoo, Wylah; F: Cacatoès funèbre, Cacatoès noir à queue jaune; NL: Zwarte geelstaartkaketoe, geeloorraafkaketoe.

Gesamtlänge 65 cm.

BESCHREIBUNG

ADULTES MÄNNCHEN

Grundfärbung des Gefieders bräunlich schwarz, matter und bräunlicher auf der Körperunterseite; Hals- und Bauchfedern mit gelbem Rand, was den Vögeln ein geschupptes Aussehen verleiht; die übrigen Körperfedern sind schmal gelb gesäumt; Ohrdecken gelb; die inneren Steuerfedern sind bräunlich schwarz, die äußeren bräunlich schwarz mit einem breiten gelben Querband in der hinteren Schwanzhälfte, das variabel bräunlich schwarz gesprenkelt ist; Schnabel dunkelgrau; Iris dunkelbraun; der nackte Augenring ist fleischfarben-rosa; Läufe gräulich braun, heller braun auf den Fußsohlen; Körpermasse 600-840 g.

12 Exemplare	Flügel 399–445 (414,8) mm	Schwanz 320–371 (346,1) mm
	Oberschnabel 47–54 (50,6) mm	Lauf 35–40 (38,4) mm

ADULTES WEIBCHEN
Ähnlich dem Männchen, die Gelbfärbung der Ohrdecken ist jedoch intensiver; Körperfedern mit breiterer gelber Säumung, besonders am Hals und auf der Körperunterseite; die Unterschwanzdecken sind breit matt gelb gemasert oder gefleckt; das gelbe Querband auf dem Schwanz ist kräftiger bräunlich schwarz gesprenkelt; der Schnabel ist hornfarben mit Grau an der Spitze des Oberschnabels; der nackte Augenring ist dunkelgrau; Körpermasse 720–900 g.

16 Exemplare:	Flügel 362–449 (441,6) mm	Schwanz 304–358 (336,3) mm
	Oberschnabel 46–54 (50,0) mm	Lauf 32–37 (33,8) mm

JUVENILE
Wie adulte Weibchen, gelbes Querband der Steuerfedern jedoch stärker braunschwarz gefleckt; die gelben Ohrdecken der Männchen tendenziell blasser; schmalere und etwas kürzere Schwung- und Steuerfedern.

VERBREITUNG

Südostaustralien einschließlich Tasmanien sowie die größeren Inseln der Bass Strait.

UNTERARTEN

1. *Calyptorhynchus funereus funereus* (Shaw)

Die oben beschriebene Nominatform kommt in Ost-Australien vor, vom mittleren Queensland südlich über das östliche New South Wales bis zum östlichen Victoria. Exemplare aus dem mittleren Victoria – zwischen dem 147. und dem 143. östlichen Längengrad – nehmen eine Zwischenstellung ein und ähneln in einigen Merkmalen *funereus,* in anderen *xanthanotus* (HLW and MV Collections).

In Queensland reicht das Areal im Norden bis zum Yeppoon-Distrikt und zur Drummond Range, etwa dem 23. südlichen Breitengrad und landeinwärts bis zum Unterlauf des Dawson River, dem Chinchilla-Distrikt sowie von Stanthorpe bis nach Wallangarra (Storr 1984b, Schodde 1997). Im Osten von New South Wales ist *C. f. funereus* großflächig vertreten: von der Küstenebene bis zu den westlichen Ausläufern der Great Divding Range im Pilliga Scrub, Wellington, Burrinjuck Dam und Albury; gelegentlich auch weiter westlich bis Cowra, Hay und Moulamein (Morris *et al.* 1981). McAllan und Bruce (1988) gehen davon aus, dass die Population im Norden des Pilliga Scrub isoliert ist. Im Vergleich hierzu trifft die Annahme, dass es im Tal des Hunter River eine Verbreitungslücke gebe, mit Sicherheit nicht zu (siehe Morris & Burton 1997). Im Osten von Victoria ist *C. f. funereus* weit verbreitet; westlich des 147. östlichen Längengrades kommt es zur Vermischung mit *xanthanotus*.

2. *Calyptorhynchus funereus xanthanotus* Gould
Calyptorhynchus xanthanotus Gould, Syn. Bds Aust., Append., 1838, S. 5 (Tasmanien)

ADULTES MÄNNCHEN
Wie die Nominatform, aber kleiner und mit einem deutlich kürzeren Schwanz; die gelben Säume der Körperfedern sind ausgeprägter; wenige dunkle Sprenkel auf dem gelben Schwanzband, mitunter fehlen diese ganz; Körpermasse 505–750 g.

24 Exemplare:	Flügel 357–418 (374,9) mm	Schwanz 269–321 (299,8) mm
	Oberschnabel 43–55 (46,9) mm	Lauf 30–39 (36,2) mm

ADULTES WEIBCHEN
Wie die Nominatform, aber kleiner und mit einem deutlich kürzeren Schwanz; weniger dunkle Sprenkel auf dem gelben Schwanzband, aber niemals völlig fehlend; bei einigen, möglicherweise alten Vögel, ist ein rosafarbener Augenring vorhanden; Körpermasse 610–795 g.

20 Exemplare:	Flügel 344–393 (372,8) mm	Schwanz 272–323 (296,9) mm
	Oberschnabel 42–53 (47,2) mm	Lauf 31–39 (36,0) mm

Diese Unterart kommt auf Tasmanien einschließlich der größeren Inseln der Bass Strait vor, darüber hinaus in Südost-Australien einschließlich Kangaroo Island und des Südens der Eyre Peninsula ostwärts bis zum mittleren Süden von Victoria, wo ein Mischgebiet mit der

Nominatform existiert. Schodde (1997) führte die isolierte Population von Tasmanien und der Bass Strait getrennt auf, da es möglichweise einen entgegengesetzten Größenunterschied bei den Geschlechtern gibt. Hinweise darauf fand ich lediglich bei drei kleinen Männchen von Tasmanien (QVM Collection), die jedoch allesamt subadult waren und daher nicht mit in diese Überlegungen einbezogen werden sollten. Weiterhin möchte ich darauf hinweisen, dass meine Messungen ergeben haben, dass die Weibchen der Nominatform etwas längere Flügel aufweisen. Daher bevorzuge ich es, die tasmanische und die Festlandpopulation zu *xanthanotus* zu rechnen.

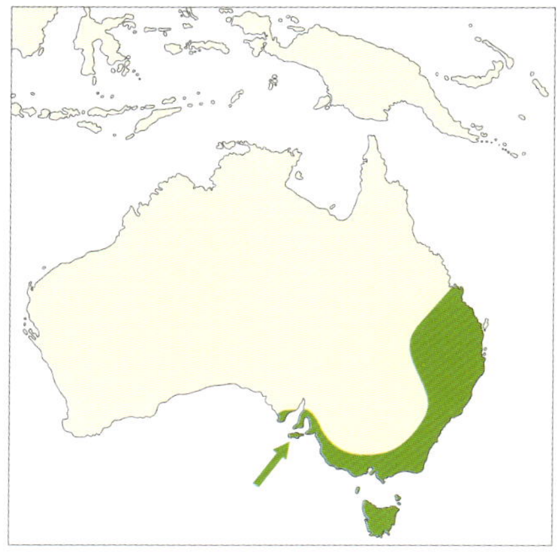

In South Australia gibt es eine isolierte Population im Süden der Eyre Peninsula nördlich bis etwa Mount Damper. Es gibt jedoch keinen Nachweis von der Yorke Peninsula; die Unterart kommt auf Kangaroo Island vor und ist im Südosten weit verbreitet, nordwärts bis zu den Südhängen der Mount Lofty Ranges und den angrenzenden Mallee-Gebieten am südlichen Murray River (Paton *et al.* 1994, Schodde 1997). Auch im Südwesten von Victoria ist *xanthanotus* weit verbreitet einschließlich der Grampians. Nachweise außerhalb des hauptsächlichen Verbreitungsgebietes stammen aus dem Norden bei Hattah und Kerang. Im Flachland oder im unmittelbaren Norden und Westen von Melbourne kommt die Unterart nicht vor oder ist selten (Emison *et al.* 1987). Auf Tasmanien sind die Vögel in nahezu allen Inselregionen nachgewiesen worden. Darüber hinaus gibt es Meldungen von King Island, Hunter Island und den Inseln der Furneaux-Gruppe, Bass Strait.

HABITATE

Gelbohr-Rabenkakadus nutzen nahezu sämtliche bewaldeten Vegetationsformationen. Im Hinblick auf das Fortpflanzungsgeschehen sind sie auf große Bäume angewiesen, die geeignete Höhlen aufweisen. Außerhalb der Brutphase nutzen sie zur Nahrungssuche ein breites Spektrum verschiedener Vegetationstypen, die von Küsten-Strauchformationen und anschließenden *Banksia*-Savannen bis zu feuchten Bergwäldern reichen. Mitunter werden sie auch in temperaten oder subtropischen Regenwäldern, in Baumsavannen und semiariden Regionen angetroffen – selten dagegen in Mallee, gelegentlich aber auch in *Pinus*-Anpflanzungen, in Obstplantagen oder in Gärten. Gosper (1992) berichtete, dass Gelbohr-Rabenkakadus im Richmond-River-Distrikt, im äußersten Nordosten von New South Wales, subtropischen Regenwald eindeutig als Habitat bevorzugen; bei Felduntersuchungen, die zwischen 1977 und 1982 durchgeführt wurden, traf man die Kakadus jeweils in 16 Prozent und in 27 Prozent der Zählung in subtropischem Regenwald an, jedoch nur in drei Prozent der Fälle in feuchtem und trockenem Sklerophyllwald. In alpinen Regionen Tasmaniens, in Victoria sowie im Süden von New South Wales steigen Gelbohr-Rabenkakadus bis zur oberen Verbreitungsgrenze von Schnee-Eukalyptus-Savannen (*Eucalyptus pauciflora*) hinauf, wo sie die noch verbliebenen Bäumbestände auf Farmland und entlang den Straßensäumen aufsuchen. Sie halten sich zunehmend häufiger in Parkanlagen von Städten, in Gärten oder auf Golfplätzen auf, besonders dort, wo Kiefern (*Pinus* spec.) angepflanzt wurden.

LOKALE POPULATIONSDICHTEN

In den Randbereichen des Verbreitungsgebietes sind Gelbohr-Rabenkakadus mitunter selten, in den übrigen Bereichen dagegen häufig. Entgegen den Befürchtungen, die ich in der zweiten englischsprachigen Ausgabe des vorliegenden Werkes geäußert habe, liegen Hinweise vor, dass die Zahl von Gelbohr-Rabenkakadus in Distrikten zunimmt, in denen die Vögeln aufgrund von *Pinus*-Anpflanzungen ein reichhaltiges saisonales Nahrungsangebot nutzen können. Diese große Anzahl an Gelbohr-Rabenkakadus, die heute in der Nähe von *Pinus*-Anpflanzungen regelmäßig angetroffen werden, kann zum einen die Folge eines lokalen Anstiegs der Vermehrungsrate sein, zum anderen können aber auch Vögel aus anderen Gebieten massiv eingewandert sein. Vermutlich spielen beide Faktoren eine Rolle – das vermehrte Beobachten bettelnder Jungvögel weist jedoch darauf hin, dass der Fortpflanzungserfolg aufgrund der neuen Nahrungsressource angestiegen sein könnte. Zusätzlich könnten sich die Brutpaare auch weniger selektiv hinsichtlich der Brutplatzwahl verhalten. Ich halte ein Abschätzen der Größe der Gesamtpopulation für wenig aussagekräftig; die Angaben von Dawson (1994), der von 5.800 bis 13.500 Individuen ausgeht, scheinen mir in diesem Zusammenhang zu niedrig angesetzt.

Storr (1984) behauptete, Gelbohr-Rabenkakadus seien in Queensland stellenweise häufig; in den feuchteren Teilen des Areals kämen sie in der Regel aber nur mäßig häufig vor und in den trockeneren Bereichen sei ihre Verbreitung lückenhaft. Elks (1967) gab an, dass Gelbohr-Rabenkakadus im südöstlichen Zipfel von Queensland mäßig häufig sind. Leach (1988) erwähnte, dass sie auf der Narayen Research Station nahe Mundubbera im südöstliche Queensland ziemlich häufig in einem Mosaik aus von Akazien dominierten Savannen vorkommen. Templeton (1992) berichtete, dass im Südosten, im Nanango-Distrikt, nahezu das ganze Jahr über Schwärme von zwei bis vierzehn Vögeln beobachtet werden können. Hobson (1993) gab an, dass im Tal des Lockyer River im Südosten von Queensland Gelbohr-Rabenkakadus häufiger angetroffen werden als Vertreter anderer *Calyptorhynchus*-Arten. Nach Südwesten hin, im Stanthorpe-Distrikt, wurden Gelbohr-Rabenkakadus während einer biologischen Bestandsaufnahme, die 1971/72 stattfand, häufig in offenen Wäldern angetroffen.

In New South Wales sind Gelbohr-Rabenkakadus mäßig häufig, im Norden des Pilliga Scrub, wo eine offenbar isolierte Population existiert, werden sie jedoch als selten eingestuft (Morris *et al.* 1981, Rolls 1981). Der Nordosten von New South Wales ist ein Verbreitungsschwerpunkt dieser Art, ihre Zahl scheint dort sogar anzusteigen. Im Tal des Hastings River, wo ich wohne, sind Gelbohr-Rabenkakadus in bewaldeten Vegetationsformationen häufig – von Jahr zu Jahr werden größere Schwärme immer öfter in Stadtparks oder auf Golfplätzen angetroffen. Von Januar 1982 bis Dezember 1983 wurden im New England National Park, in den Northern Tablelands von New South Wales, im Mittel 0,3 bis 6,3 Vögel entlang einem 1,2 km langen Zählabschnitt, der in einem offenen *Eucalyptus*-Wald lag, festgestellt (McFarland 1984). Sichtnachweise aus dem Jahr 1995 zeigen, dass Gelbohr-Rabenkakadus im Hunter-Valley-Distrikt, im mittleren Küstenabschnitt von New South Wales, großflächig vorkommen (Morris & Burton 1997). Weiter südlich, in und um Sydney sind sie ziemlich häufig, und auch hier gibt es Anzeichen für eine Bestandszunahme; zunehmend häufiger werden Schwärme in den äußeren, mehr ländlichen Distrikten sowie in den zentralen Vororten beobachtet. Einer meiner Kollegen, der in Kenthurst – am nordwestlichen Rand von Sydney – wohnt, berichtete mir, er habe im vergangenen Jahrzehnt eine dramatische Bestandszunahme der lokalen Population festellen können; täglich hielten sich in der Nähe seines Hauses Schwärme mit bis zu 20 Vögeln auf. Von Bewohnern äußerer Vororte erhielt ich ähnliche Berichte, und in den zentralen Vororten sind größere Schwärme in jüngerer Zeit ein gewohnter Anblick. Es hat den Anschein, als ob sich von Juli bis September 1997 ein oder zwei Schwärme in den inneren Vororten aufgehalten hätten. Bei Camperdown wurde ein Schwarm mit 34 Exemplaren beobachtet, nur wenige Kilometer vom Stadtzentrum entfernt. Anfang Juli und erneut im August zog ein weiterer Schwarm mit 31 Vögeln durch die inneren Vororte im Osten Sydneys, und gelegentlich ließen sich bis zu 50 Gelbohr-Rabenkakadus zwischen Ende Juli und Anfang September im Centennial Park blicken (*NSW Bird Notes, Nos. 24 & 25, Sept. & Dec. 1997*; in Morris 2000). Anfang August 1998 beobachtete man einen Schwarm mit 45 Vögeln im Centennial Park, und ein ungewöhnlich großer Schwarm mit 71 Exemplaren tauchte in der Nähe von Ramsgate auf (in Morris 2001). Mills (1987) wies darauf hin, dass im Illawarra-Distrikt im Süden von Sydney bei Bestandsaufnahmen, die zwischen Juni 1982 und Juni 1985 durchgeführt wurden, 105 Schwärme mit insgesamt 415 Vögeln festgestellt wurden; unmittelbar westlich des Studiengebietes wurden von April bis Mai 1981 sogar Schwärme mit 300 bis 400 Kakadus in *Pinus*-Anpflanzungen gesichtet. In den Southern Highlands von New South Wales sind Gelbohr-Rabenkakadus zahlreich, in den Vororten von Canberra werden sie zunehmend häufiger festgestellt. Bei der Erfassung der Vogelwelt in den Gärten innerhalb des Stadtgebietes von Canberra über einen Zeitraum von 17 Jahren (von 1981 bis 1998) stellte man bei den Gelbohr-Rabenkakadus eine bemerkenswerte Zunahme der Individuenzahlen fest. In den ersten zehn Jahren des Untersuchungszeitraumes gab es nur wenige Nachweise, in den darauf folgenden Jahren konnte man einen unregelmäßigen, aber signifikanten Anstieg verzeichnen, überwiegend in den südwestlichen Vororten. Dort konnte man Schwärme bis zu 60 Kakadus auf dem Weg zu den Bergkämmen und wieder zurück beobachten (in Fennell 2000). Bei Bestandsaufnahmen, die von 1977 bis 1988 im Kosciusko National Park in den im Süden von New South Wales gelegenen Snowy Mountains durchgeführt wurden, waren Gelbohr-Rabenkakadus häufige Standvögel in subalpinen Savannen (Osborne & Green 1992). Sharrock (1981) erwähnte, dass ein gutes Stück weiter westlich, in der Nähe von Wagga Wagga, Gelbohr-Rabenkakadus selten sind – dort verläuft der westliche Rand des Areals. In Victoria sind Gelbohr-Rabenkakadus mäßig häufig. Bei Feldarbeiten, die von Januar 1973 bis Juni 1986 im Rahmen des „Atlas"-Projektes (siehe Blakers *et al.* 1984) durchgeführt wurden, betrug die Nachweisrate in Victoria 27 Prozent; die höchsten Abundanzen wurden in Gippsland, in den Otway Ranges und den Savannen im Südwesten festgestellt (Emison *et al.* 1987). Im Boola Boola State Forest, im mittleren Teil von Gippsland, wurden bei Bestandsaufnahmen, die zwischen 1975 und 1977 durchgeführt wurden, pro Quadratkilometer 13 Brutterritorien nachgewiesen (Loyn 1980). In der gleichen Region wurden in den Frühjahrs- und Sommermonaten von November 1980 bis März 1983 Bestandsaufnahmen in *Eucalyptus*-Wald-Fragmenten durchgeführt, die eine Größe von 0,1 bis 1771 ha aufwiesen und versteut zwischen Farmland und *Pinus*-Anpflanzungen lagen; in 10 der 56 Waldinseln wurden Gelbohr-Rabenkakadus nachgewiesen, mit maximalen Häufigkeiten von 10 Vögeln in Waldinseln mit einer Fläche von 11 bis 22 ha sowie 15 Vögeln in Waldinseln mit einer Fläche von 26 bis 57 ha (Loyn 1985). MacNally (1997) wies darauf hin, dass im Olinda State Forest, etwa 50 km östlich von Melbourne, eine mittlere Dichte von 5,2 Vögeln pro Hektar und eine maximale Dichte von

10,3 Vögeln pro Hektar bei Bestandsaufnahmen zwischen Juli 1993 and Juni 1996 nachgewiesen wurde. Das südwestliche Victoria und das benachbarte südöstliche South Australia sind ein weiterer Verbreitungsschwerpunkt des Gelbohr-Rabenkakadus, auch in dieser Region scheinen Bestandszunahmen eine Folge des Anlegens großflächiger *Pinus*-Anpflanzungen zu sein. Während einer biologischen Bestandsaufnahme, die von 1974 bis 1975 in den Grampians-Edenhope-Distrikten, im Südwesten von Victoria, durchgeführt wurde, waren Gelbohr-Rabenkakadus zwar weitläufig verbreitet, kamen aber nur in einer eher geringen Dichte vor (EMISON *et al.* 1978). Heute sind sie in diesen Distrikten jedoch sehr häufig und in *Pinus*-Anpflanzungen werden regelmäßig große Schwärme angetroffen. PARKER und REID (1983) stuften den Gelbohr-Rabenkakadus für den Südosten von South Australia als mäßig häufig ein und halten eine positive Bestandsentwicklung für wahrscheinlich. In der Gegend zwischen Mount Gambier und Naracoorte können in der Nähe großflächiger *Pinus*-Anpflanzungen sehr große Schwärme regelmäßig nachgewiesen werden. Bei der Zusammenfassung der Atlasdaten zwischen 1984 und 1985 wurden Gelbohr-Rabenkakadus in den südlichen Mount Lofty Ranges großflächiger nachgewiesen als in den Jahren 1974 bis 1975 (PATON *et al.* 1994). BAXTER (1995) ging davon aus, dass der Gelbohr-Rabenkakadus auf Kangaroo Island weit verbreitet sei und dort mäßig häufig bis häufig vorkommt. Im Unterschied hierzu hat sich die isolierte Population im Süden der Eyre Peninsula aufgrund von Waldrodungen derart dramatisch verringert, dass sie vor der Auslöschung steht. Es haben vermutlich nur 26 Exemplare überlebt, und es wurde bereits mit einem Erhaltungsprogramm begonnen (*Wingspan, Vol. 11, S. 32, 2001*).

GREEN (1989) erwähnte, dass Gelbohr-Rabenkakadus in Tasmanien häufig sind. Bei Bestandsaufnahmen, die zwischen September 1975 und September 1976 in den nördlichen Ausläufern des Maggs Mountain, etwa 60 km südlich von Ulverstone im Norden Tasmaniens, durchgeführt wurden, wurden Gelbohr-Rabenkakadus generell selten nachgewiesen; ein Schwarm von etwa sechs Vögeln wurde jedoch regelmäßig in feuchtem Sklerophyllwald und im Regenwald nachgewiesen (GREEN 1977). Bei Ordnance Point an der Nordwestküste von Tasmanien wurden im Rahmen einer Bestandsaufnahme von März bis April 1981 in der Region mehrfach einzelne Vögel und kleinere Schwärme beobachtet; der größte Schwarm bestand aus elf Vögeln (GREEN 1984). Für den Bestandsrückgang auf Flinders Island werden großflächige Waldrodungen verantwortlich gemacht, wogegen Gelbohr-Rabenkakadus auf King Island mitunter durchaus häufig sind, hauptsächlich im Herbst (GREEN 1969, GREEN & MCGARVIE 1971).

VERHALTEN

Gelbohr-Rabenkakadus sind auffällige Vögel, die von ihrer Stimme regen Gebrauch machen. Gewöhnlich werden sie paarweise, in Familiengruppen, die aus den beiden Elternvögeln und einem Jungvogel bestehen, oder in kleinen Schwärmen angetroffen. Außerhalb der Brutsaison bilden sie große Ansammlungen und suchen gemeinsam Nahrung in *Pinus*-Anpflanzungen oder auch in Strauchformationen, in denen unlängst Buschfeuer brannten – dort nehmen sie auch Samen vom Boden auf, wenn sich aufgrund des Feuers die Früchte von *Banksia*- und *Hakea*-Arten geöffnet haben. Entgegen einigen Berichten können sich sowohl *funereus* als auch *xanthanotus* zu großen Schwärmen mit mehreren hundert Vögeln zusammenschließen. Bei *xanthanotus* scheint dies deshalb häufiger der Fall zu sein, weil im Südwesten von Victoria und im Südosten von South Australia *Pinus*-Anpflanzungen in einem größeren Umfang vorkommen. In einigen Bereichen des Areals koexistieren diese Kakadus mit einer oder sogar mit zwei weiteren *Calyptorhynchus*-Arten – Unterschiede in den Habitat- und Nahrungspräferenzen reduzieren das Ausmaß interspezifischer Konkurrenz offenbar auf ein Minimum. Im Südosten von Queensland halten sich Gelbohr-Rabenkakadus vornehmlich in feuchten Wäldern auf, wo sie sich von holzbohrenden Insektenlarven ernähren, die Nahrung von Banks-Rabenkakadus (*C. banksii*) besteht dagegen vornehmlich aus *Eucalyptus*-Samen, die sie in offeneren Vegetationsformationen suchen, und Braunkopfkakadus (*C. lathami*) sind auf Kasuarinen als Nahrung angewiesen. Zwischen den verschiedenen Arten bestehen aber auch Nischenüberlappungen; so beobachtete ich beispielsweise auf meinem Grundstück im Tal des Hastings River an der Küste von New South Wales, dass sowohl Gelbohr-Rabenkakadus als auch Braunkopfkakadus in *Allocasuarina*-Bäumen Nahrung aufnahmen – eine deutliche Absonderung der beiden Arten war jedoch nicht zu übersehen.

Die Paarbindung ist fest, und die jeweiligen Paare (oder häufiger die Paare und ein dazugehöriger Jungvogel) sind in einem Schwarm Nahrung aufnehmender Kakadus unschwer auszumachen. Gelbohr-Rabenkakadus halten sich meist auf Bäumen auf, doch kommen sie auch auf den Boden und nehmen dort Wasser auf, untersuchen herabgefallene Zapfen oder klauben Insektenlarven aus der Stammbasis oder einer frei liegenden Wurzel heraus. Man hat darauf hingewiesen, dass *xanthanotus* sich im Vergleich zu *funereus* weniger in Bäumen aufhält. In diesem Zusammenhang vertrete ich jedoch die Meinung, dass die Ernährungsweise von der Habitatstruktur abhängt: In trocken Baumsavannen suchen die Vögel ihre Nahrung häufiger auf dem Boden als in einem dichten Bergwald. Wenn ich *funereus* in vereinzelt stehenden Kiefern bei der Nahrungssuche beobachtete, konnte ich feststellen, dass diese Vögel durchaus auf den Boden kommen und dort herabgefallene Zapfen untersuchen. Die Wachsamkeit scheint ebenfalls ein Verhalten zu sein, das von der Habitatstruktur beeinflusst wird. Gewöhnlich sind diese Kakadus wachsam, und sobald sich ein Beobachter nähert, fliegen sie laut rufend davon. In urbanen Parks und Gärten können sie dagegen Menschen gegenüber ziemlich vertraut sein. Jeden Sommer sucht ein Schwarm von etwa 40 Gelbohr-Rabenkakadus in der Nähe meines Wohnortes einen Golfplatz auf und frisst dort in den Kiefern; während der drei oder vier Monate, in denen sie sich dort aufhalten, lassen sie sich von den anwesenden Golfern nicht stören, auch dann nicht, wenn diese ständig an den Bäumen vorbeigehen, unter denen die Vögel auf dem Boden Nahrung aufnehmen.

Während der Brutsaison werden Gelbohr-Rabenkakadus meist paarweise oder in Familiengruppen, die aus den beiden Altvögeln und einem Jungvogel aus der vorausgegangenen Brutsaison, gesichtet. Doch sind auch Schwärme mit bis zu zehn Exemplaren nicht selten – hierbei handelt es sich möglicherweise sowohl um Nichtbrüter als auch um Familiengruppen aus den benachbarten Territorien. POSSINGHAM (1986) erwähnte, dass die kleine isolierte Population im Süden der Eyre Peninsula (South Australia) aus drei unterschiedlichen Schwärmen besteht: Ein Schwarm besteht aus etwa fünf Paaren, die eine Brutkolonie bilden, ein weiterer Schwarm umfasst zwölf Nichtbrüter (adulte Männchen und Weibchen sowie ein juveniles Weibchen und ein juveniles Männchen), und ein dritter Schwarm, der sich aus fünf Weibchen, drei adulten Männchen und einem juvenilen Männchen zusammensetzt und der als einziger Schwarm die Nächte nicht im Nistbereich verbringt.

Gelbohr-Rabenkakadus verlassen die Schlafbäume bei Tagesanbruch – zuerst suchen sie eine Wasserstelle auf und fliegen anschließend zu den Stellen, wo sie Nahrung aufnehmen. Dort halten sie sich für den Rest des Tages auf und ziehen dabei von einer Baumgruppe zur nächsten. Während der Schwarm Nahrung aufnimmt, bleiben ein oder zwei Vögel in nahe gelegenen Bäumen sitzen und übernehmen die Aufgabe von Wächtern: Sobald Gefahr droht, lassen die Wächter Warnrufe hören, und der gesamte Schwarm fliegt davon. Die heißen Stunden des Tages verbringen die Vögel im Schatten hoher Eukalypten. Wenn Gelbohr-Rabenkakadus ruhen, nehmen sie mitunter eine Haltung ein, bei der sie nahezu der Länge nach auf dem Ast liegen. Vor Sonnenuntergang kehren sie zu einem fließenden oder stehenden Gewässer zurück, wo sie trinken; einige Vögel fliegen jeweils gleichzeitig von einem Baum aus auf den Boden und gehen zum Rand des Gewässers. Als Schlafplätze wählen Gelbohr-Rabenkakadus gewöhnlich hohe Eukalypten an den Ufern von Wasserläufen. Bevor sie sich zum Schlafen niederlassen, fliegen sie aufgebracht zwischen den Baumwipfeln umher. Ähnliche, akrobatisch anmutende Flugkünste führen sie erregt aus, wenn sich ein Unwetter nähert; dieses auffällige Verhalten hat dazu geführt, dass die Vögel als Vorboten von Stürmen gelten. In Bäumen unweit meines Wohnhauses beobachtete ich etwa 40 Gelbohr-Rabenkakadus, die kopfunter an den blattlosen, obersten Ästen hingen und mit den ausgebreiteten Schwingen schlugen – das Regenbaden war von lautem Schreien begleitet.

1 Gelbohr-Rabenkakadu
Calyptorhynchus funereus funereus
AM 028666 adult, Männchen
Lithgow, New South Wales
14. Juli 1890

2 Gelbohr-Rabenkakadu
Calyptorhynchus funereus funereus
AM 046483 adult, Weibchen
Mulah road, Bondi State Forest,
Bombala, New South Wales
6. Januar 1977

Am 3. Juni 1985 traf ich etwa 10 km südöstlich von Mount Gambier auf einen Schwarm von etwa 20 Gelbohr-Rabenkakadus, die in geringer Höhe eine Straße und offenes Farmland überflogen. Die Vögel näherten sich einer großen Anpflanzung mit ausgewachsenen Kiefern, wo sich viele Vögel ausmachen ließen, die Nahrung aufnahmen. Als ich in der Zwischenzeit einen Beobachtungsplatz auf einem Zugangsweg eingenommen hatte, der am Rande der Anpflanzung entlang führte und an den sich eine Weide mit offener Vegetationsstruktur anschloss, hatten sich in den Bäumen, unter denen ich stand, mehr als 200 Kakadus eingefunden. Plötzlich stoben die Kakadus unter lautem Kreischen hoch, kreisten über der Weide und führten „Hassen" gegen einen Kaninchenadler (*Hieraaetus morphnoides*) aus. Bald war der Greifvogel von mehr als 100 kreischenden Kakadus umgeben; wie in Panik drehte und wand er sich, stob nach unten, glitt unter den Kakadus hinweg und flog geradewegs über das offene Farmland davon. Die Kakadus stiegen höher hinauf und flogen dann am Rand der Ansiedlung entlang etwa 500 m in Richtung Süden, wo sie sich in den Spitzen der Bäume niederließen.

Es liegen zwar Hinweise sowohl für eher kleinräumige Ortsveränderungen als auch für eigentliche saisonale Wanderungen vor, über das Ausmaß sowie über das grundsätzliche Muster dieser Wanderungen ist jedoch nur wenig bekannt. In den meisten Bereichen des Areals werden Gelbohr-Rabenkakadus ganzjährig angetroffen, und ich vermute, dass es sich hierbei um Brutpaare mit etablierten Territorien handelt. Das saisonale Auftreten

großer Schwärme in *Pinus*-Anpflanzungen steht, wie ich annehme, zu Wanderungen außerhalb der Brutsaison in Beziehung; vermutlich spielen hierbei auch Wanderungen über größere Distanzen eine Rolle.

TEMPLETON (1992) wies darauf hin, dass im Nanango-Distrikt, südöstliches Queensland, Gelbohr-Rabenkakadus in den meisten Monaten des Jahres präsent sind. Im Unterschied hierzu erwähnte LORD (1956), dass sie sich im Toowoomba-Distrikt, etwa 100 km weiter südlich, nur gelegentlich einfinden und sich dort nie länger als einen Monat aufhalten. Bei Bestandsaufnahmen im New England National Park in den Northern Tablelands von New South Wales fielen Gelbohr-Rabenkakadus besonders im Frühling, im Spätsommer und zu Beginn des Herbstes auf, wenn sie das Gebiet aufsuchten und *Banksia*-Samen fraßen (MCFARLAND 1984). Im Tal des Hastings River im Bereich der Nordküste von New South Wales, wo ich wohne, werden Gelbohr-Rabenkakadus zwar das ganze Jahr über angetroffen, doch schließen sie sich nur von Dezember bis April zu größeren Schwärmen zusammen, die in Kiefern Nahrung aufnehmen. Es gibt einige Hinweise, welche die Behauptung von GILBERT (1935) stützen, im Küstenbereich von New South Wales fielen Gelbohr-Rabenkakadus während Herbst und Winter ein; diese küstenwärts gerichteten, saisonalen Wanderungen scheinen jedoch nur in mittleren und südlichen Abschnitten vorzukommen, wo sich die Vögel gewöhnlich während der Sommermonate fortpflanzen. MILLS (1987) schloss aus Beobachtungen, die zwischen Juni 1982 und Juni 1985 im Illawarra-Distrikt von New South Wales durchgeführt wurden, dass maximale Abundanzen zum einen im Mai und Juni einen Herbstzug in Richtung Küste und zum anderen im Oktober und November eine mögliche Rückkehr in die Brutgebiete widerspiegeln – allerdings könnten die hohen Abundanzen im Oktober und November auch mit einem eher ungerichteten Umherwandern vor der Brutsaison in Verbindung stehen. Es ist denkbar, dass Gelbohr-Rabenkakadus im Hochland des südlichen New South Wales und östlichen Victoria im Winter in tiefere Lagen herabsteigen. OSBORNE und GREEN (1992) stellten bei Bestandsaufnahmen, die zwischen 1977 und 1988 in den Snowy Mountains durchgeführt wurden, fest, dass die Zahl der Gelbohr-Rabenkakadus im Winter deutlich abnahm; dies lässt vermuten, dass dann zumindest ein Teil der lokalen Population dieses Gebiet verlässt. SHARROCK (1981) erwähnte, dass Gelbohr-Rabenkakadus in der Umgebung von Wagga Wagga, westlich der Snowy Mountains, in strengen Wintern mitunter vom Hochland hinabsteigen.

Die „Atlas"-Daten, die von Januar 1973 bis Juni 1986 in Victoria erhoben wurden, ergeben für sämtliche Regionen, die östlich von Melbourne liegen, einheitliche Nachweisraten, was auf ein Fehlen saisonaler Wanderungen hinweist (EMISON *et al.* 1987). Die Nachweisraten in den westlichen Regionen waren dagegen im Winter geringer; in dieser Jahreszeit suchen bekanntlich große Schwärme die *Pinus*-Anpflanzungen im südwestlichsten Victoria und im benachbarten südöstlichen South Australia auf. Diese Daten lassen vermuten, dass *funereus* in den Wäldern von Gippsland vornehmlich ortstreu ist, wogegen *xanthanotus* saisonale Wanderungen durchführt und hierbei lokal konzentrierte Nahrungsressourcen nutzt. Historische Daten aus der Zeit vor der Einrichtung von *Pinus*-Anpflanzungen fehlen. Es liegen Berichte über lokale Wanderungen im südöstlichen South Australia vor; auch dort stehen sie offenbar mit der Nahrungsverfügbarkeit in Beziehung. BAXTER (1980) erwähnte, dass sich Gelbohr-Rabenkakadus im Belair Recreation Park südöstlich von Adelaide vornehmlich im Sommer einfinden und sie in Schwärmen *Pinus*- und *Banksia*-Samen fressen. Mehrfach wurden Gelbohr-Rabenkakadus beobachtet, wie sie – in beiden Richtungen – zwischen Kangaroo Island und der Südspitze der Fleurieu Peninsula flogen. Auch auf Kangaroo Island schließen sich die Vögel außerhalb der Brutsaison zu Schwärmen zusammen (BAXTER 1995). POSSINGHAM (1986) wies darauf hin, dass Wanderungen im Süden der Eyre Peninsula, South Australia, nicht eindeutig belegt sind; Anwohner behaupten, Gelbohr-Rabenkakadus träfen Mitte Oktober in den Brutgebieten ein und verließen diese wieder Mitte April – drei der vier Winternachweise stammen von nördlicheren Bereichen der Eyre Peninsula, die vierte vom Brutgebiet.

Ich vermute, dass Gelbohr-Rabenkakadus von Tasmanien aus regelmäßig die Inseln der Bass Strait aufsuchen; ein Beleg für diese Annahme ist die Sichtung eines Schwarmes mit 106 Vögeln bei Egg Lagoon in der Nähe der Nordspitze von King Island (GREEN & MCGARVIE 1971). WHITE (1980) besuchte in der zweiten Hälfte der 70er Jahre des vergangenen Jahrhunderts De Witte Island vor der Südwestküste Tasmaniens; nur einmal wurden Gelbohr-Rabenkakadus beobachtet, und zwar in der zweiten Aprilhälfte 1976, als Schwärme mit sieben bis zwölf Vögeln die Insel mehrfach aufsuchten – dies geschah während einer Periode mit außergewöhnlich stürmischem Wetter.

FLUG Diese Kakadus fliegen vergleichsweise langsam, mit weit ausholenden Flügelschlägen, und mitunter erwecken sie beim Beobachter den Eindruck, als ließen sie sich einfach nur so dahintreiben. Wenn sie größere Distanzen zurücklegen, fliegen sie in beachtlicher Höhe – die einzelnen Vögel fliegen in einiger Entfernung voneinander und lassen ständig Kontaktrufe hören. Fliegen sie von Baum zu Baum, so lassen sie sich zunächst fallen, bis sie fast den Boden erreichen, und fliegen dann, bevor sie landen, aufwärts. Bei der Landung fächern sie die Steuerfedern und richten ihre kurze Haube auf. Wenn diese großen, ungelenk wirkenden Vögel im dichten Wald gestört werden, können sie mit einer erstaunlichen Schnelligkeit und Agilität zwischen den Baumkronen hindurchfliegen und dabei scharfe Wendungen ausführen. Im Flug fällt der lange Schwanz auf. Es wurden Fluggeschwindigkeiten bis zu 60 km/h nachgewiesen. Bei ihren saisonalen Wanderungen folgen kleinere Schwärme vermutlich etablierten Flugwegen, denn oft werden sie dabei beobachtet, wie sie Wasserläufe oder Küstenstreifen entlangfliegen.

LAUTÄUSSERUNGEN

Der gewöhnliche Kontaktlaut besteht aus einem lang gezogenen *kiiie-ou... kiiie-ou...*, den die Vögel meist im Flug hören lassen. Es handelt sich um einen extrem lauten und unverwechselbaren Ruf. Werden Gelbohr-Rabenkakadus aufgeschreckt, so produzieren sie ein grelles Kreischen, das an Lautäußerungen des bekannteren Gelbhaubenkakadus (*Cacatua galerita*) erinnert. Während der Nahrungsaufnahme geben sie eigenartige schnarrende Geräusche von sich. Bei der Balz produzieren Männchen *ah-ah-ah-ah-ah-ah*-Laute; hierbei handelt es sich um kurze, abgehackte Wiederholungslaute, die in einen vibrierenden Pfiff enden. COURTNEY (1996) beschrieb die Bettellaute der Nestlinge als grelles, schnarrendes Geräusch, das wiederholt wird. Die Laute, welche die Nestlinge beim Hinunterschlucken der Nahrung hören lassen, ähneln denen des Carnabys Weißohr-Rabenkakadus (*Calyptorhynchus latirostris*), sind aber doppelt so lang und werden in einer langsameren Weise ausgestoßen.

NAHRUNG

Insektenlarven und Pflanzensamen sind die häufigste Nahrung sowohl von *funereus* als auch von *xanthanotus*; ich vermute aber, dass *funereus* Insektenlarven bevorzugt und *xanthanotus* sich in erster Linie von Proteen-Samen ernährt. Es existieren zahlreiche Berichte, in denen beschrieben wird, wie Gelbohr-Rabenkakadus holzbohrende Larven von Holzbohrern (Cossidae, Lepidoptera) und Bockkäfern (Cerambycidae, Coleoptera) fressen. GILBERT (1935) erwähnte, dass nahe Waterfall, unmittelbar südlich von Sydney, ein kleiner Schwarm beobachtet wurde, der abgestorbene *Xanthorrhoea*-Samenstände aufriss; die adulten Individuen klaubten Bockkäferlarven aus den Samenständen heraus und fütterten damit gerade flügge gewordene Jungvögel. Im September 1962 beobachtete ich bei Snowy Plains, New South Wales, wie einige Gelbohr-Rabenkakadus Larven von Holzbohrern (*Xyleutes* spec.) in Stämmen und Ästen von Schnee-Eukalypten (*Eucalyptus pauciflora*) freilegten. Bei Cleveland, Tasmanien, wurden an einem Holzstapel neun Kakadus beobachtet, welche Rinde von den Stämmen abrissen, um an holzbohrende Larven zu gelangen; auch wurden Kakadus beobachtet, die bei der Suche nach Larven in Zaunpfähle bissen. In der Umgebung meines Hauses im Tal des Hastings River im Küstenbereich von New South Wales konnte ich Gelbohr-Rabenkakadus beobachten, die holzbohrende Larven aus Seitenwurzeln von Schößlingen freilegten, nachdem sie mit den Schnäbeln in der Erde, welche die Wurzeln bedeckte, gegraben hatten. Auch habe ich sie dabei beobachtet, wie sie in bis zu 40 m Höhe Larven aus Stämmen oder Ästen von *Acacia*- und *Eucalyptus*-Arten herausklaubten. Die knirschenden Geräusche, die entstehen, wenn der Schnabel in das Holz dringt, können selbst aus mehr als 50 m Entfernung deutlich vernommen werden.

MCINNES und CARNE (1978) beschrieben das Verhalten von Gelbohr-Rabenkakadus, die Holzbohrerlarven (*Xyleutes boisduvali*) aus Stämmen von *Eucalyptus grandis* freilegten, einem Baum, der in der Coffs Harbour Region des nördlichen New South Wales zur Zellstoffgewinnung angebaut wird. Wenn die Kakadus Larven aus den Bäumen herausholen, könnendie Bäume dabei derart beschädigt werden, dass sie bei starkem Wind brechen. Bei jungen Bäumen wurden in Anpflanzungen Verlustraten bis zu 40 Prozent festgestellt. Untersuchungen zeigten, dass Gelbohr-Rabenkakadus holzbohrende Larven zwar das ganze Jahr über als Nahrung nutzen, besonders häufig aber in den Monaten Juni und Juli. Bei der Suche nach Larven landet der Vogel am Stamm, dicht unter dem ersten Ast, und klettert dann – den Schwanz nach unten gerichtet – abwärts; der Vogel nutzt dabei die fächerartig gespreizten Steuerfedern, um das Gleichgewicht zu halten. Wenn er den Stamm hinabklettert, gebraucht er dazu im Wechsel seine Füßen und den Schnabel: Zuerst hält er sich mit den Füßen am Stamm fest, beugt sich dann nach unten und greift mit dem Oberschnabel in die Rinde, dann schwingt er nach unten und hält sich wieder mit den Füßen fest. Wenn der Vogel ein Fraßloch gefunden hat, macht er einen „Testbiss"; ob der Vogel dann damit fortfährt, die Larve freizulegen, hängt offenbar davon ab, wie tief er mit dem Oberschnabel in das Holz eindringen konnte. Gelingt es dem Vogel, tief in das Holz einzudringen, so zeigt dies, dass sich eine vollständig entwickelte Larve in einem weiten Fraßgang befindet, was dazu führt, dass er weiter gräbt. Wenn der Vogel die Rinde und das darunter liegende Gewe-

be entfernt hat, gräbt er den Oberschnabel etwa 20 cm über dem Fraßloch in den Stamm; dann faßt er mit dem Schnabel einen 2 bis 3 cm breiten Streifen Holz und zieht kräftig daran. Dieser Streifen wird nach unten gezogen, bis er kurz unter dem Fraßloch endet. Das Gewicht des Vogels und sein zusätzliches Ziehen, wobei der Schwanz gegen den Stamm gepresst wird, führt dazu, dass der Streifen in einem Winkel von etwa 50° vom Stamm wegzeigt. Der Vogel setzt sich auf diese Plattform – die so genannte „Chopping Platform" – und legt die Larve weiter frei. Der Vogel entfernt das Holz zu beiden Seiten des Fraßganges, nimmt aber nicht mehr Holz weg, als für das Freilegen der Larve notwendig ist. Das Freilegen der Larve kann unterbrochen werden, wenn der Vogel eine neue „Chopping Platform" benötigt, die ihn noch näher an die begehrte Nahrung bringt. Auch „Chopping Platforms", die das Gewicht des Vogels nicht ausgehalten haben, werden durch neue ersetzt. Wenn der Fraßgang geöffnet ist, versucht der Vogel, die Larve mit dem Oberschnabel zu ergreifen. Schließlich wird sie aus dem Fraßgang herausgezogen, im linken Fuß gehalten und mit mehreren Bissen gefressen. Der Vogel frisst die Larve entweder während er sich mit dem rechten Fuß noch auf der „Chopping Platform" festhält, oder er fliegt zu einem Baum in der Nähe. Der gesamte Vorgang dauert etwa zwanzig Minuten.

Es existieren nur wenige Informationen über den Gebrauch von „Chopping Platforms" in anderen Teilen des Areals. Im Oktober 1987 und von März bis August 1979 fand Bill COOPER in der Nähe von Bungwahl an der mittleren Küste von New South Wales zahlreiche Plattformen, die von Kakadus benutzt worden waren, als sie Larven aus den Stämmen junger Akazien (vornehmlich *Acacia binervata* und *A. irrorata*), Eukalypten, *Common Lillypilly* (*Acmena smithii*) und *Butterwood* (*Callicoma serratifolia*) freilegten. Die Stämme wiesen einen Durchmesser von 3 cm bis 8 cm auf und die „Chopping Platforms" von der Stammbasis bis in eine Höhe von 5 m verteilt, hauptsächlich von 1 m bis 2 m (COOPER, *pers. Mittlg.* 1978). Im Canberra-Distrikt wurden dagegen von SIMPSON (*pers. Mittlg.* 1978) keine „Chopping Platforms", die von Kakadus genutzt wurden, festgestellt. MCINNES und CARNE (1978) brachten Stämme von *Eucalyptus grandis* aus Coffs Harbour, die mit Holzbohrerlarven befallen waren, in eine Voliere, in der sich Gelbohr-Rabenkakadus aus der Glen-Innes-Region befanden: Zwei handaufgezogene Männchen zeigten kein Interesse an den Stämmen, wogegen ein adultes Weibchen (keine Handaufzucht) zwar versuchte, Larven freizulegen, aber nur, wenn die Stämme so positioniert wurden, dass sich das Fraßloch der Larve in Bodennähe befand. Ein Kakadu, der bei Coffs Harbour gefangen worden war und in die selbe Voliere gesetzt wurde, näherte sich jedoch sofort dem Stamm, biss eine „Chopping Platform" heraus und legte die Larve frei. SIMPSON (1972) beobachtete am Fuße des Mount Tidbinbilla, Australian Capital Territory, einen männlichen Gelbohr-Rabenkakadu, der Larven von *Xyleutes durvilllei* aus unbedeckten Wurzeln an der Stammbasis junger *Acacia dealbata* freilegte. Der Vogel lief zwischen den Stämmen auf dem Boden und suchte die jungen Bäume nach Larven ab, indem er jeweils einmal oder mehrfach in die Stammbasis hineinbiss, hierzu drehte er den Kopf in eine waagerechte Position und biss in die aufrecht wachsenden Stämme. Nach diesen Bissen quer zur Längsachse biss der Vogel mehrfach kräftig parallel zur Längsrichtung in den Stamm und riss dabei Rinde und große Späne ab. Beim Abreißen der großen Späne führte der Vogel eine nach unten gerichtete Hebelbewegung aus. Drei oder vier Bisse reichten aus, um zum Fraßgang der Larve vorzudringen, der durch das Wegbeißen der Seitenwände offen gelegt wurde. Der Vogel zog die Larve leicht nach oben, ließ etwas locker, bewegte den Kopf nach beiden Seiten und zog die Larve schließlich aus dem Gang heraus. Anschließend führte er die Larve in den rechten Fuß und aß sie in drei oder vier Bissen auf. Es wurde auch berichtet, dass Gelbohr-Rabenkakadus erfolgreich Larven aus Seitenwurzeln von Akazien freilegen, die in lockerem Sandboden wachsen; um an die befallenen Wurzeln zu gelangen, schoben Vögel die bedeckende Sandschicht, die oft höher als 10 cm lag, zur Seite.

Zum Nahrungsspektrum von Gelbohr-Rabenkakadus zählen neben den Samen einheimischer und eingeführter Bäume und Sträucher auch Grassamen, Nüsse, Beeren, Früchte, Nektar, Blüten und Blattknospen. Sie bevorzugen Bäume der Gattungen *Eucalyptus*, *Acacia*, *Allocasuarina*, *Hakea*, *Banksia* sowie eingeführte Kiefern (*Pinus* spec.). In Strauchheiden an der Küste habe ich sie oft beobachtet, wie sie Samen von *Banksia serrata* und *B. integrifolia* aufnahmen. Auf meinem Anwesen fressen sie häufig die Samen von Eukalypten und die der *Forest Sheoak* (*Allocasuarina torulosa*). In *Allocasuarina torulosa* sah ich sie gelegentlich sogar zusammen mit Braunkopfkakadus (*Calyptorhynchus lathami*) im selben Baum Nahrung aufnehmen. In Berrima im südlichen New South Wales beobachtete ich Anfang April 1977 einen Schwarm Gelbohr-Rabenkakadus an den Zapfen einer mächtigen, alten Kiefer (*Pinus pinaster*), die in einem Park inmitten der Stadt wächst. Der bereits ausgewachsene, aber noch grüne Zapfen wurde an der Basis abgebissen und zum linken Fuß geführt. Ein Vogel begann mit dem kräftigen Schnabel die Schuppen von der Basis her wegzureißen. Die beiden geflügelten Samen unter jeder Schuppe wurden gleichzeitig geschält; der Flügel wurde entfernt, die harte äußere Schale gespalten und entfernt, anschließend wurde der weiße Samen gefressen. Das Schälen der Samen geschah ausschließlich mit dem Schnabel, während sich der Vogel mit einem Fuß auf dem hin und her schwingenden Ast festhielt und mit dem anderen den Zapfen hielt, der vielleicht an die 500 g wog. In meinem Garten beobachtete ich Ende Mai 1994 zwei Vögel, die nahezu eine Stunde lang sämtliche Blüten eines großen *Grevillea*-Strauches abbissen und zerkauten; der Boden unter dem Strauch war übersät mit Blütenteilen, und es brauchte zwei Jahre, bis sich der Strauch wieder erholt hatte und erneut blühte. TAYLOR und MOONEY (1990) wiesen darauf hin, dass im März 1989 in der Nähe von Togari im Nordwesten Tasmaniens ein Gelbohr-Rabenkakadu beobachtet wurde, der an einem Schleimpilz und einem *Hyphomycetes*-Myzel fraß. Die Pilze wurden mit dem Schnabel von der Innenseite einer abgestreiften Rinde abgeschabt, die sich am Stamm eines abgestorbenen *Leptospermum*-Baumes befand.

FORTPFLANZUNG

Das einfach strukturierte Balzverhalten männlicher Gelbohr-Rabenkakadus ähnelt dem der übrigen *Calyptorhynchus*-Arten: Der nackte Augenring verfärbt sich leuchtend rosa, die kurze Haube wird aufgerichtet, die Steuerfedern werden gefächertert, so dass die gelbe Bänderung sichtbar wird, ein lauter *ah-ah-ah-ah-ah*-Ruf wird ausgestoßen, dann schreitet das Männchen den Ast entlang und nähert sich dem Weibchen, schließlich verbeugt sich das Männchen und beschreibt mit seitwärts gerichteten, schnellen Kopfbewegungen eine Acht. Im Anschluss an das Verbeugen wird das Weibchen meist gefüttert. Bevor es zur Kopulation kommt, kann das Weibchen – gefolgt vom Männchen – zu einem anderen Baum fliegen, wo das Weibchen erneut vom Männchen gefüttert wird; dieses Verfolgen des Weibchens kann sich vor der Kopulation bis zu drei- oder viermal wiederholen.

COOPER (*briefl. Mittlg.* 1985) berichtete von einer interessanten Abweichung der Verbeuge-Bewegung, die er in der Nähe von Bungwahl an der mittleren Küste von New South Wales am 27. April 1984 um 14.30 Uhr beobachtete. Ein Männchen saß in etwa 7 m Höhe auf einem abgestorbenen Ast und ließ Lautäußerungen hören, die denen bettelnder Flügglinge ähneln. Dann flog es zu einem anderen Baum und ließ zirpende und pfeifende Laute hören, die das Balzverhalten begleiteten. Kurze Zeit später erschien ein Weibchen, das sich in der Nähe auf einem Ast niederließ. Das Männchen flog – gefolgt von Weibchen – den Hügel hinauf zu einem anderen Baum, wo es die zirpenden Laute wiederholte. Wieder flog es zu einem anderen Baum; das Weibchen folgte und landete auf dem Ast, auf dem bereits das Männchen saß, im Abstand von etwa einem halben Meter zum Männchen. Das Männchen ließ einen gackernden Laut hören, der gewöhnlich dem Balzverhalten vorausgeht, daran schlossen sich hochtönige Pfiffe an. Dann – mit aufgerichteter Haube, ausgebreiteten Schwingen und gefächertem Schwanz – stürzte das Männchen vornüber und hing schaukelnd unter dem Ast, verharrte kurz in dieser „Kopfunterposition“, kam anschließend auf der anderen Seite des Astes hoch und nahm wieder eine normale Haltung ein. Es folgten weitere Lautäußerungen; dann flogen beide Vögel davon – das Männchen voraus, vom Weibchen dicht gefolgt.

Der Zeitpunkt der Fortpflanzungsperiode ist variabel. In Queensland und im nördlichen New South Wales brüten Gelbohr-Rabenkakadus von März bis August, während in den übrigen Teilen Südost-Australiens Eier von November bis Februar gelegt werden, mitunter sogar bis in den Mai hinein. Das Nest befindet sich in einem hohlen Ast oder Stamm, gewöhnlich in einer großen lebenden oder abgestorbenen Eukalypte. Verschiedene Berichte lassen mich vermuten, dass sich *xanthanotus* hinsichtlich der Nistplatzwahl weniger selektiv verhält als *funereus*. NELSON und MORRIS (1994) stellten bei Feldarbeiten, die im Januar 1991 im Gunyal Rainforest Reserve (Strezelecki Ranges, südöstliches Victoria) durchgeführt wurden, fest, dass Gelbohr-Rabenkakadus als Brutbäume ausgewachsene oder ältere Bäume wählen, die einen Stammdurchmesser von 2,5 m (in Brusthöhe), eine mittlere Höhe von 58 m und – wenn es sich um lebende Bäume handelt – einen Kronendurchmesser von 22 m aufweisen. Das mittlere Alter der Brutbäume wurde auf 221 Jahre geschätzt, das der jüngsten auf 162 Jahre. Neun der 18 untersuchten Brutbäume befanden sich an Stellen mit 200 Jahre alten Bäumen, vier Brutbäume an Stellen mit 50 bis 80 Jahre alten Bäumen, zwei Brutbäume in einer 15 Jahre alten Anpflanzung und drei in Waldinseln mit ursprünglicher Vegetation, die sich in Anpflanzungen befanden. Acht der Brutbäume lebten, hatten aber eine beschädigte Krone, neun weitere lebten ebenfalls, wiesen aber abgestorbene Spitzen auf, und ein Brutbaum war abgestorben. Bei 14 Nestern befand sich der Eingang zur Bruthöhle im Stamm, bei zwei weiteren schlüpften die Vögel durch hohle Seitenäste des im oberen Teil abgestorbenen Baumes in die Bruthöhle, die Eingänge der übrigen zwei Nester waren durch abgebrochene Äste entstanden. Die Bruthöhleneingänge befanden sich im Mittel in einer Höhe von 36,7 m. Die einzelnen Nestbäume standen 29 m bis 450 m voneinander entfernt – doch können besetzte Bruthöhlen auch übersehen worden sein, insbesondere dort, wo ein Abstand von 450 m zwischen zwei Bruthöhlen festgestellt wurde.

Im Edenhope-Distrikt, südwestliches Victoria, wurden zwischen Dezember 1988 und April 1990 neun Nester untersucht; drei dieser Nester befanden sich in lebenden und sechs in abgestorbenen Bäumen – zwei der Bruthöhlen in den abgestorbenen Bäumen waren im vorausgegangenen Jahr jeweils von Banks-Rabenkakadus (*Calyptorhynchus banksii*) genutzt worden (JOSEPH *et al.* 1991). Ebenfalls im Edenhope-Distrikt habe ich Nester von Gelbohr-Rabenkakadus in lebenden und in toten Bäumen gefunden, einige Brutbäume standen verstreut auf Viehweiden mit offener Vegetationsstruktur; es schien, als nutzten die Vögel jede Baumhöhle, wenn sie dem brütenden Weibchen nur genügend Platz bot. WHATMOUGH (1984) beschrieb ein Nest, das im Cleland Conservation Park nahe Adelaide, südöstliches South Australia, gefunden wurde; das Nest befand sich im Stamm einer beschädigten Eukalypte (*Eucalyptus obliqua*), die Vögel hatten Zugang zur Höhle durch ein großes Loch in einer Höhe von etwa 5 m, im Bereich des Höhlenbodens hatte die Höhle einen Durchmesser von etwa 30 cm. Bruthöhlen können in aufeinander folgenden Jahren wiederholt genutzt werden. Die wenigen Informationen, die über das Brutverhalten von Gelbohr-Rabenkakadus vorliegen, lassen vermuten, dass sie sich in diesem Aspekt nicht wesentlich von Carnabys Weißohr-Rabenkakadus (*Calyptorhynchus latirostris*) unterscheiden. Beide Altvögel nagen am Eingang und an den Wänden im Innern der Bruthöhle – dies hat zur Folge, dass am Boden der Höhle ein Lage aus Spänen entsteht, auf welche die Eier gelegt werden. In dieser Phase des Fortpflanzungszyklus kommt „Partnerfüttern" häufig vor. In der Nähe von Cleveland im Norden Tasmaniens wurde ein Paar Gelbohr-Rabenkakadus beim Vergrößern der Bruthöhle beobachtet; einmal wurde das Weibchen während einer guten halben Stunde nicht weniger als fünfmal vom Männchen gefüttert. Die Eier werden auf eine Lage aus Spänen (s.o.) und verrottetem Holz gelegt. Gewöhnlich besteht das Gelege aus zwei Eiern; erst vier bis sieben Tage nach dem ersten Ei wird das zweite produziert. Wenn der zweite Nestling tatsächlich schlüpft, wird er jedoch von den Eltern vernachlässigt und stirbt bald. Zwar wurden schon beide Nestlinge erfogreich aufgezogen, doch ist dies eher ungewöhnlich. Informationen zu sieben Nestern wurden beim RAOU Nest Record Scheme eingereicht; diese Daten wurden in der nachfolgenden Tabelle zusammengefasst:

Bundesstaat oder Region	Anzahl festgestellter Nester	Nestbaum A *Eucalyptus* B anderer C nicht bestimmt	Höhe über dem Boden	Anzahl Eier oder Nestlinge	Frühester/spätester Nachweis von Eiern	Frühester/spätester Nachweis von Nestlingen
Queensland und nördliches New South Wales	1	C/1	10 m	1/1		7. Juli
Südwestliches Victoria und südöstliches South Australia	2	A/2	6 m, 6 m	1/1, 2/1	19. November / 13. Dezember	20. Dezember / 22. Januar
Eyre Peninsula, South Australia	4	A/4	6,8 (5,0-9,0) m	1/4		31. Januar / 27. März

Nur das Weibchen bebrütet das Gelege. LYNN erwähnte, dass bei Gelbohr-Rabenkakadus, die sich in Menschenobhut befanden, eine Inkubationsdauer von 29 und 30 Tagen festgestellt wurde und die Vögel gewöhnlich mit dem Brüten beginnen, sobald das erste Ei gelegt ist (in SINDEL & LYNN 1989). Andere Weibchen begannen – ebenfalls in Menschenobhut – mit dem Brüten nach dem Legen des zweiten Eies; vermutlich können beide Nestlinge erfolgreich aufgezogen werden, wenn der Legeintervall zwischen beiden Eiern weniger als 48 Stunden beträgt (in LOW 1993). Bei Beobachtungen, die im Norden von New South Wales durchgeführt wurden, konnte festgestellt werden, dass ein brütendes Weibchen mindestens zweimal täglich vom Partner gefüttert wird. Bevor das Männchen Nahrung an das Weibchen übergibt, fliegt es auf einen Ast in der Nähe der Bruthöhle und ruft; daraufhin verlässt das Weibchen das Nest. Nach dem Partnerfüttern fliegen beide Vögel zum Brutbaum. Während das Weibchen in die Bruthhöhle hineinschlüpft, fliegt das Männchen weiter und setzt die Nahrungsaufnahme fort, oder es fliegt zu einem anderen Baum und ruht dort. Bei Gelbohr-Rabenkakadus, die sich in Menschenobhut befanden, wurde festgestellt, dass der Nestling in den ersten sieben bis zehn Lebenstagen nahezu ununterbrochen vom Weibchen gehudert wird. In dieser Zeit füttert das Weibchen den Nestling, nachdem es vom Männchen Nahrung erhalten hat. Das Wachstum des Nestlings verläuft in der ersten Woche langsam, danach jedoch zunehmend schneller. Im Alter von etwa drei Wochen beginnen sich die Augen zu öffnen und die ersten Spitzen der Konturfedern werden sichtbar. Zwischen der 12. und der 13. Woche nach dem Schlüpfen ist der Jungvogel flügge, wird aber noch für weitere vier Monate von den Altvögeln gefüttert. Auch wenn der Jungvogel bereits selbständig Nahrung aufnehmen kann, bettelt er weiterhin um Futter und wird bis zum Beginn der nächsten Brutsaison hin und wieder vom Männchen gefüttert. Im zweiten Jahr beginnen die Schnäbel junger Männchen dunkler zu werden; dieser Prozess beginnt an der Basis des Oberschnabels. Im Alter von vier Jahren können sich Gelbohr-Rabenkakadus fortpflanzen.

EIER

Die glanzlosen Eier haben eine eiförmige bis elliptisch-eiförmige Form. Von den beiden Eiern eines Geleges, das aus zwei Eiern besteht, ist das zuerst gelegte normalerweise deutlich größer als das nachfolgende.

Im Australian Museum, Sydney, befindet sich ein Gelege von *C. f. funereus* mit zwei Eiern, die in Queensland (Coomooboolaroo, in der Nähe von Duaringa) gesammelt wurden und folgende Maße aufweisen: 48,6 mm x 40,6 mm und 46,0 mm x 37,8 mm. Ein einzelnes Ei, das an der gleichen Stelle gesammelt wurde und das sich ebenfalls in der Eiersammlung des Australian Museum befindet, ist deutlicher birnenförmig als andere Eier und hat die Maße 48,6 mm x 36,0 mm. Ein aus zwei Eiern bestehendes Gelege von *C. f. xanthanotus*, das in Epping Forest, Tasmanien, gesammelt wurde und sich nun in der Favaloro Collection, Melbourne, befindet, hat folgende Eimaße: 47,3 mm x 34,2 mm und 47,0 mm x 34,5 mm. Die zwei Eier eines weiteren Geleges, das 35 km nordwestlich von Casterton, westliches Victoria, gesammelt wurde und sich nun im Western Australian Museum, Perth, befindet, haben folgende Maße: 47,8 mm x 36,2 mm and 46,7 mm x 33,6 mm.

HALTUNG IN MENSCHENOBHUT

Lendon (1979) merkte an, dass der Gelbohr-Rabenkakadu noch nicht sehr lange in Menschenobhut gehalten wird. Bis in die späten 50er Jahre des vorigen Jahrhunderts war diese Art in der Vogelhaltung äußerst selten. Dann gelangten dem Freiland entnommene Exemplare in großer Zahl auf die Vogelmärkte in South Australia. Ich kann mich noch gut daran erinnern, wie ich 1958 den ersten Vogel dieser Art gesehen habe, der zum Kauf angeboten wurde. Es war ein prächtiges Männchen, das in einem typischen Kakadukäfig in der Auslage der Kleintierabteilung eines Supermarktes in einem der südlichen Vororte von Sydney saß. Zweifellos war die Sterblichkeit bei den wild gefangenen Vögeln in dieser Zeit hoch. Rückblickend hatten sich die Tiere jedoch erstaunlich schnell an das gewöhnt, was man seinerzeit als „Basiskörnermischung“ bezeichnete. Heute hat sich der Gelbohr-Rabenkakadu bei den australischen Züchtern fest etabliert. Die Unterart *xanthanotus* ist weniger häufig als *funereus*. Außerhalb Australiens sind beide Taxa bis heute seltene Pfleglinge.

HALTUNG UND PFLEGE

In einer zu kleinen Voliere oder einem Käfig werden Gelbohr-Rabenkakadus übellaunige und teilnahmslose Vögel, ihre Gesundheit verschlechtert sich bald. In einer großen Freivoliere gewöhnen sich die Tiere hingegen schnell ein und werden zu einem auffälligen Blickfang. Ich erinnere mich lebhaft an einen einzelnen Kakadu, der in einer riesigen Voliere im Zoo von London lebte. Es war sehr beeindruckend, wie der Vogel seine Kreise zog und dabei im Flug seine auffälligen Schwanzfedern fächerartig spreizte. Robert Lynn, einem Züchter aus Sydney, gelang die Welterstzucht des Gelbohr-Rabenkakadus. Sein Brutpaar lebte in einer Voliere, die 12,3 m lang, 3 m breit und 2,7 m hoch war. Sie war von West nach Ost ausgerichtet. Am westlichen Ende befand sich auf einer Länge von 3 m ein geschlossenes Schutzhaus, das Ostende war vollständig mit Gewächshausglas verkleidet. Das Dach war zu etwa einem Drittel, die Südseite zum Schutz gegen die vorherrschenden Winde vollständig verglast (in Sindel & Lynn 1989). Somit waren lediglich die Nordseite und ein Teil des Daches der Freivoliere offen. Das erfolgreiche Brutpaar von Meppem (1989) war in einer Voliere untergebracht, die 8,5 m lang, 2,4 m breit und 2,4 m hoch war. Das Schutzhaus war recht klein.

Ich habe festgestellt, dass die Gelbohr-Rabenkakadus das Schutzhaus nicht wegen des Regens benötigen, sondern wegen der großen Hitze im Sommer und starker Winde. Das Schutzhaus für mein Paar befindet sich an der Rückseite der Voliere und ist 2 m lang, 1,8 m breit und an der höchsten Stelle an der Vorderseite 4 m hoch. Die Dach fällt zur 3 m hohen Rückseite schräg ab. Die Freivoliere ist ebenfalls 3 m hoch, ihre Länge beträgt 6 m, die Breite 1,8 m. Am höchsten Punkt der Voliere, an der Vorderseite im Schutzhaus, entsteht so eine Rückzugsmöglichkeit für die Tiere.

Die Voliere muss aus robusten Edelstahlelementen gefertigt sein, da die Kakadus mit ihren kräftigen Schnäbeln in kurzer Zeit alle Holzteile zerstören können. Auch Leichtmetallgitter werden von ihnen problemlos durchgebissen. Einfacher Maschendraht hält den Schnäbeln der Vögel nicht lange stand, daher sollte man für die Freivoliere auf jeden Fall starken Draht oder gut verschweißte, robuste Gitterelemente verwenden. Die Sitzäste werden von den nagefreudigen Vögeln sofort bearbeitet, und das Ersetzen der Äste wird zu einer niemals endenden Beschäftigung für den Halter. Ich verwende Stämme und Äste von *Allocasuarina* mit einem Mindestdurchmesser von 10 cm, doch auch diese Äste werden von hartnäckigen Vögeln in kurzer Zeit durchgenagt. Um die Kakadus von der Zerstörung ihrer Sitzäste abzulenken, kann man belaubte Eukalyptus-Zweige in die Voliere hängen.

Meine Paare reagieren nicht empfindlich auf wechselhaftes Wetter, suchen jedoch bei starker Sonneneinstrahlung im Sommer sofort das Schutzhaus auf. Regen schreckt sie hingegen nur selten ab. Meist sitzen die Vögel, selbst während heftiger Güsse, auf exponierten Ästen der Freivoliere. Im Gegensatz zu den „Weißen Kakadus", die bereits auf die ersten Regentropfen mit Begeisterung reagieren, denken die Gelbohr-Rabenkakadus erst bei starken Niederschlägen ans Baden. Dann hängen sie sich kopfunter an die vergitterte Oberseite der Freivoliere, schlagen mit ihren ausgebreiteten Flügeln und spreizen fächerartig ihre Schwanzfedern auseinander. Während des Bades im Regen schreien die Kakadus laut vor Erregung. Die Vögel baden ebenfalls gerne im feuchten Laub. Daher bringe ich regelmäßig Eukalyptus-Zweige mit nassem Laub in die Voliere ein.

Gelbohr-Rabenkakadus sind friedfertige Tiere, die mit kleineren, nicht aggressiven Arten in Gemeinschaft gehalten werden können. Eines meiner Paare teilt sich seine Voliere mit einem Brutpaar des Bergsittichs (*Polytelis anthopeplus*), einem Brutpaar des Glanzsittichs (*Neophema splendida*) und drei Schwarzbrust-Laufhühnchen (*Turnix melanogaster*). Das andere Gelbohr-Rabenkakadu-Paar halte ich zusammen mit einem Brutpaar des Schildsittichs (*Polytelis swainsonii*) und einem Brutpaar Rotschopftauben (*Geophaps plumifera*).

FÜTTERUNG

Ich bin der festen Überzeugung, dass Samen und Früchte einheimischer Wildpflanzen als Bestandteile des Futters sehr wichtig für das Wohlbefinden sämtlicher Rabenkakadu-Arten sind und ihren Bruterfolg begünstigen. Die meisten erfolgreichen Züchter, mit denen ich gesprochen habe, füttern regelmäßig *Eucalyptus*-Kapseln, *Hakea*- und *Banksia*-Früchte oder *Casuarina*-Zapfen. Ich bin ebenfalls in der glücklichen Lage, meinen Vögel diese Samen, die sehr gerne gefressen werden, in größeren Mengen anbieten zu können. Ich empfehle zudem, dass man den Gelbohr-Rabenkakadus alles anbieten sollte, was die Vögel bereitwillig verzehren. Manche Tiere probieren gerne für sie unbekannten Samen und Früchte, andere sind wiederum sehr „konservativ" und weigern sich beharrlich, Zusatzfutter anzurühren. Um diese zu „überzeugen", ihre Ernährung ausgewogener zu gestalten, sind die oben genannten Wildsamen und -früchte besonders hilfreich.

Das trockene Körnerfutter meiner Vögel besteht aus Sonnenblumenkernen, Kardisaat, Kanariensaat, Weißer Hirse und Rispenhirse, die jeweils in einem eigenen Futternapf angeboten werden. Die Anteile der von den Kakadus aufgenommenen Samen sind sehr starken Schwankungen unterworfen, und manchmal verzehren sie ungewöhnlich viel Kanariensaat. Am Morgen erhält jeder Vogel eine Selleriestange, eine Möhre und ein Apfelviertel. Das bitter schmeckende Innere beziehungsweise die weiße Basis der Selleriestangen werden verworfen. Alle zwei Tage erhalten die Vögel am Abend ein Orangenviertel oder vier ungeschälte Mandeln. Mangold oder die äußeren grünen Blätter des Kopfsalats, ungeschälte Erdnüsse und Maiskolben ergänzen die abendliche Fütterung. Im Sommer biete ich meinen Vögeln grüne, voll entwickelte Kiefernzapfen an, die ich auf einem Golfplatz sammle. Es handelt sich um die Zapfen, welche die wild lebenden Gelbohr-Rabenkakadus fallen gelassen haben. Meine Vögel fressen keine Mehlwürmer, ich weiß jedoch von Tieren, welche diese Käferlarven in großer Zahl verzehren, vor allem in der Brutzeit. Ich bin davon überzeugt, dass diese animalische Zusatzkost sehr nützlich ist. Es gibt einen bemerkenswerten Unterschied bei den Futtervorlieben von *funereus* und *xanthanotus*: Letztere entfernen von einem Grasbündel die Blätter, um an die Wurzeln und die fleischige Basis der Stängel zu gelangen. Diese werden dann zu einem faserigen Brei zerkaut. Die Vögel der Nominatform zeigen hingegen kein Interesse an Gras. Neben belaubten Eukalyptus-Zweigen stelle ich verrottende Stämme aus dem Wald in die Voliere. Die Kakadus bearbeiten die Stämme mit ihren Schnäbeln, um an das zerfallende Kernholz zu gelangen und Insektenlarven aufzuspüren. Gelbohr-Rabenkakadus bevorzugen es, sehr sauberes und frisches Wasser zu trinken. Sobald ich die Trinkwassergefäße neu gefüllt habe, sind die Vögel sofort zur Stelle.

ZUCHT

Es gibt zwar auch in zoologischen Gärten und Vogelparks einige erfolgreiche Brutpaare des Gelbohr-Rabenkakadus, in der Regel reagieren die Vögel in der Brutzeit aber sehr empfindlich auf die fast ständige Präsenz lärmender Besucher. Da Junge aus der Naturbrut dazu neigen, nervös und schreckhaft zu werden, vertrauen die meisten Züchter auf die künstliche Bebrütung der Eier und die Handaufzucht der Jungen. Hinzu kommt die Möglichkeit, zwei Junge pro Gelege aufzuziehen, wenn man das zweite Ei, sofern befruchtet, oder den jüngeren Nestling nach dem Schlupf aus dem Nest nimmt. Im südlichen Australien liegt die Brutsaison stets im Sommer, in meinen Volieren an der nördlichen Küste von New South Wales zeitigen die Vögel der Unterart *xanthanotus* Ende Dezember oder Anfang Januar ihr Gelege, während die Vögel der Nominatform selten vor Anfang März Eier legen.

Das Brutpaar von LYNN nistete in einem etwa 1,5 m hohen, senkrecht positionierten hohlen Stamm mit einem natürlichen Schlupfloch und einem Innendurchmesser von 30 bis 40 cm. Der Stamm stand auf dem Boden unter dem Dach des Schutzhauses, weit entfernt von Vorder- oder Rückseite der Voliere (in SINDEL & LYNN 1989). Meine Paare benutzen ebenfalls senkrecht stehende hohle Stämme von etwa gleichen Ausmaßen, die sich jedoch in erhöhter Position auf einem Stahlgerüst befinden. Ein weiterer erfolgreicher Züchter von Gelbohr-Rabenkakadus, Mark SCHMIDT aus Adelaide, fand heraus, dass seine Paare einen langen hohlen Niststamm bevorzugten, der in einem Winkel von 35° angebracht worden war (in SINDEL & LYNN 1989). Das Paar von MEPPEM (1989) brütete in eine Stamm, der fast waagerecht ausgerichtet war. Es hat also den Anschein, dass die Vorlieben von Paar zu Paar verschieden sind. Man sollte seinen Vögeln daher eine Auswahl unterschiedlich angebrachter Niststämme zur Verfügung stellen.

LYNN beschrieb ausführlich den ersten Nachzuchterfolg seiner Gelbohr-Rabenkakadus: Ende Dezember zeigte sein Weibchen starkes Interesse an einem hohlen Stamm. Es benagte unaufhörlich den Bereich am Einschlupfloch und trug zahlreiche Holzspäne in die Höhle ein. Am 16. Januar legte es sein erstes Ei, das zweite folgte am 18. Januar. Das Weibchen begann am 19. Januar mit der Bebrütung der Eier. Während der Brutzeit fütterte das Männchen seine Partnerin auf dem Nest. Das Weibchen verließ die Höhle gewöhnlich nur am späten Nachmittag, um zu trinken. Der erste Jungvogel schlüpfte am 19. Februar, der Embryo im zweite Ei starb ab. In der ersten Woche wurde der Nestling intensiv von der Mutter gehudert, ab der zweiten Wochen wurden die Abstände, in denen das Weibchen seinen Nachwuchs am Tag unbeaufsichtigt in der Höhle zurückließ, zunehmend größer. Nach dem 14. Tag beendete das Weibchen das Hudern in der Nacht. Der Jungvogel flog am 17. Mai aus. Es war allerdings ein schwächliches Tier und starb bereits im Alter von etwa einem Jahr. Die nachfolgende Brut war erfolgreicher. Das Weibchen begann nun bereits nach der Ablage des ersten von zwei Eiern mit der Bebrütung. Die Brutdauer betrug 30 Tage. 90 Tage nach dem Schlupf verließ ein gesunder Jungvogel das Nest, der von Anfang an ein guter Flieger war. Beide Altvögel fütterten ihren Nachwuchs noch weitere drei Monate, danach wurde der Jungvogel bis zum Beginn der nächsten Brut nur noch vom Vater versorgt.

MEPPEM berichtete bei einem anderen erfolgreichen Paar von auffallenden Unterschieden im Verhalten der Altvögel während der Brutzeit. Das erste Ei wurde am 1. Februar, das zweite am 7. Februar gelegt. Das Weibchen begann nach der Ablage des zweiten Eies mit der Bebrütung des Geleges. Am 8. März schlüpfte der erste Jungvogel, wahrscheinlich aus dem zweiten Ei; das erste war offenbar unbefruchtet. Während der Bebrütung verließ das Weibchen am Nachmittag für eine halbe Stunde das Nest, um zu fressen. Das Jungtier wurde fast 60 Tage lang gehudert, bevor es das Weibchen in der Nacht zum ersten Mal unbeaufsichtigt ließ. Bei mehreren Gelegenheiten sah man das Männchen, wie es in die Nisthöhle kletterte und den Nestling fütterte. Am 3. Juni, 88 Tage nach dem Schlupf, verließ der Jungvogel das Nest. Es dauerte einige Tage, bis er seinen ersten Flugversuch wagte. Ich glaube, dass die klimatischen Verhältnisse das Brutverhalten der Altvögel beeinflussen, vor allem das Hudern der Jungen durch das Weibchen. Wenn im Herbst oder zu Beginn des Winters die Nächte kalt werden, verlängert sich die nächtliche Huderphase erheblich.

Die Verfügbarkeit von kommerziellem Handaufzuchtfutter hat die Handaufzucht von Jungvögeln erheblich vereinfacht und den Züchtern von Rabenkakadus die Möglichkeit gegeben, auch das Jungtier des zweiten Eies aufzuziehen. Fälle, in denen die Weibchen zwar Eier legen, diese aber nicht bebrüten, sind nicht selten, so dass die künstliche Bebrütung der Eier und die Handaufzucht der Jungen sehr bedeutend für den Aufbau einer Population der Gelbohr-Rabenkakadus in Menschenobhut sind. DIGNY (1995) fasste die Erfahrungen in der Handaufzucht zusammen und stellte fest, dass die Jungen in den ersten 48 Stunden nach dem Schlupf leicht dehydrieren. Babybrei wird mit Wasser angerührt und dann mit einer kommerziellen Salz-Zucker-Lösung (Traubenzucker und Kochsalz zu gleichen Teilen) verdünnt. Dieses Gemisch wird in den ersten drei Tagen gefüttert, beginnend mit 0,6 ml. Die Jungen werden alle zwei Stunden versorgt, wobei die Futtermenge mit jeder Fütterung erhöht wird. Die letzte Portion der Mischung wird am dritten Tag um Mitternacht verabreicht. Am nächsten Morgen um 6.00 Uhr beginnt die Verabreichung des kommerziellen Handaufzuchtfutters. Nach sieben Tagen fügt man ihm Babybrei mit Gemüse, Früchten und Fleisch sowie Erdnussbutter hinzu. Das Handaufzuchtfutter wird auf 41 °C erwärmt gefüttert.

MISCHLINGE/FARBMUTATIONEN

Branston (1977) berichtete von einer interspezifischen Hybridisierung innerhalb der Gattung *Calyptorhynchus* – offensichtlich der einzige bekannte Fall. Ein männlicher Gelbohr-Rabenkakadu und ein weiblicher Banks-Rabenkakadu (*Calyptorhynchus banksii*) brachten ein Jungtier hervor, das sehr stark einem jungen Banks-Rabenkakadu ähnelte, im Gegensatz zu diesem jedoch einen deutlich längeren Schwanz und einen gut erkennbaren gelben Fleck auf den Ohrdecken besaß. Die Kopfmaße und Kopfform einschließlich der Haubenlänge und Form des Schnabels erinnerten an einen Gelbohr-Rabenkakadu.

Unter wild lebenden Vögeln konnte man mehrfach an unterschiedlichen Standorten Tiere mit partiellem Xanthochroismus beobachten. An einem Tag im Jahr 1988 wurden teilweise gelb gefärbte Gelbohr-Rabenkakadus an zwei Stellen in Victoria gesichtet, die 100 km voneinander entfernt sind (in Sindel & Lynn 1989). Im Dezember 1996 tauchte in einem Schwarm von etwa 40 Vögeln, welche die Kiefern auf dem Golfplatz von Wauchope an der nördlichen Küste von New South Wales zum Fressen aufgesucht hatten, ein gelber Kakadu auf. Das Tier blieb in dem Gebiet noch fast vier Monate und wurde gelegentlich von einem normal gefärbten Männchen gefüttert. Im Dezember 1997 suchte der Vogel das Gebiet erneut auf – als völlig selbständiges Mitglied des Schwarms.

CARNABYS WEISSOHR-RABENKAKADU

Calyptorhynchus latirostris Carnaby

Calyptorhynchus baudinii latirostris Carnaby, W. Aust. Nat., 1, 1948, S. 137 (Hopetoun, Western Australia).

WEITERE NAMEN

E: Carnaby's Black Cockatoo, Black Cockatoo, White-tailed Black Cockatoo, White-tailed Cockatoo, Short-billed Black Cockatoo, Short-billed White-tailed Black Cockatoo, Mallee Cockatoo, Mallee Black Cockatoo. F: Cacatoès funèbre à gros bec, Cacatoès à rectrices blanches, Cacatoès de Carnaby; NL: Carnaby's witoorraafkaketoe, Carnaby's zwarte kaketoe.

Gesamtlänge 55 cm.

BESCHREIBUNG

ADULTES MÄNNCHEN

Grundfärbung des Gefieders grauschwarz, Körperunterseite im hinteren Bereich matter und etwas bräunlicher gefärbt; Federn am Hals und auf der Körperunterseite mit gräulich weißer breiter Säumung, die dem Gefieder ein schuppiges Aussehen verleiht; die übrigen Körperfedern mit schmaler gräulich weißer Säumung; Ohrdecken gräulich weiß; innere Steuerfedern grauschwarz, die äußeren Steuerfedern grauschwarz mit breitem weißen Querband in der hinteren Hälfte; Schnabel grauschwarz; Iris dunkelbraun; der unbefiederte Augenring ist rosa-fleischfarben; Läufe gräulich braun, heller auf der Unterseite; Körpermasse 540–760 g.

15 Exemplare:	Flügel 357–374 (365,7) mm	Schwanz 242–273 (255,4) mm
	Oberschnabel 41–46 (44,3) mm	Lauf 28–32 (29,9) mm

ADULTES WEIBCHEN

Wie Männchen, die weißen Ohrdecken zeichnen sich jedoch deutlicher ab; die Federn der Körperunterseite einschließlich der Unterflügeldecken sind weiß gesäumt, breiter und klarer als bei den Männchen; Schnabel hornfarben, Oberschnabel mit grauer Spitze; nackter Augenring grau; Läufe blasser braun mit rosafarbenem Anflug; Körpermasse 560-790 g.

17 Exemplare:	Flügel 351–382 (366,8) mm	Schwanz 247–285 (262,3) mm
	Oberschnabel 42–46 (44,2) mm	Lauf 28–32 (30,6) mm

JUVENILE

Ähnlich den adulten Weibchen, aber mit schmaleren und etwas kürzeren Schwung- und Steuerfedern; matt weiße Ohrdecken (manchmal mit gelbem Anflug); schmaleres weißes Band auf dem Schwanz, manchmal mit unregelmäßigen dunklen Flecken, vor allem auf den Innenfahnen der Steuerfedern; Schnabel hornfarben, variabel mit Grau verwaschen.

1 Carnabys Weißohr-Rabenkakadu *Calyptorhynchus latirostris* ANWC 12150 adult, Männchen Perth, Western Australia 2. Mai 1970

2 Carnabys Weißohr-Rabenkakadu *Calyptorhynchus latirostris* ANWC 37913 adult, Weibchen Gnangara Forestry Settlement, Western Australia 1. August 1978

Der Carnabys Weißohr-Rabenkakadu gehört zu den beiden weißschwänzigen Rabenkakadu-Arten, die ausschließlich im Südwesten Australiens verbreitet sind. Ihre allopatrischen Brutgebiete sind größtenteils durch die 750-mm-Jahres-Isohyete voneinander getrennt (Blakers *et al.* 1984). Der Verbreitungsschwerpunkt des Carnabys Weißohr-Rabenkakadu

W.T. COOPER
© 1998

liegt im trockeneren Weizengürtel mit jährlichen Niederschlagsmengen zwischen der 300-mm- und der 750-mm-Jahres-Isohyete entlang der Westküste nördlich von Bunbury bis fast zum Unterlauf des Murchison River. Landeinwärts erstreckt sich das Verbreitungsgebiet in Form eines breiten Bandes südwärts bis zur Südküste von Albany bis Cape Arid, östlich von Esperance; die Art ist ein gelegentlicher Gast auf Rottnest Island, einer küstennahen Insel bei Freemantle.

Die meisten Meldungen stammen aus der Region südlich des 29. südlichen Breitengrades und westlich des 120. östlichen Längengrades. Die am weitesten östlich liegenden Nachweise stammen von Norseman, Lake Cronin und aus dem Gebiet nördlich des Lake Moore. Außerhalb der Brutzeit dehnt sich das Verbreitungsgebiet auch auf Gebiete mit größerer Niederschlagsmenge aus, zum Beispiel in den äußersten Südwesten Australiens, wo das Brutgebiet des Baudins Weißohr-Rabenkakadus (*Calyptorhynchus baudinii*) liegt. Nach Storr (1991) hat sich das Zentrum des Verbreitungsgebietes des Carnabys Weißohr-Rabenkakadus seit den 50er Jahren infolge der großflächigen Abholzungen von natürlichem Baumbestand merklich nach Westen und Süden verschoben.

HABITATE

Carnabys Weißohr-Rabenkakadus nisten fast ausnahmslos in den niederschlagsreicheren Abschnitten der semiariden Sandebenen zwischen der 750-mm- und 300-mm-Jahresisohyete, wo Proteen-Sträucher und Strauchheiden von diesen Kakadus als Nahrungsressourcen genutzt werden. In den an diese Vegetationsformationen anschließenden Savannen mit *Eucalyptus wandoo* und *E. salmonophloia* finden sie Nistplätze. Westlich der 750-mm-Jahresisohyete wurden Nester lediglich in einem Küstenstreifen mit *Eucalyptus-wandoo*-Savanne nachgewiesen, der nach Süden bis etwa Bunbury reicht (Saunders 1979a). Gelegentlich suchen Vögel – vermutlich Nichtbrüter – weiter östlich gelegene, trockenere Vegetationsformationen auf, einschließlich Mallee und arides Strauchland. Im Westen des Areals wandern Carnabys Weißohr-Rabenkakadus im Anschluss an die Brutsaison regelmäßig zu *Pinus*-Anpflanzungen. Diese liegen in der humiden, bewaldeten Zone im äußersten Südwesten und schließen das Brutgebiet des Baudins Weißohr-Rabenkakadu (*Calyptorhynchus baudinii*) ein. Saunders (1979a) wies darauf hin, dass die Brutgebiete beider Arten von einer Vegetationsformation getrennt werden, in der *Marri* (*Eucalyptus calophylla*) und *Jarrah* (*E. marginata*) dominieren. Diese beiden Baumarten weisen offenbar keine geeigneten Höhlen auf, die von den Kakadus als Nistplätze genutzt werden können. Vermutlich handelt es sich hierbei um eine Barriere, welche eine geographische Separation von *Calyptorhynchus latirostris* und *C. baudinii* im Hinblick auf ihre Brutgebiete aufrecht hält. Saunders (1979b) beschreibt die Pflanzengesellschaften von vier Stellen, an denen die Reproduktion der Kakadus untersucht wurde. Bei Coomallo Creek, im nördlichen Weizengürtel, waren es von *Eucalyptus wandoo* dominierte Savanneninseln, die von Sandebenen mit niedrigen, dichten Strauchheiden umgeben waren. Ein weiteres Untersuchungsgebiet lag etwa 100 km südöstlich bei Manmanning; dort handelte es sich um landwirtschaftliche Nutzflächen mit Restbeständen ursprünglicher Vegetation, die von *Eucalyptus salmonophloia* dominiert wurde, vereinzelt wuchsen dort auch *E. salubris* und *E. wandoo*. Darüber hinaus gab es in diesem Untersuchungsgebiet verstreut liegende Sandebenen mit isolierten Dickichten aus Strauchheiden, die Mallee-Vegetation aufwiesen. Im Süden, in der Nähe der westlichen Grenze des Brutgebietes bei Tarwonga, herrschte *Marri*-Savanne (*Eucalyptus calophylla*) vor. Die Vögel nisteten dort jedoch nahezu ausschließlich in *E. wandoo*, die in Tälern oder auf alluvialem weißen Sand wuchsen. Ausgedehnte Waldrodungen hatten ebenfalls in einem Untersuchungsgebiet bei Moornaming stattgefunden, wo die Restbestände ursprünglicher Savannenvegetation von *Eucalyptus wandoo* dominiert wurden. Auf niederschlagsreicheren Überschwemmungsflächen wuchs *Swamp Yate* (*E. occidentalis*). Außerhalb der Brutsaison nutzen die Kakadus ein breiteres Spektrum unterschiedlicher Vegetationsformationen zur Nahrungssuche. Chapman und Newby (1995) berichteten, dass während einer biologischen Bestandsaufnahme, die von 1982 bis 1987 in der Ravensthorpe Range nahe der südöstlichen Arealgrenze durchgeführt wurde, Carnabys Weißohr-Rabenkakadus im Juni an den Hängen der Range in niedriger *Eucalyptus-falcata*-Savanne und beim Überfliegen offener *Shrub-Mallee*-Vegetation (*E. flocktoniae*) beobachtet wurden. Im äußersten Südwesten werden Carnabys Weißohr-Rabenkakadus gewöhnlich in *Pinus*-Anpflanzungen angetroffen. Doch suchen sie dort zusätzlich auch Eukalyptuswälder auf sowie Bauminseln auf Farmland, Obstanbauflächen oder städtische Parks und Gärten. Beispielsweise sind sie im King's Park in der Nähe des Stadtzentrums von Perth kein ungewohnter Anblick.

LOKALE POPULATIONSDICHTEN

Das großflächige Abholzen des natürlichen Baumbestandes, das sich über den gesamten Weizengürtel erstreckt, hat dazu geführt, dass die Bestandszahlen des Carnabys Weißohr-Rabenkakadus deutlich zurückgegangen sind. Auch hat sich die Ausdehnung des Brutgebietes dramatisch verringert. Selbst wenn das Abholzen heute nachgelassen hat, so werden die negativen Auswirkungen auf die Bestandszahlen und auf die Größe des Brutareals noch eine Zeitlang anhalten. SAUNDERS (1991) wies darauf hin, dass die Art in den vergangenen zwanzig Jahren bereits aus einem Drittel des ursprünglichen Brutareals verschwunden ist. Da dieser Prozess weiter fortschreitet, kann davon ausgegangen werden, dass sich das Brutareal auf die Hälfte der ursprünglichen Fläche reduzieren wird. Dem Abschätzen absoluter Bestandszahlen messe ich jedoch nur geringen Wert bei; beispielsweise wurde 1977 der Bestand von Carnabys Weißohr-Rabenkakadus auf 9.000 bis 35.000 Individuen geschätzt. Ein verlässlicheres Maß für den Bestandsrückgang sind vermutlich die Schwarmgrößen, die in *Pinus*-Anpflanzungen ermittelt wurden. Anfang der frühen 70er Jahre wurden Schwärme mit bis zu 5.000 Vögeln beobachtet, heutzutage sind es selten mehr als 1.000 und nie mehr als 2.500 Vögel (SAUNDERS *et al.* 1985). Von 1970 bis 1975 wurden an zwei Stellen des nördlichen Weizengürtels die Auswirkungen von Savannen-Rodungen auf die Dynamik von Brutpopulationen untersucht (SAUNDERS 1977b). Bei Coomallo Creek war *Eucalyptus wandoo*-Savanne, wo die Vögel nisteten und Rodungen sich auf die vorangegangenen zwanzig Jahre beschränkten, von großflächigen Sandebenen mit ursprünglicher Vegetation, die für sandige Niederungen typisch ist, umgeben. In diesem Untersuchungsgebiet befanden sich 75 Brutpaare. Jedes Paar zog alle drei Jahre zwei Jungvögel auf; dies entspricht einer jährlichen Reproduktionsrate von 0,6 Jungvögeln pro Brutpaar. Mit 590 g betrug die mittlere Körpermasse der Flügglinge 97 Prozent der Körpermasse adulter Exemplare. Die nistenden Vögel suchten ihre Nahrung in der unmittelbaren Umgebung der Bruthöhle. Das Weibchen huderte erwartungsgemäß die frisch geschlüpften Nestlinge und wurde vom Männchen mit Nahrung versorgt. Die Nahrungsverfügbarkeit vor Ort war während der Fortpflanzungsperiode ausreichend und gesichert. In dem zweiten Untersuchungsgebiet, Manmaning, wo die Kakadus in einem 458 ha großen Wasserschutzgebiet nisteten, herrschten grundsätzlich andere Bedingungen vor. Die Brutvögel suchten ihre Nahrung auf den umliegenden, abgeholzten Flächen, die als Farmland genutzt wurden. Dort gab es zahlreiche Stellen mit ursprünglicher Vegetation, beispielsweise in der Umgebung der Farmgebäude, entlang einigen Straßen und im Bereich von Bahngleisen. Innerhalb des Untersuchungszeitraumes schwankte die Brutpopulation von 20 Paaren (1971) bis 13 Paaren (1974). Jedes Paar zog alle drei Jahre einen Jungvogel auf. Dies entspricht einer jährlichen Reproduktionsrate von 0,3 Jungvögeln pro Brutpaar. Mit 503 g betrug die mittlere Körpermasse der Flügglinge 83 Prozent der Körpermasse adulter Exemplare. Aufgrund der eingeschränkten Nahrungsverfügbarkeit unterschied sich das Verhalten der nistenden Vögel deutlich von dem der Vögel bei Coomallo Creek. Die Weibchen wurden – alleine oder zusammen mit dem Partner – bereits bei der Nahrungssuche beobachtet, als sich noch Eier im Nest befanden. In dieser Zeit blieb die Bruthöhle ungeschützt vor Beutegreifern oder Nistplatzkonkurrenten. Häufig hielt sich das Weibchen während der ersten zehn Lebenstage des Nestlings nicht in der Bruthöhle auf, was die Wahrscheinlichkeit einer Nestplünderung erhöhte. Die Eltern suchten das Nest nur unregelmäßig auf, an heißen Tagen verließen sie das Nest mitunter bei Tagesanbruch und kehrten erst bei Sonnenuntergang zurück. Offenbar war die Nahrungsknappheit der Grund für eine eingeschränkte Brutpflege, da die Eltern mehr Zeit für die Nahrungssuche aufwenden mussten.

Auch bei Manmanning gab es Stellen mit geeigneter Nahrung, doch wurden diese nicht in jedem Jahr von den Carnabys Weißohr-Rabenkakadus aufgesucht. Es ist vorstellbar, dass die Nahrungsressourcen in ihrer Gesamtheit zwar ausreichend vorhanden waren, dass ihre ungleichmäßige räumliche Verteilung aber die Vögel daran hinderte, sie effizient zu nutzen. Die Vögel neigten dazu, die Nahrung in der unmittelbaren Umgebung ihrer Nester zu suchen. Erst als diese Nahrungsressourcen erschöpft waren, suchten sie auch weiter entfernte Stellen auf, waren hierbei aber auf schmale Streifen mit natürlicher Vegetation am Rande von Straßen und Bahngleisen angewiesen. Nur sechs Kilometer von dem Brutgebiet entfernt lag ein 340 ha großes Naturschutzgebiet mit reichhaltigen Nahrungsressourcen, das jedoch nie von den Kakadus aufgesucht wurde. Denn in den Randbereichen der Eisenbahnstrecke, die im Norden das Brutgebiet streifte, fehlten geeignete Nahrungsressourcen, was die Vögel offenbar daran hinderte, diese Stellen aufzusuchen und von dort aus in das Schutzgebiet überzuwechseln. SAUNDERS (1990) hob ausdrücklich hervor, dass es nicht allein ausreiche, Schutzgebiete mit natürlicher Vegetation im Bereich des gesamten Weizengürtels über Korridore mit ursprünglichem Baumbestand miteinander zu vernetzen, sondern dass diese Korridore mindestens 200 m breit sein müssen, um ihre Aufgabe zu erfüllen. Auch sollte sich die Lage dieser Korridore nicht auf Straßenränder oder die Umgebung von Eisenbahnschienen beschränken, da die Vögel dort in einem besonderen Maße durch den Straßen- beziehungsweise Schienenverkehr gefährdet sind.

Haben sich die von der Landwirtschaft verursachten Veränderungen des Lebensraumes negativ auf die Bestandsentwicklung des Carnabys Weißohr-Rabenkakadus ausgewirkt, so wurde die des Rosakakadus (*Eolophus roseicapilla*) und die des Nacktaugenkakadus (*Cacatua sanguinea*) dagegen günstig beeinflusst. Rosa- und Nacktaugenkakadu konnten ihr jeweiliges Areal sogar in den Weizengürtel ausdehnen, wo sie mit den „schwarzen" Kakadus um Nistplätze konkurrieren (SAUNDERS *et al.* 1985). Rosakakadus besetzen das ganze Jahr über Nisthöhlen und suchen diese fast täglich auf. Offenbar sind sie deshalb beim Konkurrieren um Nistplätze gegenüber den Carnabys Weißohr-Rabenkakadus im Vorteil, die das Brutgebiet nach der Fortpflanzungsperiode wieder verlassen. In Gegenden wie beispielsweise Manmanning, wo nistende Weibchen der *Calyptorhynchus*-Arten aufgrund der ungünstigen Nahrungsverfügbarkeit das Nest verlassen und Nahrung suchen, ist die Wahrscheinlichkeit erhöht, dass die Bruthöhlen von Rosakakadus übernommen werden.

Im Rahmen der Freilanduntersuchungen an Carnabys Weißohr-Rabenkakadus wurde auch festgestellt, dass Menschen eine Bedrohung für die Vögel darstellen, die Eier oder Jungvögel aus den Nestern entnehmen, um sie dem Vogelhandel zuzuführen. Nicht selten werden zu diesem Zweck die Brutbäume gefällt oder die Bruthöhlen geöffnet. Neben der fortschreitenden Lebensraumzerstörung durch das Abholzen gehen auf diese Weise zusätzliche Brutbäume verloren. In den letzten Jahren haben Naturschutzbehörden ein Schutzprogramm entwickelt, um Störungen zu unterbinden, die Menschen an den Nestern verursachen. Im Rahmen dieses Schutzprogrammes werden Eier und Jungvögel unter strengen Auflagen der Natur entnommen und kontrolliert dem Vogelhandel zugeleitet. Bei Zweiergelegen wird jeweils das zweite Ei entnommen und künstlich ausgebrütet. Der geschlüpfte Jungvogel erhält einen Mikrochip (und zusätzlich wird ein „genetischer Fingerabdruck" gewonnen), bevor er an Vogelhalter, die in das Programm eingebunden sind, abgegeben wird. Ich befürworte dieses Programm uneingeschränkt, weil alle Bedingungen für eine nachhaltige Nutzung erfüllt sind und die frei lebenden Populationen nicht dadurch gefährdet werden. Mit dem Aufbau einer „Volierenpopulation" wird letztendlich sogar die Gesamtzahl der Vögel erhöht. Die umfangreichen Daten, die während der über 20-jährigen Freilandarbeiten von Denis SAUNDERS und anderen Wissenschaftlern erhoben wurden, waren die Basis für dieses Schutzprogramm, das ohne das umfangreiche Datenmaterial nicht hätte entwickelt werden können.

VERHALTEN

Da es schwierig ist, die beiden weißschwänzigen Kakaduarten im Feld zu unterscheiden, lassen sich Beobachtungen mitunter nicht eindeutig einer bestimmten Art zuordnen. Gewöhnlich wird davon ausgegangen, dass es sich bei den weißschwänzigen Kakadus, die im Weizengürtel und in den Sandebenen des Inlandes angetroffen werden, um Carnabys Weißohr-Rabenkakadus handelt. Bei den Vögeln, die in den Waldgebieten im Südwesten beobachtet werden, ist eine Bestimmung der Art meist mit Zweifeln behaftet. Wenn ich Weißohr-Rabenkakadus im äußersten Südwesten beobachtete, war ich sehr darum bemüht, die Artzugehörigkeit korrekt zu bestimmen. Tatsächlich gelang es mir bisweilen, so nahe an die Vögel heranzukommen, dass ich die unterschiedlichen Schnabelformen der beiden Arten erkennen konnte. Exemplare, die aus einer größeren Entfernung beobachtet werden, können dagegen meist nicht bestimmt werden. Wie die meisten *Calyptorhynchus*-Arten sind Carnabys Weißohr-Rabenkakadus laute und auffällige Vögel, besonders wenn sie in großen Schwärmen angetroffen werden. Außerhalb der Brutsaison suchen Schwärme, die meist aus mehreren hundert Vögeln bestehen, in *Pinus*-Anpflanzungen Nahrung – mitunter sind es mehr als 2.500 Individuen (GARNETT 1993). SAUNDERS (1980) erwähnte, dass sich die Vögel, die im Untersuchungsgebiet bei Coomallo Creek brüteten, außerhalb der Brutzeit im nördlichen Weizengürtel mit Vögeln von anderen Brutgebieten zu Schwärmen zusammenschlossen, die im Mittel aus 170 Exemplaren bestanden; die Schwarmgröße streute von 11 bis 400 Vögeln. Die Brutvögel aus dem Untersuchungsgebiet bei Manmanning, etwa 100 km weiter südöstlich gelegen, schlossen sich mit Nichtbrütern zu Schwärmen zusammen, die im Mittel aus 129,3 Exemplaren bestanden; dort streute die Schwarmgröße von 2 bis 1.200 Vögeln. Die Zusammensetzung der Schwärme ist nicht stabil. Beobachtungen belegen, dass einige Individuen einen Schwarm verlassen und sich in einer anderen Gegend erneut einem Schwarm anschließen. Zu Beginn der Brutsaison lösen sich die großen Schwärme auf. Adulte Exemplare bilden dann kleinere Schwärme und kehren zu ihren traditionellen Brutgebieten zurück, während die immaturen Vögel außerhalb der Brutgebiete in Schwärmen verbleiben. Während der Brutzeit bestanden die Schwärme bei Coomallo Creek im Mittel aus 17,8 Kakadus, die Schwarmgröße streute von einem bis 100 Vögeln. Bei Manmanning bestanden die Schwärme in der Brutzeit dagegen lediglich aus einem bis 35 Vögel, im Mittel waren es 8,2 Exemplare (SAUNDERS 1980). Die Paarbindung wird auch außerhalb der Fortpflanzungsperiode aufrecht erhalten, und die Partner entfernen sich nie weit voneinander, was auf eine enge Paarbindung schließen lässt. Nur wenn das Weibchen das Gelege bebrütet oder die Jungen hudert, werden die Männchen auch allein beobachtet. Paare und ihre noch nicht selbständigen Jungen lassen sich leicht von den anderen Vögeln eines Schwarmes unterscheiden. Außerhalb der Brutzeit verlassen die Schwärme ihre Schlafbäume kurz nach Tagesanbruch. Ihre Aktivitäten erreichen am frühen Morgen und am späten Nachmittag ihre Höhepunkte. In der Mitte des Tages, besonders bei hohen Temperaturen, beenden die Vögel die Nahrungsaufnahme und suchen nahe gelegene Bäume auf, wo sie im Schatten belaubter Äste ruhen und auch reichlich Zeit für die Gefiederpflege aufwenden. SAUNDERS (1980) erwähnte, dass Carnabys Weißohr-Rabenkakadus bei Coomallo Creek mittags Bäume aufsuchten, die am Rande von Wasserstellen standen, beispielsweise natürliche Quellen oder ganzjährig Wasser aufweisende Tümpel in der Nähe von Wasserläufen. Während kühler und bewölkter Witterung konnte ich die Vögel auch mittags bei der Nahrungsaufnahme beobachten. Wenn Carnabys Weißohr-Rabenkakadus in von Menschen bewohnten Gegenden nicht bei der Nahrungsaufnahme gestört werden, werden sie Menschen gegenüber recht zutraulich. Gewöhnlich sind sie aber eher scheu und fliegen laut rufend auf, sobald man sich ihnen nähert. Wenn ein Schwarm Nahrung aufnimmt, bleiben ein oder zwei Exemplare meist in einem nahe gelegenen Baum sitzen. Sobald Gefahr droht, stoßen sie Alarmrufe aus, worauf der gesamte Schwarm auffliegt. Carnabys Weißohr-Rabenkakadus suchen ihre Nahrung vornehmlich auf Bäumen, doch fressen sie in Strauchheiden auch in niedrigen Büschen der Gattungen *Banksia, Hakea* oder *Grevillea*. Ich habe den Eindruck, dass Carnabys Weißohr-Rabenkakadus im Vergleich zu Gelbohr-Rabenkakadus (*Calyptorhynchus funereus*) oder Baudins Weißohr-Rabenkakadus (*C. baudinii*) häufiger in Bodennähe Nahrung suchen. Kurz vor Einbruch der Dunkelheit kehren die Kakadus zu ihren Schlafplätzen zurück, wo sie sich – sobald sie sich beruhigt haben – während der gesamten Nacht still verhalten.

WANDERUNGEN

In Gegenden, die reich an Niederschlägen sind und ausgedehnte Flächen mit natürlicher Vegetation aufweisen, sind Carnabys Weißohr-Rabenkakadus Standvögel. Die östlichen Teile des Verbreitungsgebietes, den Großteil des Weizengürtels und die niederschlagsärmeren Sandebenen suchen sie dagegen nur außerhalb der Fortpflanzungsperiode auf (SAUNDERS & INGRAM 1995). Bereits frühen Beobachtern fielen die Wanderungen zwischen Distrikten im Inland und solchen an der Küste auf. LEAKE (in NORTH 1911) wies darauf hin, dass die Kakadus den Kellerberrin-Distrikt in den Monaten November und Dezember verlassen und zur Küste wandern und im April und Mai zurückkehren. ORTON und SANDLAND (1913) hielten fest, dass die Vögel im Sommer im Moora-Distrikt fehlten; im November oder Anfang Dezember verließen sie die Sandebenen und zogen westwärts zur Küste. Nach den ersten Winterregen kehrten sie nach Moora zurück. Bei Perth beobachtete SEDGWICK (1940) von Juni bis September und SERVENTY (1948) von August bis November nach Süden ziehende Carnabys Weißohr-Rabenkakadus. Von März bis Juni sahen die gleichen Beobachter über der Stadt Vögel, die in nördlicher Richtung zogen. Ökologische Langzeitstudien, die innerhalb des Weizengürtels durchgeführt wurden, Beringungsdaten und Fragebögen, die in Schulen verteilt wurden, haben dazu beigetragen, das Zugverhalten von Carnabys Weißohr-Rabenkakadus zu erforschen. Aufgrund der großflächigen Zerstörung ursprünglicher Vegetation und der damit einhergehenden Abnahme der Nahrungsverfügbarkeit wandern die Vögeln meiner Meinung nach heute in einem größeren und weitreichenderen Ausmaß aus dem Weizengürtel ab als zu Beginn des 20. Jahrhunderts. Bei den Wanderungen, die Carnabys Weißohr-Rabenkakadus außerhalb der Brutsaison ausführen, kommen sie in Kontakt mit Baudins Weißohr-Rabenkakadus (*Calyptorhynchus baudinii*).

SAUNDERS (1980) berichtete, dass Carnabys Weißohr-Rabenkakadus bei Coomallo Creek, im nördlichen Weizengürtel im Anschluss an die Brutsaison abwanderten. Die Vögel zogen unmittelbar nach dem Nisten in kleinen Schwärmen weg. Sie versammelten sich nicht an einer bestimmten Stelle, sondern verteilten sich auf verschiedene Stellen in der Nähe der Küste. Von Dezember bis Juni fanden sie sich auf großen Flächen mit natürlicher Strauchheide und in Galeriewäldern entlang dem Hill River und dem Arrowsmith River ein. Bei Manmanning, etwa 100 km südöstlich, verließen die Vögel im Anschluss an die Brutsaison das Brutgebiet und zogen in Richtung Südwesten zur Küste. Ein Exemplar, das Ende Februar an der Küste bei Beermullah geschossen wurde, hatte Manmanning Ende Dezember oder Anfang Januar verlassen. Der betreffende Vogel befand sich in einem großen Schwarm von mehreren hundert Kakadus, die sich bereits seit einigen Wochen in der Gegend aufhielten. Während der Brutzeit, die von Juli bis November reicht, hielten sich in Beermullah und im nahe gelegenen Yanchep Swamp nur wenige Carnabys Weißohr-Rabenkakadus auf. Ihre Zahl stieg ab Dezember an und erreichte im Februar ein Maximum. Vögel, die bei Manmanning markiert wurden, konnten im Yanchep Swamp ab Mitte Januar beobachtet werden. Sie blieben dort bis Ende August, doch waren zu diesem Zeitpunkt bereits einige Paare nach Manmanning zurückgekehrt und mit dem Vorbereiten der Nisthöhlen beschäftigt.

Ein markiertes Weibchen aus der Brutpopulation bei Coomallo Creek hatte im Bereich des Hill River in zwei Tagen eine Strecke von 45 km zurückgelegt (SAUNDERS 1980). Ein immatures Exemplar von Coomallo Creek wurde ein Jahr nach Verlassen des Nestes zusammen mit anderen nicht markierten Vögeln an einer Stelle beobachtet, die 154 km weiter südöstlich lag. Da nicht bekannt ist, dass Adulte sich derart weit vom Brutgebiet entfernen, ist es denkbar, dass Jungvögel weiter wandern als adulte Brutvögel (SAUNDERS 1980). Drei Immature, die bei Tarwonga, etwa acht Kilometer südwestlich von Narrogin, beringt worden waren, konnten in der unmittelbaren Umgebung nachgewiesen werden und gehörten offenbar zu Schwärmen, die in den ausgedehnten Waldflächen dieser Region umherzogen.

FLUG

Der kraftvolle Flug wirkt schwerelos und ähnelt mit seinen langsamen, weit ausholenden Flügelschlägen dem des Gelbohr-Rabenkakadus (*Calyptorhynchus funereus*). Wenn die Vögel zwischen Baumgruppen wechseln, fliegen sie meist über die Baumkronen hinweg. Bevor sie landen, schrauben sie sich dann mit abwärts gebogenen Flügeln und, ohne die Flügel zu bewegen, nach unten. Mitunter habe ich aber auch Schwärme beobachtet, die ziemlich weite Strecken auch in geringer Höhe zurückgelegt haben – sie flogen dabei dicht über den Spitzen der Strauchheidenvegetation hinweg. Bei der Landung richten die Vögel ihre Haube auf und fächern die Steuerfedern auf.

KEAST (1977) berichtete von einer bemerkenswerten Beobachtung an Carnabys Weißohr-Rabenkakadus: In einer Säule aus erwärmter Luft, die sich über einem brennenden Baum gebildet hatte, führten mehrere Vögel akrobatisch wirkende Bewegungen aus. Das Verhalten der Vögel war beeindruckend, sie flogen zur Spitze der Luftsäule und ließen sich in ihr „hinunterpurzeln" in einer Weise, die an den Flug von „Rollertauben" erinnerte. Mehrere Exemplare führten dieses Verhalten gleichzeitig aus. Auch segelten die Carnabys Weißohr-Rabenkakadus im Bereich der Luftsäule auf- oder abwärts, flogen in die Luftsäule hinein und verließen sie wieder.

LAUTÄUSSERUNGEN

SAUNDERS (1979a) wies darauf hin, dass – mit einer Ausnahme – sämtliche Lautäußerungen von Carnabys Weißohr-Rabenkakadus als ein- oder zweisilbig bezeichnet werden können und praktisch nie mehr als vier oder fünf Töne enthalten. Der Großteil dieser Rufe hat offenbar eine Funktion im Rahmen der intraspezifischen Schwarmkoordination. Im Zusammenhang mit dem Fortpflanzungsverhalten spielen diese Rufe dagegen keine Rolle. Die Rufe können fünf Kategorien zugeordnet werden: Bei dem am häufigsten wahrgenommenen Ruf, dem auffälligen, lauten und klagend klingenden „*wy-lah*" handelt es sich um einen „Stimmfühlungslaut", den die Vögel im Flug ausstoßen. Diese Lautäußerung wird von Beobachtern meist bereits wahrgenommen, bevor sie die Vögel erblicken. Dieser Stimmfühlungslaut ähnelt dem des Gelbohr-Rabenkakadus (*Calyptorhynchus funereus*), wird aber in einer höheren Tonlage vorgetragen und weist einen unverwechselbar schrillen Ton auf. Diese Lautäußerung stoßen beide Geschlechter in einer Reihe verschiedener Situationen aus. Unmittelbar bevor die Vögel auffliegen, lassen sie eine verkürzte Version dieser Lautäußerung hören. Zwischen den einzelnen „*wy-lah*"-Rufen liegt eine kurze Pause von etwa einer halben Sekunde, sie können jedoch auch in schneller Folge ohne Unterbrechung ausgestoßen werden. Eine weitere Lautäußerung, der „Interrogativruf", wird ebenfalls von beiden Geschlechtern gebraucht. Diesen Ruf lassen die Vögel meist in Verbindung mit dem Stimmfühlungslaut hören, er ist länger als das „*wy-lah*" und weist am Ende eine Modulation auf (SAUNDERS 1983).

Ein zweisilbiger Pfeiflaut, der „*whiie-whiie*" klingt, sowie eine verkürzte Version, der „kurze Pfeiflaut", wurde bisher nur von adulten Weibchen gehört. Der erste Laut wird sowohl leise als auch laut vorgetragen, meist wenn der Vogel auf einem Ast sitzt, der zweite Laut wird dagegen nur in geringer Lautstärke gebracht und ist nur aus nächster Nähe zu dem rufenden Vogel hörbar. In dem gleichen Verhaltenskontext, in dem Weibchen die Pfeiflaute ausstoßen, produzieren Männchen den leisen „Halblaut". Wenn ein Schwarm aufgeschreckt oder gestört wird, stoßen sämtliche Vögel einen einsilbigen Alarmruf aus. Hierbei handelt es sich um einen grellen Schrei, der etwa eine halbe Sekunde andauert. Die Balzlaute des Männchens bestehen aus einer schnellen Wiederholung schriller Kreischlaute und einer Serie von „*ah-ah-ah-ah-ah*"-Lauten. Diese Laute richten die balzenden Männchen immer an Weibchen. Zu den Lautäußerungen, die bei Auseinandersetzungen mit Artgenossen ausgestoßen werden, gehört auch ein sehr grelles, schrilles „Gezeter", das meist ziemlich laut vorgetragen wird – gewöhnlich bei Auseinandersetzungen zwischen rivalisierenden Männchen. Werden die Vögel in der Hand gehalten oder bedroht, geben sie ein sehr grelles Kreischen von sich, das leise oder auch sehr laut vorgetragen werden kann.

Die „Bettellaute", die das adulte Weibchen ausstößt, bevor es vom Männchen gefüttert wird, bestehen gewöhnlich aus einem heiser klingenden Schnarren. Diese Lautäußerungen variieren von leisen, kurzen Tönen bis hin zu lauten Rufen, die minutenlang ohne Unterbrechung zu hören sind. Eine ähnliche Lautäußerung, die Nestlinge produzieren, wurde von COURTNEY (1996) als ein langsam wiederholtes „Schnarren" oder „Kreischen" beschrieben.

Darüber hinaus stoßen Juvenile und noch nicht selbständige Immature ein lang gezogenes Schnarren aus, wenn sie sich in der Nähe ihrer Eltern aufhalten. COURTNEY vermutet, dass diese Lautäußerung die Funktion eines Lokalisierungsrufes besitzt und die Eltern dazu anregt, mehr Futter zu sammeln. Ein vergleichbarer *„ark-ark- ark-ark-ark“*-Laut begleitet die Übergabe von aus dem Kropf hervorgewürgter Nahrung eines Männchen an ein Weibchen oder eines Altvogels an einen Jungvogel (SAUNDERS 1979c). COURTNEY weist darauf hin, dass die Lautäußerungen, die junge Weißohr-Rabenkakadus ausstoßen, wenn sie gefüttert werden, etwa um die Hälfte kürzer sind und mit einer schnelleren Frequenz vorgetragen werden als die der Gelbohr-Rabenkakadus.

Zu den übrigen Lautäußerungen gehört ein leiser Ruf, der wie *„tschak“* klingt und nur in der unmittelbaren Umgebung des rufenden Vogels wahrgenommen wird; dieser Laut wird von beiden Geschlechtern gebracht, gewöhnlich wenn der betreffende Vogel allein ist. Ein weiterer leiser Ruf ist ein dumpfer Pfeifton, der mehrfach wiederholt wird und bisher nur von unverpaarten adulten Weibchen gehört wurde.

NAHRUNG

Carnabys Weißohr-Rabenkakadus ernähren sich in erster Linie von den Samen einheimischer Pflanzen. Sie bevorzugen die Samen von Proteen, nehmen aber auch die Samen von Kiefern (*Pinus* spec.) und die anderer eingeführter Pflanzenarten. Darüber hinaus umfasst ihr Nahrungsspektrum auch Früchte, Blüten, Knospen und Insektenlarven. SAUNDERS (1980) erwähnte, dass Carnabys Weißohr-Rabenkakadus, die während der Brutzeit bei Coomallo Creek im nördlichen Weizengürtel untersucht wurden, in 90 Prozent der beobachteten Fälle an einheimischen Pflanzen fraßen. Die Samen von *Hakea lissocarpa* spielten in diesem Zusammenhang eine herausragende Rolle. Die einzige eingeführte Pflanze, deren Samen die Kakadus aufnahmen, war ein Storchschnabelgewächs (*Erodium* sp.), das an einigen Stellen auf abgeholztem Farmland im Süden des Untersuchungsgebietes wuchs. Da Insektenlarven, welche die Vögel von Blüten nahmen oder aus den Zweigen einiger Pflanzen herausklaubten, in den Kröpfen von Nestlingen in großen Mengen nachgewiesen wurden, kann angenommen werden, dass Larven von den Altvögel bevorzugt gefressen wurden. Auch nachdem die Kakadus, die bei Coomallo Creek brüten, das Brutgebiet verlassen haben, ernähren sie sich hauptsächlich von den Samen einheimischer Pflanzen. In erster Linie handelte es sich hierbei um *Marri* (*Eucalyptus calophylla*), der in schmalen Streifen am Rande größerer Wasserläufe wuchs. Von den eingeführten Pflanzen wurden die Samen von Lupinen und die von *Double-gee* (*Emex australis*) bevorzugt. Bei Manmanning, etwa 100 km südöstlich, fraßen die Vögel in über 50 Prozent der Beobachtungen *Erodium*-Samen, der sich kurz vor dem Erreichen des Reifestadiums befand. Nachdem die Samen braun geworden waren, wechselten die Vögel wieder zu einheimischen Pflanzen, besonders *Grevillea apiciloba.* Ein Nestling schien den Kropf mit Zünsler-Larven (Pyralidae) gefüllt zu haben, welche die Blüten von *Dryandra affincircioides* befallen hatten. Außerhalb der Brutzeit suchten die Vögel von Manmanning ihre Nahrung verstärkt in *Pinus*-Anpflanzungen im Bereich der Küstenebene, doch bildeten die Samen von *Marri*, *Jarrah* (*Eucalyptus marginata*) und *Banksia attenuata* ebenfalls einen wichtigen Bestandteil des genutzten Nahrungsspektrums. SAUNDERS (1974b) analysierte die Kropfinhalte von Exemplaren von *Calyptorhynchus latirostris* und *C. baudinii*, die zwischen April 1971 und Oktober 1972 bei Mandaring (33 km östlich von Perth) gesammelt worden waren. Beide Arten hatten zwar zur gleichen Zeit Zugang zu den selben Nahrungsressourcen, doch ist in diesem Zusammenhang zu beachten, dass *baudinii* sich in dieser Gegend nicht permanent aufhält, sondern ein Durchzügler ist. Die Auswertung der Daten ließ unterschiedliche Nahrungspräferenzen der beiden Arten erkennen: In den Kröpfen von *latirostris* befanden sich vornehmlich die Samen von *Dryandra, Hakea* und eingeführter *Pinus*, wogegen in den Kröpfen von *baudinii* holzbohrende Insektenlarven und die Samen von *Marri* nachgewiesen wurden. Vertreter beider Arten schließen sich zu gemeinsamen Schwärmen zusammen. In drei Fällen suchte *latirostris* in einer *Pinus*-Anpflanzung Nahrung, während *baudinii* zur gleichen Zeit in *Marri*-Bäumen am Rand der Anpflanzung Nahrung suchte – bei keinem der *baudinii*-Exemplare, die gesammelt wurden, konnten *Pinus*-Samen im Kropf nachgewiesen werden. Obgleich beide Arten *Marri*-Samen fressen, unterscheiden sie sich in der Weise, wie sie die Früchte öffnen. *C. latirostris* erreicht die Samen, indem die Kapsel mit dem kürzeren Oberschnabel geöffnet wird, im Unterschied hierzu hebelt *baudinii* die Samen mit dem längeren Oberschnabel heraus, ohne die Kapsel stärker zu beschädigen.

SCOTT und BLACK (1981) berichteten, dass bei Jandakot, etwa 25 km südlich von Perth, Carnabys Weißohr-Rabenkakadus beobachtet wurden, die gezielt unreife Früchte von *Banksia attenuata* öffneten, die von den Larven der Käferart *Alphitopis nivea* befallen waren. Die Larven kamen häufiger in großen Früchten vor. Deshalb ist es vorstellbar, dass die Vögel große Früchte bevorzugt öffnen, da diese eine höhere Befallsrate aufweisen. Jeder Frucht wurden ein oder zwei Larven entnommen.

Noch immer sind Carnabys Weißohr-Rabenkakadus in *Pinus*-Anpflanzungen nicht gern gesehen, doch werden sie heutzutage nicht mehr als Plage betrachtet. Um Fremdbestäubungen zu vermeiden, wurden Änderungen in der Forstwirtschaft vorgenommen: Die Samen werden nun von kleineren Plantagen gewonnen, die abseits der großen Anpflanzungen liegen. Auf diese Weise ist der Verlust an Samen, der durch Kakadus entsteht, unbedeutend. Bäume, die von den Kakadus in ihrer Wachstumszone beschädigt wurden, können in das routinemäßige Auslichten der Anpflanzungen mit einbezogen werden, so dass der entstandene Schaden weniger ins Gewicht fällt. SAUNDERS (1974a) berichtete, dass Carnabys Weißohr-Rabenkakadus in Kiefernanpflanzungen immer nach dem gleichen Muster Nahrung suchen. Zuerst fressen sie an Zapfen, die sich noch an den Bäumen befinden. Sie beginnen damit in Bäumen, die am Rand der Anpflanzung stehen und dringen von dort aus zu dem Inneren der Anpflanzung vor. Nur wenn die Zahl der Zapfen an den Bäumen deutlich abgenommen hat, kommen die Vögel auch auf den Boden und klauben dort Samen aus heruntergefallenen Zapfen. MAWSON (1995) beobachtete die Kakadus, wie sie in einem am Stadtrand gelegenen Garten Nektar von *Callistemon-viminalis*-Blüten aufnahmen. Wenn ein Blütenstand mühelos erreichbar war, öffnete der Vogel einfach den Schnabel und stieß mit der Zunge in einzelne Blüten, ohne dabei den Blütenstand mit dem Schnabel zu greifen. Blütenstände, die weniger gut erreichbar waren, wurden abgebissen und mit dem Fuß gehalten. Anschließend drang der Vogel mit der Zunge in der bereits dargestellten Weise in die Blüten ein. Nachdem der Vogel den Blütenstand fallen gelassen hatte, fuhr er mit seiner Zunge am Innenrand seines Schnabels entlang. Vermutlich wird auf diese Weise zusätzlich im Schnabel verbliebener Nektar aufgenommen. Die Vögel wählten ausschließlich vollständig geöffnete Blütenstände. Ein Vogel war immer nur mit einem einzigen Blütenstand beschäftigt. Die Blütenstände wurden fast vollständig genutzt, so dass kaum etwas davon übrig blieb. Im selben Garten nahmen die Vögel auch die Samen von *Banksia attenuata* sowie die Blüten und Samen von *Lambertia multiflora*. Auch suchten sie dort in Früchten und Blütenstielen von *Banksia attenuata* nach Insektenlarven. MAWSON (2001) berichtete ebenfalls von einer bemerkenswerten Beobachtung von „experimentierenden" Kakadus, die sich in Gärten von Vororten eine neue Nahrungsquelle erschlossen hatten. Im Februar 2000 konnte man nur eine Handvoll Vögel beobachten, die gelegentlich die Samen aus den Früchten ausgewachsener *Liquidamber*-Bäumen klaubten; Ende 2001 kehrten die Kakadus wieder zu denselben Bäumen zurück, es waren nun allerdings mehr als 100 Exemplare, welche in nur zwei oder drei Tagen sämtliche Früchte „abgeerntet" hatten.

Bei einer biologischen Bestandsaufnahme, die zwischen Juli 1985 und Juni 1987 im Fitzgerald River National Park (an der Südküste Südwest-Australiens) durchgeführt wurde, wurden Nahrung aufnehmende Carnabys Weißohr-Rabenkakadus an Früchten von Proteaceen festgestellt; in dichter Strauchheide wurden *Dryandra*-Arten und in offenem Strauchland *Grevillea tetragonoloba* bevorzugt (NEWBEY & CHAPMAN 1995). Im Rahmen einer vergleichbaren Bestandsaufnahme in der nahegelegenen Ravensthorpe Range, die von 1982 bis 1983 stattfand, ergaben sich Hinweise, dass die Kakadus *Dryandra-quercifolia*-Sträuchern einen beträchtlichen Schaden zufügten, indem sie an den noch nicht reifen Früchten fraßen (CHAPMAN & NEWBEY 1995). In der nördlich von Albany gelegenen Porongorup Range wurden im Dezember 1988 Carnabys Weißohr-Rabenkakadus beobachtet, die an Früchten von *Hakea varia* fraßen, und im Dezember 1991 konnten sie bei der Aufnahme von *Dryandra-formosa*-Blüten beobachtet werden (ABBOTT *briefl. Mittlg.* 1998).

FORTPFLANZUNG

Das Balzverhalten männlicher Carnabys Weißohr-Rabenkakadus ist – wie bei anderen Vogelarten mit dauerhafter Paarbindung – einfach strukturiert und ähnelt dem Balzverhalten von Gelbohr-Rabenkakadus (*Calyptorhynchus funereus*). Das Männchen richtet die kurze Haube auf, präsentiert das weiße Zeichnungsmuster der Steuerfedern, indem diese weit gefächert werden, bringt den lauten *ah-ah-ah-ah-ah*-Ruf vor, „stolziert" den Ast entlang auf das Weibchen zu und verbeugt sich, während es mit schnellen Seitwärtsbewegungen des Kopfes eine Acht beschreibt. SAUNDERS (1982) erwähnte, dass von 22 Fällen, in denen ein Männchen, und von 20 Fällen, in denen ein Weibchen den Partner gewechselt hat, lediglich in einem Fall einer der früheren Partner weiterhin nachgewiesen werden konnte. Dies lässt vermuten, dass dem Partnerwechsel in der Regel der Tod des ersten Partners vorausgegangen war.

SAUNDERS (1982) wies darauf hin, dass Carnabys Weißohr-Rabenkakadus in ihr Brutgebiet bei Coomallo Creek im nördlichen Weizengürtel zwischen Juli und September zurückkehren; die Paare beginnen dann sofort mit der Auswahl und dem Herrichten von Bruthöhlen. Das Auswählen der Bruthöhle erfolgte morgens, wenn das Paar eine Waldinsel aufsuchte, wo das Weibchen von Baum zu Baum flog und verschiedene Höhlen inspizierte. Das Weibchen sah in die Höhle hinein, kletterte um den Eingang herum und nagte kurz am Eingang. Es schlüpfte aber nicht in die Höhle hinein. Das Männchen hielt sich in der Nähe auf und folgte dem Weibchen, sobald es zu einem anderen Baum flog. Fünf bis vierzig Tage vor dem Legen wurden die Weibchen in der Nähe der Höhle festgestellt, die sie als Nistplatz gewählt hatten. Das zeitliche Muster des „Nistplatz-orientierten-Verhaltens" variierte zwischen verschiedenen Weibchen deutlich. Als Nester wurden Höhlen in Ästen und in Stämmen von Eukalypten gewählt; bei Coomallo Creek lagen die besetzten Bruthöhlen gleichmäßig über das Untersuchungsgebiet verteilt. Eine gehäufte Verteilung der Nester war nicht zu erkennen. In den Jahren von 1974 bis 1976 betrug die mittlere Entfernung zwischen zwei benachbarten Nestbäumen 174 m. An anderen Stellen, beispielsweise in kleineren Waldinseln, lagen besetzte Bruthöhlen mitunter wesentlich dichter beieinander; bis zu drei Nester wurden im selben Baum gefunden. Rosakakadus (*Eolophus roseicapilla*) und Wühlerkakadus (*Cacatua pastinator*) nisteten gemeinsam mit Carnabys Weißohr-Rabenkakadus im selben Baum. In einem Fall brach der Nestboden einer Bruthöhle ein, in der sich ein junger Wühlerkakadu befand, der Nestling fiel in das darunter liegende Nest, in dem sich ein schon größerer Weißohr-Rabenkakadu-Nestling aufhielt. Die beiden Nestlinge saßen anschließend nebeneinander und wurden weiterhin von ihren Eltern gefüttert, die aber unterschiedliche Eingänge zur Bruthöhle nutzten. Beide Nestlinge wurden erfolgreich aufgezogen. Nur während der Brutsaison, wenn Paare um Nistplätze konkurrieren, fallen aggressive Auseinandersetzungen zwischen Artgenossen auf. Saunders (1982) hob hervor, dass in dieser Phase nicht nur die Häufigkeit der Auseinandersetzungen zwischen Weibchen ansteigt, sondern dass Weibchen, die versuchen in ein Territorium einzudringen, vom territorialen Weibchen sogar über eine längere Strecke verfolgt werden. Das eindringende Weibchen entfernt sich gewöhnlich von der besetzten Bruthöhle, sobald das territoriale Weibchen Drohverhalten von schwacher Intensität ausführt, beispielsweise den Kopf dem eindringenden Exemplar zuwendet und laut krächzt. Weicht der eindringende Vogel nicht, wiederholt das territoriale Weibchen das Drohen, breitet zusätzlich die Flügel etwas aus und richtet Beißbewegungen gegen den anderen Vogel. Weicht der eindringende Vogel jetzt aus, dann schließt sich meist ein Verfolgungsflug an, bei dem das territoriale Weibchen laut krächzt. Wenn sich der Eindringling nicht zurückzieht oder ebenfalls droht, kann es zwischen den Kontrahenten zu einem Kampf kommen, der aber nur kurz andauert und dazu führt, dass das eindringende Weibchen davonfliegt. Das territoriale Verhalten von Männchen richtet sich ausschließlich gegen andere Männchen, an den Auseinandersetzungen zwischen Weibchen nehmen sie nicht teil. Saunders (1979b) berichtete, dass bei Coomallo Creek Bruthöhlen genutzt wurden, deren Eingang sich in einer Höhe von 2 m bis 10 m befand, im Mittel waren es 5,4 m. Bei Manmanning wählten die Kakadus Bruthöhlen, deren Eingang sich in einer Höhe von 3 m bis über 10 m befand, im Mittel waren es dort 7,1 m. Die Tiefe der Bruthöhle reichte bei Coomallo Creek von 0,1 m bis 2,5 m. Knapp 70 Prozent der Höhlen wiesen eine Tiefe von 0,5 m bis 1,5 m auf. Bei Manmanning streute die Tiefe der Bruthöhlen von 0,1 m bis über 2,5 m; 67 Prozent der Höhlen waren 0,5 m bis 1,5 m tief.

Merkmale von sieben Nestern, die sich an unterschiedlichen Stellen – einschließlich Coomallo Creek – befanden, wurden beim RAOU Nest Record Scheme eingereicht. Die Daten dieser Erhebungen sind in der nachfolgenden Tabelle zusammengefasst:

Bundesstaat oder Region	Anzahl festgestellter Nester	Nestbaum A *Eucalyptus* B anderer C nicht bestimmt	Höhe über dem Boden	Anzahl Eier oder Nestlinge	Frühester/spätester Nachweis von Eiern	Frühester/spätester Nachweis von Nestlingen
Südwest-Australien	7	A/6 C/1	7,2 m (4,0–10,0 m)	1/3, 2/4	12. August/ 10. Oktober	6. September/ 17. Dezember

Bei Coomallo Creek variierte der Legebeginn vom 9. Juli bis zum 26. August, während bei Manmanning die Zeitspanne, in der die Vögel mit dem Legen begannen, vom 29. Juli bis zum 2 September reichte (Saunders 1986). Die Gelege bestanden aus einem oder – was häufiger vorkam – aus zwei Eiern. Der Legeabstand zwischen dem ersten und dem zweiten Ei variierte von einem Tag bis 16 Tage, im Mittel waren es acht Tage. In Nestern, in denen Jungvögel aus beiden Eiern schlüpften, überlebte lediglich in 11 von 222 Nestern der zweite Nestling länger als drei Tage (Saunders 1982). Von diesen elf Nestern wurden in acht Fällen beide Nestlinge erfolgreich aufgezogen.

Die Eier werden 29 Tage ausschließlich vom Weibchen bebrütet. Saunders (1982) stellte bei einem Vergleich brütender Weibchen aus zwei Untersuchungsgebieten auffällige Unterschiede im Brutverhalten fest, für die Unterschiede in der Nahrungsverfügbarkeit verantwortlich gemacht werden. Bei Coomallo Creek, wo in der Nähe der Bruthöhlen reichhaltige Nahrungsressourcen vorhanden waren, wurde das brütende Weibchen zweimal täglich

– morgens und abends – vom Partner gefüttert. Bei Tagesanbruch hielt sich das Weibchen gelegentlich kurze Zeit zusammen mit dem Männchen außerhalb der Bruthöhle auf. Wenn die Wasserstelle nicht weiter als 700 m vom Nest entfernt lag, nahm das Weibchen gleichzeitig auch Wasser auf. Die längste nachgewiesene Phase, die ein Weibchen außerhalb der Bruthöhle verbrachte, dauerte am Morgen 11 Minuten und bei Sonnenuntergang 42 Minuten. Bei Manmanning, wo sich die Nahrungsressourcen auf kleine, verstreut liegende Flächen verteilten, die sich nicht in Nestnähe befanden, verließen die Weibchen das Nest häufiger zur Nahrungssuche. In dieser Zeit waren Eier und Jungvögel ungeschützt vor Beutegreifern. Bei Coomallo Creek wurden die Nestlinge in den ersten zwei Wochen intensiv gehudert, während der anschließenden sechs oder sieben Wochen wurden sie nur nachts gehudert, und nach dieser Zeit wurden die Jungvögel nicht mehr gehudert (SAUNDERS 1982). In den ersten beiden Wochen wurden die Nestlinge ausschließlich vom Weibchen gefüttert, danach beteiligte sich auch das Männchen im Laufe des Vormittags und bei Sonnenuntergang am Füttern der Nestlinge. SAUNDERS (1982) bestimmte das Nestlingswachstum anhand der Parameter Flügellänge, Schwanzlänge und Körpermasse. Die Daten spiegeln einen ziemlich einheitlichen Wachstumsverlauf wider mit einem eher schnelleren Wachstum zu Beginn und einem langsameren Wachstum an Ende der Nestlingsphase. Ein Abflachen der Wachstumskurve zeigt, dass die Entwicklung der Körpermasse sich nach dem 55. Lebenstag verlangsamte. Die Flügellänge betrug am 10. Lebenstag 25 mm, am 30. Lebenstag 95 mm, am 50. Lebenstag 225 mm, am 70. Lebenstag 325 mm und am 80. Lebenstag 340 mm. Die Länge der Steuerfedern betrug am 20. Lebenstag 15 mm, am 30. Lebenstag 40 mm, am 50. Lebenstag 125 mm, am 70. Lebenstag 230 mm und am 80. Lebenstag 260 mm. Die Körpermasse stieg vom 15. bis zum 50. Lebenstag stetig an. Sie betrug am 15. Lebenstag 250 g, am 30. Lebenstag 400 g, am 40. Lebenstag 575 g, und am 50. Lebenstag 620 g. Anschließend verringerte sich die Körpermasse von 600 g am 70. Lebenstag auf 575 g am 77. Lebenstag.

Etwa 80 Tage nach dem Schlupf verläßt ein junger Carnabys Weißohr-Rabenkakadu die Bruthöhle. Bis zur nächsten Brutsaison – mitunter auch länger – hält er sich in der Nähe seiner Eltern auf. Mit etwa sieben Monaten ist der Jungvogel hinsichtlich der Nahrungsaufnahme selbständig; bis zu diesem Zeitpunkt wird er von beiden Eltern gefüttert. Für die auffälligen Unterschiede im Nesterfolg der beiden Untersuchungsgebiete machte SAUNDERS (1977b) die Verfügbarkeit von Flächen mit geeigneten Nahrungsressourcen verantwortlich. Die jährliche Reproduktionsrate betrug bei Coomallo Creek 0,6 Junge pro Paar und bei Manmanning, wo die Nahrungsverfügbarkeit aufgrund der Habitatfragmentierung eingeschränkt war, lediglich 0,3 Junge pro Paar (s.o.). Wenn Weibchen nach dem Verlust von Eiern oder wenige Tage alten Nestlingen in einer anderen Bruthöhle ein Nachgelege produzierten, so geschah dies 19 bis 22 Tage nach dem Verlust des Geleges oder der Jungen (SAUNDERS 1982). Eines der Weibchen produzierte, nachdem die ersten beiden Brutversuche gescheitert und die Nestlinge verendet waren, ein drittes Gelege. Dieser dritte Brutversuch war schließlich erfolgreich. SAUNDERS (1986) wies darauf hin, dass der Nesterfolg in den Jahren von 1970 bis 1976 bei Coomallo Creek 65 Prozent betrug, bei Manmanning dagegen nur 35 Prozent. In der Folgezeit blieb der Nesterfolg bei Manmanning sogar gänzlich aus. Die jährliche Überlebensrate markierter Weibchen betrug bei Coomallo Creek Ende 1984 61,9 Prozent. Das Alter der Vögel zum Zeitpunkt der ersten Markierung hatte vermutlich einen Einfluß auf die Überlebensrate – tendenziell wiesen Vögel, die später markiert wurden als andere, eine höhere Überlebensrate auf. Allerdings war die Anzahl markierter Vögel gering, und lediglich vier überlebten bis zum 10. Jahr nach dem Markieren; zwei dieser Vögel waren vermutlich mindestens 14 und 15 Jahre alt. Zur Überlebensrate männlicher Exemplare liegen keine Daten vor. Da die Männchen nur wenig Zeit in der Nähe der Bruthöhle verbrachten, war das Monitoring dieser Vögel erschwert.

EIER

Die glanzlosen Eier weisen eine ovale bis elliptische Form auf. SAUNDERS (1982) wies darauf hin, dass sich die beiden Eier eines Zweiergeleges deutlich in ihrer Größe voneinander unterscheiden; besteht das Gelege aus nur einem Ei, so ist dieses so groß wie das größere Ei eines Zweiergeleges.

Im Western Australian Museum, Perth, befinden sich die zwei Eier eines Geleges, das bei Moora (südwestliches Australien) gesammelt wurde. Die Eimaße dieses Geleges betragen 47,8 x 36,2 mm und 46,7 x 33,6 mm.

HALTUNG IN MENSCHENOBHUT

SINDEL wies darauf hin, dass es bemerkenswert wenig Literatur über die Anfänge der Haltung des Carnabys Weißohr-Rabenkakadus gibt (in SINDEL & LYNN 1989). In der ersten Hälfte des 20. Jahrhunderts wurden diese Vögel offenbar nur sehr selten in Menschenobhut gepflegt. Dies wird durch eine Äußerung von Neville CAYLEY unterstrichen, der über ein Paar, das Mitte der 30er Jahre im Zoo von Adelaide gehalten wurde, bemerkte, dass es die einzigen lebenden Vögel dieser Art gewesen seien, die er je gesehen habe (Cayley 1938). Trotzdem gelangte in den folgenden Jahren eine beträchtliche Anzahl von Carnabys Weißohr-Rabenkakadus in Australien in den Handel. In den frühen 80er Jahren erreichten die ersten Lieferungen von der Natur entnommener Vögel auch die Händler in Ostaustralien. Die Sterblichkeit der Vögel auf dem Transport muss sehr hoch gewesen sein. Die Art erfreute sich aufgrund ihres eher unscheinbaren Erscheinungsbildes keiner großen Beliebtheit unter den Züchtern.

Was dem Carnabys Weißohr-Rabenkakadu an Farbenpracht fehlt, macht er durch sein Verhalten wett; als Volierenvogel ist er für mich die ansprechendste Art der Gattung *Calyptorhynchus*. Die Vögel sind neugierig und wirken „schlau", immer bereit, neue Gegenstände in ihrer Voliere zu untersuchen oder ihre Fähigkeiten dahingehend zu testen, ob sie Schlösser knacken und Türen öffnen können. Eine weitere positive Eigenschaft ist ihr friedfertiges Wesen. Ich halte den Carnabys Weißohr-Rabenkakadu für den am wenigsten aggressiven Vertreter seiner Gattung. Das gilt nicht nur für das Zusammenleben mit Artgenossen, sondern auch für eine Gemeinschaftshaltung mit Vögeln anderer Spezies. In den letzten Jahren ist die Zahl der Carnabys Weißohr-Rabenkakadus bei australischen Züchtern deutlich gestiegen. Auch die Zucht gelingt mittlerweile regelmäßig. Dennoch genießen die Carnabys Weißohr-Rabenkakadus unter den drei häufiger gehaltenen *Calyptorhynchus*-Arten die geringste Beliebtheit.

UNTERBRINGUNG UND PFLEGE

Carnabys Weißohr-Rabenkakadus benötigen eine sehr große Voliere. Ihre Ansprüche an eine geräumige Unterbringung sind wahrscheinlich noch größer als die der übrigen *Calyptorhynchus*-Arten. In zu engen Behausungen gestaltet sich die Eingewöhnung der Vögel schwierig, sie sind ständig nervös und angespannt, was sich im Laufe der Zeit negativ auf ihre Gesundheit auswirken kann. Ich habe Tiere gesehen, die zum Teil viele Jahre als Heimvogel in Käfigen oder kleinen Volieren gelebt haben. Auch nach dem Umsetzen in eine große Freivoliere erreichten diese Vögel nie die Kondition und Widerstandskraft von Artgenossen, die seit dem Schlupf in geeigneten Volieren untergebracht waren. Die erste dokumentierte Zucht des Carnabys Weißohr-Rabenkakadus gelang Robert Lynn, einem Züchter aus Sydney. Sein Zuchtpaar lebte in einer in von Osten nach Westen ausgerichteten Voliere, die 12 m lang, 3 m breit und 2,7 m hoch war. Wie die benachbarte Voliere, in der ein Paar Gelbohr-Rabenkakadus (*Calyptorhynchus funereus*) gepflegt wurde, war die nach Westen gerichtete Seite auf einer Länge von 3 m als vollständig geschlossenes Schutzhaus angelegt, die nach Osten gerichtete Vorderfront mit Gewächshausglas abgeschirmt (in Sindel & Lynn 1989). Saunders (1976) berichtete, dass in den Anlagen der CSIRO Division of Wildlife Research in der Nähe von Perth ein Brutpaar in einer Voliere gehalten wurde, die 12 m lang, 6 m breit und 6 m hoch war. Die Voliere war um einen alten *Eucalyptus-wandoo*-Baum herum gebaut worden, der so beschnitten worden war, dass er in die Voliere hineinpasste.

Ich halte ein Paar in einer Voliere, die von Nord nach Süd ausgerichtet ist. Sie ist 8 m lang (von denen 2 m auf der Rückseite auf das geschlossene Schutzhaus entfallen), 1,8 m breit und 3 m hoch. Das Dach des Schutzhauses ist an der Vorderwand einen Meter höher als die angrenzende Freivoliere und fällt dann schräg zur Rückwand des Hauses ab. Am höchsten Punkt der Voliere erhalten die Vögel so eine Rückzugsmöglichkeit.

Eine Voliere aus Holz, einem schwachen Metallrahmen oder dünnem Maschendraht würde schnell von den Carnabys Weißohr-Rabenkakadus beschädigt werden, obgleich sie in dieser Hinsicht weniger problematisch sind als Gelbohr-Rabenkakadus. Die Voliere sollte daher vollständig aus starkem Metall gefertigt sein. Die Gitterstäbe der Freivoliere dürfen nicht zu dünn sein, verschweißter Maschendraht muss aus robustem Material bestehen. Das Austauschen zernagter Sitzäste kann zu einer lästigen Aufgabe werden, es sei denn, es werden sehr dicke Äste verwendet. Ich habe festgestellt, dass die Carnabys Weißohr-Rabenkakadus Eukalyptus-Äste recht schnell durchnagen. Stämme oder Äste aus härterem Holz, zum Beispiel von Kasuarinen, mit einem Durchmesser von mindestens 10 cm werden normalerweise nur geschält und dann in Ruhe gelassen. Das große Nagebedürfnis der Vögel kann mit dem regelmäßigen Einbringen von belaubten Eukalyptus-Zweigen befriedigt werden. Darüber hinaus werden die Vögel durch das Benagen dieser Zweige davon abgelenkt, ihre Sitzäste zu zerstören.

Für mich war es etwas überraschend, dass meine Carnabys Weißohr-Rabenkakadus eher kaltes, regnerisches Wetter ertragen als hohe Temperaturen. Bei diesen ziehen sie sich in das kühlere Schutzhaus zurück. Selbst bei heftigen Regengüssen bleiben sie hingegen in der Freivoliere auf exponierten Ästen sitzen. Die Kakadus baden sehr gerne, zeigen dieses Verhalten aber erst bei starken Niederschlägen. Dann hängen sie sich kopfunter an das obere Volierengitter, schlagen mit ausgebreiteten Flügeln, spreizen ihre Schwanzfedern fächerartig und schreien laut. Die Vögel baden ebenfalls gerne in Zweigen mit feuchtem Laub. Daher befeuchte ich die Eukalyptus-Zweige zunächst ausgiebig mit Wasser, bevor ich sie in die Voliere hänge.

Da Carnabys Weißohr-Rabenkakadus sich anderen Vögeln gegenüber friedlich verhalten, ist eine Gemeinschaftshaltung mit anderen nicht aggressiven Arten möglich. Mein Paar halte ich gemeinsam mit einem Brutpaar Princess-of-Wales-Sittiche (*Polytelis alexandrae*) und einer Familiengruppe von Buchstabentauben (*Geophaps scripta*) in einer Voliere.

FÜTTERUNG

Das neugierige Wesen der Carnabys Weißohr-Rabenkakadus spiegelt sich leider nicht in der Bereitschaft wider, neues Futter zu testen. Ich musste frustiert feststellen, dass meine Vögel in Bezug auf ihre Ernährung sehr „konservativ" sind. Das regelmäßige Anbieten von Wildsamen und -früchten wie die von *Eucalyptus*, *Hakea*, *Banksia* oder *Allocasuarina* scheint für ihr Wohlbefinden weitaus wichtiger zu sein als für die Gelbohr-Rabenkakadus. Das betrifft insbesondere den Zuchterfolg. Ich bin in der glücklichen Lage, meinen Vögel große Mengen an Wildsamen und -früchten zur Verfügung zu stellen, und meine Kakadus wissen dies sichtlich zu schätzen. LYNN fütterte sein Brutpaar mit einer Basiskörnermischung aus Sonnenblumenkernen, Kardisaat, Hafer und Mais, ergänzend reichte er Grünfutter und *Hakea*-Früchte. Lange Zeit war Rachitis bei den Jungvögel ein immer wiederkehrendes Problem, bis er den Altvögeln *Banksia*-Früchte anbot. Als die Jungen mit den Samen dieser Pflanze gefüttert wurden, verbesserte sich ihre Kondition erheblich. In der Folgezeit bereicherte LYNN den Speiseplan mit gekeimten Sonnenblumenkernen und Mais (in SINDEL & LYNN 1989). SAUNDERS (1976) erwähnt, dass in den Anlagen der CSIRO Division of Wildlife Research nahe Perth Sonnenblumenkerne, reife *Marri*-Samen (*Eucalyptus calophylla*), Früchte von *Banksia grandis* und Kiefernzapfen (*Pinus* sp.) gefüttert wurden.

Mein Paar erhält Sonnenblumenkerne, Kardisaat, Kanariensaat, Weiße Hirse und Rispenhirse, die jeweils in einem separaten Napf angeboten werden, weil ich festgestellt habe, dass die Vögel den Anteil der aufgenommenen Samen regelmäßig variieren. Manchmal fressen sie besonders viel Kanariensaat und Hirse. Ich reiche den Vögeln fast ganzjährig unreife und reife Eukalyptus-Kapseln. Darüber hinaus füttere ich Früchte von *Banksia serrata*, *Banksia integrifolia*, *Allocasuarina*-Zapfen und *Hakea*-Früchte. Im Sommer erhalten meine Kakadus grüne, vollständig entwickelte Kiefernzapfen, die von frei lebenden Gelbohr-Rabenkakadus auf einem Golfplatz in der Nähe meines Wohnsitzes von den Bäumen fallen gelassen wurden. Meine Vögel nehmen gerne frische Endivienblätter, ebenso die äußeren Blätter vom Kopfsalat. Möhren und Stangensellerie, die von meinen Gelbohr-Rabenkakadus bevorzugt aufgenommen werden, verschmähen sie hingegen. Jeden zweiten Tag erhalten meine Vögel am Abend ein Apfelviertel, einen Maiskolben und vier ungeschälte Mandeln. Frische Eukalyptus-Zweige werden von den Vögeln umgehend entlaubt und geschält, für verrottende Holzstämme auf dem Volierenboden interessieren sich die Carnabys Weißohr-Rabenkakadus im Gegensatz zu den Gelbohr-Rabenkakadus nicht.

ZUCHT

Als ich an der zweiten Auflage dieses Buches arbeitete, wusste ich lediglich von zwei dokumentierten Zuchterfolgen mit Carnabys Weißohr-Rabenkakadus. In den darauf folgenden Jahren stellten sich zwar weitere Erfolge ein, die Zucht dieser Art ist jedoch nach wie vor schwieriger als die der übrigen Rabenkakadus. Ein plausibler Grund hierfür ist mir nicht bekannt. Zunächst muss das Weibchen den bereitgestellten Niststamm als Bruthöhle akzeptieren, doch Carnabys Weißohr-Rabenkakadus sind in dieser Hinsicht sehr wählerisch. Weitere Schwierigkeiten sind die geringe Befruchtungsrate der Eier und die Tatsache, dass die meisten Weibchen ihr Gelege nicht bebrüten. Nur selten werden Jungvögel erfolgreich von den Eltern aufgezogen, deshalb bedienen sich die meisten Züchter der künstlichen Bebrütung der Eier und der Handaufzucht. Die Handaufzucht gestattet darüber hinaus die Aufzucht eines zweiten Jungvogels. Hierzu wird aus einem Gelege mit zwei Eiern das zweite Jungtier nach dem Schlupf aus dem Nest genommen oder das Ei frühzeitig zur künstlichen Bebrütung in den Inkubator gelegt. Obwohl mein Weibchen bereits drei Gelege produziert hat, hatte ich mit meinem Paar noch keinen Aufzuchterfolg. Das erste Gelege bestand aus einem einzelnen Ei, das das Weibchen vom Sitzast aus fallen ließ, so dass es zerbrach. In den zwei folgenden Brutzeiten legte das Weibchen jeweils zwei Eier im Niststamm, die jedoch unbefruchtet waren.

LYNN erwähnte, dass das Weibchen bei der Erstzucht in seiner Anlage am 21. Oktober ein einziges Ei legte. Der Nestling schlüpfte am 20. November. Am 15. Februar flog der Jungvogel aus, 87 Tage nach dem Schlupf. Seinen Beinen waren die Folgen der Rachitis anzusehen, die eine Behandlung mit einem Kalzium-Präparat erforderlich machte (in SINDEL & LYNN 1989). Es folgten mehrere erfolgreiche Aufzuchten, darunter eine mit zwei flüggen

Jungvögeln. In diesem Fall nistete das Paar in einem senkrecht positionierten hohlen Baumstamm. Das Nest lag etwa 90 cm unterhalb der Einschlupföffnung. Nach der Ablage des ersten Eies am 20. Oktober begann das Weibchen mit der Bebrütung. Am 27. Oktober legte es ein zweites Ei. Nach einer Brutdauer von 29 Tagen schlüpfte am 18. November der erste Jungvogel, der zweite am 24. November nach einer Brutdauer von 28 Tagen. Der Altersunterschied von sechs Tagen war während der gesamten Aufzuchtperiode deutlich zu erkennen. Der erste Jungvogel wurde am 6. Februar flügge, 80 Tage nach dem Schlupf, der zweite verließ das Nest am 13. Februar, 81 Tage nach dem Schlupf. Die beiden Flügglinge konnten anhand äußerlicher Merkmale (Schnabelfärbung, Intensität der Ohrdeckenfärbung) als Männchen und Weibchen bestimmt werden. Sie blieben noch weitere zwölf Monate mit ihren Eltern in einer gemeinsamen Voliere. Dies war wahrscheinlich der Grund für das Scheitern der Brut im darauf folgenden Jahr.

Saunders (1976) beschrieb ebenfalls Einzelheiten einer erfolgreichen Zucht. In diesem Fall wurde das erste Ei am 20. Oktober gelegt, das zweite innerhalb der nächsten zehn Tage. Der erste Jungvogel schlüpfte am 18. November, der Embryo im zweiten Ei starb. Der Nestling wurde in seinen ersten zwei Lebenswochen fast durchgehend vom Weibchen gehudert. Während dieser Zeit wurde das Weibchen vom Männchen gefüttert, gelegentlich verließ das Weibchen aber auch die Nisthöhle, um zu fressen und zu trinken. Nachdem das Weibchen das intensive Hudern des Jungvogel beendet hatte, beteiligte sich auch das Männchen an der Aufzucht. Der Nachwuchs wurde morgens und abends gefüttert und in der Nacht vom Weibchen gehudert. Zum Ende des Januars hin begann der Jungvogel, im Niststamm auf- und ab zu klettern. Er verbrachte nun immer mehr Zeit damit, aus dem Nisthöhleneingang zu schauen. Dort wurde er jetzt von seinen Eltern mit Futter versorgt. Am 8. Februar flog der junge Kakadu aus.

Die Handaufzucht von jungen Papageien vom Schlupf bis zur Selbständigkeit wurde mit der Verfügbarkeit kommerzieller Handaufzuchtfuttermischungen stark vereinfacht. Walsh (1995) beschrieb die Aufzucht von drei Jungvögeln. Nach dem Schlupf erhielten die Tiere ein handelsübliches Handaufzuchtfutter, das im Verhältnis 1:10 in einer handelsüblichen Glukose-Kochsalz-Lösung mit Babybreipulver verabreicht wurde. Zu Beginn wurden die Jungvögel alle zwei Stunden mit Futterbrei versorgt, danach wurden größere Abstände zwischen den einzelnen Fütterungen gewählt. Nach acht Tagen erhielten die Tiere nur noch in Abständen von vier Stunden Nahrung (mit einer Unterbrechung von sechs Stunden in der Nacht). Nach etwa 20 Tagen nahmen die kleinen Kakadus etwa 20 ml Nahrungsbrei pro Fütterung auf. Wie bei anderen Rabenkakadus auch, ist die Handaufzucht der Carnabys Weißohr-Rabenkakadus ein sehr zeitaufwendiges Unterfangen. Es dauert mehrere Monate, bis die Jungvögel selbständig Nahrung aufnehmen.

MISCHLINGE/FARBMUTATIONEN

Mir sind keine Berichte über Mischlinge oder Mutationen bekannt. Da eine exakte Artbestimmung von Carnabys Weißohr-Rabenkakadus wegen der Übereinstimmungen mit Baudins Weißohr-Rabenkakadus (*Calyptorhynchus baudinii*) schwierig ist, würden Mischlingszuchten vermutlich nicht als solche erkannt. Deshalb können Hybriden, auch wenn sie bisher nicht nachgewiesen wurden, nicht grundsätzlich ausgeschlossen werden. Da die feinen Unterschiede zwischen dem Carnabys Weißohr-Rabenkakadu und dem Baudins Weißohr-Rabenkakadu oftmals nicht erkannt werden, dürften allerdings Hybriden zwischen beiden Arten existieren.

BAUDINS WEISSOHR-RABENKAKADU

Calyptorhynchus baudinii Lear

Calyptorhynchus baudinii Lear. Illust. Psittac., Tafel 12, 1832 [= Tafel 6 der gebundenen Ausgabe] (ohne Ortsangabe = Geographe Bay, südwestliches Australien, nach Festlegung durch Saunders 1979)

WEITERE NAMEN

E: Baudin's Black Cockatoo, Black Cockatoo, White-tailed Black Cockatoo, White-tailed Cockatoo, Long-billed Black Cockatoo, Long-billed Whited-tailed Black Cockatoo; F: Cacatoès de Baudin; NL: Witoorraafkaketoe, Baudin's zwarte kaketoe.

Gesamtlänge 56 cm.

BESCHREIBUNG

ADULTES MÄNNCHEN
Unterscheidet sich von *C. latirostris* durch einen schmaleren Schnabel mit einer auffällig verlängerten Spitze des Oberschnabels; Grundfärbung des Gefieders grauschwarz, matter

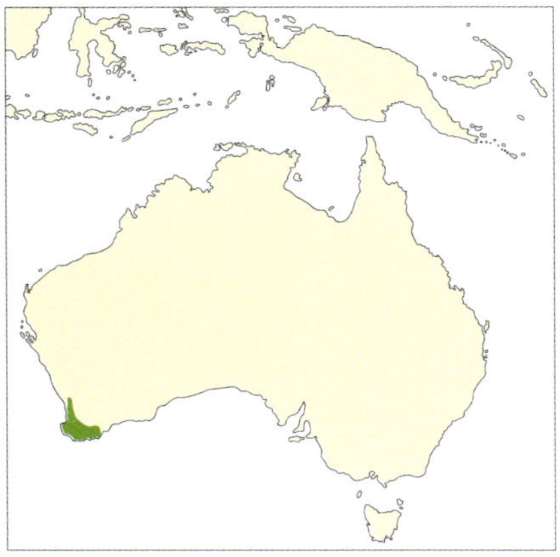

und leicht bräunlich auf hinteren Regionen der Körperunterseiten; Federn auf Hals und Körperunterseiten mit gräulich weißer breiter Säumung, die dem Gefieder ein schuppiges Aussehen verleiht; die übrigen Körperfedern mit schmaler gräulich weißer Säumung; Ohrdecken gräulich weiß; mittlere Steuerfedern grauschwarz, die äußeren Steuerfedern grauschwarz mit breitem weißen endständigen Band; Schnabel grauschwarz; Iris dunkelbraun; nackter Augenring rosa-fleischfarben; Läufe gräulich braun, auf der Unterseite blasser. Körpermasse 630–720 g.

10 Exemplare:	Flügel 361-390 (377,4) mm	Schwanz 255-284 (269,2) mm
	Oberschnabel 51-55 (52,9) mm	Lauf 29-34 (30,4) mm

ADULTES WEIBCHEN
Dem Männchen ähnlich, die Ohrdecken sind heller weiß und zeichnen sich deutlicher ab; die Federn der Körperunterseite einschließlich der Unterflügeldecken sind weiß gesäumt, breiter und klarer als beim Männchen; Schnabel hornfarben, Oberschnabel mit grauer Spitze; nackter Augenring grau; Läufe blasser braun mit rosafarbenem Anflug; Körpermasse 640-760 g.

11 Exemplare:	Flügel 363-395 (380,3) mm	Schwanz 248-300 (268,2) mm
	Oberschnabel 50-58 (53,7) mm	Lauf 30-33 (30,9) mm

JUVENILE
Dem adulten Weibchen ähnlich, aber mit schmaleren und etwas kürzeren Schwung- und Steuerfedern; mattweiße Ohrdecken (manchmal mit gelbem Anflug); schmaleres weißes Band auf dem Schwanz, manchmal mit unregelmäßigen dunklen Flecken, vor allem auf den Innenfahnen der Steuerfedern; Schnabel hornfarben, variabel mit Grau verwaschen, beide Schnabelhälften mit grauen Spitzen; Oberschnabel kürzer.

VERBREITUNG

Der Baudins Weißohr-Rabenkakadu ist einer der beiden weißschwänzigen Rabenkakadu-Arten, die ausschließlich im Südwesten Australiens verbreitet sind. Ihre allopatrischen Brutgebiete sind größtenteils durch die 750-mm-Jahres-Isohyete voneinander getrennt (Blakers *et al.* 1984). Der Verbreitungsschwerpunkt des Baudins Weißohr-Rabenkakadus erstreckt sich von der Darling Range – etwa ab dem Breitengrad, auf dem Perth liegt – bis nach Albany im Süden und liegt westlich der 750-mm-Jahres-Isohyete in den niederschlagsreicheren Gebieten im äußersten Südwesten Australiens. Storr (1991) bemerkte, dass die am weitesten östlich gelegenen Nachweise aus den Gebieten bei Mount Helena, Wandering und Quindanning sowie von den Stirling und Porongorup Ranges stammen. Das Brutgebiet der Vögel ist auf den äußersten Südwesten des Landes südlich von Lowden begrenzt.

ALLGEMEINES

Campbell und Saunders (1976) wiesen darauf hin, dass der Schädel adulter *Calyptorhynchus baudinii* breiter und höher ist als der von *C. latirostris*. Auch sind der Oberschnabelrücken (Culmen), der Unterschnabel sowie die Gonys länger. Da die Maße dieser Parameter bei *baudinii* und *latirostris* nicht überlappen, gehen Campbell und Saunders davon aus, dass die morphologischen Unterschiede hinsichtlich des Schädels und des Schnabels

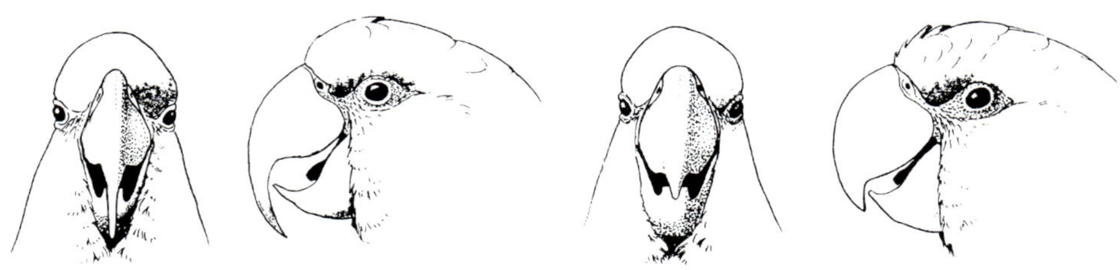

Abbildung 9:
Die Abbildung zeigt die Unterschiede in der Schnabelform von *Calyptorhynchus baudinii* und *Calyptorhynchus latirostris*

Calyptorhynchus baudinii *Calyptorhynchus latirostris*

deutlicher ausgeprägt sind, als dies bei Unterarten einer Spezies gewöhnlich der Fall ist. Diese Unterschiede reichen nach meiner Überzeugung jedoch keineswegs aus, um *C. baudinii* und *C. latirostris* als zwei eigenständige Arten zu betrachten. Allerdings kann ich bestätigen, dass die Unterschiede zu *C. latirostris* sich nicht auf die bloße Verlängerung des Oberschnabels beschränken. Bei den wenigen Vögeln, die ich in Menschenobhut aus der Nähe betrachten konnte, hatte ich den Eindruck, dass es ihnen unmöglich war, den Schnabel so weit zu schließen, dass beide Schnabelhälften lückenlos aufeinander liegen, was bei *C. latirostris* der Fall ist. Vermutlich berühren die beiden Schnabelhälften von *C. baudinii* sich lediglich an der Spitze des verlängerten Unterschnabels. Die Lücke zwischen den beiden Schnabelhälften ist aber weniger deutlich ausgeprägt als beim Palmkakadu (*Probosciger aterrimus*). Da der geschlossene Schnabel bei *C. latirostris* keine Lücke zwischen den beiden Schnabelhälften aufweist, verdeutlicht dies, dass sich die Schnabelformen von *baudinii* und *latirostris* deutlich voneinander unterscheiden (siehe Abbildung 9). Es bleibt zu prüfen, inwieweit das Erscheinungsbild des geschlossenen Schnabels auch ein Unterscheiden der beiden Arten im Freiland zulässt.

HABITATE

Das Areal von Baudins Weißohr-Rabenkakadus liegt in der bewaldeten humiden Zone westlich der 750-mm-Jahres-Isohyete. Außerhalb der Wälder im äußersten Südwesten, wo *Karri* (*Eucalyptus diversicolor*) und in einem geringeren Ausmaß *Marri* (*E. calophylla*) als Brutbäume genutzt werden, ließen sich keine Brutversuche nachweisen. Vor und nach der Brutsaison wandern die Vögel in nördliche und östliche Richtungen. Sie ziehen aber nicht über die Verbreitungsgrenze des *Marri* hinaus, der eine wichtige Nahrungsressource darstellt. Nur selten dringen Baudins Weißohr-Rabenkakadus in das Brutareal von Carnabys Weißohr-Rabenkakadus (*Calyptorhynchus latirostris*) vor. SAUNDERS (1979a) wies darauf hin, dass zwischen den jeweiligen Brutarealen der beiden Arten eine Vegetationsformation liegt, die von *Jarrah* (*Eucalyptus marginata*) und *Marri* dominiert wird. Da beide Baumarten keine geeigneten Brutbäume für die Kakadus sind, ist es vorstellbar, dass die genannte Vegetationsformation eine Barriere darstellt, die einer Vermischung der beiden Arten entgegenwirkt.

Nach Angaben von STORR (1991) bewohnen Baudins Weißohr-Rabenkakadus in erster Linie *Eucalyptus*-Wälder, werden aber auch in Obstplantagen und auf Farmland angetroffen. Bei Pemberton und in der Nähe von Denmark im äußersten Südwesten traf ich mehrfach in dichtem *Jarrah*-Wald auf Baudins Weißohr-Rabenkakadus. Im Unterschied hierzu beobachtete ich im September 1995 weiter nördlich bei Harvey einen Schwarm mit etwa 30 Vögeln auf Farmland mit offener Vegetation. Mitunter schließen sich Baudins Weißohr-Rabenkakadus mit Carnabys Weißohr-Rabenkakadus zu gemischten Schwärmen zusammen und suchen in Wäldern Nahrung, die sich an *Pinus*-Anpflanzungen anschließen. Im Unterschied zu *C. latirostris*, der *Pinus*-Anpflanzungen bevorzugt zur Nahrungssuche nutzt, nimmt *C. baudinii* dort keine Nahrung auf.

LOKALE POPULATIONSDICHTEN

Das Verbreitungsgebiet von Baudins Weißohr-Rabenkakadus hat mit der Besiedlung Australiens durch Europäer zwar keine wesentlichen Änderungen erfahren, doch sind die Vögel in einigen Bereichen gefährdet, da forstwirtschaftliche Aktivitäten zu einem Verlust an Nistplätzen führten (GARNETT 1993). Meiner Meinung nach hat eine Bestimmung der absoluten Populationsgröße, die 1977 auf 5.000 bis 25.000 Individuen geschätzt wurde, nur einen begrenzten Nutzen. Denn bei Vogelarten, für die eine lange Lebensdauer typisch ist, kann ein unzureichendes Nachwachsen der Population mitunter auch übersehen werden, wenn zur Bestimmung des Status lediglich die Populationsgröße herangezogen wird. STORR (1991) ging davon aus, dass die Art in den vergangenen 50 Jahren einen Bestandsrückgang erfahren hat. Bei einem Abstand von sieben Jahren zwischen zwei aufeinander folgenden Generationen und einer jährlichen Reproduktionsrate von 0,6 Jungen pro Paar kann die Anzahl der Vögel, die jedes Jahr von Plantagenbesitzern geschossen werden, nicht kompensiert werden.

Ohne Zweifel verursachen Baudins Weißohr-Rabenkakadus Schäden in Apfel- und Birnenplantagen. LONG (1985) ging davon aus, dass der durch die Kakadus entstandene Schaden den Umsatz einer Plantage um bis zu 10 Prozent schmälern kann. HALSE (1986) bestätigte, dass in den zurückliegenden Jahren Plantagenbesitzer Hunderte von Vögeln geschossen haben – so weit hätte es meiner Meinung nach gar nicht erst kommen dürfen. Selbst der gegenwärtige offizielle Maßnahmenkatalog der Behörden verdient es, aufs Äußerste kritisiert zu werden. Obwohl diese Vogelart in dem „Western Australian Wildlife Conservation Act“ als „besonders schutzwürdig“ gelistet wird, werden dennoch Abschussgenehmigungen erteilt, um Ernteverlusten durch Kakadus vorzubeugen. Wegen der niedrigen Fortpflanzungsrate und der Bedrohung durch Habitatzerstörung benötigen die *Calyptorhynchus*-Arten besondere Schutzmaßnahmen. Keine dieser Kakaduarten sollte aus meiner Sicht zum Abschuss freigegeben werden. Von behördlicher Seite wird ebenfalls eingeräumt, dass Abschüsse keine sinnvolle Maßnahme zum Schutz der Obstplantagen sind, da die Baudins Weißohr-Rabenkakadus umherwandern. In diesem Zusammenhang erwarte ich, dass umgehend alternative Maßnahmen ergriffen werden. Auf lange Sicht könnte es sinnvoll sein, die Obstbäume mit Netzen gegen Verluste durch Kakadus zu schützen. In diesem Zusammenhang schlage ich vor, dass Betriebe, die solche Anstrengungen unternehmen und auf diese

Weise das Management einer gefährdeten oder bedrohten Vogelart unterstützen, eine finanzielle Unterstützung durch die Behörden erhalten sollten.

VERHALTEN

Unter Freilandbedingungen ist es in der Regel außergewöhnlich schwierig, die beiden Weißohr-Rabenkakadu-Arten zu unterscheiden. Deshalb ist die Zuordnung von Beobachtungsdaten meist inkorrekt. Im besonderen Maße trifft dies auf Beobachtungen in den Wäldern des äußersten Südwesten zu. Dort können beide Arten gemeinsam oder getrennt zu verschiedenen Zeiten des Jahres angetroffen werden. Dieser Unsicherheitsfaktor bei der genauen Artbestimmung ist einer der Hauptgründe dafür, dass wir über das artspezifische Verhalten von Baudins Weißohr-Rabenkakadus so wenig wissen. Größere Schwärme, die sich in offenen Vegetationsformationen aufhalten, fallen allein schon wegen ihrer Lautäußerungen auf. In dichten Wäldern bleiben kleine Schwärme dagegen meist unentdeckt, bis sie auffliegen und dabei ihre lauten Alarmrufe hören lassen. Während der Brutsaison trifft man gewöhnlich auf einzelne Vögel, Paare oder Gruppen mit drei Vögeln. Bei den Gruppen handelt es sich um Paare mit einem noch nicht selbständigen Jungvogel. Doch können innerhalb der Brutsaison auch Schwärme beobachtet werden, die sich offenbar aus Immaturen und adulten Nichtbrütern zusammensetzen. Außerhalb der Brutsaison werden gewöhnlich Schwärme mit 30 bis 40 Vögeln beobachtet. An Stellen mit bevorzugten Nahrungsressourcen können sich diese kleineren Schwärme aber auch zu größeren vereinigen, die aus bis zu 200 Exemplaren bestehen. Auch Aggregationen, die neben Baudins Weißohr-Rabenkakadus auch Carnabys Weißohr-Rabenkakadus (*Calyptorhynchus latirostris*) und Banks-Rabenkakadus (*C. banksii*) aufweisen, können vorkommen. Anfang Januar 1975 beobachtete ich entlang des Murray River – in der Nähe von Dwellingup – Schwärme mit 10 bis 20 Vögeln, die auch flügge Jungvögel enthielten. Zusammen mit einer weitaus größeren Anzahl von Banks-Rabenkakadus nahmen diese Vögel in *Marri* (*Eucalyptus calophylla*) Nahrung auf. Obwohl die ganze Zeit über etliche Individuen beider Arten präsent waren, war nicht zu übersehen, dass die beiden Arten Abstand voneinander hielten. Mitte September 2001 stieß ich bei Nannup in demselben *Marri*-Bestand erneut auf Baudins Weißohr-Rabenkakadus und Banks-Rabenkakadus, und wiederum konnte ich ein auffälliges Abstandhalten der beiden Spezies feststellen. Deutlich innerhalb des Savannengebietes sah ich ein Paar Baudins Weißohr-Rabenkakadus, wie es Larven aus einem Baumstamm klaubte, während 10 bis 20 Banks-Rabenkakadus am Rand der Savanne und in einem einzelnen Baum inmitten einer Weide, etwa 60 m vom Rand der Savanne entfernt, mit der Nahrungsaufnahme beschäftigt waren. Anfang September 1995 beobachtete ich in der Nähe von Harvey einen Schwarm mit 20 bis 30 Baudins Weißohr-Rabenkakadus, die in offenem Farmland am Boden Nahrung aufnahmen. Während die Vögel auf der Weide Nahrung suchten und sich dabei in eine Richtung bewegten, flogen immer wieder Exemplare, die sich am Ende des Schwarmes befanden, auf und landeten anschließend vor den übrigen Vögeln. Auch fand ein ständiger Wechsel statt zwischen Vögeln, die am Boden Nahrung aufnahmen, und solchen, die auf einem nahe gelegenen Weidezaun saßen, wo sie vermutlich die Funktion von „Wächtern" ausübten. Neben Baudins Weißohr-Rabenkakadus, die sich auf dem Boden aufhielten, beobachtete ich auch Exemplare, die in Bodennähe in niedrigen *Banksia*-Büschen Nahrung suchten. In der Regel halten sich Baudins Weißohr-Rabenkakadus aber in hohen Bäumen in Wäldern auf. Meiner Meinung nach ist bei ihnen eine arboreale Lebensweise stärker ausgeprägt als bei Carnabys Weißohr-Rabenkakadus.

1 Baudins Weißohr-Rabenkakadu
Calyptorhynchus baudinii
ANWC 37881 adult, Männchen
Mundaring Forest, Western Australia
28. August 1972

2 Baudins Weißohr-Rabenkakadu
Calyptorhynchus baudinii
ANWC 37119 adult, Weibchen
Donnelly River, Nannup-Pemberton road,
Western Australia
28. Oktober 1977

Sedgwick (1964) berichtete, dass im Juni 1953 bei Moingup Spring in der Stirling Range, etwa 20 Minuten nach Sonnenuntergang, große Schwärme mit 300 bis 400 Kakadus beobachtet wurden, die sich in *Marri*-Wald und einer ähnlichen Vegetationsformation in einem Tal zusammenfanden und dort übernachteten. Aus heutiger Sicht kann davon ausgegangen werden, dass es sich hierbei mit hoher Wahrscheinlichkeit um Baudins Weißohr-Rabenkakadus handelte. Dagegen könnte es sich bei einem Schwarm, der Anfang November bei Coolup beobachtet wurde und in seiner Größe von 20 bis 50 Vögeln variierte, auch um Carnabys Weißohr-Rabenkakadus gehandelt haben (Robinson 1965). Sämtliche Vögel verbrachten die Nacht gemeinsam. Tagsüber bildeten sich jedoch zwei Schwärme, von denen ein größerer aus adulten Exemplaren und ein kleinerer überwiegend aus Jungvögeln bestand. Während die meisten adulten Vögel Nahrung suchten, hielten sich in einiger Entfernung ein oder zwei Adulte zusammen mit den Jungvögeln, die einen so genannten „Kindergarten" bildeten, in dicht belaubten *Marris* (*E. calophylla*) auf. Als der Beobachter versuchte, sich den Jungvögeln zu nähern, stieß ein adultes Exemplar laute Alarmrufe aus.

WANDERUNGEN

In den Wäldern im äußersten Südwesten sind Baudins Weißohr-Rabenkakadus Standvögel. Zugbewegungen, die im Anschluß an die Brutsaison beobachtet werden können, werden vermutlich von Immaturen und adulten Nichtbrütern ausgeführt. Außerhalb der Brutsaison wandern die Vögel nach Norden und Osten, wo sie sich innerhalb des Verbreitungsgebietes von *Eucalyptus calophylla*, der bevorzugten Nahrungspflanze, aufhalten. Gelegentlich

W.T.COOPER
©1998

wandern die Vögel auch in die westlichen Bereiche des Brutareals von Carnabys Weißohr-Rabenkakadus (*Calyptorhynchus latirostris*) ein.

Storr (1991) erwähnte, dass Baudins Weißohr-Rabenkakadus zwischen März und September die mittleren und nördlichen Bereiche des Darling Range aufsuchen sowie die daran anschließenden Küstenebenen östlich des Swan River.

FLUG

Mit den langsamen, weit ausholenden Flügelschlägen erinnert der schwerelos wirkende Flug von Baudins Weißohr-Rabenkakadus an den von Gelbohr-Rabenkakadus (*Calyptorhynchus funereus*) und den von Carnabys Weißohr-Rabenkakadus (*C. latirostris*).

LAUTÄUSSERUNGEN

Über die Lautäußerungen von Baudins Weißohr-Rabenkakadus ist nur wenig bekannt. Vermutlich ähneln sie denen von Carnabys Weißohr-Rabenkakadus (*Calyptorhynchus latirostris*). Lediglich Saunders (1979a) führte eine detaillierte Studie zu diesem Thema durch und fand heraus, dass die auffälligen „*wy-lah*"- Stimmfühlungslaute der beiden Arten bemerkenswerte Unterschiede aufweisen. Die durchschnittliche Dauer dieser Lautäußerung betrug bei fünf adulten *C. baudinii* 0,47 Sekunden, bei 14 adulten *C. latirostris* dagegen 0,64 Sekunden. Der Unterschied wird hauptsächlich durch eine Verkürzung der dritten Tonkomponente in der Lautäußerung von *C. baudinii* hervorgerufen. Saunders hebt hervor, dass der Unterschied hinsichtlich der Dauer der dritten Tonkomponente sowie die sich daraus ergebende Auswirkung auf die Gesamtlänge der Rufe hörbar sind. Jemand, der bereits Erfahrung in der akustischen Bestimmung von Vogelarten hat, sollte in der Lage sein, die beiden Arten aufgrund des jeweiligen Kontaktrufes zu unterscheiden.

NAHRUNG

Zwar überlappen sich die Nahrungsspektren von Baudins Weißohr-Rabenkakadus und Carnabys Weißohr-Rabenkakadus (*Calyptorhynchus latirostris*), doch weist die voneinander abweichende Schnabelmorphologie auf unterschiedliche Nahrungspräferenzen der beiden Arten hin. Ein Vergleich der Kropfinhalte von Vögeln, die von April 1971 bis Oktober 1972 bei Mundaring (33 km östlich von Perth) gesammelt wurden, bestätigt die verschiedenen Nahrungspräferenzen (Saunders 1979a). Beide Arten hatten während dieser Zeit Zugang zu den gleichen Nahrungsressourcen. Allerdings ist in diesem Zusammenhang zu beachten, dass *baudinii* sich nicht ständig in diesem Distrikt aufhielt. Baudins Weißohr-Rabenkakadus fraßen vornehmlich die Samen von *Marri* (*Eucalyptus calophylla*), die sich in 89 Prozent der untersuchten Kröpfe nachweisen ließen, und holzbohrende Insektenlarven, die in 16 Prozent der untersuchten Kröpfe vorhanden waren. Carnabys Weißohr-Rabenkakadus hatten in erster Linie die Samen eingeführter Kiefern (*Pinus* spec.) aufgenommen, die in 81 Prozent der Fälle nachgewiesen wurden. Die Samen von *Dryandra*- und *Hakea*-Arten waren in 20 beziehungsweise 19 Prozent der untersuchten Kröpfe von Carnabys Weißohr-Rabenkakadus vorhanden. Beide Kakaduarten schlossen sich zu gemischten Schwärmen zusammen. In drei Fällen wurden Nahrung suchende *latirostris*-Exemplare in einer *Pinus*-Anpflanzung beobachtet, während Exemplare von *baudinii* zur gleichen Zeit am Rand der Anpflanzung auf *Marris* Nahrung aufnahmen. Bei keinem der Baudins Weißohr-Rabenkakadus, die dort gesammelt wurden, konnten im Kropf *Pinus*-Samen nachgewiesen werden.

Beide Kakaduarten fressen *Marri*-Samen, jedoch nutzen sie unterschiedliche Techniken, wenn sie die Samen aus den großen napfförmigen Früchten herausklauben. Baudins Weißohr-Rabenkakadus stemmen die Samen mit ihrem verlängerten, spitz zulaufenden Oberschnabel aus der Kapsel heraus, wobei diese nur wenig beschädigt wird. Im Unterschied hierzu brechen Carnabys Weißohr-Rabenkakadus die Kapsel mit ihrem kurzen, plump wirkenden Oberschnabel auf, um an die Samen zu gelangen. Proteen-Samen, die den Hauptteil der Nahrung von *latirostris* ausmachen, werden zwar auch von *baudinii* gefressen, jedoch in einem geringeren Ausmaß. Beide Kakaduarten kommen auch auf den Boden und nehmen dort die Samen von *Erodium* auf, einem eingeschleppten Ackerwildkraut, das weit verbreitet auf Weideland und entlang von Straßen und Eisenbahnstrecken wächst. Anfang 1995 beobachtete ich in der Nähe von Harvey einen Schwarm mit etwa 30 Vögeln, die auf dem Boden *Erodium*-Samen aufnahmen. Mit dem verlängerten Oberschnabel klauben Baudins Weißohr-Rabenkakadus auch holzbohrende Insektenlarven aus Blütenähren oder aus Stämmen und Ästen von Bäumen und Sträuchern heraus. Mitte September 2001 beobachtete ich bei Nannup ein Paar, wie es Larven aus dem Stamm eines *Marri*-Baumes klaubte. Der tiefer sitzende Vogel, das Weibchen, benutzte dabei eine „Chopping Platform" auf dieselbe Weise wie die Gelbohr-Rabenkakadus (*C. funereus*), und ich glaube, es handelt sich hierbei um den ersten Nachweis dieser Verhaltensweise für *C. baudinii*. Den verlängerten Oberschnabel wenden die Kakadus auch an, wenn sie Samen aus Äpfeln aufnehmen. Auf diese Weise können sie in Obstplantagen erheblichen Schaden verursachen; besonders in Zeiten, in denen den Vögeln weniger *Marri*-Samen zur Verfügung steht. Long (1985) untersuchte von 1973 bis 1975 den Schaden, den Papageien in Obstplantagen verursachen.

Im Rahmen dieser Studie wurde auch gelegentlich der Schaden bestimmt, der durch Baudins Weißohr-Rabenkakadus entstand. Die Vögel fraßen sowohl an grünen als auch an roten Äpfeln, letztere wurden jedoch häufiger gewählt. Der Anteil beschädigter Früchte betrug in der Summe 9,24 Prozent und war damit wesentlich höher als der Schaden, den drei kleinere Papageienarten verursachten.

FORTPFLANZUNG

Bisher wurden nur wenige Nester von Baudins Weißohr-Rabenkakadus gefunden, so dass detaillierte Angaben zur Reproduktionsbiologie fehlen. Vermutlich stimmt das Fortpflanzungsgeschehen weitgehend mit dem des Carnabys Weißohr-Rabenkakadus (*Calyptorhynchus latirostris*) überein. Mitte September 2001 wurde im Leeuwin Naturaliste National Park ein Paar beobachtet, das auf den höchsten Ästen eines abgestorbenen Baum in der *Marri*-Savanne (*Eucalyptus calophylla*) saß; von einer etwas höheren Position aus fütterte das Männchen das Weibchen, indem es Futter aus seinem Kropf hervorwürgte. Jedem Ineinandergreifen der Schnäbel ging ein Aufrichten des Körpers bis zu einer völlig aufrechten Haltung vorweg, wobei die Vögel gleichzeitig die Hauben aufrichteten und die Gesichtsfedern auffällig aufspreizten. Unterhalb des Paare im selben Baum saß ein weiteres Paar mit einem bettelnden Juvenilen, vermutlich sein Nachwuchs aus dem Vorjahr. Storr (1991) konnte ein Gelege im Oktober nachweisen, das aus einem Ei bestand. Untersuchungen an Vögeln in Menschenobhut, insbesondere an einem Brutpaar im Zoo von Perth, lieferten einige Informationen über das Brutverhalten. Das Männchen des Paares, das im Zoo von Perth gehalten wurde, zog den Oberschnabel durch den Sandboden der Voliere und produzierte damit variable Linienmuster, die mitunter so zahlreich waren, dass sie den gesamten Boden der Voliere mit den Maßen 6,0 m x 2,1 m überzogen (in Sindel & Lynn 1989). Es wurde vermutet, dass dieses ungewöhnliche Verhalten eine Art Balzverhalten darstellt, welches das Männchen vor und während der Brutsaison gegenüber dem Weibchen ausführt. Ein Vogelliebhaber, der zahlreiche „schwarze Kakadus" in Volieren hält, darunter auch zwei Vögel, die dieses Verhalten ebenfalls zeigen (ein *baudinii*-Männchen und ein *latirostris*-Männchen; das *latirostris*-Männchen führt die Bewegungen jedoch in einer schwächeren Intensität aus), vermutet, dass die Vögel im Sand nach Mineralsalzen suchen. Dies könnte eine Erklärung für das Graben im Sand sein, doch ist bemerkenswert, dass bisher nur grabende Männchen beobachtet wurden.

Bohner (1984) berichtete detailliert über eine erfolgreiche Zucht in Menschenobhut. Nachdem das Weibchen das zweite Ei gelegt hatte, begann es, das Gelege zu bebrüten. Die Brutdauer betrug exakt 28 Tage. Am gleichen Tag schlüpften aus beiden Eiern Junge, doch zwei Tage später starb einer der Nestlinge. Der überlebende Nestling wurde zwar erfolgreich aufgezogen, allerdings konnte er aufgrund einer Flügelverletzung nicht fliegen. Vermutlich führte diese Verletzung dazu, dass der Jungvogel das Nest relativ spät – erst im Alter von 16 Wochen – verließ. Hamilton (1996) berichtete, dass im Zoo von Perth ein Nestling, der von beiden Eltern gefüttert wurde, das Nest bereits im Alter von etwa 10 Wochen verließ. Unmittelbar nach dem Ausfliegen suchte dieser Jungvogel eine zweite Bruthöhle auf, die sich ebenfalls in der Voliere befand, und blieb dort, bis er im Alter von zweieinhalb Monaten den ersten Flugversuch unternahm.

EIER

Die glanzlosen Eier weisen eine elliptisch-ovale bis ovale Form auf. Im Western Australian Museum (Perth) befindet sich ein einzelnes Ei mit den Maßen 54,8 mm x 37,4 mm – das Ei wurde im Preston River Valley bei Lowden gesammelt.

HALTUNG IN MENSCHENOBHUT

Baudins Weißohr-Rabenkakadus werden äußerst selten in Menschenobhut gehalten. Ich weiß nur von einem Brutpaar, das sich im Zoo von Perth befindet. Darüber hinaus lebt noch eine Handvoll Vögel, überwiegend Weibchen, bei privaten Züchtern. Es handelt sich bei ihnen wahrscheinlich um die Überlebenden einer kleinen Gruppe von Vögeln, die in den 70er und frühen 80er Jahren des vorigen Jahrhunderts zusammen mit Carnabys Weißohr-Rabenkakadus an Händler in Ostaustralien geliefert wurden. Offenbar wiesen diese Vögel, die der Natur entnommen worden waren, eine hohe Sterblichkeitsrate auf.

UNTERBRINGUNG UND PFLEGE

Den Baudins Weißohr-Rabenkakadus sollte wie den Carnabys Weißohr-Rabenkakadus eine große Freivoliere zur Verfügung stehen. Bohner (1984) hielt sein Brutpaar in einer 8,1 m langen Voliere, die 1,6 m breit und 2,5 m hoch war. Zwei Drittel der Voliere waren überdacht, obwohl man davon ausging, dass diese Maßnahme nicht unbedingt notwendig war. Damit Sonnenlicht in das Schutzhaus gelangen konnte, wurden Fiberglasplatten verwendet. Die Rahmenkonstruktion bestand aus Stahlrohren mit einer Grundfläche von 25 mm x 25 mm, an die ein massives Gitter mit einer Maschenweite von 25 mm x 25 mm geschweißt worden war. Das Paar im Zoo von Perth bewohnte eine Voliere, die 9 m lang, 2,1 m breit und 2 m hoch war. Zwei Meter entfielen auf das bedachte Schutzhaus (in Sindel & Lynn 1989). Als Rahmen wurden verzinkte Rohre mit einem Durchmesser von 25 mm gewählt, an die ein massives Gitter mit einer Maschengröße von 75 mm x 25 mm geschweißt war. Der Boden der Freivoliere war im Bereich der vorderen sechs Meter mit Sand bedeckt, die verbleibenden drei Meter waren betoniert. An beiden Enden der Voliere waren Sitzäste aus Hartholz und Eukalyptus-Zweige angebracht worden.

Ich gehe davon aus, dass Baudins Weißohr-Rabenkakadus Sitzäste und Zweige intensiver benagen als die Carnabys Weißohr-Rabenkakadus. Kräftige Stämme und Äste aus Hartholz wie zum Beispiel von Kasuarinen sind daher als Sitzgelegenheiten empfehlenswert. Um dem großen Nagebedürfnis der Kakadus Rechnung zu tragen, sollten sie regelmäßig Eukalyptus-Zweige erhalten.

FÜTTERUNG

BOHNER (1984) reichte seinem Brutpaar eine Basiskörnermischung aus Sonnenblumenkernen mit nur wenig Kanariensaat und Hafer. Die kleinen Samen wurden jedoch von den Kakadus kaum gefressen. Das Körnerfutter wurde ergänzt durch Kiefernzapfen und *Banksia*-Früchte sowie mit Zweigen von *Eucalyptus ficifolia* mit Samenkapseln. Darüber hinaus erhielten die Vögel ungeschälte Mandeln sowie reifende Ähren und Rispen von verschiedenen Wildgräsern. Letztere wurden zu einem dichten Bündel geschnürt und am Gitter befestigt.

DUNLOP (*briefl. Mittl.* 1998) teilte mir mit, dass dem Brutpaar im Zoo von Perth ein sehr abwechslungsreiches Futter angeboten wird. Die Basiskörnermischung besteht aus einem Teil Körnerfutter für Tauben und einem Teil Körnermischfutter für kleine Papageien sowie etwa zwei Teilen grauer und schwarzer Sonnenblumenkerne. Darüber hinaus erhalten die Vögel ungeschälte Erdnüsse und Mandeln. Das Zusatzfutter umfasst rote und grüne Äpfel, Maiskolben, Süßkartoffeln, Möhren, Mangold und etwas Kopfsalat, Vollkornbrot sowie die Samenstände von Wildgräsern, Disteln oder Löwenzahn. Die Kakadus erhalten regelmäßig einheimisches Futter aus der Natur wie *Banksia*-Früchte, *Leptospermum*-Kapseln und *Allocasuarina*-Zapfen mitsamt den Zweigen sowie Eukalyptus-Kapseln. Kiefernzapfen werden sowohl im unreifen, grünen als auch im reifen, getrockneten Zustand angeboten. Große verkohlte Stämme werden in die Voliere gelegt, damit die Vögel die Holzkohle abnagen können. Sepiaschalen stehen ihnen ständig zur Verfügung.

ZUCHT

BOHNER (1984) erwähnte, dass sein Paar Baudins Weißohr-Rabenkakadus nach sechs Jahren in seinen Volieren den ersten Brutversuch unternahm. Das erste Gelege wurde im November 1979 gezeitigt. Die beiden Eier waren wie die des Folgegeleges, das im Januar 1980 produziert wurde, unbefruchtet. Auch in der nächsten Brutsaison schlug der Brutversuch fehl, obwohl eines der beiden Eier dieses Mal befruchtet war. Der Embryo starb jedoch nach sieben Tagen ab. Zuvor hatte das Weibchen das Nest verlassen, nachdem es durch irgendetwas in der Nacht gestört worden war. Die zwei Eier des Folgegeleges wurden in einen großen hohlen Stamm gelegt, der im Schutzhaus auf den Boden gestellt war. Vor der Eiablage brachte das Männchen in die Nisthöhle einige Kiefernzapfen und *Banksia*-Früchte ein. Das Weibchen zernagte diese in kleine Stücke und polsterte damit das Nest aus. Nachdem das Weibchen die Eier 28 Tage bebrütet hatte, schlüpften die beiden Jungen am selben Tag. Die Nestlinge waren mit hellgelben Dunen bedeckt. Ein Jungvogel starb bereits nach zwei Tagen, der zweite wurde 16 Wochen nach dem Schlupf flügge. Die ungewöhnlich lange Nestlingszeit lässt sich mit der Missbildung eines Flügels erklären, die es dem Jungtier unmöglich machte zu fliegen. Es ähnelte im Aussehen dem weiblichen Altvogel, war jedoch kleiner, und seine Ohrdecken waren blasser, schmutzig weiß. Der Schnabel war dunkelgrau, und der nackte blasse Augenring ließ vermuten, dass es sich um einen männlichen Vogel handelte. Nach dem Umsetzen des Jungvogels in eine eigene Voliere rief er oft nach seinen Eltern, die darauf jedoch nicht reagierten.

HAMILTON (1996) berichtete, dass das Paar, das sich nun im Zoo von Perth befindet, bereits ausgewachsen war, als es dorthin gelangte. Nach fast zehn Jahren schritt es zum ersten Mal zur Brut. Der hohle Niststamm war 1,2 m lang mit einem Innendurchmesser von 35 cm. Er wurde senkrecht stehend auf einen 65 cm hohen Metallständer an der Vorderfront der Außenvoliere platziert. Um den Stamm vor Regen zu schützen, wies er ein Schutzdach aus Blech auf (in SINDEL & LYNN 1989). Der Stamm wurde mit einer 15 cm hohen Schicht aus verrottendem Kernholz gefüllt. Bereits im Juli wurde beobachtet, wie das Paar den Stamm benagte, doch erst Mitte November, dass das Weibchen in die Nisthöhle schlüpfte. Am 3. Dezember wurde eine Kopulation registriert. Drei Tage später legte das Weibchen ein Ei, das am nächsten Tag zerbrach. Ein weiteres Ei wurde am 16. Januar gelegt. Am darauf folgenden Tag begann das Weibchen mit der Bebrütung. Als das Ei am 20. Februar aus der Nisthöhle genommen wurde, stellte man einen abgestorbenen Embryo fest, der bereits weit entwickelt war. Nach sechs Wochen benagte das Weibchen erneut den Niststamm und wurde vom Männchen gefüttert.

Die erste von mehreren erfolgreichen Aufzuchten im Zoo von Perth fand Ende 1991 statt. Anfang November legte das Weibchen zwei Eier; aus beiden schlüpften die Jungvögel. Das brütende Weibchen wurde vom Männchen mit Futter versorgt. Dieses Verhalten änderte sich auch nicht, als das Weibchen die frisch geschlüpften Nestlinge huderte. Anfangs fand die Futterübergabe stets außerhalb der Bruthöhle statt, nach drei Tagen wurde jedoch beobachtet, wie das Männchen seine Partnerin am Eingang der Nisthöhle fütterte. In den nachfolgenden fünf Tagen kletterten beide Altvögel für längere Zeiträume in die Höhle, um sich um die Jungen zu kümmern, die nun auch von außen deutlich zu hören waren. Mit zunehmendem Alter der Nestlinge verbrachten die Altvögel immer weniger Zeit im Nest. Sie beschränkten sich im Wesentlichen darauf, den Nachwuchs in der Hitze des Tages zu füttern. Ein Jungvogel starb mit 12 Tagen, möglicherweise aufgrund eines Hitzeschocks. Der andere Jungvogel verließ die Bruthöhle etwa zehn Wochen nach dem Schlupf. Am ersten Tag, den der Flüggling außerhalb der Bruthöhle verbrachte, blieb er auch während eines heftigen Regenschauers auf dem Dach des Niststammes sitzen, bis er dort vom Weibchen gefüttert wurde, welches das Futter vom Männchen erhielt. Vier Tage später verließ der Jungvogel diesen Niststamm und suchte einen anderen hohlen Stamm in der Voliere auf. Auch auf dem Dach des zweiten Niststammes wurde er von seinen Eltern gefüttert. Im Alter von zweieinhalb Monaten unternahm der Jungvogel seine ersten kurzen Flüge. Von seinem 1,5 m hohen Sitzplatz aus flog er auf den Boden und wieder zurück auf den Stamm. Die meiste Zeit des Tages verbrachte er jedoch innerhalb des hohlen Stammes, wo ihn das Weibchen fütterte. Auch jetzt wurde das Weibchen noch immer vom Männchen mit Futter versorgt. Mit drei Monaten begann der Jungvogel, durch die Voliere zu fliegen. Sein Flugvermögen und seine Ausdauer steigerten sich von Tag zu Tag. In den folgenden drei Monaten fütterten beide Altvögel ihren Nachwuchs. Danach wurde das Weibchen zunehmend abweisender. Sein aggressives Verhalten gegenüber dem Jungvogel nahm im Laufe der Zeit derart zu, dass dieser in eine eigene Voliere umgesetzt wurde. Er war zu diesem Zeitpunkt zehn Monate alt. Kaum einen Monat, nachdem der Jungvogel aus der Voliere entfernt worden war, begann das Weibchen wieder mit dem Legen.

MISCHLINGE/FARBMUTATIONEN

Mir sind keine Berichte über Mischlinge oder Mutationen bekannt. Da eine exakte Artbestimmung von Baudins Weißohr-Rabenkakadus wegen der Übereinstimmungen mit Carnabys Weißohr-Rabenkakadus (*Calyptorhynchus latirostris*) schwierig ist, würden Mischlingszuchten vermutlich nicht als solche erkannt. Deshalb können Hybriden, auch wenn sie bisher nicht nachgewiesen wurden, nicht grundsätzlich ausgeschlossen werden. Da die feinen Unterschiede zwischen dem Carnabys Weißohr-Rabenkakadu und dem Baudins Weißohr-Rabenkakadu oftmals nicht erkannt werden, dürften allerdings Hybriden zwischen beiden Arten existieren.

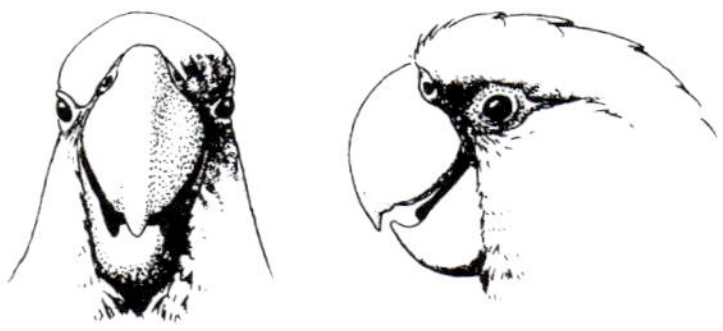

Calyptorhynchus banksii

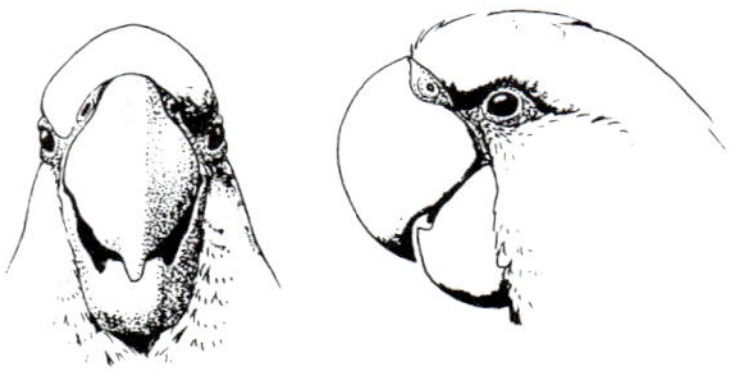

Calyptorhynchus lathami

UNTERGATTUNG CALYPTORHYNCHUS Desmarest

Zur Untergattung *Calyptorhynchus* zählen zwei Arten mit einem sehr ausgeprägten Geschlechtsdimorphismus. Adulte Männchen sind rein schwarz mit einheitlich roten Schwanzbändern, adulte Weibchen und nicht geschlechtsreife Vögel besitzen gelborangefarbene bis orangerot gefärbte Bänder, die von Schwarz unterbrochen werden. Der breite, kräftige Schnabel dient zum Aufbrechen von Samen und hartschaligen Nüssen. Die Form des Schnabels des Braunkopfkakadus (*C. lathami*) ist darüber hinaus eine Anpassung an die Ernährung mit Kasuarinen-Samen (siehe nebenstehende Kopfstudien).

Courtney (1996) wies darauf hin, dass die quiekenden Futterbettellaute der Jungvögel und die fehlenden Lautäußerungen beim Schlucken der Nahrung weitere charakteristische Merkmale für diese Untergattung sind.

BANKS-RABENKAKADU

Calyptorhynchus banksii (Latham)

Psittacus Banksii Latham, Index Orn., 1, 1790, S. 107 (Endeavour River, Queensland)

WEITERE NAMEN

E: Red-tailed Black Cockatoo, Black Cockatoo, Red-tailed Cockatoo, Banksian Cockatoo, Banksian Red-tailed Cockatoo, Banks' Black Cockatoo, Great-billed Cockatoo; F: Cacatoès de Banks, Cacatoès banksien; NL: Banks' raafkaketoe, Banks' zwarte roodstaartkaketoe.

Gesamtlänge 60 cm.

BESCHREIBUNG

ADULTES MÄNNCHEN
Grundfarbe des Gefieders schwarz; Stirn- und Scheitelfedern sind verlängert und bilden eine auffällige Haube; innere Steuerfedern schwarz, die äußeren schwarz mit einer breiten, leuchtend roten Binde, die sich manchmal durch einen schmalen, blass orangefarbenen Randbereich auszeichnet; Schnabel dunkelgrau; Iris dunkelbraun; Läufe bräunlich grau; Körpermasse 670–920 g.

11 Exemplare:	Flügel 390-449 (427,5) mm	Schwanz 272-301 (289,5) mm
	Oberschnabel 48-55 (50,6) mm	Lauf 32-37 (35,0) mm

ADULTES WEIBCHEN
Grundfarbe des Gefieders schwarz mit bräunlichem Anflug auf der Körperunterseite; Kopf- und Halsfedern spitzenwärts mit blassgelben Flecken; Federn auf der Körperunterseite mit zwei oder drei blassgelben Binden, von denen die distale dunkler, orangegelb gefärbt ist; zusammen verleihen die dem Schwanz ein auffällig gebändertes Aussehen; die Kleinen Unterflügeldecken sind blassgelb gesäumt und in der distalen Hälfte blassgelb gefleckt; die kleinen und mittleren Flügeldecken tragen spitzenwärts einen blassgelben Fleck, der auf den äußeren Armdecken kleiner und blasser wird; in der Mitte der äußeren Steuerfedern befinden sich breite gelbe Binden, die auf der Innenfahne der Feder blassgelb, leuchtender orangegelb in der Mitte der Feder und orangerot auf der Außenfahne sind; Schnabel hornfarben; Körpermasse 615–868 g.

12 Exemplare:	Flügel 402-454 (422,8) mm	Schwanz 277-321 (295,7) mm
	Oberschnabel 47-54 (49,4) mm	Lauf 33-38 (35,1) mm

JUVENILE
Wie adulte Weibchen, gelbe Bänderung auf der Körperunterseite unvollständig und blasser, auf jeder Feder sind die Binden durch einen schwachen Fleck oder bogenförmige Linien ersetzt, die manchmal mit dem Federsaum verschmelzen; die Bänderung ist auf dem Unterbauch wenig ausgeprägt; in der Mitte der äußeren Steuerfedern befinden sich schmale gelbe Bänder, die variabel mit Schwarz gesprenkelt sind; Schnabel hornfarben, Oberschnabel mit Grau verwaschen.

VERBREITUNG

Weit verbreitet über Nord- und Nordost-Australien, im Landesinneren und in den südlichen Regionen hingegen nur verstreute isolierte Populationen. Der Banks-Rabenkakadu kommt nicht im Ost-Victoria vor, Sichtmeldungen, die sich auf diese Art beziehen, sind auf Fehlbestimmungen von Braunkopfkakadus (*C. lathami*) zurückzuführen.

In der zweiten englischsprachigen Ausgabe dieses Buches stellte ich fest, dass es anhand des seinerzeit vorliegenden Balgmaterials schwierig war, Unterarten und ihre Verbreitungsgebiete zu beschreiben. Es waren damals jedoch schon deutliche Größenunterschiede zwischen den isolierten Populationen im Zentrum und im Süden Australiens sowie den Hauptpopulationen im Norden und Nordosten des Landes erkennbar. Ich erwähnte damals auch die Anmerkungen von Ford (*pers. Mittlg.* 1979) bezüglich morphologischer Unterschiede der Vögel aus dem feuchten, äußersten Südwesten von Western Australia. Ich führte insgesamt vier Unterarten auf, in Erwartung eingehenderer Analysen zur geographischen Variation. Eine gründliche Überarbeitung dieser Variationsbreite von Ford (1980) wurde leider zu spät veröffentlicht, um damals noch in meinem Manuskript mit einzufließen, sie bestätigte aber die Beobachtungen, die ich gemacht hatte, und bildete die Grundlage für die nachfolgende Aufteilung der Spezies in Unterarten:

1. *Calyptorhynchus banksii banksii* (Latham)

Die oben beschriebene Nominatform kommt in Nordost-Australien von der Mitte der Cape York Peninsula südlich bis Südost-Queensland, selten bis zum äußersten Nordosten von New South Wales vor. Im Nordosten reicht das Verbreitungsgebiet bis zum Unterlauf des Norman River und des Flinders River im Gulf of Carpentaria. Dort gibt es ein Vermischungsgebiet mit der Unterart *macrorhynchus*; die Nominatform kommt auch auf Sweers Island und Mornington Island im Gulf of Carpentaria vor, ebenso auf den größeren Inseln an der Ostküste von Queensland. Früher reichte das Verbreitungsgebiet südwärts entlang der Küste bis zum Tal des Hunter River und möglicherweise sogar bis in die Umgebung von Sydney.

Storr (1984b) gab ein verstreutes Vorkommen in Queensland an und führte Sichtmeldungen von der Cape York Peninsula südlich von Weipa auf, darüber hinaus aus dem Nordwesten Australiens, überwiegend aus den Einzugsgebieten der Flüsse im Gulf of Carpentaria und entlang den Wasserläufen des Inlands südlich bis zum Mount Isa und zum Belyando River, bei Epping Forest und Alpha, weiterhin Nachweise aus dem mittleren Osten und Südosten von Queensland, landeinwärts bis zu den westlichen Ausläufern der Great Dividing Range. Offenbar ist die Nominatform aus weiten Teilen ihres ursprünglichen Verbreitungsgebietes in Südost-Queensland verschwunden. Auch aus der Umgebung von Brisbane gibt es keine Nachweise mehr. Ähnlich verhält es sich im benachbarten Nordosten von New South Wales: Die Vögel kommen fast im gesamten ursprünglichen Verbreitungsgebiet nicht mehr vor. Die jüngsten Sichtmeldungen stammen ausschließlich aus dem Tal des Tweed River.

2. *Calyptorhynchus banksii macrorhynchus* Gould

Calyptorhynchus macrorhynchus Gould, Proc. Zool. Soc. Lond., 1942 (1943), S. 138 (Port Essington, Northern Territory)

ADULTE MÄNNCHEN

Wie Nominatform, der Schnabel ist jedoch breiter und wuchtiger; Körpermasse 600-870 g.

30 Exemplare:	Flügel 386-451 (419,5) mm	Schwanz 255-299 (283,8) mm
	Oberschnabel 48-56 (52,1) mm	Lauf 28-36 (33,1) mm

ADULTES WEIBCHEN

Wie Nominatform, aber kleiner, gelbe Flecken auf dem Kopf blasser und gelbe Binden auf den Federn der Körperunterseite schmaler; Bänderung auf den äußeren Steuerfedern gelb mit wenig Orange; Schnabel breiter und wuchtiger. Körpermasse 530-1000 g.

15 Exemplare:	Flügel 386-455 (406,6) mm	Schwanz 250-311 (283,9) mm
	Oberschnabel 48-55 (50,7) mm	Lauf 29-36 (33,1) mm

Diese Unterart unterscheidet sich kaum von der Nominatform. Die blassere Färbung der Schwanzbänderung bei den Weibchen scheint ein recht konstantes Merkmal zu sein, obwohl es individuell variieren kann, besonders bei den Vögeln aus den Gebieten der westlichen und östlichen Verbreitungsgrenze.

Die Unterart *macrorhynchus* ist im nördlichen Australien weit verbreitet, einschließlich größerer, der Küste vorgelagerter Inseln. Das Verbreitungsgebiet reicht von den Edgar Ranges und der Lagrange Bay oder möglicherweise auch Mandora in den Kimberleys, Western Australia, ostwärts bis zum Einzugsgebiet des Gregory River im Gulf of Carpentaria, wo es ein Vermischungsgebiet mit der Nominatform gibt. Zurzeit gibt es Nachweise von den Inseln entlang der Kimberley-Küste, Western Australia (siehe Smith *et al.* 1978), sowie von Melville Island, Milingimbi Island, Bickerton Island und Maria Island, von Groote Eylandt und von den Sir Edward Pellew Islands, die vor der Küste des Northern Territory liegen. Storr (1977) wies darauf hin, dass sich die südliche Verbreitungsgrenze im Northern Territory von der Gardiner Range im angrenzenden Western Australia über Banka Banka, Alexandria und den Oberlauf des Gregory River bis in das benachbarte Nordwest-Queensland erstreckt.

3. *Calyptorhynchus banksii samueli* Mathews

Calyptorhynchus banksii samueli Mathews, Bds Aust., 6, 1917, S. 120 (Hugh River, Zentral-Australien).

ADULTES MÄNNCHEN

Wie Nominatform, aber schmächtiger; der Schnabel ist kleiner und erscheint weniger wuchtig; Körpermasse 555 g.

11 Exemplare:	Flügel 365-401 (385,1) mm	Schwanz 227-264 (244,2) mm
	Oberschnabel 43-47 (44,6) mm	Lauf 26-33 (28,1) mm

ADULTES WEIBCHEN

Wie Nominatform, aber schmächtiger; der Schnabel ist kleiner und erscheint weniger wuchtig; Körpermasse 424-800 g.

6 Exemplare:	Flügel 363-376 (370,0) mm	Schwanz 230-236 (233,3) mm
	Oberschnabel 43-46 (44,8) mm	Lauf 27-34 (29,2) mm

Von dieser Unterart gibt es vier isolierte Populationen: Eine kommt an der Küste und im Küstenvorland des mittleren Western Australia vor, eine weitere entlang des Fluss-Systems der zentralaustralischen Bergketten, die dritte entlang den Haupt- und Nebenzuflüssen des Lake Eyre und im Einzugsgebiet des Bulloo River, die vierte entlang den Ober- und Mittelläufen des Darling-River-Fluss-Systems im Westen von New South Wales. Laut Ford (1980) sind sich die Vögel der Populationen in Zentral-Australien, Südwest-Queensland und im Westen von New South Wales morphologisch sehr ähnlich und haben daher wohl einen gemeinsamen Ursprung. Die Vögel der Population im mittleren Western Australia stimmen morphologisch mit ihren Verwandten im Norden Australiens überein, haben sich jedoch möglicherweise unabhängig von ihnen entwickelt. Trotz der Kenntnis dieses möglichen unabhängigen Ursprungs der Population im Western Australia folge ich Ford (1980) und Schodde (1997) und zähle alle Populationen zur Unterart *samueli*.

Entlang der Küste und im Küstenvorland des mittleren Western Australia reicht das Verbreitungsgebiet vom De-Grey- und vom Davis-River-System in der Pilbara-Region südwärts bis zu den Küstendistrikten zwischen dem Murchison River und dem Irwin River. Landeinwärts erstreckt sich das Verbreitungsgebiet durch den nördlichen Weizengürtel südwärts bis etwa zu Northam und Southern Cross, gelegentlich sogar bis in den Narembeen-Distrikt (Storr 1991, Schodde 1997). Ford (1980) merkte an, dass die Vögel, welche in der Pillar-Region vorkommen, eine kleine, aber eigenständige Subpopulation bilden. Die Identität der Vögel, die bei Mandora im äußersten Norden der Pillar-Region beobachtet wurden, ist unbekannt. Man geht gewöhnlich davon aus, dass es sich bei diesen Vögeln um Vertreter von *macrorhynchus* handelt, deren Verbreitungsgebiet auf den Norden der Great Sandy Desert beschränkt ist.

In der Bergregion Zentral-Australiens kommt *samueli* überwiegend entlang den Flüssen und Bächen sowie auf ihren Überschwemmungsflächen vor, ganz besonders im Gebiet der Frazer-, Hale-, Todd-, Hugh-, Finke- und Palmer-River-Systemen. Die am weitesten nördlich liegenden Sichtmeldungen stammen von Barrow Creek, Lucy Creek und Marqua im Süden des Northern Territory. Die südliche Verbreitungsgrenze verläuft bei Stevenson Creek und Oodnadatta im Norden von South Australia. Laut Ford (1980) ist diese Population von der in Südwest-Queensland durch die Simpson Desert und das Einzugsgebiet des Oberlaufs des Georgina River getrennt.

Das Verbreitungsgebiet der Population im Lake-Eyre-Becken und im Einzugsgebiet des Bulloo River reicht vom Thompson River und vom Barcoo River und ihren Nebenflüssen in den Distrikten Muttaburra und Barcaldine in Zentral-Queensland südwärts bis zum Bulloo Lake in der Nähe der Grenze zu New South Wales, folgt dann dem Lauf des Diamantina River bis tief in den Nordosten von South Australia hinein. Nach Ford (1980) trennt die Grey Range diese Population von der des Darling-River-Systems im Westen von New South Wales.

Die am weitesten nördlich liegenden Nachweise von *samueli* im Westen von New South Wales stammen aus den Gebieten entlang den Nebenflüssen des Oberlaufs des Darling River einschließlich des Macintyre River nordwärts bis etwa Boggabilla, bis zum Unterlauf des Namoi River in der Nähe von Walgett, bis zum Macquarie River ostwärts bis Buckiinguy und des Bogan River östwärts bis Nyngan (MORRIS *et al.* 1981). Darüber hinaus gibt es eine Sichtmeldung von Peery auf dem Paroo River (in FORD 1980). Das Zentrum des Verbreitungsgebietes liegt entlang dem Darling River von Bourke südwärts bis Menindee. Manche Vögel wandern gelegentlich auch weiter südlich bis zum Zusammenfluss mit dem Murray River bei Wentworth. Das Vorkommen der Unterart in Pilliga Scrub im Norden von New South Wales ist umstritten. Meistens werden diese Sichtmeldungen als Fehlbestimmungen von lokal dort verbreiteten Braunkopfkakadus (*C. lathami*) interpretiert. Von Grundbesitzern im Gwabegar-Distrikt stammen jedoch unbestätigte Berichte, dass beide „rotschwänzigen" Rabenkakadu-Arten in dieser Region vorkommen. Es ist also möglich, dass *samueli* manchmal weiter ostwärts entlang dem Oberlauf des Namoi River und seiner Nebenflüssen wandert.

4. *Calyptorhynchus banksii graptogyne* Schodde, Saunders & Homberger

Calyptorhynchus banksii graptogyne Schodde, Saunders & Homberger, in Schodde, Canb. Bird Notes, 13, 1989, S. 120 (Penola, South Australia).

ADULTES MÄNNCHEN

Wie *samueli*, Einkerbung im Oberschnabel ist jedoch klein oder fehlt. Körpermasse 595-610 g.

3 Exemplare:	Flügel 365-376 (369,0) mm	Schwanz 227-238 (232,0) mm
	Oberschnabel 42-43 (42,7) mm	Lauf 26-29 (27,7) mm

ADULTES WEIBCHEN

Unterscheidet sich von *samueli* durch eine auffälligere Zeichnung: Flügeldecken mit großen blassgelben Flecken (5-8 mm Durchmesser), die blassgelben Binden auf den Federn der Körperunterseite sind ausgedehnter (3-5 mm hoch); der Schnabel ist klein, die Einkerbung auf dem Oberschnabel ist winzig oder fehlt; Körpermasse 587-640 g.

4 Exemplare:	Flügel 367-385 (374,8) mm	Schwanz 233-250 (241,5) mm
	Oberschnabel 43-44 (43,5) mm	Lauf 28-31 (29,5) mm

Die Unterart kommt ausschließlich in Südwest-Victoria westlich der Grampians und Portland sowie den angrenzenden Gebieten im Südosten von South Australia von Mount Gambier nordwärts bis Lucindale und Bangham vor. Früher reichte die Verbreitung möglicherweise ostwärts bis Ballarat, Daylesford oder sogar bis in die westlichen Außenbezirke von Melbourne (SCHODDE 1997). Laut FORD (1980) wird diese Unterart von *samueli* im Westen von New South Wales von der Mallee-Spinifex-Vegetation der Sanddünenwüsten getrennt.

5. *Calyptorhynchus banksii naso* Gould

Calyptorhynchus naso Gould, Proc. Zool. Soc. Lond., 1836 (1837), S. 106 (Swan River, Südwest-Australien).

ADULTES MÄNNCHEN

Ähnelt *samueli* aufgrund seiner geringen Körpergröße, besitzt aber im Vergleich zu dieser Unterart längere, spitz zulaufende Flügel; kürzere und mehr abgerundete Haube; auffällig längerer und breiterer Schnabel; Körpermasse 630 g.

5 Exemplare:	Flügel 362-390 (381,6) mm	Schwanz 223-256 (240,2) mm
	Oberschnabel 46-55 (52,4) mm	Lauf 25-30 (27,2) mm

ADULTES WEIBCHEN

Unterscheidet sich von *samueli* durch kräftigere Fleckenzeichnung und eine leuchtendere gelbe Bänderung auf dem Bauch; kürzere und mehr abgerundete Haube; von geringer Körpergröße, aber im Vergleich zu *samueli* mit längeren und spitz zulaufenden Flügeln; auffällig längerer und breiterer Schnabel; Körpermasse 590-690 g.

19 Exemplare:	Flügel 345-395 (377,8) mm	Schwanz 225-262 (246,3) mm
	Oberschnabel 48-54 (51,3) mm	Lauf 25-30 (27,1) mm

Die Unterart kommt ausschließlich im bewaldeten äußersten Südwesten von Western Australia westlich der 600-mm-Jahres-Isohyete und nordwärts bis zu den westlichen Hängen der Darling Range vor. SCHODDE (1997) wies darauf hin, dass das Verbreitungsgebiet im Osten bis Wandering und den Stirling Ranges reicht und die Unterart von *samueli* durch ein 20-30 km breites Areal im Norden und Nordosten von Perth getrennt wird.

ALLGEMEINES

Sydney PARKINSON, der 1770 Sir Joseph BANKS als Maler auf der *Endeavour* begleitete, fertigte die Zeichnung eines weiblichen Banks-Rabenkakadus an. Als Vorlage diente ihm ein Exemplar, das vermutlich am Endeavour River im Norden von Queensland gesammelt worden war. Diese Zeichnung stellt die erste bekannte Illustration eines Vogels von der Ostküste Australiens dar und ist gleichzeitig die erste Illustration eines australischen Papageienvogels.

In den vergangenen Jahren lebte die Diskussion über die korrekte Artbezeichnung des Banks-Rabenkakadus wieder auf. SCHODDE und BOCK (1994) wiesen darauf hin, dass die gebräuchliche Artbezeichnung *banksii* von MATHEWS (1927) übergangen wurde, als dieser den älteren Namen *magnificus* verwendete. Diese Änderung wurde jedoch nicht von allen Autoren übernommen, und die Bezeichnung *banksii* wurde in Australien bis in die 60er Jahre des vorigen Jahrhunderts verwendet. In frühen Aufzeichnungen im Port Jackson Settlement finden sich Angaben, die sich offensichtlich auf den Braunkopfkakadu (*Calyptorhynchus lathami*) beziehen. Vermutlich führte eine Verwechslung der beiden Kakaduarten in der Folgezeit zu der Annahme, Banks-Rabenkakadus seien während der Besiedlung Australiens durch Europäer in der Nähe von Sydney vorgekommen, was jedoch angezweifelt werden darf. Julian FORD nahm sich des Problems an und fand heraus, dass tatsächlich zahlreiche Hinweise für ein Vorkommen von Banks-Rabenkakadus in der Nähe von Sydney vorliegen (*pers. Mittlg.* 1979). Im Unterschied hierzu kam Richard SCHODDE zu dem Schluss, dass keine gesicherten Nachweise von Banks-Rabenkakadus für die Umgebung von Sydney vorliegen und folglich sämtliche älteren Berichte sowie die Beschreibung von *magnificus* sich auf den Braunkopfkakadu beziehen (*pers. Mittlg.* 1989). SCHODDE gab mir Gelegenheit, seine Forschungsergebnisse mit ihm zu diskutieren, was dazu führte, dass meine Zustimmung zu seiner Hypothese wuchs. Aus pragmatischen Gründen habe ich mich der Auffassung von SCHODDE und BOCK (1994) angeschlossen, *banksii* als wissenschaftlichen Artnamen des Banks-Rabenkakadus beizubehalten. Später wurde diese Artbezeichnung von der „Internationalen Kommission für zoologische Nomenklatur“ bestätigt.

HABITATE

Banks-Rabenkakadus bevorzugen *Eucalyptus*-Savannen und Galeriewälder an Wasserläufen. Darüber hinaus werden sie in einem breiten Spektrum unterschiedlicher Vegetationsformationen angetroffen (wie dichte *Eucalyptus*-Wälder, *Acacia*- und *Allocasuarina*-Savannen, Monsunregenwald und subtropischer Regenwald, Proteaceen-Strauchland nach Buschbränden, Grassavannen sowie Bäume, die verstreut auf kultiviertem Farmland wachsen).

STORR (1980) erwähnte, dass Banks-Rabenkakadus in der Kimberley Division von Western Australia am häufigsten in Ebenen am Rande größerer Wasserläufe vorkommen. Auch werden sie in Wäldern und Savannen am äußeren Rand von Wüstengebieten angetroffen. Dagegen halten sie sich nur selten in hügeligen Landschaften auf. Während einer Bestandsaufnahme im Prince Regent River Reserve im Nordwesten der Kimberley Division wurden Banks-Rabenkakadus im August 1974 hauptsächlich in *Eucalyptus-miniata*-Savannen am Rande von Wasserläufen festgestellt (STORR *et al.* 1975). Dagegen wurden sie während vergleichbarer Feldarbeiten im nahe gelegenen Drysdale River National Park im August 1975 meist in *Eucalyptus*-Savannen abseits von Wasserläufen angetroffen, aber auch auf Flächen mit ausgewachsenen Exemplaren von *Melaleuca leucadendron* beobachtet, die größere Wasserläufe säumten (JOHNSTONE *et al.* 1977). Auf Koolan Island in der Kimberley Division halten sich Banks-Rabenkakadus in Savannen auf (MCKENZIE *et al.* 1995). Im nördlichen Teil des Northern Territory nutzen Banks-Rabenkakadus Savannen und lichte Wälder (STORR 1977). Bei Feldstudien, die Ende 1981 und Anfang bis Mitte 1982 in dem in der Nähe der Grenze zu Western Australia gelegenen Keep River National Park durchgeführt wurden, kamen Banks-Rabenkakadus in Savannen und Vegetationsformationen im Bereich von Wasserläufen vor und wurden gelegentlich auch in offenem Grasland bei der Nahrungssuche beobachtet (MCKEAN 1985). BROOKER und PARKER (1985) berichteten, dass Banks-Rabenkakadus bei Bestandsaufnahmen, die im Kakadu National Park im nördlichen Northern Territory durchgeführt wurden, zwar in sämtlichen Bereichen festgestellt wurden, jedoch häufiger in lichten Wäldern und Savannen vorkamen. HASELGROVE (1975) erwähnte, dass auf Groote Eylandt vor der Küste des Northern Territory Banks-Rabenkakadus auf *Banksia*-Strauchland beobachtet wurden, das sich landeinwärts an Küstendünen anschloss. STORR (1984b) wies darauf hin, dass die Art in Queensland vornehmlich in *Eucalyptus*-Wäldern und -Savannen vorkommt, im humiden Hochland im Nordosten suchen die Vögel ihre Nahrung jedoch in Kasuarinenbeständen. GARNETT und BREDL (1985) erwähnten, dass in der Umgebung des Edward River Settlement an der Westküste der Cape York Peninsula häufig Schwärme in offenen *Melaleuca*-Savannen und mitunter auch in hohen *Eucalyptus*-Savannen angetroffen wurden, in denen *Eucalyptus polycarpa* und *E. tesselaris* vorherrschten. HORTON (1975) führte Freilandarbeiten in einer Vegetationsformation im Mount-Isa-Distrikt durch, in der Banks-Rabenkakadus fehlten oder nur sehr selten angetroffen wurden; jedoch wurden sie weiter flussabwärts entlang dem Leichhardt River beobachtet, wo der Flusslauf mit *Melaleuca leucadendron* gesäumt war (dieser Vegetationstyp fehlte im eigentlichen Untersuchungsgebiet). Im südöstlichen Queensland werden von Banks-Rabenkakadus *Eucalyptus*-Savannen als Habitat bevorzugt, doch liegen auch Berichte über Vögel vor, die zur Nahrungsaufnahme Regenwald aufsuchten (FORD 1980). In der Umgebung von Meandarra im südöstlichen Queensland hielten sich die Kakadus zwischen Juni 1977 und Januar 1982 meistens in verschiedenen *Belah*-Formationen (*Casuarina cristata*) auf (WHITMORE *et al.* 1983). NIX (*pers. Mittlg.* 1978) beobachtete im Mai 1968 bei Caloundra im südöstlichen Queensland einen Schwarm in einer Küstenebene, in der ein Buschbrand stattgefunden hatte. Die Vögel nahmen in verbrannten *Hakea*- and *Banksia*-Büschen Nahrung auf. Zu Beginn des 20. Jahrhunderts suchten Banks-Rabenkakadus am Oberlauf des Clarence River im Nordosten von New South Wales häufig größere Eukalypten auf, die den Flusslauf säumten (in NORTH 1911). Im Unterschied hierzu nutzten sie 1994 und 1995 weiter nördlich im Tweed River Valley Schlafplätze, die in lichtem Trockenwald lagen, der von *Blackbutt* (*Eucalyptus pilularis*) dominiert wurde (in SCHODDE & MASON 1996).

FORD (1980) hob hervor, dass die verschiedenen Populationen des Banks-Rabenkakadus, die im Inland von Australien vorkommen (vom westlichen New South Wales bis zu den Küstengebieten im mittleren Bereich von Western Australia), voneinander isoliert sind. Die von den Vögeln genutzten Eukalypten an Flussläufen oder in Überschwemmungsgebieten werden getrennt von ausgedehnten Flächen ohne geeignete Habitate, insbesondere Wüsten mit Sanddünen und steiniges Hügelland mit niedrig wachsender Vegetation. Im westlichen New South Wales bevorzugen Banks-Rabenkakadus Savannen im Bereich von Wasserläufen und entfernen sich nur selten aus den Überschwemmungsebenen, in denen *Eucalyptus camaldulensis* dominiert. Diese Habitatpräferenz gilt auch für den Südwesten von Queensland und den äußersten Nordosten von South Australia, wo sich die Vögel ebenfalls in der Nähe größerer Wasserläufe aufhalten (FORD 1980). STORR (1977) erwähnte, dass Banks-Rabenkakadus im südlichen Northern Territory vornehmlich in den offenen Savannen der Überschwemmungsgebiete größerer Wasserläufe angetroffen werden. In der Pillar-Region in Western Australia werden die Kakadus meist in der Nähe von Gewässern beobachtet (STORR 1984a). In der Gegend um den Murchison River und den Gasgoyne River in Western Australia wurden Banks-Rabenkakadus ursprünglich nur in Galeriewäldern entlang von Wasserläufen angetroffen, sie sind in jüngerer Zeit jedoch weiter nach Süden in den Weizengürtel vorgedrungen. Mit dem großflächigen Roden von Baumbeständen und dem Anlegen von Viehtränken wurden in einem bedeutenden Maße Flächen geschaffen, die von den Kakadus zusätzlich genutzt werden (SAUNDERS & INGRAM 1995). STORR (1991) hob hervor, dass Banks-Rabenkakadus im Südwesten von Australien die *Eucalyptus*-Savannen des Inlandes bewohnen und auch auf Farmland vorkommen, dessen ursprünglicher Baumbestand stellenweise gerodet wurde. SAUNDERS (1976b) erwähnte, dass in der Nähe von Three Springs (etwa 270 km nördlich von Perth) Banks-Rabenkakadus in einer isolierten Savannenfläche mit *Salmon Gums* (*Eucalyptus salmonophloia*) brüteten. Die Vögel besetzten Nistplätze auf einer Fläche von etwa 60 ha, die von Weiden umgeben und deren ursprünglicher Baumbestand gerodet worden war. Der überwiegende Teil des Unterwuchses war durch die Beweidung mit Schafen zurückgedrängt worden. In dieser Gegend traf ich Anfang September 1994 auf verschiedene Schwärme, die sich in Eukalypten aufhielten, welche am Rande der Straße wuchsen und Weizenfelder begrenzten. Anfang März 1963 beobachtete ich weiter südwestlich in der Nähe von Nungarin zahlreiche Kakadus auf Weideland. In diesem Fall hielten sie sich auf Bäumen auf, die in der Nähe von Viehtränken wuchsen.

In der niederschlagsreichen Südwestspitze von Western Australia kommen Banks-Rabenkakadus westlich der 600-mm-Jahres-Isohyete in *Eucalyptus*-Wäldern vor, in denen *Marri* (*Eucalyptus calophylla*) und *Jarrah* (*E. marginata*) vorherrschen (STORR 1991). Anfang Januar 1975 traf ich am Murray River in der Nähe von Dwellingup im Südwesten von Western Australia in einem dichten Bestand von *Marri* auf Banks-Rabenkakadus, Mitte September 2001 beobachtete ich bei Nannup einen lockeren Schwarm von 10 bis 15 Exemplaren in einer *Marri*-Savanne und auf angrenzendem Weideland.

In den Savannen im Südwesten von Victoria und im benachbarten Südosten von South Australia bewohnen Banks-Rabenkakadus isolierte Bestände mit *Brown Stringybark* (*Eucalyptus baxteri*), in denen auch *Yellow Gum* (*E. leucoxylon*) und *Swamp Gum* (*E. ovata*) vorkommen; im Umland wachsen *Box Buloke* (*Allocasuarina luehmannii*), *Drooping Sheoak*

(*A. verticillata*) und *River Red Gum* (*E. camaldulensis*). Exemplare der letztgenannten Art sind meist Reste natürlicher Vegetation, die auf Farmland wachsen, dessen ursprünglicher Baumbestand weitgehend gefällt wurde (PARKER & REID 1983, EMISON *et al.* 1987). Bei Bestandsaufnahmen, die von Dezember 1979 bis November 1980 durchgeführt wurden, konnten 160 Sichtungen verzeichnet werden (JOSEPH 1982b). Davon erfolgten 81 Prozent in lichtem Wald oder lichtem Buschland mit *Eucalyptus baxteri* als vorherrschender Baumart und meist mit einer heideartigen Strauchschicht, 10 Prozent in Resten von Savannen mit *Allocasuarina luehmannii*, die verstreut im Weideland oder am Rand von Straßen lagen, und 9 Prozent in lichten Eukalyptusbeständen mit hochwachsenden Bäumen, die als Reste ursprünglicher Vegetation inmitten von Weideland lagen oder naturbelassene Savannen bildeten. Die Vögel hielten sich sowohl auf Flächen mit ursprünglichen Beständen an *E. baxteri* auf als auch auf Flächen, die stark vom Menschen beeinflusst waren und wo *E. baxteri* lediglich an Straßenrändern wuchs und in verstreut liegenden Resten ursprünglicher Vegetation vorkam.

LOKALE POPULATIONSDICHTEN

Der Verbreitungsschwerpunkt von Banks-Rabenkakadus liegt in den tropischen und subtropischen Zonen Nordaustraliens, wo sie in vielen Regionen häufige und auffällige Vertreter der lokalen Avifaunen sind. Im Süden kommen sie dagegen weniger häufig und ungleichmäßiger verteilt vor.

STORR (1980) erwähnte, dass Banks-Rabenkakadus in der Kimberley Division von Western Australia grundsätzlich häufig sind. Auch auf Koolan Island vor der Kimberley-Küste kommen sie zahlreich vor (MCKENZIE *et al.* 1995). In den nördlichen Regionen des Northern Territory sind sie ebenfalls häufig (STORR 1977). Bei Bestandsaufnahmen, die von Ende 1981 bis Mitte 1982 im Keep River National Park im Nordwesten des Northern Territory an der Grenze zu Western Australian durchgeführt wurden, waren Banks-Rabenkakadus mäßig häufig (MCKEAN 1985). Im Kakadu National Park im Norden des Northern Territory, wo ich mich näher mit diesen Kakadus beschäftigt habe, sind Banks-Rabenkakadus häufig und zählen zu den Vögeln, die Besucher regelmäßig beobachten können. HASELGROVE (1975) erwähnte, dass sie auf Groote Eylandt vor der Westküste des Gulf of Carpentaria im Northern Territory selten sind. In Queensland liegt der Verbreitungsschwerpunkt von Banks-Rabenkakadus in den nördlichen Bereichen. In der Umgebung von Fließgewässern der Gulf-of-Carpentaria-Region sind diese Kakadus grundsätzlich häufig, auch weiter südlich bis zum Burdekin River und Charters Towers in der Nähe von Wasserläufen stellenweise zahlreich (STORR 1984b). In den übrigen Regionen von Queensland sind sie dagegen selten und inselartig verstreut. FORD (1980) erwähnte, dass sich der Verbreitungsschwerpunkt seit den 50er Jahren vom Mount-Isa-Distrikt nordwärts verschoben hat. Heute werden Banks-Rabenkakadus nur selten südlich von Riversleigh am Gregory River beobachtet.

1 Banks-Rabenkakadu
Calyptorhynchus banksii macrorhynchus
ANWC 36322 adult, Männchen
Ord-River-Gebiet, Kununurra, Western Australia
11. August 1978

2 Banks-Rabenkakadu
Calyptorhynchus banksii macrorhynchus
ANWC 14449 adult, Weibchen
Shady Camp, Arnhem Land, Northern Territory
13. Mai 1971

Zu dem zurückliegenden wie auch zu dem aktuellen Status von Banks-Rabenkakadus im Südosten von Queensland und im Nordosten von New South Wales liegen widersprüchliche Angaben vor, da Braunkopfkakadus (*Calyptorhynchus lathami*) wiederholt fehlerhaft als Banks-Rabenkakadus bestimmt wurden. Verlässliche Berichte lassen jedoch vermuten, dass Banks-Rabenkakadus die meisten Gegenden nicht regelmäßig aufsuchen und dort nur in geringer, wenn auch in variabler Anzahl vorkommen. Ihre Anwesenheit hängt offenbar von der aktuellen Nahrungsverfügbarkeit ab. In der Gegend um Gympie im Südosten von Queensland kommen beide Arten, *C. banksii* und *C. lathami*, vor. *C. banksii* ist jedoch häufiger, und Sichtungen erfolgten über einen Zeitraum von 25 Jahren ziemlich regelmäßig. Die jeweilige Anzahl reicht von kleinen Schwärmen mit drei bis 20 Vögeln bis zu einer maximalen Schwarmgröße von 120 Vögeln (HUGHES & HUGHES 1991). TEMPLETON (1992) berichtete, dass Banks-Rabenkakadus im Nananago-Distrikt (etwa 200 km nordwestlich von Brisbane) selten sind. HOBSON (1993) erwähnte, dass Banks-Rabenkakadus im Tal des Lockyer River westlich von Brisbane zwar generell weniger häufiger sind als die beiden übrigen dort vorkommenden *Calyptorhynchus*-Arten, doch wurden 1992 Schwärme mit bis zu 40 Exemplaren gesichtet. PASSMORE (1982) behauptete, dass Banks-Rabenkakadus im Stanthorpe-Distrikt selten seien. Im Logan Reserve, nur 30 km südöstlich von Brisbane, konnten 1970 Banks-Rabenkakadus beobachtet werden (siehe DAWSON *et al.* 1991).

PRATT (1979) wies darauf hin, dass in den 40er Jahren auf einem Anwesen im Bereich des Reserve Creek (Murwillumbah-Distrikt) im äußersten Nordosten von New South Wales die Zahl der Banks-Rabenkakadus auffallend abnahm. Vor dieser Zeit bestanden die Schwärme noch aus 25 bis 30 Vögeln, dann waren es nur noch 19 Exemplare und schließlich waren es von Jahr zu Jahr noch weniger. In den Jahren von 1965 bis 1975 konnten jeweils nur zwei Exemplare nachgewiesen werden, die während einiger Jahre sogar gänzlich fernblieben. Die letzte Sichtung erfolgte am 3. Februar 1975, als zwei Vögel festgestellt wurden. Wenn es sich bei den Kakadus, die den Murwillumbah-Distrikt zu Beginn der 90er Jahre aufsuch-

ten, nicht um falsch bestimmte Braunkopfkakadus (*Calyptorhynchus lathami*) handelte, so kann davon ausgegangen werden, dass dort tatsächlich kleine Schwärme von Banks-Rabenkakadus beobachtet wurden (in SCHODDE & MASON 1996). Von 1994 bis 1995 ließen sich im Murwillumbah-Distrikt jedoch nur drei Exemplare nachweisen. Weiter südlich am Oberlauf des Clarence River wurden im Jahre 1900 brütende Banks-Rabenkakadus nachgewiesen. Offenbar war die räumliche Ausdehnung der betreffenden Population sehr begrenzt, und anscheinend waren die Vögel auch bald wieder verschwunden (siehe NORTH 1911). Heute gilt die Art im Nordosten von New South Wales als ausgestorben (siehe SCHODDE & MASON 1996). In diesen Landesteilen hat der Einfluss des Menschen auf Habitate, in denen Banks-Rabenkakadus Nahrung suchen und in denen sie brüten, deutlich zugenommen; offenbar sind dies die Gründe für den Rückgang der Kakadus. Im Westen von New South Wales sind Banks-Rabenkakadus grundsätzlich selten, gelegentlich kommen sie jedoch stellenweise häufig vor, besonders am Mittellauf des Darling River, wo Schwärme mit 100 bis 500 Vögeln regelmäßig zwischen Louth und Wilcannia beobachtet werden (MORRIS *et al.* 1991, MORRIS & BURTON 1993, 1997). Zwei Unterarten des Banks-Rabenkakadus sind gefährdet. In einem besonderen Maße bedroht ist *C. b. graptogyne*, der im Südwesten von Victoria und im angrenzenden Südosten von South Australia vorkommt. Die Vernichtung ursprünglichen Baumbestandes im Rahmen land- und forstwirtschaftlicher Maßnahmen führten zu einer erheblichen Abnahme der von Banks-Rabenkakadus genutzten Nahrungsressourcen. Der Verlust von Nistplätzen könnte in diesem Zusammenhang heute sogar noch schwerer wiegen (GARNETT 1993). Nahezu sämtliche bekannten Brutbäume stehen auf Flächen, die sich in Privatbesitz befinden. Meist handelt es sich um abgestorbene *River Red Gums* (*Eucalyptus camaldulensis*), die oft zur Feuerholzgewinnung gefällt werden. Eine Regeneration des Baumbestandes wird durch die Beweidung mit Vieh oder die Anwesenheit von Kaninchen verhindert. Die Brutsaison von Banks-Rabenkakadus beginnt später als die anderer Arten. Bei der Konkurrenz um Nistplätze sind sie benachteiligt, weil potentielle Bruthöhlen schon von Gelbohr-Rabenkakadus (*Calyptorhynchus funereus*), Rosakakadus (*Eolophus roseicapilla*), Nasenkakadus (*Cacatua tenuirostris*) und Gelbhaubenkakadus (*Cacatua galerita*) besetzt sein können, die in der betreffenden Region alle sehr häufig vorkommen. Der Großteil der Stellen, wo Banks-Rabenkakadus Nahrung suchen, befindet sich auf Waldinseln mit einer Fläche von weniger als 100 ha bis über 1.100 ha. Diese Flächen sind während des Sommers im besonderen Maße durch Buschfeuer gefährdet. Bei Bestandsaufnahmen, die von Dezember 1988 bis April 1990 im Edenhope-Distrikt im Südwesten von Victoria durchgeführt wurden, konnten bis zu 269 Vögel festgestellt werden (JOSEPH *et al.* 1991). Die Gesamtpopulation, die maximal 100 Brutpaare umfasst, wird auf 500 bis 1.000 Individuen geschätzt. Mit Managementmaßnahmen soll die Anzahl der Brutpaare auf 500 angehoben werden. Dies ist vermutlich die minimale Populationsgröße, die eine ausreichende genetische Variabilität gewährleistet (VENN & FISHER 1993).

FORD (1980) erwähnte, dass Banks-Rabenkakadus in Zentralaustralien häufig vorkämen, besonders an den größeren Wasserläufen. Für die Gegend um Pillar in Western Australia sind keine verlässlichen Angaben zum Status der Art möglich. Die geringe Zahl der Sichtungen, bei denen meist nur wenige Vögel beobachtet wurden, lassen vermuten, dass Banks-Rabenkakadus in der Pillar-Region selten sind. Auch sind sie dort nicht derart weit verbreitet, wie es von STORR (1984a) angenommen wurde.

Der langfristige Fortbestand dieser Kakaduart im Südwesten von Australien wurde bereits in Frage gestellt. Zwar dringt *C. b. samueli* allmählich vom Murchison River und Gascoyne River nach Süden in den nördlichen Weizengürtel ein. SAUNDERS (1991) bezweifelte jedoch, dass es sich hierbei um die Folge einer Bestandszunahme handelt. Hohe Gelegeverluste und eine verzögerte Entwicklung der Nestlinge weisen im Gegenteil auf eine niedrige Reproduktionsrate hin. Eine mögliche Ursache für den geringen Bruterfolg könnte die nahezu vollständige Abhängigkeit von einer einzigen Nahrungspflanze sein. Hierbei handelt es sich um das eingeführte *Double-Gee* (*Emex australis*), das mit Herbiziden kontaminiert sein kann. *Emex* wird als ernst zu nehmendes Unkraut angesehen. Zusätzlich zum Einsatz von Herbiziden werden Forschungsprojekte durchgeführt, die zum Ziel haben, diese Pflanze in ihrer Zahl zu reduzieren oder sogar vollständig zu eliminieren. Hieraus könnte eine ernsthafte Bedrohung für die Kakadus erwachsen, da sie auf diese Nahrungspflanze angewiesen sind. Das Abholzen von Wäldern, um die gewonnenen Flächen für landwirtschaftliche Aktivitäten nutzbar zu machen, führte zur Bestandsabnahme und zur Einschränkung des Verbreitungsgebietes der ursprünglich häufigen Unterart *C. b. naso*. Heute kann diese Unterart als „selten“ bis „nicht häufig“ eingestuft werden, und ihre Verbreitung in der bewaldeten Südwestspitze von Western Australia ist nur lückenhaft (STORR 1991). Maßnahmen der Holzwirtschaft, besonders das großflächige Roden von Wäldern zur Produktion von Holzspänen stellt vermutlich eine fortbestehende Bedrohung für die Vögel dar. Denn die Abholzungsintervalle sind zu kurz gewählt, um Höhlen in den Bäumen entstehen zu lassen. Die langfristigen Auswirkungen einer Abnahme des Bruthöhlenangebotes sind nicht bekannt (in GARNETT 1993).

VERHALTEN

Nur wenige Beobachtungen sind für einen Feldornithologen spektakulärer als ein Schwarm mit 500 oder mehr Banks-Rabenkakadus, die plötzlich auffliegen, nachdem sie bei der Nahrungssuche auf einer Fläche, wo kürzlich ein Buschfeuer brannte, gestört wurden, oder die von ihren Tagesrastplätzen in den Baumkronen von Flusseukalypten am Rande eines Wasserloches auffliegen und schließlich am Horizont entschwinden, so dass nur noch ihre lauten Rufe zurückhallen. Diese Erlebnisse sind in nördlichen Regionen Australiens wahrscheinlicher, doch können auch im Süden gelegentlich große Schwärme beobachtet werden, hauptsächlich an Stellen mit einer konzentrierten Nahrungsverfügbarkeit. Banks-Rabenkakadus werden aber auch paarweise oder zu dritt angetroffen – die Trios bestehen aus adulten Paaren und einem Jungvogel. Mitunter werden sie auch zusammen mit anderen Kakaduarten beobachtet, doch kommt es nur selten zur Bildung gemischter Schwärme. Anfang Januar 1975 traf ich am Murray River unweit von Dwellingup im Südwesten des Kontinents auf einen Schwarm mit 20 bis 30 Banks-Rabenkakadus, der auch gerade flügge gewordene Jungvögel enthielt. Unter den Banks-Rabenkakadus befanden sich auch einige Baudins Weißohr-Rabenkakadus (*Calyptorhynchus baudinii*), die – ebenfalls mit Jungvögeln – in *Marri*-Bäumen (*Eucalyptus calophylla*) Nahrung aufnahmen. Obwohl sich Vertreter beider Arten in unmittelbarer Nähe zueinander aufhielten, war eine räumliche Trennung der beiden Arten deutlich erkennbar. Mitte September 2001 stieß ich erneut auf Banks-Rabenkakadus und Baudins Weißohr-Rabenkakadus im selben *Marri*-Bestand. Erneut hielten die Vetreter der beiden Arten deutlichen Abstand zueinander. Ich beobachtete bis zu zehn Banks-Rabenkakadus bei der Nahrungsaufnahme in Bäumen am Rand der Savanne und in einem einzelnen Baum im angrenzenden Weideland, etwa 60 m vom Rand der Savanne entfernt, während deutlich innerhalb der *Marri*-Savanne ein Paar Baudins Weißohr-Rabenkakadus damit beschäftigt war, Insektenlarven aus einem Baumstamm zu holen. Am Darling River in der Nähe von Wilcannia im Westen von New South Wales habe ich Banks-Rabenkakadus beobachtet, die zusammen mit Rosakakadus (*Eolophus roseicapilla*) in den höchsten Ästen von Fluss-Eukalypten ruhten. Als die Vögel gestört wurden, trennten sich die beiden Arten beim Davonfliegen.

Im Gegensatz zu anderen Unterarten suchen *graptogyne* und *naso* ausschließlich in Bäumen und hohen Büschen Nahrung, hauptsächlich in Eukalypten und Kasuarinen. Ich konnte beobachten, dass *graptogyne* zwar Viehtränken zur Wasseraufnahme nutzt, jedoch zur Nahrungsaufnahme nicht den Boden aufsucht. Auch stellte ich fest, dass die Vögel heruntergefallene Samenkapseln oder Zapfen nicht nutzen, sondern dass sie auf einen anderen Ast klettern und dort einen neuen Fruchtstand abbeißen. Das „Klick"-Geräusch, das die Schnäbel der Vögel beim Zerkleinern von Samenkapseln oder Zapfen erzeugen, wird bereits aus einiger Entfernung wahrgenommen. Andere Unterarten suchen regelmäßig auf dem Boden Nahrung – ihre watschelnden Bewegungen auf dem Boden wirken unbeholfen. Die lauten, heiser klingenden Rufe der Banks-Rabenkakadus lenken die Aufmerksamkeit des Beobachters unweigerlich auf diese Kakadus. Am frühen Morgen haben die Vögel ihr eigentliches Aktivitätsmaximum, dann verlassen sie ihre Schlafbäume, suchen eine Wasserstelle auf und verteilen sich anschließend auf verschiedene Stellen, wo sie Nahrung suchen. Am späten Nachmittag liegt ein zweites Aktivitätsmaximum, wenn die Kakadus im Anschluss an die Nahrungsaufnahme zu den von ihnen bevorzugten Wasserstellen zurückkehren. Bei Sonnenuntergang fliegen sie in großer Höhe zu ihren Schlafplätzen, die sich in hohen Eukalypten am Ufer eines Wasserlaufs befinden. SINDEL (in SINDEL & LYNN 1989) erwähnt, dass im Juni 1984 vermutlich mehr als tausend Banks-Rabenkakadus in Schlafbäumen am Ufer des Laura River im äußersten Norden von Queensland angetroffen wurden. Die Vögel erschienen abends in kleineren Schwärmen mit bis zu 20 Exemplaren und suchten individuelle Schlafbäume auf. Am nächsten Morgen verließen sie ihre Schlafplätze bei Sonnenaufgang, nachdem sie vorher ununterbrochen gerufen hatten. Bevor sie in verschiedenen Richtungen verschwanden, flogen kleine Schwärme über dem Fluss hin und her. Obwohl Banks-Rabenkakadus gewöhnlich eher scheu sind, können sie Menschen gegenüber auch vertraut werden. Dies fällt besonders im Kakadu National Park auf, wo sie häufig in den Bäumen auf Parkplätzen oder in Hotelgärten Nahrung aufnehmen und sich von den Aktivitäten der Menschen offenbar nicht stören lassen. Im Sommer suchen Banks-Rabenkakadus mittags Schutz vor hohen Temperaturen und ruhen regungslos auf den belaubten Ästen hoher Bäume. In dem im nördlichen Northern Territory gelegenen Kakadu National Park beobachtete ich einmal zwei Vögel, die bewegungslos in einem fast vollständig ausgetrockneten Wasserloch standen – ihre Beine, das Bauchgefieder und die Steuerfedern befanden sich im flachen Wasser. In mondhellen Nächten können Banks-Rabenkakadus ziemlich aktiv sein und rufend umherfliegen.

WANDERUNGEN

Im Norden des Verbreitungsgebietes finden saisonale Zugbewegungen statt, an denen aber offenbar nicht alle Vögel teilnehmen. In den südlichen Regionen scheinen Banks-Rabenkakadus dagegen eine nomadische Lebensweise zu führen – dort sind die Wanderungen oder die lokalen Fluktuationen nicht vorhersagbar und stehen möglicherweise in Zusammenhang mit der aktuellen Nahrungsverfügbarkeit.

Storr (1977) erwähnte, dass im nördlichen Teil des Northern Territory Banks-Rabenkakadus während der Regenzeit von November bis April die niederschlagsreiche, subhumide Zone weitgehend verlassen und während und unmittelbar im Anschluss an die Phase mit der höchsten Niederschlagsmenge – gewöhnlich im Januar und Februar – die am weitesten südlich gelegenen Gebiete aufsuchen. Vergleichbare saisonale Zugbewegungen wurden bei der Unterart *C. b. samueli* im Süden des Northern Territory festgestellt. Bei Bestandsaufnahmen, die zwischen 1961 und 1968 auf der Cobourg Peninsula im Northern Territory durchgeführt wurden, konnten Banks-Rabenkakadus in allen Monaten nachgewiesen werden, allerdings während der Regenzeit in deutlich geringerer Anzahl (Frith & Hitchcock 1974). Haselgrove (1975) erwähnte, dass Banks-Rabenkakadus auf Groote Eylandt im Northern Territory ausschließlich während der Regenzeit nachgewiesen wurden und selbst dann nur in geringer Anzahl. Regelmäßige Zugbewegungen, die mit der Verfügbarkeit von Nahrungsressourcen in Zusammenhang stehen, wurden in den Distrikten Atherton und Innisfail im Norden von Queensland festgestellt (Bravery 1970, Gill 1970).

Griffin (1995) erwähnte, dass in der Paluma Range (ebenfalls im Norden von Queensland) ziehende Banks-Rabenkakadus vornehmlich von Januar bis März – mitunter aber auch in anderen Monaten – über dem Regenwald beobachtet werden können. Wieneke (1988) gab an, dass Banks-Rabenkakadus selten Magnetic Island vor der Nordküste von Queensland aufsuchten, wo sie im Januar 1983 nachgewiesen wurden. Es heißt, dass die Art etwa 40 bis 50 Jahre früher dort häufiger beobachtet wurde. Im Süden von Queensland und im Nordosten von New South Wales führen Banks-Rabenkakadus kleinräumige Wanderungen durch. In einigen Gegenden scheinen diese Wanderungen saisonal zu sein, wobei die Vögel aber mitunter bestimmte Regionen nur in größeren zeitlichen Abständen aufsuchen. Templeton (1992) berichtete, dass im Nanango-Distrikt, etwa 200 km nordwestlich von Brisbane, im Juni und Juli kleine Schwärme eintrafen; ein einziger Nachweis gelang Anfang Dezember. Im Gympie-Distrikt im Südosten von Queensland wurde die Häufigkeit von Banks-Rabenkakadus über einen Zeitraum von 25 Jahren erfasst; während in einigen Jahren die Kakadus in jedem Monat beobachtet wurden, wies man sie in anderen Jahren lediglich in einem oder in zwei Monaten nach (Hughes & Hughes 1991). Die meisten Kakadus wurden von Mai bis September beobachtet. Die größte Anzahl wurde 1981 festgestellt, als sich 120 Exemplare von Juli bis August in der Gegend aufhielten. Bemerkenswert ist in diesem Zusammenhang, das sich die Vögel länger dort aufhielten, wenn sie in geringer Anzahl auftraten.

Pratt (1979) wies darauf hin, dass vor 1975 Banks-Rabenkakadus regelmäßig ein Anwesen am Reserve Creek im Murwillumbah-Distrikt im äußersten Nordosten von New South Wales aufsuchten. Sie erschienen in den Monaten von November bis März. Die Dauer ihres Aufenthaltes variierte von Jahr zu Jahr und war vermutlich abhängig von der aktuellen Nahrungsverfügbarkeit. Die früheste Ankunft wurde am 6. November 1972 und die späteste am 20. März 1965 beobachtet; gewöhnlich trafen die Vögel von Anfang Dezember bis Ende Januar ein. Die Daten, die zur Erstellung des Werkes „The Atlas of Australian Birds" eingereicht wurden, lassen vermuten, dass im Westen von New South Wales saisonale Wanderungen entlang des Darling River stattfinden (Garnett *pers. Mittlg.* 1998).

Joseph (1982a) ging davon aus, dass die unregelmäßigen Wanderungen, die im Südwesten von Victoria und im angrenzenden Südosten von South Australia während der vergangenen Jahre festgestellt wurden, die Folge großflächiger Rodungen solcher Habitate sind, welche die Kakadus bevorzugt zur Nahrungssuche nutzen. Ein Teil der Population von *C. b. graptogyne* scheint im Sommer nordwärts zu ziehen. Dort nutzen die Vögel die Früchte von *Allocasuarina luehmannii* als Nahrung, eine Art, die im Süden des Verbreitungsgebietes nicht vorkommt (Joseph 1982b).

Sedgwick (1949) hielt es für wahrscheinlich, dass in Südwest-Australien Banks-Rabenkakadus außerhalb der Brutsaison ständig umherziehen. Seine Auswertung zahlreicher Beobachtungen zeigt, dass im Bereich des Weizengürtels Wanderungen zwar eine eindeutige Nord-Süd-Ausrichtung aufweisen, jedoch unregelmäßig stattfinden. Fast das ganze Jahr über konnten in beide Richtungen ziehende Vögel beobachtet werden. Ford (1965) erwähnte, dass *C. b. naso* im bewaldeten Südwesten im Anschluss an die Brutsaison – gegen Ende des Frühlings und zu Beginn des Sommers – offenbar nordwärts wandert, im

Herbst kehren die Vögel wieder zurück in den Süden. Einige Vögel halten sich von Oktober bis einschließlich Juni, vielleicht auch das ganze Jahr über in der Darling Range zwischen Armadale und Collie auf. Von November bis Mai werden mitunter Banks-Rabenkakadus auch in der Küstenebene im Bereich des Swan River beobachtet, hierbei handelt es sich vermutlich um Vögel, die aus der angrenzenden Darling Range dorthin gewandert sind (STORR & JOHNSTONE 1988).

FLUG

Fliegende Banks-Rabenkakadus neigen sich im ständigen Wechsel zur einen und dann wieder zur anderen Seite, so als würden sie vom eigentlichen Kurs abdriften und dann wieder zurückgeweht werden. Aufgrund dieser Flugweise sind sie leicht von anderen *Calyptorhynchus*-Arten zu unterscheiden. Die Flügelschläge weisen eine deutlich ausgeprägte Abschlagbewegung auf und unterscheiden sich deutlich von den flacheren Flügelschlägen des Braunkopfkakadus (*C. lathami*). Banks-Rabenkakadus fliegen meist hoch über die Baumkronen hinweg und stoßen dann hinab in die Bäume, in denen sie Nahrung aufnehmen. Fliegen Banks-Rabenkakadus größere Strecken, beispielsweise von den Stellen, wo sie Nahrung suchen, zu den Schlafplätzen, dann fliegen sie in beachtlicher Höhe. Sie sind ausdauernde Flieger und dazu in der Lage, beim Aufsuchen von Nahrungsgründen auch größere Wasserflächen oder andere für Kakadus ungeeignete Lebensräume wie Zuckerrohrplantagen zu überqueren. KEITH (1968) berichtete, dass im Bereich der Sir Edward Pellew Islands im Northern Territory ein Schwarm mit zwölf fliegenden Vögeln zwischen Centre Islands und Vanderlin Island beobachtet wurde.

Anfang Juli 1979 beobachtete ich in der Nähe von Nourlangie im Northern Territory, wie drei Banks-Rabenkakadus mit unbewegten Flügeln eine Strecke von etwa 300 m über die Fläche eines größeren, nur in der Regenzeit Wasser führenden Sees segelten, bevor sie plötzlich an Höhe verloren und am Rande des Gewässers landeten.

LAUTÄUSSERUNGEN

Der Kontaktruf von Banks-Rabenkakadus ist ein rollendes, metallisch klingendes „*kriiie*“ oder „*krur- rr*“. Dieser Ruf, den die Vögel nahezu ausnahmslos im Fliegen produzieren, wirkt trompetenartig und kann bereits aus einiger Entfernung vernommen werden. Der Warnruf ist ein kurzes, scharfes „*krur-rak*“. Die beiden genannten Rufe sind besonders laut und grell, so dass sie sich deutlich von den „klagend“ klingenden Rufen der Braunkopfkakadus (*C. lathami*) unterscheiden.

Weitere Lautäußerungen von Banks-Rabenkakadus sind ein leises Schnarren und ein zitterndes „*krou-rou*“. Die letztgenannte Lautäußerung wird von balzenden Männchen gebracht, bevor die Rufe von einem rhythmischen, sich wiederholenden „*kred-kred-kred-kred*“ abgelöst werden, das bis zu 25 Sekunden oder länger anhält (COURTNEY 1996). Der Bettellaut der Nestlinge wurde von COURTNEY (1996) als „Quieken“ beschrieben; offenbar produzieren die Jungvögel aber keine Laute, wenn sie gefüttert werden und die Nahrung hinabschlucken. Jungvögel, die sie sich in einem Schwarm befinden, lassen leise Pfiffe ertönen.

NAHRUNG

Die Samen von Eukalypten sind der wichtigste Bestandteil der Nahrung von Banks-Rabenkakadus. Die Vögel sind meist dort zu finden, wo größere Eukalypten wachsen, die Früchte aufweisen. Die von Banks-Rabenkakadus als Nahrung bevorzugten *Eucalyptus*-Arten sind: in Queensland *Bloodwoods* (*E. polycarpa* und *E. intermedia*), im gesamten Norden Australiens *Darwin Woollybutt* (*E. miniata*), im Südwesten des Kontinents *Marri* (*E. calophylla*) und vom südwestlichen Victoria bis zum südöstlichen South Australia *Brown stringybark* (*E. baxteri*). Alle diese Eukalypten besitzen mittelgroße bis große Früchte. Im Zentrum des Kontinents sowie im Westen von New South Wales suchen Banks-Rabenkakadus ihre Nahrung häufig auf dem Boden. Offenbar sind die Vögel dort weniger auf Eukalypten als Nahrungsquelle angewiesen, doch nutzen sie *E. camaldulensis* sowohl als Ruhe- als auch als Nistplätze. Banks-Rabenkakadus beißen ganze *Eucalyptus*-Fruchtstände ab, die dann mit einem Fuß gehalten werden. Die Vögel gelangen an die Samen, indem sie die Basis einer Kapsel mit dem Schnabel abbeißen – es dauert dann nicht lange, bis der Erdboden mit zerbissenen Pflanzenteilen übersät ist.

Andere Bestandteile des Nahrungsspektrums sind die Samen von *Acacia*-, *Allocasuarina*-, *Hakea*- und *Banksia*-Arten, Nüsse, Früchte, Beeren, Nektar, Blüten sowie Insekten und ihre Larven. An Stellen, an denen kürzlich Buschbrände wüteten, können sich große Schwärme von Banks-Rabenkakadus einfinden. Die Vögel nehmen dort die Samen von *Banksia*- und *Hakea*-Büschen auf, deren hartschalige Früchte sich aufgrund der Hitzeeinwirkung geöffnet haben. Banks-Rabenkakadus fressen bevorzugt die Blüten und Samen von *Grevillea*-Arten. Im Norden Australiens wurden Kakadus dabei beobachtet, wie sie die Früchte von *Ficus*- und *Pandanus*-Arten aufnahmen. STORR (1980) erwähnte, dass Banks-Rabenkakadus in der Kimberley Division von Western Australia beobachtet wurden, wie sie die Samen von *Terminalia-, Acacia-* und *Grevillea*-Arten sowie die Samen von *Eucalyptus miniata, E. ptychocarpa* und *Passiflora foetida* aufnahmen; von *Pandanus aquaticus* rissen sie Blätter ab und fraßen das fleischige Innere. Anfang Juli 1979 beobachtete ich bei Skull Creek südwestlich von Katherine im Northern Territory einen Schwarm mit acht Banks-Rabenkakadus, die gemeinsam mit einem Schwarm Nacktaugenkakadus (*Cacatua sanguinea*) Samen von *Terminalia platyphilla* fraßen. Die Geräusche, die beim Öffnen der hartschaligen Früchte entstehen, sowie das unentwegte Herunterfallen zerbissener Pflanzenteile weckten meine Aufmerksamkeit. Jeder Kakadu biss einen Zweig ab und hielt diesen mit einem Fuß, dann wurden der Frucht nacheinander jeweils einzelne Samen entnommen. Im Südosten von Queensland wurden Banks-Rabenkakadus beobachtet, welche die Früchte von *White Cedar* (*Melia azedarach*) aufnahmen (Hughes & Hughes 1991, Hobson 1993). Pratt (1979) berichtete, dass Banks-Rabenkakadus im Murwillumbah-Distrikt im äußersten Nordosten New South Wales Früchte von *Bangalow Palm* (*Archantophoenix cunninghamiana*), *White Beech* (*Gmelina leichhardtii*), *Coprosma-leafed Coffee* (*Canthium coprosmoides*), *Climbing Aroid* (*Pothos longopes*) und *Wild Grape* (*Cissus antarctica*) sowie die Samen von *Hoop Pine* (*Araucaria cunninghamii*) und *Brush Box* (*Tristania conferta*) als Nahrung nutzen. Gelegentlich wurde beobachtet, wie sie Rinde von *Tallow-Wood*-Bäumen (*Eucalyptus microcorys*) abrissen und Insektenlarven suchten.

Im Südwesten von Victoria sowie im angrenzenden Südosten von South Australia ernährt sich *C. b. graptogyne* hauptsächlich von den Samen von *Eucalyptus baxteri*, mitunter frisst diese Unterart aber auch die Samen von *Allocasuarina luehmannii*, dagegen nehmen sie die Samen von *Banksia marginata* und anderen Pflanzenarten nur selten (Joseph *et al.* 1991). Bei Freilandarbeiten an Banks-Rabenkakadus, die von Dezember 1979 bis November 1980 im Südwesten von Victoria sowie im Südosten von South Australia durchgeführt wurden, nahmen die Kakadus in 72 Prozent der Beobachtungen Samen von *E. baxteri* und in 28 Prozent Samen von *A. luehmannii* auf (Joseph 1982b). In Zentralaustralien wurden Banks-Rabenkakadus beobachtet, welche Samen von Gräsern sowie Samen von *Desert Oak* (*Allocasuarina decaisneana*) suchten (Ford 1980). Im Bereich des Weizengürtels von Südwest-Australien kommen Banks-Rabenkakadu regelmäßig herunter auf den Boden und fressen die Samen des eingeführten *Double-Gee* (*Emex australis*). Von 237 beobachteten Schwärmen, die Nahrung aufnahmen, fraßen 219 an *Double-Gee*, die übrigen Schwärme fraßen an anderen eingeführten Kräutern wie *der* Wolligen Färberdistel (*Carthamus lanatus*), Wilder Rettich (*Raphanus raphanistrum*) sowie Wildmelonen (*Citrullus* oder *Cucumis* spp.) oder an einheimischen Pflanzen wie *Acacia acuminata, A. costata, Grevillea paniculata* und *Hakea recurva* (Saunders *et al.* 1985). Die Samen von *Eucalyptus calophylla* sind die bevorzugte Nahrung von *C. b. naso* im Bereich der bewaldeten Südwestspitze von Western Australia, zusätzlich werden die Samen von *Allocasuarina fraseriana* genommen (siehe Storr & Johnstone 1988).

In den Kröpfen und Mägen von Exemplaren, die im Rahmen der Harold Hall Expeditions im April 1964 im Norden von Queensland und Mitte Mai 1968 in der Kimberley Division von Western Australia gesammelt wurden, befanden sich Insektenlarven, Pflanzensamen und vermutlich auch einige Reiskörner (Hall 1974). Der Kropfinhalt eines Vogels, der bei Richmond im Norden von Queensland gesammelt wurde, bestand aus *Chionachne barbata* (Berney 1906). In den Kröpfen von 16 Exemplaren, die im Weizengürtel von Südwestaustralien gesammelt wurden, befanden sich in sämtlichen Fällen Samen von *Emex australis*, wogegen Samen von *Raphanus raphanistrum* und *Wild Turnip* (*Brassica tournefortii*) nur in jeweils einem Kropf nachgewiesen wurden (Saunders *et al.* 1985).

Gelegentlich wird die Meinung vertreten, Banks-Rabenkakadus seien in den Reisanbaugebieten des Northern Territory und in den Erdnussanbaugebieten im Norden von Queensland Schädlinge. Bis heute ist mir kein unabhängiges Gutachten bekannt, das in den genannten Gegenden die ökonomische Bedeutung des Schadens untersucht hat, der durch die Vögel entsteht. Auch werden meines Wissens keine Forschungsprojekte zur Bestandsentwicklung durchgeführt, die wirksame Kontrollmaßnahmen zum Ziel haben. Folglich bin ich darüber entrüstet, dass Naturschutzbehörden im Northern Territory und in Queensland zur vermeintlichen Lösung des Problems Genehmigungen zum Abschuss und zum Fang von Vögeln erteilen. Derart unzeitgemäße und nicht zu akzeptierende Methoden sind bekanntermaßen absolut unwirksam. Da es sich um Vögel handelt, die vergleichsweise lange brauchen, bis sie sich fortpflanzen, sind derartige Maßnahmen nicht zu rechtfertigen.

FORTPFLANZUNG

Bei der Balz richtet das Männchen die Haube auf und neigt sie bis zum Oberschnabel nach vorn. Die Federn der Wangenregion werden zum Schnabel hin abgespreizt, so dass sie diesen fast vollständig bedecken. Beim Fächern der Steuerfedern wird die rote Querbänderung sichtbar. Das Männchen lässt leise Schnarrlaute hören. Wenn es sich dem Weibchen nähert, wirkt es geradezu „prahlerisch“ und erweckt den Eindruck, als „stolziere“ es den Ast entlang. Anschließend verbeugt es sich zwei oder drei Mal vor dem Weibchen.

Im Norden Australiens brüten Banks-Rabenkakadus gewöhnlich während der Trockenzeit von März bis September und in südlichen Regionen meist gegen Ende des Frühlings oder zu Beginn des Sommers bis in den Herbst hinein. Es ist aber auch vorstellbar, dass die Lage der Fortpflanzungsperiode eine gewisse Variabilität aufweist und von Klimafaktoren beeinflusst wird. Storr (1980) gab an, dass sich Banks-Rabenkakadus in der Kimberley Division von Western Australia von März bis August fortpflanzen. Saunders (*briefl. Mittlg.* 1979) fand am 11. Juni 1978 in der Nähe des Fitzroy River in der Kimberley Division ein Nest, in dem sich ein 14 Tage alter Nestling befand; folglich lag die Legephase in der letzten Aprilwoche. Storr (1977) erwähnt, dass *macrorhynchus* im nördlichen Teil des Northern Territory in den Monaten Juni und Juli brütet und *samueli* im südlichen Teil von März bis Juli. Frith und Davies (1961) gaben jedoch an, dass die Legephase in küstennahen Bereichen des Northern Territory im August beginnt. In Queensland brüten Banks-Rabenkakadus zwar normalerweise von Mai bis Juni oder von Juni bis September; in der Nähe von Ravenshoe im Norden von Queensland wurde jedoch ein Nest mit Eiern am 4. Oktober gefunden (Storr 1984b, Gill 1970). Im nordöstlichen New South Wales wurde im Bereich des Clarence River am 13. Mai einem Nest ein Ei entnommen; dieses Ei konnte Banks-Rabenkakadus zugeordnet werden, da das zu dem Nest gehörende Männchen ebenfalls gesammelt wurde (North 1911). Bennett berichtet, dass im Bereich des Darling River (im Westen von New South Wales) im Juli Bruthöhlen gefunden wurden, die Nestlinge in einem bereits fortgeschrittenen Entwicklungsstadium enthielten (in North 1911). Campbell (1901) erwähnt einen Bericht, in dem es heißt, dass Banks-Rabenkakadus im Bereich des Darling Rivers von Juli bis September nisten. Im Südwesten von Victoria und im Südosten von South Australia brütet *graptogyne* in der Regel von Oktober bis März; Abweichungen von diesem Zeitfenster sind vermutlich eine Antwort auf ungewöhnliche Klimabedingungen (Emison *et al.* 1995). Bei Feldstudien, die im Südwesten von Victoria von 1988 bis 1992 durchgeführt wurden, konnten vom 17. Oktober bis zum 3. April besetzte Nester nachgewiesen werden. Am 14. Februar war der erste Nestling flügge. In der folgenden Brutsaison von Oktober bis Januar fiel übermäßig viel Niederschlag, was dazu geführt haben könnte, dass viele Nester aufgegeben wurden. Jedoch wurden von Januar bis Anfang Februar Nachgelege produziert; während dieser Zeit wurden frisch gelegte Eier in den Nestern gefunden. Anschließend wurden bis zum 20. Mai Nestlinge nachgewiesen. Es liegen keine Hinweise vor, dass Paare während einer Fortpflanzungsperiode mehr als eine Brut aufziehen.

Saunders (1977a) berichtete, dass die Legephasen im Weizengürtel Südwest-Australiens von Juli bis Oktober und von März bis April reichen. Im Three-Springs-Distrikt (270 km nördlich von Perth) wurden von Ende 1974 bis Anfang 1976 sechs mit Flügelmarken gekennzeichnete Weibchen nachgewiesen, die während einer Fortpflanzungsperiode zwei Gelege produzierten. Drei dieser Weibchen legten innerhalb von zwei Monaten erneut Eier, nachdem das Junge der vorausgegangenen Brut das Nest verlassen hatte. Zwei Weibchen zogen jeweils ein Junges der zweiten Brut erfolgreich groß, das dritte Weibchen verließ jedoch sein Gelege. Es kann davon ausgegangen werden, dass keines der sechs Weibchen in der Lage war, innerhalb von zwei Jahren drei Junge erfolgreich aufzuziehen. Ein Nachweis der absoluten Reproduktionsrate über einen längeren Zeitraum ließe sich nur durch ein kontinuierliches Monitoring markierter Weibchen erbringen. Storr (1991) vermutete, dass die Unterart *naso*, die in den Wäldern der Südwestspitze von Western Australia vorkommt, von September bis Oktober brütet.

Die Nester von Banks-Rabenkakadus befinden sich in Asthöhlen oder in hohlen Stämmen von lebenden und abgestorbenen Bäumen. Gewöhnlich stehen die Brutbäume in der Nähe von Gewässern. Die Mehrzahl der Nester befindet sich in beträchtlicher Höhe und ist für Menschen dann unerreichbar. Doch wurden auch Nester von Banks-Rabenkakadus in alten Baumstümpfen in Bodennähe gefunden. Im Weizengürtel Südwest-Australiens (Nereena Hill, in der Nähe von Three Springs) wurden von 1975 bis 1980 Höhlen untersucht, die von Banks-Rabenkakadus und anderen Arten besetzt waren (Saunders *et al.* 1982). Die Höhlen befanden sich in einer *Eucalyptus*-Savanne, die eine Fläche von 16 Hektar einnahm und von *Salmon Gum* (*E. salmonophloia*) dominiert wurde, in einer geringeren Häufigkeit aber auch *York Gum* (*E. loxophleba*) und *Morrel* (*E. longicornis*) aufwies. Im Unterschied zu Rosakakadus (*Eolophus roseicapilla*), Wühlerkakadus (*Cacatua pastinator*), Nacktaugenkakadus (*C. sanguinea*) und Bauers Ringsittichen (*Barnardius zonarius*) nisteten die Banks-Rabenkakadus häufiger in abgestorbenen Bäumen oder in niedrigeren Bäumen, die einen geringeren Kronendurchmesser aufwiesen. Auch neigten die schwarzen Kakadus dazu, größere Höhlen zu nutzen als die übrigen Papageienarten. Die Höhe der Nestbäume reichte von 5 m bis 24 m; im Mittel waren die Nestbäume 14,7 m hoch. Der Stammumfang in Brusthöhe reichte von 1 m bis 2,5 m; im Mittel betrug der Stammumfang 1,6 m. Die Einschlupföffnungen zu den Höhlen befanden sich in einer Höhe von 4,4 m bis 12 m; der Mittelwert betrug 7,3 m. Der horizontale Durchmesser der Einschlupföffnungen reichte von 14,7 cm bis 82 cm (im Mittel 27,2 cm). Der vertikale Durchmesser der Einschlupföffnungen reichte von 12 cm bis 53,5 cm (im Mittel 25 cm). Die Tiefe der Höhlen variierte von 45 cm bis 725 cm (im Mittel 171,8 cm). Sämtliche Einschlupföffnungen befanden sich im Stammbereich der Bäume. Von 37 Nestern wiesen 22 nur eine Einschlupföffnung auf; die übrigen hatten mehr als eine Einschlupföffnung. Im Südwesten von Victoria wurden in den Brutperioden 1988-89 und 1989-90 25 Nester von Banks-Rabenkakadus untersucht (JOSEPH *et al.* 1991). Diese Nester befanden sich in 22 Höhlen, die auf 21 Brutbäume verteilt waren; einige Höhlen wurden in beiden Brutperioden genutzt. Siebzehn dieser Nester befanden sich in Bäumen, deren Rinde von Farmern ringförmig eingeschnitten worden war (Anmerkung des Übersetzers: Diese Methode wird angewendet, um die Bäume absterben zu lassen, ohne sie fällen zu müssen, und dient dazu, Savannen oder Wälder mit vergleichsweise geringem Aufwand in Weideland umzuwandeln). Als Brutbaum wurde von den Kakadus meist *River Red Gum* (*Eucalyptus camaldulensis*) genutzt. Je zwei Nester befanden sich in lebenden *E. camaldulensis* und in *Yellow Gums* (*E. leucoxylon*). Die Brutbäume wiesen eine mittlere Höhe von 19,1 m auf. Die Einschlupföffnungen befanden sich im Mittel in einer Höhe von 11,9 m. Der mittlere Stammumfang in Brusthöhe betrug 3,7 m. Sieben Nester lagen in vertikal verlaufenden Seitenästen. Drei der Nester waren nach Osten, Südosten und Nordosten ausgerichtet, je eines nach Norden und nach Süden. In dem selben Untersuchungsgebiet wurden während der Brutperioden 1992-93 und 1993-94 insgesamt 34 Nester untersucht. Lediglich eines dieser Nester befand sich in einem lebenden Baum, und nur ein Nest wurde bereits in den vorausgehenden Jahren genutzt (EMISON *et al.* 1994).

Die im Südwesten von Victoria und im benachbarten Südosten von South Australia vorkommende Unterart *graptogyne* ist in ihrem Bestand bedroht. Der Verlust geeigneter Nistplätze stellt die größte Bedrohung dar. Vor der Brutsaison 1992-93 wurden in einem traditionellen Brutgebiet vier zusätzliche Nistplätze in Form hohler Stämme an abgestorbenen Bäumen befestigt, die keine natürlichen Höhlen aufwiesen. Eine dieser Nisthilfen wurde sofort von einem Brutpaar besetzt, das darin einen Jungvogel erfolgreich aufzog (EMISON *et al.* 1994). Vor Beginn der folgenden Brutsaison wurden 12 weitere Nisthilfen errichtet; einige dieser Höhlen wurden am oberen Ende ehemaliger Strommasten befestigt. Von den nun 16 zusätzlichen Nisthöhlen wurden mindestens 30 Prozent von Kakadus genutzt. Diese unmittelbare Akzeptanz der Nisthilfen weist darauf hin, dass die Limitierung geeigneter Nistplätze tatsächlich für die Bestandsabnahmen verantwortlich sein könnte.

Das Gelege von Banks-Rabenkakadus besteht in der Regel aus nur einem Ei, das auf eine Lage aus verrottetem Holz und Spänen gelegt wird. Die Späne entstehen, wenn die Altvögel an den Innenwänden der Höhle nagen. Äußerst selten werden auch zwei Eier gelegt. Aber selbst wenn das zweite Ei auch erfolgreich ausgebrütet wird, so wird dieser Nestling von den Eltern vernachlässigt und stirbt bereits nach kurzer Zeit. SAUNDERS (1977a) berichtete, dass von 118 Nestern, die im Weizengürtel von Südwest-Australien untersucht wurden, nur zwei Nester Gelege mit zwei Eiern aufwiesen. In einem dieser Nester wurden beide Eier erfolgreich ausgebrütet, doch verendete der jüngere Nestling nach vier Wochen. Das Weibchen beginnt mit dem Bebrüten des Eies sofort, nachdem es gelegt ist oder kurze Zeit später. Das Gelege wird etwa 30 Tage lang bebrütet. An der Einschlupföffnung der Höhle oder in seiner unmittelbaren Nähe wird das Weibchen vom Männchen im Verlauf des Vormittags oder am späten Nachmittag gefüttert. Das Männchen nähert sich dem Nest nur zögernd und verweilt erst in benachbarten Bäumen. Der frisch geschlüpfte Nestling ist mit langen gelben Dunen bedeckt. Im Alter von zwei bis drei Wochen öffnen sich die Augenlider und die ersten Federkeime sind sichtbar. Der Nestling wird nach dem Schlüpfen drei Wochen vom Weibchen gehudert. In dieser Zeit sind das Weibchen und der Nestling vom Männchen abhängig, das beide mit Nahrung versorgt. Anschließend wird der Nestling nur noch nachts vom Weibchen gehudert. Beide Eltern füttern den Jungvogel im Laufe des Vormittags und mitunter auch noch einmal abends. Etwa drei Monate nach dem Schlüpfen verlässt der Jungvogel das Nest, wird aber anschließend noch weitere vier Monate von den Eltern gefüttert.

SAUNDERS (1976b) erwähnte, das eine Bruthöhle gleichzeitig von Banks-Rabenkakadus und einer weiblichen Halsbandkasarka (*Tadorna tadornoides*) – einem Entenvogel – genutzt wurde. Die Kasarka begann mit dem Legen, als der sich bereits in der Höhle befindende Kakadunestling etwa 25 Tage alt war. Die Ente legte neun Eier und begann mit der Bebrütung des Geleges, als der junge Kakadu etwa 42 bis 48 Tage alt war. Während der Bebrütungsphase verließ die Ente das Nest vor Sonnenaufgang und kehrte im Laufe des Vormittags dahin zurück. Am späten Nachmittags verließ sie das Nest erneut bis nach Sonnenuntergang. Auf diese Weise war die Ente abwesend, wenn der junge Kakadu von seinen Eltern gefüttert wurde. Als die Entenküken schlüpften, war der Kakadunestling 75 bis 81 Tage alt; kurze Zeit später war er flügge und verließ das Nest.

Im Weizengürtel Südwest-Australiens wurden von 59 Eiern 38 erfolgreich ausgebrütet (SMITH & SAUNDERS 1986). Dies entspricht einer Schlupfrate von 64,4 Prozent. Von diesen 38 Nestlingen wurden 17 flügge, was einer Aufzuchtrate von 28,8 Prozent entspricht. Von den 21 Nestlingen, die verendeten, starben 11 bereits innerhalb der ersten beiden Wochen nach dem Schlüpfen. Die übrigen fielen Ameisen zum Opfer und starben im Alter von sechs bis sieben Wochen. Allerdings ist nicht bekannt, ob die Ameisen tatsächlich ursächlich für den Tod der Kakadunestlinge verantwortlich sind, oder ob sie die Nestlinge erst dann attackierten, als diese schon geschwächt waren.

Ein junges Männchen benötigt vier Jahre, bis es das Adultkleid aufweist. Im ersten Jahr ähnelt das Männchen einem adulten Weibchen. Nach der Jahresmauser des zweiten Jahres hat sich die Anzahl der gelben Punkte am Kopf und auf den Flügeldecken verringert. Die Bänderung des Brustgefieders nimmt ab, das Band der Steuerfedern wird dagegen breiter und weist einen größeren Rotanteil auf. Der Schnabel wird dunkler. Im dritten Jahr sind nur noch wenige gelbe Punkte im Gefieder vorhanden, und auch die schmalen schwarzen Querstreifen im roten Band der Steuerfedern sind größtenteils verschwunden. Im vierten Jahr ist das gesamte Gefieder glänzend schwarz, mit Ausnahme des einheitlich roten Bandes auf den Steuerfedern. Der Schnabel ist in dieser Entwicklungsphase grauschwarz.

EIER

Die glanzlosen Eier sind elliptisch bis elliptisch-eiförmig. Ihre Oberfläche ist mit auffälligen Einbuchtungen übersät. In der H. L. White Collection (Melbourne) befindet sich ein einzelnes Ei von *C. b. banksii*, das in Cooktown im nördlichen Queensland gesammelt wurde und die Maße 55,6 mm x 38,2 mm aufweist. In dieser Sammlung befindet sich auch ein einzelnes Ei von *C. b. macrorhynchus* mit den Maßen 48,0 mm x 34,6 mm, dieses Ei stammt vom Daly River im Northern Territory. Ebenfalls Bestandteil der H. L. White Collection sind zwei Eier, die in den Macdonnell Ranges im Northern Territory gesammelt wurden, sie messen 50,5 mm x 30,6 mm und 50,3 mm x 37,0 mm. Im Western Australian Museum (Perth) befindet sich ein weiteres Ei von *C. b. samueli*, das etwa 50 km nordöstlich von Wubin (Western Australia) gesammelt wurde und 51,4 mm x 35,5 mm misst. Die Favaloro Collection (Melbourne) weist ein einzelnes Ei von *C. b. graptogyne* aus Edenhope (Victoria) mit den Maßen 49,2 mm x 36,5 mm auf.

HALTUNG IN MENSCHENOBHUT

Banks-Rabenkakadus sind die bekanntesten Vertreter der Gattung *Calyptorhynchus* in Menschenobhut. Seit einigen Jahren achten die Züchter verstärkt darauf, die Vertreter der verschiedenen Unterarten nicht zu mischen. Ich unterstütze dieses Bestreben voll und ganz, möchte aber darauf hinweisen, dass der Erfolg von der sicheren Zuordnung der Vögel zur korrekten Unterart abhängt. Ich bin besorgt, dass das zunehmende Interesse der Züchter an den seltenen Subspezies im Südosten und Südwesten Australiens zu einer verstärkten Nachfrage nach illegal dem Freiland entnommener Vögeln führt. Zurzeit werden in Australien fast ausschließlich die Unterarten *banksii* und *samueli* gehalten, *macrorhynchus* wird überwiegend von Züchtern aus dem Northern Territory gepflegt, dürfte jedoch in den nächsten Jahren eine größere Verbreitung innerhalb Australiens erfahren. Die Subspezies *naso* wird nur in sehr geringer Zahl gehalten, und alle bekannten Vögel scheinen von einem oder zwei Brutpaaren aus Western Australia abzustammen. Unglücklicherweise bezeichnen die Händler und Züchter sämtliche Vögel, die aus Western Australia stammen als *naso*, obwohl die Populationen aus dem Weizengürtel dieses Bundesstaates zweifellos zu *samueli* gehören. Mir ist lediglich ein einzelnes Tier der Unterart *graptogyne* in Menschenobhut bekannt; es handelt sich um ein Weibchen in South Australia.

Früher waren nur wenige Banks-Rabenkakadus für die Züchter verfügbar, so dass es zu Vermischungen von *banksii* mit dem kleineren *samueli* kam. Die Größe der Nachkommen liegt zwischen der beider Unterarten. Die Mischlinge sind auch heute noch zahlreich in Menschenobhut vertreten und mitunter extrem schwer zu bestimmen. Ich empfehle, dass Vögel mit unsicherer Bestimmung, die zur Zucht vorgesehen sind, eher mit *samueli* als mit *banksii* verpaart werden sollten, da von der Nominatform weniger unterartenreine Vögel in Menschenobhut existieren und ihr genetisches Material daher besonderen Schutz verdient.

UNTERBRINGUNG UND PFLEGE

Banks-Rabenkakadus sind weniger spezialisiert als die übrigen *Calyptorhynchus*-Arten. Daher lassen sie sich wesentlich leichter an ein Leben in Menschenobhut gewöhnen als ihre Verwandten. Wenn man die Vögel in einer großen Voliere unterbringt und angemessen ernährt, sind die Banks-Rabenkakadus robuste und langlebige Pfleglinge. Die Art wird im Gegensatz zu den anderen Rabenkakadus sogar als zahmes Haustier gehalten. Vor allem von Hand aufgezogene Tiere werden sehr anhänglich und lernen, einige Wörter zu „sprechen". Die großen Vögel sind jedoch für eine reine Käfighaltung völlig ungeeignet. Sie werden dann mürrisch und träge. Handaufgezogene Männchen sind oft auf den Menschen fehlgeprägt, so dass sie als Zuchttiere nicht mehr in Frage kommen.

Der Pionier bezüglich der Fortpflanzung und des Zuchtmanagements von Rabenkakadus in Menschenobhut, Robert LYNN aus Sydney, erwarb sein erstes Paar Banks-Rabenkakadus 1959. Er brachte es in einer nach Norden ausgerichteten Voliere unter, die etwa 9 m lang, 2 m breit und 2,4 m hoch war. Am südlichen Ende befand sich das vollständig geschlossene Schutzhaus, die Westseite war ebenfalls gegen Witterungseinflüsse geschützt. Die Voliere war jeweils an beiden Enden auf einer Länge von 3 m überdacht (in SINDEL & LYNN 1989). Im Zoo von Perth wird eines der wenigen Paare der Unterart *naso* gehalten. Seine Voliere ist 9 m lang (davon entfallen 2 m auf das vollständig geschlossene Schutzhaus), 1,8 m breit und 2,3 m hoch (in SINDEL & LYNN 1989). BRANSTON (1995) berichtete, dass sein Brutpaar in einer nach Norden ausgerichteten Voliere untergebracht war, die 9 m lang (davon entfielen 3 m auf das Schutzhaus am Südende), 2 m breit und 2,5 m hoch war. Die Freivoliere war an der Vorderseite auf einer Länge von 3 m überdacht, um dem Paar während der Nachtruhe im Freien Schutz zu gewähren. Ich habe mein Brutpaar in einer Voliere untergebracht, die von Norden nach Süden ausgerichtet ist. Von den 8 m Gesamtlänge entfallen 2 m auf das vollständig geschlossene Schutzhaus am Südende. Die Breite beträgt 1,8, die Höhe 3,1 m. Das Dach des Schutzhauses ist an der Vorderseite einen Meter höher als die angrenzende Freivoliere und fällt dann schräg zur Rückwand des Hauses ab. Am höchsten Punkt der Voliere erhalten die Vögel so eine Rückzugsmöglichkeit.

Banks-Rabenkakadus sind nicht so zerstörerisch wie Gelbohr-Rabenkakadus (*C. funereus*). Dennoch ist von einer Unterbringung in einer Voliere aus Holz oder aus Leichtmetall abzuraten. Zu empfehlen sind eine solide Metallkonstruktion und für die Freivoliere ein starkes Maschendrahtgeflecht oder gut verschweißte, robuste Gitterelemente. Ich glaube, dass die Banks-Rabenkakadus auch ihre Sitzäste weniger intensiv benagen als ihre Verwandten. Sie geben sich gewöhnlich damit zufrieden, die starken Äste und Stämme aus Hartholz zu entrinden, zum Beispiel von Kasuarinen. Die Vögel zernagen jedoch belaubte Eukalyptus-Zweige, die man ihnen zur Befriedigung ihres Nagebedürfnisses auch regelmäßig anbieten sollte.

Meine Vögel ziehen sich bei starker Sonneneinstrahlung im Sommer und bei kräftigem Wind in ihr Schutzhaus zurück. Bei regenerischem Wetter sitzen sie hingegen gerne auf exponierten Ästen in der Freivoliere. Sie lassen sich selbst von heftigen Regengüssen nicht abschrecken. Sie lieben es, im Regen zu baden. Sie hängen sich dann kopfüber an das Volierengitter, spreizen ihre Schwanzfedern fächerartig auf und schlagen laut schreiend mit ihren ausgebreiteten Flügeln. Ebenfalls baden sie gerne in feuchtem Laub. Daher besprenge ich die belaubten Eukalyptus-Zweige für meine Vögel durchdringend mit Wasser, bevor ich sie in die Voliere hänge.

Wie bei allen Rabenkakadus sollte auch bei den Banks-Rabenkakadus die Futter- und Trinkwassernäpfe in erhöhter Position angebracht werden. Das gilt insbesondere für die Unterart *naso*, die sich ausschließlich in den Baumkronen aufhält. Neil HAMILTON erzählte mir, dass das Paar im Zoo von Perth niemals den Boden aufsuche (pers. Mitteilung, 1996). Mein Paar Banks-Rabenkakadus reagierte etwas weniger tolerant auf die Anwesenheit anderer Vögel als die übrigen Rabenkakadus. Ich vermutete jedoch, dies lag daran, dass das Weibchen von Hand aufgezogen worden war. Die Kakadus teilten ihre Voliere mit einem Brutpaar Stanleysittiche (*Platycercus icterotis*) und einem Paar Schwarzbauchkiebitze (*Vanellus tricolor*). Im Zusammenleben dieser drei Arten beschränkten sich die Kakadus auf Drohgebärden.

FÜTTERUNG

Banks-Rabenkakadus sind in erster Linie Samenfresser und akzeptieren eine Basis-Körnermischung in der Regel ohne Schwierigkeiten. Das Trockenfutter sollte jedoch so abwechslungsreich wie möglich sein und mit Mandeln, Erdnüssen, Maiskolben und Wildsamen sowie Wildfrüchten aller Art ergänzt werden. BRANSTON (1995) erinnerte sich, dass sein Paar außer Sonnenblumenkernen nur wenig Körnerfutter verzehrte. Auch Gemüse, Früchte, Mandeln oder Erdnüsse wurden nur in kleinen Mengen gefressen. Unter den Futterpflanzen aus der Natur bevorzugte es Eukalyptus-Samen und insbesondere die *Isopogon*-Zapfen, welche es täglich erhielt. Mein Paar erhält als Trockenfutter Sonnenblumenkerne, Kardisaat, Kanariensaat, Weiße Hirse und Rispenhirse. Die kleinen Samen gebe ich in einen gemeinsamen Napf, da sie nur in geringen Mengen verzehrt werden. Meine Vögel erhalten regelmäßig Eukalyptus-Samenkapseln mit halbreifen oder reifen Samen, darüber hinaus *Allocasuarina*-Zapfen und *Hakea*-Früchte. Die Wildsamen werden von den Kakadus sehr gerne gefressen. Das Männchen macht sich nur wenig aus Grünfutter, das Weibchen hingegen frisst sehr gerne Stangensellerie, Mangold und die äußeren grünen Blätter des Kopfsalats. Die Vögel verschmähen Erdnüsse, haben jedoch eine große Vorliebe für ungeschälte Mandeln, von denen jeder Vogel pro Tag jeweils vier Stück erhält. Eukalyptus-Zweige werden entlaubt und zernagt, sobald ich sie in die Voliere eingebracht habe.

ZUCHT

Banks-Rabenkakadus sind leichter zu züchten als andere *Calyptorhynchus*-Arten, und manche Paare sind sehr fruchtbar. LYNN hatte ein Paar, das durchgehend alle sieben Monate über einen Zeitraum von 20 Jahren brütete. In dieser Zeit zog es mehr als 30 Junge auf (in SINDEL & LYNN 1989). Das Entfernen der Eier oder der Jungvögel aus dem Nest für die künstliche Bebrütung und Handaufzucht kann die Produktivität eines Paares erheblich steigern, so dass diese Praxis bei den Züchtern sehr verbreitet ist.

BRANSTON (1995) merkte an, dass sein Brutpaar zwei große Niststämme zur Auswahl hatte, die, nebeneinander stehend, an der Rückwand des Schutzhauses angebracht waren. Die Stämme waren über 2 m hoch und hatten einen Innendurchmesser von 35 cm. Der erste Stamm hatte eine natürliche Spalte als Eingangsöffnung, der zweite war nach oben hin offen mit einem V-förmigen Einschnitt an einer Seite. Das Weibchen wählte diesen als Brutplatz. Im Zoo von Perth war der hohle Niststamm, der von dem Paar der Unterart *naso* benutzt wurde, 90 cm hoch mit einem Innendurchmesser von 45 cm. Die Höhle hatte zwar eine natürliche Öffnung an der Seite, das Weibchen bevorzugte es jedoch, über das oben offene Ende in das Innere des Niststamms zu klettern. Der Stamm war in senkrechter Ausrichtung auf einem 1,2 m hohen Metallständer befestigt. Die Höhle war bis zu einer Tiefe von 15 cm mit Holzstücken und Mulm befüllt worden (in SINDEL & LYNN 1989). Mein Paar nistete ebenfalls in einem senkrechten Stamm, der auf einem etwa 90 cm hohen Metallständer stand. Der Stamm war 80 cm hoch mit einem Innendurchmesser von 35 cm. Er war nach oben hin offen. Ich befüllte ihn bis zu einer Tiefe von 30 cm mit frischen Eukalyptus-Hobelspänen.

BRANSTON (1995) beschrieb die Einzelheiten einer erfolgreichen Brut. Er beobachtete die Kopulation seiner Vögel am 24. Februar. Das einzige Ei wurde am 4. März gelegt, das Junge schlüpfte am 3. April. Ab dem fünften Tag verbrachte das Weibchen zunehmend mehr Zeit außerhalb der Nisthöhle, um zu fressen. Mit gefülltem Kropf flog es dann zurück zu seinem Jungen, um es zu füttern. In der Nestlingszeit wurde das Weibchen nur selten vom Männchen mit Futter versorgt. Es gab keine Anzeichen dafür, dass sich der Vater an der Fütterung des Jungvogels in der Höhle beteiligte. Als der Nachwuchs 69 Tage alt war, schienen die Altvögel ihn aus dem Nest locken zu wollen. Der Jungvogel zeigte sich jedoch erts 81 Tage nach dem Schlupf am Höhleneingang, zehn Tage später flog er aus, wozu er von seinen Eltern lautstark ermutigt wurde. Fortan wurde der Flüggling überwiegend vom Männchen gefüttert. Als der junge Kakadu 17 Wochen alt war, konnte man ihn erstmals dabei beobachten, wie er Gemüse fraß. Einige Wochen später nahm er dann auch gequollene Samen auf. Als der Jungvogel 21 Wochen alt war, verhielt sich der männliche Altvogel ihm gegenüber zunehmend aggressiv.

Die Erfahrungen, die ich bei der Brut meines Paares machen konnte, decken sich im Wesentlichen mit den Beschreibungen anderer Züchter. Das Weibchen bebrütete sein einziges Ei 30 Tage und huderte den frisch geschlüpften Nestling weitere acht Tage lang. Danach verließ das Weibchen das Nest für einige Zeit am frühen Morgen und für längere Zeit im Laufe des Vormittags und am späten Nachmittag. Es nahm dann Futter auf oder wurde gelegentlich vom Männchen gefüttert. Knapp vor Einbruch der Dunkelheit suchte das Weibchen noch einmal schnell die Freivoliere auf. Nach etwa zwei Wochen verbrachte es die meiste Zeit des Tages außerhalb des Nestes und kletterte nur drei- bis viermal kurz in die Nisthöhle, um den Jungvogel zu füttern. In dieser Zeit begann das Weibchen, größere Mengen der Weichfuttermischung zu fressen, das für die Kiebietze bestimmt war. Vorher hatte es dieses Futter nicht beachtet. Es besteht aus drei Teilen Brotkrümeln, einem Teil eines kommerziellen Aufzuchtfutters für Insektenfresser, einem Teil hart gekochtenb Eies und einem Teil mageres Rinderhackfleisch. Alle Bestandteile werden zu einer krümeligen Masse gemischt. Ich habe niemals beobachten können, dass das Männchen in die Nisthöhle geklettert wäre, um den Jungvogel zu füttern. Als dieser jedoch ausgeflogen war, versorgte der männliche Altvogel den Flüggling fast allein mit Nahrung. Im Alter von 78 Tagen konnte ich den Jungvogel am Nisthöhleneingang beobachten; acht Tage später verließ er das Nest. Im Alter von etwa fünf Monaten war er selbständig. Beide Altvogel beschützten ihren Nachwuchs gewissenhaft und teilten mit ihm zusammen eine gemeinsame Voliere bis zur nächsten Brutsaison.

Kommerzielles Aufzuchtfutter hat sich bei der Handaufzucht von Banks-Rabenkakadus gut bewährt, das gilt auch für Aufzuchten ab dem Ei. Manche Züchter bevorzugen hingegen ihre eigenen Mischungen. Branston (1995) gab ein Rezept für ein Aufzuchtfutter an, das man für die Handaufzucht eines Banks-Rabenkakadus, der im Alter von 16 Tagen aus dem Nest genommen worden war, verwendet hatte. Die Futtermischung bestand aus 500 g fein gemahlene Sonnenblumenkerne, 150 g Buchweizenmehl, 100 g Weizenkeime, 125 g Reis-Getreideflocken für Kinder, 125 g Getreideflocken mit hohem Eiweißanteil für Kinder, 250 g fein gemahlene Milch-Pfeilwurz-Biskuits und 50 g Frühstücksflocken auf Weizenbasis. Alle Bestandteile wurden vermengt und die für die jeweilige Fütterung notwendige Futtermenge mit warmem Wasser zur gewünschten Konsistenz verrührt. Kleine Mengen Babybrei (gemischtes Gemüse, Apfel oder junger Mais) wurden dem Gemisch hinzugefügt, zusammen mit Vitaminen und einem Kalziumpräparat. Im Alter von 16 bis 18 Tagen wurde der junge Kakadu sechsmal am Tag gefüttert, in den folgenden fünf Tagen erhielt der Jungvogel fünfmal täglich eine Mahlzeit. Vom 24. bis zum 61. Lebenstag wurde der Nestling viermal am Tag gefüttert, ab dem 71. Tag zweimal und vom 118. bis 149. Tag nur noch einmal täglich. Danach sah man den Jungvogel als selbständig an. Während der Aufzucht wurden verschiedene Fortschritte in der Entwicklung des jungen Kakadus notiert, zum Beispiel:

32 Tage: Die Konturfedern beginnen sich zu entrollen;
50 Tage: Der Vogel ist in der Lage, auf einem Bein zu schlafen;
54 Tage: Die größte Körpermasse mit 612 g;
54 Tage: Eine künstliche Wärmezufuhr ist nicht mehr notwendig;
55 Tage: Tagsüber wird der Kakadu in einen offenen Käfig gesetzt;
60 Tage: Der Jungvogel beginnt, auf einen hölzernen Sitzast zu klettern;
72 Tage: Der Jungvogel knackt Sonnenblumenkerne;
83 Tage: erster Flug;
151 Tage: entwöhnt und selbständig.

MISCHLINGE/FARBMUTATIONEN

Der meines Wissens einzige bekannte Fall eine Mischlings innerhalb der Gattung *Calyptorhynchus* wurde von Branston (1997) beschrieben: Aus der Verpaarung eines weiblichen Banks-Rabenkakadus und eines männlichen Gelbohr-Rabenkakadus (*C. funereus*) ging ein Jungtier hervor, das sehr an einen jungen Banks-Rabenkakadu erinnerte. Der Schwanz war jedoch deutlich länger, und auf den Ohrdecken befand sich, gut erkennbar, ein gelber Fleck. Die Kopfmaße und Kopfform einschließlich der Haubenlänge und Form des Schnabels erinnerten an einen Gelbohr-Rabenkakadu.

Walsh (1998) berichtet, dass im April 1989 im Weizengürtel von Südwest-Australien ein teilweise xanthochroistischer oder „gescheckter" Kakadu beobachtet und fotografiert wurde. Im Januar und Februar 1999 entdeckte man bei Townsville, Nord-Queensland, einen mutierten Jungvogel mit seinen normal gefärbten Eltern. Der Juvenile war cremefarben mit einem blass graubraunen Schuppenmuster auf dem Körper und auf den Flügen. Der Kopf war blass graubraun mit cremefarbenen Flecken, der Schwanz wies eine leuchtend orangefarbene Querbänderung auf. Der Schnabel und die Läufe waren weiß bis rosafarben, die Iris braun (Buckley 1999).

BRAUNKOPFKAKADU

Calyptorhynchus lathami (Temminck)

Psittacus Lathami Temminck, Cat. Syst. Cab. d'Orn. et Quadrum., 1807, S. 21 (Botany Bay, New South Wales *ex* Latham).

WEITERE NAMEN

E: Glossy Black Cockatoo, Glossy Cockatoo, Leach's Black Cockatoo, Leach's Red-tailed Cockatoo, Latham's Cockatoo, Casuarina Cockatoo; F: Cacatoès à tête brune; NL: Lathams zwarte kaketoe, Bruine raafkaketoe.

Gesamtänge 48 cm

BESCHREIBUNG

ADULTES MÄNNCHEN

Kopf, Hals und Körperunterseite dunkelrußigbraun, auf den Unterschwanzdecken in braunschwarz übergehend; Federn auf Stirn und Scheitel sind nur wenig verlängert und bilden eine unauffällige Haube; Rücken und Flügel schwarz, mit einem schwachen, bräunlich grünen Schimmer auf den Handschwingen und den oberen Handdecken; innere Steuerfedern schwarz, die äußeren schwarz mit breiter leuchtend roter Binde in der hinteren Federhälfte; Schnabel grau; Iris dunkelbraun; Läufe dunkelgrau; Körpermasse 422-480 g.

20 Exemplare:	Flügel 322-370 (360,6) mm	Schwanz 179-233 (218,5) mm
	Oberschnabel 42-51 (46,1) mm	Lauf 24-27 (25,1) mm

ADULTES WEIBCHEN
Unterscheidet sich vom Männchen durch gelbe Federn am Kopf und auf dem Hals. Einige Vögel besitzen nur sehr wenige, vereinzelte gelbe Federn, bei anderen bilden diese große gelbe Flecken, die Federn sind dann oftmals fein orangegelb gesäumt; die rote Binde auf den Steuerfedern ist mit Gelb verwaschen und wird von dünnen schwarzen Querstreifen unterbrochen; sowohl der verwaschene Gelbton als auch die Querstreifen verschwinden mit zunehmendem Alter des Vogels; Schnabel gräulich hornfarben, Oberschnabel seitlich dunkler grau überzogen, Schnabelspitze dunkelgrau; Körpermasse 430-500 g.

20 Exemplare:	Flügel 317-360 (340,1) mm	Schwanz 187-236 (211,4) mm
	Oberschnabel 43-49 (45,6) mm	Lauf 24-27 (25,1) mm

JUVENILE
Seitliche Kopffedern variabel gefleckt mit blassgelben Federn; wenige gelbe Flecken auf den Ober- und Unterflügeldecken, manchmal bis zu den Flanken reichend, bei den Männchen sind die Flecken gewöhnlich dunkler als bei den Weibchen; Federn des unteren Brustgefieders bis zu den Unterschwanzdecken mit blassgelben Querstreifen in der hinteren Federhälfte, auffälliger bei den Weibchen; auf den Unterschwanzdecken stark gesprenkelt; keine gelben Federn auf dem Kopf und am Hals; äußere Steuerfedern wie bei adulten Weibchen, allerdings dunkler rot bei den jungen Männchen, bei denen darüber hinaus die schwarze Bänderung auffälliger ist; Schnabel hornfarben, an der Basis mit Grau überzogen.

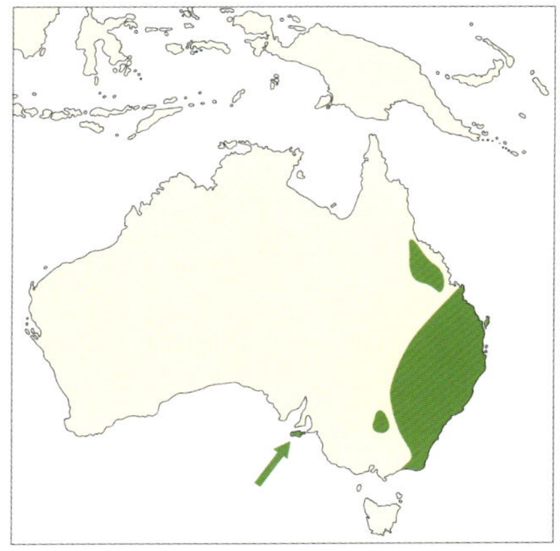

VERBREITUNG

Östliches Australien von Nordost-Queensland bis Ost-Victoria sowie auf Kangaroo Island, South Australia.

UNTERARTEN

Ich übernehme an dieser Stelle zwar die Anordnung der Unterarten nach SCHODDE *et al.* (1993), habe ihr gegenüber jedoch starke Vorbehalte, weil die Unterscheidungsmerkmale sehr fein sind und sich auf die Körpergröße und die Form des Schnabels beschränken. Die Unterscheidung von offensichtlich isolierten Populationen im zentralen und nördlichen Ost-Queensland mögen gerechtfertigt sein, obwohl nur wenige Exemplare verfügbar sind. Ich habe jedoch starke Zweifel, ob *halmaturinus* von Kangaroo Island als gültiges Taxon aufrechtzuerhalten ist. Bezüglich der Maßnahmen und Prioritäten bei den Schutzbemühungen ist es sicherlich sinnvoll, die genetischen Unterschiede zwischen den drei Hauptpopulationen zu erfassen. Diese Daten sind jedoch ohne praktischen Nutzen, wenn sie nur äußerst geringfügig voneinander abweichen oder fragwürdig sind. Die Bewahrung von gefährdeten oder bedrohten Reliktpopulationen oder isolierten Populationen sollte stets höchste Priorität haben und unabhängig von der Existenz von Unterscheidungsmerkmalen sein, die auf eine separate Unterart hinweisen.

1. *Calyptorhynchus lathami lathami* (Temminck)

Die Nominatform, wie oben beschrieben, ist von Ost-Victoria, überwiegend in den am weitesten östlich gelegenen Gebieten von Gippsland, nordwärts durch den Osten von New South Wales bis etwa zum 26. südlichen Breitengrad in Südost-Queensland verbreitet. Innerhalb dieses Verbreitungsgebietes kommt die Hauptpopulation mehr oder weniger verbunden entlang der Great Dividing Range und in den anschließenden Küstenebenen vor. In New South Wales westlich der Great Dividing Range gibt es Randpopulationen in verstreut liegenden Gebieten mit geeigneten Habitaten, und mindestens eine, vielleicht auch mehrere dieser Populationen sind eventuell isoliert (siehe SCHODDE *et al.* 1993).

In Südost-Queensland stammen die meisten Nachweise aus dem bewaldeten äußersten Südosten des Landes nordwärts bis zum Gympie- und zum Chinchilla-Distrikt und gelegentlich westwärts bis Mitchell. Lokale Populationen nördlich des 26. südlichen Breitengrades entlang der Great Dividing Range und in Richtung Westen bis Augathella und Mount Playfair in der Nähe von Tambo gehören wahrscheinlich ebenfalls zur Nominatform (SCHODDE *et al.* 1993).

Im Osten von New South Wales erstreckt sich das Verbreitungsgebiet der Kakadus entlang der Küstenebene und den angrenzenden östlichen Hängen der Great Dividing Range und mit Verbreitungslücken bis zu den Northern Tablelands und den Southern Highlands. Die genauen Verbreitungsgrenzen der Populationen im Landesinneren sind nur vage dokumentiert. Im Norden, an den äußeren Westhängen der Great Dividing Range, gibt es eine Population, die ihr Kerngebiet im Pilliga Scrub und im Tal des Oberlaufs des Namoi River hat. Im Süden kommt eine weitere Population an den Westhängen in einem Gebiet vor, das von etwa Dunedoo und Gilgandra (oder deutlich außerhalb des Hauptverbreitungsgebietes in der Nähe von Quambone) südwärts bis Molong und Parkes reicht; die genannten Populationen sind möglicherweise miteinander verbunden oder weisen zumindest nur kleine Verbreitungslücken zueinander und zu den Küstenpopulationen bis zu den Liverpool Ranges auf (siehe SCHODDE *et al.* 1993). Im Riverina-Distrikt im Süden von New South Wales gibt es eine offenbar isolierte Inlandpopulation vom Mount Hope und der Cocoparra Range südwärts bis Ardlethan und Narrandera (siehe LLEWELLYN 1974). Es ist möglich, dass die Vögel der Riverina-Population gelegentlich nach Süden in den Nordosten von Victoria wandern, wo ein Exemplar bei Wangaratta (MV B7606) gesammelt wurde. Ein weiterer Vogel wurde bei Strathbogie beobachtet (siehe EMISON *et al.* 1987). Ich vermute, dass die Sichtmeldung eines Banks-Rabenkakadus (*Calyptorhynchus banksii*) aus der Nähe von Albany im äußersten Süden von New South Wales auf die Fehlbestimmung eines *C. lathami* zurückzuführen ist. Es handelte sich bei dem Vogel vermutlich ebenfalls um einen wandernden Vogel aus der Riverina-Population (siehe *Bird Observer, Nr. 700, S. 76, 1990*).

Im äußersten Osten von Victoria stammen die meisten Nachweise aus einer Region östlich des Wingan River mit gelegentlichen Sichtmeldungen in der Umgebung des Cann-River-Catchment sowie entlang dem Oberlauf des Snowy River und im Tal des Oberlaufs des Murray River in der Nähe von Corryong (EMISON *et al.* 1987). Weitere Nachweise deutlich außerhalb des Hauptverbreitungsgebietes stammen aus der Region nördlich von Bairnsdale. BAIRD (1986) vermutete, dass zur Zeit der Kolonialisierung Australiens durch die Europäer der gesamte Osten von Victoria westwärts bis Port Phillip Bay zum Verbreitungsgebiet des Braunkopfkakadus zählte, ebenso King Island in der Bass Strait und der Osten Tasmaniens. Heute deutet vieles darauf hin, dass die Verbreitungsgrenze in Süd-Victoria sogar noch weiter nach Westen reichte, jenseits der Port Phillip Bay, eventuell sogar bis nach South Australia. BAIRD berichtete von einem Ei eines Braunkopfkakadus, das im Juni 1899 bei Tarwin, Südost-Victoria, gesammelt worden war. In dieser Gegend konnte man 1974 vier Vögel beobachten (siehe BLAKERS *et al.* 1984). Ein Balg stammt von Mount Macedon (MV 6347) nordwestlich der Port Phillip Bay. Er wird auf 1861 oder früher datiert (Museumsregistration). Ein weiterer Balg stammt von Coleraine, Südwest-Victoria (MV R8451); er wurde dem Museum am 8. September 1891 geschenkt (O'BRIEN *briefl. Mttlg.* 1998). Diese Exemplare weisen darauf hin, dass das Verbreitungsgebiet früher bis in den Südwesten von Victoria reichte, sich eventuell sogar bis zum angrenzenden South Australia erstreckte. Daher sind Zweifel an der Vermutung angebracht, dass die Populationen im Süden der Mount Lofty Ranges und auf Kangaroo Island im Südosten von South Australia schon seit langer Zeit isoliert leben. Es stellt sich nun die Frage, ob sich die Reliktpopulationen von Kangaroo Island und vom Süden der Mount Lofty Ranges in jüngster Zeit gebildet haben oder die Reste eines weitaus größeren Verbreitungsgebietes sind, wie es Fossilien aus dem Quartär aus der Nähe von Tantanoola im Südosten von South Australia vermuten lassen (siehe BAIRD 1985). Ich vermutete, dass Kangaroo Island und der Süden der Mount Lofty Ranges Teile eines vor kurzem noch kontinuierlichen Verbreitungsgebietes sind (einschließlich Süd-Victoria). Möglicherweise nahm die Schnabelgröße der Braunkopfkakadus innerhalb dieses Gebietes allmählich von Ost nach West zu, was den Wechsel der Hauptnahrungspflanzen von *Allocasuarina littoralis* zu *A. verticillata* widerspiegelte.

2. *Calyptorhynchus lathami halmaturinus* Mathews
Calyptorhynchus viridis halmaturinus Mathews, Nov. Zool., 18, S. 263, 1912 (Kangaroo Island)

ADULTE VÖGEL
Ähnlich der Nominatform, aber mit einem unverhältnismäßig größeren Schnabel; Körpermasse Männchen 357-515 g.

3 männl. Exemplare:	Flügel 344-351 (347,7) mm	Schwanz 217-223 (220,7) mm
	Oberschnabel 46-49 (47,3) mm	Lauf 22-24 (22,7) mm.
3 weibl. Exemplare:	Flügel 340-355 (347,6) mm	Schwanz 220-228 (225,3) mm
	Oberschnabel 45-48 (46,3) mm	Lauf 21-22 (21,3) mm

Die Unterart kommt nur auf Kangaroo Island, South Australia, vor, früher offenbar auch im Süden der Mount Lofty Ranges auf dem angrenzenden Festland. Unterartstatus zweifelhaft, da kaum von *lathami* zu unterscheiden.

3. *Calyptorhynchus lathami erebus* Schodde & Mason

Calyptorhynchus lathami erebus Schodde & Mason, Emu 93, 1993, S. 162 (1 km östlich der Kroombit Tops Forestry Barracks, Dawes-Range-Plateau, Queensland).

ADULTE VÖGEL

Wie Nominatform, aber mit unverhältnismäßig kleinerem Schnabel. Körpermasse der Männchen 460-465 g, der Weibchen 400-470 g.

5 männl. Exemplare:	Flügel 325-351 (340,8) mm	Schwanz 215-225 (220,2) mm
	Oberschnabel 43-46 (44,8) mm	Lauf 21-23 (21,6) mm.
3 weibl. Exemplare:	Flügel 335-343 (339,3) mm	Schwanz 220-235 (227,3) mm
	Oberschnabel 42-45 (43,7) mm	Lauf 20-21 (20,3) mm.

Diese Unterart kommt im Becken des Dawson-Mackenzie-Isaac-River-Fluss-Systems an der Ostküste von Queensland nordwärts bis zum Eungella National Park im Süden der Clark Range und südwärts bis zum Dawes-Range-Plateau vor. Landeinwärts reicht das Verbreitungsgebiet bis zur Expedition Range oder möglicherweise bis zu den Peak und Denham Ranges einschließlich des Blackdown Tableland (Schodde *et al.* 1993). Ich zähle zu dieser Unterart vorerst auch die möglicherweise isolierte Population unmittelbar westlich der Paluma Range im Nordosten von Queensland. Doch dies bedarf noch eingehenderer Untersuchungen. Diese Subspezies unterscheidet sich nur wenig von der Nominatform und wird von dieser wahrscheinlich von den Tälern und Hügeln entlang dem Burnett-River-Fluss-System getrennt. Dieses Gebiet erstreckt sich von der Küste bei Bundaberg landeinwärts bis mindestens zur Spitze des Einzugsgebietes des Dawson River.

ALLGEMEINES

Wo sich die Verbreitungsgebiete des Braunkopfkakadus und des Banks-Rabenkakadus (*Calyptorhynchus banksii*) überlappen, können die beiden Arten miteinander verwechselt werden. Meist wird die rote Schwanzbinde als Kennzeichen von *C. banksii* aufgefasst. Immer wenn ich Braunkopfkakadus begegnet bin, waren auch weibliche Exemplare mit ausgedehnten gelben Flecken am Kopf dabei. Dieses Merkmal fehlt weiblichen *C. banksii*. Allerdings kann man sich bei der Artbestimmung nicht immer darauf verlassen, dass auch tatsächlich Weibchen zugegen sind. Die verlässlichsten Merkmale zur Bestimmung von Braunkopfkakadus sind – neben ihren merkwürdigen, krächzenden Lautäußerungen und ihrem eigenartigen Flug – ihr unauffälliges Verhalten sowie ihre Zutraulichkeit Menschen gegenüber. Hinsichtlich der beiden letztgenannten Eigenschaften unterscheiden sie sich deutlich von Banks-Rabenkakadus, die eher scheu sind und deren laute Rufe sie zu auffälligen Vögeln machen.

HABITATE

Braunkopfkakadus bewohnen ausschließlich die gemäßigte Klimazone des Kontinents. Im Süden sind sie zwar großflächig, jedoch nicht gleichmäßig verbreitet. Sie kommen dort in Küstenwäldern des Tieflandes, dichten Bergwäldern, semiariden Savannen, Galeriewäldern entlang Wasserläufen sowie in dem angrenzenden Farmland vor. Im Norden sind sie deutlicher an das Hochland gebunden, und im östlichen Teil von Zentral-Queensland kommen sie vornehmlich in den Bergketten vor, einschließlich isolierter Höhenzüge und Hochplateaus. Das gelegentliche Aufsuchen des umliegenden Tieflandes wird in dieser Region vermutlich durch die aktuelle Nahrungsverfügbarkeit beeinflusst. Obwohl man Braunkopfkakadus regelmäßig in der näheren Umgebung der größeren Städte beobachten kann, wo geeignete bewaldete Habitate erhalten geblieben sind, dringen die Vögel selten bis zu den städtischen Zentren vor. Daher ist ein Bericht aus Noosa Heads, Südost-Queensland, besonders bemerkenswert, denn dort wurden bis zu 18 Exemplare in einem Stadtpark beim Fressen beobachtet. Die Nacht verbrachten die Kakadus in einer Eukalypte, nur 20 m von einer belebten Straßenkreuzung entfernt (Hayes & Hayes 2001).

Gewöhnlich werden Braunkopfkakadus in unmittelbarer Nähe von *Allocasuarina*-Bäumen angetroffen, die ihre wichtigste Nahrungsquelle sind. Sie entfernen sich von diesen Bäumen eigentlich nur, wenn sie umherziehen. Britton (*pers. Mittlg.* 1999) teilte mir mit, er habe im April 1999 Braunkopfkakadus an der nördlichen Verbreitungsgrenze, unmittelbar westlich der Paluma Range im Nordosten von Queensland, in einer *Eucalyptus*-Savanne angetroffen, die ausgedehnte Flächen mit *Forest Sheoaks* (*Allocasuarina torulosa*) aufwies. Pierce (1984) berichtete, dass im weiter südlich gelegenen Eungella National Park (östliches Zentral-Queensland) im Juni 1983 Braunkopfkakadus in einer *Eucalyptus*-Savanne beobachtet wurden, die an einen Regenwald anschloss; die zahlreichen Wasserläufe waren jedoch von Kasuarinen gesäumt, und die nächstgelegenen Kasuarinen standen nur 300 m bis 400 m von den Vögeln entfernt. Ebenfalls im Osten von Zentral-Queensland wurde im September 1971 bei Bestandsaufnahmen in der Shoalwater-Bay-Region festgestellt, dass sich das Vorkommen von Braunkopfkakadus auf die eher niederschlagsreichen und lichten Wälder mit hochwachsendem Baumbestand im östlichen Teil beschränkt, wo *Allocasuarina torulosa* eine häufige Art innerhalb der Strauchschicht ist (Gunn *et al.* 1972). Im Cooloola-Distrikt im südöstlichen Queensland kommen diese Kakadus in lichten Wäldern – auch solchen mit hochwachsendem Baumbestand – vor, wo sie sich gewöhnlich in *Allocasuarina*-Bäumen aufhalten (Roberts & Ingram 1976). In der Umgebung von Meandarra (ebenfalls im Südosten von Queensland) wurden Braunkopfkakadus von Juni 1977 bis Januar 1982 vornehmlich in Beständen von *Belah* (*Casuarina cristata*) angetroffen (Whitmore *et al.* 1983). Diese Vegetationsformation wird auch von Banks-Rabenkakadus (*Calyptorhynchus banksii*) bevorzugt. Die Bemerkungen von Passmore (1982), die sich auf die Häufigkeit der Art im Stanthorpe-Distrikt im Südosten von Queensland beziehen, unterstreichen die Rolle von Kasuarinen im Hinblick auf das Vorkommen von Braunkopfkakadus. Die westlichen Hänge der Great Dividing Range, die keine Kasuarinen aufweisen, werden nur gelegentlich von den Kakadus aufgesucht. Im Bereich der östlichen Hänge, wo Kasuarinen wachsen, sind sie dagegen häufig. Im Küstenbereich von New South Wales habe ich Braunkopfkakadus in verschiedenen bewaldeten Vegetationsformationen angetroffen, die stets Kasuarinen als Strauchschicht aufwiesen. In der Nähe von Wauchope an der mittleren Nordküste von New South Wales sind sie Standvögel. Der vorherrschende Vegetationstyp besteht dort aus feuchtem bis trockenem Sklerophyllwald, der von *Eucalyptus pilularis-E. punctata*-Gesellschaften mit ausgedehnten Beständen von *Allocasuarina tortulosa.* In dieser Region wurden sie in Küstennähe auch in nahezu reinen *Swamp-Oak*-Beständen (*Casuarina glauca*) beobachtet. Gosper (1992) wies darauf hin, dass Braunkopfkakadus von 1977 bis 1982 bei Bestandsaufnahmen im Richmond-River-Distrikt (im äußersten Nordosten von New South Wales) nur in trockenen Sklerophyllwäldern angetroffen wurden. An einer Stelle mit lichtem *Eucalyptus*-Wald, wo der nicht kontinuierlich verteilte Unterwuchs stellenweise *Allocasuarina littoralis* enthielt, waren sie dreimal häufiger als an einer anderen Stelle, wo die Kronenschicht einen höheren Deckungsgrad aufwies und *A. torulosa* im nicht kontinuierlich verteilten Unterwuchs vorhanden war. Im Inland von New South Wales scheinen Braunkopfkakadus felsige Höhenzüge mit *Eucalyptus-Allocasuarina*-Savannen zu bevorzugen. Peet (1996) wies darauf hin, dass Braunkopfkakadus im Goonoo State Forest im mittleren Westen von New South Wales in Savannen vorkommen, die von *Grey Box* (*Eucalyptus microcarpa*), *Narrow-leafed Ironbark* (*E. crebra*), *Black Cypress Pine* (*Callitris endlicheri*) und vier *Allocasuarina*-Arten dominiert werden. In der Narrandera Range, die im südlichen New South Wales innerhalb der Riverina-Region liegt, wurden Braunkopfkakadus in hügeligen Landschaften mit artenreicher Savannenvegetation aus *Eucalyptus, Callitris* und *Allocasuarina* angetroffen (Sharrock & Purnell 1981). Im äußersten Osten von Victoria kommen diese Kakadus ganzjährig in den *Eucalyptus*-Wäldern der Niederungen und küstennahen Bereiche sowie in *Callitris*-Savannen des Murray-Darling-Beckens vor, wo ihre bevorzugte Nahrungspflanze, *Allocasuarina littoralis*, in der Strauchschicht vertreten ist (Emison *et al.* 1987).

Baxter (1995) wies darauf hin, dass Braunkopfkakadus auf Kangaroo Island, South Australia, im Norden, Osten und Westen der Insel ausschließlich in den küstennahen Abschnitten vorkommen, die Bestände von *Drooping Sheoaks* (*Allocasuarina verticillata*) aufweisen. Im Rahmen von Bestandsaufnahmen, die im Juni 1979 und von Januar bis Oktober 1980 durchgeführt wurden, erfolgten sämtliche Sichtungen in Savannen mit *Sugar Gum* (*Eucalyptus cladocalyx*) und *Allocasuarina verticillata*, die vornehmlich in steilen bis sehr steilen, trockenen Schluchten sowie in kleineren Schluchten, die im unmittelbaren Bereich der Küste oder küstennahen Gegenden an landwirtschaftlich genutzte Flächen anschlossen (Joseph 1982c). Pepper (1997) bestätigte, dass Braunkopfkakadus auf Kangaroo Island Savannen mit *Drooping Sheoaks* zur Nahrungsaufnahme nutzen. Lediglich 0,3 Prozent der Fläche von Kangaroo Island besteht aus dieser Vegetationsformation, die vornehmlich im westlichen Bereich der Nordküste vertreten ist. Obwohl dort an den meisten Stellen *Allocasuarina verticallata* die vorherrschende Baumart ist, wächst sie in manchen Gegenden als Unterwuchs zwischen *Sugar Gums*.

LOKALE POPULATIONSDICHTEN

Aufgrund der nahezu vollständigen Abhängigkeit von *Allocasuarina*-Bäumen, deren Samen als Nahrung genutzt werden, sind Braunkopfkakadus gefährdet. Aus dem gesamten Süden von Victoria sind diese Vögel mittlerweile verschwunden. Dies ist vermutlich die Folge von Rodungen der ursprünglichen Vegetation. Bei der Bestimmung des aktuellen Status wurde offenbar dem diskontinuierlichen Verbreitungsmuster und insbesondere der erhöhten Gefährdung isolierter Randpopulationen zu viel Gewicht beigemessen. Wird diese Art als „selten", „gefährdet" oder „bedroht" klassifiziert, so spiegelt dies die tatsächliche Situation nur unzureichend wider. Diese Einordnung nach den genannten Gefährdungsgraden mag in einigen Regionen des Verbreitungsgebietes zwar zutreffen, in anderen erscheint sie jedoch nicht gerechtfertigt.

Seit ich in einer Gegend lebe, die innerhalb des Verbreitungsschwerpunktes von Braunkopfkakadus liegt, habe ich ein wesentlich besseres Verständnis hinsichtlich lokaler Abundanzen im Bereich des Verbreitungszentrums erhalten. Offenbar sind für Braunkopfkakadus grundsätzlich eher geringe Abundanzen charakteristisch, selbst dort, wo diese Vögel als häufig bezeichnet werden können. Auf meinem Anwesen, das 100 Hektar umfasst und überwiegend natürlichen Baumbestand aufweist, halten sich zwar ganzjährig zwei Paare auf, doch vermute ich, dass sie auch weit außerhalb der Grenzen meines Grundstückes Nahrung suchen. Aufgrund der geringen Verfügbarkeit von Nahrungsressourcen erwartet man auch eine geringe Dichte von Paaren, die große Aktionsräume zur Nahrungssuche nutzen. Dieses Verteilungsmuster bedeutet nicht, dass Braunkopfkakadus als „selten" einzustufen sind. Ich denke, dass Braunkopfkakadus im Küstenbereich Südostaustraliens von Südost-Queensland bis zum äußersten Osten von Victoria häufiger vorkommen, als grundsätzlich angenommen wurde. Tatsächlich sind diese Kakadus dort sogar wohl recht häufig. In einigen Gegenden, beispielsweise im Bereich des Hawkesbury River nördlich von Sydney, steiegn die Bestandszahlen offenbar an. In den Randbereichen des Verbreitungsgebietes stellt sich die Situation gänzlich anders dar. Dort sind die Vögel wesentlich stärker gefährdet. Das Vorkommen der nördlichen Unterart (*C. lathami erebus*), die von den übrigen Populationen isoliert ist, ist vermutlich auf die offenen Wälder des Dawson-Mackenzie-Beckens im zentralen Osten von Queensland und auf eine unmittelbar westlich der Paluma Range gelegene Region im Nordosten von Queensland begrenzt. Die niedrige Populationsdichte ist innerhalb des zurückliegenden Zeitraumes, für den Angaben und Hinweise zur Häufigkeit vorliegen, vermutlich konstant geblieben. Das von dieser Unterart genutzte Habitat in hügeligem Gelände und im Bereich von Höhenzügen ist seit der Besiedlung durch Europäer größtenteils unverändert geblieben. Auch liegen keine Hinweise für einen Bestandsrückgang vor (siehe SCHODDE *et al.* 1993). Im Dezember 1997 war ein Großteil des im nördlichen New South Wales gelegenen Pilliga Nature Reserve von Buschfeuern betroffen. Dies stellte für die dort vorkommenden Braunkopfkakadus zwar eine extreme Bedrohung dar, doch nutzten bereits wenige Monate später Schwärme eine sich regenerierende Savanne zur Nahrungsaufnahme, in der noch Reste der dort ursprünglich wachsenden Kasuarinen vorhanden waren. Der Verbreitungsschwerpunkt von Braunkopfkakadus im Bereich der westlichen Ausläufer des östlichen Randgebirges von New South Wales liegt im Goonoo State Forest, der eine Gesamtfläche von 62.500 ha aufweist. Bei einer Bestandsaufnahme, die dort im März 1995 durchgeführt wurde, konnten 291 Exemplare gezählt werden (PEET 1996). Wenn bei dem Management dieses Schutzgebietes die Ansprüche von Braunkopfkakadus berücksichtigt und Buschbrände erfolgreich vermieden werden, ist es wahrscheinlich, dass die dort vorkommende lokale Population auch weiterhin in ihrem Bestand gesichert ist. Der Behauptung, dass die im Bereich der Riverina im südlichen New South Wales vorkommende isolierte Population des Braunkopfkakadus im Bestand nur wenig abgenommen habe, weil das von den Vögeln genutzte Habitat im hügeligem Gelände und auf niedrigen Höhenzügen nur geringfügig verändert wurde, kann ich nicht zustimmen (vgl. SCHODDE *et al.* 1993). In dieser Region hat die weitreichende Zerstörung der natürlichen Vegetation dazu geführt, dass ursprüngliche Vegetation nur noch in einzelnen Fragmenten erhalten geblieben ist, und es ist zu befürchten, dass die intensiv betriebene Weidewirtschaft und der Ackerbau sich weiter ausdehnen. Es ist vorstellbar, dass Brutpaare aufgrund der Habitatfragmentierung nicht in der Lage sind, ausreichend Nahrung in Nestnähe zu finden. Dies könnte eine erfolgreiche Aufzucht der Jungen in ähnlicher Weise gefährden, wie es für Carnabys Weißohr-Rabenkakadus (*Calyptorhynchus latirostris*) im Weizengürtel von Südwest-Australien nachgewiesen wurde. Zusätzlich liegen Hinweise vor, dass Vögel dieser Population für den illegalen Handel gefangen wurden (in GARNETT 1993). Meiner Meinung nach ist diese lokale Population stärker gefährdet als die übrigen Populationen des Festlandes. Vermutlich liegt die Gesamtzahl der dort vorkommenden Individuen sogar deutlich unter der Anzahl der auf Kangaroo Island lebenden Braunkopfkakadus.

Seit der Besiedlung durch Europäer sind lokale Populationen im Bereich der südlichen Mount Lofty Ranges im südöstlichen South Australia gänzlich verschwunden. Auch ich bin der Meinung, dass der Gefährdungsgrad der heute auf Kangaroo Island vorkommenden Reliktpopulation mit dem Verschwinden dieser Festlandsbestände weiter angestiegen ist (siehe SCHODDE *et al.* 1993). Bei einer Bestandszählung, die Ende September 1996 durchgeführt wurde, ließen sich mindestens 188 Vögel nachweisen. Der bereits in früheren Zeiten beobachtete Männchenüberschuss ist auch heute noch festzustellen: Es sind mindestens 109 männliche Exemplare vorhanden und nur 57 weibliche (*Chewings Newsletter, Nr. 6, Dezember 1996*). Das Auffinden zweier toter Weibchen könnte darauf hinweisen, dass Weibchen im Vergleich zu Männchen generell eine höhere Mortalität aufweisen. DNA-Analysen lassen vermuten, dass das Geschlechterverhältnis unter den Nestlingen noch ausgewogen ist; 1996 wurden elf weibliche und sieben männliche Nestlinge nachgewiesen. Es ist vorstellbar, dass die auffälliger gefärbten Weibchen erheblich häufiger von Beutegreifern geschlagen werden – dies könnte erklären, weshalb weibliche Exemplare im Vergleich zu männlichen eine höhere Mortalitätsrate aufweisen (GARNETT *et al.* 1999). Bei Zählungen in 1997 konnten mindestens 204 Vögel, im Oktober 1998 mindestens 246 Vögel, im Oktober 1999 228 Vögel und im Oktober 2000 229 Vögel nachgewiesen werden. Die gegenwärtige Populationsgröße wurde auf 250 bis 260 Exemplare geschätzt, so dass von einer stabilen beziehungsweise leicht wachsenden Population ausgegangen werden kann (*Chewings Newsletter, Nr. 10,12 und 14, Januar 1999, Juni 2000 und März 2001*). Auf Kangaroo Island wurden umfangreiche Freilandstudien an Braunkopfkakadus durchgeführt. Ziel dieser Untersuchungen war es zum einen, die Faktoren zu bestimmen, welche die Vögel gefährden, und zum anderen sollte aus den Ergebnissen ein Maßnahmenkatalog entwickelt werden, der ein Anwachsen der Population unterstützt. Die Nesterfolgsrate wurde am stärksten von der Plünderung der Gelege und der Nestlinge durch Fuchskusus (*Trichosurus vulpecula*) beeinflusst. Nach dem Anbringen von Manschetten aus Blech um die Stämme solcher Bäume, in denen Kakadus brüten, stieg die Zahl flügger Nestlinge an. Die Ergebnisse einer dreijährigen Studie zeigen, dass ein Ei, das in ein geschütztes Nest gelegt wird, mit einer Wahrscheinlichkeit von 42 Prozent zu einem flüggen Jungvogel führt. In nicht geschützten Nestern beträgt die Bruterfolgsrate nur 23 Prozent. Es wurden Nistkästen konstruiert, in die Kusus und Wildbienen nicht eindringen können, und in der Brutsaison 2001 befand sich etwa ein Drittel der erfolgreichen Aufzuchten in einem dieser Kästen (*Chewings Newsletter, Nr. 15, September 2001*). Der Fortpflanzungserfolg von Braunkopfkakadus wird auch von der Nistplatzkonkurrenz mit Rosakakadus (*Eolophus roseicapilla*) und Nacktaugenkakadus (*Cacatua sanguinea*) beeinträchtigt. Nacktaugenkakadus werfen sogar Nestlinge aus den Nestern. Um die verbesserte Reproduktionsrate aufrecht zu erhalten, die nun eine Phase leichten Populationswachstums erreicht hat, wird ein dauerhaftes Management der Population erforderlich sein.

Braunkopfkakadus haben zwei wesentliche Habitatansprüche: Sie benötigen eine hohe Verfügbarkeit an *Allocasuarina*-Samen sowie Höhlen in hohen Bäumen, die sie als Nistplätze nutzen. Beide Faktoren werden durch Abholzungsmaßnahmen und die forstwirtschaftliche Bevorzugung von Nutzhölzern negativ beeinflusst. Bei der Erstellung von Flächennutzungsplänen sollten die Habitatansprüche dieser spezialisierten Kakadus jedoch berücksichtigt werden.

VERHALTEN

Braunkopfkakadus werden meist in Familiengruppen beobachtet, die aus einem Paar mit einem Jungvogel bestehen. Einzelne Paare und kleinere Gruppen kommen dagegen weniger häufig vor. Mitunter werden auch größere Schwärme nachgewiesen, normalerweise außerhalb der Fortpflanzungszeit und an besonderen Stellen wie Schlafplätzen, Wasserlöchern oder gehäuft vorkommenden Kasuarinen mit reichhaltiger Samenproduktion. Auf dem Festland werden Schwärme in den Randbereichen des Verbreitungsgebietes häufiger nachgewiesen, dagegen können auf Kangaroo Island (South Australia) offenbar fünf Schwärme unterschieden werden, die jeweils 25 bis 50 Vögel umfassen und regelmäßig bestimmte Stellen aufsuchen (*Chewings Newsletter, Nr. 6, Dezember 1996*). In der Dawes Range im östlichen Zentral-Queensland wurden Schwärme mit bis zu 40 Vögeln an Schlafplätzen gesichtet und in den westlichen Ausläufern der Great Dividing Range im zentralen Teil von New South Wales wurden Schwärme mit bis zu 20 Vögeln nachgewiesen, die gemeinsam Nahrung aufnahmen (SCHODDE *et al.* 1993, LINDSEY 1982). Am 3. August 1997 wurde im Pilliga State Forest (nördliches New South Wales) ein Schwarm mit 80 Braunkopfkakadus beobachtet, die eine Wasserstelle aufsuchten (*NSW Bird Notes, Nr. 25 Dezember 1997*). Auf meinem Anwesen bei Wauchope an der Nordküste von New South Wales bestand der größte Schwarm, den ich beobachtet habe, aus 11 Vögeln, die sich am frühen Abend kurze Zeit in Bäumen in der Nähe meines Hauses niederließen, dann an einer nahegelegenen Viehtränke Wasser aufnahmen und schließlich ihre Schlafplätze aufsuchten. BEBBINGTON (1990) erwähnte einen Schwarm Braunkopfkakadus, der sich in Bäumen des Waterfall Gully im Western River Conservation Park auf Kangaroo Island aufhielt und von einem Keilschwanzadler (*Aquila audax*) aufgeschreckt wurde. Als die Braunkopfkakadus nach etwa 20 Minuten in die Schlucht zurückkehrten, bestand der eigentliche Schwarm aus 50 Vögeln, die in Keilform flogen und denen weitere 10 Exemplare – vermutlich Jungvögel – folgten. Die Vögel setzten für etwa 15 Minuten die Nahrungsaufnahme fort und suchten anschließend jeweils zu dritt die nahe gelegenen Eukalypten auf, wo sie übernachteten. Am Schlafplatz zeigten die Vögel ein hohes Maß an Flugaktivität. Bevor sich die Vögel schließlich niederließen, hatten sich zwei lockere Schwärme gebildet. BEBBINGTON erwähnte, dass diesen Schwärmen sich zusätzlich zwei Gelbohr-Rabenkakadus (*Calyptorhynchus funereus*) sowie sieben Rosakakadus (*Eolophus roseicapillus*) anschlossen. Zwar habe ich niemals Braunkopfkakadus in gemischten Schwärmen mit anderen Arten festgestellt, doch konnte ich gelegentlich beobachten, dass Gelbohr-Rabenkakadus in Eukalypten Nahrung aufnahmen, während in den Kasuarinen darunter ein Paar Braunkopfkakadus fraß. Mitunter sah ich auch Paare beider Arten in der selben (belaubten) Eukalypte ruhen.

Die Bindungen zwischen Paarpartnern und zwischen Eltern und ihrem Jungen ist vergleichsweise eng. Innerhalb eines Nahrung aufnehmenden Schwarmes sind die miteinander verpaarten Vögel und ihre Jungen unschwer auszumachen. Bill COOPER (*briefl. Mittlg.* 1980) erwähnte, dass das adulte Weibchen bestimmt, wann die Vögel die Nahrungsaufnahme abends beenden. Das Weibchen führt die anderen Familienmitglieder auch zur Wasserstelle und anschließend zum Schlafplatz. Braunkopfkakadus halten sich vornehmlich in Bäumen auf. Über 80 Prozent des Tages verbringen sie mit der Nahrungsaufnahme in *Allocasuarina*-Bäumen (CLOUT 1989). Die ununterbrochenen „Klick"-Geräusche, welche die Vögel mit ihrem Schnabel beim Zerbeissen der Kasuarinenzapfen verursachen, verraten ihre Anwesenheit. Wo Braunkopfkakadus Nahrung aufnehmen, dauert es nicht lange, bis der Boden mit Blättern, Zweigen und Samenschalen übersät ist – diese zeigen einige Monate lang an, dass sich die Vögel an der betreffenden Stelle aufhielten. Braunkopfkakadus kommen zur Aufnahme von Wasser zum Boden herunter, und ihr regelmäßiges Aufsuchen von Wasserlöchern bei Sonnenuntergang hat sich als ideale Gelegenheit für Zählungen erwiesen. SEMMENS (1994) beobachtete an einer Reihe von Abenden im äußersten Osten von Victoria, dass Braunkopfkakadus aus Pfützen Wasser schöpften, die sich nach einem Regen auf der Straße gebildet hatten. Einmal wurde auch beobachtet, dass ein Vogel am Straßenrand ein Staubbad nahm, während sein Partner darüber in einem Baum saß. In der gleichen Gegend wurde beobachtet, dass ein Paar den Boden aufsuchte und dort an Kasuarinenzapfen fraß, die auf die Straße gefallen waren. Weitere Berichte über Braunkopfkakadus, die in Bodennähe Wasser oder Nahrung aufnahmen, sind mir nicht bekannt. Während der Nahrungsaufnahme ist das Fluchtverhalten von Braunkopfkakadus Menschen gegenüber nur gering ausgeprägt, und es ist nicht schwierig, sich ihnen zu nähern. Nicht selten tolerieren die Vögel es sogar, wenn der Beobachter unter dem Baum steht, auf dem sie fressen. Werden die Vögel gestört, fliegen sie meist zu einem nahe gelegenen Baum und setzen die Nahrungsaufnahme dort fort. Diese geringe Fluchtdistanz Menschen gegenüber unterscheidet Braunkopfkakadus deutlich von Banks-Rabenkakadus (*Calyptorhynchus banksii*), die recht scheu sind. Am frühen Morgen sitzen Braunkopfkakadus oft in der Sonne. Hierzu suchen sie die höchsten Äste abgestorbener Bäume oder blattlose Äste auf, die über das Kronendach eines Waldes hinausragen. Meist halten sich die Vögel dort eine Weile auf, gehen der Gefiederpflege nach und strecken ihre Flügel, bevor sie zu den Stellen fliegen, wo sie Nahrung suchen.

WANDERUNGEN

Es ist vorstellbar, dass Brutpaare in den küstennahen Regionen Südost-Australiens Standvögel sind. Vermutlich nutzen die Vögel recht große Aktionsräume, in deren Zentrum eine Bruthöhle liegt, die wiederholt genutzt wird. Immature und adulte Nichtbrüter bilden vermutlich Schwärme, die großflächig umherwandern und gelegentlich auch in Randbereichen des Verbreitungsgebietes auftauchen, wo sie möglicherweise zuvor über Jahre fehlten, beispielsweise im südlichen Hochland von New South Wales oder in den oberen Tälern des Snowy River und des Murray River im Osten von Victoria. Im März 1983 wurden Schwärme mit bis zu 14 Vögeln auf dem Mount Ainslie in Canberra in den Southern Highlands beobachtet, in den vorausgehenden 20 Jahren konnten Braunkopfkakadus dagegen im Stadtgebiet nicht nachgewiesen werden (siehe FRITH 1984). Unregelmäßige Wanderungen werden wahrscheinlich auch von der aktuellen Nahrungsverfügbarkeit beeinflusst. Im Inneren von New South Wales führen die Randpopulationen auffällige periodische Wanderungen zu bestimmten Gegenden mit geeigneten Habitaten aus. Zusätzlich finden ungerichtete Wanderungen statt, welche die Vögel in Gegenden führen, in denen sie normalerweise nicht vorkommen. Vermutlich werden die Wanderungen von der Verfügbarkeit der meist verstreut liegenden Nahrungsressourcen beeinflusst. 1981 wurde ein Brutpaar 46 km nordwestlich von Gilgandra im mittleren Westen von New South Wales festgestellt, hierbei handelt es sich über den ersten Nachweis von Braunkopfkakadus in dieser Gegend. Ein weiterer Nachweis stammt aus dem Mai 2001, als fünf Exemplare im Gilgandra Flora Reserve beobachtet wurden (LINDSEY 1982, *NSW Bird Notes, Nr. 40, September 2001*).

STORR (1984b) behauptete, dass Braunkopfkakadus in Queensland nomadisch sind und eher kleinräumig umherziehen. ROBERTS und INGRAM (1976) wiesen darauf hin, dass im Coolola-Distrikt im Südosten von Queensland Braunkopfkakadus sowohl standorttreu als auch nomadisch sind, was vermuten lässt, dass dort gleichzeitig standorttreue Paare und kleinräumig umherziehende Vögel nebeneinander vorkommen. Für New South Wales werden sie als teilweise nomadisch beschrieben (MORRIS *et al.* 1981). BRUMBY (1988) erwähnte, dass ein Schwarm mit drei bis neun Kakadus sich nahezu ständig auf seiner Farm bei Grevillea im äußersten Nordosten von New South Wales aufhielt. Die Vögel wurden fast das ganze Jahr über dort angetroffen, und mindestens ein Paar brütete in zwei aufeinander folgenden Jahren. Auch diese Schilderung weist darauf hin, dass die soziale Organisation aus standorttreuen Brutpaaren und umherziehenden Schwärmen mit immaturen Exemplaren und adulten Nichtbrütern besteht. Auf meinem Anwesen in der Nähe von Wauchope an der Nordküste von New South Wales halten sich zwei Paare ganzjährig auf. Diese Vögel werden fast immer auf meinem Landbesitz oder im anschließenden Broken Bago State Forest angetroffen. Mitunter – gewöhnlich von September bis März – treffen Schwärme mit vier oder fünf Exemplaren ein und bleiben zwei oder drei Tage, bevor sie das Gebiet wieder verlassen. Anwohner haben mir berichtet, dass im Küstenbereich des selben Distriktes sich Schwärme von Braunkopfkakadus in unregelmäßigen Abständen von zwei oder drei Jahren in nahezu reinen Beständen von *Swamp Oak* (*Casuarina glauca*) aufhalten. Vermutlich suchen die Vögel diese Gebiete auf, wenn ihre bevorzugten Nahrungspflanzen *Allocasuarina torulosa* und *A. littoralis* wenig Früchte tragen. Dieses Verteilungsmuster von standorttreuen Paaren und kleinräumig herumziehenden Schwärmen scheint identisch zu sein mit dem, das MARCHANT (1992) im Moruya-Distrikt an der Südküste von New South Wales festgestellt hat. An den Ufern der Myall Lakes an der mittleren Küste New South Wales halten sich stets einige Braunkopfkakadus in Kasuarinen auf (Bill COOPER *pers. Mittlg.* 1978). SMITH (1984) erwähnte, dass bei Bestandsaufnahmen, die zwischen 1977 und 1983 an bewaldeten Stellen im Bereich der äußersten Südküste von New South Wales (von Bermagui bis südlich von Bega) durchgeführt wurden, Braunkopfkakadus ganzjährig nachgewiesen werden konnten. In der gleichen Region wurde bei Tathra festgestellt, dass die Kakadus zwar in einem örtlichen Schutzgebiet vorkamen, doch verließen sie die Gegend im Laufe des Jahres und blieben mitunter länger als ein Jahr fort (*Bird Observer, Nr. 678, S. 95, August 1988*). Bei Bestandsaufnahmen, die im Goonoo State Forest in den westlichen Ausläufern der Great Dividing Range in zentralen Bereich von New South Wales durchgeführt wurden, fiel auf, dass die Anzahl der Vögel, die bei einer Folge von Zählungen an Viehtränken festgestellt wurden, erheblich schwankten (PEET 1996). In diesem Zusammenhang wird vermutet, dass Klimafaktoren für die deutlichen saisonalen Bestandsschwankungen verantwortlich sind.

1 Braunkopfkakadu
Calyptorhynchus lathami lathami
MV B2074 adult, Weibchen
Emu Vale in der Nähe von Warwick, Queensland
1. April 1941

2 Braunkopfkakadu
Calyptorhynchus lathami lathami
AM 038658 adult, Männchen
Massey Creek in der Nähe von Gresford, New South Wales
21. Januar 1949

Ob Braunkopfkakakadus im äußersten Osten von Victoria ungerichtet umherwandern oder regelmäßige Zugbewegungen entlang der Oberläufe des Snowy River und des Murray River nördlich von Corryong-Khancoban durchführen, wurde bisher offenbar noch nicht eindeutig geklärt (siehe EMISON *et al.* 1987, MCALLAN & BRUCE 1988). Vermutlich handelt es sich bei den Vögeln, die in der Nähe von Wangaratta im Nordosten von Victoria nachgewiesen wurden, ebenfalls um umherziehende Vögel, die eigentlich zu der in der Riverina-Region des südlichen New South Wales vorkommenden Population gehören. Auf Kangaroo Island (South Australia) ziehen Braunkopfkakadus nach der Brutsaison vom Westen der Insel in den Osten – einige Vögel überfliegen sogar die 14 km breite Backstairs Passage und suchen den Süden der Mount Lofty Ranges auf (PARKER *pers. Mittlg.* 1978). Bestandsaufnahmen, die im Juni 1979 und von Januar bis Oktober 1980 durchgeführt wurden, zeigten, dass an drei Stellen im Bereich der Nordküste die Anzahl der Vögel ab Juli anstieg; es ist vorstellbar, dass sich im Anschluss an die Brutsaison regelmäßig Ansammlungen an solchen Stellen bilden, die einen Anstieg der Nahrungsverfügbarkeit aufweisen (JOSEPH 1982c). Die Nachweise von Braunkopfkakadus im Süden der Mount Lofty Ranges erfolgten vornehmlich im Sommer und im Frühherbst, also außerhalb der eigentlichen Brutsaison auf Kangaroo Island. Beobachtungen von Vögeln, welche die Südwestküste der Fleurieu Peninsula verlassen und die Backstairs Passage nach Kangaroo Island überqueren, liegen aus den 30er Jahren des vorigen Jahrhunderts vor (JOSEPH 1989).

FLUG

Fliegende Braunkopfkakadus wirken schwerelos. Im Unterschied zu den übrigen *Calyptorhynchus*-Arten, deren Flug weit ausholende Flügelschläge aufweist, fliegen Braunkopfkakadus mit langsamen und weniger ausholenden Flügelschlägen. Zwar wirkt der Flug langsam und schwerfällig, doch können fliegende Vögel auch überraschend behende wirken. Auf Kangaroo Island (South Australia) wurde bei einem männlichen Exemplar eine durchschnittliche Fluggeschwindigkeit von 46 Kilometern pro Stunde nachgewiesen. Das betreffende Männchen suchte zweimal täglich eine Stelle auf, die 11 km vom Nest entfernt lag und suchte dort Nahrung (*Chewings Newsletter, Nr. 5, August 1996*). Mir fiel auf, dass Braunkopfkakadus in großer Höhe über den Baumkronen fliegen, wenn sie längere Strecken zurücklegen. Meist fliegen sie aber in den mittleren bis oberen Vegetationsschichten des Waldes. Wenn sie eine Wasserstelle aufsuchen, segeln sie mit abwärts gebogenen Flügeln zu Boden.

LAUTÄUSSERUNGEN

Der Stimmfühlungslaut, der gewöhnlich im Flug ausgestoßen wird, besteht aus einem langgezogenen, krächzenden „*tarr-red . . . tarr-red*" oder einem leiseren „*criie—iii . . . criie—iii*" in einer etwas höheren Tonlage. Diese Laute unterscheiden sich deutlich von den grellen, metallisch klingenden Rufen der Banks-Rabenkakadus (*Calyptorhynchus banksii*).

Aufgeschreckte Braunkopfkakadus stoßen eine Serie schriller Kehllaute aus. Bei der Balz lässt das Männchen ein leises Pfeifen hören. Beim Partnerfüttern bringen Weibchen klagend klingende, quietschende Laute hervor, die den Bettellauten der Jungvögel ähneln. Laut COURTNEY (1996) geben die Nestlinge offenbar keine Laute von sich, wenn sie gefüttert werden.

NAHRUNG

Braunkopfkakadus ernähren sich nahezu ausnahmslos von Kasuarinensamen. Ihr Schnabel ist an das Herausklauben der Samen aus den noch geschlossenen Zapfen angepasst. Die vorherrschenden Kasuarinenarten, deren Samen als Nahrung genutzt werden, sind in Queensland und im Nordosten von New South Wales *Forest Oak* (*Allocasuarina torulosa*), im Osten von New South Wales und im äußersten Osten von Victoria *Black Sheoak* (*A. littoralis*) und im Inland von New South Wales sowie auf Kangaroo Island, South Australia, *Drooping Sheoak* (*A. verticillata*). In nahezu allen Bereichen des Verbreitungsgebietes konnte auch die Nutzung anderer Baumarten nachgewiesen werden, doch handelt es sich hierbei vermutlich um zusätzlich genutzte Nahrungsquellen, die dann frequentiert werden, wenn die Verfügbarkeit der bevorzugten Nahrung eingeschränkt ist. Im Port-Macquarie-Distrikt an der Nordküste von New South Wales werden Braunkopfkakadus zwar gelegentlich bei der Nahrungsaufnahme in *Swamp Oak* (*Casuarina glauca*) beobachtet, doch ist es wahrscheinlich, dass diese Art nur dann genutzt wird, wenn *Allocasuarina torulosa* und *A. littoralis* eine geringe Samenproduktion aufweisen. PEET (1996) erwähnte, dass die Vögel im Goonoo State Forest in den westlichen Ausläufern der Great Dividing Rang im zentralen Bereich von New South Wales vornehmlich die Samen von *Allocasuarina diminuta* und *A. gymnantherea* aufnehmen. Die Reste zerbissener Zapfen von *Black Cypress Pine* (*Callitris endlicheri*), die gemeinsam mit zerbissenen *Allocasuarina*-Zapfen gefunden wurden, lassen vermuten, dass die Vögel *Callitris*-Samen auch dann als Nahrung nutzen, wenn *Allocasuarina*-Samen gleichzeitig verfügbar sind. Im selben Distrikt, etwa 12 km westlich von Dubbo, wurden im Januar 2000 Braunkopfkakadus in Gesellschaft von Rosakakadus (*Eolophus roseicapilla*) und Rosellasittichen (*Platycercus eximius*) beim Fressen von *Buloke*-Samen (*A. luehmanni*) entdeckt (WALPOLE & OLIVER 2000). LLEWELLYN (1974) berichtete, dass Braunkopfkakadus sich in der Narrandera Range in der Riverina-Region von New South Wales in erster Linie von den Samen von *Drooping Sheoak* (*Allocasuarina verticillata*) ernähren. PEPPER (1993) wies darauf hin, dass die Vögel auf Kangaroo Island, South Australia, wo ihre Hauptnahrung *Allocasuarina verticillata* darstellt, gelegentlich auch die Samen von *Slaty Sheoak* (*A. muelleriana*) aufnehmen. Vermutlich tun sie dies aber nur, wenn ihre bevorzugte Nahrung nicht im ausreichenden Maße verfügbar ist. In verschiedenen Bereichen des Verbreitungsgebietes konnte nachgewiesen werden, dass Braunkopfkakadus auch die Samen von *Eucalyptus*-, *Angophora*-, *Acacia*- und *Hakea*-Arten aufnehmen. BRUMBY (1988) erwähnte, dass die Vögel bei Grevillea im äußersten Nordosten von New South Wales häufig Gärten aufsuchen und die reifen Samen von *Hoop Pines* (*Araucaria cunninghamii*) fressen. Bemerkenswert ist ein Bericht aus dem nördlichen Umland von Sydney, wo Braunkopfkakadus die reifen Samen von Sonnenblumen sowie die Samen von *White Cedar* (*Melia azedarach*) aufnahmen (siehe SINDEL & LYNN 1989). Bei den Sonnenblumen handelt es sich wahrscheinlich um den einzigen Nachweis der Nutzung einer eingeführten Pflanze.

CROWLEY und GARNETT (2001) wiesen darauf hin, dass die Fähigkeit der Vögel, Futterbäume zu identifizieren, die sehr nahrhafte Samen produzieren, für diese spezialisierte Art überlebensnotwendig sei. CLOUT (1989) untersuchte in der Gegend um Eden im äußersten Süden der Küste von New South Wales die Nahrungsaufnahme von Braunkopfkakadus. Die Kakadus ernährten sich ausschließlich von den Samen von *Black Sheoaks* (*A. littoralis*). Die Vögel bevorzugten Bäume, die eine hohe Zapfendichte aufwiesen. Auf diese Weise minimierten sie die Zeit, die sie für das Aufsuchen verschiedener Nahrungsquellen aufwenden mussten, und erhöhten die Effizienz der Nahrungsaufnahme. CROWLEY und GARNETT bezweifelten jedoch die Vermutungen von CLOUT, dass die Kakadus in der Lage seien, das Verhältnis von Zapfengröße und Samenmasse pro Zapfen abzuschätzen. Da die Vögel ausschließlich die Samen verzehren, die jedoch nicht in allen Fruchtkörpern enthalten sind, müssen sie den Wert eines Futterbaums auf eine andere Art und Weise abschätzen. Auf Kangaroo Island hängt die Auswahl der Futterbäume offenbar in erster Linie von der potentiellen Samenmasse ab und nicht von der Anzahl der Samen pro Zapfen. Die Beurteilung des Wertes eines Futterbaums erfolgt sehr schnell. Vermutlich schätzen ihn die Vögel indirekt ein, indem sie als Kriterium lediglich einige Samen stichprobenartig aufnehmen (PEPPER 1996, CROWLEY & GARNETT 2001).

CLOUT beschrieb die Methode, die Braunkopfkakadus zur Aufnahme von Kasuarinensamen anwenden: Der einzelne Zapfen wird abgebissen, kopfüber gedreht und im linken Fuß gehalten, der Stiel wird entfernt und anschließend wird der Zapfen im Schnabel zerkaut, die herausgelösten Samen werden dann mit der Zunge aufgenommen und hinuntergeschluckt. Während der Zapfen von der Basis zur Spitze hin zerbissen wird, wird er im Fuß um die Längsachse gedreht. Die abgebissenen Teile des Zapfens fallen zu Boden; die Spitze des Zapfens fällt zuletzt herab. MAGRATH (1994) wies darauf hin, dass der Zapfen nahezu ausschließlich mit dem linken Fuß gehalten werden und dass die Vögel den Zapfen vom proximalen Ende (wo sich der Stiel befindet) ausgehend zerbeißen. Ein Zerbeißen des Zapfens von der Spitze zur Basis hin wurde in den westlichen Ausläufern der Great Dividing Range im zentralen Bereich von New South Wales beobachtet. PEET machte darauf aufmerksam, dass dies gewöhnlich vorkommt, wenn Zapfen tragende Zweige zu einem Sitzast gebracht werden; vermutlich halten die Vögel dann den Zweig in einem Fuß und zerbeißen die einzelnen Zapfen, während sie sich noch am Zweig befinden.

Anfang Juni 1978 beobachtete Bill COOPER (pers. Mittlg. 1978) in der Nähe der Myall Lakes an der mittleren Küste von New South Wales ein Weibchen, das in einer *Black Sheoak* (*A. littoralis*) Nahrung aufnahm. Nahezu zwei Stunden lang zerbiss das Weibchen systematisch die Zapfen. Während dieser Zeit legte es nicht mehr als einen Meter zurück. Das Weibchen benötige für das Zerbeißen eines Zapfens im Mittel eine Minute; die Zeitspanne reichte von 20 bis 90 Sekunden. Untersuchungen an Braunkopfkakadus auf Kangaroo Island (South Australia) ergaben, dass ein sich fortpflanzender Vogel täglich 140 Zapfen benötigt. Nichtbrüter fressen dagegen etwa 70 Zapfen; die gleiche Menge benötigen die Vögel außerhalb der Brutsaison (*Chewings Newsletter, Nr. 8, Oktober 1997*).

Braunkopfkakadus nagen gelegentlich an totem Holz. Auf diese Weise wird der Schnabel vermutlich nach der Nahrungsaufnahme gereinigt. Wahrscheinlich wurde dieses Verhalten falsch interpretiert und von Braunkopfkakadus berichtet, die bei der Suche nach Insekten Rinde entfernen. Bill COOPER (*briefl. Mittlg.* 1981) berichtete mir, dass in der Nähe der Myall Lakes an der mittleren Küste von New South Wales häufig beobachtet wurde, wie Braunkopfkakadus in das Holz abgestorbener Ästen bissen oder Holz zerkauten, das sie im Fuß hielten – dieses Verhalten wurde abends beobachtet, nachdem die Vögel die Nahrungssuche beendet hatten. Die Braunkopfkakadus wurden etliche Stunden bei der Nahrungsaufnahme beobachtet, und hierbei fiel auf, dass nur bei Sonnenuntergang, nachdem die Vögel die Nahrungsbäume verlassen hatten, festgestellt wurde, wie sie totes Holz kauten. Diese Beobachtung zeigt deutlich, dass dieses Verhalten mit dem Entfernen harziger Nahrungsreste in Verbindung steht, die sich bei der Nahrungsaufnahme im Schnabel angereichert haben.

Auf Kangaroo Island, South Australia, hat man Proben aus den Kröpfen von Nestlingen genommen. Diese enthielten ganze *Allocasuarina*-Samen und Rindenstücke, die nicht von *Allocasuarina* stammten. Im Kropf eines toten Nestlings entdeckte man mehr als 2000 *Allocasuarina*-Samen, größere Rindenstücke und Überreste von Insekten (CROWLEY & GARNETT 2001).

FORTPFLANZUNG

Auf Kangaroo Island beginnen die meisten Paare mit den Nistaktivitäten im Februar oder März. Bei Gelegen, die im Winter produziert werden, handelt es sich gewöhnlich um Nachgelege, die vorangegangenen erfolglosen Brutversuchen folgen (*Chewings Newsletter, Nr. 8, Oktober 1997*). Der früheste Zeitpunkt, an dem ein Weibchen beim Untersuchen einer Bruthöhle beobachtet wurde, ist der 10. Dezember. Berechnungen ergaben, dass 1996 das erste Ei am 29. Januar und das letzte Ei am 12. Juni gelegt wurde. Bis Ende März wurden 66 Prozent der Eier gelegt. 1997 wurde das erst Ei am 2. Februar und das letzte Ei am 28. Juli gelegt; in diesem Jahr wurden bis Ende März 57 Prozent der Eier gelegt (GARNETT *et al.* 1999). 2001 entdeckte man mehrere Nester mit Eiern, die nach Mitte Juli gelegt worden waren. Zu diesem späten Zeitpunkt im Jahr hatten zuvor noch keine Nistnachweise vorgelegen. Bei den meisten Eiern, die nach Ende März produziert wurden, handelte es sich um Nachgelege, die auf Verluste vorangegangener Gelege folgten. Aufgrund dieser Nachgelege waren die Monate November und Dezember die einzigen Monate, in denen keine Nistaktivitäten festgestellt wurden. Im Bereich der nördlichen Verbreitungsgrenze, unmittelbar westlich der Paluma Range im Nordosten von Queensland, wurde ein Nest, das vermutlich einen Nestling in einem bereits fortgeschrittenen Entwicklungsstadium enthielt, im April 1999 gefunden (BRITTON *pers. Mittlg.* 1999). In den übrigen Regionen des Verbreitungsgebietes scheint die Brutsaison von März bis August zu reichen. Die meisten Gelege werden in den Monaten April, Mai und Juni nachgewiesen.

Das Balzverhalten von Braunkopfkakadus ähnelt dem der übrigen *Calyptorhynchus*-Arten. Das Männchen richtet die Federn der kurzen Haube auf und spreizt das übrige Kopfgefieder ab, es fächert die Steuerfedern, so dass die rote Bänderung sichtbar ist, und „stolziert“ auf dem Ast zum Weibchen hin. Die ganze Zeit über führt das Männchen „Verbeugungen“

aus, bewegt den Kopf auf und ab und stößt quietschend klingende Laute aus. Bill COOPER (*briefl. Mittlg.* 1982) erwähnte, dass er am 13. April gegen 17.30 Uhr in der Nähe von Bungwahl an der mittleren Küste von New South Wales ein Paar Braunkopfkakadus beobachtete, das in einer Höhe von etwa 50 m auf einem abgestorbenen Ast eines noch lebenden Baumes saß. Das Weibchen stieß einen leisen Ruf aus, wie er auch von bettelnden Jungvögeln gebracht wird. Mit herabhängenden Flügeln drehte sich das Weibchen auf dem Ast, zuerst in die einen Richtung, dann in die andere, anschließend näherte es sich dem Männchen, wich dann aber vor ihm zurück; während der gesamten Zeit entfernte sich das Weibchen aber nicht weiter als 30 cm vom Männchen weg. Nachdem das Männchen eine Zeitlang bewegungslos auf dem Ast gesessen hatte, beugte es den Kopf nach vorn, hielt den Kopf weiterhin abwärts geneigt, stellte die Haube auf, hüpfte einmal kurz auf der Stelle, näherte sich seitwärts in geduckter Haltung und mit herabhängenden Flügeln dem Weibchen und bestieg es. Mit ausgebreiteten Flügeln balancierte das Männchen etwa 65 Sekunden lang mit beiden Füßen auf dem Rücken des Weibchens. Fast während der gesamten Zeit führte das Männchen mit dem Schwanz wischende Seitwärtsbewegungen aus. Im Anschluss an die Kopulation setzte sich das Männchen neben das Weibchen, das für etwa eine Minute in der Kopulationsstellung mit herunterhängenden Flügeln verharrte und den Eindruck erweckte, als liege es erschöpft auf dem Ast. Während der Kopulation verhielt sich das Weibchen still, anschließend stieß es wieder leise Rufe aus und drehte sich auf dem Ast. Das Männchen hielt den Kopf erneut abwärts geneigt, richtete die Haube auf und hüpfte einmal kurz auf der Stelle. Doch bevor es zu einer erneuten Kopulation kam, flog das Weibchen, gefolgt vom Männchen, davon. Am folgenden Tag wurde gegen 14.00 Uhr beobachtet, wie die beiden Braunkopfkakadus dichtgedrängt beieinander saßen. Das Weibchen stieß erneut leise Rufe aus und die beiden Vögel kraulten einander das Kopf- und Halsgefieder. Das Weibchen neigte sich seitwärts und hob einen Flügel an, woraufhin das Männchen die ihm zugewandte Flanke des Weibchens kraulte. Anschließend präsentierte das Männchen eine Flanke und wurde vom Weibchen gekrault. Nachdem das Männchen einen anderen Ast aufgesucht hatte, der unter dem verlief, auf dem das Weibchen saß, näherte sich das Männchen erneut dem Weibchen und setzte sich wieder neben es. Dann hüpfte das Männchen einmal kurz auf der Stelle, nickte mit dem Kopf und verbeugte sich. Anschließend flog es zu einem nahegelegenen Baum und nahm Nahrung auf. An der gleichen Stelle beobachtete Wendy COOPER (*briefl. Mittlg.* 1997) am 28. April 1982 um 8.45 Uhr ein weiteres Paar (an der individuellen Kopfzeichnung des Weibchens erkennbar), das auf einem leicht nach unten gebogenen Ast etwa 25 m über dem Boden saß. Das Männchen wiederholte mehrfach einen Pfiff, hatte die Haube aufgestellt und nickte mit dem Kopf, verbeugte sich mitunter, fächerte die Steuerfedern und hob gelegentlich die Flügel an. Das Weibchen saß etwa 1,5 m vom Männchen entfernt, doch flog es mehrmals das Männchen an, so dass der Eindruck entstand, das Weibchen wolle das Männchen von dem Ast vertreiben. Das Männchen richtete erneut die Haube auf und näherte sich wieder dem Weibchen, dann fächerte es die Steuerfedern, hob die Flügel an, verbeugte sich und stieg auf den Rücken des Weibchens. Die Kopulation dauerte etwa 55 Sekunden. Anschließend stieg das Männchen auf der anderen Seite vom Weibchen herab, blieb neben ihm sitzen und ließ seine monotonen Lautäußerungen erneut hören. Das Weibchen verharrte auf der Stelle, hielt den vorgestreckten Kopf abwärts, ließ die Flügel herunterhängen und hatte die Steuerfedern angehoben. Weniger als eine Minute später richtete das Männchen seine Haube auf, verbeugte sich und bestieg erneut das Weibchen. Die Kopulation dauerte 50 Sekunden, dann stieg das Männchen vom Weibchen herab und wählte dabei die nach unten geneigte Seite des Astes, kletterte den Ast etwa einen Meter hinunter und kehrte dann unter Wiederaufnahme der Rufe zum Weibchen zurück. Das Männchen saß etwa 30 Sekunden neben dem Weibchen und bestieg es erneut für 40 Sekunden. Nachdem das Männchen vom Weibchen herabgestiegen war, setzte es sich neben das Weibchen und näherte sich in den folgenden Minuten erneut dreimal dem Weibchen, wurde jedoch jedes Mal von diesem zurückgedrängt, wobei es mit seinem Kopf nach dem Männchen stieß. Schließlich flog das Weibchen davon, und das Männchen folgte ihm.

Als Nistplatz nutzen Braunkopfkakadus gewöhnlich Höhlen in Ästen und Stämmen von Eukalypten. Die Bruthöhlen befinden sich meist in einer Höhe von 10 m bis 20 m über dem Erdboden. SINDEL und LYNN (1989) gaben detaillierte Angaben zu Nestern in einem unerschlossenen Bereich im äußersten Nordosten von New South Wales. Die Bruthöhlen befanden sich gewöhnlich in einzeln stehenden *Blackbutts* (*Eucalyptus pilularis*), die auf kleinen Lichtungen wuchsen und von niedrigen Kasuarinen umgeben waren. Sämtliche Höhlen befanden sich in einer Höhe von 18 m bis 28 m in abgestorbenen, vertikal verlaufenden Seitenästen und waren vollständig exponiert. Der mittlere Innendurchmesser der Höhlen betrug 22,5 cm und die Tiefe reichte von 60 cm bis 90 cm. SHARROCK und PURNELL (1981) berichteten, dass in der Narrandera Range der Riverina-Region des südlichen New South Wales ein Nest in einer senkrechten Höhle gefunden wurde, die sich am oberen Ende eines hohen Baumstumpfes befand. Von fünf Nestern, die auf Kangaroo Island (South Australia) festgestellt wurden, waren vier in *Sugar Gums* (*Eucalyptus cladocalyx*) und eines in *Blue Gum* (*E. leucoxylon*) (JOSEPH 1982c). Diese Nester befanden sich in einer Höhe von 5 m bis 23 m. Nur eines dieser Nester lag in einem abgestorbenen Ast, die übrigen in lebenden Ästen. Zwei dieser Bruthöhlen wurden näher untersucht; sie waren 45 cm bis 50 cm tief und wiesen am Nestboden einen Belag aus Rindenstreifen und Zweigen mit einer Länge von etwa 30 mm bis 50 mm auf. Im Rahmen von Studien, die von 1996 bis 1997 an Nestern auf Kangaroo Island durchgeführt wurden, konnte festgestellt werden, dass sich die meisten Nester in hohen und verhältnismäßig gesunden *Sugar Gums* befanden (GARNETT *et al.* 1999). Diese Brutbäume wuchsen in Savannen und standen meist 100 oder weniger Meter von einer *Allocasuarina*-Savanne entfernt. Lediglich eine Gruppe von fünf Nestbäumen stand mehr als 6 km von der nächstgelegenen Stelle mit Nahrungsbäumen und 11 km von der Stelle entfernt, welche die Vögel am häufigsten zur Nahrungssuche aufsuchten. Im Sommer waren Wasserstellen im Umkreis von wenigen Hundert Metern vorhanden, im Winter in geringerer Entfernung. Die meisten Bruthöhlen befanden sich kurz über der mittleren Höhe des Baumes, gewöhnlich im Stamm oder in einem der oberen Äste, wenn diese abgebrochen waren. Die Höhlen verliefen vertikal oder nahezu vertikal und wiesen Eingänge auf, die mitunter nur 14 cm weit waren, doch besaßen sie im unteren Teil einen größeren Durchmesser. Die Nester wiesen eine „geklumpte" Verteilung auf. 75 Prozent der Nester lagen einen Kilometer oder weniger entfernt von einem weiteren in der gleichen Brutsaison besetzen Nest. Bei 50 Prozent der Nester gab es innerhalb von zwei Kilometern vier benachbarte Nester. Zwei Bäume enthielten während eines Jahres drei Nester, und in einem Jahr waren alle Nester gleichzeitig besetzt. Ein anderer Baum wies gleichzeitig zwei besetzte Bruthöhlen auf, und zwei weitere Nester befanden sich nur 20 m entfernt, jedoch in verschiedenen Bäumen. Der geringste Abstand zweier Eingänge zu Bruthöhlen betrug 2,5 m. Ich vermute, dass diese auffällig geklumpte Verteilung der Nester eine Folge des limitierten Nistplatzangebotes ist. Denn Weibchen sind auffällig aggressiv gegenüber anderen Weibchen, deren Nester 30 m oder näher vom eigenen Nest entfernt liegen. Das Aufsuchen und Verlassen der Nester geschah bei den verschiedenen Weibchen meist zu unterschiedlichen Zeiten. Wenn zwei Weibchen zur gleichen Zeit ihr Nest aufsuchten, führte dies häufig zu heftigen Kämpfen. Das Weibchen, das früher mit dem Legen begonnen hatte, verhielt sich dann dem anderen gegenüber dominant. Auf Kangaroo Island ergaben sich Hinweise, dass die Weibchen den Nistplatz wählen. Einige Weibchen begannen bis zu einem Monat vor dem Legebeginn mit dem Untersuchen der potentiellen Bruthöhlen, doch meist legten die Weibchen innerhalb einer Woche nach dem Untersuchen der Bruthöhle ein Ei. Die Vögel nagten am Bruthöhleneingang und an den Innenwänden der Höhle. Auf diese Weise entstand am Boden der Höhle ein Schicht aus Holzspänen, auf die ein einzelnes Ei gelegt wurde. COURTNEY (1986) berichtete, dass ein Nest im Tenterfield-Distrikt im nördlichen New South Wales 2050 Holzspäne enthielt; der längste Span maß 153 mm x 15 mm. Auf Kangaroo Island wurden Kopulationen bis zu zehn Tage vor dem Legebeginn und auch noch während der Bebrütungsphase beobachtet (GARNETT *et al.* 1999). Das Gelege von Braunkopfkakadus besteht aus nur einem Ei. Das Weibchen beginnt unmittelbar nach dem Legen mit dem Bebrüten des Eies.

NAHRUNG

Bill COOPER (*pers. Mittlg.* 1978) fand am 19. Mai 1978 in der Nähe von Bungwahl an der mittleren Küste von New South Wales ein Nest, das sich in einem hohlen, abgestorbenen Ast einer lebenden *Blackbutt* (*Eucalyptus pilularis*) etwa 10 m vom Boden entfernt befand. Das Nest war besetzt, und das Verhalten des Weibchens ließ darauf schließen, dass es brütete oder ein frisch geschlüpftes Junges huderte. Wann immer sie die Zeit fanden, protokollierten Bill und Wendy COOPER während der folgenden sechs Wochen das Verhalten der Vögel in der Umgebung des Nestes und die eigentlichen Nistaktivitäten. Am späten Nachmittag, gegen 16.00 Uhr, näherte sich das Männchen gewöhnlich rufend dem Nest. Es ließ sich in einem nahegelegenen Baum nieder, wo es blieb, bis das Weibchen das Nest verlassen hatte. Gemeinsam flogen beide Vögel dann zu einem Baum, wo das Weibchen vom Männchen mit aus dem Kropf hervorgewürgter Nahrung gefüttert wurde. Die beiden Vögel wählten für das „Partnerfüttern" stets schräg verlaufende Äste, und das Weibchen nahm die tiefer liegende Position ein. Das Weibchen legte den Kopf in den Nacken und hielt den Schnabel nach oben, wo er mit dem vorgestreckten und nach unten gehaltenen Schnabel des Männchens zusammentraf. Die beiden Vögel verschränkten ihre Schnäbel, und das Weibchen erhielt vom Männchen hervorgewürgte Nahrung. Bei der Nahrungsübergabe bewegten die Vögel den Kopf drei- oder viermal schnell vor und zurück; dieser Vorgang wurde bis zu zehnmal wiederholt. Das Weibchen stieß „quiekende" Bettellaute aus und unterbrach diese nur, wenn es gerade Nahrung erhielt. Anfang Juni änderte sich das tägliche Aktivitätsmuster. Das Weibchen verließ das Nest früher am Nachmittag und nutzte die zusätzliche Zeit für die Nahrungsaufnahme. Die Bereitschaft des Männchens, das Weibchen zu füttern, hatte abgenommen. Vermutlich war die Entwicklung des Nestlings zu dieser Zeit bereits vorangeschritten, und er wurde weniger intensiv vom Weibchen gehudert. Bei Sonnenuntergang begleitete das Männchen das Weibchen zurück zum Nest. Für ein paar Augenblicke blieb das Weibchen auf der Spitze des Astes sitzen, der die Bruthöhle enthielt, dann ergriff es das vorstehende Ende des Astes mit dem Schnabel, schwang hinab zum Eingang der Bruthöhle und verschwand mit dem Schwanz voran darin. Das Männchen verbrachte die Nacht in den Bäumen der Umgebung. Da Beobachtungen des Nestes am frühen Morgen nicht möglich waren, lässt sich nicht mit Gewissheit sagen, ob die Vögel auch in dieser Zeit Nahrung aufnahmen; allerdings ist dies wahrscheinlich. Anfang August hatten die Kakadus die Gegend verlassen, und es wurde vermutet, dass der Jungvogel das Nest verlassen hatte.

Ein ähnliches Muster der Brutpflegeaktivitäten wurde bei Braunkopfkakadus auf Kangaroo Island festgestellt (GARNETT *et al.* 1999). Das Weibchen bebrütete das Ei 30 Tage lang. Während dieser Zeit wurde gewöhnlich kein Männchen beobachtet, das auf dem Neststamm oder in der Nähe der Bruthöhle saß. Lediglich zweimal wurde beobachtet, wie unverpaarte Männchen in ein besetztes Nest hineinsahen, als die Weibchen nicht zugegen waren. Das Fehlen von männlichen Elternvögeln in der Nähe des Nestes stimmt mit den Beobachtungen von COOPER überein, unterscheidet sich aber von Angaben, die COURTNEY (1986) über ein Männchen in Menschenobhut machte, das auf dem Niststamm ruhte. Während der Bebrütungsphase und als das Weibchen das frisch geschlüpfte Junge huderte, verließ das Weibchen die Höhle gewöhnlich nur abends, wenn es vom Männchen gefüttert wurde. Anschließend nahm das Weibchen Wasser auf und mitunter fraß es auch in Kasuarinen, die in der Nähe standen. Nach 30 bis 60 Minuten kehrte das Weibchen zum Nest zurück. Mit einer dauerhaft installierten Kamera konnte an einem Nest dokumentiert werden, dass das hudernde Weibchen den Nestling in der ersten Woche nach dem Schlüpfen mehrmals am Tage in Intervallen fütterte. Nach etwa einer Woche verbrachte das Weibchen zunehmend mehr Zeit außerhalb der Bruthöhle, und nach etwa zwei Wochen verließ es das Nest bei Sonnenaufgang und kehrte erst bei Sonnenuntergang zum Nest zurück. Die Nestlinge von Braunkopfkakadus wachsen langsamer als die anderer Kakaduarten. Sie erreichen etwa drei Wochen vor dem Ausfliegen ihre maximale Körpermasse. Nach diesem Zeitpunkt kann sich die Körpermasse bis zum Verlassen des Nestes um bis zu 60 g reduzieren. Etwa 90 Tage nach dem Schlüpfen sind Braunkopfkakadus flügge. In dieser Entwicklungsphase weisen sie im Vergleich zu adulten Exemplaren eine um etwa 20 Prozent geringere Körpermasse auf.

Auf Kangaroo Island nutzte ein Weibchen die selbe Bruthöhle in drei aufeinander folgenden Jahren, und sieben weitere Weibchen nutzten die im Vorjahr von ihnen besetzte Bruthöhle auch im darauf folgenden Jahr (GARNETT *et al.* 1999). Andere Höhlen wurden in zwei oder drei aufeinander folgenden Jahren von verschiedenen Weibchen genutzt. Eine Reihe von Höhlen wurde jedoch nicht mehr als einmal von Braunkopfkakadus genutzt, weil sie von anderen Arten, insbesondere Gelbohr-Rabenkakadus (*Calyptorhynchus funereus*), besetzt wurden. Im Jahr 1996 wurden insgesamt 37 Brutversuche in 28 Bruthöhlen festgestellt. Sieben Bruthöhlen wurden für einen zweiten Brutversuch und zwei für einen dritten Brutversuch genutzt. Zum Zeitpunkt der Datenaufnahme waren neun Jungvögel bereits ausgeflogen, acht Nester enthielten Jungvögel, in einem Nest befand sich ein Ei und in 19 weiteren Nestern waren die Brutversuche gescheitert. 2001 dokumentierten die Forscher 66 Nistversuche, von denen mindestens 31 erfolgreich waren, und im selben Jahr konnten sie 14 von 32 Vögeln wiederentdecken, die 1998 im Nest markiert worden waren (*Chewings Newsletter, Nr. 15, September 2001*).

Auf Kangaroo Island wurde ebenfalls festgestellt, dass einige Weibchen nicht jedes Jahr Brutversuche unternehmen; insbesondere dann nicht, wenn sie von einem noch bettelnden Jungvogel aus einer späten Brut des vorausgehenden Jahres begleitet werden. Das längste Zeitfenster, das für das Zusammensein eines Jungvogels mit den Eltern nach dem Ausfliegen bestimmt wurde, beträgt 443 Tage (*Chewings Newsletter Nr. 8, Oktober 1997*; GARNETT *et al.* 1999). Ich vermute, dass auch in den übrigen Teilen des Verbreitungsgebietes Braunkopfkakadus nicht jedes Jahr brüten.

Bei den Freilanduntersuchungen auf Kangaroo Island wurde festgestellt, dass Männchen bereits 20 Monaten nach dem Ausfliegen typische Balzbewegungen ausführten (GARNETT *et al.* 1999). Diese bereits verpaarten Männchen weisen bemerkenswerter Weise keine gebänderten Steuerfedern mehr auf. Adulte Männchen wurden beobachtet, wie sie 10 Monate alte Weibchen fütterten, kraulten und versuchten, mit ihnen zu kopulieren. Ein Weibchen kopulierte 11 Monate nach dem Ausfliegen und suchte mehrfach eine potentielle Bruthöhle auf.

EIER

Die Eier von Braunkopfkakadus weisen eine elliptische Form auf. Die glanzlose Eischale ist mit kleinen Vertiefungen übersät. Im Australian Museum (Sydney) befinden sich zwei

Eier mit den Maßen 44,3 mm x 31,7 mm und 43,0 mm x 32,0 mm. Die beiden Eier wurden in der Nähe von Dubbo, New South Wales, verschiedenen Nestern entnommen. In der H. L. White Collection, Melbourne, befindet sich ein weiteres Ei, das an der gleichen Stelle gesammelt wurde. Dieses Ei misst 44,3 mm x 33,7 mm.

Die mittleren Eimaße von 54 Eiern von *C. l. halmaturinus* betragen 43,0 (39,0- 47,2) mm x 32,9 (30,2-35,2) mm. Bemerkenswert ist, dass alle fünf Eier, deren Länge 41,3 mm unterschritt, offenbar nicht befruchtet waren (GARNETT *et al.* 1999).

HALTUNG IN MENSCHENOBHUT

In der zweiten englischen Ausgabe dieses Buches wies ich darauf hin, wie selten Braunkopfkakadus in Menschenobhut anzutreffen seien und dass es schwierig sei, diese Vögel ohne die Wildsamen in ausgezeichneter körperlicher Verfassung zu halten. Ich vermutete damals, dass sich diese Art nicht für eine Haltung in Menschenobhut eignete. Knapp 20 Jahre später haben sich einige Brutpaare bei australischen Züchtern etabliert. Diese Entwicklung ist darauf zurückzuführen, dass in der Vogelhaltung Australiens in den letzten Jahrzehnten große Fortschritte in Bezug auf Pflege und Zucht anspruchsvoller Arten gemacht wurden.

In Menschenobhut sind Braunkopfkakadus die ansprechendsten Vertreter der Gattung *Calyptorhynchus*, da sie sehr zahm oder sogar anhänglich werden können. Darüber hinaus sind ihre Lautäußerungen für das menschliche Gehör nicht so unangenehm laut und rau wie die der anderen Rabenkakadus. Ich habe keine persönlichen Erfahrungen in der Haltung von Braunkopfkakadus sammeln können und auch nicht vor, diese Vögel zu halten, da sie auf meinem Grundstück ganzjährig vorkommen und häufig beim Fressen in den umliegenden Bäumen zu beobachten sind. Meine Informationen zur Haltung von Braunkopfkakadus beruhen im Wesentlichen auf den Kenntnissen von Peter CHAPMAN, einem Züchter aus Sydney, der diese Vögel seit mehreren Jahren sehr erfolgreich nachzieht. Peter hat seine Gründerpaare von Robert LYNN erhalten, der zusammen mit Sir Edward HALLSTROM den Braunkopfkakadu in die Vogelhaltung einführte.

UNTERBRINGUNG UND PFLEGE

Obwohl Braunkopfkakadus für eine Käfighaltung völlig ungeeignet sind, benötigen sie nicht die großen und geräumigen Volieren, wie sie für die übrigen Rabenkakaduarten notwendig sind. CHAPMAN erzählte mir, dass er seine Paare in nach Norden ausgerichteten Volieren mit 5,6 m Länge (davon entfallen 2 m auf das vollständig geschlossene Schutzhaus), 1,8 m Breite und 2,4 m Höhe untergebracht hat. Die Volieren bestehen aus einem Metallrahmen und starkem Maschendraht. Entlang der Oberseite der Freivoliere hat er eine Beregnungsanlage installiert, da die Vögel an heißen Nachmittagen gerne in dem feinen Sprühregen, aber auch bei „echten" Regenschauern baden. Wenn die Sprinklerdüsen angeschaltet werden, fliegen die Vögel auch auf den Boden, um in der Wasserschale zu baden.

MULLER (1974) stellte fest, dass Braunkopfkakadus in die Voliere eingebrachte Pflanzen weitestgehend verschonen. So kann das Gehege der Vögel ansprechend gestaltet werden. Braunkopfkakadus tolerieren die Anwesenheit von kleineren Vögeln und können daher in Gemeinschaft mit friedfertigen Arten gehalten werden.

FÜTTERUNG

Sir Edward HALLSTROM war der erste Züchter, der Braunkopfkakadus hielt. Sein ehrgeiziges Ziel war es, seine Vögel mit einer Diät aus einer begrenzten Anzahl *Allocasuarina*-Zapfen und Sonnenblumenkernen zu halten. Nach sechs Jahren hingebungsvoller Ausdauer hatte er den Durchbruch in der Haltung von Braunkopfkakadus erreicht (in SINDEL UND LYNN 1989). Die Kombination aus Sonnenblumenkernen und Wildsamen wurde trotz einiger Experimente mit künstlichem Futter zur Standardernährung für Braunkopfkakadus in Menschenobhut. Infolge ging man stets davon aus, dass das Wohlbefinden dieser Art maßgeblich von der Verfügbarkeit eines Zusatzfutters aus bestimmten Wildsamen abhing. COURTNEY (1986) widerlegte diese Behauptung und wies darauf hin, dass diese Kakadus auch bei einer ausschließlichen Ernährung mit künstlichem Futter nicht nur überlebten, sondern sich auch fortpflanzten. Seiner Meinung nach seien die „Pioniertage" bei der Erprobung der Haltungsbedingungen für Braunkopfkakadus so gut wie vorbei. COURTNEY räumte allerdings ein, dass die besonders erfolgreichen Züchter nicht auf eine Zusatzfütterung von *Allocasuarina*-Zapfen verzichten. Da ich keine persönlichen Haltungserfahrungen mit Braunkopfkakadus habe, möchte ich in dieser Debatte keine Stellung beziehen, ich bin jedoch der festen Überzeugung, dass alle *Calyptorhynchus*-Arten davon profitieren, wenn ihre Diät durch Wildsamen und -früchte ergänzt wird. Da *C. lathami* von allen Rabenkakadus bezüglich der Ernährung die spezialisierteste Art ist, dürfte sie von dieser Kost besonders stark profitieren. Alle Züchter von Braunkopfkakadus, mit denen ich persönlich gesprochen habe, reichen ihren Vögel regelmäßig *Allocasuarina*-Zapfen. Ein weiterer Aspekt, der bei der Ernährung der Vögel berücksichtigt werden sollte, ist die individuell sehr unterschiedliche Bereitschaft der Kakadus, sich an ein vollständig künstliches Futter zu gewöhnen. Es ist wahrscheinlich, dass manche Tiere sich leicht auf eine solche Kost umstellen lassen, andere hingegen überhaupt nicht.

Als das Weibchen von Robert LYNNS Zuchtpaar ein Jungtier aufzog, zeigte es eine starke Vorliebe für frische grüne Erbsen. Der Nestling wurde fast ausschließlich mit grünen Erbsen aufgezogen, obwohl dem Altvogel auch gekeimter Mais, gekeimte Sonnenblumenkerne, Mandeln und rohe Erdnüsse angeboten wurden (in SINDEL & LYNN 1989). Die von COURTNEY befürwortete künstliche Diät bestand aus Sonnenblumenkernen, Milch-Pfeilwurz-Biskuits, mit Vitaminen angereicherten Frühstücksflocken, einer Auswahl an echten Nüssen sowie rohen ungeschälten Erdnüssen. CHAPMAN fütterte seinen Vögeln zu gleichen Teilen Sonnenblumenkerne und Kardisaat mit kleinen Mengen Kanariensaat. Zusätzlich reichte er ungeschälte Mandeln, rohe ungeschälte Erdnüsse und Maiskolben, als Grünfutter unter anderem Mangold, Chicorée und Endiviensalat. Die Kakadus erhielten regelmäßig *Allocasuarina*-Zapfen, deren Samen sie besonders gerne verzehrten, und belaubte Eukalyptus-Zweige, die bereitwillig zernagt wurden.

ZUCHT

Vielleicht ist die Behauptung von LOW (1992), die Braunkopfkakadus seien von allen Rabenkakadus am leichtesten zu züchten, zu optimistisch; die Bruterfolge nehmen jedoch zu, und die Handaufzucht der Jungvögel und die damit einhergehende Förderung eines Nachgeleges treibt die Nachwuchszahlen in die Höhe. Trotz alledem ist der Fortpflanzungszyklus der Braunkopfkakadus sehr langsam. Im Freiland brüten manche Paare offensichtlich nicht jedes Jahr. So wird es wohl noch einige Jahre dauern, bis sich eine zahlenmäßig große Population in Menschenobhut gebildet haben wird. Anlass zur Sorge bereitet die Entnahme der Jungvögel aus dem Freiland, um die Zahl der Vögel in Menschenobhut zu erhöhen (siehe GARNETT 1993).

SINDEL merkte an, dass der erfolgversprechendste Nistplatz ein senkrecht stehender Stamm (Höhe etwa 1,4 m, Innendurchmesser 35 cm) mit einem natürlichen Schlupfloch ist (in SINDEL & LYNN 1989). Der Stamm kann auf den Boden gestellt beziehungsweise senkrecht oder mit einer leichten Schräge aufgehängt werden. Gefüllt wird die Höhle mit verrottendem Kernholz, zerstoßenem Material aus Termitenbauten oder Holzspänen bis 60 cm unterhalb der Nisthöhlenöffnung. CHAPMAN erzählte mir, dass sein Paar einen etwa einen Meter hohen hohlen Niststamm mit einer natürlichen, herausgebrochen Öffnung bevorzugt. Der Stamm wurde senkrecht am höchsten Punkt der Voliere unmittelbar an der Vorderseite des Schutzhauses montiert.

SINDEL schrieb über die erfolgreiche Brut bei Robert LYNN, dass das einzige Ei am 31. März gelegt wurde. Der Jungvogel schlüpfte am 30. April (in SINDEL & LYNN 1989). Der Nestling war mit gelben Dunen bedeckt und wurde nur vom Weibchen gefüttert, das wiederum vom Männchen mit Nahrung versorgt wurde, gewöhnlich am Nesteingang. Die Wachstumsrate des Jungvogels war anfangs hoch. Mit drei Wochen hatten sich die Augen vollständig geöffnet, und die ersten Konturfedern brachen durch die Haut. Mit acht Wochen war der Nestling voll befiedert. 83 Tage nach dem Schlupf flog er aus. Beide Altvögel fütterten ihren Nachwuchs weiterhin, das Männchen verlor jedoch deutlich das Interesse an ihm, ein untypisches Verhalten für ein Mitglied der Gattung *Calyptorhynchus*.

COURTNEY (1986) beschrieb das Nistverhalten von zwei Weibchen in Menschenobhut. Die Vögel nagten Holzstückchen von der Innenwand des Niststamms und schufen so eine etwa 30 mm hohe Nestunterlage in der Höhle. Die Holzteilchen stimmten in Größe und Form überein: Sie waren 25-35 mm lang und 7 mm dick. Am 30. März ließ das erste Weibchen ein Ei auf dem Sitzast fallen, am 25. April lag das zweite dann im Nest, war jedoch unbefruchtet. Das dritte Ei folgte am 3. Juni. Am 8. Juli entdeckte man den etwa zwei Tage alten Nestling, der am 22. Juli starb. Im zweiten Nest fand man am Abend des 2. März ein Ei, das wahrscheinlich tasgsüber gelegt worden war. Am 4. April war es immer noch intakt. Einen Tag später schlüpfte der Jungvogel um 14.50 Uhr. Die Brutdauer wurde auf über 32 Tage geschätzt. Das Wachstum des Jungvogels war charakterisiert durch nachfolgend aufgeführte Entwicklungsschritte:

1. Tag	Jungvogel kriecht im Nest umher, ohne seinen Kopf zu heben.
8. Tag	Jungvogel sitzt eine Zeitlang aufrecht.
20. Tag	Jungvogel steht auf seinen Füßen. Er ist immer noch ausschließlich mit gelben Dunen gedeckt. Seine Größe entspricht der eines eine Woche alten Hühnerkükens.
21. Tag	Kopf und Rücken werden dunkler, da die Spitzen der Konturfedern zwischen den Dunen sichtbar werden.

27. Tag	Jungvogel hat nun die Größe einer geballten Faust und ist mit kurzen schwarzen Federn bedeckt.
36. Tag	Jungvogel ist erheblich gewachsen, nach wie vor mit schwarzen Federn bedeckt. Der Schwanz ist schätzungsweise 30-40 mm lang. Jungvogel gibt laute und raue Alarmlaute von sich.
70. Tag	Jungvogel ist voll befiedert, der Schwanz ist jedoch immer noch kurz.
105. Tag	Zum ersten Mal beim Fliegen beobachtet, der Jungvogel wurde jedoch wahrscheinlich schon einige Tage früher flügge.

Beide Weibchen brüteten allein, die Männchen kletterten niemals in die Nisthöhle hinein, auch nicht, um den Jungvogel zu füttern. Beim zweiten Nest wurde beobachtet, dass das Weibchen die Nacht in der Nisthöhle bei seinem Jungen verbrachte. Eine Stunde nach Einbruch der Dunkelheit flog das Männchen den Niststamm an und setzte sich in die Öffnung. Dort schlief es dann, mit der Schwanzseite nach außen gerichtet, ein.

Bei einer weiteren erfolgreichen Zucht legte ein Weibchen am 4. Juli ein Ei, das noch am selben Tag bebrütet wurde. Das Junge schlüpfte am 2. August (*Aust. Birdkeeper, Vol. 2, Nr. 8, S. 295, April 1989*). Das Weibchen beendete das Hudern, als der Jungvogel 70 Tage alt war. Mit 80 Tagen verließ der Nachwuchs das Nest, jedoch nur für einen einzigen Tag. Der junge Kakadu kletterte wieder in die Nisthöhle und flog erst sieben Tage später endgültig aus. Die folgenden Tage verbrachte er in unmittelbarer Nähe des Niststamms, bevor er sich dann frei in der Voliere bewegte. Am 10. Februar wurde der Jungvogel von seinen Eltern getrennt.

Wenn die Jungen ausfliegen, sind die meisten Körperpartien noch mit Dunensträhnen von beachtlicher Länge bedeckt. Die Altvögel versorgen ihren Nachwuchs noch weitere drei bis vier Monate mit Futter, wobei das Männchen eine deutlich geringere Rolle bei der Versorgung des Jungvogels spielt und auf seine Gegenwart manchmal sehr aggressiv reagiert. SINDEL stellte fest, dass man die Jungvögel normalerweise vier Monate nach dem Ausfliegen von den Altvögeln trennen konnte; sollte das Männchen zu aggressiv werden, auch früher. In diesem Fall ist es unter Umständen notwendig, das Jungtier zusätzlich mit Futter zu versorgen (in SINDEL & LYNN 1989).

Die Flecken auf dem Kopf sind mit 18 Monaten verschwunden. Das Punktmuster auf den Flügeln verliert sich meist im selben Alter, bei einigen adulten Weibchen bleibt es allerdings erhalten. Das Streifenmuster auf Brust und Bauch verschwindet mit 12 bis 18 Monaten oder bleibt bei einigen adulten Weibchen erhalten. Im dritten Jahr verlieren die Männchen die gelbe Zeichnung auf den Unterschwanzdecken. Bei den Weibchen wird sie im Laufe des zweiten Lebensjahres hingegen sehr ausgeprägt. Bei den Männchen entwickelt sich die erste ungestreifte äußere Steuerfeder mit zwei Jahren, bei den übrigen Federn bleibt das Streifenmuster noch bis zum fünften oder sechsten Jahr erhalten. Gelbe Federn sind bei Weibchen gewöhnlich ab dem ersten Lebensjahr sichtbar und werden im zweiten Jahr noch prägnanter. COURTNEY berichtete vom Balzverhalten eines zweijährigen Männchens, LYNN von einem 20 Monate alten Weibchen, das ein befruchtetes Ei legte (in SINDEL & LYNN 1989).

MISCHLINGE/FARBMUTATIONEN

Es gibt keine Meldungen über Mischlinge des Braunkopfkakadus. SINDEL erwähnte einen Bericht über einen Jungvogel in Menschenobhut, der orangefarbene Säume auf allen Federn besaß. Es gibz jedoch einige Zweifel, dass dieses Merkmal auch nach der Jugendmauser noch vorhanden war (in SINDEL & LYNN 1989).

GATTUNGSGRUPPE CACATUINI Desmarest

Die Vertreter dieser Gattungsgruppe sind überwiegend weiß oder hell gefärbt. Die verwandtschaftlichen Beziehungen innerhalb der Gruppe sind unklar (siehe ADAMS *et al.* 1984, BROWN & TOFT 1999). Die breiten, einfarbigen Schwänze sind im Verhältnis zur Körpergröße kürzer als die der Rabenkakadus. Die Form der Federhaube ist recht variabel. Eine unbefiederte Gesichtshaut ist nicht vorhanden, die meisten Arten besitzen jedoch auffällige nackte Augenringe. Die Wachshaut ist befiedert. Ein deutlicher Sexualdimorphismus ist bei *Callocephalon* vorhanden, bei den übrigen Gattungen ist die Unterscheidung der Geschlechter anhand äußerer Merkmale schwierig oder nicht möglich. Beide Geschlechter bebrüten das Gelege.

GATTUNG CALLOCEPHALON Lesson

Callocephalon Lesson, in Bougainville, Journ. Voy, Autour Globe „Thetis", 2, 1837, Seite 311, Atlas, Tafeln 39, 40. Beschrieben als Monotypus *Callocephalon australe* Lesson = *Psittacus fimbriatus* Grant

Die verwandtschaftlichen Beziehungen dieser monotypischen Gattung sind unklar. Man hat sie sowohl mit den Weißen Kakadus als auch mit den Rabenkakadus in Verbindung gebracht, aber auch eine engere Verwandtschaft mit *Nymphicus* in Erwägung gezogen (siehe ADAMS *et al.* 1984, BROWN & TOFT 1999). Wegen dieser taxonomischen Unsicherheiten muss man die Zweckmäßigkeit der Unterteilung der Unterfamilie Cacatuinae in Gattungsgruppen zurzeit in Frage stellen. Bis zur endgültigen Klärung der verwandtschaftlichen Beziehungen stelle ich die Gattung *Callocephalon* zu den Cacatuini.

Die Gattung *Callocephalon* zeichnet sich durch eine eigenwillige, nach vorn gebogene Haube aus, die von weichen, filamentösen Federn gebildet wird. Der breite und sehr stark gebogene Unterschnabel ist an der Vorderseite ausladend und trägt in der Mitte eine charakteristische Einkerbung, wahrscheinlich eine Anpassung an das Aufbrechen von Eukalyptus-Samenkapseln. Die Läufe sind kurz und stämmig, charakteristisch für eine baumbewohnende Vogelart. Die abgerundeten Flügel sind recht lang, der quadratische Schwanz kurz. Die Gattung kommt nur in Südost-Australien vor.

HELMKAKADU

Callocephalon fimbriatum (Grant)

Psittacus fimbriatus Grant, Narr. Voy. Disc. New South Wales, 1803, Tafel opp. zu S. 135 („New South Wales", d.h. Bass River, Victoria)

WEITERE NAMEN

E: Gang Gang Cockatoo, Red-crowned Cockatoo, Red-crowned Parrot, Red-headed Cockatoo, Red-headed Parrot, Helmeted Cockatoo; F: Cacatoès Gang-Gang, Cacatoès à tête rouge; NL: Helmkaketoe.

Gesamtlänge 35 cm.

BESCHREIBUNG

ADULTES MÄNNCHEN
Grundfarbe des Gefieders dunkelgrau, die Federn sind blassgräulich-weiß gesäumt und geben dem Vogel so ein auffällig geschupptes Aussehen; filamentöse Haube; Stirn bis Nacken, Zügel und obere Wangenregion bis zu den Ohrdecken leuchtend orangerot, bilden den namengebenden „Helm"; das übrige Kopfgefieder und der Hals sind dunkelgrau mit feiner gräulich-weißer Säumung; Federn auf der Körperunterseite sind breiter und matter gräulich-weiß gesäumt, manchmal mit einem Anflug von Gelb; Unterschwanzdecken blasser grau, variabel hellgelb verwaschen und gesäumt, gelegentlich mit einem orangefarbenen Anflug; Säumung auf der Körperoberseite schmaler und leuchtender gräulich-weiß; Außenfahnen der Armdecken mit Mattgrün verwaschen, weniger betont auf den äußeren Armschwingen und Außenfahnen der mittleren Flügeldecken; Schwungfedern grau, dunkler an den Spitzen und mit undeutlicher grauweißer Querstreifung mit breiteren Zwischenräumen auf den Außenfahnen; Schwanz dunkelgrau, zur Spitze hin dunkler werdend; Schnabel hornfarben, zur Basis hin grau; Iris dunkelbraun; Läufe grau; Körpermasse 210-334 g.

12 Exemplare:	Flügel 241-260 (250,3) mm	Schwanz 137-161 (149,9) mm
	Oberschnabel 28-33 (31,2) mm	Lauf 22-26 (23,3) mm

ADULTES WEIBCHEN
Haube und Kopf dunkelgrau, bei alten Vögeln sind einige Federn auf Stirn und Scheitel matt orangerot gesäumt; Federn der Körperoberseite in der hinteren Federhälfte mit blassgelber Binde, die dem Vogel ein noch stärker gestreiftes Aussehen verleiht; Federn auf der Körperunterseite sind breit orange gesäumt, mit blassgrünlich gelber Binde in der hinteren Federhälfte; Unterschwanzdecken mit kräftiger grünlich gelber Querstreifung; Schwanz grau, auf der Unterseite mit variabler blassgräulich-weißer Querstreifung; Schnabel blasser hornfarben, zur Basis hin mit weniger Grau; Körpermasse 240-305 g.

10 Exemplare:	Flügel 249-267 (258,6) mm	Schwanz 131-148 (137,2) mm
	Oberschnabel 30-33 (31,2) mm	Lauf 22-25 (22,9) mm

JUVENILE
Erinnern an adulte Weibchen, sind aber auffallend kleiner; die Haube ist weniger filamentös; Männchen mit roter Haube und variablen roten Flecken auf Stirn und Scheitel; gräulich-weißes Schuppenmuster auf dem Nacken, dem Vorderrücken und den Flügeldecken weniger ausgeprägt; Federn der Körperunterseite mit unterbrochener orangefarbener und blassgelber Querstreifung; Querstreifung auf dem Schwanz deutlicher erkennbar.

VERBREITUNG

Südost-Australien vom östlichen New South Wales durch das östliche und südliche Victoria bis zum äußersten Südosten von South Australia; früher auch auf King Island und als seltener Besucher in Nord-Tasmanien. Eingeführt auf Kangaroo Island, South Australia.

In New South Wales kommt die Art überwiegend im Südosten nördlich bis etwa zum 32. südlichen Breitengrad entlang dem Oberlauf des Goulburn River und im Barrington Tops National Park vor. Landeinwärts reicht das Verbreitungsgebiet bis zu den Westhängen der Great Dividing Range bis in die Umgebung von Bathurst, Wagga Wagga und Albury (Morris *et al.* 1981). Einzelnachweise stammen aus der Gegend bei Ebor auf den Northern Tablelands und von Coffs Harbour an der Nordküste, obwohl ich vermute, dass im letzteren Fall ein einzelner entflogener Volierenvögel gesichtet wurde (siehe Lane 1988).

Helmkakadus sind im östlichen Victoria westwärts bis zum 145. östlichen Längengrad und landeinwärts in Richtung Great Dividing Range bis zu einer Linie von Seymour bis Wodonga weit verbreitet (siehe Emison *et al.* 1987). Im Westen von Victoria ist das Verbreitungsgebiet heute fragmentiert mit isolierten Populationen in den Otway Ranges. Die Vögel bewohnen eine Region vom Geelong-Distrikt westwärts bis in die Umgebung von Port Campbell, die Grampians und den äußersten Südwesten des Bundesstaates vom Mount Eccles National Park westwärts bis zum äußersten Südosten von South Australia (überwiegend entlang dem Unterlauf des Glenelg River) sowie im Norden bis zum Casterton-Distrikt.

Green und McGarvie (1971) zitierten einen Einheimischen, der behauptete, dass Helmkakadus auf King Island früher zahlreich waren, als es noch große Eukalyptus-Wälder auf der Insel gab. Heute sieht man die Vögel nur noch sehr selten; ein Exemplar wurde 1802 von Péron gesammelt, ein weiteres vom *Field Naturalists Club of Victoria* anlässlich eines Besuches auf der Insel im November 1887. Es gibt keine Nachweise aus jüngerer Zeit. Littler (1910) bezweifelte, dass Helmkakadus jemals auf Tasmanien beobachtet worden seien. Einige Vögel besuchten jedoch 1913 einige Male den Springfield-Distrikt im Nordosten der Insel, und drei Vögel wurden auf Three Hummocks Island gesichtet, allerdings ohne Jahresangabe (in Ashby 1928). Da die Helmkakadus heute auf King Island nicht mehr vorkommen, sind weitere Nachweise aus dem Norden Tasmaniens nicht mehr zu erwarten.

Um 1947 wurden Helmkakadus auf Kangaroo Island, South Australia, eingeführt, aber dieses Unterfangen ist offenbar gescheitert. 1957 wurde ein weiterer Versuch unternommen, und die Vögel sind bis heute auf der Insel präsent. Die jüngsten Sichtmeldungen lassen jedoch vermuten, dass die Populationsgröße schrumpft (siehe Baxter 1995).

HABITATE

Helmkakadus sind Bewohner der Wälder der südlichen gemäßigten Klimazone. An der nördlichen Grenze ihres Verbreitungsgebietes kommen sie fast ausschließlich im Hochland vor, im Süden dagegen werden sie in den Tieflandwäldern zunehmend häufiger. Im Sommer findet man die Helmkakadus vor allem in den Bergwäldern und Baumsavannen mit dominanten *Eucalyptus*-Gesellschaften, oftmals in Verbindung mit dichtem Akazienbewuchs im Unterholz. Die Vögel bevorzugen kühlere, beschattete Täler und Senken als Lebensräume, besonders in der Nähe von Wasserläufen. Im Winter suchen sie trockenere, offene Baumsavannen in tieferen Lagen auf. Regelmäßig kann man sie in Stadtparks und Gärten beobachten. Gelegentlich kommen sie in die Vororte von Sydney und Melbourne.

1 Helmkakadu
Callocephalon fimbriatum
NMV B9580 adult, Männchen
Parker River, Otway Ranges, Victoria
23. April 1952

2 Helmkakadu
Callocephalon fimbriatum
AM 032255 adult, Weibchen
Östlich von Square Rock, Coolong, Yerranderie, New South Wales
15. Februar 1927

3 Helmkakadu
Callocephalon fimbriatum
NMV B2187 immatur, Männchen
In der Nähe einer Pferderennbahn östlich von Marlo, Victoria
2. Oktober 1947

Auf dem City Hill im Zentrum von Canberra sieht man die Kakadus häufig auf Zierzypressen (*Cupressus*) bei der Nahrungsaufnahme. In den Southern Highlands von New South Wales kann man Helmkakadus in praktisch allen bewaldeten Lebensräumen antreffen. Ich bin auf sie in reinen *Snow-Gum*-Beständen (*Eucalyptus pauciflora*) an der äußersten Baumgrenze auf den höchsten Gipfeln, weit über 2.000 m ü. NN, gestoßen. In Victoria suchen die Helmkakadus häufig Wälder und Baumsavannen auf, in denen die jährliche Niederschlagsmenge über 700 mm beträgt (Emison *et al.* 1987). Baxter (1995) wies darauf hin, dass die kleine Restpopulation auf Kangaroo Island, South Australia, in abgelegenen Flusstälern mit hoch gewachsenem Galeriewald überlebt hat.

Im August 1998 wurde damit begonnen, zum zweiten Mal die so genannten „Atlas"-Daten der australischen Vogelarten zusammenzutragen. Als man die jüngsten Ergebnisse mit den veröffentlichten Daten des ersten „Atlas" verglich, der zwischen 1977 und 1981 erstellt worden war, wies Garnett (2001) warnend darauf hin, dass der Helmkakadu eine der zahlreichen Hochlandarten sei, deren Bestand seit den 80er Jahren abgenommen habe. Er spekulierte, dass das außergewöhnlich warme Wetter in den 90er Jahren die Überlebens- oder Aufzuchtrate der Vögel beeinflusst habe. Innerhalb ihres recht beschränkten Verbreitungsgebietes ist die Art noch vergleichsweise häufig in ihrem Verbreitungszentrum im Südosten von New South Wales und in Ost-Victoria, wo es noch beträchtliche Flächen mit unzugänglichen montanen Lebensräumen gibt, die den Vögeln ein sicheres Refugium bieten. Es ist überraschend, dass die Individuenzahlen abnehmen. Während einer Bestandsaufnahme der Gartenvogelfauna, die über einen Zeitraum von 17 Jahren zwischen 1981 und 1998 im Stadtgebiet von Canberra, seit jeher ein Verbreitungsschwerpunkt der Helmkakadus, durchgeführt worden war, stellte man fest, dass die Population dort von 1987 bis 1989 auf einen niedrigen Stand gefallen war. 1998 hingegen konnte die bislang höchste lokale Populationsdichte gemessen werden (in Fennell 2000). Osborne und Green (1992) berichteten, dass diese Kakadus während Freilanduntersuchungen im Kosciusko National Park (im südlichen New South Wales) die zwischen 1977 und 1988 durchgeführt worden waren, häufige Standvögel waren. In Victoria erreichte die Art bei der Erfassung der „Atlas"-Daten zwischen Januar 1973 und Juni 1986 eine Nachweisrate von 26 Prozent (Emison *et al.* 1987). Im Boola Boola State Forest, Zentral-Gippsland, Ost-Victoria, konnte man bei Freilanduntersuchungen im unberührten Wald zwischen 1975 und 1977 eine Dichte von 22 Brutterritorien pro Quadratkilometer feststellen (Loyn 1980). Ebenfalls in Zentral-Gippsland führte man in den Frühlings- und Sommermonaten von November 1980 bis März 1983 Bestandsaufnahmen in Restbeständen von Eukalyptuswald durch, deren Fläche von 0,1 bis 1.771 Hektar variierte. Diese Waldinseln lagen verstreut zwischen Farmland und *Pinus*-Anpflanzungen. Helmkakadus entdeckte man in 14 der 56 Waldareale mit maximal 16 Exemplaren pro 100 Zählungen in Waldinseln zwischen 94 und 144 ha Größe. In kleineren Arealen zwischen 6 und 10 ha Fläche registrierte man 22 Exemplare pro 100 Zählungen (Loyn 1985). MacNally (1997) gab eine mittlere Dichte von 2,1 Helmkakadus pro Hektar und eine Höchstdichte von 6,4 Exemplaren pro Hektar im Olinda State Forest an. Diese Werte wurden bei Bestandsaufnahmen zwischen Juli 1983 und Juni 1996 ermittelt.

Außerhalb des Verbreitungszentrums sind die Bestände des Helmkakadus auffällig kleiner, am Rand des Verbreitungsgebietes sind die Vögel recht selten. Die großflächigen Rodungen haben dazu geführt, dass die Art auf King Island und in weiten Teilen des ursprünglichen Verbreitungsgebietes in West-Victoria verschwunden ist. Das Abholzen der Bäume bleibt eine ernste Bedrohung für einige lokale Populationen, insbesondere an den Rändern des Verbreitungsgebietes. Im gesamten Verbreitungsgebiet des Helmkakadus sollte der Erhalt alter Bäume mit Höhlen, die den Vögel als Nistplatz dienen können, zum festen Bestandteil der waldwirtwirtschaftlichen Praxis gehören.

VERHALTEN

Während der Brutsaison sieht man Helmkakadus gewöhnlich paarweise oder in Familiengruppen, ansonsten schließen sich die Vögel zu kleinen Schwärmen zusammen. Größere Schwärme bilden sich an Wasserstellen und an Orten mit üppigem Nahrungsangebot. Am Stadtrand von Canberra konnte ich einen Schwarm von mehr als 60 Helmkakadus beim Fressen auf Weißdornbüschen beobachten. Im Juli 1974 entdeckte ich früh am Morgen am Tidbinbilla River einen Schwarm von mehr als 100 Vögeln, der sich aus kleineren Trupps mit 10 bis 20 Exemplaren gebildet hatte, um im Flachwasser an einer seicht abfallenden Sandbank zu trinken. 1997 gab es aus New South Wales Berichte von ungewöhnlich großen Schwärmen;bei Broulee an der Südküste des Bundesstaates bestand einer aus 60 Exemplaren und einer in der Nähe von Braidwood auf den Southern Tablelands aus 100 Vögeln (in Morris 2000). Helmkakadus sind arboreale Vögel und kommen nur zum Trinken oder zum Untersuchen von hinabgefallenen Nüssen oder Kiefernzapfen auf den Boden. Sie sind äußerst vertrauensvoll; wenn sie im Geäst von Bäumen oder Sträuchern nach Futter suchen, ignorieren sie unter Umständen die Annäherung eines „Störenfrieds" und lassen sich sogar

W.T. Cooper. 79.

fast berühren. Es gibt Berichte von Vögeln, denen man beim Fressen einfach eine Schlinge über den Kopf gelegt hat, um sie zu fangen. Wenn sich Helmkakadus gestört fühlen, klettern sie lediglich auf höher liegende Äste oder fliegen zum nächsten Baum.

Ohne offensichtlichen Grund kann ein Futterschwarm plötzlich vom seinem Baum oder Busch auffliegen; die Vögel ziehen dann laut kreischend weite Kreise am Himmel und kehren nachher wieder zu demselben Futterbaum zurück, um mit der Nahrungsaufnahme fortzufahren. Wenn es regnet oder schneit, fliegen die Kakadus häufig in Kreisbahnen über dem Dach des Waldes und stürzen sich in regelmäßigen Abständen hinab in die Baumkronen. In der heißesten Tageszeit sitzen sie entweder regungslos inmitten des Blätterwerks der Bäume oder sie suchen die Nähe zu einem Partner, um mit diesem intensive gegenseitige Gefiederpflege zu betreiben.

WANDERUNGEN

Helmkakadus können Standvögel, Zugvögel oder auch Nomaden sein, und ich vermute, dass bei den Wanderungen die verschiedenen Altersstufen eine große Rolle spielen. Etablierte Brutpaare sind wahrscheinlich überwiegend sesshafte Vögel, Subadulte und vermutlich auch die Nichtbrüter unternehmen regelmäßige saisonale Wanderungen oder ziehen als Nomaden umher, dieses oftmals als Antwort auf die vorherrschenden klimatischen Bedingungen und das Nahrungsangebot. Entsprechend trifft man das ganze Jahr über einige Vögel sowohl im den Hochland- als auch in den Tieflandlebensräumen an. Es gibt jedoch auffällige vertikale Wanderbewegungen als Ergebnis der saisonalen Standortverlagerung der großen Mehrheit der Population. Im Sommer bevorzugen die Helmkakadus die Bergwälder, und dort nisten auch die meisten Paare. Im Winter ziehen die Vögel in großer Zahl in die tiefer gelegenen Täler und zur Küstenebene. Es weiteres Nomadentum, insbesondere an der Peripherie des Verbreitungsgebietes. Auf diese Weise hat man Helmkakadus in Distrikten beobachten können, in denen sie seit vielen Jahren nicht mehr gesehen worden waren.

In Canberra kann man das ganze Jahr über Helmkakadus beobachten. Im April lässt sich ein markanter Zustrom an Vögeln verzeichnen, die bis September oder Oktober sehr auffällig sind. Danach verlassen die meisten Kakadus die städtischen Gebiete wieder und ziehen in die umgebenden Bergregionen. In den Brindabella Ranges, in der Nähe von Canberra, wiesen LAMM und WILSON (1966) die Art zwischen Anfang September und Mitte Mai nach. Im Winter gab es hingegen nur einen Nachweis eines Einzeltieres, das im August gesichtet worden war, vermutlich ein zeitiger Frühjahrsgast.

Zwischen 1977 und 1981, als die Daten aus den Felduntersuchungen für die Zusammenstellung des „Australian Atlas" erfasst wurden, lag die Nachweisrate in den Snowy Mountains (im Süden von New South Wales), oberhalb 500 m ü. NN, im Frühling und Sommer bei 47 Prozent, fiel dann auf 20 Prozent im Herbst und Winter. In den Habitaten unterhalb der 500-m-Grenze gab es praktisch keine Schwankungen in der Nachweisrate (BLAKERS *et al.* 1984). Zwischen Januar 1973 und Juni 1986 wurden die „Atlas"-Daten für Victoria zusammengestellt. Die spärlichen Nachweise im Hochland während der Wintermonate legten die Vermutung nahe, dass viele Vögel in dieser Jahreszeit dieses Gebiet verlassen hatten, es gab jedoch zeitgleich keinen entsprechenden Anstieg der Individuenzahlen in den angrenzenden Tieflandgebieten (EMISON *et al.* 1987). Im Herbst und Winter drangen einige Helmkakadus auch in bestimmte Vororte von Melbourne und Geelong (im mittleren Süden von Victoria) vor. Es waren jedoch bei weitem nicht so viele Individuen, dass man mit dieser Wanderung den Verbleib der Helmkakadus aus dem Hochland im Winter hinreichend erklären konnte. Man vermutete daher, dass die Kakadus sich in dieser Zeit sehr weit über das Tiefland verteilen und nicht in der Nähe ihrer sommerlichen Hochlandhabitate bleiben. Dass die Helmkakadus im Winter größere Strecken zurücklegen, beweisen auch die gelegentlichen Nachweise von Individuen oder kleinen Trupps an Orten weit außerhalb des „normalen" Verbreitungsgebietes. BEDGGOOD (1959) berichtete, dass man im Osten von Wodonga, Nordost-Victoria, während des gesamten Frühlings kleine Schwärme beobachten konnte, die von Osten nach Westen zogen. Im Sommer waren die Helmkakadus in großer Zahl auf dem Mount Granya anwesend, mit Beginn des nasskalten Wetters Anfang April zogen die Schwärme jedoch ins Tal. Zwischen Ende April und Anfang November gibt es keine Nachweise dieser Art auf dem Mount Granya. Weiter westlich, im Chiltern-Distrikt, endet das Verbreitungsgebiet der Helmkakadus. In dieser Region sind die Vögel seltene Wintergäste (TRAILL *et al.* 1996). BROWN (1950) zitierte einen Bericht, in dem behauptet wurde, dass Helmkakadus Herbst- und Wintergäste in den Gebieten nördlich von Colac (im mittleren Süden von Victoria) seien und vermutlich von den Otway Ranges dorthin zögen. Die Vögel kämen im März an und kehrten zum Winterende oder im Frühling wieder in den Süden zurück; das früheste Ankunftsdatum war der 12. Februar, als in den südlichen Wäldern Brände wüteten, während 1947 zwei Nachzügler auch im November immer noch anwesend waren.

Laut COOPER (1975) gibt es offenbar keine festgelegten saisonalen Wanderungen im Wilson's Promontory an der Südspitze von Victoria. Im Mai wurde ein Schwarm mit 23 Exemplaren auf dem Mount Oberon in 550 m ü. NN beobachtet, am nächsten Tag entdeckte man drei Vögel an der Ostseite des Promontory, weniger als 20 m über dem Meeresspiegel. Man vermutete, dass es eine etwa 15 km breite Pufferzone offenen Graslands gibt, welche die bewaldeten Gebiete des Promontory und des Hauptverbreitungsgebiets der Helmkakadus im Nordwesten voneinander trennt und auf diese Weise die Population im Promontory isoliert. Ich möchte jedoch darauf hinweisen, dass Helmkakadus durchaus in der Lage sind, ein Gebiet mit ungeeignetem Lebensraum auch in dieser Ausdehnung zu überfliegen.

FLUG

Der Flug der Helmkakadus ist, wie die langen Schwingen schon andeuten, kraftvoll. Die Vögel bevorzugen es, sich mit einer Reihe von kurzen Flügen von Baum zu Baum vorwärts zu bewegen, sind aber in der Lage, lang anhaltend in großer Höhe zu fliegen. Ich konnte sie in beachtlicher Höhe über Gebirgszügen und weiten Tälern fliegen sehen; manchmal fliegen sie auf direktem Wege in das offene Tal, in dem Canberra liegt. Das charakteristische Flugbild ist schwerfällig mit langsamen, treibenden Flügelschlägen; es wird oftmals als „eulenartig" beschrieben. Auf kurzen Flügen von einem Baum zum nächsten gleiten die Vögel in Richtung Boden hinab, ziehen jedoch kurz vor dem Aufsetzen wieder an. Lange Flüge in großer Höhe beenden sie auf abwärts gerichteten Spiralbahnen; dabei drehen und wenden sie sich auf dieselbe Weise wie Rosakakadus (*Eolophus roseicapilla*).

LAUTÄUSSERUNGEN

Der Kontaktruf, den die Vögel gewöhnlich im Flug oder nach der Landung in der Krone eines Waldbaumes von sich geben, ist ein verlängerter krächzender Schrei, bei dem sich am Ende die Tonlage abrupt erhöht. Diesen sehr bezeichnenden Laut hat man mit dem Herausziehen eines sehr fest sitzenden Korkens aus einer Flasche verglichen – natürlich in der Lautstärke um ein Vielfaches verstärkt. Er kann nicht mit Lautäußerungen anderer Vogelarten verwechselt werden. Beim Fressen lassen die Helmkakadus oftmals ein weiches Knurren hören. COURTNEY (1996) beschrieb die Futterbettellaute der Jungvögel als weiches, brummendes Schnaufen, das in seiner Kürze den Lautäußerungen junger Rosakakadus (*Eolophus roseicapilla*) ähnelt.

NAHRUNG

Helmkakadus ernähren sich von den Samen einheimischer und eingeführter Bäume und Sträucher, besonders von *Eucalyptus*, *Acacia*, *Pyracantha* und *Crataegus*, aber auch von Beeren, Nüssen, Früchten, grünem Pflanzenmaterial sowie von Insekten und ihren Larven.

Helmkakadus fressen systematisch, das heißt, sie kehren jeden Tag zu einem bestimmten Futterbaum oder Busch zurück, bis sein Nahrungsangebot erschöpft ist. Wenn sie die harten Samenkapseln mit ihren kräftigen Schnäbeln aufbrechen, erzeugen sie einen ununterbrochenen Lärm, und auf dem Boden unterhalb des Futterbaums häufen sich die Überreste der Mahlzeit an. Die Vögel beißen Zweige mit Samen- oder Fruchtständen ab und halten diese mit einem Fuß fest. Jede Samenkapsel oder Beere wird einzeln in den Schnabel genommen, geöffnet und beim Herausklauben der Samen fest gegen den Fuß gedrückt. Wenn der Samenstand zu klobig ist, drückt ihn der Kakadu mit dem rechten Fuß auf den Sitzast und klaubt dann die Samen aus den Kapseln. Ich kenne keine andere australische Papageienart, bei der die „Fußhaltetechniken" bei der Nahrungsaufnahme so hoch entwickelt sind.

Im südlichen New South Wales beobachtete ich Helmkakadus beim Fressen der Samen von *Snow Gum* (*Eucalyptus pauciflora*), *Red Stringybark* (*E. macrorhyncha*), *Scribbly Gum* (*E. rossii*) und *Acacia armata*. Darüber hinaus verzehrten sie sehr gerne die Samen des Weißdorns (*Crataegus monogyna*) und die Beeren des Feuerdorns (*Pyracantha*). Dieser wird in Canberra weitflächig als Zierhecke angepflanzt. In Canberra fressen die Kakadus auch reichlich die Samen der Mittelmeer-Zypressen (*Cupressus sempervirens*), die als Ziergehölze angepflanzt worden sind.

In den Tanjil Ranges, Victoria, hat man die Vögel beim Verzehr der reifenden Samen der *Silver Wattle* (*Acacia dealbata*) beobachtet. Laut MADDISON (1910) fraßen die Helmkakadus entlang dem Oberlauf des Goulburn River, New South Wales, die Larven der *Emperor Moth* (*Artheraea eucalypti*), einer großen Schmetterlingsart der Familie Saturniidae; die Vögel öffneten die harten Kokons, um an die Puppen zu gelangen. Helmkakadus zählen zu den wenigen Vogelarten, die man bei der Suche nach Blattwespenlarven der Gattung *Perga* beobachten konnte.

WHITE (1915) sammelte Exemplare bei Mallacoota, Victoria, und stellte fest, dass die Mägen der Vögel prall mit grünen Akaziensamen gefüllt waren. Im September 1967 wurde ein frisch getötetes Exemplar vom Straßenrand bei Duntroon, Australia Capital Territory, aufgelesen. Sein Kropfinhalt bestand fast ausschließlich aus Weißdornsamen (*Crataegus monogyna*) sowie wenigen Samen von Gänsefußgewächsen und aus kleinen Raupen.

FORTPFLANZUNG

Meinen Beobachtungen zufolge beginnen die Nistaktivitäten der Helmkakadus im südlichen New South Wales und Ost-Victoria später als die der übrigen Papageienarten. Die Brutzeit reicht von Oktober bis Januar oder sogar Februar. Das Balzverhalten des Männchens ist einfach, aber sehr lebhaft; das Männchen zeigt es gewöhnlich am oder in der Nähe des Nestes (SINDEL & LYNN 1989). Mit aufgestellter Haube und aufrechter Körperhaltung ruft es erregt sein Weibchen und breitet dabei oft seine Flügel aus. Von einem Männchen in Menschenobhut weiß man, dass es vor seinem Weibchen wiederholt einen Tanz vorführte, seinen Kopf nach vorne warf, dabei gleichzeitig die Haube aufstellte und eigentümliche Laute von sich gab (in NORTH 1911).

Das Nest befindet sich in einer senkrechten oder sehr schräg abfallenden Höhle in einem Baumstamm oder abgebrochenen Ast eines hohen Baumes. BERULDSON (1980) stellte eine Bevorzugung für Bäume auf den Hängen abgelegener Gebirgstäler in der Nähe zu permanenten Wasserläufen fest. Die Nisthöhlen werden oftmals in mehreren aufeinander folgenden Jahren benutzt. Laut FAVALORO (1940) inspizierte ein Paar am Womboyn Inlet, südliches New South Wales, geeignete Nisthöhlen. An vier aufeinander folgenden Tagen saß das Männchen jeweils morgens auf den obersten Ästen einer hoch gewachsenen Eukalypte, während das Weibchen abwechselnd jede der drei Nisthöhlen des Baumes untersuchte. Diese Inspektion dauerte allmorgendlich etwa eine Stunde lang, und die beiden Vögel gaben die ganze Zeit über plappernde Laute von sich. Das Männchen war überaus erregt, wiegte seinen Kopf hin und her und stellte in regelmäßigen Abständen seine Haube auf.

Helmkakadus vergrößern oftmals ihre Nisthöhle, indem sie Holzstücke am Eingang oder an den Wänden der Innenseite abnagen. In der Nähe der Captain's Flat, südliches New South Wales, untersuchte ich zwei Bruthöhlen, die einige Monate zuvor von Helmkakadus benutzt worden waren. Der Boden am Fuße des Nistbaums war übersät mit Holzstücken und Rindenspänen. Das Weibchen legt seine beiden, seltener drei Eier auf eine Schicht aus Holzstückchen und Holzmulm.

Die Brutdauer beträgt etwa 30 Tage. Beide Geschlechter brüten. Männchen und Weibchen widmen sich am frühen Morgen gemeinsam der Nahrungsaufnahme, danach brütet das Männchen, während sich das Weibchen im Brut- oder in einem benachbarten Baum aufhält. Am Nachmittag verlässt das Paar erneut das Nest, um zu fressen. Danach widmet sich das Weibchen dem Brutgeschäft, während das Männchen in der Nähe des Nests die Nacht verbringt. Ich habe niemals beobachtet, dass ein Männchen sein Weibchen gefüttert hat. Die Jungen verlassen das Nest etwa acht Wochen nach dem Schlüpfen und werden noch mehrere Wochen lang von den Altvögeln gefüttert. Im Yass-Distrikt im südlichen New South Wales kommt es kurz nach dem Ausfliegen der Jungvögel zur Schwarmbildung, wobei sich die Vögel manchmal lokal zu größeren Verbänden zusammenschließen, wenn die Eukalyptussamen reifen und Weißdornbeeren verfügbar sind. Diese sind für viele Wochen die Hauptnahrung der Helmkakadus (MCGRATH in SINDEL & LYNN 1989). Die Flügglinge werden von den Altvögeln in so genannten „Kindergärten" untergebracht. Diese befinden sich in hohen Eukalypten in der Nähe von Beeren tragenden Weißdornbüschen. Diese Kindergärten bestehen ein oder zwei Wochen, bis die Jungvögel sich mit der Umgebung und den Futterquellen vertraut gemacht haben.

COURTNEY (1996) wies darauf hin, dass die Jungen beim Futterbetteln unregelmäßig mit dem Kopf nicken und dabei den Hals vorstrecken. Dieses Bettelverhalten teilen sie mit jungen Nymphensittichen (*Nymphicus hollandicus*), es unterscheidet sich jedoch von dem junger Rosakakadus (*Eolophus roseicapilla*) und junger Kakadus der Gattung *Cacatua*. Am Ende des ersten Lebensjahres zeigen sich die ersten auffälligen roten Markierungen auf dem grauen Kopf der jungen Männchen; Scheitel und Haube sind jedoch noch immer fast einfarbig grau; die Körperunterseite bleibt kräftig quergestreift. Im zweiten Jahr verliert sich diese Zeichnung auf Kehle und Brust sowie auf der Unterseite der Flügel. Die Grautönung des roten Kopfgefieders verschwindet allmählich. Im dritten Jahr geht das grünlich gelbe Querstreifenmuster auf der untere Hälfte der Körperunterseite verloren, obwohl hellgelbe Sprenkel auf den Unterschwanzdecken erhalten bleiben können. Als letztes Merkmal des Immaturengefieders scheint die Querstreifung auf dem Schwanz noch vorhanden zu sein; sie ist noch im vierten Lebensjahr erkennbar.

EIER

Helmkakadueier sind breit elliptisch bis elliptisch und glanzlos. In der H. L. White Collection in Melbourne befindet sich ein Dreiergelege aus Lyons, Victoria, mit den Eimaßen 35,8 (35,5-36,4) mm x 27,5 (26,6-28,2) mm.

HALTUNG IN MENSCHENOBHUT

Aufgrund ihrer ungewöhnlichen, aber ansprechenden Gefiederfärbung und ihres für Menschen unterhaltsamen Wesens sind Helmkakadus sehr empfehlenswerte Volierenvögel. Es ist jedoch mitunter sehr schwierig, die Vögel bei bester Gesundheit zu halten, und ihre Pflege bereitet oftmals Kopfzerbrechen. Obwohl Helmkakadus schnell zahm werden und schon bald einige Worte nachahmen können, sind sie für eine Käfighaltung völlig ungeeignet. Die Vögel widersetzen sich energisch jeder Behandlung und können schwere Bisswunden verursachen, wenn man sie einfangen will. Als ich noch in Canberra lebte, wo die Helmkakadus zu den häufigen Stadtbewohnern zählen, hatte ich wenig Anreiz, diese Art als Volierenvögel zu pflegen. Nach meinem Umzug an die Küste im Norden von New South Wales versuchte ich, Helmkakadus für vergleichende Studien mit anderen Kakadus in Menschenobhut einzubeziehen. Mir wurde jedoch schnell bewusst, dass die Vögel das heiße und feuchte Klima nicht vertrugen, und so gab ich ihre Haltung schweren Herzens auf.

In der Literatur liest man viel über die Neigung der Helmkakadus zum Federrupfen. In der Vergangenheit führte man dieses Verhalten auf eine ungeeignete Ernährung oder die Fütterung von Sonnenblumenkernen zurück. Ich befürworte keine Sonnenblumenkerne in der Ernährung von Helmkakadus, stimme jedoch mit SINDEL überein, dass die Ursachen für das Federrupfen in erster Linie Langeweile, Unausgeglichenheit und Stress sind (siehe SINDEL & LYNN 1989). SINDEL betont, dass die gut harmonierenden Paare in seiner Kollektion nicht rupfen, Vögel in der Schwarmhaltung oder mit unverträglichen Partnern hingegen zu diesem Fehlverhalten neigen. Er führt Beispiele an, in denen Helmkakadus mit dem Rupfen nach kleinen Veränderungen in der täglichen Routine begannen, so als Antwort auf fehlende persönliche Aufmerksamkeit während einer dreitägigen Abwesenheit des Züchters. Ich kenne weitere Beispiele, in denen sich perfekt befiederte Vögel sämtliche Schwung- und Steuerfedern innerhalb weniger Stunden abgebissen haben, nachdem sie in eine neue Voliere umgesetzt oder gefangen und behandelt worden waren. Hitzestress kann ebenfalls das Federrupfen auslösen; diese Erfahrung musste ich mit meinem Paar machen. Bei der Ankunft besaßen beide Vögel ein tadelloses Gefieder. Als im Frühsommer das Klima feucht und heiß wurde, litt vor allem das Weibchen unter dem Wetter. Im ersten Jahr unternahm das Paar keinen Brutversuch. Im Spätsommer war das Weibchen flugunfähig, da es sich die meisten Handschwingen und einige Steuerfedern abgebissen hatte. Im Winter ließ es vom Federrupfen ab, die nachgewachsenen Handschwingen blieben unberührt, bis das Wetter erneut feucht und heiß wurde. Der Vogel nahm sein zerstörerisches Verhalten wieder auf, was einen Brutversuch wie im Vorjahr durchkreuzte. Eine bemerkenswerte Hypothese führte BRANSTON (1966) an, der vermutete, dass rupfende Vögel in den Federkielen nach Aminosäuren oder anderen wichtigen Verbindungen suchen. Gibt man Mauserfedern von anderen großen Papageien in die Voliere von federrupfenden Helmkakadus, stürzen sich die Vögel sofort auf diese und zerbeißen sie bis zur Unkenntlichkeit. Auf diese Weise konnten die Schäden, welche die Vögel am eigenen Federkleid anrichteten, stark reduziert werden.

Vorbeugen ist sicherlich besser als Heilen, das gilt vor allem für Federrupfer, die äußerst schwer von ihrem Fehlverhalten abzubringen sind. Eine ununterbrochene Versorgung mit belaubten Zweigen von Eukalyptus oder anderen in Australien heimischen Bäumen und Sträuchern ist ausschlaggebend für das Wohlbefinden der Kakadus und scheint eine wirkungsvolle Präventionsmaßnahme zu sein, bei Federrupfern aus Langeweile auch eine erfolgreiche Behandlungsmethode. Als besonders hilfreich bei der Wiederherstellung eines gesunden Federkleides haben sich Zapfen tragende Kasuarinen-Äste erwiesen, denn die Kakadus sind Stunden damit beschäftigt, die Samen aus den Zapfen zu klauben und danach die faserige Rinde von den Zweigen zu schälen. Es ist unbedingt erforderlich, dass solche Äste den rupfenden Vögeln dauerhaft zur Verfügung stehen, da jede Unterbrechung zu einer raschen Wiederaufnahme des Rupfens führen kann. Aufgrund meiner Erfahrungen vermute ich, dass immer dann, wenn Stress mit im Spiel ist, jede Präventionsmaßnahme oder Langzeitbehandlung zum Scheitern verurteilt ist, bevor nicht der Stress auslösende Faktor beseitigt worden ist. Aus diesem Grunde kann ich die Haltung von Helmkakadus in tropischen oder subtropischen Klimaten nicht empfehlen.

UNTERBRINGUNG UND PFLEGE

SINDEL erinnerte sich, dass der erste Zuchterfolg mit seinen Helmkakadus in einer Voliere gelang, die 7,2 m lang, 1,2 m breit und 2,4 m hoch war (in SINDEL & LYNN 1989). DROSSER (1989) wies darauf hin, dass die Volieren vollständig aus Metall gefertigt sein müssen. Jedes seiner Paare ist in einer 3,6 m langen, 1,2 m breiten und 2,2 m hohen Voliere untergebracht, deren rückwärtiger Teil zur Hälfte als vollständig geschlossener Schutzraum dient. Die Vorderseite des Geheges ist nach Nordosten ausgerichtet, um im Winter eine höchstmögliche Sonneneinstrahlung zu gewährleisten. Darüber hinaus sind die Vögel vor Wind und Regen aus südlicher Richtung geschützt. Sitzäste befinden sich am Vorderende und im rückwärtigen Bereich der Voliere, in der Mitte werden Beeren tragende Zweige und belaubte Eukalyptus-Äste an die Oberseite der Freivoliere gehängt, weit entfernt von den Wassernäpfen, um eine Verunreinigung durch heruntergefallene Blätter- und Beerenreste zu vermeiden. Paare lassen sich gut in benachbarten Volieren unterbringen; um Bisse in Krallen und Schnäbel durch das Gitter hindurch zu verhindern, empfiehlt sich eine feinmaschige oder doppelte Lage Maschendraht. Mein Paar hatte ich in einer geräumigen Voliere von 8 m Länge, 1,8 m Breite und 3 m Höhe untergebracht. Im rückwärtigen Bereich befand sich auf einer Länge von 2 m das vollständig geschlossene Schutzhaus. Sein Dach war an der Vorderwand einen Meter höher als die angrenzende Freivoliere und fiel dann schräg zur Rückwand des Hauses ab. Am höchsten Punkt der Voliere erhielten die Vögel so eine Rückzugsmöglichkeit. Auch kleinere Voliere können recht zufriedenstellend sein, und SINDEL berichtet von einer Brut in einem Hängekäfig von 3 m Länge, 1,2 m Breite und 1,2 m Höhe, der mit einem geschützten Bereich ausgestattet war (in SINDEL & LYNN 1989).

Helmkakadus haben einen sehr ausgeprägten Nagetrieb und zerstören in Relation zu ihrer Körpergröße erheblich mehr Holz als die Rabenkakadus. Ihre Beißkraft ist enorm, und es ist für die Helmkakadus ein Leichtes, sich durch weniger starken Maschendraht zu beißen. Folglich muss eine Voliere aus robusten Metallelementen konstruiert sein. Die Sitzäste werden regelmäßig durchgenagt. Um ein allzu häufiges Ersetzen der Sitzgelegenheiten zu vermeiden, besorgte ich meinen Vögeln einen kräftigen *Allocasuarina*-Stamm und derbe Äste. Wenn die Kakadus zudem belaubte Zweige zum Benagen hatten, widmeten sie sich weniger intensiv der Zerstörung ihrer Sitzäste.

Helmkakadus lieben kühles Wetter und genießen es, während eines Regenschauers kopfabwärts an der Oberseite der Freivoliere zu hängen und zu baden. Bei heißem Wetter und starker Sonneneinstrahlung suchen sie ihr Schutzhaus auf, daher sollte die Voliere so ausgerichtet sein, dass die Vögel in der Sommerzeit bestmöglich geschützt sind. Es kann sehr nützlich sein, die Voliere in der Nähe eines Laubbaumes zu errichten, der im Sommer Schatten spendet, aber nicht die Wintersonne abblockt. Helmkakadus sind reine Baumbewohner, die so gut wie niemals den Boden aufsuchen. Die Futter- und Wassernäpfe sollten daher in erhöhter Position angebracht werden.

Da die Voliere meines Paares recht groß war, setzte ich zu den Helmkakadus noch ein Paar Stanleysittiche (*Platycercus icterotis*) und drei Buntlaufhühnchen (*Turnix varia*). Ich habe niemals feindselige Verhaltensweisen unter den Volierenbewohnern beobachten können. Bei kleineren Volieren erscheint es mir jedoch ratsam, das Kakadupaar allein zu halten, obwohl bodenbewohnende Wachteln kein Problem darstellen sollten.

FÜTTERUNG

Wie bei den Rabenkakadus fördert die Berücksichtigung von Wildsamen und -früchten im Futterplan der Helmkakadus das Wohlbefinden der Vögel und trägt mit dazu bei, sie in guter körperliche Verfassung zu halten. Helmkakadus sind gewöhnlich nicht so „konservativ" wie die *Calyptorhynchus*-Arten, wenn es um das Probieren neuer Futterkomponenten geht; das erleichtert die Fütterung einer sehr abwechselungsreichen Diät.

Ich reichte meinem Paar eine Basis-Körnermischung aus Kardi, Kanariensaat, Weißer Hirse und Rispenhirse. Auf Sonnenblumenkerne verzichtete ich, obwohl andere Vogelhalter sie ohne Auswirkungen auf die Gesundheit der Vögel füttern. SINDEL erzählte mir, dass er glaube, die Ernährung spiele in Bezug auf das Problem des Federrupfens keine oder nur eine sehr geringe Rolle. Die Körnermischung wurde ergänzt durch Wildsamen und Wildfrüchte je nach Verfügbarkeit, einschließlich Eukalyptus-Kapseln, *Hakea*- und *Banksia*-Früchten, *Allocasuarina*-Zapfen, *Callistemon*- und *Melaleuca*-Früchten, Feuerdorn- oder Weißdornbeeren und *Grevillea*-Blüten. Das in der Natur gesammelte Futter wurde lieber gefressen als das Körnerfutter, vor allem die *Allocasuarina*-Zapfen waren sehr begehrt. Morgens erhielt jeder Vogel ein Stück Stangensellerie, ein Stück Möhre und ein Viertel Apfel, jeden zweiten Abend ein Viertel Orange oder drei ungeschälte Mandeln und zusätzlich in unregelmäßigen Abständen Mangold oder die äußeren grünen Blätter des Kopfsalats zusammen mit ungeschälten Erdnüssen und Maiskolben. Meine Helmkakadus mochten besonders gern Granatäpfel, Loquats und rote Guaven, die ich ihnen, wann immer es möglich war, reichte. Die Vögel fraßen keine Mehlkäferlarven oder Hühnchenschenkel, obwohl ich ihnen diese animalische Kost mehrfach anbot. Ich halte beides für geeignete Quellen für tierisches Eiweiß und kann sie daher nur empfehlen. Die Helmkakadus verzehrten unterschiedliche Mengen an Mürbeteigkuchen und die Krusten von Vollkornbrot.

Eine vergleichbare Diät wurde von DROSSER (1989) empfohlen. Er reicht seinen Vögeln eine Körnermischung für Papageien und ergänzt diese mit Kanariensaat und Hirse. Darüber hinaus erhalten seine Helmkakadus gekeimte Samen einschließlich Sonnenblumenkernen, Kardisaat, Mais, Dari, Milo, Weizen und Mungbohnen sowie zusätzlich Eukalyptus-Kapseln, Akaziensamen, Weißdorn- und *Cotoneaster*-Beeren, Mandeln, Erdnüsse, Mariendistel, Wilden Lattich, Kolbenhirse, verschiedene Wildgräser, Mangold, Endiviensalat, Brokkoli, grüne Erbsen und Maiskolben. Die Vögel fressen auch Mehlkäferlarven, Regenwürmer, Raupen und Blattwespen-Larven. DROSSER wies auf die hohe Bedeutung der Hygiene in der Haltung von Helmkakadus hin. Die Voliere müssen regelmäßig gesäubert werden, da die Vögel reichlich Rindenstücke, Blätter, Beeren und Fruchtschalen auf den Boden werfen, wo sie schon bald eine verrottende Pflanzenschicht bilden würden.

ZUCHT

Die Helmkakadus von SINDEL unternahmen vor Vollendung des dritten Lebensjahres keinen Brutversuch (in SINDEL & LYNN 1989). Es stellte sich heraus, dass seine Vögel gewöhnlich senkrechte oder nahezu senkrecht angebrachte hohle Baumstämme mit einer Höhe von 60-75 cm und einem Innendurchmesser von 25-30 cm bevorzugten. Der Höhleneingang sollte eine natürlich Öffnung oder Spalte seitlich oder weit oben am Stamm sein. Andere Züchter haben bei ihren Vögeln eine Vorliebe für Niststämme festgestellt, die mit einer Neigung von 45° montiert worden waren. Es ist daher ratsam, seinem Helmkakadupaar die Möglichkeit zu geben, unter verschiedenen Nisthöhlen auszuwählen. Der Boden der Nisthöhle sollte mit feinen Holzspänen oder verrottendem Kernholz bedeckt werden. DROSSER (1989) berichtete, dass der Niststamm, den sein Paar benutzte, etwa 60 cm hoch war und einen Innendurchmesser von 20-23 cm aufwies. Als Nistplatz wurden sowohl senkrecht als auch schräg angebrachte Stämme gewählt. Alle waren so platziert worden, dass die oberen 30 cm des Niststammes im Schutze der Innenvoliere stand, die untere Hälfte hingegen dem Wetter ausgesetzt war. Der hohle Stamm, den mein Paar benutzte, war 95 cm hoch mit einem Innendurchmesser von 27 cm. Ich befüllte ihn 60 cm hoch mit gereinigten Sägespänen bis zur seitlich gelegenen natürlichen Öffnung des Stammes; der Höhleneingang befand sich im Schutz der Innenvoliere, der untere Teil des Stammes ragte in die Freivoliere.

Die Eiablage findet gewöhnlich zwischen Mitte Oktober und Mitte Dezember statt. SINDEL berichtete, dass seine Paare, abgesehen von einem Gelege mit einem einzelnen Ei, stets zwei Eier gelegt hatten. Die Abstände zwischen der Ablage des ersten und des zweiten Eies betrugen zwei bis vier Tage. DROSSER stellte ebenfalls fest, dass das Gelege gewöhnlich aus zwei Eiern besteht, bei ihm jedoch auch Paare lebten, die drei Eier legten und auch drei Jungvögel aufzogen. Die Bebrütung der Eier beginnt mit der Ablage des zweiten Eies. Die Angaben über die Brutdauer sind uneinheitlich; DROSSER berichtete von 26 Tagen, während SINDEL von einer 28-tägigen Brutdauer sprach, es aber auch schon Fälle gegeben habe, in denen 30 Tage gebrütet wurde. Nach DROSSER kümmert sich in den ersten drei bis vier Tagen sowie nachts ausschließlich das Weibchen um das Brutgeschäft, danach beteiligt sich auch das Männchen. Es sitzt tagsüber auf den Eiern, während seine Partnerin nachts brütet. Laut SINDEL wechseln sich die Geschlechter bei Tageslicht mit dem Brutgeschäft ab, nachts brütet nur das Weibchen. Diesem Schema folgte auch mein Paar.

Frisch geschlüpfte Nestlinge sind spärlich mit gelben Dunen bedeckt. Die Spitzen der ersten Konturfedern brechen zwischen der zweiten und dritten Lebenswoche durch die Haut. In diesem Zeitraum öffnen sich auch die Augen. Mit sechs Wochen ist die Befiederung weit vorangeschritten. Nach den Angaben von DROSSER verlassen die Jungvögel mit 47 bis 50 Tagen das Nest. SINDEL hingegen gab für das Flüggewerden ein Alter von acht Wochen an und merkte an, dass manche Junge sogar neun oder zehn Wochen in der Nisthöhle bleiben. Laut DROSSER beschützen die Altvögel ihren Nachwuchs sehr stark und tolerieren keine Störungen in der Nähe des Nestes. Normalerweise sind Helmkakadus gute Eltern, in einem Fall beendeten die Altvögel jedoch nach 16 Tagen das nächtliche Hudern. Es wurde notwendig, unter der Nestunterlage eine Lampe mit geringer Leistung als künstliche Wärmequelle anzubringen. Nach dem Ausfliegen werden die Jungvögel noch zwei bis drei Monate von den Eltern gefüttert.

MISCHLINGE/FARBMUTATIONEN

Im Februar 1985 suchten in den Blue Mountains westlich von Sydney ein weiblicher Helmkakadu, eine in dieser Gegend ursprüngliche Art, und ein männlicher Nacktaugenkakadu (*Cacatua sanguinea*), ein entflogener Volierenvogel oder Mitglied eines örtlichen verwilderten Schwarms, eine Futterstelle in einem Garten auf. Sie wurden von einem Mischlingsjungvogel begleitet (APPLETON *et al.* 1988). Der Hybride war überwiegend taubengrau gefärbt mit blassen grauen Federsäumen und dunkelgrauen Sprenkeln auf den Spitzen der Steuerfedern. Die Stirn war braun, und eine feine rosafarbene Linie erstreckte sich unter der blau gefärbten nackten Gesichtshaut unter dem Auge. In Größe und Gestalt erinnerte der Mischling seinem Vater, obwohl er gedrungener war, mit seiner ähnlich kurzen, gerundeten Haube und grauen Läufen und Zehen. Hybridisierungen von Helmkakadus hat es darüber hinaus auch mit Rosakakadus (*Eolophus roseicapilla*) gegeben.

SINDEL erwähnte zwei Meldungen über zimtfarbene Farbmutationen, von denen ein Vogel aus dem Freiland stammte (in SINDEL & LYNN 1989).

GATTUNG EOLOPHUS Bonaparte

Eolophus Bonaparte, Revue Mag. Zool., (2) 6, 1854, S. 155. Das monotypische Typenexemplar der Gattung wurde als *Cacatua rosea* Vieillot = *Cacatua roseicapilla* Vieillot beschrieben.

SCHODDE (1997) wies auf die kontrovers diskutierte systematische Stellung des Rosakakadus hin. Es gibt morphologische Hinweise, die den monotypischen Status der Art in einer eigenen Gattung rechtfertigen. Im Gegensatz dazu weisen die biochemischen Befunde auf eine nähere Verwandtschaft der Vögel zu den so genannten „Corellas" innerhalb der Gattung *Cacatua* hin. Einen davon abweichenden Standpunkt vertreten BROWN und TOFT (1999), die in Hinblick auf die DNA-Stammbaumanalyse darauf hingewiesen haben, dass sich die Rosakakadus wie die Inkakakadus (*Cacatua leadbeateri*) vor der Ausbreitungswelle (Radiation) der Gattung *Cacatua* von der Stammlinie der Kakadus abgespalten haben. Sie unterstützen daher die Einordnung dieser Art in die monotypische Gattung *Eolophus*. Ich gebe zu, dass innerhalb der *Cacatua*-Gruppe die Corellas wahrscheinlich die nächsten Verwandten des Rosakakadus sind, habe mich jedoch seit langen dafür ausgesprochen, dem Rosakakadu eine eigene Gattung einzuräumen, da er sich ausreichend von den übrigen Kakadus unterscheidet. Ich habe zwischenzeitlich akzeptiert, dass meine frühere Vermutung einer engeren verwandtschaftlichen Beziehung der Gattungen *Callocephalon* und *Eolophus* nicht durch biochemische Befunde unterstützt wird, bin jedoch nach wie vor der Überzeugung, dass beide es gleichermaßen verdienen, taxonomisch von *Cacatua* getrennt zu werden.

Der Rosakakadu ist ein mittelgroßer, stämmiger Kakadu mit einem auffällig rosa und grau gefärbten Gefieder. Seine Haube ist kurz und nach hinten gerichtet. Der markante nackte Augenring ist eigenwillig gerunzelt. Die gerundeten Schwingen sind lang, der quadratische Schwanz kurz.

Der Geschlechtsdimorphismus ist beim Rosakakadu nur schwach ausgeprägt. Eine besondere Gefiederfärbung zeichnet die frisch geschlüpften Nestlinge aus: Im Gegensatz zu den blassgelben bis leuchtend gelben Dunen der meisten anderen Kakaduarten sind ihre spärlichen Dunen rosa.

ROSAKAKADU

Eolophus roseicapilla (Vieillot)

Cacatua roseicapilla Vieillot, Nouv. Dict. Hist. Nat., 17, 1817, S. 12 („in the Indies" = Shark Bay, Western Australia, nach Festlegung durch Schodde 1997)

WEITERE NAMEN

E: Galah, Rose-breasted Cockatoo, Roseate Cockatoo, Willock Cockatoo; F: Cacatoès rosalbin; NL: Rosekaketoe.

Gesamtlänge 35 cm

BESCHREIBUNG

ADULTES MÄNNCHEN
Zügel und schmales Vorderstirnband rosarot; hintere Stirn, Haube, Scheitel- bis Hinterkopfregion hellrosa, hellrosa-weißlich überlaufen, am Hinterkopf nicht scharf vom dunkleren Rosa der Nackenregion abgetrennt; Kopfseiten bis zu den Unterflügeldecken sowie der Unterbauch tiefrosa, auf der Brust heller; Wangen und Ohrdecken tiefer rosa; die Federn unmittelbar unter dem Auge manchmal mit rosaweißer Färbung an den Spitzen; die Afterregion und die Unterschwanzdecken sind hellgrau; die Körperoberseiten grau, am hellsten auf den Armdecken, dem Bürzel und den Oberschwanzdecken, am dunkelsten auf den Handdecken, den Handschwingen und an der Schwanzspitze; der Schnabel ist hornfarben; nackter Augenring weiß bis gräulich weiß; Iris tiefbraun; Läufe grau; Körpermasse 272-380 g.

11 Exemplare:	Flügel 256-275 (264,9) mm	Schwanz 122-154 (144,9) mm
	Oberschnabel 25-27 (25,7) mm	Lauf 23-26 (24,8) mm

ADULTES WEIBCHEN
Wie das Männchen; Iris rosarot; Körpermasse 200-356 g.

10 Exemplare:	Flügel 245-273 (256,5) mm	Schwanz 139-154 (146,8) mm
	Oberschnabel 23-27 (24,5) mm	Lauf 22-27 (24,5) mm

JUVENILE
Auffällig matter gefärbt als die Adulten; Stirn, Haube und Scheitel sowie die Brust sind mattgrau überlaufen; der nackte Augenring ist blass gelblichweiß und nicht markant gerunzelt; Iris hellbraun.

VERBREITUNG

In Australien allgemein weit verbreitet, vor allem im Landesinneren; die Art kommt auf einigen küstennahen und -fernen Inseln vor und hat sich heutzutage fest auf Tasmanien etabliert.

UNTERARTEN

Obwohl der Rosakakadu zu den häufigsten Kakadus zählt und wahrscheinlich die geläufigste Art ist, sind Beschreibungen seiner Unterarten und ihrer Verbreitungsgebiete nur spärlich vorhanden. Diese Ungewissheit spiegelt sich auch im Wechsel meines Standpunktes wider. Die östlichen und westlichen Populationen unterscheiden sich auf dem Unterartniveau sehr gut, der Bereich, in dem beide Subspezies im Zentrum Australiens aufeinander stoßen, ist bislang nicht exakt bestimmt worden. Weniger eindeutig sind die Unterscheidungsmerkmale der nördlichen Populationen, die ich zunächst als Unterart *kuhli* geführt hatte, später jedoch nur als kleinste und am wenigsten pigmentierte Form von *albiceps* bewertete. Als charakteristische Merkmale von *kuhli* gelten darüber hinaus die Haubenform und die Färbung des nackten Augenrings; meine erneute Untersuchung der Bälge hat gezeigt, dass diese beiden Merkmale die nördlichen Populationen besser differenzieren als die geringere Körpergröße und die hellere Gefiederfärbung.

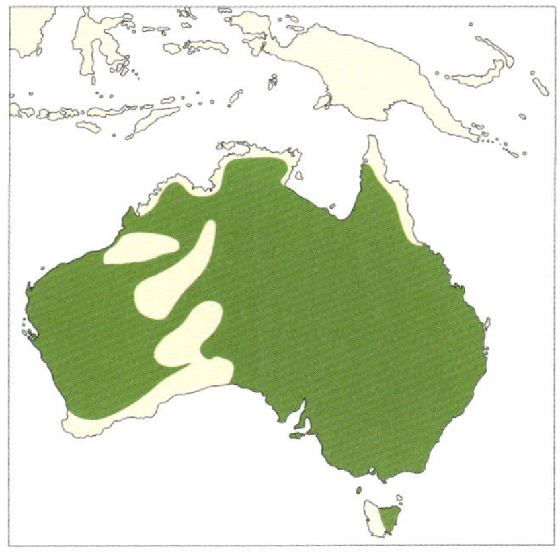

Ich habe die nomenklatorischen Änderungen für die östlichen und westlichen Unterarten so übernommen, wie Schodde (1997) sie vorgeschlagen hat, und weise darauf hin, dass diese Änderungen auf der Behauptung basieren, dass der Holotyp bei Shark Bay, Western Australia, während der „L'Expédition Baudin, 1801-1803" gesammelt wurde. Ich möchte jedoch betonen, dass Johnstone und Storr (1998) diese systematische Änderungen nicht akzeptieren, und Johnstone erzählte mir, dass immer noch Zweifel bezüglich der Herkunft des Typus bestehen. Wenn weitere Untersuchungen an den Tag bringen, dass der Holotyp des Rosakakadus in Ost-Australien gesammelt worden ist, wird *albiceps* zu Synonym von *roseicapilla,* und *assimilis* Mathews muss wieder für die westliche Subspezies einsetzt werden.

1. *Eolophus roseicapilla roseicapilla* (Vieillot)

Die Nominatform, die oben beschrieben wurde, ist im gesamten westlichen Australien südlich der Great Sandy Desert und ostwärts bis mindestens zur Harts Range und möglicherweise bis zur Simpson Desert im Süden des Northern Territory weit verbreitet (siehe Howard 1990). Laut Schodde (1997) erstreckt sich durch Zentral-Australien ein breites Band, in dem sich *roseicapilla* und *albiceps* vermischen können, Einzelheiten hierzu sind jedoch noch nicht dokumentiert worden.

Nach Storr (1984a) reicht das Verbreitungsgebiet von der Pilbara-Region in Western Australia nordwärts bis zu den Ausläufern der Great Sandy Desert und erstreckt sich weiter in Richtung Norden entlang dem Küstentiefland jenseits der Eighty Mile Beach, gelegentlich auch bis Mandora. Rosakakadus kommen im gesamten östlichen Landesinneren von Western Australia vor, sie meiden jedoch weiträumig die Gibson Desert und die Great Victoria Desert sowie die Nullarbor Plain südlich der Transcontinental Railway. Man findet die Vögel hingegen im Hochland jenseits der Grenze zum Northern Territory (Storr 1985b, 1986). Rosakakadus sind auch im gesamten Südwesten von Australien weit verbreitet, nur in den dicht bewaldeten Gebieten im äußersten Südwesten sind sie selten oder fehlen (Saunders & Ingram 1995).

Die Ostgrenze des Verbreitungsgebietes in Zentral-Australien bleibt vorläufig unbestimmt, aber Vögel, die in der Harts Range fotografiert wurden, lassen sich als *roseicapilla* identifizieren, auch die Vögel der Ranges im Norden von South Australia ostwärts bis zum Lake-Eyre-Becken wurden dieser Unterart zugeschrieben (siehe Howard 1990, Schodde 1997).

2. *Eolophus roseicapilla albiceps* Schodde

Eolophus roseicapilla albiceps Schodde, Canb. Bird Notes, 13, 1989, S. 120 (Gungahlin, Australian Capital Territory).

ADULTE
Die adulten Vögel unterscheiden sich von der Nominatform durch ihre kürzere Haube; Scheitel und Hinterkopf sind weiß mit rosafarbenen Federbasen, der Bereich grenzt sich scharf vom dunkler rosafarbenen Nacken ab; die Gefiederfärbung ist allgemein dunkler, vor

allem die tief rosafarbene bis rosarote Brust; Wangen und Ohrdecken sind nicht merklich dunkler rosafarben; Bürzel und Oberschwanzdecken schwach hellgrau, fast weiß; der nackte Augenring ist tiefrosa bis mattkarmesinrot und weniger auffällig runzlig; Körpermasse der Männchen 320-432 g, der Weibchen 307-371 g.

10 männl. Exemplare:	Flügel 257-275 (266,9) mm	Schwanz 135-161 (150,8) mm
	Oberschnabel 24-30 (25,8) mm	Lauf 25-27 (25,8) mm

10 weibl. Exemplare:	Flügel 248-282 (259,6) mm	Schwanz 140-170 (151,2) mm
	Oberschnabel 24-27 (25,1) mm	Lauf 24-27 (25,6) mm

Die Unterart ist im gesamten Osten und Südosten Australiens weit verbreitet. Ihr Verbreitungsgebiet reicht im Norden bis etwa zum 20. südlichen Breitengrad in Nord-Queensland, wo sich *albiceps* mit *kuhli* mischt, und im Westen bis zum Lake-Eyre-Becken und zur Simpson Desert, Zentral-Australien, wo es ein Mischgebiet mit *roseicapilla* gibt. *Albiceps* wurde in Gebiet der Metropole Perth eingeführt, wo sich die Subspezies bereitwillig mit der Nominatform kreuzt. Ich habe den Holotypus von *E. roseicapilla howei* Mathews (AMNH 619840) untersucht und stimme mit SCHODDE überein, dass er aus der Übergangszone zwischen *albiceps* und *roseicapilla* stammt und als „nicht eindeutig identifizierbar" zu bewerten ist.

In Queensland südlich des Barkly Tableland und des Einzugsgebietes des Burdekin River sind die Rosakakadus westlich der Great Dividing Range weit verbreitet, in den Distrikten der Ostküste weniger gleichmäßig (STORR 1984b, BLAKERS *et al.* 1984). Auch in New South Wales sind die Vögel westlich der Great Dividing Range weiter verbreitet, die Kolonisierung der östlichen Region war jedoch so umfassend, dass die Kakadus heute nur noch in wenigen sehr dicht bewaldeten Bergdistrikten fehlen (siehe MORRIS *et al.* 1981). Auch in Victoria sind die Vögel weit verbreitet und meiden lediglich die dicht bewaldeten Bergregionen im Osten des Bundesstaates (EMISON *et al.* 1987). Es liegen Sichtmeldungen aus allen Regionen in South Australia vor, einschließlich Kangaroo Island und einigen küstenfernen Inseln. Im Westen reicht das Verbreitungsgebiet bis zum Südrand der Nullarbor Plain und bis zum Lake-Eyre-Becken, wo sich die Unterart mit *roseicapilla* mischt (siehe BLAKERS *et al.* 1984).

Rosakakadus kommen vereinzelt in Ost-Tasmanien vor, vor allem im Nordosten der Insel und in der Umgebung von Hobart, im Nordwesten und an der Westküste offenbar nicht (NEWMAN, *briefl. Mittlg.* 1978). GREEN und GARVIE (1971) führten den Rosakakadu als seltenen Besucher auf King Island in der Bass Strait, wo einzelne Vögel oder kleine Schwärme in unregelmäßigen Abständen auftauchen; im März 1967 wurde ein Schwarm von etwa 30 Vögeln in der Nähe der Surprise Bay gesehen. Darüber hinaus gibt es gelegentlich Nachweise von Flinders Island und Deal Island, ebenfalls in der Bass Strait.

3. *Eolophus roseicapilla kuhli* (Mathews)

Cacatoes roseicapilla kuhli Mathews, Nov. Zool., 18, 1912, S. 366, Nr. 438 (South Alligator River, Northern Territory)

ADULTE

Wie *albiceps*, aber mit kürzeren Haubenfedern, vor allem im hinteren Bereich. Auf dem vorderen Scheitel befinden sich die längsten Haubenfedern, im Bereich über dem Auge werden die Federn dann abrupt kürzer; das Gefieder ist allgemein heller gefärbt, die Haube ist etwas mehr rosafarben überlaufen; der dunkler rosafarbene Nacken ist immer noch gut von dem helleren Scheitel und Hinterkopf abgegrenzt; die weiße Säumung der Federn unterhalb des Auges ist ausgeprägter und erscheint gewöhnlich als variabler weißer Augenstreif; der nackte Augenring ist auffälliger und tiefer rosafarben gefärbt; geringere Körpergröße; Körpermasse der Männchen 259-312 g, der Weibchen 227-305 g.

23 männl. Exemplare:	Flügel 240-269 (254,7) mm	Schwanz 125-141 (131,4) mm
	Oberschnabel 22-26 (24,8) mm	Lauf 21-24 (22,4) mm

14 weibl. Exemplare:	Flügel 239-262 (247,4) mm	Schwanz 118-134 (127,1) mm
	Oberschnabel 22-26 (23,7) mm	Lauf 21-24 (22,4) mm

Diese schwach differenzierte Unterart kommt im Norden Australiens von der Kimberley Division in Western Australia ostwärts bis zum Süden der Cape York Peninsula und dem Einzugsgebiet des Burdekin River, Nord-Queensland, vor, wo sie sich mit *albiceps* vermischt.

Kuhli ist in der gesamten Kimberley Division von Western Australia weit verbreitet, in den Sandwüsten tiefer im Süden kommen die Vögel nicht oder nur selten vor, und sie meiden auch weiträumig die humiden Gebieten nördlich der Napier Broome Bay (STORR 1980). Im Norden des Northern Territory fehlen die Vögel in einigen Küstenregionen einschließlich der Cobourg Peninsula und der Gove Peninsula. Andernorts sind sie südwärts bis zur Tanami Desert und zum Barkly Tableland weit verbreitet, wo ein Mischgebiet mit *albiceps* besteht (STORR 1977, SCHODDE 1997). In Nord-Queensland liegt das Verbreitungsgebiet nördlich des Barkly Tableland, überwiegend im Einzugsgebiet der Flüsse, die in den Gulf of Carpentaria münden, und reicht ostwärts bis in den Süden der Cape York Peninsula und nordwärts bis zu ihrer Westküste und bis zum Unterlauf des Watson River, im Osten überwiegend südlich von Coen und bis zum Einzugsgebiet des Burdekin River (STORR 1984b, SCHODDE 1997).

HABITATE

Ich vermute, dass Rosakakadus ursprünglich Bewohner der Baumsavannen und des spärlich baumbestandenen Graslands in den semihumiden bis semiariden Gebieten waren und ihre Verbreitung im ariden Zentrum Australiens auf die Vegetation entlang den saisonalen Wasserläufen beschränkt war. Durch die vom Menschen vorgenommenen Änderungen der Landschaft haben die Vögel besonders profitiert, und seit der Ankunft der ersten europäischen Siedler haben die Rosakakadus nahezu alle Arten offener Landschaften kolonisieren können, zunächst das aride Landesinnere, danach die Küsten- und Hochlanddistrikte. Die Vögel meiden dicht bewaldete Gebiete einschließlich des Regenwaldes oder die feuchten Sklerophyllwälder, besonders in Regionen mit hohen Niederschlagsmengen (wie die Küste im Norden von Queensland). Auch in Sandwüsten kommen sie nicht oder nur selten vor. Sie bevorzugen Bäume in der Nähe von Wasserläufen, und im Murray-Darling-River-Becken in Südost-Australien zählen sie zu den charakteristischen Bewohnern der *River-Red-Gum*-Savanne (*Eucalyptus camaldulensis*) und der Überschwemmungsflächen der größeren Fluss-Systeme. In der Nähe von Farmgebäuden und gestauten Seen sind Rosakakadus ein vertrauter Anblick, und sie werden auch in den größeren Städten und ihrer Umgebung immer häufiger. Die Rosakakadus haben sich in vielen Städten fest etablieren können. Man kann sie in Parks und Gärten beim Fressen beobachten, man findet sie auf Sportplätzen oder beim Nisten in Straßenbäumen. Über 1.300 m ü. NN stößt man hingegen nur selten auf Rosakakadus, obgleich John BYWATER im August 1967 einen kleinen Trupp in einer Höhe von 1.560 m ü. NN in der Nähe des Perisher Valley Ski Resort in den Southern Alps von New South Wales entdeckte (*pers. Mittlg.* 1968).

Laut STORR (1980) kommen die Rosakakadus in der Kimberley Division von Western Australia häufig in schwach baumbestandenem Grasland vor. In den Sandwüsten fehlen sie oder sind sehr selten. Auch im Northern Territory sind die Vögel Bewohner der spärlich baumbestandenen, aber wasserreichen Landschaften. Jenseits der Viehtränken auf den großen Rinderfarmen im ariden Süden kommen die Vögel nicht oder nur selten vor (STORR 1977). MCKEAN (1985) wies darauf hin, dass Untersuchungen zwischen 1981 und Mitte 1982 gezeigt hätten, dass die Rosakakadus im Keep River National Park im Nordwesten des Northern Territory an der Grenze zu Western Australia alle Lebensräume besiedelten, in Sandsteingebieten mit Spinifex-Bewuchs (*Triodia* sp.) jedoch selten waren. Laut STORR (1984b) sind die Rosakakadus in Queensland Bewohner der spärlich baumbestandenen Landschaften und Getreideanbaugebiete. GARNETT und BREDL (1985) berichteten, dass die Vögel in der Umgebung des Edward River Settlement im Westen der Cape York Peninsula, Nord-Queensland, in allen Habitaten gesichtet wurden einschließlich der Strände. In New South Wales sind sie in allen Lebensräumen häufig mit Ausnahme des Regenwaldes und des feuchten Sklerophyllwaldes (MORRIS *et al.* 1981). Ich bin auf diese Kakadus in praktisch allen offenen Landschaftsformen gestoßen, von den küstennahen Sanddünen mit größeren Beständen von krüppelwüchsigen *Swamp Oaks* (*Casuarina glauca*) oder niedrig wachsenden Akazien bis hin zu trockenen Baumsavannen einschließlich Mallee sowie Sandflächen mit *Saltbush* (*Atriplex* sp.) oder *Bluebush* (*Maireana* sp.) und vereinzelt stehenden Akazien. In Victoria kommen die Rosakakadus durchweg in schwach baumbestandenen Gebieten mit einer jährlichen Niederschlagsmenge unter 1.000 mm vor (EMISON *et al.* 1987). Laut GREEN (1989) bewohnen die Vögel auf Tasmanien Baumsavannen und Grasland.

In South Australia sind die Rosakakadus in praktisch allen Lebensräumen mit Baumbewuchs häufig anzutreffen; BADMAN (1979) berichtete jedoch, dass die Vögel offenbar nicht in der Simpson Desert ostwärts bis zum Finke River im äußersten Nordosten des Bundesstaates vorkämen. Sie meiden auch weiträumig die Sandwüsten im östlichen Landesinneren von Western Australia, wo sie ansonsten auf Grasland, im Akazien-Buschland und in schwach baumbestandenen Regionen in der näheren Umgebung von Wasserstellen und geeigneten Brutbäumen zu finden sind (STORR 1985b, 1986, 1987). ROWLEY (1990) wies darauf hin, dass sich die Verbreitung der Rosakakadus in Western Australia vor seiner Erschließung für die Landwirtschaft auf die ariden und semiariden Gebiete beschränkte, weite Graslandflächen, die von einer Vielzahl Sträucher und kleiner Bäume, überwiegend Akazien, durchsetzt waren. Doch nur entlang den Wasserläufen gab es geeignete Nistbäume. Die Errichtung des Weizengürtels schuf ein Äquivalent für diese flussnahen Lebensräume in den ariden Gebieten. Entsprechend breiteten sich die Kakadus im gesamten Getreideanbaugebiet und in den verbliebenen baumbestandenen Lebensräumen einschließlich Mallee weit aus; in den dichten Wäldern des Südwestens von Western Australia kommt die Art nach wie vor nicht vor oder ist dort selten (Saunders & Ingram 1995).

LOKALE POPULATIONSDICHTEN

Wegen des außergewöhnlichen Anstiegs der Individuenzahl und der dramatischen Ausdehnung des Verbreitungsgebietes als Antwort auf die landwirtschaftliche Entwicklung wurde der Rosakakadu als „die größte Erfolgsstory in der Kakaduwelt" bezeichnet (Saunders *et al.* 1985). Rowley (1990) merkte an, dass es sich um eine „sich mit Nachdruck ausbreitende Spezies handelt, die neben dem Menschen prächtig gedieh, als dieser Kontinent allmählich erschlossen wurde". Zweifellos sind die Rosakakadus heute von allen australischen Papageien am weitesten verbreitet und zählen zu den häufigsten Arten. Zu ihrem Hauptverbreitungsgebiet zählt das Murray-Darling-River-Becken in Südost- Australien und der Weizengürtel von Südwest-Australien, beides Regionen, in denen die Vögel besonders häufig zu finden sind. Andernorts sind die Kakadus in Gebieten mit geeignetem Habitat allgemein recht häufig. In der zweiten Hälfte des 20. Jahrhunderts gab es einen landesweiten dramatischen Anstieg der Individuenzahlen sowie eine bemerkenswerte Ausdehnung des Verbreitungsgebietes; Diese war besonders aufsehenerregend im Süden des Kontinents. Als Grund für diese Erhöhung des Bestandes und die Ausdehnung des Verbreitungsgebietes gelten die Änderungen in der Landnutzung, besonders die Abholzung der Wälder, der verstärkte Anbau von Getreide und die Schaffung von Viehtränken. Serventy und Whittell (1976) bestätigten zwar, dass diese Faktoren den Anstieg der Individuenzahlen und die Ausdehnung des Verbreitungsgebietes beschleunigt haben, vermuteten jedoch als eigentliche Ursache für diese Prozesse die schleichende Verschlechterung des Klimas im Zentrum Australiens im 19. Jahrhundert. In der Tat folgte eine Kolonisierung neuer Gebiete gelegentlich einer Dürreperiode im Landesinneren, ich habe jedoch insgesamt Schwierigkeiten, mich mit dieser Erklärung anzufreunden, denn ich bin der Überzeugung, dass auch im Landesinneren von Australien die Individuenzahlen der Rosakakadus gestiegen sind.

1 Rosakakadu
Eolophus roseicapilla albiceps
ANWC 871 adult, Männchen
Gungahlin, Canberra
Australian Capital Territory
22. August 1966

2 Rosakakadu
Eolophus roseicapilla roseicapilla
WAM A8117 adult, Weibchen
Millstream Station, Fortescue River,
Western Australia
28. Juli 1958

In Queensland zählt der Rosakakadu zu den häufigen Arten. Storr (1973a) fasste die Ausdehnung des Verbreitungsgebietes in Richtung Osten chronologisch zusammen und wies darauf hin, dass die Rosakakadus vor der Besiedlung durch die Europäer und bis mindestens 1880 in Queensland nicht östlich der Great Dividing Range vorkamen, möglicherweise mit Ausnahme des Einzugsgebietes der Princess Charlotte Bay. Die Ostausdehnung in den Norden und in das Zentrum von Queensland war nur mäßig, im Südosten sind die Vögel heute jedoch sehr häufig; sie haben die Darling Downs Ende der 40er Jahres des vorigen Jahrhunderts erreicht. Während biologischer Bestandsaufnahmen in der Stanthorpe Shire und der Millmerran Shire, Südost-Queensland, 1971/72 stellte man fest, dass die Vögel dort recht zahlreich waren (Kirkpatrick & Searle 1977, Kirkpatrick & Amos 1977). Ältere Berichte weisen darauf hin, dass Rosakakadus im Logan Reserve, etwa 30 km südlich von Brisbane, selten waren; seit einigen Jahren zählen sie hier jedoch zu den häufigen Arten. Und auch wenn der Bestand Schwankungen aufweist, scheint die Anzahl der Rosakakadus zu steigen (Dawson *et al.* 1991). Peter Slater erzählte mir, dass es heute in den Vororten von Brisbane zahlreiche Vögel gebe und dass auch hier die Individuenzahl wachse (*pers. Mittlg.* 1998). Als Brereton (1977) während einer weitflächigen Dürre im Jahr 1965 durch das Landesinnere des mittleren Ostens fuhr, war die höchste gemessene Bestandsdichte von Rosakakadus 0,68 Vögel pro Kilometer auf dem 177 km langen Weg zwischen Longreach und Winton in Zentral-Queensland.

In New South Wales sind die Rosakakadus weit verbreitet und zahlreich. Obgleich im Westen mehr Vögel vorkommen als im Osten, dehnt sich das Verbreitungsgebiet in Richtung der Tablelands und der Küste aus (Morris *et al.* 1981). McAllan und Bruce (1988) behaupteten, diese Ausbreitung in den Osten sei teilweise auf entflogene Kakadus zurückzuführen. Ich stimme dem nicht zu. Meine eigenen Erfahrungen führen mich zu dem Schluss, dass nur im Umfeld der Metropole Sydney entflogene Rosakakadus Bestandteil der küstennahen Population sind, und selbst hier scheint ihr Anteil recht gering zu sein. In den Flusstälern des Hastings River und des Macleay River an der unteren Nordküste von New South Wales war die Art bis zu Beginn der 80er Jahre des vorigen Jahrhunderts sehr selten. Dann verzeichnete man einen bemerkenswerten Zustrom in die urbanen und von der Landwirtschaft geprägten Gebiete, und die Zahl der Rosakakadus wuchs rasch. Heute sind die Vögel in diesen Distrikten gebietsweise häufig. Kleine Schwärme drangen südwärts

entlang der Küste vom Tal des Hunter River bis in den Norden von Sydney vor und erreichten 1973 Wyong und 1974 Gosford (MORRIS 1975). 1920 wurden einige Vögel vom Taronga Park Zoo in Sydney freigelassen, danach gab es bis 1941 keine Hinweise mehr. Dann tauchten Hunderte von Vögeln während einer Dürreperiode auf; ihre Zahl schien nach 1944 wieder abzunehmen, und die Population beschränkte sich auf die westlichen Randbezirke der Metropole. Ende der 60er und zu Beginn der 70er Jahre der 20. Jahrhunderts begann ihre Zahl wieder dramatisch anzusteigen, und die Rosakakadus tauchten sogar in der Innenstadt und in den Vororten an der Küste auf, wo sie zuvor unbekannt waren (HINDWOOD & GILL 1958; HOSKIN 1991). GIBSON (1977) berichtete, dass diese Art im Camden County, unmittelbar südlich von Sydney gelegen, mäßig häufig in Schwärmen bis zu 100 Vögeln anzutreffen sei, die man entlang der Küste beobachten kann. Vor 1960 galt der Rosakakadu hier als seltener Besucher. Der erste Nachweis eines Nestes aus dem Narooma-Distrikt an der Südküste von New South Wales stammt von 1975, einige Jahre nach der Ankunft der ersten Vögel in diesem Distrikt.

Ich war Zeuge der Besiedlung der Southern Highlands von New South Wales in den 60er und 70er Jahren des vorigen Jahrhunderts. In dieser Gegend sind die Berge durchsetzt mit Tälern und Hügeln, die zur Schaffung von Weideland oder zum Anbau von Getreide, überwiegend Hafer, gerodet wurden. Die Rosakakadus drangen in diese Region vor und etablierten sich in diesen offenen Arealen. Heute zählen sie hier zu den häufigsten Vogelarten und brüten sogar in städtischen Gärten und Parks. In den Dry Plains in der Nähe von Adaminaby tauchte das erste Paar Rosakakadus als Sommergäste 1957 auf; das erste Nest wurde 1960 entdeckt, heute zählt die Art zu den häufigen Standvögeln. Ende 1959, als ich nach Canberra zog, waren die Rosakakadus noch äußerst seltene Besucher; 30 Jahre später, als ich diesen Distrikt wieder verließ, zählten sie zu den häufigen ortsansässigen Vogelarten. Während einer Bestandsaufnahme der Gartenvogelfauna in Canberra 1991/92 wurde der Rosakakadu das gesamte Jahr über an allen Standorten nachgewiesen mit einem Durchschnittswert von 5,7 Vögeln an jeder Stelle pro Woche. Dies war der höchste Wert von allen Papageienarten. 1997/98 löste der Rosakakadu den Europäischen Star (*Sturnus vulgaris*) als häufigste Vogelart in den Gärten von Canberra ab (*Canberra Bird Notes, Nr. 18, S. 84, Dezember 1993*; in FENNELL 2000).

Auch in Victoria konnte man eine dramatische Ausdehnung des Verbreitungsgebietes des Rosakakadus von den ariden Gebieten im Nordwesten in die südlichen und östlichen Distrikte verzeichnen (EMISON *et al.* 1987). OFFICER (1958) berichtete, dass es vor den 50er Jahren des 20. Jahrhunderts keine Nachweise im Portland-Distrikt im Südwesten von Victoria gab, 1958 stellte man fest, dass die Vögel dort nicht selten waren. In den letzten Jahren fand ich heraus, dass die Kakadus lokal sogar sehr zahlreich anzutreffen waren. Es besteht in der Tat die Möglichkeit, dass die erfolgreiche Besiedlung von Südwest-Victoria durch Rosakakadus und die später ansteigende Individuenzahl einen Beitrag zur Konkurrenz um die Nisthöhlen geleistet hat, was sich zum Nachteil für die lokalen Populationen des Banks-Rabenkakadus (*Calyptorhynchus banksii*) ausgewirkt hat. Laut WOOD (1959) wurde 1956 das erste Nest im Geelong-Distrikt im mittleren Süden von Victoria entdeckt; heute sind die Vögel dort sehr häufige Standvögel. Sie sind ebenso häufig in einigen Vororten von Melbourne, wo man sie vor 1970 nur selten beobachten konnte. Rex BUCKINGHAM erzählte mir, dass sie gelegentlich den Botanischen Garten und die Sportplätze aufsuchen – einschließlich des Melbourne Cricket Ground in der Nähe des Stadtzentrums (*pers. Mittlg.* 1998). Die Nachweise von Nordost-Tasmanien legen die Vermutung nahe, dass es eine unregelmäßige natürliche Einwanderung vom Festland aus gibt. LITTLER (1910) wies auf zwei in den Jerusalem Plains in der Nähe von Bridport am 5. Mai 1908 gesammelte Exemplaren, ein Männchen und ein Weibchen, sowie auf eine Sichtung eines dritten Vogels an derselben Stelle einige Tage später hin; das Männchen befindet sich heute im Queen Victoria Museum in Launceston. Paul ROSEVEAR setzte mich in Kenntnis, dass sein Vater Lester ROSEVEAR bei Epping Forest im „Frühjahr 1925“ in den Besitz von zwei Eiern gelangte. Zuvor hatte man beobachten können, wie ein Rosakakadu von einer Nisthöhle in einer abgestorbenen Eukalypte davonflog. Hierbei handelte es sich offenbar um den ältesten Brutnachweis von Tasmanien (*briefl. Mittlg.* 1979). Die Populationen im Hobart-Distrikt stammen eventuell von entflogenen Vögeln ab, denn BROWN (1978) berichtete, dass sich in Kingston, im Süden von Hobart, über mehrere Jahre hinweg ein Schwarm von etwa 35 Vögeln gebildet hatte, der von einem einzigen Paar abstammte, das um 1970 lokal freigelassen worden war. Zurzeit dehnt sich das Verbreitungsgebiet der Rosakakadu ostwärts zu den Küstenregionen aus (BROWN & HOLDSWORTH 1992).

In den ersten Jahrzehnten des 20. Jahrhunderts dehnte sich das Verbreitungsgebiet der Rosakakadus in South Australia in Richtung Süden aus. Heute ist die Art überall im Bundesstaat verbreitet und häufig. Laut BOEHM (1959) stammt der erste Nachweis eines Rosakakadus im Mount-Mary-Plains-Distrikt im Nordwesten von Adelaide aus dem Jahr 1918, die erste Brut wurde 1926 nachgewiesen. 1938 konnte man bereits gelegentlich große Schwärme beobachten. LENDON (1979) stellte fest, dass die Rosakakadus in den 20er Jahren des vorigen Jahrhunderts in der Umgebung von Adelaide zu den häufigen Vogelarten zählten. 1932 beobachtete er einen kleinen Schwarm bei Victor Harbour im Süden der Fleurieu Peninsula. Laut THOMPSON (1997) sind die Kakadus in den Parkanlagen, die das Stadtzentrum von Adelaide umgeben, ein vertrauter Anblick geworden. BAXTER (1995) berichtete von dem ersten Nachweis auf Kangaroo Island: 1913 war dort ein einzelner Vogel gesichtet worden, die erste Brut wurde 1936 registriert. Die Individuenzahl nahm in der Folgezeit zu, so dass Rosakakadus 1955 dort bereits recht zahlreich waren. Ende der 60er Jahre waren sie weit verbreitet und häufig. STORR (1977) betonte, dass der Rosakakadu vor der Besiedlung Australiens durch die Europäer nicht im südlichen Drittel von Nord-Australien vorkam, das heißt südlich der Reynolds Range. Diese Region wurde in den 20er und 30er Jahren des 20. Jahrhunderts besiedelt, offenbar über den Sandover River und den Finke River.

Die schnelle Ausdehnung des Verbreitungsgebietes in Western Australia wurde von SERVENTY und WHITTELL (1976) zusammengefasst. Vor der Niederlassung europäischer Siedler kamen die Rosakakadus südlich der Mulga-Eukalyptus-Linie nicht vor, ihr Verbreitungsgebiet beschränkte sich auf die ufernahen *Eucalyptus*-Lebensräume der nordwestlichen Fluss-Systeme und reichte im Süden bis zum Murchison River. Um 1928 waren die Rosakakadus bei Mingenew recht zahlreich anzutreffen und hatten die Peripherie des nordöstlichen Weizengürtels erreicht. Gelegentlich konnte man sie in der Nähe von Kellerberrin beobachten. Zu dieser Zeit konnten sich die Besucher, die am weitesten in den Süden vordrangen, noch nicht etablieren. Erst im Laufe der 30er und zu Beginn der 40er Jahre wurden die Rosakakadus auch im nördlichen Weizengürtel häufig. 1950 hatten sie in großer Zahl eine Linie von Hill River bis Goomalling und Wickepin durchbrochen. In den 70er Jahren erstreckte sich das Verbreitungsgebiet über den gesamten Weizengürtel bis zu den Gebieten im äußersten Süden. Die Expansion der Rosakakadus deckte sich weitestgehend mit dem Bau von Eisenbahnanschlüssen und Getreidesilos zwischen Katanning und Lake King (SAUNDERS *et al.* 1985). In einem 450 km^2 großen Untersuchungsgebiet im Weizengürtel mit inselartig verstreuten Baumsavannen inmitten ausgedehnter Weizenfelder wurde die Population der Rosakakadus auf etwa 350 Brutpaare und einen Schwarm von mehr als 3000 nicht brütenden Vögeln geschätzt (SAUNDERS *et al.* 1985). Darüber hinaus bahnten sich diese Kakadus den Weg zu den Küstenebenen, umflogen dabei jedoch die Wälder der Darling Range. Mittlerweile haben sie auch die Umgebung der Metropole Perth erreicht, wo ihre Zahl durch entflogene oder ausgesetzte Volierenvögel noch anwuchs. Darunter befanden sich auch viele Vertreter der östlichen Unterart *E. roseicapilla albiceps*. Die Ausdehnung in den Südwesten wurde durch die Verfügbarkeit von Futter erleichtert, das die Kakadus im Umfeld der Pferdeställe und Reitschulen fanden. Die Pferde werden in der Regel mit Getreide gefüttert, und es ist zu erwarten, dass diese Südausdehnung der Art so lange fortgesetzt wird, bis alle geeigneten Habitate besetzt sind.

Rosakakadus werden nach wie vor als Ernteschädlinge verunglimpft, obwohl es beträchtliche Hinweise gibt, die dagegen sprechen. Man macht die Vögel häufig für verheerende Plünderungen der Getreidefelder verantwortlich. ROWLEY (1990) wies darauf hin, dass im Weizengürtel von Südwest-Australien die Verwendung moderner Maschinen zusammen mit den verbesserten Transportmöglichkeiten den Verlust bei der Verladung der Körner auf ein Minimum beschränkt und so den Konflikt der Farmer mit den Rosakakadus auf einen Level reduziert hat, der „kontrollierende Maßnahmen“ aus ökonomischer Sicht nicht gerechtfertigt. Wie auch in Ost-Australien untergraben die hohen Jahresdurchschnittserträge, oftmals in Rekordhöhe, die Behauptung der weit verbreiteten Schädigungen der Getreideernte. Mir ist bewusst, dass örtlich durchaus signifikante Schäden auftreten können, besonders auf Sonnenblumen- und Sorghum-Feldern. Auch die Praxis, Pflanzen mit ausgereiften Samenständen noch einige Wochen auf dem Feld stehen zu lassen, bevor sie geerntet werden, vergrößert das Risiko, Ernteverluste durch einfallende Kakaduschwärme zu erleiden. Um dieses Problem in den Griff zu bekommen, muss man sich Gedanken zu Veränderungen der bestehenden Praxis im Getreide-Management machen, denn das Abschießen oder Fangen der Vögel wird niemals eine Lösung auf lange Sicht darstellen. Wegen der möglichen Ernteschäden durch Rosakakadus wird manchen Farmern die Erlaubnis erteilt, die Vögel zu vernichten. Die Art steht prinzipiell aber unter gesetzlichem Schutz.

VERHALTEN

Rosakakadus sind extrovertierte Vögel! Viele Beobachter haben bestätigt, dass sie ihr Leben in vollen Zügen genießen, und ihr Überschwang macht sie besonders anziehend. Ich kann keinen besseren Einblick in diese speziellen Verhaltensweisen der Rosakakadus geben, als die Bemerkungen von ROWLEY (1990) zu zitieren: „Rosakakadus vermitteln den

Eindruck, dass sie ihr Leben weitaus intensiver genießen als die meisten anderen Tiere. Es hat den Anschein, als ob sie pures Vergnügen bei der Vervollkommnung ihres Fluges empfinden, wenn sie mit höchster Geschicklichkeit durch das Geäst der Baumkronen manövrieren, in Hinblick auf ihre alltäglichen Bedürfnisse eigentlich eine recht überflüssige Fähigkeit. Sie schwingen wie Trapezkünstler an Telefonleitungen, rutschen die Spanndrähte der Antennen entlang und gebärden sich nahezu ekstatisch während ihres 'Regentanzes'; dies alles ist völlig unproduktiv, scheint aber großen Spaß zu bereiten".

Die Grundeinheit der sozialen Organisation ist das Paar, eine monogame Verbindung zweier Vögel, die bis zum Todes eines der Partner andauert. Paare, die in unmittelbarer Nähe zu anderen Paaren nisten, gewöhnlich im selben oder in einem benachbarten Baum, schließen sich zu losen Schwärmen zusammen und begeben sich in einem gemeinsamen Territorium auf Nahrungssuche. Jedes Paar entfernt sich selten mehr als 10 km von seinem Nistbaum. In einem Untersuchungsgebiet im Weizengürtel von Südwest-Australien bildeten etwa 130 Paare zwölf Schwärme in einem Areal von 90 km^2 (Rowley 1990). Umherziehende Juvenilschwärme oder lokal auftretende nomadische Schwärme von Immaturen und nichtbrütenden Adulten werden in den gemeinschaftlichen Futterterritorien geduldet, und ihr periodisches Erscheinen ist für die häufigen Meldungen von Erhöhungen der lokalen Bestandsdichten verantwortlich. Gelegentlich sieht man die Rosakakadus in Gesellschaft anderer Kakadus, vor allem von Gelbhaubenkakadus (*Cacatua galerita*), Inkakakadus (*C. leadbeateri*) und den Corellas. Wenn sie gemeinsam mit Gelbhaubenkakadus fressen, reagieren sie auf das „Wächter-Alarmsystem", das sie von dieser Art übernommen haben; zu anderen Zeiten sind sie nicht scheu.

Rowley (1990) wies darauf hin, dass Rosakakadus offenbar viel „Freizeit" haben, wahrscheinlich weil sie die meiste Zeit des Jahres leicht Nahrung finden und diese zügig aufnehmen können. Morgens und am späten Nachmittag kann man die Rosakakadus beobachten, wie sie am Boden fressen. Typisch ist dabei ihr watschelnder Gang. Gelegentlich bricht ein kleiner Streit zwischen zwei fressenden Vögeln aus. Die Kontrahenten schlagen dann mit den Flügeln, richten ihre Haube auf und stoßen spitze Schrei aus. Die übrigen Mitglieder des Schwarms unterbrechen ihre Nahrungsaufnahme, richten erregt ihren Hauben auf und beobachten die beiden Gegner. Schon bald beruhigt sich alles wieder, und die Vögel setzen ihre Nahrungsaufnahme fort.

In der Mittagszeit suchen die Vögel Schutz im Blätterwerk der Bäume oder Sträucher und vertreiben sich die Zeit damit, die Zweige zu entlauben oder die Rinde zu schälen. Rosakakadus sind berüchtigt, durch das Abnagen der Rinde Bäume zum Absterben zu bringen. Man sieht die Vögel häufig auf Telegraphenleitungen sitzen, auch inmitten kleinerer Städte oder der Vororte von Großstädten. Sie schaukeln dann, kopfüber an der Leitung hängend, hin und her, schlagen mit den Flügeln und kreischen lautstark. In den Distrikten des Outback sind sie verantwortlich für Störungen bei telegraphischen Übermittlungen; die Kakadus sitzen in derart großer Zahl auf der oberen Leitung, dass diese durchhängt und mit der unteren in Berührung kommt. Dadurch wird ein Kurzschluss verursacht. Telegraphenleitungen und abgestorbene Bäume zählen zu den bevorzugten Sitzplätzen bei Regenduschen – eine Leidenschaft, die Rowley (1990) als „nahezu ekstatisch" beschrieb. Die Vögel hängen kopfüber und halten sich oft nur mit einem Fuß fest, sträuben ihr Körpergefieder und schlagen erregt rufend mit den ausgebreiteten Flügeln. – Nachdem sie am Abend ihren Durst gestillt haben, machen sich die Kakadus auf den Weg zu ihren Schlafbäumen. Paare fliegen zu ihren Nistbäumen oder benachbarten Bäumen, während die Schwärme der Nichtbrüter sich auf nicht regelmäßig genutzten Schlafbäumen sammeln, die gewöhnlich in der Nähe von Wasserläufen stehen. Bei Sonnenuntergang lassen sich die Vögel kurz vor der Nachtruhe noch mit ein wenig Flugakrobatik ein. Sie schießen im rasanten Flug durch die Baumkronen und lassen sich dann auf den Boden hinabfallen. Dabei schreien sie die gesamte Zeit über lautstark. Rosakakadus fliegen sogar nachts umher und rufen, mitunter auch über längere Zeiträume. Kurz nach dem Auftauchen des ersten Sonnenstrahls und noch bevor die Sonne vollends aufgegangen ist, werden die Vögel wieder aktiv. Mit zunehmender Helligkeit schließt sich einer kurzen Periode des Rufens der allgemeine Aufbruch an. Die Kakadus fliegen im Bereich der Krone ihres Schlafbaumes umher, einige von ihnen setzen sich auf die äußersten Zweige, wo sie für ein paar Minuten ein Bad in der frühen Morgensonne nehmen können. Danach lassen sie sich auf den Boden unmittelbar unter dem Schlafbaum nieder und verbringen bis zu 30 Minuten mit Fressen oder der Aufnahme von Grit. Laut Rowley (1990) ist dieser Abstecher ein fester Bestandteil der täglichen Routine. Sämtliche Vögel kehren danach wieder in die Baumkrone zurück und widmen sich eine Zeitlang der Gefiederpflege. Dann beginnen einzelne Vögel zu rufen; sie breiten hin und wieder die Flügel und die Schwanzfedern aus, bevor sie davonfliegen. Wenn ihnen andere Kakadus folgen, begibt sich der gesamte Trupp zu den Nahrungsgebieten. Wenn den aufbrechenden

Vögeln jedoch keine weiteren folgen, kehren diese zurück zum Schlafbaum und warten, bis mehr ihrer Artgenossen bereit zum Abflug sind. Wenn das Nahrungsgebiet über einen Kilometer entfernt liegt, legt der Trupp auf dem Weg dorthin eine Pause auf einem großen Baum ein, oftmals gemeinsam mit anderen Trupps. Anschließend setzen sie gemeinsam ihren Weg fort.

WANDERUNGEN

Fest verpaarte Brutpaare sind sesshaft, und ihr Nistbaum liegt im Zentrum ihres Aktionsbereiches. Juvenile, Subadulte und einige nichtbrütende Adulte schließen sich hingegen zu großen Schwärmen zusammen, die weit umherziehen (Rowley 1990). Etwa zwei Monate nach dem Ausfliegen, wenn die Jungvögel nicht mehr von ihren Eltern mit Futter versorgt werden, bilden die juvenilen Rosakakadus Schwärme, die in zwei Phasen ihr Schlupfgebiet verlassen und sich verteilen (Rowley 1983). Die erste Phase beginnt, nachdem die Altvögel ihren Nachwuchs verlassen haben. Die Flugrichtung der Jungvögelschwärme scheint von den vorherrschenden Winden am frühen Morgen beeinflusst zu werden. Die zweite Phase folgt als Antwort auf die sich verändernde Verfügbarkeit von Futter in der Mitte des Winters. Am Ende haben sich die Jungvögel über ein weites Areal verteilt. In ihrem zweiten Lebensjahr werden die jungen Rosakakadus Mitglieder von lokalen nomadischen Schwärmen, zu denen auch Subadulte und einige nicht brütende Adulte gehören. Diese nomadischen Schwärme ziehen weniger unstet umher und halten sich gewöhnlich in einem Areal von mindestens 1.000 km^2 auf und verlagern ihren Standort in Abhängigkeit der sich ändernden Verfügbarkeit von Futter.

Verantwortlich für die Berichte über saisonale und nomadischenWanderungen von Rosakakadus sind vermutlich die Schwärme der Juvenilen, Subadulten und nicht brütenden Adulten, die in neue Gebiete ziehen. In Zentral-Queensland, westlich von Townsville, gelten die Rosakakadus als Nomaden und tauchen manchmal in gewaltigen Schwärmen auf. Laut Storr (1977) verlassen die Rosakakadus in der Regenzeit (November bis April) in großer Zahl die subhumide Zone im Norden des Northern Territory, im Januar und Februar, am Höhepunkt der Regenzeit, sogar teilweise die semiaride Zone im Norden. Brooker und Parker (1985) erwähnten, dass bei Freilanduntersuchungen im Kakadu National Park im Norden des Northern Territory in der Regenzeit keine Anzeichen von Abwanderungen aus dem Gebiet festgestellt wurden. Im Gegensatz dazu behauptete Deignan (1964), dass die Rosakakadus im März und April nicht im Areal um Darwin im Norden des Northern Territory vorkamen, Mitte September hingegen seien sie dort sehr häufig gewesen.

Beringte Vögel hat man meist im selben Gebiet oder in der Nähe der Stelle wiederentdeckt, in dem sie einst markiert wurden. Zu den bemerkenswertesten Nachweisen von Wanderbewegungen bei Rosakakadus zählen folgende:

Ort der Kennzeichnung	Datum der Kennzeichnung	Ort des Wiederfundes	Datum des Wiederfundes	Entfernung bei der Wanderung
Mulgundawa, South Australia	Oktober 1962	Keith, South Australia	April 1967	128 km südöstlich
Lower Light, South Australia	September 1963	Pira, Victoria	August 1965	473 km östlich
Lucindale, South Australia	Oktober 1965	Portland, Victoria	April 1967	168 km östlich
Podmores, Western Australia	Februar 1974	Benjaberring, Western Australia	März 1975	114 km ost-südöstlich
Manmanning, Western Australia	April 1974	Beacon, Western Australia	Januar 1975	82 km nordöstlich
Barham, New South Wales	Mai 1975	Deniliquin, New South Wales	März 1978	79 km östlich

Rowley und Mawson (2001) berichteten von einem Vogel, der am 28. Juni 1974 als Juveniler bei Helena Valley, Western Australia, mit einer Flügelmarke versehen wurde. Der Kakadu wurde später noch bei mehreren Gelegenheiten als Adulter in diesem Distrikt gesichtet, bevor er etwa 5 km weit zum Steilabbruch der Darling Range zog und dabei 200 Höhenmeter überwand. In diesem Gebiet wurde er zwischen Mitte Oktober 1990 und Mitte Juni 1999 beobachtet. Dann kehrte er nach Helena Valley zurück – in einem geschätzten Alter von 28 Jahren –, wo er Ende September 2001 wiederentdeckt wurde. Mehr als 27 Jahre nach ihrer Anbringung war die Flügelmarke immer noch recht gut lesbar.

FLUG

Von allen australischen Vogelarten ist der Rosakakadu möglicherweise das beste Beispiel für den Verlust an Wertschätzung durch Vertrautheit. Es sind schöne Vögel, und ein Schwarm im Flug ist ein überaus beeindruckender Anblick. Wenn der Schwarm die Richtung wechselt oder eine Kehrtwende vollzieht, bringen die Sonnenstrahlen zunächst die rosafarbene Körperunterseite und dann das weiche Grau auf dem Rücken und den Flügeln zum Leuchten.

Der kräftige Flug ist mäßig schnell. Die weit ausholenden Flügelschläge sind rhythmisch und unterscheiden sich deutlich von den flachen und unregelmäßigen Flügelschlägen der *Cacatua*-Arten. ROWLEY (1990) schätzte, dass ein Rosakakadu mehrere Minuten lang eine Fluggeschwindigkeit von 70 km/h aufrecht halten kann. Auf diese Weise legt er weite Strecken in kurzer Zeit zurück. Kurz nach dem Abflug sind die Flügelschläge schnell und raumgreifend, wenn der Vogel jedoch eine bestimmte Geschwindigkeit und Höhe erreicht hat, werden sie langsamer und flacher. Dabei verringert sich offenbar nicht die Fluggeschwindigkeit. Im Gegensatz zu den *Cacatua*-Arten unterbrechen die Rosakakadus ihre Flügelschläge nicht durch Gleitphasen. Sie gleiten nur kurz vor der Landung. Manchmal, besonders bei stürmischem Regen oder kurz bevor sie sich zur Nachtruhe begeben, zeigen die Kakadus Flugakrobatik. Dazu zählen schnelle Flüge in geringer Höhe mit spektakulären Drehungen und Wendungen durch die Äste der Baumkronen hindurch und unter ihnen her. Dieser „Kunstflug“ wird stets von lautem Gekreisch begleitet. Nähert sich ein Fressfeind aus der Luft, fliegt der gesamte Schwarm auf und zieht in großer Höhe seine Kreise. Beim Erscheinen eines potentiellen Räubers am Boden kreisen die Kakadus ebenfalls über ihm; entfernt er sich, nehmen die Vögel oftmals die Verfolgung auf (ROWLEY 1990). Aus dem Zentrum von New South Wales und den südlichen Gebieten des Northern Territory stammen Berichte von Rosakakadus, die gezielt Windräder aufsuchen. Die Vögel fliegen zum tiefsten Punkt des Windrades, springen auf die Speichen und lassen sich laut rufend in die Höhe befördern. Am Scheitelpunkt des Rades fliegen die Kakadus auf und begeben sich zügig wieder zum tiefsten Punkt, wo sie erneut aufspringen (NCNAUGHT & GARRADD 1992, REID 1994).

LAUTÄUSSERUNGEN

ROWLEY (1990) wies darauf hin, dass Rosakakadus soziale Vögel sind und viele ihrer Lautäußerungen offenbar als Stimmfühlungslaute zwischen den einzelnen Individuen dienen. Der grundlegende Kontaktruf ist ein kurzes *tschet*, das in Abständen von zehn oder mehr Sekunden sowohl im Flug als auch in der Ruhe ausgestoßen wird. Wenn die Vögel beunruhigt sind, lassen sie diese Töne in kürzeren Intervallen bis hin zum kontinuierlichen Staccato hören. Im Flug wird dieses Staccato aus *tschet*-Lauten zum Wechselgesang zwischen verpaarten Vögeln. Ein in die Länge gezogener *tschiet*-Laut, der gewöhnlich viermal wiederholt wird, ist zu hören, wenn ein Vogel eines Paares zum Nest zurückkehrt. Er scheint territoriale Ansprüche zu untermauern (ROWLEY 1990). Ein zweisilbiges *tit-ju* wechselt sich häufig mit dem *tschiet*-Laut ab oder tritt vollständig an seine Stelle als Kontaktruf eines ruhenden Vogels für andere, weit entfernte Artgenossen dient allgemein das ähnliche *tschet-it*. Das zweisilbige *lik-lik* signalisiert die Bereitschaft eines Vogels aufzufliegen. Ein lautes Gekreisch mit sich im wiederholenden *skriie*-Lauten von 0,5 Sekunden Länge benutzen die Vögel bei einer Vielzahl von Situationen. Möglicherweise ist es Bestandteil von wettbewerbsartigen Interaktionen oder ein charakteristisches Merkmal der Verkündigung territorialer Ansprüche, wenn ein abwehrbereiter Altvogel seine Flügel ausbreitet, die Haube aufrichtet, seine Schwanzfedern auffächert und sich manchmal mit über dem Rücken erhobenen Flügeln nach vorn wirft.

COURTNEY (1996) beschrieb die Bettellaute der Nestlinge oder noch nicht selbständigen Flügglinge als raue, keuchende Laute und, im Einklang mit den Bettellauten der *Cacatua*-Arten, enthalten sie regelmäßige pfeifende Atemgeräusche. Rosakakadus teilen mit den Jungen der *Cacatua*-Arten und jungen Nymphensittichen (*Nymphicus hollandicus*) einen zitternden Übergangston zwischen den Lautäußerungen beim Hinabschlucken des Futters und der Wiederaufnahme des Bettelns.

NAHRUNG

Rosakakadus ernähren sich von Grassamen und krautigen Pflanzen, Getreidekörnern, besonders Weizen und Hafer, Früchten, Beeren, Nüssen, Wurzeln, grünen Schösslingen, Blattknospen, Blüten sowie Insekten und ihren Larven. In den Distrikten mit Getreideanbau gelten die Vögel als Ernteschädlinge, die Schäden, die durch diese Kakadus verursacht werden, rechtfertigen jedoch in keiner Weise diese allgemeine Verdammung. Lokal können Rosakakadus signifikante Schäden durch das Ausgraben von Schösslingen oder durch den Einfall auf Feldern mit reifenden Sonnenblumen und Sorghum verursachen, doch im Allgemeinen begnügen sie sich damit, überschüssige Körner von abgeernteten Feldern oder rund um Getreidesilos, Bahnverladestationen oder entlang den Straßen aufzusammeln.

Man hat die Rosakakadus beim Fressen von Mistelbeeren (*Amyema* spp.) und den Samen des *Rolypoly Bush* (*Bassia* sp.) beobachtet. Im Westen von New South Wales sah ich sie häufig in Gesellschaft von Nacktaugenkakadus (*Cacatua sanguinea*) und Barnardsittichen

(*Barnardius barnardi*) beim Fressen der Samen von *Paddy Melons* (*Cucumis myriocarpus*) und *Wild Bitter Melons* (*Citrullus lanatus*), deren Fruchtschalen sich in der Sonnenhitze gespaltet hatten. In Canberra verzehren die Vögel sehr gerne Kleesamen (*Trifolium* spp.), und Schwärme vereinen sich zum Fressen auf Rasenflächen und Sportplätzen. Bei Richmond, Queensland, entdeckte Berney (1906) die Kakadus beim Verzehren der sukkulenten Blätter von *Atriplex spongiosa*. Boehm (1959) behauptete, dass sie sich bei Sutherlands, South Australia, ausgiebig von den Samen der Wolligen Färberdistel (*Carthamus lanatus*) und der Stängellosen Eselsdistel (*Onopordon acaule*) ernähren.

Ratcliffe (1936) vermutete, dass sich die Fressaktivitäten der Rosakakadus nachteilig auf die Regeneration von *Saltbush* (*Atriplex vesicaria*) und *Bluebush* (*Maireana sedifolia*) auswirken könnten, da diese Vögel durch die Einrichtung von Viehtränken nun wesentlich zahlreicher seien als früher. Infolgedessen nähmen die Fraßschäden an diesen Pflanzen zu. Schwärme lassen sich auf jedem Flecken mit Samen tragenden Pflanzenbewuchs nieder; dabei verzehren sie nicht nur die herabgefallenen Samen, sondern machen sich auch über die reifenden Früchte her.

Bei Cunnamulla, Süd-Queensland, untersuchte Allen (1950) die Auswirkungen der Fressgewohnheiten der Rosakakadus auf die Regeneration naturnaher Weiden und nahm Proben über einen Zeitraum von zwölf Monaten. In den Kröpfen der Vögel fand er überwiegend die Samen des *Western Button Grass* (*Dactyloctenium radulans*), des *Flinders Grass* (*Iseilema membranaceum*) und des *Mitchell Grass* (*Astrebla lappacea*) sowie kleinere Mengen Samen des *Pepper Grass* (*Panicum whitei*) und krautiger Pflanzen wie *Calotis hispidula*. Die Vögel nahmen täglich 15-20 g Samen auf. Obwohl viele Pflanzenarten dieser naturnahen Weiden sehr fruchtbar sind und zahlreiche Samen produzieren, könnte sich diese Menge in kargen Jahreszeiten negativ auswirken, wenn die Regeneration abhängig von der Gesamtmenge der produzierten Samen ist. Natürlich werden diese möglichen nachteiligen Effekte auf die Regeneration naturnaher Weiden durch die signifikante Kontrolle der Ausbreitung von „Unkräutern" wettgemacht, da die Rosakakadus sich auch von den Samen dieser Pflanzen ernähren.

In der Nähe von Port Macquarie an der Nordküste von New South Wales habe ich Rosakakadus gesehen, die Samen aus den reifenden Zapfen der *Swamp Oaks* (*Casuarina glauca*) klaubten, die entlang den Stränden wuchsen. Weiter im Süden bei Forster hat man die Vögel beobachtet, wie sie die Blatttriebe von *Banksia integrifolia*, die Samen des *Beach Spinifex* (*Spinifex sericeus*), die Früchte des *American Sea Rocket* (*Cakile edentula*) und die Blütenknospen der *Beach Daisy* (*Arctotheca populifolia*) verzehrten. Es gibt Hinweise darauf, dass die Rosakakadus die frisch geschlüpften Jungen der Zwergseeschwalbe (*Sterna albifrons*) erbeuten (Rose 1997).

Delroy (1985) berichtete von mehreren Rosakakadus, die Ende Juni 1984 in den südlichen Vororten von Adelaide, South Australia, starben, nachdem sie Mandeln mit einem hohen Blausäuregehalt gefressen hatten. Dies geschah stets in den Wintermonaten und besonders bei feuchter Witterung. Offenbar erreicht die Blausäure in den reifen Mandeln immer dann eine tödliche Konzentration, wenn die Nüsse feucht werden.

Rowley (1990) berichtete, dass eine Analyse des Futters, welches von den Rosakakadus im Weizengürtel von Südwest-Australien gefressen wurde, ergeben hat, dass Getreidekörner, besonders Weizen, Hafer und Gerste, fast das gesamte Jahr über mehr als drei Viertel der Nahrung ausmachten, der Rest entfiel überwiegend auf Samen des Reiherschnabels (*Erodium cicutarium*) und zu einem weitaus kleineren Anteil auf die Samen der *Capeweed* (*Arctotheca calendula*). Eine Vielzahl von anderen Samen wurde nur gelegentlich und in so geringen Mengen verzehrt, dass man davon ausgehen muss, dass die Vögel sie lediglich opportunistisch fressen. Im September und Oktober sind die weichen *Erodium*-Samen besonders wichtig für die Aufzucht der Jungvögel und werden von den Altvögeln im unreifen Zustand gesammelt.

Die Kröpfe von vier Vögeln aus Mangalore, Victoria, enthielten Weizenkörner und Samen einschließlich von *Capeweed* (*Arctotheca calendula*) und *Erodium cicutarium*. Cleland (1918) untersuchte die Kropfinhalte von fünf Vögeln, die im Landesinneren von New South Wales gesammelt worden waren. Er fand Samen, Weizenkörner, faseriges Pflanzenmaterial und Grit.

FORTPFLANZUNG

Laut Rowley (1990) ist die Partnerwerbung beim Rosakakadu eine weitestgehend passive Angelegenheit und besteht darin, dass die Partner nahezu alle täglichen Aktivitäten als Zeichen ihrer Paarbindung gemeinsam unternehmen. Bedeutsam für das Balzverhalten scheinen die gegenseitige Gefiederpflege und das Auskleiden der Nisthöhle zu sein, das partnerschaftliche Füttern hingegen jedoch nicht; während der siebenjährigen Feldstudie im Weizengürtel von Südwest-Australien wurde es weniger als zehnmal beobachtet. Rowley geht nicht davon aus, dass das nur selten beobachtete, wendige Flugmanöver zweier Vögel unterhalb der Baumkronenregion ein Bestandteil der Balz ist, wie man früher vermutet hat.

Die Brutsaison der Populationen ist zeitlich nicht einheitlich; der Zeitpunkt der Eiablage wird von der Niederschlagsmenge und dem Nahrungsangebot beeinflusst. Im südlichen Australien reicht die Brutsaison von Ende Juli bis Dezember beziehungsweise manchmal auch bis Februar. Ende August bis Ende September erreicht die Eiablage ihren Höchststand. Rowley (1990) berichtete von einem Untersuchungsgebiet im Weizengürtel in Südwest-Australien, in dem die Rosakakadus zwischen Ende Juli und Mitte November Eier legen, mit dem Höhepunkt Ende August. Bei allen Gelegen, die nach Ende September gezeitigt worden waren, handelte es sich um Ersatzgelege. Im Norden ist die Brutzeit an die Regenzeit gebunden und reicht gewöhnlich von Februar bis Mai oder Juni und offensichtlich in manchen Jahren bis in den August hinein (Storr 1977, 1980). McGilp (1924) behauptete, dass in den Regionen im Zentrum Australiens trockene Bedingungen die Brut gänzlich unterbinden oder die Weibchen abnorm kleine Gelege hervorbrächten. In guten Jahren sei die Zahl der Eier pro Gelege hingegen größer, oder es werden zwei Bruten aufgezogen. Rowley zweifelt diese Behauptung an und gibt zu bedenken, dass die zeitliche Abstimmung der verschiedenen Ereignisse des Brutzyklus der Rosakakadus es sehr unwahrscheinlich machen, dass irgendein Paar in einer Saison zwei Bruten aufzieht. Die Information von McGilp beruht möglicherweise auf der Tatsache, dass die Vögel nach einer gescheiterten ersten Brut mit dem Ersatzgelege beginnen.

Die Bruthöhle befindet sich normalerweise in einem hohlen Ast oder im Stamm eines Baumes, gewöhnlich einer ufernahen Eukalypte. Es gibt jedoch auch Brutnachweise aus Höhlen in Steilabbrüchen oder Felswänden sowie aus Erdlöchern, aus Stämmen oder Nistkästen, die in Bäumen aufgehängt worden waren, in schräg in die Erde eingelassenen Metallröhren und in senkrecht stehenden Betonpfeilern. Rowley (1990) schrieb, dass sich von den 233 Nestern, die im Rahmen seiner Feldstudien im Weizengürtel von Südwest-Australien untersucht worden waren, 201 in *Salmon Gums* (*Eucalyptus salmonophloia*) befanden, 13 in *Wandoos* (*E. wandoo*) und 9 in *Gimlets* (*E. salubris*). In einer 16 Hektar großen Parzelle an einer Untersuchungsstelle in der Nähe von Three Springs, ebenfalls im Weizengürtel von Südwest-Australien, wurden 48 Nester untersucht. Die Höhe der Nistbäume lag zwischen 8 m und 29 m (im Durchschnitt 18,2 m), der Umfang der Stämme in Brusthöhe variierte zwischen 0,8 m und 3,2 m (im Durchschnitt 1,6 m) und die Schlupflöcher lagen zwischen 4,7 m bis 14 m über dem Boden (im Durchschnitt 8,9 m). Die Nisthöhleneingänge wiesen einen waagerechten Durchmesser von 60-410 mm (im Durchschnitt 159 mm) und einen senkrechten Durchmesser von 65-300 mm (im Durchschnitt 157 mm) auf. Die Tiefe der Nisthöhlen variierte zwischen 3 cm und 377 cm (im Durchschnitt 106,6 cm) (Saunders *et al.* 1982). Der fortwährende Aufenthalt der Kakadus in der Nähe des Nistplatzes führt zu einer häufigen Wiederbenutzung der Nisthöhle. Und auch wenn einer der Vögel seinen Partner verliert, benutzt der Überlebende mit seinem neuen Partner oftmals wiederum dieselbe Nisthöhle (Rowley 1990).

Brutpaare verteidigen die unmittelbare Umgebung ihrer Nisthöhle und vertreiben andere Rosakakadus oder Vögel anderer Arten, die sich näher als drei Meter dem Nest nähern. Laut Rowley (1990) zeigt sich die halbkoloniale Natur dieser Kakadus durch die räumliche Nähe der einzelnen Nisthöhlen; an einer Untersuchungsstelle im Weizengürtel im Südwesten Australiens lagen 85 Prozent der Nester zwischen 10 m und 80 m vom nächsten Nest entfernt, die mittlere Distanz bei 434 untersuchten Nestern betrug 49,1 m.

Beide Geschlechter säubern und bereiten die Nisthöhle für das Brutgeschäft vor. Sie benagen die Rinde im Eingangsbereich und legen auf diese Weise das Kambium frei. Beim Austrocknen bildet diese Schicht eine holzige Textur, die wahrscheinlich anderen Vögeln als deutlich sichtbares Zeichen mitteilen soll, dass diese Nisthöhle besetzt ist. In jedem Jahr wird diese auffällige Narbe von den Besitzern der Höhle ausgeweitet. Die Vögel reiben von Zeit zu Zeit kraftvoll die beiden Seiten ihres Oberschnabels im Wechsel an dem freigelegten Stamm. Es sind überwiegend die Männchen, die zudem mit den Kopfseiten über die Wunde streichen und auf diese Weise einen feinen Puderstaub aus dem Bereich des nackten Augenrings zurücklassen (Rowley 1990).

Rosakakadus sind die einzigen Kakadus, die ihre Nisthöhle mit Eukalyptusblättern auskleiden. Sie werden von beiden Altvögeln in die Höhle getragen. Bevor sie mit dem Nistmaterial hineinschlüpfen, schlagen sie die Zweige mehrfach gegen die Öffnung. Diese Nistbauaktivitäten beginnen etwa einen Monat vor der Ablage des ersten Eies und können bis zum Abschluss des Geleges andauern. Die Anhäufung von Blättern bedeckt dann teilweise die Eier. Ein normales Gelege besteht aus zwei bis sechs Eiern, die in Abständen von etwas mehr als zwei Tagen gelegt werden. Nach ROWLEY (1990) legen die Weibchen ihre Eier in sehr regelmäßigen Abständen, die jedoch in Abhängigkeit vom Individuum variieren können. Das durchschnittliche Legeintervall bei 282 untersuchten Eiern lag bei 2,66 Tagen.

Im Folgenden werden die Daten, die an das RAOU Nest Record Scheme weitergeleitet wurden, zusammengefasst:

Bundesstaat oder Region	Anzahl festgestellter Nester	Nestbaum A *Eucalyptus* B anderer C nicht bestimmt	Höhe über dem Boden	Anzahl Eier oder Nestlinge	Frühester/spätester Nachweis von Eiern	Frühester/spätester Nachweis von Nestlingen
Northern Territory und Nord-Queensland	2	A/1 C/1	8 m 16 m	3/1, 4/1		27. April/ 11. Mai
Süd-Queensland	8	A/3 B/1 C/4	4,9 (1.0-17,0) m	3/1, 4/6, 5/1	8. August/ 4. September	3. September
New South Wales	52	A/36 B/5 C/11	8,9 (0,2-20,0) m	1/5, 2/10, 3/14, 4/16, 5/5, 6/1, 7/1	5. August/ 29. November	25. August/ 17. Dezember
Victoria	33	A/24 B/2 C/7	4,2 (2,0-20,0) m	1/ 4, 2/11, 3/12, 4/5, 5/1	3. September/ 8. November	16. September /16. Februar
South Australia	162	A/130 B/9 C/23	3,0 (0,2-8,0) m	1/7,2/16, 3/63, 4/61, 5/14, 6/1	3. August/ 14. November	23. August/ 12. Januar
Western Australia (einschließlich der Kimberley Division)	44	A/31 C/13	4,4 (0,2-11,0) m	1/5, 2/6, 3/19, 4/13, 5/3	17. August/ 20. Oktober	31. August/ 31. Oktober

Beide Altvögel beteiligen sich am Brutgeschäft. Die Bebrütung beginnt nach der Ablage des vierten Eies beziehungsweise nach der Ablage des letzten Eies bei kleinen Gelegen. Entsprechend kommt es bei größeren Gelegen zu einer gewissen Asynchronität beim Schlupf. An einer Untersuchungsstelle im Weizengürtel in Südwest-Australien stellte man fest, dass die Weibchen anfangs mehr Zeit mit dem Brutgeschäft verbrachten als die Männchen. In der zweiten Hälfte der Brutdauer saßen die Altvögel etwa gleich lang auf ihren Eiern; die durchschnittliche durchgehende Bebrütungszeit lag bei 64,6 Minuten mit einer Variation von vier bis 220 Minuten (ROWLEY 1990). 23 oder 24 Tage nach der Eiablage schlüpfen die Jungen. Die frisch geschlüpften Nestlinge tragen ein spärliches blassrosafarbenes Dunenkleid, das allmählich wieder verschwindet und in der zweiten Woche durch die Spitzen der Konturfedern ersetzt wird. Die ersten acht bis zehn Lebenstage werden die Jungen durchgehend von ihren Eltern gehudert, danach überwiegend nachts. Mit 15 Tagen haben sich die Augen geöffnet, mit 21 Tagen sind die Jungen gut befiedert und werden nicht mehr gehudert.

COURTNEY (1996) berichtete, dass die Jungen beim Futterbetteln ihren Kopf und ihren Körper langsam in einem weiten Bogen von einer Seite zur anderen wiegen. Dabei lassen sie Bettellaute hören. Dieses Verhalten teilen sich die jungen Rosakakadus mit den Nestlingen der *Cacatua*-Arten. Laut ROWLEY (1990) kehren die Altvögel im Durchschnitt nach 106 Minuten zum Nest zurück, um die Jungen zu füttern. Etwa sieben Wochen nach dem Schlupf verlassen die jungen Kakadus nacheinander das Nest; bei größeren Bruten können zwischen dem Ausfliegen des ersten und des letzten Vogels bis zu 12 Tage liegen. Jeder Flüggling wird von seinen Eltern zu einem „Kindergarten" geleitet, der sich oftmals einige Kilometer vom Nest entfernt befindet. Dort vereint sich mit der Zeit die gesamte Familie wieder. Mit Voranschreiten der Brutsaison breiten sich diese Kindergärten in den Baumkronen immer mehr aus, und der vertraute Chor der Bettelrufe junger Rosakakadus nimmt an Intensität zu. Die meisten Familien scheinen von einem Kindergarten zum nächsten zu wechseln, zumindest einmal innerhalb der fünf oder sechs Wochen, welche die Jungvögel zum Selbständigwerden benötigen. Nachdem die jungen Kakadus von ihren Eltern verlassen worden sind, schließen sich die Juvenilen zu Schwärmen zusammen, die sich auf einer weiten Fläche zerstreuen.

Aus Mingenew am Irwin River, Western Australia, stammt der Nachweis eines kombinierten Geleges. Zwei der drei Jungen, die man zur Untersuchung aus dem Nest genommen hatte, waren junge Inkakakadus (*Cacatua leadbeateri*), der dritte ein Rosakakadu. Offensichtlich hatten die Eltern des Rosakakadus das Nest nach der Ablage des ersten Eies verlassen. Wenig später hatten Inkakakadus die Bruthöhle übernommen und den Nachwuchs der Rosakakadus nach dem Schlupf gemeinsam mit den eigenen Jungen aufgezogen. Im Hattah-Kulkyne National Park, Nordwest-Victoria, fand ich zwei Eier des Barnardsittichs (*Barnardius barnardi*) und drei Eier des Rosakakadus gemeinsam in einer Bruthöhle, die offensichtlich von den Kakadus gewaltsam übernommen worden war.

Rowley (1990) berichtete, dass im Verlauf der siebenjährigen Feldstudie im Weizengürtel von Südwest-Australien 59 % der Nestlinge flügge wurden. Die Schlupfrate lag bei 82,6 %. 42 % der ausgeflogenen Rosakakadus stammten aus Vierergelegen, 22 % aus Dreiergelegen und 24 % aus Fünfergelegen. Bei anderen Gelegegrößen flogen nur wenige Junge aus oder die Aufzucht scheiterte vollständig. Die Jungvogelsterblichkeit war im ersten Herbst hoch; Hauptursache für den Tod der Kakadus war der Abschuss. An dieser Untersuchungsstelle brachte ein Paar Rosakakadus im Durchschnitt schätzungsweise 1,9 Junge pro Jahr zum Ausfliegen, und aufgrund der hohen Sterblichkeitsrate bei den jungen Kakadus musste es in acht Brutzeiten erfolgreich Nachwuchs aufziehen, um zwei Adulte zu ersetzen. Manche Männchen schritten bereits mit zwei Jahren zur Brut, andere nicht bevor sie drei Jahre alt waren. In diesem Alter beginnen auch die Weibchen mit der Fortpflanzung.

EIER

Die Eier sind breit elliptisch bis elliptisch-oval mit einem sehr feinen Glanz. In der H. L. White Collection in Melbourne gibt es ein Fünfergelege von *E. roseicapilla roseicapilla*, das am Coongan River bei Marble Bar in Western Australia gesammelt wurde. Die Eimaße betragen 34,0 (33,3-35,2) mm x 26,0 (25,2-26,7) mm. Ebenfalls in der H. L. White Collection befindet sich ein Gelege aus vier Eiern von *E. r. albiceps*, das auf der Buckiinguy Station in der Nähe von Coonamble in New South Wales gesammelt wurde. Die Eimaße betragen 35,3 (34,5-36,2) mm x 26,5 (26,0-27,2) mm.

HALTUNG IN MENSCHENOBHUT

Rosakakadus sind im Freiland sehr häufige Vögel und werden daher von den australischen Züchtern nur selten gehalten. Als gekäfigte Heimvögel sind sie jedoch sehr beliebt. Handaufgezogene Exemplare werden sehr anhänglich und oftmals meisterhafte „Sprecher". Die Vögel sind nicht so laut wie die größeren Gelbhaubenkakadus (*Cacatua galerita*). In den letzten Jahren hat das Auftauchen recht ansprechender Mutationsformen das Interesse der australischen Züchter erhöht. Sie widmen sich nun aufmerksamer der Zucht dieser Art in ihren Volieren. Außerhalb Australiens erzielt der Rosakakadu als Volierenvogel hohe Preise, und es ist angenehm festzustellen, dass die Aufzuchtraten einen deutlichen Aufwärtstrend zeigen, vor allem in Südafrika.

UNTERBRINGUNG UND PFLEGE

Rosakakadus sind gesellige Vögel, die halbkolonial brüten. Damit zählen sie zu den wenigen Kakaduarten, die als Kolonie gehalten und gezüchtet werden können, sofern die Voliere ausreichend Platz und einen angemessenen Abstand zwischen den einzelnen Nestern bietet. Low (1993) bemerkte, dass die schönste Anlage mit Rosakakadus, die sie jemals gesehen hat, eine außergewöhnlich lange Voliere mit 22 Vögeln war. Die Nistplätze waren verkleidet, so dass keiner der Nistkästen auf den ersten Blick zu entdecken war. Ein erfolgreicher Züchter aus Schweden setzte auf eine herkömmlichere Unterbringung: Jedes seiner Brutpaare lebte in einer 4,5 m langen, 1,2 m breiten und 1,8 m hohen Voliere.

In Menschenobhut neigen die Rosakakadus zur Lethargie und Fettleibigkeit. Daher sollte die Voliere so angelegt und ausgestattet sein, dass es den Bewegungsdrang der Vögel fördert. Gill (1995) berichtet, dass die Voliere seines Brutpaars *E. roseicapilla kuhli* 8 m lang, 1,2 m breit und 2,4 m hoch ist; feste Wände trennen sie von den banachbarten Behausungen. Ein solides Dach wurde an beiden Enden montiert und bedeckt 3 m im hinteren Teil und 1 m im vorderen Teil der Voliere. In der Mitte stehen den Kakadus so fast 5 m als offene Freivoliere zur Verfügung. Es gibt lediglich zwei Sitzäste, die an den beiden Enden der Voliere befestigt wurden, und die Futterbehälter befinden sich in Bodennähe, um die Vögel zu zwingen, von einem Ende der Voliere zum anderen oder hinab zum Boden zu fliegen.

Obwohl die Rosakakadus weniger zerstörerisch sind als die meisten anderen Kakadus, kann man nicht davon ausgehen, dass die Vögel hölzerne Rahmen der Voliere einfach ignorieren. Ich habe einige Paare in Holzvolieren gesehen, deren Elemente kaum Beschädigungen aufwiesen, andere Paare hingegen entwickeln einen nahezu „zwanghaften Nagetrieb". Daher empfehle ich für die Unterbringung von Rosakakadus auf jeden Fall eine reine Metallkonstruktion aus widerstandsfähigen Materialien. Normalerweise geben sich die Vögel damit zufrieden, die Rinde von kräftigen Stämmen zu schälen, die man ihnen als Sitzgelegenheit angeboten hat. Ihr Nagebedürfnis sollte mit der regelmäßigen Bereitstellung Laub tragender Äste befriedigt werden.

Rosakakadus haben normalerweise ein sanftes Gemüt, das ihnen bei der Gemeinschaftshaltung mit aggressiven oder potentiell aggressiven Arten zum Nachteil wird. Ich kenne Beispiele, in denen Paare erfolgreich Junge in einer gemischten Gruppe aufgezogen haben, zu der größere, weniger tolerante Kakadus wie der Gelbhaubenkakadu (*Cacatua galerita*) oder der Nacktaugenkakadu (*C. sanguinea*) gehörten; darüber hinaus habe ich andere Paare gesehen, die sich total von einem herrischen Rosellasittich (*Platycercus eximius*) einschüchtern ließen. Obwohl ich keine persönlichen Erfahrungen mit der Haltung von Rosakakadus habe, vermute ich, dass sich ein Brutpaar gerne eine große Voliere mit einem anderen Paar nichtaggressiver Papageien teilen wird, zum Beispiel Prachtsittichen (*Polytelis* spp.), Stanleysittichen (*Platycercus icterotis*) oder Vielfarbensittichen (*Psephotus varius*). Darüber hinaus ließen sich noch bodenbewohnende Tauben wie die Buchstabentaube (*Geophaps scripta*) oder die Harlekintaube (*Phaps histrionica*) in die Voliere integrieren.

FÜTTERUNG

Rosakakadus sind zwanghafte Fresser, und GILL (1995) weist darauf hin, dass Fettleibigkeit in ihren zahlreichen Formen als eine der wichtigsten Todesursachen von Käfig- und Volierenvögeln angesehen werden muss. LOW (1993) warnt davor, dass die Art hochgradig dazu neigt, Fettgeschwulste zu bilden, gewöhnlich im Bereich des Afters, was zur Unfruchtbarkeit führt. Daher muss man der Ernährung große Beachtung schenken, und eine übermäßige Fütterung, vor allem mit Sonnenblumenkernen, sollte vermieden werden.

GILL empfiehlt eine sehr spartanische Diät; er bietet seinen Vögeln nur in der Brutsaison Sonnenblumenkerne an. Weiße Hirse und kommerzielles Extrudatfutter und zusätzlich Mangold bilden die Grundbestandteile des „Erhaltungsfutters". In der Brutsaison wird es durch Sonnenblumenkerne, grüne Erbsen, Vollkornbrot, Apfel, Maiskolben und kommerzielles Aufzuchtextrudatfutter ersetzt. Muschelkalk erhalten die Vögel etwa vierteljährlich. Während der Eiablage und bei der Aufzucht der Jungen tränkt GILL das Vollkornbrot mit einem flüssigen Kalzium-Zusatz. SINDEL empfiehlt, alle fettreichen Samen wie Sonnenblumenkerne, Kanariensaat und Hafer vollständig vom Speiseplan zu streichen, und die Menge an trockenem Körnerfutter sollte auf eine große Handvoll pro Tag und Vogel beschränkt werden (in SINDEL & LYNN 1989). Zum geeigneten Zusatzfutter gehören gekeimte Hirse, gekeimter Mais sowie Grünfutter wie Mangold, Brokkoli, Blumenkohl, grüne Erbsen und reifende Samenstände von Gräsern. Befinden sich Jungvögel im Nest, sollte man auf jede Einschränkung in der Ernährung verzichten, einschließlich der trockenen und gekeimten Sonnenblumenkerne.

ZUCHT

SINDEL wies auf die schädlichen Auswirkungen der Fettleibigkeit auf die Fruchtbarkeit der Rosakakadus hin; nach vier fehlgeschlagenen Brutzeiten setzte er seine Vögel auf eine „Crash-Diät" und die Paare von 5 m langen in 7 m lange Volieren um, damit sie ihren Bewegungsdrang besser ausleben konnten. 15 Monate später saßen Junge im Nest (in SINDEL & LYNN 1989). SINDEL stellte fest, dass Rosakakadus gewöhnlich senkrecht stehende hohle Stämme als Brutplatz bevorzugen, die eine natürlich Spalte als Eingangsöffnung aufweisen. Er besaß Paare, die in Stämmen mit einem Innendurchmesser von 30-60 cm und einer Tiefe von 45 cm bis 1,5 m brüteten. Die Paare verbringen viel Zeit mit dem Schälen der Rinde im Bereich des Höhleneingangs. Der Boden der Nisthöhle wird oftmals bis zu einer Tiefe von 15 cm mit Eukalyptusblättern oder anderen verfügbaren krautigen Pflanzenteilen ausgekleidet. Auch Steine oder Knochen werden mitunter in die Höhle getragen. Ein Gelege besteht normalerweise aus drei bis vier Eiern, die in Abständen von zwei oder drei Tagen gelegt werden. Das Paar Rosakakadus der Unterart *kuhli* von GILL brütete in den Wintermonaten; die Eiablage erfolgte Anfang Mai. Das Weibchen zeitigte bis zu drei Gelege mit jeweils zwei Eiern in einem Jahr, das erste im Mai, das zweite im August und ein drittes im Dezember. Das Paar nistete in einem hohlen Stamm mit einer Tiefe von etwa 80 cm und einem Innendurchmesser von 25 cm. Der Niststamm hatte eine natürliche Einschlupföffnung. Auch die Vögel von GILL entfernten durch Benagen die Rinde im unmittelbaren Bereich dieser Öffnung. Der Boden der Nisthöhle wurde mit Eukalyptusblättern ausgekleidet. Manchmal wurden sehr viele Blätter in das Nest getragen, bei anderen Gelegenheiten nur wenige.

Beide Geschlechter bebrüteten die Eier, gewöhnlich 24 Tage lang, es wurden aber auch Brutdauern von 23 und 25 Tagen festgestellt. Laut SINDEL brütet in den ersten Tagen ausschließlich das Weibchen, danach sitzt gewöhnlich das Männchen die meiste Zeit des Tages auf den Eiern, während es nachts vom Weibchen ablöst wird. Wenn die Jungen zwei Wochen alt sind, beginnen sich ihre Augen zu öffnen, die Spitzen der ersten Konturfedern werden sichtbar. Mit sechs Wochen sind die Vögel voll befiedert, sieben Wochen nach dem

Schlüpfen fliegen sie aus. Noch einige Wochen nach dem Flüggewerden werden die Jungen von beiden Altvögeln mit Futter versorgt. Wenn die Kakadus fünf oder sechs Monate alt sind, ändert sich allmählich ihre Augenfarbe. Im zweiten Lebensjahr ist sie der eines Adulten ähnlich. GILL merkte an, dass bei seinen *E. roseicapilla kuhli* das Jungvogelwachstum offenbar etwas zügiger vonstatten ging als bei den anderen Unterarten. Die Jungen verließen das Nest, als sie etwas älter als sechs Wochen waren. In der ersten Woche nach dem Ausfliegen können junge Rosakakadus recht unbeholfen sein. Daher ist es ratsam, Vorsichtsmaßnahmen zu ergreifen, um zu verhindern, dass die Vögel gegen das Volierengitter fliegen und sich verletzen. Man kann zum Beispiel an beiden Enden der Anlage belaubte Äste anbringen. GILL hat junge Rosakakadus vier Wochen nach dem Ausfliegen von ihren Eltern getrennt; manchmal konnte er sie jedoch bis zur Aufzucht der nächsten Brut bei den Altvögeln belassen.

Laut SINDEL erreichen Rosakakadus in Menschenobhut nicht vor dem dritten Lebensjahr die Geschlechtsreife. Die Vögel sind dann jedoch bis zum 40. Lebensjahr fortpflanzungsfähig (in SINDEL & LYNN 1989).

MISCHLINGE/FARBMUTATIONEN

Der Rosakakadu konnte bisher mit dem Helmkakadu (*Callocephalon fimbriatum*), dem Gelbhaubenkakadu (*Cacatua galerita*), dem Gelbwangenkakadu (*C. sulphurea*), dem Inkakakadu (*C. leadbeateri*), dem Nacktaugenkakadu (*C. sanguinea*) und dem Nasenkakadu (*C. tenuirostris*) gekreuzt werden.

Abgesehen vom Nymphensittich (*Nymphicus hollandicus*) sind von keiner anderen Kakaduart mehr Mutationsformen bekannt als vom Rosakakadu. SINDEL unterscheidet sechs Mutationsformen:

Albino (geschlechtsgebunden) – leuchtend „schneeweiße" Körperoberseite, dunkel rosarote Körperunterseite, rote Iris, rosafarbene Läufe;
Albino (rezessiv) – gebrochen weiße Körperoberseite, rosafarbene Körperunterseite, „normal" gefärbte Iris und Läufe;
Zimt (zwei einfaktorige rezessive und eine geschlechtsgebundene Form) – gebrochen weiße Körperoberseite mit rehbraunen Schwungfedern und äußeren Armdecken, Iris „normal" gefärbt, rosafarbene Läufe.

Bei der Mutationsform „Grau-weiß" ist die rosafarbene Körperunterseite durch ein gebrochenes Weiß ersetzt, die Körperoberseite ist deutlich dunkler grau. SINDEL wies darauf hin, dass diese Mutation der „blauen" Mutationsform grün gefärbter Vögel entspricht und höchstwahrscheinlich auf einen einzelfaktorig rezessiven Erbgang zurückzuführen ist (in SINDEL & LYNN 1989). Die Mutation „Silber" ist mit ihrer silbergrauen Körperoberseite wahrscheinlich eine rezessive Form des Zimters. Der Mutationsform „Gebrochen Weiß" fehlt sowohl das Rosa als auch das Grau.

Im Freiland wurden bisher die Mutationsformen Albino und „Grau-weiß" nachgewiesen.

GATTUNG CACATUA Vieillot

Cacatua Vieillot, Nouv. Dict. Hist. nat., 17, 1817, S. 6. Typus nach Neubeschreibung von *Cacatua cristata* Vieillot = *Psittacus albus* P. L. S. Müller..

Zu dieser Gattung gehören die so genannten „Weißen Kakadus". Die Grundfarbe des Gefieders ist überwiegend weiß oder hell lachsfarben-rosa wie beim Molukkenkakadu (*C. moluccensis*) und, etwas weniger ausgeprägt, beim Inkakakadu (*C. leadbeateri*). Es handelt sich um mittelgroße bis große Arten mit einem kurzen quadratischen Schwanz.

Innerhalb der Gattung gibt es drei Artenkomplexe, denen manchmal der Status einer Untergattung oder eigenständige Gattung zugesprochen wird. Eine Differenzierung auf Gattungsniveau wurde von MATHEWS (1917) vorgeschlagen. Er bezog sich im Wesentlichen auf die Vielgestaltigkeit der Haubenform. MATHEWS' Gedanken waren jedoch fehlerhaft, da er nicht erkannte, dass die verschiedenen Haubenformen innerhalb der einzelnen Gruppen fließend ineinander übergehen. Die Hauben von *C. galerita*, *C. sulphurea* und *C. leadbeateri* bestehen aus schmalen, verlängerten und nach vorn gebogenen Federn. Bei *C. ophthalmica* sind die Haubenfedern breiter und schwach nach hinten gebogen. Nach vorn hin werden sie durch verlängerte Stirnfedern begrenzt. Diese Anordnung liegt zwischen dem Haubentyp mit schmalen, nach vorn gebogenen Federn und dem Haubentyp mit breiten, nach hinten gerichteten Scheitelfedern. Solche findet man bei *C. alba* und *C. moluccensis*. Bei den übrigen Arten sind die Haubenfedern ebenfalls nach hinten gebogen, sie sind allerdings weniger breit und verlängert. Diese Reduzierung fällt bei *C. haematuropygia* am geringsten aus, bei *C. tenuirostris* am stärksten.

BROWN und TOFT (1999) forderten aufgrund des DNA-Stammbaums für *C. leadbeateri* eine eigenständige Gattung, wie es bereits beim Rosakakadu (*Eolophus roseicapilla*) der Fall war. Die Analyse des DNA-Stammbaums spricht in der Tat für eine Bewertung der drei Artengruppen als eigenständige Gattungen, obgleich eine gründlichere Untersuchung der Corellas dringend nötig wäre. In Erwartung detaillierterer Forschungsergebnisse bezüglich der verwandtschaftlichen Beziehungen der Artengruppen bevorzuge ich es, der Einschätzung von SCHODDE (1997) zu folgen, der diese Taxa jeweils als Untergattungen anspricht.

Ein Geschlechtsdimorphismus ist bei *Cacatua* nicht vorhanden oder nur sehr schwach angedeutet. Die Jungvögel ähneln den Adulten. COURTNEY (1996) wies darauf hin, dass die Jungen aller Arten mit Ausnahme von *C. leadbeateri* beim lautstarken Futterbetteln ihren Kopf und den Körper langsam in einem großen seitlichen Bogen hin und her wiegen. Dieses Bettelverhalten haben sie mit dem Rosakakadu (*Eolophus roseicapilla*) gemein, ebenso wie die pfeifenden Töne, die von bettelnden Nestlingen bei jedem Atemzug zu hören sind. Junge Rosakakadus und junge Nymphensittiche (*Nymphicus hollandicus*) geben zwischenzeitlich trillernde Laute von sich, wenn sie nach der lautstarken Aufnahme des Futterbreis allmählich wieder zu den Bettelrufen übergehen.

Die Gattung ist von den Philippinen über Sulawesi, die Molukken und die Sunda-Inseln im indonesischen Archipel bis nach Neuguinea und seinen angrenzende Inseln verbreitet; darüber hinaus kommt sie auf den Salomoninseln und in Australien einschließlich Tasmaniens vor.

UNTERGATTUNG CACATUA Vieillot

Die Arten dieser Untergattung sind mittelgroße bis große Kakadus mit breiten gerundeten Flügeln und einem kräftigen schwarzen Schnabel. Sie besitzen eine auffällige nach vorn oder nach hinten gebogene Haube, deren Federn verlängert sind. In Australien kommt lediglich eine Art vor.

GELBHAUBENKAKADU

Cacatua galerita (Latham)

Psittacus galeritus Latham, Index Orn., 1, 1790, S. 109 (New South Wales)

WEITERE NAMEN

E: Sulphur-crested Cockatoo, Greater Sulphur-crested Cockatoo, White Cockatoo; F: (Grand) Cacatoès à huppe jaune; NL: Grote geelkuifkaketoe.

Gesamtlänge 50 cm.

BESCHREIBUNG

ADULTES MÄNNCHEN
Grundfarbe des Gefieders weiß; Haubenfedern schmal, nach vorn gebogen, gelb; nach vorne begrenzt durch verlängerte weiße Stirnfedern; Ohrdecken und die Basis der Wangen- und Kehlfedern blassgelb; Innenfahnen der Schwungfedern und Steuerfedern zu den Basen hin stark gelb überlaufen, auf der Körperunterseite großflächiger; Schnabel grauschwarz; der nackte Augenring ist weiß, gelegentlich mit einem leichten Anflug von Hellblau; Iris dunkelbraun, fast schwarz; Läufe dunkelgrau; Körpermasse 730–1020 g.

24 Exemplare:	Flügel 328–391 (351,0) mm	Schwanz 172–231 (187,0) mm
	Oberschnabel 40–50 (43,7) mm	Lauf 28–35 (31,6) mm

ADULTES WEIBCHEN
Ähnelt dem Männchen, Iris gewöhnlich, aber nicht immer dunkel rötlich braun; Körpermasse 725–900 g.

21 Exemplare:	Flügel 332–385 (343,2) mm	Schwanz 165–236 (185,5) mm
	Oberschnabel 38–48 (42,0) mm	Lauf 27–33 (29,9) mm

JUVENILE
Wie Adulte, aber viele Individuen besitzen verstreut Federn, die hellgrau bis dunkelgrau überlaufen sind, vor allem auf dem Kopf, auf der Körperoberseite und an der Schwanzbasis; Iris heller braun.

VERBREITUNG

Im nördlichen, östlichen und südöstlichen Australien von der Kimberley Division in Western Australia bis zur Cape York Peninsula in Nord-Queensland. Im Südosten reicht das Verbreitungsgebiet bis nach Tasmanien. In Südwest-Australien wurde die Art eingeführt, ebenso in Neuseeland (überwiegend im Osten der North Island), auf den Palau-Inseln und einigen Inseln der südlichen Molukken, Indonesien.

UNTERARTEN

1. *Cacatua galerita galerita* (Latham)

Die Nominatform, die oben beschrieben wurde, kommt im östlichen und südöstlichen Australien vor, von Nord-Queensland südwärts bis Tasmanien und in den Südosten von South Australia. Diese Unterart findet man darüber hinaus auf vielen der Küste vorgelagerten Inseln. Im Südwesten von Western Australia wurde sie eingeführt, ebenso in Neuseeland, wo sich auf beiden Hauptinseln an verschiedenen Stellen verwilderte Populationen etabliert haben.

Im Norden und Osten von Queensland ist die Nominatform weit verbreitet, vom Einzugsgebiet des Gulf of Carpentaria, überwiegend nördlich des Mount-Isa-Distrikts, wo sie auf *fitzroyi* stößt, bis zur Cape York Peninsula, wo es offenbar eine breite Mischzone mit *queenslandica* gibt. In Richtung Süden verläuft das Verbreitungsgebiet entlang den küstennahen Ebenen, führt über die Gebirgszüge hinweg und erstreckt sich entlang den Flüssen des Inlands. Laut Storr (1984b) endet das Verbreitungsgebiet im Westen am Unterlauf des Norman River, bei Richmond, Barcaldine und Blackall, am Oberlauf des Warrego River flussabwärts fast bis Cunnamulla und am Unterlauf des Moonie River. Die Nominatform wurde auf der Idalia Homestead bis in ein Gebiet südwestlich von Blackall gesichtet. In seltenen Ausnahmefällen lassen sich die Vögel sogar bis weit im Südwesten von Thargomindah, Windorah und Bedourie blicken (Sharp & Sewell 1995, in Higgins 1999). Entlang der Ostküste kommt die Nominatform auf den größeren, dem Festland vorgelagerten Inseln vor.

In New South Wales ist die Nominatform vom küstennahen Tiefland westwärts bis zum Barwon River und zum Darling River weit verbreitet. Sie kommt im Süden entlang dem Murray River hinter Wentworth vor. In den zentral gelegenen westlichen Distrikten, die vom Bogan River, Lachlan River und Darling River begrenzt werden, scheint die Nominatform nicht vorzukommen, oder sie ist dort überaus selten. Schmidt (1978) berichtete, dass er zwei Vögel bei Cobar gesehen hat, und ihr vorsichtiges Verhalten legte die Vermutung nahe, dass es sich um wild lebende Kakadus handelte, obgleich die Möglichkeit nicht völlig ausgeschlossen werden kann, dass es entflogene Tiere waren.

Gelbhaubenkakadu
Cacatua galerita galerita
CSIRO 36177 adult, Männchen
„Gungahlin", Canberra
Australian Capital Territory
Juli 1978

Auch in Victoria ist die Nominatform weit verbreitet; im äußersten Osten von Gippsland und im östlichen Hochland fehlt sie jedoch oder ist dort zumindest sehr selten. Dasselbe gilt für das baumlose Farmland in Teilen des südwestlichen Victoria und für den ariden Nordwesten des Bundesstaates (Emison *et al.* 1987). Die Nominatform hat South Australia nur sehr dünn besiedelt, das Verbreitungsgebiet reicht im Westen bis zum Spencer Gulf und zur

W.T. Cooper 80

Kangaroo Island, im Norden bis Port Augusta, Quorn und Cradock. Die Vögel sind südlich des 33. südlichen Breitengrades häufiger anzutreffen. Im Osten von South Australia kommt die Nominatform entlang dem Murray River von Morgan bis zur Grenze nach Victoria vor (TERRILL & RIX 1950, BLAKERS *et al.* 1984).

Die Nominatform meidet die trockenen Sklerophyllwälder im Osten Tasmaniens östlich einer Linie von Bridport bis Hobart, ist andernorts jedoch weit verbreitet, allerdings unregelmäßig (NEWMAN, *briefl. Mittlg.* 1978, BROWN & HOLDSWORTH 1992). GREEN und MCGARVIE (1971) zitierten einen Einheimischen, der behauptete, die Vögel seien auch auf King Island präsent gewesen, als es dort noch Eukalyptus-Wälder gab. Um 1920 starben die Vögel aus beziehungsweise verließen die Insel infolge großflächiger Buschbrände; bei den wenigen Exemplaren, die 1968 beobachtet wurden, handelte es sich um entflogene Volierenvögel. Ein Einzelnachweis von Flinders Island geht wahrscheinlich ebenfalls auf einen entflogenen Kakadu zurück.

Im Südwesten von Western Australia haben sich einige verwilderte Kolonien des Gelbhaubenkakadus im östlichen Teil der Küstenebene am Swan River bis in den Norden und Süden von Perth etabliert, darüber hinaus im Norden der Darling Range (JOHNSTONE & STORR 1998).

2. *Cacatua galerita queenslandica* (Mathews)

Cacatoes galerita queenslandica Mathews, Novit. zool., 18, 1912, S. 264, Nr. 429 (Cooktown, Nord-Queensland).

ADULTE

Wie Nominatform, aber von geringerer Körpergröße; Schnabel breiter und stärker zusammengedrückt mit auffälliger Firste auf dem Kulmen und der Gonys; Körpermasse der Männchen: 590-655 g, Körpermasse der Weibchen: 640-715 g.

15 Männchen:	Flügel 313-330 (322,5) mm	Schwanz 165-181 (172,3) mm
	Oberschnabel 37-43 (39,9) mm	Lauf 26-31 (28,6) mm
11 Weibchen:	Flügel 301-336 (317,6) mm	Schwanz 165-187 (172,2) mm
	Oberschnabel 35-40 (37,3) mm	Lauf 26-31 (28,9) mm
9 Exemplare ohne Geschlechtsangabe:		
	Flügel 315-340 (324,7) mm	Schwanz 169-190 (175,8) mm
	Oberschnabel 38-41 (38,4) mm	Lauf 27-30 (28,7) mm

Diese Unterart kommt auf der Cape York Peninsula einschließlich der bewaldeten küstennahen Inseln in der südlichen Torres Strait im äußersten Norden von Queensland vor. Die südliche Verbreitungsgrenze ist noch nicht exakt bestimmt; zwei Exemplare (ANWC 41528, 41529), die 3 km südlich von Cape Cleveland im Townsville-Distrikt gesammelt wurden, scheinen Übergangsformen zwischen *galerita* und *queenslandica* zu sein. Ich vermute, dass es ein breites Mischgebiet im Nordosten von Queensland südlich des Mitchell River und des Atherton Tableland gibt.

3. *Cacatua galerita fitzroyi* (Mathews)

Cacatoes galerita fitzroyi Mathews, Novit. zool., 18, 1912, S. 264, Nr. 428 (Fitzroy River, Western Australia).

ADULTE

Die adulten Vögel dieser Unterart besitzen weniger Gelb auf den Ohrdecken, Wangen, Federbasen und auf der Kehle als die der Nominatform; der nackte Augenring ist hellblau; der Schnabel ist breiter und stärker zusammengedrückt mit auffälliger Firste auf dem Kulmen und der Gonys; Körpermasse der Männchen: 610-795 g, Körpermasse der Weibchen: 600-795 g.

13 Männchen:	Flügel 316-354 (332,7) mm	Schwanz 180-234 (200,7) mm
	Oberschnabel 38-45 (39,9) mm	Lauf 27-34 (31,7) mm
13 Weibchen:	Flügel 295-355 (329,0) mm	Schwanz 184-221 (196,2) mm
	Oberschnabel 34-40 (38,0) mm	Lauf 26-33 (31,3) mm

Diese Unterart ist im nördlichen Australien von der Kimberley Division in Western Australia südwärts bis etwa zum 18. südlichen Breitengrad und zum Fitzroy River verbreitet.

Hinzu kommen der Norden des Northern Territory vom Victoria River bis zum Barkly Tableland (überwiegend nördlich des 17. südlichen Breitengrades), das Einzugsgebiet des Gulf of Carpentaria und der Nordwesten von Queensland, wo diese Unterart auf die Nominatform trifft. Ein Exemplar vom Nicholson River an der Grenze des Northern Territory zu Queensland zeigt Merkmale, die zwischen denen beider Unterarten liegen. Der Vogel scheint jedoch *fitzroyi* etwas näher zu stehen (ANWC 6717).

HABITATE

Gelbhaubenkakadus bevorzugen Bäume entlang den Wasserläufen insbesondere in den trockenen Teilen ihres Verbreitungsgebietes. Man findet sie jedoch auch in einer Vielzahl von Wäldern und baumbestandenen Landschaften einschließlich tropischer und temperater Regenwälder, feuchter oder trockener Sklerophyllwälder, Mallee, auf offenen Baumsavannen oder Weideland mit spärlichem Baumbewuchs, der von *Eucalyptus*-, *Allocasuarina*- oder *Callitris*-Bäumen dominiert wird, in Hartholz- und Weichholzplantagen sowie in städtischen Parks und Gärten. Sie kommen selten in weit ausgedehnten, geschlossenen Waldgebieten vor und bevorzugen es, an den Rändern oder in der Nähe von Lichtungen zu bleiben. Gelbhaubenkakadus sind auf Farmland ein vertrauter Anblick, sofern dort Areale mit Baumbewuchs im Bereich der Farmgebäude oder entlang den Flüssen übrig geblieben sind. Offenes, baumloses Tiefland oder Weideflächen meiden die Vögel, oder sie sind dort sehr selten anzutreffen.

Laut Storr (1980) suchen die Gelbhaubenkakadus in der Kimberley Division von Western Australia häufig die Galerie- und Monsunwälder auf. Auf den Inseln vor der Kimberley-Küste kommen sie in der dichten Vegetation der Buchten, Lianendickichte und Mangroven vor (Smith *et al.* 1978). Im Prince Regent River Reserve und im Drysdale River National Park, beide in der Kimberley Division, bevorzugen die Kakadus *Melaleuca*-Wälder entlang den Wasserläufen (Storr *et al.* 1975, Johnstone *et al.* 1977). Im Northern Territory findet man sie überwiegend in den Galeriewäldern (Storr 1977). McKean (1985) berichtete, dass bei Felduntersuchungen im Keep River National Park an der Grenze zu Western Australia Ende 1981 sowie zu Beginn und Mitte 1982 Gelbhaubenkakadus in der Nähe von Wasserläufen nachgewiesen wurden und weniger häufig im Grasland, auf Baumsavannen oder ähnlichen Habitaten vorkamen. Nach Boekel (1980) zählten die Vögel im Bereich des Zusammenflusses von Victoria River und Wickham River (im Nordwesten des Northern Territory) zu den häufigen Bewohnern der ufernahen Vegetation entlang den größeren Wasserläufen. Vereinzelt ließen sich auch Exemplare in allen anderen Habitaten mit Ausnahme der Spinifex-Savanne (*Triodia*) nachweisen. Brooker und Parker (1985) berichteten, dass die Kakadus bei Felduntersuchungen im Kakadu National Park im Norden des Northern Territory in den küstennahen Monsunwäldern, *Melaleuca*-Savannen, *Eucalyptus*-Savannen oder offenen Wäldern vorkamen. Laut Storr (1984b) findet man die Art im Nordwesten von Queensland überwiegend in den Galeriewäldern, Baumsavannen und ähnlichen Habitaten, im trockenen Inland beschränkt sich ihr Vorkommen auf die Bäume entlang den größeren Wasserläufen. Andernorts in diesem Bundesstaat kommen die Gelbhaubenkakadus in allen Arten von baumbestandenen Landschaften vor, einschließlich Regenwald, Araukarienwälder und Mangroven, darüber hinaus auf Ackerland, Plantagen und in *Pinus*-Anpflanzungen. Laut Garnett und Bredl (1985) findet man sie in der Nähe des Edward River Settlement an der Westküste der Cape York Peninsula (Nord-Queensland) in allen Habitaten; im Iron-Range-Distrikt an der Ostküste der Halbinsel habe ich die Vögel in allen Habitaten mit Baumbewuchs einschließlich des Regenwalds entdecken können. Nach Longmore (1978) kommt die Art im Rockhampton-Distrikt im mittleren Osten von Queensland in allen baumbestandenen Lebensräumen vor, vom Tiefland der Gezeitenzone und den Mangroven an der Küste bis zu den Wäldern oder Baumsavannen des Landesinneren. Auch in der Nähe der Narayen Research Station bei Mundubbera, Südost-Queensland, konnte man die Gelbhaubenkakadus in allen Lebensräumen mit Baumbewuchs sowie auf Ackerland nachweisen (Leach 1988).

In New South Wales bewohnt die Art Baumsavannen, Wälder, Grasland mit Baumbewuchs und Ackerland (Morris *et al.* 1981). Nach Gosper (1992) konnten die Gelbhaubenkakadus bei Bestandsaufnahmen im Richmond-River-Distrikt, im äußersten Nordosten von New South Wales, die 1977 und 1982 durchgeführt worden waren, an zwei Stellen im trockenen offenen Sklerophyllwald nachgewiesen werden. An einer Stelle im küstennahen feuchten Sklerophyllwald entdeckte man nur wenige Exemplare, häufig waren die Vögel hingegen an zwei Stellen im subtropischen Regenwald. Im Tal des Hastings River an der mittleren Nordküste von New South Wales fand ich die Art fast ausschließlich in der offenen Baumsavanne, auf Farmland und Plantagen im Flusstal. Sie suchten nur sehr selten die dichten Wälder des angrenzenden Hügellands auf. Im Süden von New South Wales durchziehen baumgesäumte Flussläufe das Farm- und Weideland, die übrig gebliebenen Waldinseln sind ein für die Gelbhaubenkakadus besonders vorteilhafter Lebensraum. Das beweist ihr zahlreiches Vorkommen. Auch in den größeren Städten einschließlich Sydney und Canberra machen sich die Vögel die von Menschen geschaffenen Lebensräume zunutze, besonders die Golfplätze, Sportplätze, Gärten und Parks. Am westlichen Rand ihres Verbreitungsgebietes entlang dem Darling River, Lachlan River und Murray River sind sie eng mit dem Vorkommen des *River Red Gum* (*Eucalyptus camaldulensis*) auf den oftmals sehr weitflächig ausgedehnten Überschwemmungsflächen verbunden. In Victoria zählen zu den wichtigsten Lebensräumen der Kakadus der *River-Red-Gum*-Wald und baumbestandenes Farmland mit einer jährlichen Niederschlagsmenge zwischen 500 und 1.000 mm. Örtlich dringen die Vögel auch in viele Wald- und Baumsavannentypen vor (EMISON *et al.* 1987). In den trockenen Distrikten kommen die Gelbhaubenkakadus überwiegend in *River-Red-Gum*-Wäldern entlang den Wasserläufen und Feuchtgebieten vor, in Distrikten mit höheren Niederschlagsmengen fehlen sie auf baumlosem Farmland oder sind dort sehr selten anzutreffen. Auch in zusammenhängenden Waldgebieten sind die Kakadus selten, in Wäldern mit Rodungsflächen oder Lichtungen sind sie jedoch präsent. In Gippsland, Ost-Victoria, sind sie Bewohner des Farmlands und offener Landschaftsformen (LOYN 1985). CANOLE (1981) stellte fest, dass die Gelbhaubenkakadus im Maude-Meredith-Distrikt, etwa 85 km westlich von Melbourne, Süd-Victoria, zahlreich auf Farmland anzutreffen waren. Bei Bestandsaufnahmen in der Edenhope-Grampians-Region in Südwest-Victoria, die von August 1974 und April 1975 durchgeführt worden waren, wurde die Art auf Weideland, auf dem ihr große Brutbäume zur Verfügung standen, nachgewiesen (EMISON *et al.* 1978).

Im südöstlichen South Australia sind die Gelbhaubenkakadus eng mit dem Vorkommen des *River Red Gum* entlang dem Unterlauf des Murray River und seinen Nebenflüssen verbunden. Sie sind auch in den feuchteren Gebieten des äußersten Südostens verbreitet; dort kommen sie auf Farmland mit Restbeständen großer Bäume entlang den Wasserläufen und im Umfeld der Farmgebäude vor. BAXTER (1995) wies darauf hin, dass man die Vögel auf Kangaroo Island, South Australia, meist auf Koppeln oder in bewaldeten Flusstälern beobachten kann, vor allem im Norden der Insel. Auf Tasmanien bevorzugen sie Sklerophyllwälder, Baumsavannen und küstennahe Strauchlandschaften (GREEN 1989). Nach BROWN und HOLDSWORTH (1992) sind die Gelbhaubenkakadus im gesamten Westen von Tasmanien weit verbreitet und kommen dort sowohl im temperaten Regenwald als auch im feuchten Sklerophyllwald vor. Zur Nahrungsaufnahme suchen sie eingehend die Riedgraswiesen auf. Im Südwesten Australiens gibt es zwei verwilderte Populationen in Gebieten, die intensiv landwirtschaftlich genutzt werden (SAUNDERS *et al.* 1985).

Gelbhaubenkakadus sind im Hochland von Queensland wenig häufig. Gewöhnlich kommen die Vögel im Norden nicht über 1.000 m ü. NN vor, im Süden meiden sie Gebiete über 600 m ü. NN (STORR 1984b). In den Southern Highlands von New South Wales bevorzugen sie Gebiete mit spärlichem Baumbewuchs unter 1.300 m ü. NN; in den alpinen Regionen sind Nachweise über 1.550 m ü. NN selten.

LOKALE POPULATIONSDICHTEN

Der Südosten von Australien ist zweifellos die „Hochburg“ der Gelbhaubenkakadus. Hier sind die Vögel sehr zahlreich und nur in großen Höhen oder in Regionen ohne geeignete Lebensräume örtlich selten. Im Norden Australiens ist die Art allgemein weniger zahlreich vertreten, ihre Abundanzen sind örtlich zunehmend größeren Schwankungen unterworfen. Berichte über große Schwärme, wie sie im Südosten weit verbreitet sind, sind selten. Laut STORR (1980) ist die Art in der Kimberley Division von Western Australia wenig häufig, auf den der Kimberley-Küste vorgelagerten Inseln ist sie mit einer mittleren Häufigkeit vertreten (SMITH *et al.* 1978). Im August 1974 stellte man während einer Felduntersuchung im Prince Regent River Reserve in der Kimberley Division von Western Australia fest, dass die Gelbhaubenkakadus mäßig häufig waren, im nicht weit davon entfernten Drysdale River National Park hingegen – nach einer Untersuchung im August 1975 – selten (STORR *et al.* 1975, JOHNSTONE *et al.* 1977). STORR (1977) behauptete, dass die Art im Northern Territory wenig bis mäßig häufig sei. Im Keep River National Park an der Grenze zu Western Australia stellte man fest, dass die Gelbhaubenkakadus Ende 1981 sowie Anfang und Mitte 1982 mäßig häufig waren (MCKEAN 1985), im Südosten des Bundesstaates beim Zusammenfluss des Victoria River und des Wickham River waren Schwärme von 10 bis 20 Vögel sesshaft (BOEKEL 1980). Während biologischer Untersuchungen auf der Cobourg Peninsula im Norden des Northern Territory zwischen 1961 und 1968 stellte man fest, dass die Gelbhaubenkakadus zwar häufiger waren als die Nacktaugenkakadus (*Cacatua sanguinea*), dort allerdings auch nicht zahlreich vorkamen (FRITH & HITCHCOCK 1974). Häufig ist die Art in den offenen Gebieten auf Groote Eylandt im Nordosten des Northern Territory (HASELGROVE 1975).

In Queensland sind die Gelbhaubenkakadus im Tiefland und in mittleren Höhenlagen mit höheren Niederschlagsmengen häufig, wenig häufig hingegen im Hochland und den trockeneren Teilen des Verbreitungsgebietes. Die Art ist auch in den stark besiedelten Distrikten des südöstlichen Tieflands wenig häufig (STORR 1984b). In der Umgebung des Edward River Settlement an der Westküste der Cape York Peninsula, Nord-Queensland, konnten GARNETT und BREDL (1985) Paare und kleine Trupps beobachten, aber keine großen Schwärme. Im Iron Range National Park an der Ostküste der Halbinsel stieß ich stellenweise häufig auf Gelbhaubenkakadus, größere Schwärme konnte ich jedoch ebenfalls nicht beobachten. Nach HORTON (1975) ist die Art im Mount-Isa-Distrikt, Nordwest-Queensland, selten und wird in Richtung Gulf of Carpentaria häufiger. LONGMORE (1978) stellte fest, dass die Vögel im Rockhampton-Distrikt im mittleren Osten von Queensland häufig und besonders zahlreich im Bereich der Küste sind. Laut SHARP und SEWELL (1995) zählen die Gelbhaubenkakadus am westlichen Ende ihres Verbreitungsgebietes in Zentral-Queensland, im Idalia National Park südwestlich von Blackall zu den wenig häufigen Standvögeln. In Südost-Queensland ist die Art mäßig häufig (ROBERTS 1979). Bei biologischen Bestandsaufnahmen in der Stanthorpe Shire, Südost-Queensland, 1971/72 stellte man fest, dass die Kakadus dort mit einer geringen Häufigkeit vorkamen, weiter nordwestlich in der Millmerran Shire hingegen häufig waren (KIRKPATRICK & SEALE 1977, KIRKPATRICK & AMOS 1977). LEACH (1988) berichtete, dass Gelbhaubenkakadus zwischen 1970 und 1986 im Mundubbera-Distrikt, Südost-Queensland, zu den häufigen Arten zählten, wohingegen TEMPLETON (1992) auf den starken Bestandsrückgang im Nanango-Distrikt, ebenfalls Südost-Queensland, seit den 40er Jahren hinwies. Im Logan Reserve, nur 30 km südöstlich von Brisbane, kommt die Art nach wie vor mit einer mittleren Häufigkeit vor (DAWSON *et al.* 1991). In New South Wales sind Gelbhaubenkakadus häufige und vertraute Vögel, besonders westlich der Great Dividing Range und im Süden des Bundesstaates, wo sich große Populationen entlang den Fluss-Systemen des Inlands gebildet haben. Darüber hinaus sind die Vögel Bewohner oder Gäste vieler größerer Städte (häufig in großen Schwärmen) einschließlich Sydney und Canberra. Bei Bestandsaufnahmen im Richmond-River-Distrikt im äußersten Nordosten von New South Wales, die 1977 und 1982 durchgeführt worden waren, wurde die Art bei 84 % beziehungsweise bei 73 % der Bestandserfassungen an zwei Untersuchungsstellen nachgewiesen. An der ersten Stelle zählte sie sogar zu den 20 häufigsten Vogelarten (GOSPER 1992). Weiter südlich, im Tal des Hastings River an der mittleren Nordküste von New South Wales stellte ich fest, dass die Kakadus lokal häufige Wintergäste waren, die generell jedoch nie in großen Individuenzahlen vorkamen. In und um Sydney ist die Zahl der Gelbhaubenkakadus in den letzten 30 Jahren dramatisch gestiegen; heute ist die Art sogar in den inneren Vororten überaus häufig. Schwärme mit mehr als 100 Exemplaren wurden bereits nachgewiesen (in MORRIS 2001). Die Erfassung der Vogelwelt der Gärten in Canberra zwischen 1981 und 1998 hat ergeben, dass sich die Zahl der Vögel in dem 17-jährigen Zeitraum verdreifacht hat (in FENNELL 2000). Es hat den Anschein, als ob dieser Anstieg der städtischen Populationen durch entflogene oder ausgesetzte Vögel noch gefördert wurde, denn manche Individuen der Schwärme kann man des öfteren „sprechen“ hören (siehe HOSKIN 1991). Die Gelbhaubenkakadus sind mir in weiten Teilen des mittleren und südlichen New South Wales von der Küste landeinwärts bis zum Unterlauf des Darling River bekannt. Sie sind in der gesamten Region weit verbreitet und in geeigneten Habitaten sehr zahlreich anzutreffen. SHARROCK (1981) wies darauf hin, dass die Vögel in der Umgebung von Wagga Wagga im Süden von New South Wales häufig sind, besonders in der Nähe des Murrumbidgee River.

In Victoria zählen die Gelbhaubenkakadus zu den häufigen Vögeln. Während der Zusammenstellung der „Atlas“-Daten zwischen Januar 1973 und Juni 1986 konnte in dem Verbreitungsgebiet eine Nachweisrate von 42 Prozent erreicht werden – eine der höchsten unter allen nachgewiesenen Papageienvögeln (EMISON *et al.* 1987). In Ost-Victoria haben die Vögel ihr Verbreitungsgebiet ausgedehnt, und lokale Populationen wuchsen an, da ihnen infolge der Waldrodungen nun ein geeigneter Lebensraum zur Verfügung stand. Bei Felduntersuchungen in den Frühlings- und Sommermonaten von November 1980 bis März 1985 in den übrig gebliebenen Eukalyptus-Waldinseln von Zentral-Gippsland, Ost-Victoria, konnten auf den Arealen, deren Größe von 0,5 bis 144 Hektar variierte, Höchstwerte von 13 und 50 Exemplaren pro 100 Zählungen bestimmt werden (LOYN 1985). Im Olinda State Forest, etwa 50 km östlich von Melbourne, lag bei Untersuchungen zwischen Juli 1993 und Juni 1996 die mittlere Populationsdichte bei 3,1 und die Maximaldichte bei 15,5 Exemplaren pro Hektar (MACNALLY 1997). In der Grampians-Edenhope-Region, Südwest-Victoria, zeigten biologische Felduntersuchungen 1974/75, dass die Gelbhaubenkakadus dort häufig und weit verbreitet waren. Es wurden Schwärme mit mehreren hundert Vögeln beobachtet, zu denen sich Nasenkakadus (*Cacatua tenuirostris*) gesellt hatten (EMISON *et al.* 1978). Die größte Populationsdichte des Gelbhaubenkakadus im Südosten von South Australia findet man entlang dem Unterlauf des Murray River sowie auf Farmland im äußersten Südosten. In den letzten Jahren ist die Zahl der Vögel auch westlich und nordwestlich des Murray River gestiegen. Bei der Zusammenstellung der „Atlas“-Daten ermittelte man 1984/85 in den Adelaide Plains und den Mount Lofty Ranges höhere Individuenzahlen als 1974/75 (PATON *et al.* 1994). Nachweise von Kangaroo Island, South Australia, sind selten und berichten stets von wenigen Exemplaren. Der erste Nistnachweis stammt von 1905, heute gilt eine Kolonie mit 25 Vögeln im Westen der Insel als größte bekannte Ansammlung dieser Art (BAXTER 1995). BROWN und HOLDSWORTH (1992) wiesen darauf hin, dass Gelbhaubenkakadus in den meisten Gebieten Tasmaniens weit verbreitet und lokal sehr häufig sind. Offensichtlich gibt es auf der Insel mindestens zwei oder sogar drei große, relativ ortstreue Gelbhaubenkakadu-Bestände in dichter besiedelten und erschlossenen Regionen, so im Ouse Forest und im Epping Forest. Die Bestände dort umfassen im Winter jeweils 500 bis 700 Vögel. Während ihres Fluges über die Wälder von Nordwest-Tasmanien zählte MOONEY mehr als hundert Gelbhaubenkakadus, die sich auf zahlreiche kleine Trupps verteilten (in BROWN & HOLDSWORTH 1992). Man ging lange Zeit davon aus, dass die Art um 1920 auf King Island in der Bass Strait infolge verheerender Buschbrände und Rodungen der Eukalyptus-Wälder verschwunden sei; 1968 konnte sie hier wiederentdeckt werden, ist aber wenig häufig (GREEN & MCGARVIE 1971, BROWN & HOLDSWORTH 1992).

Allen Anstrengungen zum Trotz, die Gelbhaubenkakadus im Südwesten von Australien unter Kontrolle zu bringen oder sogar auszulöschen, hat die Population dort überlebt. 1982 schätzte man ihre Zahl auf 300 bis 500 Exemplare (SAUNDERS *et al.* 1985). Man befürchtete, dass die eingeführten Gelbhaubenkakadus mit den einheimischen endemischen Kakaduarten konkurrieren würden, vor allem um die Nistplätze, und dass sie große Ernteschäden verursachten. Aus diesem Grund beschloss die Naturschutzbehörde, eine „offene Saison" zu verkünden – ein Versuch, den Abschuss und den Fang der Adulten sowie die Entnahme der Jungvögel aus den Nisthöhlen für den Vogelmarkt zu fördern. Die Aussicht auf magere Profite ließ bei den Vogelfängern jedoch bald das Interesse schwinden, und ich vermute, dass die Populationen beim Ausbleiben einer gemeinsamen Kampagne zur Auslöschung der Gelbhaubenkakadus sich weiter ausdehnen werden. Andernorts in Australia ist die Art geschützt, obgleich Landbesitzer Sondergenehmigungen zur Vernichtung von Kakadus erhalten können, die Ernteschäden verursachen. Wie bei anderen Papageienspezies können diese Schäden örtlich erheblich sein, und gewöhnlich war dies eine Folge von mangelnder Voraussicht und Planung. Das Anpflanzen von Ölsaaten entlang dem Lachlan River im Süden von New South Wales, also in einer Region mit einer der größten Konzentrationen von Gelbhaubenkakadus, ist ein klassisches Beispiel für eine fehlgeschlagene Miteinbeziehung der Wildtiere und ihre potentiellen Auswirkungen, die bei der Bestimmung von langfristigen Profiten für die Landwirte einen maßgeblichen Faktor darstellen.

VERHALTEN

Gelbhaubenkakadus sind lärmende und auffällige Vögel, die man während der Brutzeit in Paaren oder kleinen Familienverbänden und zu anderen Zeiten in Schwärmen beobachten kann, die manchmal aus Hunderten von Exemplaren bestehen. Die Vögel sind wachsam, und es ist schwierig, sich ihnen zu nähern. In den südlichen Regionen, wo sie offenes Gelände bewohnen, ist das so genannte „Wächter-Warnsystem" gut etabliert. Während der Schwarm am Boden nach Nahrung sucht, bleiben einige Kakadus in der Krone nahe liegender Bäume sitzen. Ist Gefahr im Anzug, erheben sich diese „Wächter" laut kreischend in die Luft, und der gesamte Schwarm fliegt auf. Im Norden Australiens schließen sich die Kakadus seltener zu großen Schwärmen zusammen und führen eine weitgehend arboreale Lebensweise. Ein „Wächter-Warn-System" gibt es bei ihnen offenbar nicht, und im Allgemeinen sind die Vögel weniger scheu (siehe RIX 1970). Es besteht eine starke Affinität zwischen diesen Kakadus zu ihren Schlafplätzen, die über einen langen Zeitraum genutzt werden, auch wenn die Vögel gezwungen sind, sehr weite Strecken zu ihren Futtergebieten zurückzulegen. Im Buccleuch State Forest bei Tumut im Süden von New South Wales entdeckte man die Schlafplätze der Gelbhaubenkakadus in den verstreut liegenden Eukalyptus-Waldinseln inmitten einer ausgedehnten *Pinus*-Anpflanzung. Bei der Auswahl der Schlafbäume zeigten die Vögel eine starke Bevorzugung für *Ribbon Gums* (*E. viminalis*). Die Kakadugruppen hatten möglicherweise nach der Abholzung des natürlichen Waldes und seiner Umwandlung in *Pinus*-Anpflanzungen die traditionelle Nutzung derselben Waldareale aufrecht erhalten (LINDENMAYER *et al.* 1996).

Im Iron Range National Park im Osten der Cape York Peninsula, Nord-Queensland, wurde im November und Dezember 1990 ein gewaltiger Baum von etwa 500 Kakadus als Schlafplatz genutzt, und es war bekannt, dass dieser in den genannten Monaten seit nunmehr 17 aufeinander folgenden Jahren zu diesem Zweck aufgesucht wurde (FRITH & FRITH 1993). Bei Sonnenaufgang verlassen die Gelbhaubenkakadus mit viel Gekreisch und Geschrei ihre Schlafbäume. Nachdem sie an einer nah gelegenen Wasserstelle ihren Durst gelöscht haben, fliegen sie weiter zu ihren Nahrungsplätzen, wo sie für den Rest des Tages bleiben. Bis zur Mitte des Vormittags suchen sie auf dem Boden nach Samen. Die heißeste Zeit des Tages ruhen sie im Schutz der umliegenden Bäume, zerkauen die Blätter oder schälen die

Rinde. Am Nachmittag nehmen die Kakadus ihre Nahrungsaufnahme am Boden wieder auf. Danach fliegen sie nochmals zur Wasserstelle, bevor sie kurz vor der Dämmerung zu ihren Schlafbäumen zurückkehren. Dort zanken und drängeln die Vögel eine Zeitlang um die besten Plätze. Ein voll besetzter Ast kann brechen, wenn Nachzügler versuchen, sich ebenfalls noch einen Platz zu sichern. Mit gellenden Schreien machen die Vögel dann ihren Unmut kund, während sie zu neuen Sitzästen fliegen. Im Allgemeinen ist es schon dunkel, bevor anstelle des Gekreisches nur noch gelegentliches „Gezeter" zu hören ist. Schließlich kommen die Kakadus zur Ruhe.

Gelbhaubenkakadus reagieren, wie andere Kakaduarten auch, oftmals erregt auf heftige Regengüsse. Sie hängen dann kopfunter an den Ästen und schlagen laut kreischend mit ihren ausgebreiteten Flügeln. COOPER beobachtete am 21. Februar 1996 um 8.00 Uhr bei Topaz, Nord-Queensland, einen Schwarm von mehr als 60 Gelbhaubenkakadus, die bei sehr starken südöstlichen Winden mit Sprühregen erregt ihre Luftakrobatik vorführten (*brief. Mittlg.* 1998). Mit lautem Gekreische ließen sich die Vögel umhertreiben und blieben manchmal unbeweglich mitten in der Luft stehen, indem sie auf den kräftigen Windböen „ritten". Zwei Individuen wurden dabei nach hinten geworfen. Nachdem die Vögel gegen den starken Wind angeflogen waren, vollzogen manche von ihnen eine Kehrtwende und ließen sich mit der hohen Geschwindigkeit des sie antreibenden Windes nach vorn tragen. Während dieses rasanten Fluges drehten sie ihren Körper einmal, manchmal sogar zweimal um die eigene Achse. Andere Vögel landeten auf den Bäumen, um inmitten des feuchten Blattwerks zu baden. Am nächsten Tag folgte einem kurzen Regenschauer strahlender Sonnenschein. Um 14 Uhr suchte ein Trupp Kakadus einen hohen Regenwaldbaum auf, um in seinem feuchten Laub zu baden. Die einzelnen Vögel verließen die Baumkrone, kehrten wieder zu ihr zurück und ließen sich im Sinkflug in die höchsten äußeren Äste fallen.

WANDERUNGEN

Beweise für groß angelegte saisonale Wanderungen gibt es nicht, dafür jedoch Berichte über vertikale Wanderungen und lokale Ortswechsel oder Bestandsschwankungen. Ich vermute, dass wie bei den Rosakakadus (*Eolophus roseicapilla*) etablierte Brutpaare in ihren Territorien rund um dem Nistbaum sesshaft sind, die Immaturen, Subadulten und nichtbrütenden Paare sich hingegen zu Wanderschwärmen zusammenschließen, die sich weitflächig zerstreuen. Laut STORR (1977) sind die Gelbhaubenkakadus im Northern Territory relativ ortstreu, obwohl in der Regenzeit Wanderbewegungen aus dem feuchten nordwestlichen Zipfel hinaus beobachtet werden können. BRAVERY (1970) berichtete, dass im Atherton-Distrikt, Nordost-Queensland, wenige Individuen als Standvögel leben und von Juni bis August, also zur Erntezeit, ein massiver Einfall sehr großer Schwärme beobachtet werden kann. Im Tal des Hastings River an der mittleren Nordküste von New South Wales sind die Gelbhaubenkakadus Wintergäste und ziehen vermutlich aus dem westlich gelegenen Hochland hierher; im Mai und Juni, wenn das Wetter kälter wird, erreichen die Schwärme das Tal und verlassen es Ende August wieder. Die Individuenzahl ist von Jahr zu Jahr sehr unterschiedlich. Es gibt vertikale Wanderungen in den Southern Highlands von New South Wales; zu Beginn des Winters verbleiben nur einige isolierte Paare oder kleine Trupps in den höheren Lagen, die übrigen Kakadus ziehen schwarmweise in Regionen unterhalb 1.100 m ü. NN. Im September oder Oktober sind sie wieder in das Hochland zurückgekehrt; der Zeitpunkt ihrer Ankunft ist abhängig von den Wetterbedingungen.

LAMM und WILSON (1966) berichteten von einer Untersuchungsstelle in der Brindabella Range, im Australian Capital Territory, der zwischen Januar 1961 und Dezember 1963 Bestandsaufnahmen durchgeführt worden waren. Man fand heraus, dass die wenigen Brutpaare, die Ende Juli dort eintrafen, bereits Anfang August die Gegend wieder verließen, wahrscheinlich, um sich großen Winterschwärmen in tieferen Lagen anzuschließen. Ich habe in Canberra die Erfahrung gemacht, dass der größte Zustrom von Gelbhaubenkakadus in die Innenstadt und ihre unmittelbare Umgebung Ende April bis Ende Mai stattfand und dass die Vögel Ende August bis Ende September wieder davonzogen, vermutlich in höhere Lagen. Einige Paare blieben jedoch sesshaft und nisteten innerhalb oder in der Nähe der Vororte. Laut COOPER (1975) verlassen die Gelbhaubenkakadus im Winter regelmäßig Wilson's Promontory im äußersten Süden von Victoria. Sichtmeldungen weisen auf einen regelmäßigen Winter-Zustrom in die Vororte von Melbourne hin, und FAVALORO (1984) stellte fest, dass entlang der Straße von Melbourne nordwärts bis Seymour, Zentral-Victoria, im Mai und Juni die höchsten Abundanzen auftraten, während im September und Oktober nur wenige Vögel beobachtet werden konnten. In Tasmanien ziehen die Winterschwärme recht viel umher (BROWN & HOLDSWORTH 1992). Bei einer biologischen Bestandsaufnahme bei Ordnance Point an der Nordwestküste von Tasmanien, die im März und April 1981 durchgeführt worden war, wurden in einem Zeitraum vom 2. bis 28. März ein bis sechs Vögel an sieben Tagen gesichtet. Danach hatten die Kakadus die Gegend offenbar vollständig verlassen (GREEN 1984).

FLUG Zum charakteristischen Flug der Gelbhaubenkakadus zählt eine Serie von schnellen, flachen Flügelschlägen, die von kurzen Gleitphasen unterbrochen werden. Beim Flug von und zu den Schlafplätzen fliegen die Vögel in beträchtlicher Höhe und gleiten in weit ausladenden Kreisen zu den Baumkronen hinab. Nach der Landung stellen die Kakadus ihre Haube auf.

LAUTÄUSSERUNGEN Der normale Kontaktruf, der häufig im Flug zu hören ist, ist ein raues, heiseres Kreischen, das am Ende mit einer leichten Anhebung der Tonhöhe endet. Bei Beunruhigung stoßen die Vögel eine Serie von abrupten, kreischenden Kehllauten aus. Die Nahrungsaufnahme und die Gefiederpflege wird von gelegentlichen „zeternden" Lauten oder von einem schrillen zweisilbigen Pfiff begleitet. Laut COURTNEY (1996) halten die keuchenden Futterbettellaute der Nestlingen und Juvenilen länger an als bei jeder anderen Kakaduart und gehen gelegentlich für kurze Zeit in einen klaren Pfeifton über. Die Lautäußerungen beim Schlucken des Futters sind denen der anderen Spezies ähnlich.

NAHRUNG Gelbhaubenkakadus fressen die Samen von Gräsern und krautigen Pflanzen, Getreidekörner, Nüsse, Beeren, Früchte, Blüten, Wurzeln sowie Insekten und ihre Larven. In Getreideanbaugebieten sorgen sie manchmal für Ärger, wenn sie frisch gesäte oder keimende Samen ausgraben oder sich über reifende Kulturpflanzen hermachen. Sie können darüber hinaus Heumieten beschädigen oder Säcke mit Getreidekörnern aufreißen, die auf den Stoppelfeldern gestapelt oder an den Verladestationen zum Weitertransport auf dem Schienennetz abgestellt wurden. Gelbhaubenkakadus plündern Maisfelder, indem sie die grünen oder „milchigen" Kolben verzehren. Man muss den Vögel jedoch zugute halten, dass sie sehr ausgiebig die Samen der *Scotch Thistle* (*Onopordon acanthium*) und der *Noogoora Burr* (*Xanthium chinense*) fressen, die zu den gefährlichsten Ackerunkräutern in den ländlichen Regionen zählen. Die Gelbhaubenkakadus verzehren überaus gerne die unterirdischen Sprossknollen des Zwiebelgrases (*Romulea longifolia*), die sie mit ihrem Schnabel ausgraben.

PARKER (1971a) zitierte veröffentliche Nachweise und fügte persönliche Beobachtungen hinzu, wonach die Gelbhaubenkakadus auch die Sammelfrüchte von *Pandanus* und die möglicherweise in ihnen enthaltenen Insektenlarven fressen – im Norden Australiens eine weit verbreitete Praxis dieser Vögel. In Nord-Queensland suchen die Vögel in der Trockenzeit die ausgetrockneten Sümpfe auf, um die unterirdischen Sprossknollen von *Heleocharis sphacelata* auszugraben. Nach BRAVERY (1990) konnten im Juni 1967 im Atherton-Distrikt, Nordost-Queensland, mehr als 2.000 Kakadus bei Fressen von *Eucalyptus-tereticornis*-Blüten beobachtet werden. Bei Topaz, ebenfalls auf dem Atherton Tableland, entdeckte COOPER am 22. Februar 1996 einen Trupp von etwa zehn Vögeln beim Verzehr der Samen des *Blush Alder* (*Sloanea australis*). Es war ein höchst beeindruckender Anblick, wie die Kakadus im Spiel von Licht und Schatten auf ihrem schneeweißen Gefieder inmitten der belaubten Zweige umherkletterten, um an die farbenfrohen Früchte zu gelangen (*briefl. Mittlg.* 1998). Es gibt einen Bericht, dem zu entnehmen ist, dass die Vögel auf einigen Inseln der Cumberland-Gruppe, die vor der Küste von Zentral-Queensland liegt, überwiegend von Kasuarinen-Samen leben. Im Numinbah Valley, Südost-Queensland, hat man Gelbhaubenkakadus beim Aufbrechen von getrocknetem Rinderdung beobachtet, wodurch sie an die darin enthaltenen Mais- und Gerstenkörner gelangen wollten (COBCROFT 1992). Bei Canberra sah ich Vögel beim Fressen von Weißdornbeeren (*Crataegus monogyna*). Darüber hinaus verzehrten sie sehr gerne unreife *Pinus*-Samen. Um an diese zu gelangen, rissen sie die äußeren faserigen Schichten der grünen Zapfen auf. Entlang dem Murray River zwischen Mildura, Victoria, und Renmark, South Australia, hat man Gelbhaubenkakadus zusammen mit Rosakakadus (*Eolophus roseicapilla*) beim Fressen der Samenstände von *Helipterum floribundum*, der Früchte des *Saltbush* (*Atriplex vesicaria*) und der Samen von getrockneten Melonen (*Citrullus lanatus*) beobachtet. Bei Adelaide, South Australia, sah man Vögel beim Verzehren der Samen von *Xanthorrhoea semiplana* und den Blütenständen hoch gewachsener Mariendisteln (*Silybum marianum*). In Südwest-Tasmanien fraßen die Kakadus *Blandfordia*-Knollen. Darüber hinaus gibt es einen Bericht, in dem erwähnt wird, dass sich die Vögel an der Küstenlinie von sich zersetzendem *Bull Kelp*, einer Braunalgenart (Phaeophyceae), ernähren.

In den Kröpfen von Gelbhaubenkakadus, die man bei Nowra, New South Wales, gesammelt hatte, hat man zahlreiche Samen einschließlich denen von *Sorghum vulgare*, pflanzliches Material sowie in den Mägen feine Quarzkiesel gefunden (CLELAND 1918).

Vogelbeobachter haben berichtet, dass die Gelbhaubenkakadus holzbohrende Bockkäferlarven (Cerambycidae) aus toten Bäumen holen und am Boden nach Ameiseneiern und den Eiern der gefürchteten Heuschreckenart *Chortoictes terminifera* graben.

Das Balzverhalten der Gelbhaubenkakadus ist kurz und schlicht. Das Männchen stolziert den Ast entlang auf das Weibchen zu. Es richtet die Haube auf und nickt mit dem Kopf, wiegt ihn dann seitwärts und beschreibt mit ihm eine Acht. Dabei gibt das Männchen weiche Plapperlaute von sich. Danach schließen sich unter günstigen Umständen die gegenseitige Gefiederpflege und die Kopulation an.

FORTPFLANZUNG

Der Zeitraum der Brutzeit ist variabel. Im Süden reicht sie von August bis Januar, im Norden von Mai bis September. FRITH und DAVIES (1961) wiesen Nester im Küstenvorland des Northern Territory in den Monaten Mai und Juni nach, in Arnhem Land, nördliches Northern Territory, entdeckte DEIGNAN (1964) ein Nest im Juli. Im August stieß man auf zwei Nester entlang dem Fitzroy River in der Kimberley Division von Western Australia.

Das Nest liegt in einem hohlen Ast oder Baumstamm, im Allgemeinen handelt es sich hierbei um eine lebende oder tote Eukalypte in der Nähe von Wasser. Entlang den Ufern des unteren Murray River nisten die Kakadus in Höhlen an Steilwänden. Die meisten Nester befinden sich in großer Höhe und sind unerreichbar. Die Höhlen werden oftmals viele aufeinander folgende Jahre benutzt. Im Iron Range National Park im Osten der Cape York Peninsula, Nord-Queensland, entdeckte ich bei meinem ersten Besuch in der Gegend, im November 1963 in einem gewaltigen Feigenbaum mindestens zwei Nisthöhlen, die von Gelbhaubenkakadus besetzt waren und zwei weitere mit Edelpapageien (*Eclectus roratus*). Als ich das letzte Mal die Stelle aufsuchte, im Oktober 1996, waren dieselben Höhlen von denselben Papageienarten besetzt worden. Fest verpaarte Gelbhaubenkakadus zeigen ein dauerhaftes Interesse an ihren Nisthöhlen. Sie inspizieren in regelmäßigen Abständen das ganze Jahr über den Brutplatz, schlüpfen gelegentlich ins Innere der Höhle und tragen Unrat hinaus. Bei Dry Plains in den Southern Highlands von New South Wales untersuchte ich im November 1967 ein Nest mit zwei gut befiederten Jungvögeln. Die Höhle befand sich in etwa 11 m Höhe in einem abgebrochenen Ast einer Eukalypte. Der Durchmesser der Eingangsöffnung betrug fast 21 cm, bis zum Grund weitete sich der Innendurchmesser der Höhle auf 30 cm aus. Dort saßen die Nestlinge auf einer Lage Holzstücke und verrottenden Kernholz etwa 79 cm unterhalb des Höhleneingangs. Gelbhaubenkakadus verteidigen den Zugang zum Nest und die unmittelbare Umgebung gegen andere Paare oder konkurrierende Arten, dennoch findet man in einem Baum mitunter zwei oder mehr Nester, die zur gleichen Zeit benutzt werden. Entlang dem Ufer des Macquarie River bei Dubbo im mittleren Westen von New South Wales entdeckte ich im Oktober 1982 mehrere besetzte Nester in Beständen des *River Red Gum* (*Eucalyptus camaldulensis*); es handelte sich hier um eine starke Konzentration von brütenden Paaren mit fünf oder sechs Nestern in zwei oder drei benachbarten Bäumen. Nur wenige hundert Meter davon entfernt wurden offensichtlich geeignete Nisthöhlen nicht in Anspruch genommen oder waren von Rosakakadus (*Eolophus roseicapilla*) belegt. Erst dahinter schloss sich eine weitere Gruppe von zwei oder drei benachbarter Bäume an, in der mehrere Gelbhaubenkakadus brüteten.

Die Weibchen produzieren pro Gelege zwei, seltener drei Eier. Die Nestunterlage in der Bruthöhle besteht aus kleinen Holzstücken und Mulm. Wenn man bedenkt, wie weit diese Spezies verbreitet ist, existieren verblüffend wenige Nestnachweise, die dem RAOU Nest Record Scheme gemeldet wurden; die Daten dieser Nachweise wurden in folgender Tabelle zusammengefasst:

Bundesstaat oder Region	Anzahl festgestellter Nester	Nestbaum A *Eucalyptus* B anderer C nicht bestimmt	Höhe über dem Boden	Anzahl Eier oder Nestlinge	Frühester/spätester Nachweis von Eiern	Frühester/spätester Nachweis von Nestlingen
Süd-Queensland	4	A/4	13,8 m (11,0- 18,0 m)	2/1, 3/3,	19. Septemb./ 27. September	
New South Wales	2	A/1 C/1	2 m 11 m	1/1 3/1	11. Septemb./ 15. September	
Victoria	1	A/1	3,0 m	1/1		17. Oktober

Die Brutdauer beträgt etwa 27 Tage, beide Geschlechter brüten. Die Altvögel verhalten sich in der Nähe des Brutbaums ruhig. Erscheint ein Eindringling, verlässt der brütende Vogel unauffällig und leise das Nest und beginnt erst in einigem Abstand vom Brutbaum zu rufen. Beide Eltern kümmern sich um die Aufzucht der Jungen, welche etwa zehn Wochen nach dem Schlupf ausfliegen. Sie bleiben noch eine Woche in der Nähe des Nestes, bevor sie mit ihren Eltern die Gegend verlassen und sich nachbrutzeitlichen Schwärmen anschließen.

EIER

Die Eier sind elliptisch-oval ohne Glanz. In der H. L. White Collection, Melbourne, befindet sich ein Zweiergelege von *C. g. galerita* von Nymboida, New South Wales, mit den Eimaßen 47,1 mm x 34,1 mm und 48,9 mm x 34.4 mm. Ebenfalls in der H. L. White Collection befindet sich ein Dreiergelege von *C. g. fitzroyi* vom McArthur River, Northern Territory, mit den Eimaßen 45,5 (45,0-46,0) mm x 33,0 (32,0-34,0) mm.

HALTUNG IN MENSCHENOBHUT

Der Gelbhaubenkakadu ist außerhalb Australiens ein begehrter Volierenvogel, in seiner Heimat genießt er nur als Haustier eine größere Popularität. Zu Zuchtzwecken werden die Vögel in Australien selten gehalten. Es ist nachvollziehbar, dass ein großer Teil der australischen Vogelzüchter kein Interesse hegt, einer derart häufigen und vertrauten Art einen Platz in ihren Volieren zuzuweisen, aber bestimmte Umstände könnten eine Meinungsänderung beschleunigen. Ein Überhandnehmen der Schnabel-und-Feder-Krankheit (PBFD) bei Jungvögeln, die legal der Natur entnommen wurden, hat einige Händler dazu bewogen, das Geschäft mit den Gelbhaubenkakadus zu beenden. Sollte sich dieser Trend fortsetzen, ist es vorstellbar, dass der Heimvogelmarkt gezwungen sein wird, verstärkt auf gesunde Vögel aus der Zucht zu vertrauen.

Die Beliebtheit der Gelbhaubenkakadus als Heimtiere ist verständlich; handaufgezogene Vögel sind liebenswürdig und anhänglich und werden gute „Sprecher". Sie sind außergewöhnlich intelligent, sehr neugierig, und man kann ihnen beibringen, kleine Kunststücke vorzuführen. Gelbhaubenkakadus sind allerdings auch sehr laute Vögel (vor allem am frühen Morgen) und können sehr zerstörerisch sein.

UNTERBRINGUNG UND PFLEGE

Wenn Gelbhaubenkakadus zufriedenstellend untergebracht und angemessen gepflegt werden, gedeihen die Vögel in Menschenobhut hervorragend und können ein sehr hohes Alter erreichen. Von einigen Exemplaren weiß man, dass sie älter als 80 Jahre wurden. Manche Heimvögel werden „halb wild" gehalten; bei ihnen ist entweder eine Schwinge beschnitten oder sie genießen, was weniger häufig vorkommt, völlige Bewegungsfreiheit im Freien. Die überwiegende Zahl der Gelbhaubenkakadus wird jedoch in kleinen Käfigen oder angekettet auf einem Freisitz gehalten. Ich halte beide Praktiken für nicht wünschenswert. Um die Grundbedürfnisse eines Gelbhaubenkakadus zu erfüllen, muss man den Vögeln mindestens einen geräumigen Käfig zur Verfügung stellen, in dem sie sich frei auf den Sitzästen und auf dem Boden bewegen können. Noch besser ist die Unterbringung in einer Voliere, in der die Vögel von Ast zu Ast fliegen können.

LOW (1993) berichtet, dass bei Mildura, Nordwest-Victoria, ein Zuchtpaar von David JUDD in einer Voliere gehalten wurde, die 2,4 m lang, 0,9 m breit und 2,1 m hoch war; das vollständig geschlossene Schutzhaus erstreckte sich über die Hälfte der Gesamtlänge. Ein anderes Zuchtpaar, das Ian und Rose LANGDON gehörte, war in einer Voliere untergebracht worden, die 6 m lang, 1,2 m breit und 2,4 hoch war. Auch sie war zur Hälfte völlig als Schutzhaus geschlossen. Volieren für Gelbhaubenkakadus müssen vollständig aus soliden Metallelementen gefertigt sein, da die Vögel Holzrahmen und Leichtmetallgitter durchbeißen und dünnen Maschendraht zerreißen können. Als Sitzäste eignen sich kräftige Hartholzäste, die an beiden Ende der Voliere angebracht werden sollten, damit die Kakadus gezwungen sind, kurze Strecken zu fliegen und nicht jede Distanz kletternd überwinden. Das Nagebedürfnis kann durch die regelmäßige Gabe von Laub tragenden Zweigen, bevorzugt von Eukalypten, befriedigt werden. Die Äste werden von den Vögeln schnell entlaubt und die Rinde geschält.

Jedes Jahr werden etliche Gelbhaubenkakadus in australische Zoos gegeben, überwiegend ehemalige Heimvögel, die ihren Halter überlebt haben oder verantwortlich für Streitigkeiten mit den Nachbarn waren. Diese Vögel werden normalerweise in großen Volieren zusammen mit anderen Kakaduarten, ebenfalls früheren Heimvögeln, gehalten. Erstaunlicherweise kommt es bei dieser Haltungsweise nur selten zu interspezifischen Aggressionen. Manche Paare versuchen sogar zu brüten und graben sich Erdlöcher, falls geeignete Brutstämme oder Nistkästen nicht zur Verfügung stehen. Diese Brutversuche schlagen ausnahmslos fehl. Trotz dieser Präzedenzfälle halte ich eine gemischte Gruppe mit Gelbhaubenkakadus für sehr riskant und würde auch nicht mehr als ein Paar dieser Art pro Voliere halten, da die Vögel während der Brutzeit ziemlich aggressiv werden können.

Wie bereits erwähnt, sind Gelbhaubenkakadus sehr anfällig für die Schnabel-und-Feder-Krankheit. Daher sollte man stets aufmerksam nach frühen Symptomen dieser Krankheit Ausschau halten und bei ersten Anzeichen einer Infektion einen Tierarzt aufsuchen. Wer sich einen neuen Zuchtstamm aufbauen möchte, sollte frisch ausgeflogene Jungvögel erwerben, die dann bis zum Abschluss der ersten Adultmauser in Quarantäne verbleiben. Denn es ist sehr wahrscheinlich, dass sich eine Infektion mit dem PBFD-Virus mit Problemen bei der Bildung der neuen Federn niederschlägt. Natürlich lässt sich ein zusätzlicher Schutz durch die Verlängerung der Quarantäne auf 12 bis 18 Monate erreichen.

FÜTTERUNG

Ein geeignetes Basis-Körnergemisch besteht aus gleichen Teilen Sonnenblumenkernen, Kardi, Weizen, Hafer und Mais mit kleineren Mengen von Kanariensaat und Weißer Hirse. Gelbhaubenkakadus neigen dazu, die Sonnenblumenkerne und Kardisaat auszuwählen und die übrigen Samen zu verschmähen. Der Futternapf sollte daher erst dann wieder aufgefüllt werden, wenn auch die weniger beliebten Samen verzehrt worden sind, um so eine ausgewogene Ernährung sicher zu stellen. Löwenzahnblätter, die äußeren grünen Blätter des Kopfsalats, Mangold, Erbsen oder anderes Grünfutter zusammen mit reifenden Samenständen von Gräsern sollten täglich angeboten werden, besonders während der Brutzeit. Gekeimte Sonnenblumenkerne oder Mais, Möhren, Stangensellerie, Brokkoli oder Blumenkohl, Maiskolben, Mandeln, Erdnüsse und die Kruste von trockenem Brot oder Stücke von Vollkornbiskuits sind ein ideales Zusatzfutter. Die meisten Vögel mögen sehr gerne Orangen, Kirschen, Weintrauben und Granatäpfel, manche wissen auch Trockenfutter für Hunde und gekochte Hähnchenschenkel zu schätzen, beides hervorragende Quellen tierischen Eiweißes.

ZUCHT

SINDEL wies darauf hin, dass das Einsetzen der Brutzeit durch verstärkte Aktivitäten der Vögel an der Nisthöhle gekennzeichnet ist (in SINDEL & LYNN 1989). Das Paar verbringt sehr viel Zeit mit der Balz, der gegenseitigen Gefiederpflege und dem Benagen der Eingangsöffnung zum Nest. Oft wird die Nisthöhle innen erweitert und das abgenagte Material ausgetragen. Die Eiablage findet zwischen Anfang September und Ende Dezember statt. Die zwei oder drei Eier pro Gelege werden in Abständen von zwei oder drei Tagen gelegt. JUDD stellte fest, dass die Vögel seines Brutpaares sehr liebevoll miteinander umgingen. Sie waren ständig zusammen und pflegten sich oft gegenseitig das Gefieder. Gelegentlich konnte partnerschaftliches Füttern beobachtet werden (in LOW 1993). Obwohl beide Vögel von Hand aufgezogen worden waren, verhielten sie sich während der Brutzeit sehr aggressiv. Ein anderes Paar im Besitz von Ian und Rose LANGDON war aus einer Gruppe von wild gefangenen Vögel ausgewählt worden, weil sie offenbar gut miteinander harmonierten. Der eine wich dem anderen nicht von der Seite. Die Vögel schritten im Alter von sechs Jahren zur Brut. Es dauerte jedoch ein Jahr, bis das erste befruchtete Ei im Nest lag (in LOW 1993).

SINDEL führte an, dass ein Paar in seiner Zuchtanlage in einem 1,3 m hohen, senkrecht stehenden Niststamm mit einem Durchmesser von 37 cm brütet. Die Eingangsöffnung befindet sich ganz oben am Stamm. Dieser steht auf einem zementierten Boden innerhalb des Schutzhauses der Voliere. SINDEL füllt die Nisthöhle 50 cm hoch mit einem Gemisch aus Erdreich und Holzspänen auf. Die Vögel schaffen mehr als die Hälfte dieses Materials wieder hinaus, bevor das erste Ei gelegt wird. JUDD merkte an, dass sein Paar in einem senkrecht stehenden Nistkasten von etwa 1,5 m Höhe brütete, der aus 25 mm dicken Kiefernholzplatten angefertigt wurde. Der obere Teil des Kastens wurde von den Vögeln zerstört, so dass der Kasten oben vollständig offen war. Die beiden Eier wurden auf einer Schicht von Holzmulm gelegt, nur 47 cm unterhalb der Oberkante des Kastens (in LOW 1993). Das Paar von Ian und Rose LANGDON nistete in einem Stamm von etwa 1,2 m Höhe und einem Innendurchmesser von etwa 25 cm. Der Stamm war mit einer Neigung von 45° aufgehängt worden; das Nistmaterial bestand aus einem Gemisch aus Blumenerde und grobem Sägemehl vom *Red Gum*. Der größte Teil des Nistmaterials wurde von den Vögeln wieder aus der Nisthöhle getragen, so dass die Eier fast auf den Boden des Kastens gelegt wurden (in LOW 1993).

Die Bebrütung der Eier beginnt nach der Ablage des ersten Eies; beide Geschlechter beteiligen sich am Brutgeschäft (SINDEL & LYNN 1989). Die ersten beiden Tage sitzt allein das Weibchen auf dem Nest, danach brütet das Männchen fast den gesamten Tag über. Das Weibchen löst seinen Partner in der Nacht ab. Die Brutdauer beträgt 25 bis 27 Tage, die Nestlinge werden von beiden Altvögeln gefüttert. Mit vier oder fünf Tagen können die Jungen stehen und ihren Kopf heben, mit zwei Wochen sind ihre Augen vollständig geöffnet, und die Spitzen der ersten weißen Konturfedern werden unter der Haut sichtbar. Mit drei Wochen fängt der Schnabel an, dunkler zu werden, zunächst der Oberschnabel; mit sechs Wochen sind beide Schnabelhälften bräunlich. In diesem Alter fallen bereits die gelben Scheitelfedern auf. Mit zehn Wochen sind die Jungen voll befiedert mit einer vollständig entwickelten Haube und dunkelgrauen Schnäbeln. SINDEL berichtete von Nestlingszeiten zwischen neun und zwölf Wochen. Nach dem Ausfliegen werden die Jungvögel noch mehrere Wochen von beiden Altvögeln mit Futter versorgt. Knapp drei Monate nach dem Flüggewerden sind die jungen Kakadus völlig selbständig und können von ihren Eltern getrennt werden. Mitunter ist der Züchter gezwungen, den Nachwuchs schon früher in eine eigene Voliere umzusetzen, wenn ein oder beide Altvögel sich zu aggressiv gegenüber den Jungvögeln verhalten. Sollten diese dann noch nicht selbständig sein, sind zusätzliche Futtergaben notwendig.

Sindel berichtete von einer sehr bemerkenswerten Brut eines flugunfähigen weiblichen Heimvogels und eines frei lebenden Männchens auf einem Grundstück an der Stadtperipherie von Sydney. Das Nest befand sich in einem Nistkasten für Küken in einem Hühnerstall. Die beiden Eier wurden sowohl von dem zahmen Weibchen als auch von dem frei lebenden Männchen bebrütet, das nach Belieben kam und ging. Beide Jungvögel wurden zur Selbständigkeit gebracht und schlossen sich am Ende einer lokalen Population an. Gelegentlich kehrten sie jedoch für kurze „Besuche" wieder zurück.

MISCHLINGE/FARBMUTATIONEN

Mischlinge des Gelbhaubenkakadus sind mit dem Inkakakadu (*Cacatua leadbeateri*), dem Nacktaugenkakadu (*C. sanguinea*), dem Nasenkakadu (*C. tenuirostris*) und dem Rosakakadu (*Eolophus roseicapilla*) bekannt.

Sindel berichtete von einem Lutino-Gelbhaubenkakadu, dessen Gefiederfärbung der eines normal gefärbten Vogels ähnelte, der Schnabel war hingegen blass hornfarben, die Beine waren fleischfarben und die Iris rot (in Sindel & Lynn 1989).

UNTERGATTUNG LOPHOCROA Bonaparte

Lophocroa Bonaparte, Compt. Rend. Acad. Sci. Paris, 44, 1857, S. 537. Das monotypische Typenexemplar der Gattung wurde als *Plyctolophus leadbeateri* beschrieben.

Eine mehrfarbige, nach vorn gebogene Haube ist das am deutlichsten sichtbare Merkmal des einzigen Vertreters dieser Untergattung. Es handelt sich um mittelgroße Kakadus mit breiten, gerundeten Flügeln und einem proportional kleinen hornfarbenen Schnabel. Courtney (1985) wies darauf hin, dass frisch geschlüpfte Nestlinge lediglich einige kümmerliche kurze, lederfarben-weiße Dunen besitzen, die sich entlang von zwei Rückenstreifen erstrecken. Dies steht im Kontrast zu den weitaus dichter mit Primärdunen bedeckten übrigen Arten der Gattung *Cacatua*. Aufgrund des Unterschiedes in der Dunenbefiederung und der vorwärts, nicht seitwärts ausgerichteten Bettelbewegung der Jungen wurde vermutet, dass es sich bei dieser Art möglicherweise um die am stärksten abweichende Spezies innerhalb der Gattung *Cacatua* handelt (Courtney 1996).

Die Art kommt ausschließlich auf dem australischen Festland vor.

INKAKAKADU

Cacatua leadbeateri (Vigors)

Plyctolophus Leadbeateri Vigors, Proc. Comm. Sci. zool. Soc. Lond., 1831, S. 61 (New South Wales = Macquarie River, im Zentrum von New South Wales, nach Schodde, Bull. Brit. Orn. Club, 113, 1993, S. 46)

WEITERE NAMEN

E: Major Mitchell's Cockatoo, Pink Cockatoo, Leadbeater's Cockatoo, Desert Cockatoo, Wee Juggler, Cocklerina Chockalott; F: Cacatoès de Leadbeater; NL: Inkakaketoe.

Gesamtlänge 35 cm

BESCHREIBUNG

ADULTES MÄNNCHEN
Mit rosarotem Stirnband, auf den Zügeln blasser lachsfarben-rosa; Scheitel und die verlängerten Stirnfedern der schmalen, nach vorn gebogenen Haube weiß, ihre Federbasen sind lachsfarben-rosa überlaufen; die übrigen verlängerten Haubenfedern sind scharlachrot mit einem schmalen gelben Band und einer breiten weißen Spitze; Kopf und Körperunterseite einschließlich der großen Unterflügeldecken und inneren kleinen Unterflügeldecken rosa-lachsfarben, zu den äußeren kleinen Unterflügeldecken hin weiß, ebenso am Unterbauch bis zu den Unterschwanzdecken; Körperoberseite und die inneren Steuerfedern weiß; Schwungfedern und äußere Steuerfedern weiß, zur Basis hin sowie auf der Unterseite der Innenfahnen lachsfarben-rosa; Schnabel hornfarben; Iris tief dunkelbraun; Läufe grau; Körpermasse 338-425 g.

18 Exemplare:	Flügel 255-280 (271,6) mm	Schwanz 136-155 (145,3) mm
	Oberschnabel 29-32 (30,4) mm	Lauf 23-25 (24,0) mm

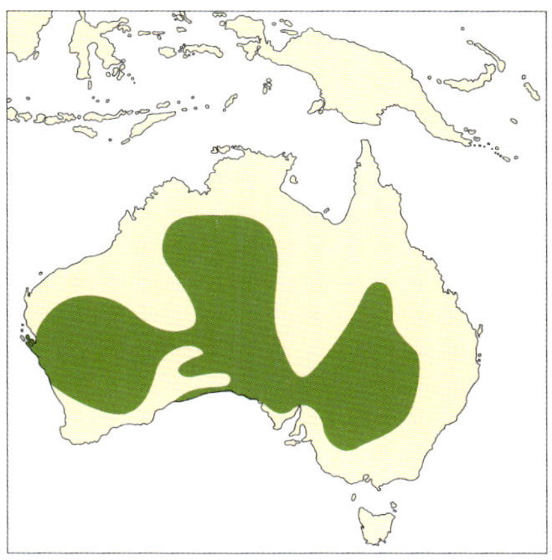

ADULTES WEIBCHEN
Wie das Männchen, aber blasser lachsfarben-rosa auf Kopf und Körperunterseite; das gelbe Band der Haube ist breiter und ausgeprägter; Oberbauch weiß anstelle von lachsfarben-rosa; Iris blassrosarot; Körpermasse 365-415 g.

12 Exemplare:	Flügel 257-280 (268,0) mm	Schwanz 137-152 (147,8) mm
	Oberschnabel 28-32 (30,2) mm	Lauf 23-26 (24,3) mm

JUVENILE
Kopf und Körperunterseite sind erheblich blasser lachsfarben-rosa gefärbt als bei den Adulten, etwas leuchtender bei den Männchen; Stirnband matter rötlich-orange; Iris blassbraun.

VERBREITUNG

Inkakakadus sind im ariden und semiariden Landesinneren von Australien verbreitet (mit Ausnahmen des Nordostens).

UNTERARTEN

Ich folge Schodde (1997) in seiner Einschätzung, dass es zwei Unterarten gibt, möchte jedoch betonen, dass ihre Unterscheidung zu einem gewissen Grad von der auffälligen Variabilität der westlichen Populationen unterlaufen wird. Vögel aus den Landesinneren im südöstlichen Australien besitzen durchweg eine leuchtend scharlachrote Haube mit einem auffälligen gelben Querband. Hierbei handelt es sich um das charakteristische Merkmal der

Nominatform *Cacatua l. leadbeateri*. Im Gegensatz dazu ist die Haubenfärbung der Populationen im zentralen und westlichen Inland Australiens merklich variabler. Das Rot der Haubenfedern ist dunkler, das gelbe Band ist weniger auffällig oder fehlt ganz. Die Untersuchung der Bälge des British Museum of Natural History weist darauf hin, dass die Vögel aus South Australia aufgrund ihrer geringeren Körpergröße und des schmaleren gelben Querbandes in der Haube eine separate Gruppe bilden. Bei zwei Exemplaren von Warburton (im Osten von Western Australia) ist das gelbe Band sogar noch schmaler (in HALL 1974). Signifikante Größenunterschiede konnte ich bei den Exemplaren von South Australia nicht feststellen, wohl aber die Abnahme von Gelb im Haubenband der im Westen vorkommenden Vögel. Inkakakadus aus dem Südwesten Australiens besitzen dunkler rote Hauben mit wenig oder gar keinem Gelb. Ihr Kopf- und oberes Brustgefieder tendiert darüber hinaus zu einem tieferen orangerosafarbenen Ton. Diese Unterschiede sind weniger konstant bei den verfügbaren Exemplaren aus dem Zentrum Australiens und dem Westen von South Australia, welche daher der Nominatform *leadbeateri* näher stehen.

1. *Cacatua leadbeateri leadbeateri* (Vigors)

Das Verbreitungsgebiet der Nominatform (Beschreibung siehe oben) beschränkt sich auf das Inland im Südosten Australiens von Südwest-Queensland und dem Westen von New South Wales bis Nordwest-Victoria und dem mittleren Osten von South Australia.

In Südwest-Queensland reicht das Verbreitungsgebiet im Westen bis fast nach Birdsville, im Norden bis zu den Mittelläufen des Thompson River und seinen Nebenflüssen, bis zur Spring Plains Station und zum Lochern National Park sowie zum Oberlauf des Barcoo River um Isisford. Im Osten kommen die Vögel gewöhnlich bis Roma und St. George vor, gelegentlich jedoch auch bis Goondiwindi und den westlichen Ausläufern der Darling Downs. Die Nominatform ist in den meisten Gebieten im Westen von New South Wales verbreitet, sie meidet jedoch die für sie ungeeigneten Lebensräume auf den Hay Plains. Ostwärts reicht die Verbreitung bis etwa Lightning Ridge, dem Unterlauf des Bogan River und des Macquarie River, bis West Wyalong sowie in ein Gebiet von Griffith bis Wanganella in der westlichen Riverina-Region (MORRIS *et al.* 1981, SCHODDE 1997). Vom Südwesten von New South Wales und dem Nordwesten von Victoria setzt sich das Verbreitungsgebiet südwärts bis etwa zu den Kerang- und Hopetoun-Distrikten fort, im Westen reicht es bis in den mittleren Osten von South Australia südwärts bis etwa Tailem Bend und nordwärts bis zu den östlichen Ausläufern der südlichen Flinders Ranges, gelegentlich auch bis zu den nördlichen Flinders Ranges (EMISON *et al.* 1987, SCHODDE 1997).

2. *Cacatua leadbeateri mollis* (Mathews)

Cacatoes leadbeateri mollis Mathews, Novit. zool., 18, 1912, S. 265 (Western Australia; der Typus soll von Carnamah, Südwest-Australien, stammen).

ADULTES MÄNNCHEN

Wie die Nominatform, das Rot der Haubenfedern ist jedoch dunkler, gelbes Querband schmaler oder fehlend; Körpermasse 370-400 g.

12 Exemplare:	Flügel 245-271 (258,7) mm	Schwanz 130-145 (137,7) mm
	Oberschnabel 28-33 (30,6) mm	Lauf 23-25 (24,4) mm

ADULTES WEIBCHEN

Wie die Nominatform, das Rot der Haubenfedern ist jedoch dunkler, das schmale gelbe Querband zeichnet sich nur sehr undeutlich ab; Körpermasse 360-390 g.

16 Exemplare:	Flügel 250-271(261,0) mm	Schwanz 132-150 (141,4) mm
	Oberschnabel 28-32 (29,9) mm	Lauf 23-26 (24,3) mm

Diese nur wenig abgegrenzte Unterart kommt fast in dem gesamten westlichen und zentralen Landesinneren von Australien ostwärts bis zur Eyre Peninsula und zum Lake-Eyre-Becken, South Australia, vor.

In Western Australia ist die Unterart zwar weit verbreitet, tritt aber nur sporadisch auf. Das Verbreitungsgebiet reicht normalerweise von der südlichen Kimberley Division bis in ein Gebiet nördlich der Dampier Downs Station und den Gardiner Ranges sowie im Süden entlang den östlichen Ausläufern der Gibson Desert und der Pilbara-Region bis zu den Cavenagh-Warburton-Ranges im Osten und bis zum Gascoyne-River-Distrikt im Westen, darüber hinaus weiter südlich bis zum Nordrand der Nullarbor Plain und über den südwestlichen Weizengürtel hinaus bis zu einer Linie von Coorow und Wubin bis Mukinbuddin und

Southern Cross (ROWLEY & CHAPMAN 1991, SCHODDE 1997). STORR (1987) wies darauf hin, dass die einzige Population im Südosten südlich der Transcontinental Railway entlang der Küste und der angrenzenden Hochebene von einem Gebiet etwa 16 km westlich von Cocklebiddy ostwärts bis in die Nähe von Eucla vorkommt.

In South Australia reicht das Verbreitungsgebiet von der Grenze zu Western Australia nördlich der Nullarbor Plain und der Südwestküste entlang dem südöstlichen Ausläufer der Nullarbor Plain ostwärts bis zum Zentrum der Eyre Peninsula; gelegentlich dringen die Vögel sogar bis zur Küste bei Port Augusta, den westlichen Ausläufern des Lake-Eyre-Beckens und bis zur Simpson Desert sowie im Norden bis zu den inneraustralischen Bergketten im Süden des Northern Territory vor (BLAKERS *et al.* 1984, SCHODDE 1997). Im Northern Territory kommt die Unterart im Nordwesten vor, überwiegend südlich des 17. südlichen Breitengrades, sowie am Oberlauf des Victoria River und in der Tanami Desert. Im Süden reicht das Verbreitungsgebiet bis zu den inneraustralischen Bergketten, ostwärts bis nach Davenport und den Jervois Ranges, selten auch bis zu den westlichen Ausläufern der Simpson Desert (STORR 1977, BLAKERS *et al.* 1984).

ALLGEMEINES

Der Inkakakadu wird weithin als der schönste aller Kakadus und als einer der schönsten Papageien bezeichnet. Einer der Ersten, der mit bewundernden Worten die Schönheit des Inkakakadus beschrieb, war der Entdecker Sir Thomas MITCHELL, nach dem die Art im Englischen benannt wurde. Es ist verständlich, dass MITCHELL, während er unter rauen Bedingungen in einer unerforschten ariden Landschaft reiste oder arbeitete, von dieser Vogelart beeindruckt war. Er schrieb: „Inkakakadus beleben wie nur wenige andere Vögel die Eintönigkeit der australischen Wälder. Mit ihren rosafarbenen Schwingen und der leuchtenden Federhaube hätten sie jedoch auch die Lüfte einer weitaus reizvolleren Region verschönern können".

Diese aufsehenerregenden Kakadus zu beobachten, ist eine aufregende Erfahrung, nach der ich jedes Mal suche, wenn ich mich in einem Gebiet aufhalte, in denen die Inkakakadus vorkommen. Es gibt einige geschützte Areale, die weithin als Orte bekannt wurden, an denen man diese Vogelart im Freiland sehen kann. Zwei dieser Plätze sind der Wyperfeld National Park und der Hattah-Kulkyne National Park in Nordwest-Victoria. Im letztgenannten Park wurde ich mit den Inkakakadus recht vertraut. Darüber hinaus existiert ein sesshafter Schwarm am Eyre Bird Observatory südlich von Cocklebiddy im Südosten von South Australia.

HABITATE

Inkakakadus bewohnen eine Vielzahl baumbestandener Lebensräume in den semiariden und ariden Zonen, stehen jedoch besonders eng mit dem offenen Mallee, *Callitris-Eucalyptus*-Wäldern und gemischten *Allocasuarina-Eucalyptus*-Beständen auf oder um felsigem Zutageliegendem in Verbindung. Darüber hinaus kommen die Vögel häufig in Akazienbuschland, Grasland mit spärlichem Baumbewuchs und Eukalypten-Beständen vor, die Getreidefelder umschließen oder Wasserläufe säumen. In Wüsten oder Halbwüsten ist die örtliche Verfügbarkeit von Süßwasser oftmals der begrenzende Faktor für das Vorkommen.

In Südwest-Queensland kommen Inkakakadus häufig auf Ebenen mit spärlichem Baumbewuchs vor, während sie im Westen von New South Wales überwiegend in Baumsavannen, Busch- und Grasland zu finden sind (STORR 1984b, MORRIS *et al.* 1981). EMMOTT wies darauf hin, dass es bei Noonbah Station an der Nordgrenze des Verbreitungsgebietes in Südwest-Queensland eine deutliche Unterscheidung der bevorzugten Habitate des Inkakakadus, der weitaus häufiger in den trockenen Gebieten zu sehen ist, und des Nacktaugenkakadus (*Cacatua sanguinea*) gibt, welcher entlang den Wasserläufen vorkommt (*pers. Mittlg.* an COOPER 1998). Ich bin an verschiedenen Orten im Westen von New South Wales auf Inkakakadus gestoßen, gewöhnlich in hoch gewachsenem, offenem Mallee oder *Callitris*-Savannen, besonders in der Nähe von Wasserläufen und gestauten Seen. Bei einer Gelegenheit entdeckte ich jedoch einen kleinen Trupp im äußersten Nordwesten in einer offenen *Atriplex*-Salzbuschebene; für diese Kakadus, welche sich nur selten weit von ihren baumbestandenen Habitaten entfernen, ein ungewöhnlicher Nachweis. In Nordwest-Victoria kommen die Vögel vorwiegend in *Callitris-Casuarina*- oder *Eucalyptus-Allocasuarina*-Baumsavannen und dem angrenzenden Mallee-Buschland vor, vor allem dort, wo *Eucalyptus gracilis* und *E. dumosa* das Vegetationsbild beherrschen. Gelegentlich suchen die Kakadus die Anbauflächen in der näheren Umgebung auf, auf denen noch Reste der ursprünglichen Baumsavanne oder Mallee-Vegetation zu finden sind. Nur selten wagen es die Vögel, auf die weiten Flächen mit krüppelwüchsiger Mallee-Heide vorzudringen (EMISON *et al.* 1987). Meine Beobachtungen im Hattah-Kulkyne National Park, Nordwest-Victoria, bestätigten die erwähnten Habitatpräferenzen, denn die Inkakakadu-Nachweise stammten überwiegend aus hoch gewachsenem offenen Mallee in der Nähe von Salzseen oder angrenzenden Weizenfeldern sowie aus den Resten der *Callitris*-Baumbestände mit anschließender Eukalyptus-Savanne. Auch in South Australia konnte ich Inkakakadus in einer Vielzahl von baumbestandenen Habitaten beobachten, einschließlich in Beständen von *River Red Gum* (*Eucalyptus camaldulensis*), welche das Ufer saisonaler Wasserläufe säumten, meist jedoch in hoch gewachsenem offenen Mallee, oftmals in der Nähe oder in direkter Nachbarschaft zu Farmland.

Laut Storr (1977) suchen die Inkakakadus im Northern Territory häufig die spärlich bewachsenen Ebenen mit großen Eukalyptus- und Akazienbäumen auf, gewöhnlich in der Nähe von Wasserläufen oder künstlichen Wasserstellen. Gelegentlich sieht man die Vögel auch auf Sandflächen oder in sandigen Hügellandschaften. Badman (1979) erinnerte sich an ein Paar, dss er in Beständen des *River Red Gum* entlang dem Finke River im Süden des Northern Territory gesehen hat. Laut Storr (1980) bewohnen die Inkakakadus in der Kimberley Division von Western Australia Landschaften mit schwachem Baumbewuchs und sind vor allem dort zu finden, wo *Brachychiton*, ein von den Vögeln bevorzugter Futterbaum, wächst. Entsprechend findet man die Kakadus im ariden Osten von Western Australia im Tiefland mit spärlicher Vegetation und vereinzelten hohen Bäumen, unter denen die *Bloodwoods* (*Eucalyptus dichromophloia*) und die *Marble Gums* (*E. gongylocarpa*) besonders hervorstechen, und überall dort, wo Wasser an die Oberfläche tritt, einschließlich künstlicher Wasserstellen oder im Bereich von Windmühlen, die Grundwasser an die Oberfläche pumpen (Storr 1985b, 1986). Im äußersten Südosten von Western Australia, südlich der Transcontinental Railway, suchen die Vögel häufig offene Landschaften oder Gebiete mit geringem Baumbewuchs auf, einschließlich der Strände und anschließenden Sanddünen, sofern sich dort Süßwasserquellen befinden (Storr 1987). 1965 sah man südlich von Cocklebiddy im äußersten Südosten von Western Australia einen großen Schwarm Inkakakadus im Eukalyptus-Buschland zwischen den Steilhängen und küstennahen Sanddünen (in Hall 1974). Laut Storr (1991) bewohnen die Vögel im Südwesten von Western Australia die Landschaften mit spärlichem Baumbewuchs einschließlich Farmland, wo Trinkwasserquellen und geeignete Brutbäume verfügbar sind. Rowley und Chapman (1991) beschrieben eine Beobachtungsfläche von 400 km^2 rund um Yandegin Hill am Rand des südwestlichen Weizengürtels als eine sanft geschwungene Erosionsebene, die gelegentlich von großem zutageliegenden Granit unterbrochen wird. In unregelmäßigen Abständen stößt man auf Reste von Waldland, besonders am Fuße der Granitfelsen, im Umfeld der Farmgebäude und entlang den Straßen. Darüber hinaus existieren auch in vier Schutzgebieten größere Bestände hoch gewachsener Bäume.

LOKALE POPULATIONSDICHTEN

Im auffälligen Gegensatz zu den Rosakakadus (*Eolophus roseicapilla*) und den Nacktaugenkakadus (*Cacatua sanguinea*) haben die Inkakakadus nicht von den Eingriffen des Menschen in den ariden und semiariden Landstrichen profitiert. Aus vielen Distrikten ist die Art verschwunden, oder die Bestände gingen zurück, als die Rosakakadus einwanderten beziehungsweise ihre Zahl aufgrund der geänderten Landnutzungspraktiken stieg. Inkakakadus scheinen von baumbestandenen Lebensräumen abhängiger zu sein als ihre Verwandten und ziehen sich aus flurbereinigten Gebieten zurück. Weil Inkakakadu-Paare nicht wie andere Kakadus in unmittelbarer Nähe zueinander brüten, kann eine Brutpopulation in einem zerschnittenen Lebensraum mit kleinflächigen zerstreuten Waldinseln inmitten von landwirtschaftlichen Anbauflächen und Weideland nicht bestehen (Saunders *et al.* 1985). Es gibt sporadische Hinweise, die vermuten lassen, dass die Individuenzahlen lokaler Bestände in Südwest-Queensland steigen und die Vögel sich einige neue Gebiete als Brutgebiete erschlossen haben. Andernorts scheint die Art unter einem allgemeinen Rückgang der Individuenzahlen zu leiden, vor allem im Südosten und Südwesten Australiens, zweifellos infolge der Eingriffe in ihren Lebensraum. Anfangs waren auch die Inkakakadus Nutznießer der Ausbreitung der Weidewirtschaft, da mit ihr die Zahl der künstlichen Wasserstellen stieg. Dieser Vorteil wurde jedoch schon vor langer Zeit durch die schädlichen Auswirkungen der weitflächigen Zerstörung der Mallee-Vegetation und des ariden Buschlands überlagert. Darüber hinaus wirkten sich zwei weitere Faktoren nachteilig auf die Populationen der Inkakakadus aus oder löschten sie örtlich sogar aus: die Wilderei und die illegale Entnahme von Eiern und Jungtieren aus den Nestern. Dabei wurden oftmals auch die Brutplätze zerstört.

1 Inkakakadu
Cacatua leadbeateri leadbeateri
ANWC 38235 adult, Männchen
Mount Hope, New South Wales
April 1984

2 Inkakakadu
Cacatua leadbeateri leadbeateri
ANWC 37092 adult, Weibchen
17 km westlich von Nyngan,
New South Wales
July 1977

Inkakakadus sind heute in weiten Teilen ihres Verbreitungsgebiets wenig häufig bis selten. Storr (1984b) bescheinigte den Vögeln für Südwest-Queensland einen mäßig häufigen bis seltenen Status; am zahlreichsten sind die Vögel im Gebiet der Unterläufe des Warrego River und des Paroo River und ihrer Nebenflüsse. Ein alteingessener Bewohner des St.-George-Distrikt, John Beardmore, berichtete mir, dass die ersten Vögel dort Ende der 30er Jahre des vorigen Jahrhunderts erschienen. Ihre Zahl wuchs an, so dass etwa 30 Jahre später häufig große Winterschwärme beobachtet werden konnten (*briefl. Mittlg.* 1979).

W.T. COOPER
© 2002

Im Westen von New South Wales gelten die Inkakakadus als mäßig häufig (MORRIS *et al.* 1981). Meine Erfahrungen legen jedoch die Vermutung nahe, dass diese allgemeine Einschätzung der Populationsdichte nicht die örtlich sehr unterschiedlichen Bestandsdichten widerspiegelt. In einigen Distrikten sind die Vögel noch recht häufig, andernorts wiederum ist ihre Zahl zum Teil dramatisch rückläufig. Aus manchen Gegenden, in denen die Art einst nicht selten war, ist sie heute völlig verschwunden. Generell hatte ich den Eindruck, dass die Vögel im Süden und Osten des Darling River öfter vorkämen. Im Cobar-Distrikt im mittleren Westen von New South Wales, wo SCHMIDT (1978) die Inkakakadus als mäßig häufig beschrieb, ist die Art örtlich in geeigneten Lebensräumen noch recht häufig. Im Gegensatz dazu ist die Individuenzahl im Südwesten, von dem HOBBS (1961) berichtete, dass dort die Inkakakadus noch relativ häufig anzutreffen seien, offenbar rückläufig. MCALLAN und BRUCE (1988) vermuteten, dass die isolierte Population zwischen Moulamein, Boorooban und Wanganella ebenfalls infolge der Flurbereinigung westlich und südlich von Moulamein schrumpft. Obwohl die Inkakakadus in Nationalparks und Reservaten vorkommen, hat die Vernichtung des Mallee-Buschlands und der trockenen Baumsavannen anderorts im Nordwesten von Victoria sowohl das Verbreitungsgebiet als auch die lokalen Bestandsdichten verringert (EMISON *et al.* 1987). Zwischen Januar 1973 und Juni 1986 wurde bei der Zusammenstellung der „Atlas"-Daten eine Nachweisrate innerhalb des Verbreitungsgebietes von Nordwest-Victoria von 28 Prozent erreicht. Ich vermute, dass Eierschmuggel im großen Stil, wie er fast ein Jahrzehnt lang betrieben wurde, für den spürbaren Rückgang der lokalen Fortpflanzungsrate verantwortlich zu machen ist, was ich in den 80er Jahren während meiner Feldstudien im Hattah-Kulkyne National Park in Nordwest-Victoria feststellen konnte. In den letzten Jahren schienen die Individuenzahlen im Park wieder leicht anzusteigen.

South Australia ist wahrscheinlich die „Hochburg" dieser Art, und in einigen Gebieten des Bundesstaates konnte der Rückgang der Individuenzahlen offenbar aufgehalten werden. BOEHM (1961) behauptete, dass die Populationen in den südlichen Distrikten seit Ankunft der europäischen Siedler geschrumpft seien, und ich bin sicher, dass diese Vermutung stimmt. Darüber hinaus ist es beachtenswert, das Genehmigungen, Inkakakadus für den Handel mit lebenden Vögeln aus der Natur zu entnehmen, bis in die späten 50er Jahre des vorigen Jahrhunderts erteilt worden sind: 1957/58 waren es 22 Genehmigungen für den Fang von 560 Vögeln sowie 1958/59 für 899 Vögel (BERULDSON 1960, CONDON 1968). Ich bin in South Australia häufiger als in jedem anderem Bundesstaat auf Inkakakadus gestoßen und sah dort allgemein größere Schwärme. Laut STORR (1977) sind sie im Northern Territory örtlich häufig. CHINNER (1977) behauptete, dass im Zentrum Australiens die Zahl der Vögel offensichtlich steige und man des Öfteren auf Schwärme mit bis zu 25 Vögeln stoße. Inkakakadus sind in der südlichen Kimberley Division von Western Australia häufig und örtlich zerstreut, wenig häufig bis selten in den ariden östlichen Gebieten des Bundesstaates (STORR 1980, 1985b, 1986). Im äußersten Südosten südlich der Transcontinental Railway gibt es eine recht große Population, und 1965 wurde südlich von Cocklebiddy ein Schwarm von 300 Exemplaren gesichtet (in HALL 1974). STORR (1991) merkte an, dass die Art im Südwesten von Western Australia örtlich noch mäßig häufig sei, vor allem in den nördlichen Arealen, generell jedoch eher selten und zerstreut verbreitet ist. SAUNDERS und INGRAM (1995) wiesen darauf hin, dass das Verbreitungsgebiet im südwestlichen Weizengürtel schrumpfe und die Vögel aus manchen Distrikten schon verschwunden seien, in denen sie früher noch gebrütet haben. Als Hauptursache für diesen Rückgang gilt die weitflächige Vernichtung der ursprünglichen Vegetation gemeinsam mit der Wilderei. ROWLEY und CHAPMAN (1991) erläuterten, dass sie ihr Untersuchungsgebiet bei Yandegin Hill an der Peripherie des Weizengürtels ausgewählt hatten, weil es den Anschein hatte, dass die Kakadus dort zahlreicher waren als anderswo in Western Australia.

In allen Bundesstaaten sind die Inkakakadus vollständig gesetzlich geschützt.

VERHALTEN

Viel von dem, was wir heute von den Verhaltensweisen des Inkakakadus wissen, stammt von den eingehenden Feldstudien aus der Umgebung von Yandegin Hill an der Peripherie des Weizengürtels im Südwesten von Western Australia. Ich weiß jedoch nicht, ob diese Erkenntnisse durch Untersuchungen in anderen Regionen des Verbreitungsgebietes des Inkakakadus bestätigt worden sind (siehe ROWLEY & CHAPMAN 1991). Bei Yandegin Hill ist die Grundeinheit der sozialen Organisation das Paar, eine monogame Verbindung zweier Vögel, die bis zum Tod eines der Partner andauert. Soziale Bindungen werden jedoch auch zu anderen Mitgliedern der örtlich brütenden und nicht brütenden Gemeinschaft aufrecht gehalten. Im Verlauf der sechsjährigen Studie gab es nur einen dokumentierten „Scheidungsfall", der zudem noch durch die Gegenwart eines weiblichen Rosakakadus (*Eolophus roseicapilla*) kompliziert wurde. Insgesamt stellte man während des Zeitraums der Studie eine Paarüberlebensrate von 72 Prozent fest. Die Brutpaare nisten nicht in unmittelbarer

Nähe zueinander, begeben sich im Laufe der Brutzeit jedoch in Sozialverbänden auf Nahrungssuche. Dabei ignorieren sie manchmal Futterplätze in der Nähe und fliegen stattdessen mehrere Kilometer weit, um sich mit anderen Vögeln zusammenzuschließen. Außerhalb der Brutzeit stößt man gewöhnlich auf Schwärme von 10 bis 50 Kakadus, die weitflächig umherziehen. ROWLEY und CHAPMAN berichteten, dass es bei Yandegin Hill Ende März, nachdem die Jungen selbständig geworden waren, zwei getrennte Schwärme gab; der erste wurde von Brutpaaren gebildet, der zweite vom Nachwuchs der zurückliegenden drei Jahre. Der Jungvogelschwarm schien etwas beweglicher zu sein, wohingegen die Brutpaare es bevorzugten, Jahr für Jahr dieselben Futterplätze aufzusuchen. Die Trennung der beiden Schwärme war jedoch nicht strikt, denn im Laufe des Winters wechselten manche Individuen den Schwarm, und Brutpaare schlossen sich hin und wieder einem Schwarm an, der in dem selben Gebiet nach Nahrung suchte. In Dürrezeiten oder wenn sich ergiebige Futterquellen besonders stark auf bestimmte Areale beschränken, können sich viele Schwärme gelegentlich zu großen Ansammlungen vereinigen. Im Juli 1965 wurde bei Cocklebiddy im Südosten von Western Australia ein Schwarm von 300 Inkakakadus entdeckt, Ende Januar 1978 konnte nach zwei von starker Trockenheit geprägten Jahren bei einem Stausee in der Nähe von Mildura, Nordwest-Victoria, ein Schwarm mit 300 Vögeln beobachtet werden (in HALL 1974; *Bird Observer, Nr. 562, September 1978*). KLAPSTE (1979) berichtete von einer großen Zahl Inkakakadus und Rosakakadus (*Eolophus roseicapilla*), die am 15. Juli 1978 in der Nähe des Pink Lakes State Park, Nordwest-Victoria, beim Fressen von *Paddy Melons* (*Cucumis myriocarpus*) beobachtet worden waren. Es wurden insgesamt 530 Inkakakadus gezählt – der offensichtlich größte bestätigte Schwarm dieser Vogelart, obgleich es noch Hinweise auf Schwärme mit einer höher geschätzten Individuenzahl gibt. Ungewöhnlich große Schwärme mit mehr als 40 Exemplaren wurden 1997 in New South Wales beim Trinken an gestauten Seen in der Nähe von Roto (im mittleren Westen des Bundesstaates) entdeckt, sowie ein weiterer Schwarm mit 50 Inkakakadus im Mungo National Park im äußersten Südwesten (in MORRIS 2000).

Während der Brutzeit kehren die Paare jeden Abend zu ihrem Schlafplatz oder in unmittelbare Nähe ihrer Bruthöhle zurück, während Nichtbrüter dazu neigen, gemeinsam in einer Baumgruppe zu nächtigen, die nicht von Brutpaaren als Nistplatz genutzt wird und sich sowohl in der Nähe von Wasserstellen als auch von aktuellen Futterplätzen befindet (ROWLEY & CHAPMAN 1991). Außerhalb der Brutzeit verbringen sämtliche Vögel die Nacht auf gemeinsamen Schlafbäumen in der Nähe der Futterplätze. Die Wetterbedingungen und die lokale Verfügbarkeit von Futter können die täglichen Aktivitäten der Vögel beeinflussen. Kurz nach Sonnenaufgang verlassen die Kakadus die Schlafbäume, danach verbringen die Vögel die nächsten Stunden mit Fressen, bevor sie sich zur Mittagsruhe zurückziehen. Vor der mittäglichen Hitze suchen sie Schutz im Blätterwerk der Bäume. Verpaarte Vögel sitzen oftmals dicht beieinander, ihre Körper berühren sich während der gegenseitigen Körperpflege. Unverpaarte Vögel pflegen ihr Federkleid selbst und halten gewöhnlich 20-30 cm Abstand zu ihren Nachbarn. Während der Mittagsruhe widmen sich die Vögel manchmal spielerischen Aktivitäten. Sie lassen sich kopfüber vom Ast hängen oder unternehmen aufs Geratewohl schnelle Flüge durch die Zweige der Bäume oder zwischen den Bäumen hindurch. Dieses Verhalten ist jedoch weitaus weniger häufig als bei den Rosakakadus (*Eolophus roseicapilla*). Im Laufe des Sommers verbringen die Inkakakadus aufgrund der steigenden Temperaturen immer weniger Zeit mit Fressen; die Ruhephasen tagsüber werden entsprechend immer ausgedehnter. Auch bei den Zeitpunkten oder der Häufigkeit der Besuche an den Wasserstellen kann es Änderungen geben. Im Hattah-Kulkyne National Park, Nordwest-Victoria, habe ich an heißen Spätsommertagen beobachten können, dass die Inkakakadus kurz vor Sonnenaufgang die Wasserstellen zum Trinken aufschten und im Laufe des Tages mehrmals wiederkehrten.

Inkakakadus sind normalerweise sehr wachsame Vögel und gestatten einem Beobachter nicht, sich auf kurze Distanz zu nähern. Wenn sie aufgeschreckt werden, fliegen sie selten weite Strecken, sondern lassen sich kurz nach dem Auffliegen schon wieder auf dem Boden nieder. Nur ungern verlassen sie den Schutz der Bäume und Sträucher. Auch wenn sie auf Stoppelfeldern nach Nahrung suchen, entfernen sie sich nicht weit von der angrenzenden Vegetation. ROWLEY und CHAPMAN wiesen darauf hin, dass die Läufe der Inkakakadus zu kurz sind, um damit schnell über den Boden zu laufen. Aus demselben Grund meiden die Vögel hohes Gras. Während der Schwarm auf dem Boden Samen aufnimmt, bleibt mindestens ein Vogel die gesamte Zeit über wachsam. Er hält häufig inne und richtet sich auf, oft mit leicht angehobener Haube – als deutlich sichtbares Signal dient die voll aufgerichtete mehrfarbige Haube als Begrüßung zwischen Partnern, zur Verdeutlichung des Besitzanspruches auf eine Nisthöhle oder um eine aggressive Stimmung auszudrücken (ROWLEY & CHAPMAN 1991). Darüber hinaus wird die Haube normalerweise immer dann aufgestellt, wenn der Vogel beunruhigt oder soeben auf dem Boden gelandet ist. Das Baden in stehenden Gewässern wurde bisher noch nicht beobachtet, während Regenschauern hängen die Vögel mit aufgerichteter Haube kopfüber an den Zweigen, breiten ihre Flügel aus und fächern ihre Steuerfedern. Am späten Nachmittag setzen die Vögel ihre Nahrungsaufnahme fort, zur Dämmerung fliegen sie zu ihren Schlafplätzen zurück. Inkakakadus haben wie andere Kakaduarten die Angewohnheit, Blätter von den Ästen zu zupfen und die Rinde der Bäume zu schälen, auf denen sie ihre Nachtruhe verbringen. Dabei sind sie aber weniger zerstörerisch als die Rosakakadus (*Eolophus roseicapilla*) oder Nacktaugenkakadus (*Cacatua sanguinea*).

WANDERUNGEN

Auch in Distrikten mit verlässlichem Vorkommen von Futter und Wasser wandern die Schwärme lokal über eine weite Fläche. Bei Yandegin Hill an der Peripherie des Weizengürtels im Südwesten von Western Australia zeigte sich, dass die nicht brütenden Schwärme auf einer Fläche von etwa 300 km^2 umherziehen (Rowley & Chapman 1991). In ariden und semiariden Regionen scheint die nomadische Lebensweise dieser Kakadus noch etwas ausgeprägter zu sein. Die Wanderbewegungen und die Schwankungen in der Schwarmgröße werden von der Verfügbarkeit von Futter und Wasser bestimmt.

Chandler (1944) berichtete, dass 1944 während einer Dürreperiode im Zentrum des Kontinents Hunderte dieser Kakadus im Mildura-Distrikt in Nordwest-Victoria einfielen. Bei einem ähnlich plötzlichen Eindringen 1967 hatten die Farmer in der Nähe von Renmark (im Osten von South Australia) Schäden bei der Weizenernte zu beklagen. Die Inkakakadus gelten zwar generell als selten, können jedoch manchmal in großer Zahl in einem Gebiet auftauchen. Die einfallenden Vögel stammten zweifellos aus einem riesigen Areal, in dem Futter und Wasser knapp geworden war. Es handelte sich nicht um einen spektakulären Anstieg der lokalen Bestandsdichte.

Kleine Trupps werden gelegentlich deutlich außerhalb des „normalen" Verbreitungsgebietes des Inkakakadus entdeckt. Cheney (1915) beobachtete die Vögel 1912 und erneut 1913 bei Wangaratta, Nordost-Victoria. 1958 suchten einige Kakadus den You-Yangs- und den Geelong-Distrikt in Süd-Victoria auf, und ein Brutversuch wurde registriert. Im Mai 1962 wurde bei Warra in den Darling Downs in Südost-Queensland ein kleiner Schwarm Inkakakadus gemeinsam mit Gelbhaubenkakadus (*Cacatua galerita*) gesichtet (Nielsen 1969).

FLUG

Inkakakadus sind keine kraftvollen Flieger. Zu ihrem ziemlich bedächtigen Flugbild zählen flache, flatternde Flügelschläge, unterbrochen von kurzen Gleitphasen mit leicht abwärts gebogenen Schwingen. Inkakakadus fliegen selten in großer Höhe und bevorzugen, selbst wenn sie längere Strecken zurücklegen wollen, eine Reihe von kurzen Flügen in geringer Höhe von einer Baumgruppe zur nächsten. Rowley und Chapman (1991) stellten die Vermutung an, dass die Vermeidung von langen Flügen über offenes, baumloses Land dazu beigetragen habe, dass die Inkakakadus aus landwirtschaftlich genutzten Gebieten verschwunden seien.

LAUTÄUSSERUNGEN

Der charakteristische, weit reichende Kontaktruf, den die Inkakakadus während des Fluges in regelmäßigen Abständen von sich geben, ist ein dreisilbiger zitternder Laut, der an *kriiiek-iri-kriiie* erinnert, und in etwa einminütigen Abständen wiederholt wird (Rowley & Chapman 1991). Mit wachsender Beunruhigung werden die Abstände zwischen den Rufen immer kürzer, bis der Vogel fast unaufhörlich schreit. Dies ist der Fall, wenn sich ein Fressfeind nähert oder bei der Verteidigung der Bruthöhle. Im Hattah-Kulkyne National Park, Nordwest-Victoria, wurde meine Aufmerksamkeit durch die Alarmrufe eines Weibchens zu einem aktiven Nest gelenkt, dem sich ein Waran (*Varanus*) näherte. Neben dem üblichen dreisilbigen Ruf und seinen Varianten kommunizieren die Vögel mit kaum hörbaren Murmellauten. Courtney (1996) beschrieb die Futterbettellaute der Jungen als raues, nasales Keuchen, die Lautäußerungen beim Schlucken der Nahrung sind denen der anderen Kakaduarten ähnlich.

NAHRUNG

Inkakakadus ernähren sich von Grassamen und von Samen krautiger Pflanzen, von Nüssen, Früchten, Beeren, Blüten, Wurzeln, Blattknospen sowie von Insekten und ihren Larven. Gefressen wird sowohl am Boden als auch auf den Bäumen und Sträuchern, wobei die arboreale Nahrungsaufnahme bei dieser Spezies weiter verbreitet ist als bei den Rosakakadus (*Eolophus roseicapilla*) oder den Nacktaugenkakadus (*Cacatua sanguinea*). Inkakakadus fressen besonders gerne die Samen von *Cucumis*- und *Citrullus*-Melonen, und im Westen von New South Wales habe ich diese Kakadus, manchmal in Gesellschaft von Rosa- oder Nacktaugenkakadus, beobachten können, wie sie die Samen der *Paddy Melon* (*Cucumis myriocarpus*) fraßen, nachdem die Fruchtschalen in der heißen Sommerhitze aufgesprungen waren. Laut Rowley und Chapman (1991) gab es bei Yandegin Hill an der Peripherie des Weizengürtels im Südwesten von Western Australia drei Hauptfutterquellen für die Inkakakadus: den Weizen, die Samen des *Double-Gee* (*Emex australis*) und der *Wild Bitter Melon* (*Citrullus lanatus*). Sie wurden das ganze Jahr über in verschiedenen Reifestadien gefressen. *Citrullus*-Samen wurden zu einem Zeitpunkt verzehrt, als die Melonen noch grün waren, oder nach der Fruchtreife, wenn das Fruchtfleisch ausgedörrt war und sich in jeder Melone im Durchschnitt 200 Samen befanden; pro Minute holten die Kakadus zehn Samen aus dem Fruchtfleisch. Andere Kakaduarten werden nur selten dabei beobachtet, wie sie von diesen Melonen fressen. Inkakakadus scheinen hingegen nach ihnen zu suchen, um zügig die Samen aus ihnen herauszufressen. Ebenfalls bei Yandegin Hill stellte man fest, dass Inkakakadus im Vergleich zu den meisten anderen Kakaduarten eine größere Vielzahl an einheimischen Pflanzen als Ergänzungsfutter nutzen. Der sehr kräftige Schnabel wird zum Aufbrechen von *Eucalyptus*-, *Acacia*- und *Codonocarpus*-Ästen auf der Suche nach Insektenlarven benutzt, darüber hinaus zum Knacken der harten *Hakea*- oder *Santalum*-Früchte sowie zum Abbeißen und Fressen der Triebspitzen des *Sandlewood* (*S. acuminatum*). Bei Yandegin Hill wurden die Kakadus darüber hinaus beim Fressen von *Callitris*- und *Casuarina*-Samen, *Bromus*-, *Hordeum*-, *Atriplex*- und *Eremophila*-Blütenständen, den Wurzeln von *Borya constricta*, *Emex australis* und *Brassica tournefortii* beobachtet. Weiterhin verzehrten sie die Samen von *Grevillea*, *Hakea*, *Exocarpus*, *Santalum*, *Maireana*, *Pittosporum* und *Acacia* sowie die holzbohrenden Insektenlarven von *Codonocarpus cotinifolius*, *Acacia acuminata* und Eukalypten (Rowley & Chapman 1991).

Inkakakadus fressen besonders gerne *Callitris*- und *Acacia*-Samen, die sie sowohl auf den Bäumen als auch auf dem Boden unter den Bäumen aufnehmen. Simpson (1973) berichtete von Vögeln, die entlang dem Murray River zwischen Mildura, Victoria, und Renmark, South Australia, beobachtet wurden, wie sie sich, manchmal in Begleitung von Rosakakadus (*Eolophus roseicapilla*), auf einem Weizenfeld über die reifenden Ähren hermachten, die Samen von *Helipterum floribundum* verzehrten und die Samen aus vertrockneten *Paddy Melons* (*Cucumis myriocarpus*) holten. Man sieht die Inkakakadus häufig auf Stoppelfeldern beim Fressen der übrig gebliebenen Körner. Ein bemerkenswerter Nachweis stammt aus einer Region in der Nähe von Tallimba im mittleren Westen von New South Wales: Dort sah man Vögel beim Fressen an den grünen Zapfen der eingeführten Aleppokiefer (*Pinus halepensis*) (*Bird Observer, Nr. 561, August 1978*). Laut Storr (1980) verzehren die Vögel in der Kimberley Division von Western Australia auch *Brachychiton*-Samen. Cooper berichtete mir, dass am 4. Juni 1994 bei Noonbah Station, Südwest-Queensland, ein Schwarm von 30-40 Vögeln an den Melonen fraßen, die am Ufer eines gestauten Sees wuchsen; einige Kakadus saßen auf dem Boden bei den Melonen, andere in den abgestorbenen Bäumen in der Umgebung. Alle Vögel hielten jedoch ein Melonenstück oder sogar eine ganze Melone im Fuß und klaubten die Samen heraus (*briefl. Mittlg.* 1998). Emmott berichtete, dass die Inkakakadus im nicht weit davon entfernten Lochern National Park von Juli bis August 1993 inmitten der *Eremophila-duttoni*-Büsche nach Futter suchten; wahrscheinlich fraßen sie die Früchte. Darüber hinaus ernährten die Vögel sich von den Samenhülsen von *Acacia aneura* und *A. cariacea* und nahmen den Baumsaft von *Eucalyptus terminalis* auf, der aus den Wunden austrat, die von den Vögeln zuvor in den Stamm geschlagen worden waren (*briefl. Mittlg.* an Cooper 1994). Emmott vermutete, dass die Kakadus den Baumstamm wohlüberlegt beschädigten, um an den Saft zu gelangen; sie schälen die Rinde und legen mit dem Schnabel einen Spalt bis zur Kambiumschicht frei. Später kehren sie zu dieser Stelle zurück, um den austretenden Saft aufzunehmen.

Paton (1975) berichtete von einem Kakadu in den Gawler Ranges, South Australia, der nach holzbohrenden Insekten in einem Mallee-Stamm suchte. Hicks (1998) wies auf zwei Kakadus hin, die Ende September 1996 bei Ormiston Gorge im Westen der Macdonnell Ranges, Zentral-Australien, ein Baumtermitennest aufbrachen. Dieses Verhalten lässt vermuten, dass die Vögel den Inhalt des Nestes verzehrten, obwohl es hierfür keine Bestätigung gab. Ein einzelner Bauers Ringsittich (*Barnardius zonarius*) begleitete das Paar und schien ebenfalls den Inhalt des Baus, den die Kakadus aufgebrochen hatten, zu fressen.

Die Untersuchung der Mageninhalte von Exemplaren, die in South Australia und Western Australia gesammelt worden waren, brachten Samen von *Eucalyptus*, *Bassia* und *Citrullus lanatus* zutage, darüber hinaus ein nicht identifiziertes, gelb gefärbtes Keimblatt (in Hall 1974).

FORTPFLANZUNG

Bei Yandegin Hill an der Peripherie des Weizengürtels im Südwesten von Western Australia fand die Paarbindung innerhalb der umherziehenden Schwärme der Juvenilen und nicht brütenden Adulten statt. Die Weibchen begannen mit etwas mehr als einem Jahr, sich zu einem möglichen Partner zu gesellen, also fast ein Jahr vor der ersten Eiablage (Rowley & Chapman 1991). Zwei Männchen begannen, sich im dritten Lebensjahr mit Weibchen zu verpaaren und nisteten am Ende des Jahres das erste Mal.

Im nördlichen Teil des Verbreitungsgebietes stammen die frühesten Brutnachweise aus dem Mai, im Süden schreiten die Vögel normalerweise erst von August bis Dezember zur Fortpflanzung. COOPER berichtete mir, dass im Lochern National Park, Südwest-Queensland, am 23. Mai ein aktives Nest entdeckt worden war (*briefl. Mittlg.* 1998). Nach ROWLEY und CHAPMAN fand bei Yandegin Hill im Südwesten von Western Australia die Eiablage in einem Zeitraum von mehr als fünf Wochen von Mitte August bis Ende September statt; nur zwei Gelege wurden im Oktober produziert, eines von ihnen war ein Nachgelege. Die Weibchen legten jeweils ständig ihre Eier entweder sehr früh, in der Mitte oder am Ende der Brutsaison.

Das Nest befindet sich in einem hohlen Ast oder in einer Höhle in einem Baumstumpf. Inkakakadus bevorzugen Brutbäume, die in der Nähe von Wasser stehen. Paare vermeiden es, in unmittelbarer Nachbarschaft zu anderen Brutpaaren zu nisten, auch wenn sich dort geeignete Bruthöhlen befinden. Bei Yandegin Hill im Südwesten von Western Australia betrug die mittlere Distanz zwischen zwei benachbarten Nestern 2,4 km. Im Umkreis von einem Kilometer rund um ein Nest hat man kein zweites entdecken können. Darüber hinaus schienen die Inkakakadu-Paare wählerischer zu sein als andere Kakaduarten bei der Wahl ihrer Nisthöhle, denn nur eine von 58 besetzten Höhlen war tiefer als einen Meter, und alle befanden sich mindestens acht Meter über dem Boden (ROWLEY & CHAPMAN 1991). Diese arteigenen Ansprüche an die Beschaffenheit der Nisthöhle schränkten die Zahl der geeigneten Brutplätze stark ein und führten entsprechend zu einer Mehrfachnutzung bevorzugter Bruthöhlen. Im Untersuchungsgebiet lagen alle bekannten 61 Nisthöhlen in *Salmon Gums* (*Eucalyptus salmonophloia*), darunter 27 % in gesunden Bäumen, 64 % in Bäumen mit einigen abgestorbenen Ästen, 3 % in Bäumen, die bereits zur Hälfte abgestorben waren, und 6 % in toten Bäumen. Die Nester befanden sich 8-19 m über dem Boden mit einer durchschnittlichen Höhe von 11,3 m. Die Einschlupflöcher wiesen einen waagerechten Durchmesser von 85-470 mm (im Durchschnitt 177 mm) und einen senkrechten Durchmesser von 70-400 mm (im Durchschnitt 156,5 mm) auf. In einer Tiefe von 5 cm variierte der Innendurchmesser der Höhle von 10 cm bis 27 cm (im Durchschnitt 17 cm). Den Boden der Nisthöhle bedeckte eine 3-5 cm hohe Schicht aus Holzstückchen, die wahrscheinlich von den Altvögeln von der Innenseite der Höhle abgenagt worden waren. Andernorts hat man Nester in hohlen Baumstümpfen, auseinander gebrochenen Stämmen oder toten Bäumen entdeckt. Beim Eyre Bird Observatory im äußersten Südosten von Western Australia besteht die Vermutung, dass die Inkakakadus in den Felsspalten entlang den Steilabbrüchen nisten. Ein Nest wurde im Reisig und modrigen Laub eines Keilschwanzadlernestes (*Aquila audax*) gefunden (in NORTH 1911).

Inkakakadus konkurrieren mit anderen Arten um die Bruthöhlen, besonders mit den Rosakakadus (*Eolophus roseicapilla*). Bei Yandegin Hill im Südwesten von Western Australia gab es Beispiele von Mischgelegen, in denen ein Paar Inkakakadus Jungvögel des Rosakakadus aufgezogen hatte. Die Vögel hatten zuvor die Altvögel während der Eiablage vom Nest vertrieben (ROWLEY & CHAPMAN 1991). Als diese „adoptierten" Rosakakadus später selbständig geworden waren, kam es besonders bei den Weibchen zu Komplikationen bei der Paarbindung beziehungsweise zu Rückverpaarungen mit Inkakakadus.

Daten, die dem RAOU Nest Record Scheme zugeschickt worden sind, lassen sich wie folgt zusammenfassen:

Bundesstaat oder Region	Anzahl festgestellter Nester	Nestbaum A *Eucalyptus* B anderer C nicht bestimmt	Höhe über dem Boden	Anzahl Eier oder Nestlinge	Frühester/spätester Nachweis von Eiern	Frühester/spätester Nachweis von Nestlingen
New South Wales	3	A/2 C/1	9,0 m, 10,0 m, ?	2/1, 3/2,	20. August/ 22. September	28. Septemb./ 7. Oktober
Victoria	7	A/6 B/1	4,6 m (3,0-6,0 m)	1/3 3/4	31. August/ 29. September	9. Oktober/ 8. November
Northern Territory	2	A/2	6,0 m 7,0 m	3/1 4/1	25. August/ 27. August	27. August/ 30. August

ROWLEY und CHAPMAN überprüften bei Yandegin Hill im Südwesten von Western Australia insgesamt 63 Gelege: 32 mit drei Eiern, 20 mit vier Eiern, acht mit zwei Eiern und drei mit fünf Eiern. Die Eier wurden generell früh am Morgen in Abständen von zwei oder drei Tagen gelegt. Beide Altvögel brüten. Die Datenmenge ist zwar sehr dürftig, lässt jedoch vermuten, dass die Vögel erst dann mit der Bebrütung der Eier beginnen, wenn das Gelege vollständig ist. Der Abstand zwischen der Eiablage und der regelmäßigen Bebrütung der Eier kann bei den Weibchen individuell sehr unterschiedlich sein. Die Brutdauer beträgt 23 oder 24 Tage. Das Weibchen brütet und hudert gewöhnlich nachts und wird um 8 Uhr oder 9 Uhr vom Männchen abgelöst. Am Nachmittag kehrt das Weibchen zum Nest zurück und setzt die Bebrütung fort. Am späten Nachmittag wird es erneut für kurze Zeit vom Männchen abgelöst, bevor es sich für die Nacht in der Bruthöhle niederlässt. Die frisch geschlüpften Nestlinge werden tagsüber fast ausschließlich vom Männchen gehudert, in der Nacht vom Weibchen. Beide Altvögel füttern die Jungen. Sie erscheinen oft gleichzeitig am Nest und versorgen abwechselnd ihren Nachwuchs mit Futter, sofern dieser nicht mehr durchgehend gehudert werden muss. Die Entwicklung der Jungvögel wurde von ROWLEY und CHAPMAN wie folgt beschrieben:

1-2 Tage	Rosafarbene Haut mit spärlicher Dunenbefiederung.
7 Tage	Die Haut wird in der ersten Lebenswoche dunkler, wenn die Spitzen der ersten Konturfedern unter der Haut sichtbar werden.
10 Tage	Die Spitzen der Konturfedern sind fühlbar.
12-13 Tage	Die Augen beginnen sich zu öffnen, und auf den Schultern sind die Spitzen der Konturfedern durch die Haut gebrochen.
15 Tage	Auf dem Kopf sind die Spitzen der Konturfedern durch die Haut gebrochen.
17 Tage	Die Federn der Handschwingen sind durch die Haut gebrochen, die Augen sind nun vollständig geöffnet.
20 Tage	Die Steuerfedern sind durch die Haut gebrochen.
26-27 Tage	Die Steuerfedern und die siebte Handschwinge entrollen sich aus ihren Hüllen.
30 Tage	Die Befiederung ist für eine eigenständige Regulierung der Körperwärme ausreichend, Jungvögel werden nicht mehr gehudert; die Haubenfedern entrollen sich aus den Hüllen; die Jungvögel klettern nun zur Nestöffnung.
40 Tage	Die Jungvögel sind jetzt gut befiedert, lediglich unterhalb der Augen haben sich die Federn noch nicht entrollt.
43 Tage	Der Schwanz wird auffälliger. Ende der Inspektionen, um ein vorzeitiges Ausfliegen zu vermeiden.

Die Jungvögel verlassen etwa 57 Tage nach dem Schlüpfen das Nest. Der Zeitpunkt des Flüggewerdens kann jedoch hinausgezögert sein, vor allem bei umfangreichen Gelegen und einem auffälligen Altersunterschied bei den Nestlingen. Bis zu zehn Tage können zwischen dem Ausfliegen des vorletzten und des letzten Jungvogels verstreichen. Die Flügglinge werden in der Nähe des Nistbaumes gefüttert, bis alle die Bruthöhle verlassen haben. Danach fliegt die Gruppe davon und sucht gemeinsam die verschiedenen Futterplätze auf. Die familiäre Gemeinschaft bricht erst dann auseinander, wenn die Jungen selbständig geworden sind und sich lokalen Schwärmen anschließen.

Heftige Regengüsse, vor allem in Verbindung mit kräftigen Winden, können die Nisthöhlen unter Wasser setzen und den Verlust der Eier oder kleinerer Nestlinge verursachen. Bei Yandegin Hill im Südwesten von Western Australia beginnen die Paare nach dem Verlust der Eier mit einem Nachgelege, nicht aber nach dem Verlust der Jungvögel (ROWLEY & CHAPMAN 1991). Die Nestlingssterblichkeit war auch während heißer Frühsommer erhöht, wahrscheinlich infolge des knappen Angebots an grünen, milchigen Samenständen. Der Verlust an Nestlingen war darüber hinaus signifikant auf Beutegreifer zurückzuführen. Während der sechsjährigen Studie bei Yandegin Hill konnte eine Überlebensrate der Jungvögel vom Zeitpunkt des Ausfliegens bis zur Selbständigkeit von 78 Prozent festgestellt werden. Die Sterblichkeitsrate nach Erreichen der Unabhängigkeit war relativ konstant und zeigte auf, dass etwa 30 Prozent der Weibchen lange genug überlebten, um zumindest einmal zu brüten, und 20 Prozent der Männchen das dritte Lebensjahr erreichten, das Alter, in dem sie erstmalig zur Fortpflanzung schritten. Im Jahresdurchschnitt zog ein Paar 2,4 Nestlinge auf; falls nun ein Brutpaar drei Jahre hintereinander brütete, waren von ihm sieben Jungvögel zu erwarten, von denen ein Drittel das fortpflanzungsfähige Alter erreichen und für eine Anzahl Nachkommen sorgen würde, die nötig wäre, um eine Population stabil zu halten. Bei markierten Adulten wurde eine durchschnittliche jährliche Überlebensrate von 93 Prozent bei den Männchen und 81 Prozent bei den Weibchen bestimmt (SMITH & ROWLEY 1995).

EIER

Die Eier sind elliptisch-oval mit wenig oder keinem Glanz. In der H. L. White Collection in Melbourne gibt es ein Dreiergelege, das von der Nominatform *C. l. leadbeateri* stammt und bei Burrenbilla Station in der Nähe von Cunnamulla, Südwest-Queensland, gesammelt wurde. Die Eimaße betragen 39,1 mm (37,5–39,4 mm) x 29,5 mm (29,0–30,0 mm). Ein Dreiergelege von *C. l. mollis* von Mullewa, Western Australia, befindet sich im Museum of Victoria. Die Eimaße betragen 37,1 mm (37,0–37,2) mm x 26,5 mm (26,2–26,8) mm.

HALTUNG IN MENSCHENOBHUT

Wegen seiner außerordentlichen Schönheit war der Inkakakadu schon immer ein überaus begehrter Volierenvogel und ist es bis heute geblieben. Für sein Wohlbefinden benötigt er eine große Voliere, in der er gewöhnlich bereitwillig zur Brut schreitet. Ein kleiner Käfig ist als Behausung völlig ungeeignet. Inkakakadus geben keine guten Heimvögel ab, und auch von Hand aufgezogene Tiere werden selten liebevoll oder zahm. Darüber hinaus sind die Vögel „schlechte Sprecher", können dafür aber äußerst lautstark rufen, vor allem am frühen Morgen und in der Dämmerung. Im Gegensatz dazu ist ein Paar in einer angemessenen Voliere ein prachtvoller Blickfang, der stets die Aufmerksamkeit auf sich lenkt, vor allem bei Regenschauern, wenn sich die Vögel an das Volierengitter hängen und – oft kopfunter – mit gesträubtem Federkleid und aufgerichteter Haube ihre Flügel ausbreiten und die Schwanzfedern fächern.

UNTERBRINGUNG UND PFLEGE

Es wird regelmäßig von Inkakakadu-Paaren berichtet, die erfolgreich in winzigen oder auf andere Weise ungeeigneten Volieren gebrütet haben. Ich erinnere mich, wie mir ein Paar gezeigt wurde, das in einem ausrangierten Toilettenhäuschen untergebracht worden war. Anstelle der Tür befand sich nun eine Maschendrahtfront, und der Besitzer behauptete, dass seine Vögel jedes Jahr Junge aufzögen. Ich weiß auch von einem Paar, das in einem kleinen, baufälligen Hühnerstall mit den Spuren der wiederholten Reparaturen an dem zernagten Holzwerk und Löchern im Maschendraht erfolgreich brütete. Wilson (1992) berichtete von einem Paar, das zeitweise in einem kleinen Käfig untergebracht war, der nur wenig mehr als ein paar Quadratmeter Grundfläche aufwies, und erfolgreich Junge aufzog, und auch Sindel erinnerte sich, dass er seinen ersten Zuchterfolg mit einem Paar erzielte, das in einer Voliere mit einer Länge 1,8 m, einer Breite von 90 cm und einer Höhe von 1,5 m untergebracht worden war (in Sindel & Lynn 1989). Trotz dieser Berichte stimme ich voll und ganz der Einschätzung von Sindel zu, der davon ausgeht, dass sich eine längerfristige Haltung in unangemessenen Volieren mit einhergehendem Bewegungsmangel schädlich auf den allgemeinen Gesundheitszustand und das Wohlbefinden der Inkakakadus auswirkt.

Wilson hat seine Paare meist in Volieren gehalten, die mindestens 4 m lang, 1 m breit und 2,4 m hoch waren, die Vögel aber immer in geräumigeren Gehegen untergebracht, wenn diese verfügbar waren. Im Perth Zoo, Western Australia, leben die Brutpaare in 9 m langen, 1,8 m und 2,2, m breiten und 2,3 m hohen Volieren, deren hinterer Teil überdacht und geschützt ist (in Sindel & Lynn 1989). Die Voliere meines Paares ist 8 m lang (davon entfallen 2 m auf das geschlossene Schutzhaus auf der Rückseite), 1,8 m breit und 3,1 m hoch. Das Dach des Schutzhauses ist an der Vorderwand einen Meter höher als die angrenzende Freivoliere und fällt dann schräg zur Rückwand des Hauses ab. Am höchsten Punkt der Voliere erhalten die Vögel so eine Rückzugsmöglichkeit. Ich stellte fest, dass Inkakakadus sehr unruhig werden, wenn sich ein möglicher Fressfeind nähert. In meiner Heimat sind Warane im Sommer sehr lästig, so dass mein Paar die Sicherheit dieser erhöhten Rückzugsmöglichkeit im Schutzhaus sehr zu schätzen weiß. Ein zusätzlicher Vorteil, den eine sehr geräumige Voliere bietet, ist der Umstand, dass man die Schönheit dieser Vögel uneingeschränkt bewundern kann. Denn die Inkakakadus fliegen eher, als dass sie klettern. Sie präsentieren im Flug die kräftig farbig überlaufenen Unterflügel und richten ihre bunte Haube kurz nach der Landung auf einem Ast auf.

Obwohl ihr Schnabel nicht sehr groß oder kräftig ist, verfügen Inkakakadus über eine unverhältnismäßig hohe Beißkraft. Sie attackieren sehr gerne Holzelemente und verarbeiten sie schnell zu Spänen. Darüber hinaus beißen sich die Vögel durch Maschendraht. Die Voliere muss entsprechend vollständig aus Metall gefertigt sein, ihre Elemente sollten massiv und solide verschweißt sein. Für die Freivoliere ist ein sehr massives geschweißtes Drahtgeflecht vonnöten. Die Vögel zernagen auch die Sitzäste; daher benutze ich kräftige Äste von Kasuarinen oder ähnlichen Harthölzern. Aber auch diese werden von den Inkakakadus schließlich von den Enden her, wo die Vögel einen Hebel zum Ansetzen des Schnabels finden, zernagt. Um das große Nagebedürfnis der Vögel zu befriedigen, reiche ich meinen Kakadus regelmäßig belaubte Eukalyptus-Äste, welche ihr Interesse von den Sitzästen ablenken.

Meine Vögel suchen Schutz vor der sommerlichen Sonne, vor kräftigen Winden oder heftigen Regengüssen. Sie baden aber sehr gerne bei Nieselregen oder flattern im feuchten Laub. Daher spritze ich die belaubten Eukalyptus-Äste mit einem Wasserschlauch vollständig ab, bevor ich sie in die Voliere hänge. Ich stellte fest, dass meine Vögel es bevorzugten, ihr Futter aus erhöht angebrachten Näpfen zu fressen.

Die Empfehlung, andere Vögel gemeinsam mit einem Paar Inkakakadus in einer Voliere unterzubringen, widerstrebt mir ein wenig, da die meisten Paare während der Brutzeit sehr aggressiv auf andere Vögel reagieren. Darüber hinaus sind Inkakakadus derart neugierig, dass ihre ständige Einmischung gewöhnlich jeden Brutversuch der anderen Volierenbewohner vereitelt. Nichtsdestotrotz gibt es tolerante Paare, und ich weiß von Jungvögeln, die erfolgreich von Paaren aufgezogen wurden, die mit anderen Kakaduarten gemeinsam in einer großen Voliere in Zoos oder Vogelparks untergebracht waren. Mein Paar teilt seine Voliere mit einem Paar Vielfarbensittiche (*Psephotus varius*) und einem Paar Schwarzbauchkiebitze (*Vanellus tricolor*). Aggressives Verhalten hat es bisher nicht gegeben. Üblicherweise werden Inkakakadu-Brutpaare in separaten Volieren gehalten, und ich pflichte dieser Praxis bei, vor allem, wenn die Voliere nicht überaus großzügig bemessen ist.

FÜTTERUNG

SINDEL schilderte Einzelheiten eines Ernährungsexperimentes, das er über einen Zeitraum von zwölf Monaten mit zwei Paaren des Inkakakadus durchgeführt hatte. Die Vögel waren in Volieren gleicher Bauweise, die geräumig genug für eine angemessene Bewegungsfreiheit waren, untergebracht (in SINDEL & LYNN 1989). Das erste Paar wurde mit einem Basis-Körnerfutter aus Sonnenblumenkernen versorgt, das zweite Paar erhielt als Grundfutter Weiße Hirse. Beiden Paaren reichte SINDEL darüber hinaus dieselben Mengen Zusatzfutter, obwohl ihre Präferenz für dieses Futter deutlich schwankte. Nach Ablauf der zwölf Monate konnte man keine Unterschiede in der Körpermasse der Tiere, der Befiederung und dem allgemeinen Gesundheitszustand feststellen. All dies sprach dafür, dass Inkakakadus nicht zur Fettleibigkeit neigen und dass bei der Ernährung dieser Vögel die Menge und Qualität des dargebotenen Zusatzfutters eine wichtige Rolle spielen. Zum empfohlenen Zusatzfutter zählen täglich eine Handvoll gekeimter Sonnenblumenkerne für jedes Paar, gekeimter Weizen oder Mais, etwa zwölf rohe Erdnüsse pro Tag, zwei oder drei Hülsen der Grünen Erbse pro Tag, Mangold, täglich eine Viertel Scheibe Vollkornbrot pro Paar, eine Apfelscheibe zusammen mit Maiskolben, Brokkoli, Blumenkohl, Möhren, Hundekuchen, Kürbis- und Melonensamen, Fleischstücke oder Hühnerknochen sowie reifende Samenstände von Wildgräsern. Auch WILSON (1992) wies bei seiner Beschreibung der Diät seiner Brutpaare auf die besondere Bedeutung des Zusatzfutters hin. Die Basis-Körnermischung bestand aus 40 Prozent gestreifte Sonnenblumenkerne und jeweils zu gleichen Anteilen Kardi, geschälter Hafer, Weißer Hirse, Kanariensaat und Bruchmais. Diese Samenmischung wurde täglich zusätzlich als Quellfutter zusammen mit einer Auswahl an gewürfelten Früchten und Gemüse gereicht, wie Äpfel, Birnen, Weintrauben, Maiskolben, Erbsen, Mangold, Sellerie, Paprika, Möhren und gequollenen Mungbohnen. Von dem gesamten Gemisch erhielt ein Paar jeweils eine Tasse voll. Zweimal pro Woche fügte WILSON dem Zusatzfutter den Inhalt einer kleinen Dose Thunfisch hinzu. Die Lake hatte er zuvor ausgewaschen. Darüber hinaus fütterte er Hühner- und andere fleischige Knochen, sofern sie verfügbar waren. Während der Brutzeit erhielten die Paare neben dem Zusatzfutter noch Quellfutter für Tauben und Sojabohnen.

Mein Paar zog die Kardisaat den gestreiften Sonnenblumenkernen, der Kanariensaat, der Weißen Hirse und der Rispenhirse vor. Sämtliche Samen bot ich den Vögeln in separaten Futternäpfen an. Geschälten Hafer reichte ich nur während der Wintermonate. Zum täglichen Zusatzfutter zählten die äußeren, grünen Stängel vom Stangensellerie, Möhren, Endiviensalat, Äpfel, kleine Stücke Vollkornbrot und Maiskolben. Die tatsächliche Zusammensetzung war abhängig von der Verfügbarkeit der Früchte und Gemüsesorten und wurde den Vögeln am Morgen gereicht. Jeden zweite Abend gab ich den Kakadus drei ungeschälte Mandeln oder ein Viertel Orangen; reifende Samenstände von Gräsern und blühende Mariendisteln immer dann, wenn sie verfügbar waren.

Inkakakadus haben eine Abneigung gegenüber übel riechendem oder verschmutztem Trinkwasser. Daher ist es sehr wichtig, die Trinkwassernäpfe täglich zu reinigen und neu aufzufüllen, vor allem im Sommer. Unmittelbar nachdem ich frisches Wasser in die Näpfe gegossen hatte, flog mein Paar herbei, um zu trinken. WILSON wies darauf hin, dass eine breite und flache Trinkwasserschale am Boden einem hudernden Weibchen die Möglichkeit gibt, das Bauchgefieder mit Wasser durchtränken zu lassen, bevor es zurück zur Nisthöhle fliegt.

ZUCHT

„Inkakakadus sind von allen Kakadus am leichtesten zu züchten“: Diese Behauptung ist oft von australischen Züchtern zu hören. Es ist sicherlich zutreffend, dass in den australischen Zuchtanlagen pro Jahr mehr Inkakakadu-Jungvögel aufgezogen werden als von jeder anderen Kakaduart. Man muss jedoch dabei berücksichtigen, dass keine andere Kakaduart so häufig zu Zuchtzwecken gehalten wird wie der Inkakakadu. Es handelt sich in der Tat um den einzigen *Cacatua*-Vertreter, der regelmäßig bei den Züchtern gehalten wird. LOW (1993) schrieb, dass in anderen Ländern für die Vögel hohe Preise erzielt werden, welche nicht nur die hohe Nachfrage widerspiegeln, sondern auch darauf hinweisen, wie vergleichsweise gering die Zahl der gezüchteten Jungvögel ist. In dieser Hinsicht ist es vielsagend, dass im Register of *Birds Bred in the United Kingdom 1989–1990* nur 19 nachgezogene Inkakakadus erwähnt werden, weniger als beim Goffin-Kakadu (*Cacatua goffini*) mit 22, beim Orangehaubenkakadu (*C. sulphurea citrinocristata*) mit 24, beim Gelbhaubenkakadu (*C. g. galerita*) mit 33, beim Molukkenkakadu (*C. moluccensis*) mit 39 und beim Weißhaubenkakadu (*C. alba*) mit 69 Jungvögeln. Ich vermute, dass in den australischen Vogelzuchtanlagen die Zahl der jährlich nachgezogenen Jungvögel im Verhältnis zur Zahl der Paare nicht besonders hoch ist. Einige Paare brüten bereitwillig und regelmäßig, ziehen Jahr für Jahr erfolgreich Junge auf, während andere Paare bekannt für ihre unregelmäßigen Brut- und Aufzuchterfolge sind oder ihre Brut ohne offensichtlichen Grund abbrechen. Darüber hinaus gibt es zufriedene und harmonierende Paare, die keine Anstalten machen, zur Brut zu schreiten. LENDON (1979) besaß ein Paar, das 13 Junge in 13 aufeinander folgenden Jahren aufzog, nach der Umsetzung in eine neue Voliere jedoch nur noch einen Jungvogel im ersten Jahr. Danach legte das Weibchen bis auf eins nur noch unbefruchtete Eier.

ROWLEY und CHAPMAN (1991) konnten kein charakteristisches Balzverhalten bei den frei lebenden Vögeln entdecken. Zu Beginn der Brutzeit werden die Männchen in Menschenobhut zunehmend ruffreudiger, und ihr Verhalten wirkt recht pompös, wenn sie mit aufgerichteter Haube auf ihrem Ast hin und her stolzieren, den Kopf auf und nieder schwenken und oft ihre Flügel ausbreiten, um die rosafarbenen Unterflügeldecken zu präsentieren. Bei der Balz kurz vor der Kopulation nimmt das Männchen eine steife, aufrechte Haltung an, richtet seine Haube auf und nähert sich dem Weibchen mit nickenden und wiegenden Kopfbewegungen. Geht das Weibchen auf das Werben des Männchens ein, antwortet es gewöhnlich mit dem Aufrichten seiner Haube und nickenden Kopfbewegungen. Danach hockt es sich in geduckter Haltung auf den Ast.

Im Perth Zoo, Western Australia, benutzen die Brutpaare Niststämme von 60 cm Höhe mit einem Innendurchmesser von 25 cm. Die beiden Öffnungen an den Enden wurden mit Metallplatten verschlossen. Die Eingangsöffnung ist ein 15 cm breiter V-förmiger Einschnitt unterhalb der Spitze des Stammes (in SINDEL & LYNN 1989). Dieser steht senkrecht auf einem 1,3 m hohen Metallständer, ungefähr in der Mitte der Freivoliere. Schutz vor Regen bietet eine Metallplatte auf dem Dach der Voliere. WILSON (1992) stellte seinen Paaren große Niststämme von 1,2–1,5 m Länge und mit einem Innendurchmesser von 45–55 cm zur Verfügung. Die Höhle wurde 15 cm hoch mit einem Gemisch aus gleichen Anteilen Sägemehl, feinen Sägespänen und Torfmoos befüllt. Einige Wochen vor der Eiablage begannen die Vögel damit, die Rinde im Bereich des Einschlupflochs zu entfernen, danach schenkten sie den Innenseiten der Nisthöhle ihre Aufmerksamkeit. Durch Benagen lösten die Kakadus Holzstückchen aus der Wand und fügten sie dem Nistmaterial hinzu. Im Perth Zoo begann das Paar mit dem Bearbeiten des Niststamms im Juli. In den Wochen vor der Eiablage im August oder September kopulierte das Paar regelmäßig. Die Gelege umfassten zwei bis vier Eier, die Jungen schlüpften im September oder Oktober und flogen im November oder Dezember aus (in SINDEL & LYNN 1989).

Rückblickend auf seinen ersten Zuchterfolg mit Inkakakadus erinnerte sich SINDEL daran, dass das erste Ei am 26. September, das zweite am 29. September gelegt wurde. Er ging davon aus, dass die Bebrütung erst mit der Ablage des zweiten Eies begann (in SINDEL & LYNN 1989). Der erste Nestling schlüpfte am 23. Oktober, das zweite Ei war unbefruchtet. Das Junge entwickelte sich in den ersten zwei Wochen nur wenig, in der dritten Woche nahm seine Größe hingegen bemerkenswert zu. Mit vier Wochen bedeckten Federspitzen im fortgeschrittenen Stadium den Körper des Jungvogels, seine Federhaube war bereits besonders auffällig. Mit fünf Wochen war das Junge fast vollständig befiedert, mit sechs Wochen, nunmehr vollständig befiedert, schien der Vogel flügge zu sein. Er verließ jedoch erst am 12. Dezember das Nest, 50 Tage nach dem Schlüpfen. SINDEL wies darauf hin, dass die Gelege seiner Brutpaare normalerweise aus drei Eiern bestehen, obwohl auch Gelege mit zwei oder vier Eiern registriert wurden. Gelege mit zwei Eiern sind häufiger in trockenen Jahren. Die Weibchen legen ihre Eier gewöhnlich im September oder Oktober in Abständen von zwei oder drei Tagen. Die Bebrütung der Eier, an der sich beide Altvögel beteiligen, beginnt gewöhnlich mit der Ablage des zweiten Eies. Das Männchen brütet fast den gesamten Tag über, das Weibchen sitzt nachts auf den Eiern. Beide Altvögel füttern die Flügglinge mit Futter, oftmals noch mehrere Monate nach dem Ausfliegen. Man sollte ein wachsames Auge auf etwaige Anzeichen aggressiven Verhaltens der Altvögel gegenüber ihren ausgeflogenen Jungen haben. Normalerweise kann man die Jungvögel etwa vier Wochen nach dem Flüggewerden von den Eltern trennen.

Inkakakadus brüten üblicherweise vor Erreichen des dritten oder vierten Lebensjahres nicht erfolgreich. Einigen Individuen, überwiegend Weibchen, gelingt es jedoch schon im zweiten Jahr, erfolgreich Junge aufzuziehen. Während der Brutzeit können Paare recht aggressiv auf ihre Halter oder Pfleger reagieren. Im Perth Zoo verhielt sich eines der beiden Paare in der Brutzeit äußerst aggressiv gegenüber den Tierpflegern, das andere blieb hingegen gelassen und zeigte nur gelegentlich aggressives Verhalten (in SINDEL & LYNN 1989). Eines der Brutpaare von WILSON (1992), besonders das Männchen, wurde zu Beginn der Brutzeit gewalttätig aggressiv. Die Vögel sprangen schnell auf den Arm und fügten ihm heftige Bisswunden zu.

MISCHLINGE/FARBMUTATIONEN

Im Dezember 1961 wurde ein geschossener Mischling zwischen Inkakakadu und Rosakakadu (*Eolophus roseicapilla*) am Straßenrand in Nordwest-Victoria gesammelt. Der Vogel ähnelte einem Inkakakadu, hatte jedoch Grau auf dem Rücken, den Flügeln, dem Schwanz und den Unterflügeldecken. Die Körperunterseite war blassrosarot, die Haube war die eines Inkakakadus, ihr fehlte jedoch das gelbe Band.

In Menschenobhut produzierten Inkakakadus Mischlinge mit Gelbhaubenkakadus (*Cacatua galerita*), Gelbwangenkakadus (*C. sulphurea*), Weißhaubenkakadus (*C. alba*), Nacktaugenkakadus (*C. sanguinea*) und Rosakakadus (*Eolophus roseicapilla*).

Berichte über Mutationsformen beim Inkakakadu sind mir nicht bekannt.

UNTERGATTUNG LICMETIS Wagler

Licmetis Wagler, Abh. K. Bayer. Akad. Wiss., Math.-Phys. Kl., 1, 1832, S. 505. Das Typenexemplar der Untergattung wurde als *Psittacus tenuirostris* Kuhl – *L. tenuirostris* beschrieben.

Die Vertreter dieser Untergattung sind kleine bis relativ große Kakadus mit einem kurzen oder sehr kurzen Schwanz, einer nach hinten gerichteten Haube und einem proportional kleinen hornfarbenen Schnabel, der bei zwei Spezies für eine im Boden wühlende, grabende Nahrungssuche modifiziert wurde. Drei Arten kommen in Australien vor und werden oftmals gemeinsam als „Corellas" bezeichnet.

NACKTAUGENKAKADU

Cacatua sanguinea Gould

Cacatua sanguinea Gould, Proc. zool. Soc. Lond., 1842 (1843), S. 138 (Nordküste von Australien = Port Essington, Northern Territory)

WEITERE NAMEN

E: Little Corella, Corella, Short-billed Corella, Dampier's Corella, Bare-eyed Corella, Blood-strained Corella, Blue-eyed Cockatoo; F: Cacatoès à œil nu, Cacatoès corella; NL: Naaktoogkaketoe.

Gesamtlänge 38 cm

BESCHREIBUNG

ADULTES MÄNNCHEN
Grundfarbe des Gefieders weiß; die Federn des vorderen Scheitels sind verlängert und bilden eine kurze Haube; Zügel und die im Gefieder verborgenen Basen der Kopffedern blass rosa-orange; Schwungfedern und äußere Steuerfedern weiß, zur Basis hin und auf der Unterseite der Innenfahnen gelb; die nackte Augenumgebung ist gräulich blau, unterhalb des Auges etwas intensiver blau; Schnabel hornfarben; Iris dunkelbraun; Läufe grau; Körpermasse 480-800 g.

13 Exemplare:	Flügel 268-322 (298,2) mm	Schwanz 132-158 (143,6) mm
	Oberschnabel 30-35 (32,3) mm	Lauf 25-30 (27,4) mm

ADULTES WEIBCHEN
Ähnlich Männchen. Körpermasse 400-600 g.

16 Exemplare:	Flügel 262-303 (283,4) mm	Schwanz 132-158 (143,6) mm
	Oberschnabel 30-35 (32,3) mm	Lauf 25-30 (27,4) mm

JUVENILE
Wie Adulte, die nackte Augenumgebung ist jedoch blasser blau gefärbt und zeigt unterhalb des Auges einen Anflug von gräulich-rosa.

VERBREITUNG

Die Art ist im Westen und Norden sowie im mittleren Osten von Australien weit verbreitet. Sie kommt darüber hinaus auch im Süden Neuguineas vor und wurde auf Tasmanien eingeführt.

UNTERARTEN

1. *Cacatua sanguinea sanguinea* Gould

Die oben beschriebene Nominatform kommt ausschließlich im Norden Australiens einschließlich der größeren, der Küste vorgelagerten Inseln vor. Das Verbreitungsgebiet reicht von der Kimberley Division in Western Australia ostwärts bis zum Gulf of Carpentaria im Nordwesten von Queensland, wo es zur Vermischung mit *normantoni* kommt.

Aus der Kimberley Division von Western Australia existieren Nachweise von den Inseln des Buccaneer- und Bonaparte-Archipels. Im Süden reicht das Verbreitungsgebiet bis zum nördlichen und östlichen Rand der Great Sandy Desert, etwa in Höhe des 19. südlichen Breitengrades, sowie entlang der Küste bis La Grange und landeinwärts bis zu den Division Ranges und Gardiner Ranges. Im Osten endet das Verbreitungsgebiet beim Wilson Creek im Nordwesten des Northern Territory. Es gibt Hinweise, dass es dort in der Vergangenheit zur Vermischung von *gymnopis* und *westralensis* gekommen ist (siehe SCHODDE 1997). Im Northern Territory ist die Nominatform entlang der Küste und Fluss-Ästuare verbreitet. Das Verbreitungsgebiet erstreckt sich im Inland entlang den Überschwemmungsflächen der

Flüsse bis zum Oberlauf des Victoria River und in die Nähe von Inverway, darüber hinaus in den ariden Nordwesten, in den Pine-Creek-Distrikt und zu den nördlichen Ausläufern des Barkly Tableland; es existieren Nachweise von Bathurst Island, Melville Island, Goulburn Island, Milingimbi Island und den Maria Islands, von Groote Eylandt und den South West Islands in der Sir-Edward-Pellew-Gruppe. Zweifellos kommt die Nominatform des Nacktaugenkakadus auch auf einigen anderen küstennahen Inseln vor (STORR 1977, SCHODDE 1997).

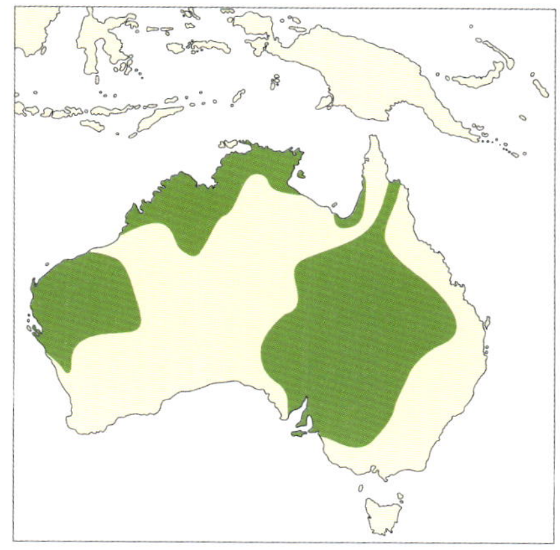

Von Westen nach Osten nimmt die durchschnittliche Größe der Nacktaugenkakadus auffällig ab. Ein besonders großes Männchen (AM 0.47660) von Kununurra, Western Australia, ist fast doppelt so schwer wie die Vögel von der Westküste des Gulf of Carpentaria, die in ihren Körpermaßen *normantoni* nahe stehen. Ich stimme dem Kommentar von SCHODDE (1997) zu, dass weitere Exemplare von der Südküste des Gulf of Carpentaria zwischen den Unterläufen des Nicholson River und des Norman River den Nachweis für eine Vermischungszone mit *normantoni* erbringen könnten.

2. *Cacatua sanguinea normantoni* (Mathews)

Ducorpsius sanguineus normantoni Mathews, Bds, Aust., 6, 1917, 9. 211 (Normanton, Queensland)

ADULTE

Wie die Nominatform, aber kleiner; Körpermasse der Männchen 410-437 g, Körpermasse der Weibchen 355-395 g.

8 männl. Exemplare:	Flügel 222-256 (243,3) mm	Schwanz 105-120 (113,8) mm
	Oberschnabel 28-32 (30,1) mm	Lauf 23-27 (25,2) mm
6 weibl. Exemplare:	Flügel 239-253 (245,8) mm	Schwanz 109-118 (113,0) mm
	Oberschnabel 28-29 (28,8) mm	Lauf 23-26 (24,9) mm

Diese Unterart kommt im Westen der Cape York Peninsula, Nord-Queensland, vom Unterlauf des Wenlock River südwärts bis zu den Unterläufen des Norman River und des Flinders-Cloncurry-River im Süden des Gulf of Carpentaria vor. Die Vögel von den Wellesley Islands im Gulf of Carpentaria sind vermutlich auch dieser Unterart zuzuordnen (siehe SCHODDE 1997).

3. *Cacatua sanguinea gymnopis* Sclater

Cacatua gymnopis Sclater, Proc. zool. Soc., Lond., 1871, S. 493 (Landesinnere von South Australia, siehe SCHODDE *et al.* 1979).

ADULTE

Bei den adulten Vögeln sind die rosa-orangefarbenen Bereiche auf den Zügeln und den im Gefieder verborgenen Basen der Kopf-, Hals- und oberen Brustfedern ausgedehnter als bei den Vögeln der Nominatform; Körpermasse der Männchen 373-535 g, der Weibchen 350-530 g.

12 männl. Exemplare:	Flügel 262-272 (267,3) mm	Schwanz 127-138 (132,8) mm
	Oberschnabel 29-31 (30,3) mm	Lauf 23-27 (25,7) mm
12 weibl. Exemplare:	Flügel 251-263 (257,8) mm	Schwanz 115-130 (124,8) mm
	Oberschnabel 27-31 (29,3) mm	Lauf 25-27 (26,0) mm

Diese Unterart ist im gesamten Landesinneren des östlichen Australiens weit verbreitet mit einem Verbreitungsschwerpunkt am Lake Eyre, am Bulloo River und im Westen des Murray-Darling-River-Beckens. Das Verbreitungsgebiet reicht von der Princess Charlotte Bay im Osten der Cape York Peninsula und den südlichen Ausläufern des Barkly Tableland, Nord-Queensland, bis in den Osten des Northern Territory sowie südwärts durch Zentral- und Süd-Queensland (wo die Unterart an manchen Stellen auch an der Küste vorkommt) und das östliche Northern Territory, westlich bis etwa zum 133. östlichen Längengrad, und den Musgrave Ranges im Nordwesten von South Australia bis in das westliche New South Wales, überwiegend westlich des 146. östlichen Längengrades, in Nordwest-Victoria und im Süden von South Australia von der Yorke Peninsula einschließlich Kangaroo Island und des Nordostens der Eyre Peninsula ostwärts bis in den Norden der Mount Lofty Ranges, zum Unterlauf des Murray River und in den Bordertown-Distrikt. Die Unterart wurde auf Tasmanien eingeführt (einschließlich Flinders Island). Verwilderte Populationen haben sich in Südost-Queensland, im Osten von New South Wales und in der Umgebung der größeren Städte einschließlich Sydney, Melbourne und Adelaide etabliert.

4. *Cacatua sanguinea westralensis* (Mathews)

Ducorpsius sanguineus westralensis Mathews, Bds Aust., 6, 1917, S. 211 (Murchison River, Western Australia)

ADULTE

Wie *gymnopis*, die Zügel sind jedoch leuchtender orangerot gefärbt und die im Gefieder verborgenen Basen der Kopf-, Hals-, oberen Brust- und Vorderrückenfedern sind noch stärker orangerot verwaschen; es sind sogar die Federbasen der Körperunterseite bis zu den Schenkeln schwach rötlich überlaufen; das Gelb auf der Unterseite der Schwung- und äußeren Steuerfedern ist etwas dunkler; Körpermasse der Männchen 420-590 g, der Weibchen 450-550 g.

20 männl. Exemplare:	Flügel 265-287 (276,3) mm	Schwanz 128-147 (137,7) mm
	Oberschnabel 29-34 (31,7) mm	Lauf 23-28 (25,0) mm
28 weibl. Exemplare:	Flügel 251-278 (267,6) mm	Schwanz 127-143 (133,6) mm
	Oberschnabel 27-32 (30,1) mm	Lauf 24-27 (25,6) mm

Isoliertes Vorkommen in Küstennähe und im Landesinneren von Western Australia von den südlichen Ausläufern der Great Sandy Desert südwärts durch die Pilbara-Region und den nördlichen Weizengürtel bis Jurien Bay und zum Moora-Distrikt, in Ausnahmefällen auch bis etwa Toodyay und Kellerberrin. Im Osten reicht das Verbreitungsgebiet bis etwa zum 123. östlichen Längengrad mit Nachweisen von Durba Spring und Lake Carnegie. Irrgast auf den Houtman Abrolhos Islands. Eine etablierte Population verwilderter Nacktaugenkakadus in der Umgebung von Perth setzt sich möglicherweise aus Vögeln dieser Unterart und von *gymnopis* zusammen. Diese stammen von entflogenen Käfigvögeln.

ALLGEMEINES

Vermutlich war der erste australische Papagei, der von einem Europäer gesehen und beschrieben wurde, ein Nacktaugenkakadu. Am 22. August 1699 besuchte der englische Abenteurer William Dampier eine der kleinen Inseln vor der Westküste, die heute unter der Bezeichnung Dampier Archipelago bekannt sind. In seiner *Voyage to New Holland*, die 1703 veröffentlicht wurde, beschreibt er die Vögel, die er auf der Insel gesehen hatte, als „... einige Kormorane, Möwen, Reiher usw., wenige Landvögel und eine Art Weißer Papageien, die in großer Zahl gemeinsam umherflogen." Diese Weißen Papageien waren Nacktaugenkakadus, die heute noch auf diesen Inseln vorkommen.

Dass die großen Schwärme sich jeden Abend auf gemeinschaftlichen Schlafbäumen in der Nähe von Wasserlöchern versammeln, war auch den Aborigines gut bekannt. Später wurde dieses Wissen von Entdeckern und Pionieren der Kolonisierung Australiens als verlässlicher Hinweis auf die Gegenwart von Wasser genutzt. 1878 fand Price FLETCHER eine große Wasserstelle, indem er einem riesigen Schwarm zu seinem Schlafplatz folgte. Dort schätzte er die Anzahl der Vögel, in dem er einen Baum auszählte und diesen Wert mit der Anzahl der besetzten Bäume multiplizierte. Zur Beschreibung der Szene schrieb er: „Oh, dieser Lärm, dieser furchtbare Lärm, als ich unter den Bäumen hindurch zum Rand der Wasserstelle ritt! Was für ein Stimmenwirrwarr, was für ein unablässiges Gekreisch, was für eine wirbelnde, fliegende, sich bewegende Masse von Lärm; 50.000 Kakadus, die allesamt zur selben Zeit schrien! Versuchen Sie, lieber Leser, sich dies nur für einen Augenblick vorzustellen, und Sie werden sich unweigerlich mit den Fingern die Ohren zuhalten." In vielen Gebieten des gewaltigen Verbreitungsgebietes sind auch heute noch solche Erfahrungen mit großen Schwärmen möglich.

HABITATE

Nacktaugenkakadus kommen in einer Vielzahl bewaldeter Lebensräume an beiden Küstenregionen sowie in ariden und semiariden Gebieten vor. Selten entfernen sie sich weit von permanenten Wasserquellen. Im Norden Australiens zählen die Vögel zu den regelmäßigen Bewohnern der Küstenmangroven oder des ästuarinen Schwemmlands mit dichten Beständen von *Melaleuca*-Bäumen. Im trockenen australischen Inland zählt die Art zu den Charaktervögeln der baumgesäumten Wasserläufe. Von hier aus fliegen sie zu den Futtergebieten im umgebenden Mallee, offenen Buschland oder *Atriplex*-Salzbuschebenen. Sie finden sich oftmals zu großen Schwärmen auf Acker- oder Weideland zusammen und sind in der Umgebung von Farmgebäuden und Viehhöfen ein vertrauter Anblick.

Laut STORR (1980) suchen die Nacktaugenkakadus in der Kimberley Division von Western Australia häufig Grasland mit spärlichem Baumbewuchs auf, das sich in den semiariden und ariden Zonen überwiegend im Bereich größerer Wasserläufe befindet. Während Felduntersuchungen im Ord-River-Distrikt in der Kimberley Division, die zwischen Juli 1970 und November 1973 stattfanden, stellte BEETON fest, dass diese Corellas flussnahe *Adansonia-Eucalytus*-Savanne mit hochwüchsigen Gräsern als Bodendeckern und das angrenzende ausgedehnte Weideland mit mehrjährigen Grasarten bevorzugten (*pers. Mittlg.* 1987). Wird örtlich die Nahrung knapp, sind die Kakadus gezwungen, in weniger bevorzugte Habitate zu ziehen; dazu zählten das *Eucalyptus-Acacia*-Buschland mit niedrig wachsenden Gräsern als Bodendecker. Beobachtungen an anderen Orten in der Kimberley Division unterstützen die von BEETON festgestellten Habitatpräferenzen. Im August 1974 wies man die Nacktaugenkakadus bei einer biologischen Bestandsaufnahme im Prince Regent River Reserve, ebenfalls in der Kimberley Division, überwiegend entlang den Wasserläufen nach, obgleich zwei Jahre zuvor an der gleichen Untersuchungsstelle große Schwärme in den Mangroven und den benachbarten Baumsavannen beobachtet worden waren (STORR *et al.* 1975).

Im Northern Territory kommen die Nacktaugenkakadus vor allem in der Umgebung von Galeriewäldern und Lagunen im offenen oder spärlich mit Bäumen bewachsenen Grasland einschließlich Reisfeldern vor. Sie sind aber auch in den Mangroven und auf den Riedgrasebenen präsent (STORR 1977). Im Keep River National Park im Nordwesten des Northern Territory an der Grenze zu Western Australia wies man bei Freilanduntersuchungen zwischen Ende 1981 und Mitte 1982 die Nacktaugenkakadus wie auch die Rosakakadus (*Eolophus roseicapilla*) in allen Lebensräumen nach; lediglich in Sandsteingebieten mit Spinifex-Bewuchs (*Triodia*) waren sie selten (MCKEAN 1985). BOEKEL (1980) stellte fest, dass die Nacktaugenkakadus bei Victoria River Downs Station und in den angrenzenden Gebieten im Bereich des Zusammenflusses von Wickham River und Victoria River, ebenfalls im Nordwesten des Northern Territory, zwischen Februar 1975 und Dezember 1977 in der Nähe von Sorghum-Feldern und Höfen sesshaft waren, auf denen zahlreiche Sorghum-Samen verstreut lagen. Anderorts suchten die Vögel ufernahe Eukalypten als Schlafbäume auf und konnte nur selten abseits der Flüsse beobachtet werden. Auch im Kakadu National Park im Norden des Northern Territory stellte ich eine enge Beziehung der Kakadus mit den baumgesäumten Wasserläufen oder Billabongs fest. In der offenen Baumsavanne oder abseits der Wasserstellen stieß ich nur selten auf sie. Auf Groote Eylandt, vor der Westküste des Gulf of Carpentaria gelegen, beobachtete man die Nacktaugenkakadus vom Dezember 1971 bis Februar 1972 sowie von Februar bis Juni 1973 bei der Nahrungsaufnahme in offenen Wäldern, weit entfernt von Lichtungen (HASELGROVE 1975).

STORR (1984b) wies darauf hin, dass die Art im äußersten Norden von Queensland in der Umgebung von ästuarinen Mangroven und Galeriewäldern gefunden wurde. Andernorts in diesem Bundesstaat suchen die Vögel überwiegend grasbewachsenes Tiefland in der Umgebung von Galeriewäldern auf und sind auch auf abgeernteten Sorghum-Feldern vertreten. In der Umgebung des Edward River Settlement (an der Westküste der Cape York Peninsula) im äußersten Norden von Queensland, entfernten sich die Nacktaugenkakadus zwischen 1974 und 1983 nie weit von der Küste (GARNETT & BREDL 1985). In den Mangroven des Archer-River-Ästuars, ebenfalls im Westen der Cape York Peninsula, stieß man häufiger auf große Schwärme (THOMSON 1935), während an der Ostküste (bei Marina Plains Station an der Princess Charlotte Bay) Einheimische berichteten, dass diese Corellas am verbreitetsten in den Mangroven der Küstenregion seien (*pers. Mittlg. an* COOPER 1998). Bei Noonbah Station am Oberlauf des Thomson River, Südwest-Queensland, entdeckte COOPER Nacktaugenkakadus in Bäumen entlang den saisonalen Wasserläufen oder dem Ufer angestauter Seen sowie in der Umgebung der Farmgebäude oder Viehhöfe. Man erzählte ihm, dass die Art in den trockeneren Arealen lokal vom Inkakakadu (*Cacatua leadbeateri*) ersetzt werde (*pers. Mittlg.* 1998).

In New South Wales sind die Nacktaugenkakadus häufige Bewohner von Grasland, Ackerland, Baumsavannen und feuchten Sklerophyllwäldern (MORRIS *et al.* 1981). In den westlichen Distrikten sind sie eng mit den Galeriewäldern verbunden; von hier aus fliegen sie zur Nahrungsaufnahme in das nah gelegene aride Buschland, Mallee oder in die *Atriplex*-Salzbuschebenen. In Richtung Osten sieht man die Vögel immer häufiger auf Farm- oder Weideland mit Restbeständen von Eukalypten, während entlang dem Küstentiefland verwilderte Populationen in oder im Umfeld der großen Städte vorkommen. Dort findet man sie in Parks, auf Sportplätzen und in Gärten, oftmals in Strandnähe. Im Westen von New South Wales entdeckte ich gelegentlich Schwärme im trockenen Mallee und in ariden *Callitris-Melaleuca*-Savannen, weit von den Wasserstellen entfernt. Diese Beobachtungen würden die Behauptung von BEETON unterstützen, dass die Nacktaugenkakadus in unregelmäßigen Abständen schwarmweise die Randbereiche ihrer Lebensräume aufsuchen. In Nordwest-Victoria kommen die Corellas überwiegend auf bewaldetem Farmland, in trockenen Baumsavannen und Beständen des *River Red Gum* (*Eucalyptus camaldulensis*) vor, besonders entlang den Flüssen und am Rande von Süßwasserfeuchtgebieten, aber kleine Trupps lassen sich auch unregelmäßig in einer Vielzahl anderer Habitate andernorts in Victoria beobachten (EMISON *et al.* 1987). In den Überschwemmungsgebieten des Murray River und seiner Nebenflüsse fand ich die Nacktaugenkakadus recht häufig in den Beständen des *River Red*

Gum. Zu den Lebensräumen, in denen die Art in Zentral- und Süd-Victoria nachgewiesen wurde, zählen laut JARMAN (1979) auch Marschland, Stoppelfelder, Ackerland und gepflügte Felder. Ich habe die Nacktaugenkakadus bei zahlreichen Gelegenheiten in verschiedenen Regionen von South Australia beobachtet, insbesondere entlang oder in der Nähe des Unterlaufs des Murray River und seiner Nebenflüsse. In diesen Gebieten ist die Art eng mit dem Vorkommen des *River Red Gum* entlang den Flüssen und kleineren Wasserläufen sowie an Rändern angestauter Seen von Farmen verbunden. Im Süden der Flinders Ranges habe ich Nacktaugenkakadus auf gepflügten Feldern und Weidekoppeln gesehen, bei Morgan am Unterlauf des Murray River und bei Quorn im Süden der Flinders Ranges beobachtete ich große Schwärme bei der Nachtruhe in den Eukalypten des Stadtzentrums. BADMAN (1979) stellte fest, dass man die Vögel im äußersten Norden von South Australia, in den südlichen und östlichen Einzugsgebieten des Lake Eyre, oft in den Bäumen in der Nähe von Wasser oder bei der Nahrungsaufnahme im offenen Gelände sehen kann, einschließlich der Farmgebäude und Eisenbahngleise. Innerhalb und in der Umgebung der Willouran Ranges, ebenfalls im Norden von South Australia, suchen die Kakadus häufig die angrenzenden offenen Ebenen auf, wo *Coolibahs* (*Eucalyptus microthera*) die Wasserläufe säumen. Hin und wieder sieht man die Vögel auch in den *River Red Gums* entlang den großen felsigen Wasserläufen der Ranges, möglicherweise ihr bevorzugtes Bruthabitat (BADMAN 1981). Die Nacktaugenkakadus sind im Adelaide-Distrikt zwar verstreut verbreitet, kommen aber weithin sowohl in den Hügellandschaften als auch in den Küstenregionen vor, darüber hinaus entlang dem Torrens River. Man hat schon Schwärme bei der Nahrungsaufnahme in den Erholungsgebieten der Vororte beobachtet. Bestandsaufnahmen im Südosten von South Australia, die zwischen Mai 1982 und Juni 1983 durchgeführt worden waren, ergaben 35 Sichtungen von Nacktaugenkakadus, davon 18 in Eukalyptus-Savannen, vor allem in *River Red Gum*, acht auf Weideland, vier auf Stoppelfeldern, drei auf gepflügten Feldern oder auf Feldern mit keimendem Getreide sowie jeweils ein Nachweis auf einem Golfplatz und entlang einer Straße (BEARDSELL & EMISON 1985). BAXTER (1995) wies darauf hin, dass die Art auf Kangaroo Island, südliches South Australia, in den ufernahen Eukalypten brütet und in den benachbarten offenen Landschaften nach Nahrung sucht, insbesondere in der Umgebung von Kingscote, wo man große Schwärme auf Weideland, bei Getreidesilos oder in privaten Gärten beobachten kann.

Laut STORR (1984a) kommen die Nacktaugenkakadus in der Pilbara-Region, Western Australia, überwiegend in den Galeriewäldern oder im Küstentiefland vor, wo sich Galerien von *River Red Gum* mit spärlich baumbestandenem Grasland abwechseln. Die Vögel kommen aber auch in den Städten oder in der Umgebung von Farmgebäuden vor. Auch im Süden, in der Gascoyne-River-Region, sind sie in Eukalypten entlang den größeren Flüssen oder in der Umgebung von ständig wasserführenden Altarmen weit verbreitet, sofern diese von *River Red Gum* gesäumt sind. Schwärme werden von vielen Stations angelockt, wohingegen sie am östlichen Ende des Verbreitungsgebietes im mittleren Westen von Western Australia von der Verfügbarkeit von Wasser abhängig sind. Daher stammen die meisten Nachweise von Altarmen, die von *River Red Gum* gesäumt wurden und von Stations (STORR 1985a, 1985b). Nördlich von Carnarvon sind die Nacktaugenkakadus in oder in der Umgebung der Städte auffällig; hier fressen sie in den Straßen und in den Gärten auf dieselbe Art und Weise, wie es verwilderte Tauben tun (SERVENTY & WHITTELL 1976). Weiter im Süden, im Weizengürtel von Südwest-Australien, bewohnen die Kakadus Landschaften mit spärlichem Baumbewuchs, besonders Farmland, und halten sich stets in der Nähe von verlässlichen Wasserquellen auf, wo hochwüchsige Baumarten wie *River Red Gum* als Brutbäume zur Verfügung stehen (STORR 1991).

Auf Tasmanien konzentriert sich die verwilderte Population in den Midlands, wo die Kakadus häufig das Farmland aufsuchen (siehe BROWN & HOLDSWORTH 1992).

An den äußersten Enden des Verbreitungsgebietes und in den Lebensräumen am Rand der Wüsten sind die Nacktaugenkakadus mitunter sehr verstreut verbreitet und wenig häufig, andernorts hingegen zahlreich. Wie auch der Rosakakadu (*Eolophus roseicapilla*) hat diese Art von der Zunahme der Futterressourcen und Wasserstellen profitiert, die mit der Ausdehnung der Vieh- und Weidewirtschaft in den ariden Gebieten Australiens einherging. Verwilderte Populationen, die von entflogenen oder freigelassenen Volierenvögeln abstammen, dehnen sich in vielen Regionen Ost-Australiens einschließlich Tasmaniens und der Umgebung der Metropolen aus. In einigen Distrikten ist es schwierig zu unterscheiden, ob das Auftauchen der Nacktaugenkakadus auf eine natürliche Ausdehnung des Verbreitungsgebietes oder auf die Freilassung von Volierenvögeln zurückzuführen ist.

SERVENTY und WHITTELL (1976) wiesen darauf hin, dass die Nacktaugenkakadus im Nordwesten Australiens die häufigsten „Weißen Kakadus" seien, die sich hin und wieder in

1 Nacktaugenkakadu
Cacatua sanguinea sanguinea
ANWC 16474 adult, Männchen
Cannon Hill, Northern Territory
23. Juli 1973

2 Nacktaugenkakadu
Cacatua sanguinea westralensis
ANWC 36185 adult, Männchen
30 km nordöstlich von Mingenew
Western Australia
26. Juli 1978

gewaltigen Schwärmen beobachten lassen. Laut Storr (1980) ist die Art in der Kimberley Division von Western Australia ein sehr häufiger Vogel des Tieflands im Bereich der größeren Wasserläufe der ariden und semiariden Regionen. Im Gegensatz zu einigen Distrikten an der Küste sind sie in der semihumiden Zone nicht sehr häufig anzutreffen. Auch auf den Inseln im Nordwesten der Kimberley Division sind die Kakadus wenig häufig, wie eine Bestandsaufnahme während der Trockenzeiten von 1971 bis 1973 zeigte, weiter südlich, auf Koolan Island, waren die Vögel jedoch zwischen 1983 und 1993 häufig (Smith *et al.* 1978, McKenzie *et al.* 1995). Im Northern Territory sind die Populationsdichten lokal sehr unterschiedlich: In manchen Regionen ist die Art sehr häufig und manchmal in riesigen Schwärmen anzutreffen (Storr 1977). Bei Expeditionen zur Bestandserfassung auf der Cobourg Peninsula (im äußersten Norden des Northern Territory), die zwischen 1961 und 1968 stattfanden, stellte man fest, dass die Nacktaugenkakadus dort nur sporadisch auftraten. Es gelangen nur zwei Nachweise mit insgesamt fünf Exemplaren. Als möglichen Grund für diese überraschend niedrigen Abundanzen vermutete man das Fehlen offener Flächen (Frith & Hitchcock 1974). Weiter in Richtung Osten, im Kakadu National Park, stellte ich fest, dass diese Corellas lokal recht verstreut verbreitet, in geeigneten Lebensräumen jedoch recht zahlreich waren. Auf Groote Eylandt, vor der Westküste des Gulf of Carpentaria gelegen, waren die Nacktaugenkakadus von Dezember 1971 bis Februar 1972 und von Februar bis Juni 1973 zahlreicher als die Gelbhaubenkakadus (*Cacatua galerita*). Weiter südlich, auf den Inseln der Sir-Edward-Pellew-Gruppe, ist ihr Verbreitungsgebiet hingegen eingeschränkter: Die einzigen Nachweise stammen von South West Island (Haselgrove 1975, Keith 1968).

Laut Storr (1973a) sind die Nacktaugenkakadus in Queensland generell häufig, obgleich die Abundanzen örtlich und jahreszeitlich sehr stark schwanken können. Einheimische berichteten, dass die Vögel bei Marina Plains Station an der Princess Charlotte Bay im Osten der Cape York Peninsula, sehr zahlreich seien (*pers. Mittlg.* an Cooper 1998). Sie sind im Mount-Isa-Distrikt, Nordwest-Queensland, häufig und das ganze Jahr über anwesend, meist in großen Schwärmen (Horton 1975). Während einer Dürreperiode im September 1965 wurden entlang der 143 km langen Straße zwischen Burketown und Camooweal, Nordwest-Queensland, 0,06 Exemplare pro Kilometer gezählt, auf den 504 km zwischen Camooweal und Tennant Creek, Northern Territory, 0,14 Exemplare, wobei der letzte Wert ausschließlich auf den letzten 113 km entlang der Straße in geeignetem Habitat ermittelt worden war (Brereton 1977). Im Rockhampton-Distrikt an der Küste von Zentral-Queensland sind die Nacktaugenkakadus wenig häufige Durchzügler (Longmore 1978). Bei drei Besuchen im Currawinya National Park, Südwest-Queensland, zwischen Juli 1992 und November 1993 stellten Ley und Davie (1995) bemerkenswerte Schwankungen in der Populationsdichte fest: Während des ersten Aufenthaltes konnte nur sehr wenige Exemplare nachgewiesen werden, beim nächsten Besuch war die Art überaus häufig. Es gibt mehrere Nachweise von verschiedenen Stellen in den Darling Downs, Südwest-Queensland, wo sich diese Art vermutlich etablieren wird. Ein Schwarm mit elf Exemplaren wurde im Logan Reserve, etwa 30 km südlich vom Stadtzentrum von Brisbane, entdeckt (Storr 1984b, Dawson *et al.* 1991).

Nacktaugenkakadus sind in New South Wales sehr zahlreich. Ihr natürliches Verbreitungsgebiet dehnt sich nach Osten aus, und man verzeichnet darüber hinaus eine Zunahme der Individuenzahlen der verwilderten Populationen, die sich mittlerweile entlang dem Küstentiefland fest etabliert haben. Ich konnte die Art westlich des Darling River recht zahlreich beobachten; im letzten Jahrzehnt haben die Vögel ihr Verbreitungsgebiet nach Osten ausgedehnt und werden nun in Distrikten häufiger, in denen sie früher nicht oder nur selten vorkamen. Im Cobar-Distrikt (im mittleren Westen von New South Wales) konnte man zwischen 1968 und 1978 höchst vereinzelt vagabundierende Schwärme entdecken, die selten in Regionen im Osten der Überschwemmungsflächen des Darling River vordrangen (Schmidt 1978). Heute sind die Vögel in diesem Distrikt recht häufig, und ihre Individuenzahl nimmt zu. Schwärme mit mehr als 50 Exemplaren werden mittlerweile regelmäßig beobachtet (Chapman *pers. Mittlg.* 1998).

Hoskin (1991) dokumentierte die Etablierung und Ausdehnung der verwilderten Populationen in und um Sydney. Die ersten Brutnachweise stammten aus Gebieten am westlichen Stadtrand, 1954 bei Riverstone und 1956 bei Richmond. 1981 wurden bei Richmond bereits über 200 Vögel gezählt, in den übrigen, weit verstreut liegenden Vororten von Sydney gab es kleinere Vorkommen. Ihre Zahl stieg unaufhörlich an. Heute sind die Nacktaugenkakadus häufige und auffällige Bewohner sowohl in den küstennahen als auch in den landeinwärts liegenden Vororten. Auch andernorts entlang dem Küstentiefland vom Tal des Tweed River und Kyogle südwärts bis Moruya konnten sich verwilderte Populationen etablieren, mit örtlich steigenden Individuenzahlen (siehe Morris & Burton 1997).

JARMAN (1979) dokumentierte die Ausbreitung der Art in Victoria. Der erste authentische Nachweis von 1951 stammt aus dem trockenen Nordwesten. Es folgten im Laufe der Jahre eine stetige Ausdehnung des Verbreitungsgebietes und eine Zunahme der Individuenzahlen. In den frühen 70er konnte man Schwärme in weiten Teilen des Nordwestens beobachten, kleine Trupps hatten den Horsham-Distrikt erreicht, und ein Brutnachweis wurde aus der Umgebung von Benalla in Nordost-Victoria gemeldet. Das nicht weit davon entfernte Goulburn-River-Tal wurde Mitte der 70er Jahre kolonisiert, und im Juli 1978 sichtete man nur 25 km nördlich von Melbourne sechs Vögel in einem gemischten Schwarm mit Gelbhaubenkakadus (*Cacatua galerita*) und Nasenkakadus (*C. tenuirostris*). Die Besiedlung von Nordwest-Victoria war zweifellos die Folge einer natürlichen Ausdehnung des Verbreitungsgebietes; für die Etablierung von Populationen bei Melbourne und in Ost-Victoria sind wahrscheinlich entflogene oder freigelassene Volierenvögel verantwortlich, insbesondere am Wingan River in Ost-Gippsland, wo man im Dezember 1977 vier Nacktaugenkakadus entdeckte. Die ersten Nachweise dieser Art auf Tasmanien stammen von 1982, als einzelne Vögel bei Lauderdale im Süden und am Tamar River im Norden entdeckt wurden. Der Trupp von sechs Exemplaren bei Bicheno im Nordosten der Insel war höchstwahrscheinlich aus einem örtlichen Vogelpark entflogen (BROWN & HOLDSWORTH 1992). Ende Oktober 1983 sah man in der Nähe von Ross in den Midlands 35 Nacktaugenkakadus bei der gemeinsamen Nahrungsaufnahme mit Gelbhaubenkakadus (*Cacatua galerita*). Der Grundbesitzer wusste von der Anwesenheit der Vögel auf seinem Land seit etwa zehn Jahren und ging davon aus, dass der Schwarm auf ein einzelnes Paar zurückzuführen war (GREEN 1984b). Bei Powranna, ebenfalls in den Midlands, hatten sich im Mai 1989 etwa 100 Corellas einer großen Anzahl Gelbhaubenkakadus angeschlossen und machten sich an einer Viehfutterstelle über Getreidekörner her. Nacktaugenkakadus sind auf Tasmanien mittlerweile fest etabliert, und Peter BROWN erzählte mir, dass vor nicht allzu langer Zeit ein Schwarm mit 280 Vögeln im Powranna-Distrikt gesehen wurde (*pers. Mittlg.* 1998).

Auch in South Australia haben die Nacktaugenkakadus ihr Verbreitungsgebiet bemerkenswert weit nach Süden und in den Weizengürtel von Südwest-Australien ausdehnen können. Die Art zählt zu den auffälligen und häufigen Bewohnern der ariden Regionen im Nordosten von South Australia, besonders der Flinders Ranges bis zum Lake-Eyre-Becken. In den frühen 50er Jahren des vorigen Jahrhunderts drangen die Nacktaugenkakadus in den Süden vor, zogen entlang dem Murray River südwärts bis etwa zum Lake Alexandrina. Innerhalb weniger Jahre hatte sich im Swan-Reach-Distrikt eine Population von etwa 200 Exemplaren aufgebaut (BOEHM 1960). Anschließend kolonisierten die Kakadus die Mount Lofty Ranges und die Adelaide Plains, wo bereits seit etwa 1910 eine eingeführte Population im Buckland Park existierte. In den 70er Jahren erreichte die Expansion des Verbreitungsgebietes die Fleurieu Peninsula und den Norden der Eyre Peninsula (FORD 1985). Bei der Zusammenstellung der „Atlas"-Daten 1984/85 stellte man fest, dass die Art in der Region um Adelaide weiter verbreitet war als bei der Erfassung der Daten 1974/75 (PATON *et al.* 1994). BEARDSELL und EMISON (1985) bestätigten die Ausdehnung des Verbreitungsgebietes nach Süden auch für den Südosten von South Australia mit Sichtmeldungen, die südwärts bis nach Kalangadoo reichten. Laut BAXTER (1995) wurden die ersten Nacktaugenkakadus auf Kangaroo Island, südliches South Australia, Mitte September 1969 entdeckt. Es handelte sich um vier Vögel bei Cygnet Bay. Im Januar 1971 beobachtete man einen Schwarm von mehr als 15 Exemplaren in der Nähe von Kingscote; heutzutage lassen sich an dieser Stelle regelmäßig Schwärme mit mehr als 200 Kakadus nachweisen.

Im Zentrum von Western Australia, von der Pilbara-Region südwärts bis zum Murchison River, ist die Art häufig bis sehr häufig. Lediglich an der östlichen Verbreitungsgrenze am Rande der Gibson Desert und der Great Victoria Desert sind die Vögel selten oder fehlen. Auch in Western Australia ließ sich eine Südausdehnung des Verbreitungsgebietes als Folge der zunehmenden Weidewirtschaft nachweisen (STORR 1984a, 1985a, 1985b). FORD (1985) wies darauf hin, dass die Nacktaugenkakadus seit den 50er Jahren überaus häufige Bewohner des nördlichen Weizengürtels im Südwesten von Western Australia sind und in den zentralen Weizengürtel vordringen konnten. Die Art wird ihr Verbreitungsgebiet sicherlich noch weiter südwärts ausdehnen und möglicherweise einen noch stärkeren Konkurrenzdruck für die Wühlerkakadus (*Cacatua pastinator*) erzeugen (SAUNDERS *et al.* 1985). STORR (1991) bemerkte, dass die Nacktaugenkakadus Ende der 70er Jahre in der Umgebung von Mingenew häufig anzutreffen waren und die Wühlerkakadus verdrängt hatten. Auf einem Grundstück etwa 16 km westlich von Morawa wiederholte sich in den frühen 80er Jahren diese Verdrängung der Wühlerkakadus.

Nacktaugenkakadus sind in South Australia nicht gesetzlich geschützt, in einigen Landkreisen von Western Australia werden die Vögel von Farmern getötet, um Ernteschäden vorzubeugen. Anderorts in Australien genießt die Art gesetzlichen Schutz.

VERHALTEN

Nacktaugenkakadus sind lärmende und auffällige Vögel, die sich gewöhnlich zu Schwärmen zusammenschließen; ihre Größe kann mitunter sagenhafte Ausmaße annehmen. So wiesen SERVENTY und WHITTELL (1976) auf einen Schwarm hin, der bei Wyndham in der Kimberley Division von Western Australia beobachtet worden war und aus 60.000 bis 70.000 Exemplaren bestand. Im August-September 1980 schätzte man die Größe eines Schwarms bei Sandringham Station, Südwest-Queensland, auf mehr als 6.000 Vögel. Bei der Nahrungsaufnahme verteilten sich die Kakadus auf einer Länge von über einem Kilometer über den Boden (SCHRADER 1981). Die nächtlichen Schlaf- oder mittäglichen Ruhebäume solch großer Schwärme werden von den Vögeln oftmals völlig entlaubt. In den Städten ergreift man daher häufig Maßnahmen, um die Vögel zu zwingen, ihre Schlaf- oder Ruheplätze aufzugeben. Im Edward River Settlement im Westen der Cape York Peninsula, Nord-Queensland, entlaubte im Oktober 1983 ein Schwarm von über tausend Nacktaugenkakadus einen *Melaleuca-leucadendron*-Baum, den die Vögel als Schlafplatz ausgewählt hatten (GARNETT & BREDL 1985). Bei Felduntersuchungen, die zwischen Juli 1970 und November 1973 im Osten der Kimberley Division von Western Australia stattfanden, fand man heraus, dass es einen Zusammenhang der Schwarmbildung mit der lokalen Verfügbarkeit des Futters gab. Unter natürlichen Bedingungen zogen dort die Corellas in großen Schwärmen auf der Suche nach zeitweiligen und verstreut liegenden Nahrungsressourcen umher. Von Mai bis Oktober hingegen, wenn die Samen der mehrjährigen Gräser gewöhnlich im Überfluss vorhanden waren, zerstreuten sich die großen Wanderschwärme in kleinere und mehr sesshafte Schwärme mit weniger als hundert Exemplaren bis wenigen tausend Vögeln. Der ganzjährige Anbau von Sorghumhirse hatte diesen jahreszeitlichen Rhythmus der Vögel jedoch erheblich verändert. Als in den Regionen mit ursprünglicher Vegetation die Nahrung knapp wurde, schlossen sich die umherziehenden Trupps schnell zu einem riesigen Schwarm mit schätzungsweise 32.000 Exemplaren zusammen, und dieser wurde in dem Distrikt als große Bedrohung für die Landwirtschaft angesehen (BEETON 1985). BEETON stellte bei seinen Felduntersuchungen darüber hinaus fest, dass jeder Schwarm etwa zu 20 % aus Brutpaaren, zu 50 % aus nicht brütenden Paaren, 20 % aus unverpaarten Vögeln und 10 % aus Jungvögeln der letzten Brutsaison bestand. Die Brutpaare, die grundlegende soziale Einheit der Population, bildeten stets einen leicht erkennbaren Bestandteil eines Schwarms. Zu Beginn der Brutzeit verließen die Paare den Schwarm, um zu brüten, und kehrten später mit ihren flüggen Jungvögeln wieder zu ihm zurück.

Nacktaugenkakadus verbringen ihre Nachtruhe stets auf Bäumen in der Nähe von Wasser. Die Schlafbäume sehen oftmals so aus, als ob ihre Äste weiße Blätter trügen, wenn die Vögel am Abend dicht gedrängt auf jedem verfügbaren Zweig ihre Plätze eingenommen haben. Ihre rauen Schreie erreichen eine ohrenbetäubende Lautstärke, wenn die Kakadus um die besten Ruheplätze streiten und von Ast zu Ast flattern, bevor sie sich endgültig zur Nachtruhe begeben. Nacktaugenkakadus sind sehr früh am Morgen aktiv und haben deutlich vor Sonnenaufgang damit begonnen, ihre Schlafbäume zu verlassen. Zunächst stillen sie an einer Wasserstelle ihren Durst, danach fliegen Schwärme weiter zu den offenen Baumsavannen oder zum offenen Buschland, wo sie die meiste Zeit des Vormittags mit der Nahrungsaufnahme verbringen. Wenn ein großer Schwarm am Boden frisst, bewegen sich alle Vögel in dieselbe Richtung, wobei die rückwärtigen regelmäßig auffliegen, um ganz nach vorn zu gelangen. In der Mittagszeit legen die Kakadus eine Pause in den Baumkronen ein; dort vertreiben sie sich ihre Zeit mit dem Abbeißen der Blätter oder dem Schälen der Rinde. Am späten Nachmittag widmen sie sich erneut der Nahrungsaufnahme, suchen dann zum Trinken eine Wasserstelle auf und kehren mit Sonnenuntergang zu den Schlafbäumen zurück.

Es gibt zahlreiche Berichte, in denen das oft zu sehende, ausgelassene Spielverhalten dieser Corellas beschrieben wird. Man hat Vögel beobachtet, die auf dem Rücken am Boden lagen und mit ihren nach oben gerichteten Füßen Zweige oder Steine drehten oder wendeten. Manchmal heben die Kakadus auch Steine auf und werfen sie mit einer ruckartigen Kopfbewegung zur Seite. Rex und Lila SHARROCK (1981) beobachteten im September 1979 bei einem Wasserloch bei Cooper's Creek in der Nähe von Innamincka, South Australia, etwa eine Stunde lang am späten Morgen das Treiben von etwa 20 Nacktaugenkakadus. Die Vögel hatten sich auf einer Sandbank versammelt, an der sich aufgrund des starken böigen Windes etwa 15 cm hohe Wellen auf der gesamten Länge des Wasserlochs brachen. Die Vögel schienen mit den Wellen zu spielen. Sie duckten sich, damit sich das Wasser über ihren Köpfen brechen konnte, oder richteten erst einen Flügel, danach den anderen quer zur Wellenfront auf. Gelegentlich wurde ein Vogel dabei von einer Welle erfasst und auf den Sand befördert. Die ganze Zeit über gaben die Kakadus kurze Kreischlaute von sich. DABB (1996) berichtete über das Spielverhalten eines Trupps von etwa sechs Vögeln in Canberra. Die Hauptbeschäftigung der Vögel bestand darin, sich mit den Schnäbeln an lose Drähte oder Kabel von Laternenmasten oder des Glockenturmdaches einer Kathedrale zu hängen und zu baumeln. Ebenfalls in Canberra hat man lautstarke Auseinandersetzungen mit Australischen Königssittichen (*Alisterus scapularis*) und Dickschnabel-Würgerkrähen (*Strepera graculina*) sowie etwas weniger heftige Konflikte mit Gelbhaubenkakadus (*Cacatua galerita*) und Helmkakadus (*Callocephalon fimbriatum*) beobachtet. Es ist bemerkenswert, dass sowohl diese Auseinandersetzungen mit anderen Vogelarten als auch die Neigung, gemischte Futterschwärme – gewöhnlich mit Gelbhaubenkakadus, Nasenkakadus (*Cacatua tenuirostris*) oder Rosakakadus (*Eolophus roseicapilla*) – zu bilden, bei den verwilderten Populationen besonders ausgeprägt ist.

WANDERUNGEN

In den meisten Teilen ihres Verbreitungsgebietes sind die Nacktaugenkakadus das ganze Jahr über präsent. Großflächige saisonale Wanderungen sind bisher noch nicht beschrieben worden (siehe Blakers *et al.* 1984). Es gibt jedoch Nachweise von lokalen Wanderbewegungen, möglicherweise von Immaturen oder nicht brütenden Adulten. In manchen Distrikten scheinen diese Ortwechsel jahreszeitlicher Natur zu sein, andernorts hingegen offensichtlich unregelmäßig und durch die vorherrschenden klimatischen Bedingungen beeinflusst zu werden. Bei Felduntersuchungen im Osten der Kimberley Division von Western Australia, die zwischen Juli 1970 und November 1973 stattfanden, stellte man fest, dass die Nacktaugenkakadus von Oktober bis Dezember vom Hinterland zu einer Beobachtungsstelle an der Küste zogen und von Mai bis August wieder zurückkehrten (Beeton 1985). Im Edward River Settlement im Westen der Cape York Peninsula, Nord-Queensland, nahm die Zahl der Nacktaugenkakadus während der Trockenzeit zu, bis im Oktober etwa 60 Vögel anwesend waren (Garnett & Bredl 1985). Im Yowah-Distrikt, Südwest-Queensland, war die Art im August 1977 häufig, im Juli 1980 und Oktober 1981 hingegen selten (Sharrock 1982). Nielson (1969) fasste das Vorkommen der Nacktaugenkakadus in den Darling Downs, Südost-Queensland, zusammen und vermutete, dass es einen Zusammenhang mit dem Erscheinen der Vögel und den vorherrschenden klimatischen Bedingungen in den Gebieten westlich der Downs gebe. Boehm (1960) wies darauf hin, dass 1951/52 die Zahl der Nacktaugenkakadus während eines Einfalls nördlicher Spezies in den Süden von South Australia in mehreren südlichen Distrikten anstieg und die Vögel sich am Murray River tiefer im Süden als gewöhnlich niederließen. Ende Juli 1962 entdeckte man einen Schwarm von 50 Nacktaugenkakadus in Gesellschaft von Gelbhaubenkakadus (*Cacatua galerita*) bei den You Yangs, einer Hügelkette nur 50 km südwestlich von Melbourne entfernt und deutlich außerhalb des „normalen“ Verbreitungsgebietes (in Jarman 1979).

FLUG

Der Flug ist ziemlich schnell mit flachen Flügelschlägen. Er wird von kurzen Gleitphasen unterbrochen und ähnelt dem Flug einer Taube. Die Flügelschläge sind tiefer als die der Gelbhaubenkakadus (*Cacatua galerita*), aber zweifellos nicht so tief wie die der Rosakakadus (*Eolophus roseicapilla*). Anhand des charakteristischen Flugbildes ist es also möglich, die drei Arten im Flug zu unterscheiden.

LAUTÄUSSERUNGEN

Der normale Kontaktruf wird regelmäßig im Flug wiederholt. Es handelt sich um einen dreisilbigen, glucksenden *körr-ör-rap... körr-ör-rap... körr-ör-rap...*-Ruf, der mit einer scharfen Anhebung der Tonhöhe endet. Wenn die Vögel gestört werden, geben sie eine Reihe von rauen Kreischlauten von sich. Beeton behauptete, dass die Art mehr als zehn verschiedene Rufe benutze einschließlich eines rauen Alarmrufes, eines zweisilbigen, zitternden Kontaktrufes während des Fluges, einer Reihe von rauen Lautäußerungen, welche die Vögel auf den Schlaf- und Ruhebäumen hören lassen, und verschiedener Balzlaute bei Brutpaaren einschließlich eines selten gehörten Duetts (in Frith 1976). Die Lautäußerungen der Nestlinge beim Schlucken des Futters sind denen der anderen Kakaduarten ähnlich. Die andauernden klagenden und keuchenden Futterbettellaute der Flügglinge sind auch in größerer Entfernung noch zu hören (Courtney 1996, Sindel & Lynn 1989).

Lendon (1979) behauptete, dass die Rufe der Nacktaugenkakadus keine Ähnlichkeit mit denen der Nasenkakadus (*Cacatua tenuirostris*) hätten, ging jedoch nicht weiter auf die Unterschiede ein. Ich bin mit beiden Arten recht vertraut und kann nur feine Unterschiede in ihren Lautäußerungen feststellen; so sind die Rufe der Nasenkakadus etwas hochtoniger und weicher. Beardsell und Emison (1985) bestätigten, dass die Rufe der Nacktaugenkakadus tiefer sind und sich darüber hinaus durch ihre längere Tondauer von anderen Arten unterscheiden.

NAHRUNG

Nacktaugenkakadus ernähren sich von Grassamen und den Samen krautiger Pflanzen, von Nüssen, Früchten, Beeren, Wurzeln oder unterirdischen Sprossknollen, Knospen, Blüten sowie von Insekten und ihren Larven; in der Regel fressen die Vögel am Boden. Gelegentlich nehmen die Kakadus ihre Nahrung auch in den Bäumen auf; dieses Verhalten scheint bei den verwilderten Populationen, die sich bezüglich ihrer Nahrungspflanzen mehr an exotische Arten halten, ausgeprägter zu sein. Im Northern Territory und in der Kimberley Division von Western Australia können diese Corellas beträchtliche Schäden auf Sorghum- und

Reisfeldern anrichten. Im Gegenzug vertilgen sie große Mengen der *Double-Gee*-Samen (*Emex australis*); in den von der Weidewirtschaft geprägten Distrikten ist dieses „Unkraut" eine ernstzunehmende Plage geworden. Aus diesem Grund stehen die Nacktaugenkakadus in Teilen Nordwest-Australiens unter Schutz. Im Norden Australiens hat man die Vögel beim Fressen der Samen von *Melaleuca leucadendron* und von *Mitchell Grass* (*Astrebla lappacea*) sowie verschiedener Wurzeln oder unterirdischer Sprossknollen, die sie an den Rändern der austrocknenden Wasserlöcher aus dem Boden graben, beobachtet. Aus einem Bericht aus Nordwest-Queensland geht hervor, dass die Kakadus holzbohrende Insektenlarven aus den Ästen junger Eukalypten holen. Bei Noonbah Station im mittleren Westen von Queensland beobachtete COOPER im September 1997 Vögel, wie sie am Boden die Samen von *Salsole kali* und *Sclerolaena lanicuspis* fraßen (*pers. Mittlg.* 1998). Im äußersten Westen von New South Wales sah ich Nacktaugenkakadus, die, manchmal in Gesellschaft von Inkakakadus (*Cacatua laedbeateri*) und Barnardsittichen (*Barnardius barnardi*), die Samen aus den *Paddy Melons* (*Cucumis myriocarpus*) und *Wild Bitter Melons* (*Citrullus lanatus*) klaubten, deren Schalen in der Sonnenhitze aufgesprungen waren. Entlang dem Murray River zwischen Mildura, Victoria, und Renmark, South Australia, beobachtete man die Vögel beim Fressen der Blütenstände von *Helipterum floribundum* (SIMPSON 1973). Laut DABB (1996) suchen die Nacktaugenkakadus in Canberra, Australian Capital Territory, nach den Samen von exotischen Baumarten in Gärten einschließlich der Immergrünen Zypresse (*Cupressus sempervirens*) und der Hängebirke (*Betula pendula*), nach verstreutem Viehfutter auf Weiden und nach den Samen der *Cootamundra Wattle* (*Acacia baileyana*). Wenn die Kakadus auf oder unter der losen Rinde von Eukalypten nach Nahrung suchen, ist das Ziel ihrer „Attacke" möglicherweise die innen liegende Kambiumschicht.

Die Kröpfe von Exemplaren, die in den Flinders Ranges, South Australia, gesammelt worden waren, waren gefüllt mit Akaziensamen. BEETON (1985) wies darauf hin, dass die Kropfanalyse von Exemplaren, die zwischen Juli 1970 und November 1973 an vier Stellen im Kununurra-Distrikt in der Kimberley Division von Western Australia gesammelt worden waren, erkennen ließen, dass die Vögel ein weit gefächertes Nahrungsspektrum nutzen, je nachdem, was an den jeweiligen Futterstellen verfügbar ist. An einer Sammelstelle wurde zeitweise kommerziell Sorghumhirse angebaut, daher ernährten sich die Nacktaugenkakadus dort überwiegend von diesem Getreide, obgleich auch Nahrungsreste einheimischer Pflanzen in den Kröpfen gefunden wurden, insbesondere in den Zeiten ohne Sorghum-Anbau. An anderen Stellen bestand die Hauptnahrung aus den Samen einjähriger Gräser wie *Brachiaria* sp., heimischen Sorghums, *Aristida* sp., *Cleome viscosa* und Reis. Unter den mehrjährigen Pflanzen waren besonders die Samen von *Chionachne cyathopoda*, *Aristida* sp., heimischer *Panicum*-Hirse und *Heteropogon* sp. begehrt. Die Samen des *Hogweed* (*Boerrhavia diffusa*) waren unter den Arten mit einem mehrjährigen Wurzelstock und einjährigen Trieben sehr wichtig. Die Ernährung mit einjährigen Pflanzen beschränkte sich auf die frühe und späte Trockenzeit. Zu Beginn der Trockenzeit waren diese Pflanzen die einzig verfügbare Futterressource, am Ende der Trockenzeit bis zu Beginn der Regenzeit war das Futterangebot offensichtlich generell sehr knapp. Im Laufe der Regenzeit änderte sich das Fressverhalten der Nacktaugenkakadus sehr auffällig. Es standen nun allmählich immer mehr Pflanzen mit reifen Samen zur Verfügung, und die Vögel verzehrten viele jetzt im gekeimten Zustand. In dieser Zeit fand man in den Kröpfen der Kakadus auch etwas lockere Erde, und man konnte die Vögel beim Graben nach im Boden verborgenen Samen beobachten. Im Februar 1976 sammelte man einige Exemplare aus einem Schwarm mit 2.000 Corellas, die am Stadtrand von Kunanurra bei der Nahrungsaufnahme waren. In den Kröpfen waren jeweils bis zu 19,7 g Trockenmasse enthalten; die meisten Vögel hatten Reis- oder Sorghumkörner gefressen, darüber hinaus fand man die Samen von *Cleome viscosa*, *Triantheme triquetra*, der Hühnerhirse (*Echinochloa crus-galli*) und Hogweed (*Boerhavia diffusa*) (SAUNDERS 1978).

SMITH und MOORE (1991) untersuchten die Nahrung von Nacktaugenkakadus in drei Regionen in Western Australia. Sie fanden in den Kröpfen von 13 Exemplaren, die im Juli 1983 am Flughafen von Derby in der Kimberley Division gesammelt worden waren, die Samen von 24 Pflanzenarten; am häufigsten waren *Cleome viscosa*, *Boerhavia* sp., *Xerochloa* sp., *Dactyloctenum radulans*, *Stylosanthes* sp., *Eragrostris* sp., *Echinochloa* sp., *Acacia* sp. und Sorghum, die einzige angebaute Getreideart, die in nennenswerten Mengen verzehrt worden war. Tiefer im Süden, in der Pilbara- und Murchison-River-Region, zählen zu der Hauptnahrung der Kakadus die Samen von *Cleome viscosa*, Spinifex-Gras (*Triodia* sp.), *Urochlora gilesii*, *Boerhavia* sp., *Sclerolaena* sp., *Cenchrus incertus* und Hafer. Noch weiter im Süden, im nördlichen Weizengürtel, machen Getreidekörner einen wesentlichen Bestandteil der Nahrung aus, vor allem Hafer, Weizen und Gerste. Darüber hinaus fressen die Kakadus dort die Samen des *Double-Gee* (*Emex australis*) und der *Paddy Melons* (*Cucumis myriocarpus*). Ein Vergleich dieser Nahrung im Weizengürtel mit der des Wühlerkakadus (*Cacatua pastinator*) zeigte, dass die beiden Arten ähnliche Vorlieben bei der Ernährung haben, obwohl nur die Nacktaugenkakadus die Samen von *Cucumis*- und *Citrullus*-Melonen fraßen, während *Erodium* sp. und *Capeweed* (*Arctotheca calendula*) lediglich für die Wühlerkakadus bedeutende Futterpflanzen darstellten.

FORTPFLANZUNG

Im Zentrum von Südost-Australien scheinen die Nacktaugenkakadus überwiegend in den Monaten August bis Oktober Eier zu legen, im Norden hingegen ist die Brutzeit variabel und scheint sehr stark von den klimatischen Bedingungen beeinflusst zu werden. Bei Felduntersuchungen im Ord-River-Distrikt, östliche Kimberley Division von Western Australia, die zwischen Juli 1973 und Dezember 1973 stattfanden, stellte man fest, dass die Brutpaare die großen Schwärme im Mai oder Juni verließen und zu ihren Brutgebieten im Hinterland zogen. Im Juni oder Juli begannen die Weibchen mit der Eiablage. Die Familiengruppen schlossen sich im Oktober oder November wieder den großen Schwärmen an. Dieser Brutzyklus wurde jedoch von den klimatischen Bedingungen beeinflusst, und 1970 brütete offenbar kein einziges Paar in der Region (Beeton 1985). Auf den Inseln des Buccaneer Archipelago vor der Kimberley-Küste entdeckte man im Mai Nester mit Eiern. Storr (1977) wies darauf hin, dass die Vögel im nördlichen Sektor des Northern Territory zwischen Juni und Oktober nisteten, im mittleren Osten hingegen zwischen Februar und Mai. Bei Felduntersuchungen im Küstenstreifen zwischen Darwin und dem westlichen Zipfel von Arnhem Land, die zwischen 1955 und 1958 stattfanden, stellten Frith und Davies (1961) fest, dass die Nacktaugenkakadus im Mai oder Juni mit der Eiablage begannen. In Nordwest-Queensland liegt die Hauptbrutzeit von Dezember bis April, die Vögel nisten jedoch auch zwischen Juli und Oktober, der Hauptsaison in den anderen Regionen des Bundesstaates (Storr 1984b). Berney (1906) behauptete, dass diese Kakadus im Richmond-Distrikt, Nord-Queensland, zu jeder Zeit des Jahres zur Brut schritten, unabhängig von den jahreszeitlichen Bedingungen. Cooper erzählte mir, dass bei Noonbah Station im mittleren Westen von Queensland Mitte September ein aktives Nest gefunden wurde (*pers. Mittlg.* 1998). Bei Tero Creek im äußersten Nordwesten von New South Wales entdeckte ich Nester mit Eiern im August und Anfang September. Bei Narabeen Lake, in den nördlichen Vororten von Sydney, datierten die Brutnachweise auf Anfang September (in Morris & Burton 1997). In der Umgebung von Lake Frome im Nordosten von South Australia nisteten die Nacktaugenkakadus ab Mai bis Ende Oktober (McGilp 1923); die Behauptung, es würden in guten Jahren regelmäßig zwei Bruten aufgezogen steht nicht im Einklang mit den Daten aus anderen Regionen und mag sich auf Nachgelege beziehen, die nach dem Scheitern des ersten Geleges produziert worden waren. In der Pilbara-Region, im Nordwesten von Western Australia, nisten die Nacktaugenkakadus zwischen Juli bis September, weiter im Süden, in der Gascoyne-River-Region, im August und September, möglicherweise sogar bis Anfang Oktober (Storr 1984a, 1985). Smith und Saunders (1986) stellten fest, dass 1979 bei Three Springs und Burakin im nördlichen Weizengürtel von Südwest-Australia die Weibchen zwischen Mitte August und Mitte September mit der Eiablage begannen.

Der Beginn der Brutzeit zeichnet sich durch geschäftiges Treiben der Vögel am Brutplatz aus. Bei Tero Creek (im äußersten Nordwesten von New South Wales) beobachtete ich Anfang August Paare bei oder in der Nähe von Höhlen, und ihre Aktionen wurden von viel Gekreisch begleitet, besonders von den Vögeln, die ich als Männchen ansah, weil sie lebhaft mit dem Kopf nickten, ihre Haube aufrichteten und die Steuerfedern auffächerten, während sie entlang den Ästen auf die Partnerin zustolzierten. Bei Männchen in Menschenobhut wurden ähnliche Verhaltensweisen während der Balz beobachtet. Sie breiteten darüber hinaus noch die Flügel aus und verneigten sich mit einem ungewöhnlichen „Jodellaut" in Richtung des Weibchens (Sindel & Lynn 1989).

Nacktaugenkakadus nisten gewöhnlich in einem hohlen Ast oder hohlen Stamm und benutzen oft *River Red Gum* (*Eucalyptus camaldulensis*) oder *Coolibah* (*E. microthera*) als Brutbaum, sofern diese in der Nähe von Wasserstellen oder periodisch austrocknenden Flussbetten stehen. Darüber hinaus gibt es Nistnachweise aus Felsspalten an Steilwänden und aus aufgebrochenen Termitenbauten. Im Ord-River-Distrikt im Osten der Kimberley Division von Western Australia stellte Beeton eine sehr starke Bevorzugung für Nisthöhlen in Baobabs (*Adansonia gregorii*) fest. Jedes Brutpaar blieb seiner besonderen Bruthöhle treu; wurden die Vögel daran gehindert, diese erneut zu benutzen, bevorzugten sie es, die gesamte Brutzeit mit dem Versuch zu verbringen, sie wieder in Beschlag zu nehmen, anstatt andere geeignete Höhlen in nicht allzu weiter Entfernung zu nutzen (*pers. Mittlg.* 1978). Das Nisten in Felsspalten von Steilwänden wurde entlang tiefer Schluchten, die von Flussläufen durchzogen waren, in Nordwest-Australien und in der Davenport Range, nördliches South Australia, berichtet, ebenso entlang der Küstenlinie von Kangaroo Island, südliches South Australia, und auf den küstennahen Inseln im Nordwesten von Western Australia. Von Point

Cloates aus (im Nordwesten von Western Australia) Richtung Landesinnere entdeckte CARTER Nester von Nacktaugenkakadus in größeren Bauten bodenbewohnender Termiten mit weggebrochener Spitze. Er konnte aber nicht feststellen, ob die Vögel die Bruthöhle selbst gegraben hatten oder lediglich vorhandene Hohlräume nutzten (in NORTH 1911).

Bei Nereeno Hill in der Nähe von Three Springs im nördlichen Weizengürtel im Südwesten von Western Australia fand zwischen 1975 und 1980 auf einer 16 Hektar großen Fläche mit Restbeständen von *Eucalyptus*-Savanne, dominiert von *Salmon Gum* (*E. salmonophloia*) mit wenigen vereinzelten *York Gum* (*E. loxophleba*) und *Morrel* (*E. longicornis*), eine Untersuchung der Baumhöhlen statt, die von Nacktaugenkakadus, Wühlerkakadus (*Cacatua pastinator*) und anderen Spezies besetzt worden waren (SAUNDERS *et al.* 1982). Es ließen sich bei Vergleich der Nisthöhlen beider Corellas keine wesentlichen Unterschiede feststellen. Die Eingangsöffnungen der Höhlen, welche von den Corellas benutzt wurden, hatten einen bedeutend größeren vertikalen Durchmesser als die Öffnungen der Nisthöhlen der Rosakakadus (*Eolophus roseicapilla*) und waren zudem sowohl in der vertikalen als auch in der horizontalen Ausdehnung deutlich größer als die Höhlen der Bauers Ringsittiche (*Barnardius zonarius*). Die Dimensionen der Brutbäume und der Höhlen beider Corella-Arten bei Nereeno Hill sind im Folgenden zusammengestellt:

Anzahl der Bäume	28
Anzahl der Nisthöhlen	28
Höhe der Brutbäume (m)	19,1 (12,0 – 26,0)
Stammumfang in Brusthöhe (m)	1,8 (1,0 – 2,5)
Höhe des Nisthöhleneingangs (m)	9,6 (6,2 – 14,3)
Horizontaler Durchmesser des Höhleneingangs (cm)	18,5 (7,8 – 40,0)
Vertikaler Durchmesser des Höhleneingangs (cm)	19,8 (10,5 – 42,0)
Tiefe der Nisthöhle (cm)	146,3 (45,0 – 453,0)

Paare sind nur während der Brutzeit an der Nisthöhle anwesend (SAUNDERS *et al.* 1985). Über das Nistverhalten der Nacktaugenkakadus ist überraschend wenig bekannt, es ähnelt aber wahrscheinlich sehr dem des eng verwandten Wühlerkakadus (*Cacatua pastinator*). Die Weibchen produzieren Gelege mit zwei oder drei, gelegentlich auch mit vier Eiern. Der Boden der Nisthöhle wird mit einer Schicht Holzmulm und Holzstückchen ausgelegt, welche die Altvögel von der Innenwand der Höhle abgenagt haben. Beide Geschlechter brüten. Die Brutdauer beträgt etwa 26 Tage, die Nestlingszeit etwa acht Wochen. Nach dem Ausfliegen werden die Jungen noch weitere sechs bis sieben Wochen von ihren Eltern gefüttert. Die Daten von Nistnachweisen, die dem RAOU Nest Record Scheme gemeldet wurden, sind in der folgenden Tabelle zusammengefasst:

Bundesstaat oder Region	Anzahl festgestellter Nester	Nestbaum A *Eucalyptus* B anderer C nicht bestimmt	Höhe über dem Boden	Anzahl Eier oder Nestlinge	Frühester/spätester Nachweis von Eiern	Frühester/spätester Nachweis von Nestlingen
Northern Territory	9	A/8 B/1	6,0 m (3,0- 20,0 m)	2/6, 3/3,	3. Septemb./ 12. September	3. Septemb./ 11. September
Queensland	2	A/1 C/1	3 m 8 m	2/1 4/1	16. August/ 4. September	
New South Wales	1	A/1	6,0 m	1/1	2. September	
South Australia	17	A/10 C/7	3,5 m (1,0- 15,0 m)	1 /2, 2/3, 3 /4, 4/8,	26. August/ 4. September	26. August/ 20. November

BEETON (1985) berichtete, dass im Rahmen der Felduntersuchungen im Ord-River-Distrikt im Osten der Kimberley Division von Western Australia, die zwischen Juli 1970 und November 1973 stattfanden, festgestellt wurde, dass der brütende Kern nur einen kleinen Teil der Gesamtpopulation darstellte und der Bruterfolg dieses Kerns sehr niedrig war. 1972 schlüpften insgesamt 13 Nestlinge aus 18 Eiern in neun Nestern. Es flogen jedoch nur neun Jungvögel in sechs Nestern aus. 1973 schlüpften insgesamt 15 Nestlinge aus 21 Eiern in zehn Nestern, aber nur sieben Junge flogen in sieben Nestern aus. 1979 lag die Aufzuchtrate bei Three Springs, im nördlichen Weizengürtel im Südwesten von Western Australia in fünf untersuchten Nestern bei 1,2 Flügglingen pro Nistversuch (SAUNDERS *et al.* 1985).

Es gibt Berichte aus dem Nordwesten von Western Australia und dem Broken-Hill-Distrikt im äußersten Westen von New South Wales, dass Nacktaugenkakadus gewaltsam Nisthöhlen von Rosakakadus (*Eolophus roseicapilla*) übernahmen, neben ihren eigenen auch die artfremden Eier ausbrüteten und später eine gemischte Brut aufzogen (in North 1911). McGilp (1923) stellte fest, dass die Eukalyptusblätter, die von den Rosakakadus zuvor in die Bruthöhle eingetragen worden waren, entfernt wurden.

EIER

Die Eier der Nacktaugenkakadus sind birnenförmig bis elliptisch-oval mit variablem Glanz. Im Australian Museum, Sydney, befindet sich ein Dreiergelege von *C. s. sanguinea* von Anson Bay, Northern Territory, mit den Eimaßen 42,0 (41,1-42,5) mm x 33,3 (33,0-33,6 mm). Ebenfalls im Australian Museum, Sydney, befindet sich ein Dreiergelege von *C. s. gymnopis* von Wilmington, South Australia,, mit den Eimaßen 40,6 (40,2-41,3) mm x 28.8 (28,2-29,3) mm. Für *C. s. westralensis* gaben Saunders und Smith (1981) folgende Eimaße an: 41,3 (37,6-45,6) mm x 29,7 (28,0-31,5) mm. Sie stammen von 13 Eiern aus fünf Gelegen.

HALTUNG IN MENSCHENOBHUT

Nacktaugenkakadus werden als Heimtiere in der Regel nur im ländlichen Raum und/oder in den Städten des Outback gehalten. Das lärmende Verhalten der Vögel verursacht in den größeren Städten Probleme. Nacktaugenkakadus sind exzellente Heimtiere, und man sagt ihnen nach, dass sie ausgezeichnete „Sprecher“ werden. 1969 wurde ich gebeten, ein geeignetes Zuhause für einen Heimvogel zu finden, der 1911 bei Oodnadatta, South Australia, aus dem Nest genommen worden war. Dieser Vogel war der perfekteste Imitator, dem ich jemals begegnet bin. Zu seinem unglaublichen Repertoire zählten unter anderem der Dialekt der australischen Ureinwohner und eine verblüffende Vielfalt von „Lagergeräuschen“ wie das Klappern von Töpfen und Pfannen, Hundegebell und das Wiehern von Pferden. Nacktaugenkakadus können sich als Heimvögel sehr auf eine Person fixieren und sich sehr aggressiv gegenüber anderen Menschen verhalten.

UNTERBRINGUNG UND PFLEGE

Nacktaugenkakadus sind äußerst widerstandsfähige Vögel und gedeihen hervorragend in Menschenobhut. Nur wenige australische Züchter sind jedoch bereit, Platz in ihren Volierenanlagen für diese häufige Art zu schaffen. Low (1993) berichtete, dass diese Corellas vor Beginn der 80er Jahre des vorigen Jahrhunderts nur von Neuguinea exportiert und daher selten in Übersee gehalten wurden, überwiegend in Zoos. In privaten Zuchtanlagen waren sie nur in Ausnahmefälle zu finden.

Sindel erinnerte sich, dass er sein erstes Zuchtpaar in einer nur 1,8 m langen, 1,8 m hohen und 90 cm breiten Voliere hielt. Das Gehege war auf der gesamten Länge überdacht und in der hinteren Hälfte vollständig als Schutzhaus geschlossen (in Sindel & Lynn 1989). Gill (1984) berichtete, dass er diese Art und andere Corellas entweder in Hängekäfigen untergebracht hat, die 3 m lang, 1,2 m oder 2,0 m breit und 2,4 m hoch gewesen sind, oder in konventionellen Volieren von 8 m Länge, 1,2 m oder 2,0 m Breite und 2,4 m Höhe. Diese standen nebeneinander in Reihe; zwischen den einzelnen Volieren befand sich jeweils eine gemauerte Trennwand. Ein solides Dach bedeckte auf einer Länge von 3 m den rückwärtigen Teil und auf einer Länge von 1 m den Vorderteil der Volieren. Dazwischen befand sich auf einer Länge von 4 m Maschendraht sowie an der Vorderseite der Volierenanlage ein 1,3 m breiter, gesicherter Laufgang.

Ich habe keine persönlichen Erfahrungen mit der Haltung von Nacktaugenkakadus sammeln können. Ich glaube jedoch nicht, dass ihre Bedürfnisse sich sehr von denen des eng verwandten Wühlerkakadus (*Cacatua pastinator*) unterscheiden. Entsprechend würde ich jedes Paar vorzugsweise in einer langen, geräumigen Ganzmetallvoliere mit kräftigem Maschendraht unterbringen. Nacktaugenkakadus fressen überwiegend am Boden und verbringen daher viel Zeit auf der Grundfläche der Voliere, die entsprechend mit grobem Flusssand oder feinem Kies aufgefüllt werden sollte, damit die Vögel graben und gleichzeitig ihren Schnabel dabei abnutzen können. Von frei lebenden Nacktaugenkakadus gibt es Nachweise von Spielverhalten mit Gegenständen. Daher ist es wünschenswert, auch den Vögeln in Menschenobhut eine Vielzahl geeigneter Objekte zur Unterhaltung in die Voliere zu bringen; dazu zählen zum Beispiel runde Steine, kräftige Stöcke oder unbehandelte Holzblöcke.

Ich bin sicher, dass Nacktaugenkakadus in der gemischten Haltung ebenso wenig verträglich sind wie die übrigen Corellas. Daher empfehle ich, jedes Paar in einer separaten Voliere unterzubringen.

FÜTTERUNG

Sindel fütterte seinem Zuchtpaar ein Trockenfutter aus Sonnenblumenkernen mit einer tägliche Ration aus Mangold, Erbsen, Äpfeln, Vollkornbrot und Pfeilwurzbiskuits. Die Menge des Zusatzfutters wurde in der Aufzuchtzeit beträchtlich erhöht (in SINDEL & LYNN 1989). GILL (1984) reichte seinen Corella-Paaren in der Brutzeit ein Gemisch aus Sonnenblumenkernen und Weißer Hirse; den Hauptanteil der Nahrung machten jedoch kommerzielles Pelletfutter, Äpfel, Mangold, übrig gebliebene Knochen mit Kochfleisch, Disteln, Löwenzahn, Maiskolben, Erbsen, Vollkornbrot und Geflügelpellets aus. Muschelkalk gab es bei Bedarf, Kalziumpräparate erhielten die Paare während der Brut- und Aufzuchtphase. Im Februar wurde die Diät nach Beendigung der ersten Mauser nach der Brutzeit geändert. Die Vögel erhielten nun lediglich Weiße Hirse und Mangold. Diese enthaltsame Ernährung dauerte bis Juli an und war offenbar notwendig, um der Fettleibigkeit vorzubeugen.

Wenn man die Erkenntnisse über die Ernährung der Nacktaugenkakadus im Freiland berücksichtigt, sollte man den Vögeln in Menschenobhut regelmäßig Grasbüschel anbieten, die von den Kakadus auseinander genommen werden können, um an die Wurzeln und fleischigen Basen der Stängel zu gelangen. Eine häufige Gabe von Laub tragenden Zweigen gestattet den Vögeln, die Blätter zu zerkauen oder die Rinde zu schälen.

ZUCHT

SHEPHARD (1989) behauptete, dass alle Corellas in Menschenobhut äußerst schwer zu züchten seien. Ich habe jedoch den starken Verdacht, dass die spärlichen Nachweise von erfolgreichen Zuchten in Australien im wesentlichen die wenigen ernsthaften Versuche von australischen Vogelhaltern widerspiegeln, die Corella-Arten zur Zucht zu bringen. LOW (1993) wies darauf hin, dass die Nacktaugenkakadus in den Volieren außerhalb Australiens sehr bereitwillig züchten und sehr fortpflanzungsfreudig sind. Ein Paar im Besitz eines schwedischen Züchters zog zwischen Januar 1985 und November 1987 zwölf Junge auf. Im letzten Jahr dieses Zeitraums flogen allein sieben Vögel aus. GILL (1994) hob die Auswahl des Partnervogels und die Harmonie des Paars als sehr wichtige Voraussetzung für eine erfolgreiche Zucht hervor. Seinen ersten Erfolg erzielte GILL mit einem Paar, das in den 17 Jahren, die das Paar zuvor in Menschenobhut gelebt hatte, nie gebrütet hatte. Danach zog das Paar regelmäßig Junge auf. Der Erfolg wurde dem geeigneten Niststamm zugeschrieben, der den Vögeln als Nistplatz zur Verfügung gestellt wurde. Ein zweites Paar wurde zusammengestellt, indem man das Weibchen zu zwei Männchen gesellte. Das abgewiesene Männchen wurde umgehend aus der Voliere genommen, das verbliebene Paar brütete in Folge sehr regelmäßig und zog erfolgreich Junge auf. SINDEL erwarb einst ein Paar, das in einem kleinen Käfig saß und offensichtlich gut miteinander harmonierte. Er setzte die Vögel in eine Voliere, in dessen Schutzhaus er einen hohlen Niststamm aufhängte. Das Paar brütete in den darauf folgenden fünf Jahren erfolgreich und zog, ohne viel Umstände zu bereiten, seinen Nachwuchs auf (in SINDEL & LYNN 1989).

SINDEL bot seinen Kakadus einen 60 cm hohen Niststamm mit einem Innendurchmesser von 30 cm an. Die Öffnung zum Innenraum befand sich auf der Oberseite des Stamms. Auf dem Boden der Nisthöhle lag eine 10 cm hohe Schicht aus Holzspänen. GILL bot seinem ersten Brutpaar einen 75 cm hohen Stamm mit einem Innendurchmesser von 37 cm an. Der Stamm wurde so von außen senkrecht an den Hängekäfig montiert, dass die natürliche Eingangsöffnung zur Nisthöhle zum Innenraum des Käfigs zeigte.

SINDEL stellte fest, dass die Corellas mit Beginn des Frühlings ihr Interesse an dem Brutgeschäft sehr lautstark verkündeten. Die Vögel verhielten sich nun sehr erregt und widmeten dem Niststamm zunehmend mehr Aufmerksamkeit. Beide Geschlechter verbrachten viel Zeit am und in der Nisthöhle und benagten den Bereich um das Schlupfloch. Von Zeit zu Zeit trugen die Kakadus beträchtliche Mengen an Nistmaterial aus der Höhle, so dass es notwendig wurde, die Holzspäne oder das Sägemehl zu ersetzen oder aufzustocken. – In Abständen von zwei oder drei Tagen legt das Weibchen zwei oder drei, gelegentlich auch vier Eier, die gewöhnlich nach der Ablage des ersten oder zweiten Eies bebrütet werden. Nach den ersten ein bis zwei Bruttagen erhält das Weibchen tagsüber Unterstützung vom Männchen, welches das Gelege dann ebenfalls bebrütet. Die Brutdauer soll 23 bis 26 Tage betragen. LOW schrieb, dass bei zwölf erfolgreichen Bruten in Schweden in acht Fällen 23 Tage, bei den übrigen vier Paaren 24 Tage gebrütet wurde. Darüber hinaus berichtet sie von einem weiteren Paar in Menschenobhut, bei dem die Brutdauer 23 Tage betragen hatte. Laut SINDEL liegt die durchschnittliche Brutdauer bei 26 Tagen; diesen Zeitraum gibt auch GILL an.

Frisch geschlüpfte Nestlinge sind von gelben Dunen bedeckt. Anfangs wachsen die Jungen sehr langsam heran, ihre Augen beginnen sich erst mit etwa 14 Tagen zu öffnen. Kurze Zeit später sind auch die Spitzen der ersten Konturfedern erkennbar. Mit vier Wochen sind die Jungvögel stark mit noch nicht entrollten Federn bedeckt, nach sechs Wochen sind die Vögel voll befiedert. SINDEL behauptete, dass die Nestlingszeit sehr variabel ist, die Vögel fliegen jedoch gewöhnlich zwischen der sechsten und achten Woche nach dem Schlupf aus.

Sie werden im Nest von beiden Altvögeln gefüttert, nach dem Flüggewerden noch mehrere Wochen. LOW bemerkte, dass das Brutpaar aus Schweden gewöhnlich ein Nachgelege produzierte. Zweimal legte das Weibchen sogar drei Gelege hintereinander; diese Eier waren jedoch nicht befruchtet, möglicherweise weil das Männchen immer noch die Jungen der zweiten Brut fütterte. Der Nachwuchs, der von diesem Paar aufgezogen wurde, flog stets mit 45 Tagen aus. Nachdem die jungen Kakadus das Nest verlassen hatten, wurden sie überwiegend vom Männchen mit Futter versorgt.

MISCHLINGE/FARBMUTATIONEN

Es gibt Nachweise von Mischlingszuchten von Nacktaugenkakadus mit Gelbhaubenkakadus (*Cacatua galerita*), Inkakakadus (*C. leadbeateri*) und Rosakakadus (*Eolophus roseicapilla*), mit letztgenannten auch aus dem Freiland. GILL (1994) berichtete von Mischlingen in gemischten Schwärmen von verwilderten Nacktaugenkakadus und Nasenkakadus (*C. tenuirostris*), die seine Volierenanlagen am Stadtrand von Sydney, New South Wales, aufsuchten.

Im Februar 1985 suchten in den Blue Mountains westlich von Sydney ein männlicher Nacktaugenkakadu, der entweder ein entflogener Volierenvogel war oder zu einem verwilderten Schwarm gehörte, und ein weiblicher Helmkakadu (*Callocephalon fimbriatum*), eine in dieser Region heimische Art, die Futterstelle in einem Garten zusammen mit ihrem Hybrid-Jungvogel auf (APPLETON *et al.* 1988). Der Mischling war überwiegend taubengrau gefärbt mit blasser grauen Federsäumen. An der Spitze der Schwanzfedern befanden sich dunkelgraue Sprenkel. Die Stirn war rostbraun, und eine feine rosafarbene Linie befand sich unter dem nackten blau gefärbten Bereich unterhalb des Auges. In Größe und Erscheinungsbild erinnerte der Vogel an einen Corella, er war allerdings etwas gedrungener und besaß eine kurze Rundhaube. Die Läufe und Zehen waren grau.

Berichte über Mutationsformen sind mir nicht bekannt.

WÜHLERKAKADU

Cacatua pastinator (Gould)

Licmetis pastinator Gould, Proc. zool. Soc. Lond., 1840 (1841), S. 175 (Western Australia = Nabagup Farm, Lake Muir, Western Australia, nach Festlegung von SCHODDE 1997)

WEITERE NAMEN

D: Westlicher Langschnabelkakadu; E: Western Corella, Corella, Western Long-billed Corella, Western Long-billed Cockatoo, Dampier's Cockatoo, in Western Australia örtlich auch als White Cockatoo bekannt; F: Cacatoès nasique pastinator, Cacatoès laboureur, Cacatoès à nez rose; NL: Westelijke langsnavelkaketoe.

Gesamtlänge 45 cm

BESCHREIBUNG

ADULTES MÄNNCHEN
Grundfarbe des Gefieders weiß; die vorderen Scheitelfedern sind verlängert und bilden eine kurze Haube; Zügel orangerot; die im Gefieder verborgenen Basen der Kopf-, Vorderrücken-, Brust- und Flankenfedern sind rosa-orange; die Ohrdecken und die Federn unmittelbar unterhalb der nackten Augenregion sind sehr blassdunkelgelb überlaufen; die im Gefieder verborgenen Basen der Ober- und Unterflügeldecken sind blassgelb überlaufen; Schwungfedern und äußere Steuerfedern weiß, sie werden zu den Basen sowie auf den Innenfahnen auf der Unterseite hin gelb; die nackte Augenumgebung ist gräulich-blau, sie ist unterhalb des Auges am ausgedehntesten; der Schnabel ist hornfarben mit verlängertem Oberschnabel; Iris tief dunkelbraun; Läufe grau; Körpermasse 700-860 g.

14 Exemplare:	Flügel 300-327 (317,4) mm	Schwanz 131-161 (154,1) mm
	Oberschnabel 45-52 (47,9) mm	Lauf 27-32 (29,4) mm

ADULTES WEIBCHEN
Ähnlich dem Männchen; Körpermasse 735-750 g.

10 Exemplare:	Flügel 304-326 (311,5) mm	Schwanz 141-160 (156,4) mm
	Oberschnabel 43-54 (46,1) mm	Tarsus 28-31 (29,5) mm

JUVENILE
Wie Adulte, die Ohrdecken sind jedoch etwas stärker schmutzig gelb verwaschen; das Orangerot auf dem Zügel ist weniger leuchtend; die blassgelben Basen der Rückenfedern

bis zum Bürzel sowie der Unterbauchfedern sind nicht im Gefieder verborgen und geben dem Gefieder der Vögel einen sehr schwach gelblichen Anflug; nackte Augenumgebung blasser blau, unterhalb des Auges mit rosafarbenem Anflug; Oberschnabel kürzer.

VERBREITUNG

Die Art kommt ausschließlich im Südwesten Australiens vor.

UNTERARTEN

1. *Cacatua pastinator pastinator* (Gould)

Das Verbreitungsgebiet der oben beschriebenen Nominatform beschränkt sich auf den äußersten Südwesten von Western Australia von Boyup Brook und Qualeup südwärts bis Frankland, Lake Muir und zum Warren River; früher kam sie im Norden bis zum Swan-River-Tiefland, westwärts bis Augusta und ostwärts bis Broomehill vor und erreichte gelegentlich Dumbleyung und Gnowangerup (Storr 1991, Schodde 1997).

2. *Cacatua pastinator derbyi* (Mathews)

Licmetis pastinator derbyi Mathews, Austr. Av. Rec., 3, 1916, S. 57 (Derby, irrtümlich = nördlicher Weizengürtel, Western Australia, nach Festlegung von Schodde 1997)

ADULTE

Wie Nominatform, aber mit kleinerem Schnabel und kürzerem Oberschnabel; etwas geringere Körpergröße; Körpermasse der Männchen 420-810 g, der Weibchen 445-725 g.

20 Männchen:	Flügel 286-317 (300,7) mm	Schwanz 136-157 (148,0) mm
	Oberschnabel 38-50 (42,5) mm	Lauf 27-31 (29,2) mm
20 Weibchen:	Flügel 282-310 (297,3) mm	Schwanz 140-156 (147,3) mm
	Oberschnabel 37-44 (40,9) mm	Lauf 27-30 (28,2) mm

Diese Unterart unterscheidet sich nur wenig von der Nominatform. Sie kommt im Weizengürtel im Südwesten von Western Australia von Geraldton und Mullewa südwärts bis etwa zum 32. südlichen Längengrad östlich von Perth im Corrigin-Distrikt vor.

HABITATE

In historischer Zeit haben die Wühlerkakadus offenbar die Baumsavannen in der Umgebung der Wälder sowie einige offene Täler inmitten der Wälder bewohnt. Es gibt Hinweise, dass die Vögel außerhalb der Brutzeit die Küstenebenen aufgesucht haben (Saunders *et al.* 1985). Im subhumiden Südwesten Australiens hat *C. pastinator* diese Habitatpräferenzen bis heute beibehalten und kommt überwiegend in teilweise gerodeten Eukalyptuswäldern und auf Farmland vor (siehe Storr 1991). Mawson und Long (1994) stellten während Felduntersuchungen in der Lake-Muir-Tonebridge-Region, die zwischen 1989 und 1992 durchgeführt wurden, fest, dass die Vögel nur in großen Bäumen nisteten, die auf gerodetem Weideland, am Straßenrand oder in Restbeständen ursprünglicher Vegetation in der Nachbarschaft zu Farmen oder *Pinus*-Anpflanzungen standen. Laut Storr (1991) war im nördlichen Teil des Verbreitungsgebietes *derbyi* ursprünglich auf die Täler der größeren Wasserläufe beschränkt, besonders des Irwin River und des Hill River. Bis 1927 gab es keinen Nachweis für diese Unterart aus Regionen abseits dieser Flüsse. Später erschlossen sich die Wühlerkakadus dank der künstlichen Bewässerung und der Getreideanbauflächen neue Lebensräume. Heutzutage kommt die Art fast im gesamten Weizengürtel vor, wo das gerodete Farmland noch von unterschiedlich großen Arealen mit ursprünglicher Vegetation durchsetzt ist. Bei Coomallo Creek in nördlichen Weizengürtel führte man Feldstudien in einem lang gezogenen Streifen mit ursprünglicher Vegetation durch, der an manchen Stellen von gerodetem Farmland unterbrochen wurde. Zum Nisten waren die Wühlerkakadus auf ein Gebiet mit *Wandoo*-Beständen (*Eucalyptus wandoo*) inmitten des Untersuchungsgebiete angewiesen (Saunders 1977c). In Richtung Nordosten bei Three Springs lag eine weitere Untersuchungsstelle in einem Gebiet, das nahezu vollständig für den Anbau von Weizen und für die Haltung von Schafen gerodet worden war. Die wenigen übrig gebliebenen kleinen Inseln mit ursprünglicher Vegetation lagen überwiegend in der Nähe der Farmgebäude, entlang den Straßen und Bahngleisen sowie gelegentlich am Rande von Weiden. Einige größere Restbestände ursprünglicher Vegetation standen in wenigen isoliert liegenden Reservaten unter Schutz, und auf einigen Weiden waren noch einige Bäume von den Rodungen verschont geblieben (Saunders & Smith 1981). Im selben Distrikt stieß ich Anfang September 1995 auf nistende Paare und Schwärme von Nichtbrütern in einem Restbestand von *Salmon-Gum*-Savanne (*Eucalyptus salmonophloia*) mit strauchigem Unterholz, die von Weizenfeldern umgeben war. In der Nähe entdeckte man einen Schwarm beim Fressen auf offenem Weideland mit einigen verstreuten Bäumen. Smith (1991) wies darauf hin, dass auch in einem Untersuchungsgebiet von 300 km^2 Fläche rund um Burakin (etwa 150 km nordöstlich von Perth) der Weizenanbau und die Schafhaltung die beherrschenden landwirtschaftlichen Zweige seien, denen man in dieser Region nachgehe. Das Gebiet ist flach, die größten Höhenunterschiede zwischen den periodischen Flussläufen und den Hügelspitzen betrug etwa 100 m. Das ursprüngliche Mosaik aus Savannen, Buschland und Strauchheiden ist inzwischen gerodet worden, die wenigen Überreste findet man heutzutage auf kleinen Inseln am Rande von Straßen oder an den Rändern der Weideflächen.

LOKALE POPULATIONSDICHTEN

Historische Nachweise legen die Vermutung nahe, dass sich die Dichte der beiden Populationen des Wühlerkakadus seit der Zeit der Besiedlung Australiens durch die Europäer recht unterschiedlich geändert hat. Laut STORR (1991) gibt es keinen Hinweis darauf, dass *pastinator* früher im Südwesten Australiens zahlreich und weit verbreitet war, obwohl die Vögel in kleinen, weit verstreuten Kolonien nordwärts bis zum Swan River und zum Avon River, die manchmal von sehr großen Schwärmen aufgesucht wurden, vorgedrungen waren. In den 30er Jahren des 19. Jahrhunderts sollen die Wühlerkakadus recht zahlreich gewesen sein, und sie galten auf den Weizenfeldern in der Gegend des heutigen Perth-Vorortes Guildford als Plage. Weil die Vögel die Felder plünderten, wurden sie von den Bauern gnadenlos verfolgt, und die großen Schwärme waren besonders verwundbar durch die gängige Praxis des Auslegens vergifteter Getreidekörner. Beim vorletzten Jahrhundertwechsel waren die Wühlerkakadus entlang dem Swan River, dem Vasse River und dem Avon River sowie im Broomehill-Distrikt ausgelöscht. Nach 1916 gab es keinen Nachweis mehr von Augusta, und der dramatische Rückgang der Individuenzahlen hielt unvermindert bis etwa 1940 an, als die übrig gebliebene Population im Lake-Muir-Distrikt kaum noch 100 Exemplare zählte (GARNETT 1993). Später erholten sich die Bestände wieder, und geschätzte 1.000 Vögel hatten sich 1978 zu ein oder zwei nachbrutzeitlichen Schwärmen zusammengeschlossen (SAUNDERS *et al.* 1985). 1985 schätzte man die Population auf etwa 3.000 Exemplare. 1990 und 1991 führte man sowohl vom Boden als auch aus der Luft Bestandsaufnahmen durch, die ergaben, dass sich die Population des Wühlerkakadus im Lake-Muir-Distrikt konzentrierte und dort mindestens 1.420 Exemplare umfasste. Dieser im Vergleich zu 1985 deutlich geringere Wert spiegelte nach Ansicht von MASSAM und LONG (1992) den Bestandsrückgang zwischen 1985 und 1991 wieder. Es wurde ausdrücklich betont, dass die Gesamtpopulation aufgrund ihrer geringen Größe, in Verbindung mit der relativ niedrigen Fortpflanzungsrate und der Anfälligkeit der nachbrutzeitlichen Schwärme gegenüber den Nachstellungen der Bauern, extrem gefährdet seien. Sollte die Bestandsgröße auf einen sehr niedrigen Stand sinken, wird die Population wohl nicht mehr in der Lage sein, sich zu erholen.

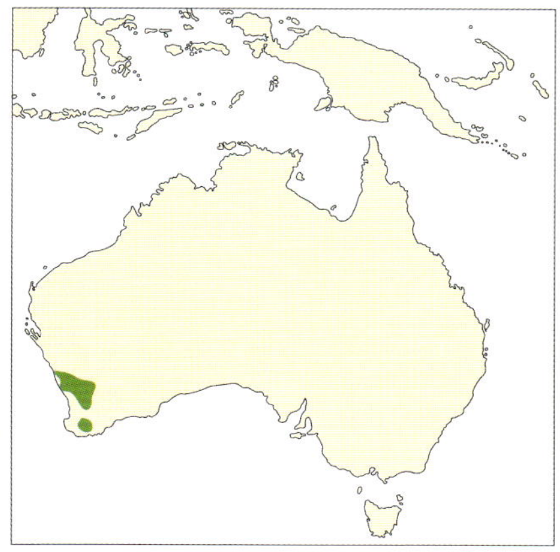

Laut SMITH (1991) war *derbyi* in den 20er Jahren des vorigen Jahrhunderts auf die Küstenregionen zwischen Moora und Geralton beschränkt. In den 30er Jahren dehnten die Vögel ihr Verbreitungsgebiet aus und folgten der landwirtschaftlichen Entwicklung des Landes in Richtung Osten und Südosten. Wegen der heutigen landwirtschaftlichen Praxis mit weiträumig angelegten Ackerflächen gelten diese Corellas nun bei den meisten Bauern nicht mehr als ernste Ernteschädlinge. In den letzten 50 Jahren blieben die Vögel vor Nachstellungen verschont. Ihre Anpassungsfähigkeit hat es den Wühlerkakadus ermöglicht, sich im gesamten Weizengürtel zu verbreiten, wo ihnen die Agrarflächen ein üppiges Nahrungsangebot und dauerhafte Wasserstellen garantieren (SMITH & MOORE 1991). Mitte der 30er Jahre des vorigen Jahrhunderts gab es eine Handvoll Exemplare bei Dalwallinu jenseits des ursprünglichen Verbreitungsgebietes vor der Besiedlung Australiens durch die Europäer, der Wubin-Distrikt wurde von den Vögeln in den 40er Jahren kolonisiert (SAUNDERS *et al.* 1985). 1982 lebte die große Mehrheit der Population in den westlich gelegenen zwei Dritteln des Verbreitungsgebietes, der dritte Schwarm im Osten war klein und weit verstreut. Es wurde jedoch erwartet, dass die Ausdehnung des Verbreitungsgebietes unvermindert anhält, bis alle geeigneten Lebensräume besiedelt sind. Die Wühlerkakadus haben die Kolonisierung des Weizengürtels tatsächlich noch nicht abgeschlossen, und entlang dem Avon River zwischen York und Toodyay steigen die Individuenzahlen seit Mitte der 80er Jahre schnell an (in SAUNDERS & INGRAM 1995). Die heutige Gesamtpopulation von *derbyi* wird auf 5.000 bis 10.000 Vögel geschätzt, und der Bestand gilt als gesichert (SMITH & MOORE 1991).

Die Art ist gesetzlich geschützt, und der Western Australian Wildlife Conservation Act hat die Nominatform als „selten“ oder „von der Ausrottung bedroht“ eingestuft (GARNETT 1993).

VERHALTEN

Wühlerkakadus sind laute und auffällige Vögel, die man in Abhängigkeit von der Jahreszeit paarweise, in kleinen Trupps oder großen Schwärmen antreffen kann. Vieles, was wir über ihre Verhaltensweisen wissen, stammt von Felduntersuchungen, die bei Coomallo Creek und Burakin im Weizengürtel im südwestlichen Western Australia durchgeführt wurden (SAUNDERS 1977, SMITH 1991). Die Grundeinheit der sozialen Organisation der Wühlerkakadus bildet das Brutpaar, und die Partner verbringen die meiste Zeit zusammen. Bei

Burakin haben sich Weibchen nach dem Tod ihres Partners erneut verpaart, darüber hinaus stellten die Forscher eine „Scheidungsrate“ von 15,4 Prozent fest. Bei Paaren, die höchstens ein Jahr verpaart waren, lag die Rate mit 25 Prozent deutlich höher. In der Brutsaison bleiben die Paare stets in der Nähe des Nestes und schließen sich nur mit den unmittelbaren Nachbarn oder Nichtbrütern, die in oder durch das Brutgebiet ziehen, zu kleinen Trupps zusammen. Bei Burakin entfernten sich Altvögel, die Eier oder Junge hatten, zur Nahrungsaufnahme nur durchschnittlich 1,6 km vom Nistplatz. Nach Abschluss der Brutsaison schließen sich die Familiengruppen den örtlichen Schwärmen aus Nichtbrütern an, die gelegentlich auf Hunderte von Vögeln anwachsen können.

Bei Burakin bestand die Population aus einem Kern von relativ sesshaften Brutpaaren und einer größeren Gruppe von lokal nomadisch lebenden Immaturen. Das Auftreten und die Größe dieser Gruppe wurde wahrscheinlich von der Verfügbarkeit der Nahrung bestimmt. Die Präsenz von Schweinemastbetrieben zog sicherlich viele Vögel an, und ihre Zahl sank dramatisch, als die Schweinezucht wieder aufgegeben wurde (Smith 1991).

Ich stellte fest, dass die Wühlerkakadus sehr wachsame Vögel sind und es einem Beobachter nur selten gestatten, sich auf kurze Entfernung zu nähern. Wenn ein Schwarm mit der Nahrungsaufnahme beschäftigt ist, sitzen gewöhnlich einige Vögel in den nah gelegenen Bäumen oder auf Zaundrähten. Nähert sich ein Eindringling, erheben sich diese Vögel in die Luft und kreischen laut; ihnen folgt unmittelbar der Rest des Schwarms. In der Luft sondern sich einige Vögel zu kreisenden Orientierungsflügen in großer Höhe ab, bevor sie sich wieder dem abfliegenden Schwarm anschließen.

Anfang September 1995 suchte ich im Three-Springs-Distrikt mit einer Gruppe von Vogelbeobachtern ein Gebiet mit Restbeständen ursprünglicher Baumsavanne auf, in dem Wühlerkakadus brüteten und Schwärme von Nichtbrütern nach Futter suchten. Unsere Anwesenheit sorgte für große Aufregung bei den Corellas; sie flogen laut kreischend kreuz und quer durch die Wipfelregion der Bäume und zogen am Himmel wiederholt ihre Kreise. Hin und wieder landeten einige Vögel auf den blattlosen Ästen größerer Bäume, richteten ihre Hauben und Schwingen auf, warfen sich nach vorn und gaben ohrenbetäubende Kreischlaute von sich. Bei der Nahrungsaufnahme am Boden bewegen sich die Wühlerkakadu weniger unbeholfen als die meisten anderen Kakadus. Dazu gehören besondere Hüpfbewegungen, bei denen der gesamte Körper mit jedem Sprung von einer Seite auf die andere gedreht wird. Der watschelnde Gang, der für die Rosakakadus (*Eolophus roseicapilla*) typisch ist, fehlt den Wühlerkakadus.

Die Vögel am Ende eines fressenden Schwarms fliegen regelmäßig auf und setzen sich an die Spitze der Gemeinschaft. Die Kakadus unterbrechen häufig die Nahrungsaufnahme und richten sich auf, oftmals mit aufgestellter Haube, um nach möglichen Gefahren Ausschau zu halten. Die Schlafplätze der Schwärme befinden sich gewöhnlich auf großen Eukalypten in der Nähe oder unmittelbar entlang den Wasserläufen. Mit Sonnenaufgang verlassen die Vögel den Schlafplatz in kleinen Trupps und fliegen zu ihren Futtergebieten. Sie unterbrechen ihren Flug oftmals, um an künstlichen Wasserstellen in der Nähe von Farmen oder an Viehtränken ihren Durst zu stillen. In den Futtergebieten verbringen die kleinen Trupps die meiste Zeit des Vormittags mit Fressen, oftmals in Gemeinschaft mit Nacktaugenkakadus (*Cacatua sanguinea*) und Rosakakadus. Nach dem Fressen ziehen sich die Kakadus auf nahe gelegene Bäume zur mittäglichen Ruhepause zurück. Während ihrer Ruhepausen oder auf ihren Schlafbäumen widmen sich diese Corellas dem Entlauben der Äste oder beißen Zweige oder Rindenstücke von den Bäumen ab. Wenn sich ein größerer Schwarm für längere Zeit auf einem einzelnen Baum niederlässt, kann er auf diese Weise erhebliche Schäden anrichten. Die Schlafplätze innerhalb oder in der Nähe der Städte können für die Anwohner zu einem lästigen Ärgernis werden. – Mitte des Nachmittags setzen die Wühlerkakadus ihre Nahrungsaufnahme fort, bei heißem Wetter auch später. Zur Dämmerung hin machen sich die Vögel auf den Weg zurück zu ihren Schlafbäumen.

WANDERUNGEN

Smith und Moore (1992) wiesen darauf hin, dass historische Nachweise aus den 30er Jahren des 19. Jahrhunderts vermuten lassen, dass schon immer nach Abschluss der Brutsaison Wanderungen zu den Küstenregionen stattfanden und diese möglicherweise von den Vögeln wegen der vorteilhaften kühleren Sommertemperaturen und der ständigen Verfügbarkeit von Trinkwasser unternommen wurden. Zudem sind an der Küste die Böden lockerer mit einer größeren Vielfalt an Zwiebeln und unterirdischen Sprossknollen. Die Veränderungen der Umwelt infolge der landwirtschaftlichen Entwicklung haben diese Wanderungen nach Abschluss der Brutsaison nicht beseitigen können; es gibt jedoch offenbar keine logische Erklärung, warum die Wühlerkakadus ihre Wanderung nach Erreichen der Küste nicht fortsetzen wie zum Beispiel die Carnabys Weißohr-Rabenkakadus (*Calyptorhynchus latirostris*). Bezüglich der gegenwärtigen Wanderungen im Weizengürtel schließe ich mich der Einschätzung von SMITH und MOORE an, die vermuten, dass es sich hierbei um reliktäres Verhalten handelt; denn ungeachtet der permanenten Verfügbarkeit von Wasser und ausreichender Nahrungsressourcen zieht es die Population der Wühlerkakadus nach Osten. Diese Wanderungen scheinen nur noch wenig Sinn zu ergeben und sind kaum noch zweckmäßig; sie beschränken sich allmählich auf lokale Wanderbewegungen und werden eines Tages wohl ihre zielgerichtete Orientierung verlieren. Im äußersten Südwesten nisten die Wühlerkakadus überwiegend am Lake Muir. Nach Abschluss der Brutsaison formieren sich zwei oder drei große Schwärme, die nordwärts in die Gebiete östlich von Boyup Brook ziehen (SAUNDERS *et al.* 1985).

Als ich im März 1963 den Dongara-Distrikt im nördlichen Weizengürtel besuchte, erzählten mir ansässige Farmer, dass die Wühlerkakadus dort keine Standvögel seien und in unregelmäßigen Abständen und nicht vorhersehbarer Anzahl erschienen, überwiegend im Sommer, wenn der Weizen wächst. Laut SAUNDERS (1977c) ergab die Beobachtung von Vögeln, die als Nestlinge markiert worden waren, dass die Population weiter südlich bei Coomallo Creek nach der Brutsaison nicht in ein besonderes Gebiet zog, jedoch örtliches Wanderverhalten zeigte. Die Vögel schlossen sich den Kakadus aus den unweit gelegenen Brutgebieten an und bildeten Futterschwärme. Zwei von drei Adulten kehrten wieder zu Coomallo Creek zum Brüten zurück, wo sie eine Brutsaison zuvor markiert worden waren.

SMITH und MOORE (1992) beschrieben Einzelheiten der Wanderungen von Vögeln, die bei Burakin im zentralen Weizengürtel markiert worden waren. Sie wiesen darauf hin, dass die Wanderung in Abhängigkeit vom Alter der Vögel von drei Phasen geprägt sei. Flügglinge und ihre Eltern zogen von den Brutplätzen in ein nahe gelegenes Gebiet, in dem sowohl Futter als auch Wasser verfügbar war, das ihnen aber auch ausreichend Schutzmöglichkeiten gewährte. Hier blieben die Vögel für zwei bis drei Wochen. Ihnen schlossen sich weitere Familiengruppen von anderen Brutplätzen sowie Schwärme von Immaturen und nicht brütenden Adulten an. Zwischen Mitte November und Mitte Dezember verließen alle Corellas Burakin und zogen etwa 55 km weit in Richtung Nordwesten bis nach Dalwallinu. Auf dem Weg dorthin legten die Vögel bei Rangers, einer Farm 30 km westlich von Burakin, eine zwei- oder dreitägige Zwischenstation ein. Bis dorthin flogen die Kakadus wahrscheinlich, ohne eine Pause einzulegen. Die meisten Vögel erschienen im Dalwallinu-Distrikt in den ersten beiden Dezemberwochen. Sie schlossen sich dort mit Vögeln aus anderen Brutgebieten zu Schwärmen bis zu 700 Exemplaren zusammen, die im Distrikt umherzogen. Die Vögel verbrachten einige Tage oder Wochen an einem Ort, und der große Schwarm verteilte sich oftmals in kleinere Futterschwärme. Etwa 20 km weiter im Norden bei Wubin existierte ein Schwarm, der offensichtlich ortstreuer war und gelegentlich nach Süden zog und sich dem Dalwallinu-Schwarm anschloss. Nur selten wechselten dabei Individuen ihren Schwarm. Einen offensichtlichen Grund für die Wanderung nach Dalwallinu gibt es nicht, denn in Burakin finden die Vögel ausreichend Futter, Schlafplätze und Wasserstellen. Die Corellas beginnen etwa Mitte Januar mit der Rückkehr nach Burakin. Mitte März sind alle Brutpaare dort wieder eingetroffen. Die Juvenilen verbringen den Sommer bei Dalwallinu und werden zu Beginn des Herbstes selbständig. Es ist jedoch nicht bekannt, ob sie mit ihren Eltern nach Burakin zurückfliegen, obgleich die Immaturen dem Ort, an dem sie geschlüpft sind, sehr verbunden bleiben. Das konnte man durch die Rückkehr einiger Vögel nach Burakin belegen, die dort fünf Jahre lang nicht gesichtet worden waren. Nach der Selbständigkeit schließen sich die Immaturen zu lokalen, nomadischen Schwärmen zusammen, die in einem Gebiet von etwa 250 km^2 umherziehen, von denen etwa 80 km^2 als geeigneter Lebensraum für die Wühlerkakadus zu betrachten sind. Die Wanderungen sind sehr variabel und wenig vorhersehbar, obgleich die Vögel jeden Sommer nach Dalwallinu zurückkehren.

ROWLEY und MAWSON (2001) berichteten von einem Vogel, der etwa zwei Jahre alt war, als er am 2. November 1997 bei Kirwan mit einer Flügelmarke gekennzeichnet wurde. Bis zum 27. Januar 2001 war der Kakadu nicht mehr gesichtet worden; dann entdeckte man ihn etwa 50 km von der Markierungsstelle entfernt im Dalwallinu-Distrikt wieder.

FLUG

Der kraftvolle taubenähnliche Flug besteht aus recht schnellen, flachen Flügelschlägen, die von kurzen Gleitphasen unterbrochen werden. Wenn sie große Strecken überwinden wollen, fliegen die Kakadus in beachtlicher Höhe. Sie kreisen am Himmel und lassen sich abwärts gleiten, ohne die Flügel zu bewegen. Mit einigen flatternden Flügelschlägen bereiten sie dann die Landung auf dem Boden oder auf einem Baum vor.

LAUTÄUSSERUNGEN

Der dreisilbige glucksende Kontaktruf ist dem der Nacktaugenkakadus (*Cacatua sanguinea*) ähnlich. Eine Vielzahl von kürzeren zweisilbigen Rufen (das jähe zweite Element hat eine etwas höhere Tonlage) geben die Vögel beim Abflug oder beim Anflug von oder auf ihren Schlafbaum von sich. Vor der Nachtruhe zeigen die Vögel Luftakrobatik, die von spitzen Kreischlauten begleitet wird. Bei Beunruhigung stoßen die Kakadus schrille Schreie aus.

NAHRUNG

Wühlerkakadus fressen am Boden und benutzen ihren verlängerten Oberschnabel zum Ausgraben von Wurzeln, unterirdischen Sprossknollen und Zwiebeln einheimischer und eingeführter Pflanzen. Wenn die Kakadus im weichen oder feuchten Erdreich graben, wird ihr Gefieder oftmals stark verunreinigt. Ursprünglich haben sich die Wühlerkakadus wohl weitestgehend auf einheimische Pflanzen wie Sonnentaugewächse oder Orchideen beschränkt, heute machen die Knollen des eingeschleppten Zwiebel- oder Guildfordgrases (*Romulea rosea*) einen Großteil der Nahrung aus. Darüber hinaus nehmen die Kakadus auch die Samen von Gräsern und krautigen Pflanzen sowie Nüsse, Früchte, Beeren, Knospen, Blüten, Insekten und ihre Larven auf. SMITH und MOORE (1991) wiesen darauf hin, dass die Fähigkeit dieser Corellas, eingeführte Pflanzen für ihre Ernährung auszubeuten, sie bald in Konflikt mit den Bauern brachte. 1835, nur fünf Jahre, nachdem man bei Guildford (heute ein Vorort von Perth) mit dem Ackerbau begonnen hatte, waren die Wühlerkakadus eine ernste Plage. Im Weizengürtel ist der Weizen auch heute noch die am häufigsten verzehrte Nahrungskomponente dieser Vögel. Sie graben die jungen Schösslinge oder keimenden Samenkörner aus und holen die Körner aus der reifenden Ähre, nachdem sie den Stängel auf den Boden hinabgebogen und mit einem Fuß festgehalten haben. Heruntergefallene Körner werden auf Stoppelfeldern oder aus dem trockenen Dung von Getreide fressendem Vieh aufgesammelt. Im äußersten Südwesten sind die Knollen von *Romulea rosea* der wichtigste Nahrungsbestandteil in der Diät von *pastinator*. Die Vögel verzehren jedoch auch Haferkörner und andere Grassamen, und während der Brutzeit sieht man die Kakadus häufig mit den Samenkapseln des *Marri* (*Eucalyptus calophylla*). Die Vögel dringen mit ihrem Oberschnabel in die Samenkapsel ein, welche sie mit einem Fuß festhalten. Dann wird die Kapsel angehoben, so dass der Inhalt in den Schnabel befördert werden kann. Auch Insektenlarven werden gefressen, vor allem in der Brutsaison. Dann kann man die Vögel beim Suchen und Ausgraben von bisher nicht identifizierten großen Larven beobachten. Bevor diese an die Nestlinge verfüttert werden, entfernen die Altvögel das äußere Chitinskelett (SMITH & MOORE 1991).

Die Analyse der Kropfinhalte von 18 Exemplaren des Wühlerkakadus, die im Unicup-Distrikt gesammelt worden waren, ergab 13 verschiedene Futterkomponenten, dabei überwogen die Knollen von *Romulea rosea*, die bei 89 Prozent der untersuchten Kropfinhalte gefunden wurden, sowie die Samen von *Poa annua* mit 17 Prozent (SMITH & MOORE 1991). Im selben Distrikt beobachtete man Vögeln beim Ausgraben und Verzehren der Rhizome von *Cyperus rotundus* und der Knollen einer nicht identifizierten Schwertlilienart (Iridaceae). Die Analyse der Kropfinhalte von 40 Exemplaren der Unterart *derbyi*, die im Weizengürtel gesammelt worden waren, ergab 18 verschiedene Futterkomponenten, vor allem Weizenkörner, die in 87 Prozent der untersuchten Kröpfe gefunden wurden, und die Samen des *Double-Gee* (*Emex australis*) mit 65 Prozent, darüber hinaus in größerer Anzahl Haferkörner, die Samen der Mäusegerste (*Hordeum vulgare*), von *Capeweed* (*Arctotheca calendula*) und einheimischer Pflanzenarten wie *Helipterum hyalospermum* sowie Insektenlarven (SMITH & MOORE 1991). Im Kropf eines einzelnen Männchens wurden im November 5000 *Eragrostis*-Samen gefunden. Dies lässt vermuten, dass einheimische und eingeschleppte einjährige Gräser, abgesehen von den Getreidearten, eine bedeutende Futterquelle im Frühling und Frühsommer darstellen. Ebenfalls im Weizengürtel stellte man fest, dass die Nestlinge überwiegend mit kleineren Samen gefüttert wurden wie zum Beispiel von *Erodium* sp. und *Capeweed*. Mit zunehmendem Wachstum der Jungen steigt auch der Anteil der *Emex*-Samen und Weizenkörner, bis diese etwa zwei Wochen vor dem Ausfliegen die fast ausschließliche Nahrung der jungen Kakadus sind.

1 Wühlerkakadu
Cacatua pastinator pastinator
ANWC 36205 adult, Männchen
Mordalup, Great-Southern-Distrikt,
Western Australia
10. August 1978

2 Wühlerkakadu
Cacatua pastinator pastinator
ANWC 36198 adult, Weibchen
Tone-River-Brücke,
Western Australia
9. August 1978

Smith (1991) wies darauf hin, dass während der Felduntersuchungen, die 1977 und 1982 im Burakin-Distrikt im zentralen Weizengürtel durchgeführt worden waren, keine genauen Daten zur Paarfindung gewonnen wurden. Dieser Prozess ähnelt jedoch wahrscheinlich dem der Rosakakadus (*Eolophus roseicapilla*): Der enge Kontakt der Vögel im Schwarm ermöglicht es den jungen Kakadus, sich in den Jahren vor der ersten Brut näher kennen zu lernen, beziehungsweise den Brutvögeln die Nähe zu potentiellen Nachfolgern, sollte der gegenwärtige Partner sterben. Obwohl die Datenmenge sehr spärlich ist, schienen die Weibchen nach Vollendung des zweiten Lebensjahres eine Paarbindung anzustreben und unternahmen zwischen dem vierten und sechsten Lebensjahr den ersten Brutversuch. Die Männchen begannen vermutlich erst ab fünf Jahren mit dem Brutgeschäft. Die Stabilität der Paarbindung über einen Zeitraum von einem Jahr wurde anhand von 39 frisch verpaarten Vögel eingeschätzt. Man stellte fest, dass sechs Paare (15,4 %) sich wieder trennten und bei

W.T.COOPER
©-1998

weiteren fünf Paaren (12,8 %) einer der Partnervögel verschwand, also höchstwahrscheinlich gestorben war. Eine „Scheidungsrate“ von 25 % ermittelte man bei 16 Paaren, bei denen beide Partnervögel mit Flügelmarken gekennzeichnet worden waren und von denen man wusste, dass sie das erste Jahr überlebt hatten und nun auch im Folgejahr ein Paar bildeten. In allen Fällen trennten sich die Partner nach der ersten Brutsaison, in der drei der genannten Paare erfolgreich Jungen aufzogen.

Die Wühlerkakadus von Burakin legten ihre Eier zwischen der zweiten Augustwoche und der ersten Oktoberwoche mit einem Höhepunkt in der ersten Septemberwoche. 78 Prozent der Gelege begannen die Weibchen zwischen der letzten Augustwoche und der zweiten Septemberwoche (SMITH 1991). Die Zeitspanne, in denen die Weibchen mit dem Eierlegen anfingen, schwankte in den Untersuchungsjahren zwischen ein und vier Wochen. Eine gleichmäßige Variation konnte nicht festgestellt werden.

Das Nest befindet sich in einem hohlen Ast oder Stamm eines lebenden oder toten Baumes, bei dem es sich fast immer um eine Eukalypte handelt. Bei Felduntersuchungen, die zwischen 1972 und 1976 bei Coomallo Creek im nördlichen Weizengürtel durchgeführt worden waren, waren sämtliche Brutbäume *Wandoos* (*Eucalyptus wandoo*). Die Nisthöhleneingänge lagen in einer Höhe von 3,4 m bis 9,8 m über dem Boden und waren etwa 17 cm breit und 58 cm hoch. Die Tiefe der Bruthöhle variierte von 53 cm bis 102 cm. Die Brutbäume waren im gesamten Untersuchungsgebiet verteilt, die geringste Entfernung zwischen zwei benachbarten Nestern betrug 700 m mit einer nicht besetzten Höhle zwischen den beiden Eukalypten (SAUNDERS 1977c). Bei Nereeno Hill in der Nähe von Three Springs, ebenfalls im nördlichen Weizengürtel, wurden zwischen 1975 und 1980 in einem 16 ha großen Areal mit Restbeständen von Eukalyptus-Savanne die Nisthöhlen von Wühlerkakadus, Nacktaugenkakadus (*Cacatua sanguinea*) und weiteren Arten untersucht. Die dominierende Baumart war der *Salmon Gum* (*E. salmonophloia*), zwischen der verstreut kleinere Bestände des *York Gum* (*E. loxophleba*) und des *Morrel* (*E. longicornis*) wuchsen (SAUNDERS *et al.* 1982). Da bei den Nestern der beiden Corella-Arten keine wesentlichen Unterschiede festgestellt werden konnten, fasste man diese für beide Spezies zusammen. Die Schlupflöcher der Corella-Nester hatten einen deutlich größeren senkrechten Durchmesser als die Nester der Rosakakadus (*Eolophus roseicapilla*). Der senkrechte und waagerechte Durchmesser der Nisthöhleneingänge war ebenfalls deutlich größer als bei den Nestern der Bauers Ringsittiche (*Barnardius zonarius*). Laut SMITH (1991) befanden sich die 62 Nester, die zwischen 1977 und 1982 bei Burakin von Wühlerkakadus besetzt worden waren, in 48 Bäumen, allesamt *Salmon Gums*, die überwiegend auf kleinen Inseln mit ursprünglicher Vegetation oder am Straßenrand standen. Die Eingangsöffnungen von 39 Nestern befanden sich am Stamm, und von den übrigen mit einem Astschlupfloch waren nur fünf reine Asthöhlen. Die Nester wurden sowohl in lebenden als auch in toten Bäumen entdeckt; wenn ein Paar in einem abgestorbenen Baum brütete, musste sich jedoch ein lebender Baum in der Nähe befinden, auf den sich die Vögel Schutz suchend zurückziehen konnten. Die Ausmaße der Brutbäume und Höhlen bei Nereeno Hill und Burakin sind in der folgenden Tabelle zusammengefasst:

Ausmaße der Nistbäume und Höhlen	Nereeno Hill (incl. der Nester von *C. sanguinea*)	Burakin
Anzahl der Bäume	28	48
Anzahl der Nisthöhlen	28	62
Höhe der Brutbäume (m)	19,1 (12,0–26,0)	21,3 (8,0–34,0)
Stammumfang in Brusthöhe (m)	1,8 (1,0–2,5)	2,1 (1,1–3,8)
Höhe des Nisthöhleneingangs (m)	9,6 (6,2–14,3)	8,5 (5,0–13,8)
Horizontaler Durchmesser des Höhleneingangs (cm)	18,5 (7,8–40,0)	16,3 (7,0–28,5)
Vertikaler Durchmesser des Höhleneingangs (cm)	19,8 (10,5–42,0)	19,3 (7,5–49,0)
Tiefe der Nisthöhle (cm)	146,3 (45,0–453,0)	159,5 (47,5–420,0)

MAWSON und LONG (1994) berichteten, dass bei Bestandsaufnahmen im Lake-Muir-Tonebridge-Distrikt im äußersten Südwesten von Western Australia, die zwischen 1989 und 1992 durchgeführt worden waren, 16 Nester in *Jarrahs* (*Eucalyptus marginata*) und 15 in *Marris* (*E. calophylla*) gefunden wurden. Es handelte sich stets um sehr große Bäume, die bereits oder nicht mehr Früchte trugen beziehungsweise im Absterben begriffen waren. Ihre Kronen bildeten ein recht offenes Dach mit toten Ästen. Die Bäume standen auf gerodetem Weideland, wo sie dem Vieh als Schattenspender dienten, an Straßenrändern oder in Restbeständen ursprünglicher Vegetation in der Nähe von Farmen oder *Pinus*-Anpflanzungen.

Bei Burakin wurde ein Nest eine bis sechs aufeinander folgende Brutsaisons genutzt. Der Mittelwert lag lediglich bei 1,9 Brutzeiten. Aber trotz der recht hohen Wechselrate konnten nur vier Fälle nachgewiesen werden, in denen die Brutvögel zu einem anderen Savannengebiet zogen. Die Veränderungen im Gebrauch der vorhandenen Nisthöhlen standen in keinem Zusammenhang mit irgendeiner offensichtlichen Ursache (SMITH 1991). SAUNDERS stellte bei Coomallo Creek im nördlichen Weizengürtel fest, dass zur Nistvorbereitung das Holz am Boden der Nisthöhle aufgebrochen und verteilt wurde. Es hatte den Anschein, als ob von den Vögeln kein weiteres abgenagtes Nistmaterial auf dem Boden der Höhle ausgelegt wurde. Im Gegensatz dazu trugen die Brutvögel von Burakin Holzstückchen in die Höhle ein, die vermutlich im Bereich des Nisthöhleneingangs oder von den Innenwänden der Höhle abgenagt worden waren. Die Eier wurden im Anschluss daran auf diese Lage aus Holzspänen gelegt. Bei Coomallo Creek variierte die Gelegegröße von ein bis vier Eiern (2,3 Eier im Mittel), bei Burakin schwankte die Anzahl der Eier pro Gelege bei 87 untersuchten Nestern ebenfalls von ein bis vier Eiern mit einem Mittelwert von 2,7 Eiern. Bei Burakin schrumpfte die Gelegegröße beim Fortschreiten der Brutsaison. Es wurde vermutet, dass einige Weibchen, die bei der Suche und Aufnahme von Futter effizienter waren als andere, früher brüteten und größere Gelege produzierten. Die gesammelte Datenmenge reichte jedoch nicht aus, um zu überprüfen, ob junge Weibchen, die dazu neigen, später zu legen als die älteren, auch kleinere Gelege zeitigen.

Bei den Wühlerkakadus brüten sowohl die Weibchen als auch die Männchen. Sie beginnen damit nach der Ablage des zweiten Eies. Die Brutdauer beträgt 22 oder 23 Tage. Bei Burakin teilten sich die Geschlechter das Brutgeschäft und das Hudern der frisch geschlüpften Nestlinge tagsüber etwa zu gleichen Teilen, während sich nachts offenbar fast ausschließlich das Weibchen dieser Beschäftigung widmete. Frisch geschlüpfte Nestlinge werden eine Woche lang ununterbrochen gehudert. Danach verkürzen die Altvögel die Huderzeit zügig und verzichten auf sie völlig, wenn die Jungen etwa 25 Tage alt sind.

Beide Altvögel brüten. Nach dem Wechsel im Nest verbringt der abgelöste Vogel außerhalb der Höhle gewöhnlich bis zu zehn Minuten, gelegentlich auch länger, mit Gefiederpflege und einer Ruhepause, bevor er zum Fressen davonfliegt. Nach dem Einstellen des Huderns verbringen die Altvögel etwa 30 Prozent des Tages gemeinsam außerhalb des Nestes. Ihre Handlungen sind oftmals aufeinander abgestimmt. Beide verlassen das Nest gemeinsam und kehren auch zusammen wieder zu ihm zurück. Ein Paar fütterte sein einziges Junges während der gesamten Nestlingszeit zwischen sechs- und achtmal pro Tag. Im darauf folgenden Jahr hatte das Paar zwei Junge zu versorgen und erhöhte die Zahl der Fütterungen von sieben am Tag nach dem Schlupf auf sechzehn pro Tag, als die Jungen 29 Tage alt waren. Danach reduzierten sie die Fütterungsrate wieder auf sechsmal täglich, bis die jungen Kakadus fast flügge waren. Bei Burakin hatten die Nestlinge aus Gelegen mit drei Flügglingen eine deutlich größere Körpermasse als Junge aus Nestern mit weniger Flügglingen. Vermutlich waren die Altvögel mit größeren Gelegen fähigere und erfahrenere Eltern. Ebenfalls bei Burakin war die Verkleinerung der Gelegegröße ein häufiges Ereignis. Der jüngste Nestling starb oftmals innerhalb der ersten zwei Wochen nach dem Schlupf. Die Körpermasse der Jungen nahm schnell zu und erreichte ihren höchsten Wert zwischen dem 38. und 48. Tag. Danach traten Schwankungen auf, und bis zum Zeitpunkt des Ausfliegens mit etwa 60 Tagen verloren die Jungen wieder an Gewicht. SAUNDERS berichtete von Coomallo Creek, dass Flügglinge, die bereits seit einer Woche das Nest verlassen hatten, noch viermal am Tag vom Männchen gefüttert wurden, das zuvor einige Zeit mit der Nahrungsaufnahme am Boden verbracht hatte.

Die Überlebensrate der Flügglinge bis zum Erreichen der Selbständigkeit stand bei Burakin nicht im Zusammenhang zur Gelegegröße oder mit der körperlichen Verfassung am Zeitpunkt des Ausfliegens. Sie wurde vielmehr bestimmt durch Unglücksfälle und die Höchsttemperaturen im Sommer. Im Durchschnitt überlebten 1,6 Jungvögel pro Gelege die Nestlingszeit, so dass ein Paar, das mit drei Jahren erstmals gebrütet hat, 5,4 Jahre braucht, um sich selbst zu ersetzen. Paare, die erst mit vier oder fünf Jahren mit der Fortpflanzung beginnen, brauchen entsprechend 9,2 und 13,9 Jahre (SMITH & ROWLEY 1995). Solch eine im Vergleich zu den wesentlich produktiveren Rosakakadus (*Eolophus roseicapilla*) geringe Fortpflanzungsrate erklärt den auffälligen Unterschied zwischen den beiden Arten bei der Ausdehnungsgeschwindigkeit in den Weizengürtel des südwestlichen Western Australia.

EIER

Die Eier der Wühlerkakadus sind birnenförmig bis elliptisch-oval mit variablem Glanz. In einem Gelege können einige Eier glattschalig und leicht glänzend sein, während die Schale von anderen Eiern ohne jeden Glanz mit kleinen Vertiefungen sind. Im Western Australian Museum in Perth gibt es ein Dreiergelege von *C. p. derbyi* von Hill River im nördlichen Weizengürtel im südwestlichen Western Australia mit den Maßen 46,3 mm (45,4-47,1) x

32,0 mm (31,2 x 32,7) mm. Smith (1991) gab für die Eier von *C. p. derbyi* aus dem Burakin-Distrikt (im zentralen Weizengürtel) folgende Eimaße an: 41,8 mm (38,1-49,0) x 30,5 mm (28,2-33,9).

HALTUNG IN MENSCHENOBHUT

Ich kann die Bemerkungen mancher Autoren bezüglich der „Intelligenz" der Wühlerkakadus bestätigen, denn bei den mit Abstand schlauesten Vögeln, die ich je in meiner Volierenanlage gehalten habe, handelt es sich um ein Paar dieser Art. Die Vögel sind überaus neugierig und untersuchen wiederholt jeden Einrichtungsgegenstand in der Voliere, und jede lose Schraube oder jede Krampe beziehungsweise lockere Bolzen wird intensiv mit dem scharfen kräftigen Schnabel bearbeitet. Die Kakadus hacken, ziehen oder drehen so lange fieberhaft an dem Objekt, bis es sich aus seiner Verankerung gelöst hat oder abgebissen werden kann. Das Paar ist sehr verspielt und verbringt Stunden damit, mit einfachen Objekten zu spielen wie glatten runden Steine oder kräftigen Ästen. Die Vögel liegen dabei häufig auf dem Rücken und halten ihr Spielzeug mit den Füßen empor. Bei anderen Gelegenheiten schleudern sie es über den Volierenboden, lassen es von den Sitzäste herabfallen oder legen es in die Wassernäpfe. Ich habe in der Voliere an einer Wand ein Fallrohr mit einem Durchmesser von 80 mm angebracht, in das ich belaubte Zweige stecke. Die Corellas haben jedoch gelernt, ihre Köpfe von oben in die leere Röhre zu stecken und laut zu rufen, um auf diese Weise ein Echo zu erzeugen. Keine der anderen Kakadu- oder Papageienarten hat jemals ein derartiges Verhalten gezeigt. Es gibt Berichte von Heimvögeln aus Western Australia, die gelernt haben, komplizierte Tricks mit Spielzeug vorzuführen, und über ihr überragendes Können als „Sprecher" wurde bereits in den Medien berichtet. Wühlerkakadus sind jedoch sehr fordernd in ihrem Bedürfnis nach Gesellschaft.

In Australien wird im Allgemeinen die Unterart *C. p. derbyi* als Volierenvogel gehalten. Erst in den letzten Jahren sind Paare in den Sammlungen der östlichen Bundesstaaten etabliert worden. Mir ist nur ein Ort bekannt, an dem Wühlerkakadus, die aufgrund ihrer Herkunft zweifelsfrei zur Nominatform gehören, gehalten werden: im Zoo von Perth. Dort gibt es im Rahmen des Species Management Plan ein Zuchtprogramm für diese gefährdete Unterart. Wenn die Zucht in diesem Zoo erfolgreich verläuft, sollen die Nachkommen privaten Züchtern angeboten werden, die an diesem Programm teilnehmen möchten.

UNTERBRINGUNG UND PFLEGE

Wühlerkakadus sind immer aktiv, und ihre Energie scheint grenzenlos zu sein. Für die Käfighaltung sind sie völlig ungeeignet. Sie benötigen lange, geräumige Volieren, in denen diese wunderbaren Vögel eine große Anziehungskraft auf den Betrachter ausüben. Mein Paar lebt in einer 8 m langen, 1,8 breiten und 3 m hohen Voliere. Im rückwärtigen Teil befindet sich auf einer Länge von 2 m das vollständig geschlossene Schutzhaus. Sein Dach ist an der Vorderwand einen Meter höher als die angrenzende Freivoliere und fällt dann schräg zur Rückwand des Hauses ab. Am höchsten Punkt der Voliere erhalten die Vögel so eine Rückzugsmöglichkeit. Auch kleinere Volieren können offenbar die Bedürfnisse der Vögel befriedigen: Sindel berichtete über eine Zucht in einem Hängekäfig, der 3 m lang, 1,2 m breit und 1,2 m hoch war. Die Voliere war nur auf einer Länge von 1,2 m der Witterung ausgesetzt, der übrige Teil befand sich vollständig in einem geschützten Bereich (in Sindel & Lynn 1989).

Volieren für Wühlerkakadus sollten vollständig aus Metall gefertigt sein. Ihre soliden Elemente müssen der regelmäßigen Bearbeitung durch die Papageienschnäbel auf der Suche nach brüchigen oder losen Befestigungsteilen standhalten. Ich habe festgestellt, dass die Corellas normalerweise nicht die kräftigen Äste durchnagen, sondern ihre Aufmerksamkeit unmittelbar auf die Halterungen lenken. Ich muss diese Befestigungen regelmäßig ersetzen, bevor die Kakadus sie endgültig auseinander nehmen.

Wühlerkakadus lieben es, während eines Regenschauers zu baden oder sich mit einem Gartenschlauch abduschen zu lassen. Mein Paar ist das erste, das auf einsetzenden Regen reagiert: Nur wenige Tropfen reichen aus, und die Vögel hängen sich kopfunter an das Gitterdach der Freivoliere. Dabei halten sie sich mitunter nur mit einem Fuß fest, fächern ihre Steuerfedern, richten ihre Haube auf und sträuben das Gefieder. Sie schlagen ihre ausgebreiteten Flügel und rufen dabei laut. Mein Paar verbringt sehr viel Zeit auf dem Volierenboden, einer tiefen Schicht aus feinem Kies, gemischt mit grobem Fluss-Sand, die auf einer Lage Fluss-Steine liegt. Die obere Schicht wird von den Vögeln unablässig zerwühlt und gewendet, besonders kurz nachdem ich mit einem Rechen den Boden geglättet habe. Mehrere mittelgroße Rundsteine und kurze, kräftige Eukalyptus-Äste stelle ich den Vögeln zu ihrer Unterhaltung zur Verfügung.

Diese Corellas sollten nur paarweise und nicht mit anderen Vögeln zusammen gehalten werden. Mein Paar hat eine männliche Schuppenbrusttaube (*Geophaps smithii*) umgehend getötet und übel zugerichtet. Die Taube hatte ich unvorsichtigerweise in die Voliere der Kakadus gesetzt, um in der anderen die Bepflanzung auszutauschen.

FÜTTERUNG

Die Basis-Körnermischung, die ich meinen Vögeln reiche, besteht zu gleichen Teilen aus grauen Sonnenblumenkernen, Kanariensaat, Weißer Hirse und Rispenhirse. An Zusatzfutter erhalten sie täglich Stangensellerie (der bevorzugt gefressen wird), Möhren, Mangold, Äpfel, Brokkoli, Blumenkohl, kleine Stücke Vollkornbrot und Maiskolben. Die Zusammensetzung dieser Mischung hängt von der Verfügbarkeit des Gemüses und der Früchte ab. Gefüttert wird früh morgens. An jedem zweiten Abend erhalten meine Vögel vier ungeschälte Mandeln oder ein Viertel Orange. Die Technik, welche die Wühlerkakadus benutzen, um an den Mandelkern zu gelangen, ist nicht mit der anderer Kakadus in meiner Anlage zu vergleichen. Die Vögel halten die Mandel senkrecht in ihrem Fuß und entfernen die Spitze der Schale. Dann wird die Spitze des verlängerten Oberschnabels in die Öffnung geschoben und der Inhalt herausgeholt. Grassoden biete ich regelmäßig an. Die Vögel reißen die Büschel gierig auseinander, um an die Wurzeln und fleischigen Stängelbasen zu gelangen, die zu einer breiigen Masse zerkaut werden. Ich habe noch keinen Futterspender gefunden, aus dem die Vögel die Samen nicht herausklauben und auf den Boden schleudern konnten. Offensichtlich bevorzugen sie es, ihre Samen vom Boden aufzulesen. Um die damit verbundene Verunreinigung zu vermeiden, habe ich mit verschiedenen Behältern experimentiert, bin aber am Ende ernüchtert zur Erkenntnis gelangt, dass die Vögel alle Samen, derer sie habhaft werden können, zunächst auf den Boden werfen, bevor sie sie verzehren. Darüber hinaus ist es sehr lästig, dass sie ständig Gegenstände in ihre Wassernäpfe legen, die das Trinkwasser verunreinigen können. Infolgedessen bin ich gezwungen, die Näpfe regelmäßig gegen frische auszutauschen; denn die Corellas sind sehr kleinlich in ihren Ansprüchen an sauberes Trinkwasser.

ZUCHT

SINDEL (1991) berichtete nicht vom Balzverhalten frei lebender Vögel, er wies aber darauf hin, dass in Menschenobhut der Beginn der Brutzeit von lautstarkem Balzverhalten angekündigt wird. Die Vögel zeigen nun steigendes und erregtes Interesse an der ausgewählten Nisthöhle (in SINDEL & LYNN 1989). Mit aufgerichteter Haube stolziert das Männchen den Ast entlang zu seinem Weibchen, fächert seine Steuerfedern, bewegt seinen Kopf ruckartig auf und nieder und ruft dabei erregt.

Als ich diesen Text schrieb, hatte mein Paar noch nicht die Geschlechtsreife erreicht, daher habe ich noch keine persönlichen Erfahrungen mit der Zucht von Wühlerkakadus machen können. SINDEL berichtete, dass diese Corellas weniger wählerisch bei der Wahl des Nistplatzes sind als Nasenkakadus (*Cacatua tenuirostris*). Beide Geschlechter bereiten die Nisthöhle für die Eiablage vor: Sie nagen dabei Holzspäne von den Innenwänden und tragen einen Teil des Nistmaterials hinaus (in SINDEL & LYNN 1989). Die wenigen Nachweise einer Brut von Wühlerkakadus zeigten, dass die Eier normalerweise in der ersten Septemberwoche gelegt werden. In Abständen von zwei bis vier Tagen legt das Weibchen drei bis fünf Eier, die ab dem zweiten Ei von beiden Geschlechtern bebrütet werden, manchmal auch schon ab dem ersten Ei. Die Brutdauer beträgt 23 bis 24 Tage. Frisch geschlüpfte Jungvögel sind von blassgelben Dunen bedeckt, ihr bleicher Schnabel ist bereits deutlich verlängert. Die Nestlinge entwickeln sich anfangs sehr langsam. Ihre Augen beginnen sich zwischen dem 10. und 14. Tag zu öffnen, die ersten Konturfederspitzen brechen etwa am 18. Tag durch die Haut. Die Haube ist mit 20 Tagen gut erkennbar. Wenn die Vögel 30 Tage alt sind, ist die Befiederung weit fortgeschritten, mit 40 Tagen sind die Nestlinge voll befiedert. Sieben bis acht Wochen nach dem Schlupf verlassen die Jungen das Nest und werden von ihren Eltern noch weitere vier Wochen gefüttert, vor allem vom Männchen, das sich dieser Aufgabe fast allein widmet. Laut SINDEL sind die meisten Flügglinge einem Monat nach dem Ausfliegen selbständig und können etwa zehn Wochen nach dem Flüggewerden von ihren Eltern getrennt werden. Man achte jedoch sorgfältig auf frühe Anzeichen für aggressives Verhalten der Altvögel gegenüber ihren Jungen.

MISCHLINGE/FARBMUTATIONEN

Mir sind keine Berichte über Mutationsformen von Wühlerkakadus bekannt. In Menschenobhut hat es offensichtlich auch noch keine Mischlingszucht gegeben, obgleich SINDEL vermutete, dass in Western Australia Hybriden gezüchtet worden sind. Anfang September 1995 beobachtete ich am Mount Kokeby im südlichen Weizengürtel im Südwesten von Western Australia einen Wühlerkakadu und einen Nasenkakadu (*Cacatua tenuirostris*) gemeinsam mit ihren beiden Mischlingsjungen.

NASENKAKADU

Cacatua tenuirostris (Kuhl)

Psittacus tenuirostris Kuhl, Nova Acta Acad. Caesar. Leop. Carol., 10, 1820, S. 88 (New Holland = in der Umgebung der Port Phillip Bay, Victoria)

D: Langschnabelkakadu; E: Slender-billed Corella, Corella, (Eastern) Long-billed Corella, Long-billed Cockatoo, Slender-billed Cockatoo; F: Cacatoès nasique; NL: (Oostelijke) langsnavelkaketoe.

Gesamtlänge 37 cm

ADULTES MÄNNCHEN
Grundfarbe des Gefieders weiß; die Federn des vorderen Scheitels sind verlängert und bilden die kurze Haube; Stirnband, Zügel, die vordere Begrenzung des nackten Augenrings, das halbmondförmige Halsband und die Basen der im Gefieder verborgenen Kopf- und Nackenfedern sind leuchtend orange-scharlachrot; die Basen der Federn auf dem Vorderrücken sowie der Brust bis zum Oberbauch sind etwas blasser rosa-orangefarben; die Ohrdecken sind dunkelgelb überlaufen; der nackte Augenbereich ist von einem leuchtend orange-gelb gefärbten Federring umgeben; Schwungfedern und äußere Steuerfedern sind weiß, zur Basis hin und auf den Innenfahnen der Unterseite gelblich werdend; die nackte Augenumgebung ist blass gräulich-blau, unterhalb des Auges etwas kräftiger gefärbt; Schnabel hornfarben mit verlängertem Oberschnabel; Iris tiefbraun; Läufe grau. Körpermasse: 482-650 g.

20 Exemplare:	Flügel 271-290 (278,7) mm	Schwanz 112-130 (125,3) mm
	Oberschnabel 41-52 (48,3) mm	Lauf 26-32 (28,3) mm

ADULTES WEIBCHEN
Ähnlich dem Männchen. Körpermasse: 550-596 g.

20 Exemplare:	Flügel 262-281 (273,5) mm	Schwanz 120-132 (124,4) mm
	Oberschnabel 40-51 (46,2) mm	Lauf 24-29 (26,3) mm

JUVENILE
Wie die Adulten, die Zügel, das Halsband und die Federbasen am Kopf und auf dem Nacken sind jedoch matter, weniger kräftig orange-scharlachrot gefärbt; wenig oder kein Rosa-Orange auf den Basen der im Gefieder verborgenen Federn von Vorderrücken, Brust und Oberbauch; der Oberschnabel ist kürzer.

VERBREITUNG

Das ursprüngliche Verbreitungsgebiet der Nasenkakadus beschränkte sich auf Südost-Australien vom äußersten Südosten von South Australia ostwärts bis Zentral-Victoria und zum Südwesten von New South Wales. Populationen verwilderter Vögel haben sich heute in allen Bundesstaaten und Territorien des Festlands etabliert, überwiegend innerhalb und in der Umgebung der größeren Städte. In der Vergangenheit hatten Vogelbeobachter Schwierigkeiten, den Nacktaugenkakadu (*Cacatua sanguinea*) vom Nasenkakadu zu unterscheiden. Daher existieren irrtümliche Sichtmeldungen von weit entfernten Orten in Nordwest-Queensland und Zentral-Australien.

Nasenkakadu
Cacatua tenuirostris
ANWC 36226 adult, Männchen
„Woolongoon", Mortlake, Victoria
13. Mai 1978

Nach Emison und Beardsell (1985) reicht das ursprüngliche Verbreitungsgebiet im äußersten Südosten von South Australia von Bordertown und Wolsely südwärts bis zum Millicent- und Glencoe-Distrikt. Das Gebiet weist eine Fläche von etwa 10.000 km² auf und misst von Nord nach Süd etwa 160 km und von Ost nach West etwa 60 km. Bei dem Schwarm, der 1976 bei Reynella südlich von Adelaide beobachtet wurde, handelte es sich wahrscheinlich um Vögel, die versehentlich vom South Australian National Parks and Wildlife Service freigelassen worden waren. Auch die jüngeren Nachweise von Nasenkakadus aus der Umgebung von Adelaide führt man auf entflogene Vögel zurück (Paton *et al.* 1994). Nasenkakadus sind in Südwest-Victoria weit verbreitet. Im Süden kommen die Vögel bis etwa zum 36. südlichen Längengrad vor, im Osten bis zum Mittellauf des Murray River zwischen Robinvale und Yarrawonga sowie bis zum Ballarat-Distrikt und zur Westküste der Port Philip Bay. Es gibt Nachweise, die aus dem Wangaratta- und dem Benalla-Distrikt stammen, weit östlich des eigentlichen Verbreitungsgebietes (Emison *et al.* 1987). Obwohl sich die Nasenkakadus auf natürliche Weise in Richtung Osten ausbreiten, vermutete ich, dass zahlreiche Nachweise aus Melbourne und aus der Umgebung der Metropole höchstwahrscheinlich auf entflogene Vögel zurückzuführen sind.

Im Südwesten von New South Wales liegt der Verbreitungsschwerpunkt entlang den Mittelläufen des Murray River und seinen Nebenflüssen überwiegend südlich des 35. südlichen Breitengrades von Tocumwal und Finley westwärts bis Barham und Moulamein. In Ausnahmefällen dringen die Vögel im Norden bis in den Narrandera- und Hay-Distrikt sowie im Westen entlang dem Murray River bis Euston oder sogar bis zum Lake Gol Gol und Dareton vor.

In New South Wales existieren die meisten Populationen verwilderter Vögel. Sie sind entlang der gesamten Küstenlinie von Cobargo und Bermagui nordwärts bis zur Grenze nach Queensland zu finden. Der Verbreitungsschwerpunkt verwilderter Schwärme liegt in und um Sydney, im zentralen Küstengebiet von New South Wales (besonders im Gosford-Wyong-Distrikt) und im Tal des Hunter River. Weitere Populationen gibt es auf dem Southern und Central Tableland mit Nachweisen, die im wesentlichen aus dem Canberra-Goulburn- und dem Eugowra-Distrikt stammen. In Queensland findet man die Nasenkakadus überwiegend im Südosten, vor allem in und um Brisbane oder in der Nähe von Ipswich. Von weiter entfernten Standorten wie Cairns oder Great Keppel Island existieren nur vereinzelte Nachweise. Weiterhin gibt es Sichtmeldungen aus dem Gebiet um Darwin, Northern Territory, und man vermutet, dass sich zurzeit am Stadtrand eine Population etabliert, wie es bereits im Gebiet um Perth im Südwesten von Western Australia geschehen ist. Ein Nachweis stammt von Yerecoin, etwa 140 km in Richtung Nordosten (JOHNSTONE *briefl. Mittlg.*. 1998, SAUNDERS *et al.* 1985). Auf Tasmanien wurden Nasenkakadus vor allem in und um Hobart, in den Midlands und entlang der Nordküste beobachtet. Darüber hinaus existieren Meldungen von King Island und Flinders Island in der Bass Strait (BROWN & HOLDSWORT 1992).

HABITATE

Innerhalb ihres natürlichen Verbreitungsgebietes sind die Nasenkakadus Bewohner der Grassavannen unter 400 m ü. NN. mit einer mittleren jährlichen Niederschlagsmenge zwischen 250 mm und 800 mm, die überwiegend in den Wintermonaten fällt (EMISON *et al.* 1994). Zu den ausschlaggebenden Bestandteilen der von den Kakadus bevorzugten Habitate zählen zum einen die verlässlichen jahreszeitlichen Futterquellen und zum anderen die Verfügbarkeit geeigneter Nisthöhlen. Als Brutbäume dienen den Nasenkakadus in vielen Distrikten ausgewachsene *River Red Gums* (*Eucalyptus camaldulensis*), die in zwei sehr unterschiedlichen Vegetationsformen anzutreffen sind. Die flussnahen Baumbestände kommen vor allem landeinwärts vor, wo die mittlere Jahresniederschlagsmenge zwischen 250 mm und 600 mm beträgt und die Bäume normalerweise auf einem schmalen Streifen entlang der Uferlinie stehen. Auf den Überschwemmungsflächen des Murray-Murrumbidgee-Fluss-Systems bilden diese Bäume hingegen ausgedehnte Bestände ohne andere Gehölze als Zwischenbewuchs. Die nicht flussgebundenen Bestände des *River Red Gum* findet man auf Böden, die zu bestimmten Jahreszeiten wassergesättigt sind. In diesen Gebieten fallen im Jahresdurchschnitt zwischen 500 mm und 700 mm Regen, und die Bäume bilden ausgedehnte Bestände in größerer Entfernung von den Wasserläufen. In diesen uferfernen Baumsavannen bilden die *River Red Gums* mitunter gemischte Bestände mit *Yellow Box* (*Eucalyptus melliodora*) mit Grasflächen als Unterbewuchs; dieser Lebensraum zählt zu den Primärhabitaten für Corellas. In den Sandebenen der Gebiete mit mittlerem Jahresniederschlag zwischen 500 mm und 700 mm im Südosten von South Australia und dem benachbarten Südwesten von Victoria sind diese Corellas häufig in von *Blue Gum* (*E. globulus*), *Pink Gum* (*E. fasciculosa*) und *Rough-barked Manna Gum* (*E. viminalis*) dominierten Eukalyptus-Savannen mit vereinzelten Sträuchern und Büschen einschließlich *Golden Wattle* (*Acacia pycnantha*) und *Moonah* (*Melaleuca lanceolata*) sowie einheimische *Danthonia*- und *Stipa*-Gräser als Unterbewuchs anzutreffen. Verstreut in den landwirtschaftlich geprägten Gebieten liegen kleine Restbestände mit Baumsavanne, die von *Grey Box* (*E. microcarpa*), *Yellow Gum* (*E. leucoxylon*) und *Buloke* (*Allocasuarina luehmanni*) mit einem Unterbewuchs von Tussock-Grasland und vereinzelten Akazienbüschen dominiert werden. Die Nasenkakadus suchen diese Vegetationsinseln überwiegend dann auf, wenn auf den umliegenden Äckern das Getreide reift.

In Richtung der nordöstlichen Verbreitungsgrenze in Nord-Victoria und im Süden von New South Wales findet man verstreut kleine Populationen dieser Corellas in den Baumsavannen der fruchtbaren Flussauen und leicht hügeligen Landschaften mit dominierenden Beständen von *Yellow Gum*. In trockenen Hügelregionen sind hingegen *White Box* (*E. albens*) und *Blakely's Red Gum* (*E. blakelyi*) häufiger, diese machen an den steileren Hängen und felsigen Bergspitzen Platz für *Candlebark* (*E. rubida*) und *Red Stringybark* (*E. macrorhyncha*). Das ursprüngliche Grasland wurde mittlerweile vielerorts in Weideland für Schafe umgewandelt. Im Grasland des südwestlichen Victoria nutzen die Nasenkakadus ausgiebig die Schutzmöglichkeiten, die ihnen die Anpflanzungen des *Sugar Gum* (*E. cladocalyx*), des *Blue Gum* und eingeführter Koniferen bieten. Das üppige Nahrungsangebot lockt die

Corellas zu den Ackerflächen und in das erschlossene Weideland, besonders in Gebieten mit einem mittleren Jahresniederschlag von mehr als 400 mm, wo es einen engen Zusammenhang zwischen der Verbreitung der Kakadus und des Anbaus von Hafer gibt (Emison *et al.* 1994).

Außerhalb ihres natürlichen Verbreitungsgebietes sind die verwilderten Populationen eng mit den landwirtschaftlich genutzten Flächen sowie den Lebensräumen in den Städten und ihren Vororten verbunden. In Sydney und an der mittleren Küste von New South Wales bevorzugen die Nasenkakadus offenes Grasland einschließlich Sport- und Golfplätze, Rasenflächen auf Schulgelände, Parks, Gärten und Strandwiesen.

LOKALE POPULATIONSDICHTEN

Als die ersten Europäer mit der Besiedlung Australiens begannen, waren die Nasenkakadus in ihrem gesamten natürlichen Verbreitungsgebiet, das ausgedehnter war als heute, häufig (Emison *et al.* 1994). Die Art kam sicherlich in ganz West-Victoria ostwärts bis zur Port Phillip Bay und südlich der trockenen Mallee-Regionen des Nordwestens vor. Nasenkakadus waren zahlreich entlang dem gesamten Murray River und entlang den Unterläufen des Murrumbidgee River und Lachlan River (siehe North 1911). In etwas geringerer Zahl kamen sie wahrscheinlich weiter nördlich in New South Wales und westwärts bis zu den Adelaide Plains im Süden von South Australia vor. Die zunehmende Weidewirtschaft wirkte sich fatal auf die Populationen aus, denn das grasende Vieh und der Anbau von Getreide schränkte den Vorrat an natürlichen Futterressourcen stark ein, und durch die Rodung der natürlichen Vegetation gingen zahlreiche Brutplätze verloren. Mit der Ausbreitung der Weidewirtschaft ging die Zahl der Nasenkakadus entsprechend zurück, oftmals schnell und dramatisch. Die Bodenvegetation änderte sich durch die Beweidung und durch die eingeführten Europäischen Wildkaninchen (*Oryctolagus caniculus*) nachhaltig. Dies scheint die Ursache für das Verschwinden dieser Corellas in vielen Regionen gewesen zu sein. Die Umstellung von der Rinderzucht auf die Schafzucht erwies sich als besonders schädlich für den Bestand der Nasenkakadus. Keartland stellte fest, dass die Corellas in den Gebieten, in denen Rinder auf den Weiden grasten, entlang dem Murrumbidgee River in der Riverina-Region des südlichen New South Wales, örtlich nach wie vor in recht großer Zahl brüteten. Als man in den 60er Jahren des 19. Jahrhunderts auf die Schafhaltung umstieg, verschwanden die Nasenkakadus aus dem Gebiet vollständig (in North 1911). Die direkte Verfolgung der Vögel trug ebenfalls zu ihrem Bestandsrückgang bei. Als die Nasenkakadus dazu übergingen, Getreidekörner als Ersatzfutter zu fressen, antworteten die Landwirte mit dem Abschuss der Vögel und mit dem Auslegen von Giftködern. An der Küstenlinie der Port Phillip Bay in Süd-Victoria und in den Adelaide Plains im südlichen South Australia sind die Kakadus zu Beginn bis Mitte des 19. Jahrhunderts offenbar ausgerottet worden. Über ein Jahrhundert lang schrumpfte das Verbreitungsgebiet immer mehr, die Individuenzahlen sanken, so dass in den 50er Jahren des 20. Jahrhunderts die Restpopulation nicht mehr auf Tausende Vögel, sondern auf Hunderte geschätzt wurde, welche lediglich in einem Gebiet von Südwest-Victoria bis zum äußersten Südosten von South Australia sowie entlang dem Mittellauf des Murray River im äußersten Süden von New South Wales überlebt hatten (Emison *et al.* 1994). Als Hauptursachen für den weiterhin anhaltenden Rückgang der Restpopulation wurden die Konkurrenz um die Nahrung mit der Kaninchenplage zu einer kritischen Zeit des Jahres und die Aufnahme von vergifteten Haferkörnern, die als Köder für die Kaninchen ausgelegt worden waren, angesehen. Die Farmer stellten den Nasenkakadus weiter nach, um ihre Ernte zu schützen. Sie sind zweifellos mit verantwortlich für den anhaltenden Rückgang der lokalen Bestände. In den 50er Jahren des 20. Jahrhunderts äußerte man besorgt Bedenken über das langfristige Überleben dieser Spezies. Diese Befürchtungen brachte ich in meinen Anmerkungen in der ersten englischsprachigen Ausgabe von *Australian Parrots* zum Ausdruck (siehe Forshaw 1969).

Während sich Ornithologen noch besorgt über die Zukunft der Nasenkakadus äußerten, stellten die Farmer bereits örtlich eine Erholung der Individuenzahlen fest. Es dauerte aber noch ein Jahrzehnt, bis diese Kehrtwende in der Bestandsentwicklung durch Berichte über Nachweise von Nasenkakadus aus Distrikten, aus denen sie einst verschwunden waren, offenkundig wurde. Zurückblickend stellte man fest, dass die Individuenzahlen der Nasenkakadus ab dem Zeitpunkt wieder stiegen, als in ihren Lebensräumen 1950 die Erreger der Myxomatose eingeführt wurden und die Population der Kaninchen schlagartig zusammenbrach. Nachdem der ärgste Nahrungskonkurrent außer Gefecht gesetzt war, konnten die Corellas wieder sämtliche Vorteile der eingeschleppten oder kultivierten Nahrungspflanzen nutzen, insbesondere des Zwiebelgrases (*Romulea rosea*) und der Getreidesorten. Die Zahl der Nasenkakadus wuchs kontinuierlich, und auch das Verbreitungsgebiet der Vögel dehnte sich wieder aus, zunächst allmählich, dann recht spektakulär. Innerhalb von 30 Jahren entwickelten sich ernsthafte Managementprobleme in den vom Getreideanbau geprägten Distrikten. Die Attacken der Nasenkakaduschwärme auf die Feldfrüchte wurden von den Farmern mit verstärkter Nachstellung beantwortet. Im Rahmen der Gesetzgebung zogen die

Bauern häufig mit Gewehren, Fallen und abschreckenden Maßnahmen gegen die Vögel zu Felde, um ihr Getreide oder ihre Sonnenblumen zu schützen, es wurde aber auch berichtet, dass die Kakadus illegal mit Giftködern getötet wurden (JARMAN 1979). Das Verbreitungsgebiet dehnt sich weiter aus, und eine Zunahme der Konflikte zwischen den Vögeln und den Menschen ist abzusehen, wenn die Kakadus in von der Landwirtschaft geprägte Gebiete vorstoßen, in denen sie seit einem Jahrhundert nicht mehr vorkamen. Nasenkakadus sind zudem im Bereich der Städte eine erhebliche Belästigung für die Bewohner, da sie die Rasenflächen von Parkanlagen, Golf- und Sportplätzen aufwühlen und Zierpflanzen attackieren. Daher mehren sich von den Kommunalpolitikern die Rufe nach Maßnahmen, welche diesem Treiben der Vögel Einhalt gebieten sollen (EMISON *et al.* 1994).

Zu den Verbreitungsschwerpunkten der Art zählen nach wie vor der äußerste Südosten von South Australia und das benachbarte Südwest-Victoria, insbesondere das Gebiet im Umfeld der Grampians Ranges und des Hamilton-Distrikts. Hier sind die Nasenkakadus sehr zahlreich anzutreffen. Bei Bestandserfassungen Anfang Oktober 1974 im Edenhope-Distrikt im südwestlichen Victoria wurden entlang einer von Norden nach Süden führenden, 31 km langen Straße nur noch 182 Nasenkakadus gezählt (EMISON *et al.* 1978). EMISON schätzte, dass in dem Gebiet von Südwest-Victoria bis in den äußersten Südosten von South Australia nur zehn Jahre später wieder mehr als 250.000 Exemplare lebten (in BLAKERS *et al.* 1984).

So weit ich es beurteilen kann, war die Etablierung der verwilderten Populationen der Nasenkakadus außerhalb des natürlichen Verbreitungsgebietes eine direkte Folge von zwei falsch eingeschätzten und fehlgeschlagenen Fangoperationen, die von den staatlichen Naturschutzbehörden als Kontrollmaßnahmen in den landwirtschaftlich geprägten Distrikten durchgeführt worden waren. In den 70er Jahren des 20. Jahrhunderts wurden nach Erteilung einer Lizenz etliche dieser Corellas im Südosten von South Australia gefangen, vom *South Australian National Parks and Wildlife Service* mit Fußringen gekennzeichnet und danach dem Vogelhandel zur Verfügung gestellt. Die zweite Operation war erheblich bedeutsamer und fand im Westen von Victoria Anfang der 80er Jahre des 20. Jahrhunderts statt. Mit der Genehmigung der Naturschutzbehörde wurden viele tausend Kakadus gefangen und auf den Vogelmärkten in ganz Australien verkauft. Diese Vögel waren der Natur entnommen und als Heimtiere völlig ungeeignet. Daher brach der Markt schon bald in sich zusammen, und die unerwünschten Heimvögel wurden bereitwillig ausgesetzt, sowohl von desillusionierten Händlern als auch von frustrierten Haltern. LONG wies darauf hin, dass die Nasenkakadus seit den 70er Jahren des 20. Jahrhunderts im Südwesten von Western Australia präsent seien, als man zwei Exemplare mit den Fußringen des *South Australian National Parks and Wildlife Service* im Gebiet um Perth fing (*briefl. Mittlg.* 1997). Heute hat sich die Art im Perth-Distrikt fest etabliert, und es existiert ein Nachweis aus der Nähe von Yerecoin, etwa 140 km weiter nordöstlich (JOHNSTONE *briefl. Mittlg.* 1998, SAUNDERS *et al.* 1985). Im östlichen New South Wales stammten die ersten Nachweise aus der Umgebung größerer Städte, besonders aus Sydney. Die Population wurde sehr schnell größer und breitete sich flugs in die benachbarten ländlichen Distrikte aus. Der erste Nachweis eines Nasenkakadus aus dem Stadtgebiet von Sydney war ein einzelner Vogel, der 1970 im Centennial Park beobachtet worden war, in der Folgezeit wurden kleine Trupps mit zehn oder mehr Exemplaren an mehreren Orten entdeckt. In Richtung Südwesten, bei Cobbity, stieg die Zahl der Vögel von zwei Exemplaren im Jahr 1983 auf 65 im Jahr 1986 (HOSKIN 1991). Ich erachte den Anstieg der Individuenzahlen bei Cobbity als sehr vielsagend, da bekannt ist, dass im Cobbity-Distrikt zu jener Zeit zahlreiche Nasenkakadus gehalten worden sind, die zuvor bei der Fangoperation in West-Victoria erbeutet worden waren. Andernorts in New South Wales erhöhten sich die Bestandsdichten sowohl in den Küstenregionen als auch im Landesinneren. So wurden erst in jüngster Zeit in den Städten an der zentralen Küste Schwärme mit mehr als 60 und 130 Exemplaren beobachtet, bei Richmond, einem äußeren Vorort von Sydney, mehr als 200 Kakadus mit einem gleich großen Anteil Nacktaugenkakadus (*Cacatua sanguinea*) sowie eine Gruppe von 60 Vögeln bei Leeton (in MORRIS & BURTON 1997, in MORRIS 2001). In Ost-Victoria beruhen die steigenden Individuenzahlen möglicherweise auf der Ostausdehnung des Verbreitungsgebiets, könnten aber auch auf verwilderte Vögel zurückzuführen sein, vor allem in und um Melbourne. Mitte Januar 1997 entdeckte man bei Heatherton, im Südosten der Metropole, etwa 70 Nasenkakadus, die auf dem Gelände des Kingston Hospital ihren Schlafbaum bezogen hatten (*Bird Observer, Nr. 773, April 1997, S. 16*). BROWN und HOLDSWORTH (1992) stellten fest, dass die Berichte über eine geringe Anzahl von Nasenkakadus auf Tasmanien aus den mittleren 80er Jahren des 20. Jahrhunderts stammten; meist handelte es sich um den Nachweis von einem oder zwei Exemplaren. Im Dezember 1988 stieß man jedoch auf einen Trupp von 13 Corellas auf einem Grundstück in der Nähe von Gretna, im Nordwesten von Hobart. 1991 war ihre Zahl bereits auf 36 Vögel angewachsen.

Es hat den Anschein, als ob den potentiell ernsthaften Langzeitauswirkungen dieser expandierenden, verwilderten Populationen auf andere Arten nur wenig Aufmerksamkeit geschenkt wurde. Dabei können sich diese Vögel mit Vertretern anderer Arten verpaaren und Mischlinge hervorbringen. Darüber hinaus stellen sie einen ernsthaften Konkurrenten bei der Suche nach Futterquellen und Nistplätzen dar. Anfang September 1995 beobachtete ich bei Mount Kokeby im südlichen Weizengürtel des südwestlichen Western Australia einen adulten Nasenkakadu und einen adulten Wühlerkakadu (*Cacatua pastinator*) mit zwei Mischlingsjungen. Wenn sich die Population der Nasenkakadus weiter ausdehnt, ist zu erwarten, dass die Konflikte mit den Farmern und Stadtbewohnern stark zunehmen. Die Vorfälle beim Fang der Kakadus sollte eine eindringliche Warnung an alle sein, die im Rahmen von Maßnahmen zur Kontrolle von „Schädlingen" einen Fang von Wildvögeln für den heimischen Heimtiermarkt befürworten.

Der Nasenkakadu ist gesetzlich geschützt. Es können jedoch Ausnahmegenehmigung für die Tötung von Vögeln erteilt werden, wenn diese Ernteschäden verursachen.

VERHALTEN

Nasenkakadus sind laute und auffällige Vögel, deren für menschliche Ohren wenig angenehmen Lautäußerungen stets ihre Gegenwart andeuten. Und manchmal hört man die Vögel lange, bevor man sie zu Gesicht bekommt. Nasenkakadus ziehen in der Regel in Schwärmen umher, deren Größe je nach Jahreszeit variiert. Bei Felduntersuchungen, die in einem Gebiet vom äußersten Südosten von South Australia bis Südwest-Victoria durchgeführt worden waren, schwankte die mittlere Größe der Schwärme, auf die man in jedem Monat des fünfjährigen Beobachtungszeitraums stoßen konnte, von 29 Vögeln im September bis 249 Exemplare im Mai. Von Dezember bis April sowie im Juni war die mittlere Schwarmgröße recht konstant und schwankte zwischen 100 und 125 Vögeln (Emison *et al.* 1994). Die geringe Schwarmgröße von September bis Dezember war auf die Abwesenheit der nistenden Paare zurückzuführen. In der Brutzeit verlassen diese die Schwarmgemeinschaft und verbringen die meiste Zeit des Tages in der Nähe ihres Nestes. Gelegentlich tauchten jedoch größere Schwärme von Nichtbrütern auf. Die hohe mittlere Schwarmgröße im Juni ging mit der Keimung der meisten Getreidesaaten und der Sonnenblumenernte einher. Diese Anhäufung des Futterangebots hatte die Bildung großer Zusammenschlüsse von Corella-Schwärmen zur Folge, welche entsprechend zu Konflikten mit den ansässigen Farmern führten.

Zum Fressen und zum Schlafen bilden sich durch den Zusammenschluss kleinerer Trupps größere Schwärme. Daher sieht man im Flug stets kleinere Schwärme als bei den übrigen Aktivitäten der Nasenkakadus. Andere Arten sind nur in 20 Prozent der Schwärme vertreten, darunter Gelbhaubenkakadus (*Cacatua galerita*) in 13 Prozent, Rosakakadus (*Eolophus roseicapilla*) in 3 Prozent sowie Gelbhauben- und Rosakakadus gemeinsam in 4 Prozent. Andere Arten einschließlich Nacktaugenkakadus (*Cacatua sanguinea*) waren lediglich in einem Prozent der Schwärme vertreten. Laut Favaloro (1984) sind Nasenkakadus weniger wachsam als die Gelbhaubenkakadus. Bei gemischten Kakaduschwärmen entlang der Straße zwischen Deniliquin und Moulamein im südwestlichen New South Wales flüchteten bei Gefahr zunächst die Gelbhaubenkakadus, danach die Inkakakadus (*Cacatua leadbeateri*), dicht gefolgt von den Nasenkakadus. Als Letzte erhoben sich die Rosakakadus in die Luft; manche Vögel reagierten so spät, dass sie von vorbeifahrenden Wagen erfasst wurden.

Zur Nachtruhe suchen sich die Nasenkakadus normalerweise große Bäume aus, gewöhnlich *River Red Gums* (*Eucalyptus camaldulensis*) in der Nähe von Wasser. Schon früh am Morgen, noch bevor die Sonne aufgegangen ist, haben die ersten Trupps den Schlafbaum verlassen. Zunächst fliegen die Vögel zum Trinken an eine Wasserstelle, danach schließen sich die kleinen Gruppen in der umliegenden offenen Landschaft anderen Kakadus an und bilden große Futterschwärme. Die Vögel fressen fast ausnahmslos am Boden. Sie suchen nach Samen und graben nach Wurzeln oder Knollen. Bei der Nahrungssuche wird das Gefieder mit Erdreich oder Pflanzenteilen verdreckt. Am Boden bewegen sich die Nasenkakadus eigenartig hüpfend vorwärts. Der gesamte Körper dreht sich dabei mit jedem Schritt von einer Seite zur anderen. Der watschelnde Gang, eine charakteristische Eigenart einiger Kakaduarten, fehlt ihnen. Die Vögel am Ende des fressenden Schwarms fliegen regelmäßig nach vorne und setzen sich vor die übrigen Vögel. Sie unterbrechen häufig ihre Nahrungsaufnahme, um mit erhobener Haube nach Gefahren Ausschau zu halten. Wie die Gelbhaubenkakadus verfügen auch die Nasenkakadus über ein „Wachposten-Warnsystem".

Im Winter verbringen die Vögel die meiste Zeit des Tages mit Fressen. Wenn die Tage jedoch länger werden und die Temperaturen steigen, legen die Kakadus in der Mittagszeit längere Ruhepausen sein. Beobachtungen bei Casterton in Südwest-Victoria zeigten, dass der Anteil der nahrungssuchenden oder fressenden Corellas am höchsten war, wenn die Temperaturen zwischen 0 °C und 19 °C lagen und am niedrigsten bei Werten über 30 °C (EMISON *et al.* 1994). Die bevorzugten Rastplätze während der Mittagszeit waren die äußeren belaubten Zweige großer Bäume, die in der Nähe von Wasserläufen oder angestauten Wasserstellen von Farmen standen. An kühleren Tagen kann man die Vögel auch auf den exponierten blattlosen Ästen von Eukalypten entdecken, die entlang den Straßen oder verstreut auf Farmland stehen. Kurz vor der Abenddämmerung verlassen die Nasenkakadus in kleinen Trupps die Futterschwärme und suchen erneut ein Wasserloch zum Trinken auf. Dann kehren sie wieder zu ihrem Schwarm zurück und sammeln sich auf den Schlafbäumen zur Nachtruhe. Bevor sich die Kakadus endgültig zur Ruhe niederlassen, widmen sie sich noch sehr erregt der Luftakrobatik; sie fliegen laut rufend durch die Wipfelregion der Bäume hindurch und anschließend wieder hinein. Am Stadtrand von Deniliquin im südwestlichen New South Wales gibt es einen bedeutenden Schlafplatz, an dem sich abends zahlreiche Nasenkakadus und Rosakakadus zusammenfinden. Dort habe ich beide Spezies in mondhellen Nächten umherfliegen sehen.

Mitte Februar 1975 beobachtete ich bei Hamilton in West-Victoria einen Schwarm von etwa 200 Nasenkakadus auf einer Eukalypte in der Nähe einer gestauten Wasserstelle. Es fiel leichter Nieselregen, und die Kakadus badeten, indem sie sich auf exponierte kahle Äste setzten, ihre Federn sträubten und die Flügel hängen ließen. Andere schlugen sie gegen das feuchte Laub oder flogen während des Regens umher. Alle Aktivitäten wurden von einem unablässigen Geschrei begleitet.

WANDERUNGEN

Es gibt Berichte über lokale Wanderungen bei den Nasenkakadus, aber keine Hinweise auf weiträumige jahreszeitliche Migrationen (BLAKERS *et al.* 1984). In Südwest-Victoria wurden 700 Exemplare mit Flügelmarken gesichtet, die sich im Mittel nur 2,7 km vom Ort der Kennzeichnung entfernt hatten. 85 Prozent aller Vögel wurden innerhalb eines Radius von 5 km um den Markierungsort wiederentdeckt, über 50 Prozent sogar innerhalb eines Radius von einem Kilometer (EMISON *et al.* 1994). Die größte Entfernung zwischen dem Markierungsort und der Beobachtungsstelle betrug 7 km, und man vermutete, dass die Vögel immer dann längere Strecken zurücklegten, wenn in bestimmten Distrikten zu einer besonderen Jahreszeit große Mengen an Getreidekörnern verfügbar waren.

Es gibt sporadische Hinweise, die vermuten lassen, dass unregelmäßige oder saisonale Wanderungen mit der Entfernung vom Zentrum des Verbreitungsgebietes zunehmen. EMISON und BEARDSELL (1985) wiesen darauf hin, dass die Nasenkakadus bei Felduntersuchungen zwischen Mai 1982 und Juni 1983 im Südosten von South Australia das ganze Jahr über in großer Zahl im Naracoorte-Distrikt anwesend waren, dem Zentrum ihres Verbreitungsgebietes. In den drei nördlich davon gelegenen Distrikten variierten die Individuenzahlen in Abhängigkeit von der jahreszeitlichen Verfügbarkeit der Nahrung. BINNS (1953) berichtete, dass die Nasenkakadus Ende der 40er Jahre des vorigen Jahrhunderts im Terang-Distrikt im mittleren Süden von Victoria manchmal sehr zahlreich waren. Bei einer Gelegenheit wurde ein Schwarm mit mehreren hundert Exemplaren in einer dichten bumerangförmigen Formation beobachtet, als er in Richtung Süden flog. Laut HOBBS (1961) berichteten Einheimische, dass die Kakadus das südwestliche New South Wales nach der Brutzeit verließen. Ein Hinweis auf diese Wanderung war die Sichtmeldung eines 200-köpfigen Schwarms bei Euston im Januar 1957, der nach Westen flog.

FLUG

Der Flug der Nasenkakadus besteht aus ziemlich schnellen, flatternden Flügelschlägen, der von kurzen Gleitphasen mit abwärts gebogenen Schwingen unterbrochen wird. Der Flügelschlag ist deutlich tiefer als beim Flug des Gelbhaubenkakadus (*Cacatua galerita*), aber nicht so tief wie der des Rosakakadus (*Eolophus roseicapilla*).

LAUTÄUSSERUNGEN

Der schrille Kontaktruf besteht aus den zitternden Fistellauten *kurr-ur-rup...kurr-ur-rup*, den die Vögel im Flug unablässig von sich geben. Einen rauen, abrupten Schrei lassen die Vögel hören, wenn sie beunruhigt sind. SINDEL wies darauf hin, dass die Männchen während der Balz einen ungewöhnlichen gutturalen „Jodellaut" hervorbringen, der bei keinem anderen australischen Kakadu bekannt ist (in SINDEL & LYNN 1989). Laut COURTNEY (1996) ist der Bettellaut der Jungvögel ein in die Länge gezogenes Keuchen, dessen Dauer bei einem Individuum zwischen 1,5 und mehr als 3 Sekunden dauern kann. Gewöhnlich beträgt die Länge des Bettellautes 2 Sekunden. Die Lautäußerungen beim Schlucken des Futters ähneln denen anderer Kakaduarten. LENDON (1979) behauptete, dass die Rufe der Nasenkakadus nicht mit denen der Nacktaugenkakadus (*Cacatua sanguinea*) identisch seien, ging jedoch nicht weiter auf die Unterscheidungsmöglichkeiten ein. Mir sind beide Spezies sehr vertraut, und ich konnte nur feine Unterschiede in den Lautäußerungen entdecken. Die Nasenkakadus rufen etwas hochtoniger und weicher als die Nacktaugenkakadus.

NAHRUNG

Bei den Nasenkakadus stammen mehr als 90 Prozent des Gesamtvolumens der Nahrung von eingeführten oder eingeschleppten Pflanzenarten. Diese haben vielfach die einheimischen Arten verdrängt, nachdem die Landschaft gerodet war und man Kaninchen und Vieh angesiedelt hatte. Dies führte zu signifikanten Änderungen des Bodenbewuchses (EMISON *et al.* 1994). Der verlängerte Oberschnabel wird von den Nasenkakadus zum Ausgraben fressbarer unterirdischer Pflanzenteile benutzt. Vor der Ankunft der europäischen Siedler waren die Knollen des *Murnong* (*Microseris lanceolata*) die Hauptnahrung der Vögel. Mit ihrer gewohnten Grabtechnik waren sie später in der Lage, sich das eingeschleppte Zwiebelgras (*Romulea rosea*) als Nahrungsquelle zu erschließen, und die unterirdischen Sprossknollen dieser weit verbreiteten Pflanze wurden zu einer der wichtigsten Komponenten ihrer Ernährung. Die Kultivierung von Getreide, besonders von Hafer und Reis, versorgte die Kakadus mit einer weiteren bedeutsamen neuen Futterquelle, die von den Kakadus ebenfalls ausgebeutet wurde. Die Vögel graben die frisch gesäten Körner aus, fressen die Samen aus den reifenden Ähren und Rispen sowie aus den Köpfen der Sonnenblumen und sammeln die übrig gebliebenen Getreidekörner von den abgeernteten Feldern entlang den Gleisen und Straßen und auf den Höfen der Viehfarmen auf. Bei Felduntersuchungen, die in Südwest-Victoria und im benachbarten Südosten von South Australia durchgeführt worden waren, stellte man fest, dass die jahreszeitliche Variation bei der Ernährung offensichtlich die wechselnde Verfügbarkeit und den unterschiedlichen Nährwert der Getreidesorten und der Knollen des Zwiebelgrases, zwei Hauptfutterkomponenten, widerspiegelte (EMISON *et al.* 1994). Obwohl das Zwiebelgras den Kakadus ganzjährig zur Verfügung steht, fressen sie die Knollen selten von Januar bis April, wahrscheinlich, weil sie in diesen Monaten schwer aus dem harten, trockenen Erdreich zu graben sind. Im Mai/Juni sowie erneut im August/September zählen die Knollen hingegen zum Hauptfutter. Getreidesaaten zählen zu den Hauptfutterkomponenten von Oktober bis April. Sie sind für die Vögel besonders zwischen Dezember und April und erneut im Juli zum Zeitpunkt der Keimung von Bedeutung. Die Analyse der Kropfinhalte bei Vögeln, die in Südwest-Victoria gesammelt worden waren, ergab, dass 92,6 Volumenprozent der verzehrten Getreidekörner vom Hafer, 5,6 Prozent vom Weizen und 1,8 Prozent von der Gerste stammten (TEMBY & EMISON 1986). Beobachtungen an fressenden Vögeln im äußersten Südosten von South Australia wiesen darauf hin, dass die Knollen des Zwiebelgrases das ganze Jahr über genommen werden, mit der höchsten Aufnahmerate im Frühling mit 81 Prozent. Im Winter verzehrten die Nasenkakadus vor allem keimendes Getreide, und die Getreidestoppelfelder waren im Sommer ein sehr wichtiger Futterplatz (EMISON & BEARDSELL 1985). In derselben Region waren Sonnenblumenkerne eine bedeutende Ressource, wenn die Samen in den Blütenköpfen während des Herbstes reiften und nachdem die Ernte im Winter abgeschlossen war. Ähnliche Beobachtungen, die in der Riverina-Region im Süden von New South Wales stattfanden, ergaben, dass 57 Prozent der Nasenkakadus auf Weideland ihr Futter suchten (vermutlich die Sprossknollen des Zwiebelgrases), wohingegen 41 Prozent auf den Getreidefeldern und zwei Prozent auf anderen Äckern anwesend waren. Von allen Corellas, die beim Fressen an Getreide beobachtet worden waren, hatten 52 Prozent Reisfelder aufgesucht, 31 Prozent Haferfelder und 17 Prozent Weizenfelder (EMISON & BEARDSELL 1989).

Nasenkakadus fressen darüber hinaus die Samen von Gräsern und krautigen Pflanzen, ebenso Nüsse, Früchte, Beeren, Blattknospen sowie Insekten und ihre Larven. Mitte Februar 1975 entdeckte ich in der Nähe von Merino, Südwest-Victoria, einen Schwarm von etwa einhundert Nasenkakadus auf Grasland, das kurz zuvor abgebrannt worden war. Ihr weißes Gefieder bildete einen starken Kontrast zum versengten, geschwärzten Boden, und es hatte den Anschein, als fräßen die Vögel die frischen Grasschösslinge. Mitte November 1995 wurde bei der Woolooware High School in einem südlichen Vorort von Sydney ein Nasenkakadu und zwei Nacktaugenkakadu (*Cacatua sanguinea*) beim Verzehren der Früchte der *Golden Wreath Wattle* (*Acacia saligna*) beobachtet. Eine ähnliche Futterquelle wurde von Vögeln an der zentralen Küste von New South Wales ausgebeutet (MORRIS & BURTON 1997).

FORTPFLANZUNG

Zu Beginn der Brutzeit lässt sich bei den Nasenkakadus verstärkt Balzverhalten beobachten, bei dem zwei Typen unterschieden werden (EMISON *et al.* 1994). Bei dem häufiger auftretenden Balzverhalten krault das Männchen seinem Weibchen das Gefieder, besonders auf dem Kopf und am Hals, manchmal mehrere Minuten lang. Danach füttert das Männchen das Weibchen, kurz bevor es den Versuch unternimmt, mit seiner Partnerin zu kopulieren. Dieses Balzverhalten wird gewöhnlich auf einem bevorzugten Sitzast der Vögel in der Nähe des Nisthöhleneingangs beobachtet. Manchmal wird dieses Balzverhalten von tiefen

Verbeugungen begleitet, welche die beiden Vögel abwechselnd ausführen und wobei sie weit die Flügel ausbreiten. Die gesamte Zeit sitzen die Vögel nebeneinander und schreien laut. Beim zweiten, weniger aufwendigen Balztyp nähert sich das Männchen wiederholt mit ausgebreiteten Schwingen seinem Weibchen und entfernt sich wieder. Anschließend kommt es zur Kopulation.

Die Weibchen beginnen im Juli mit der Eiablage, die bis in den frühen Oktober hineinreichen kann. Die Haupteiablagezeit liegt zwischen Ende August und Anfang September. Das Nest befindet sich in einem hohlen Stamm oder Baumast, gewöhnlich in einer lebenden Eukalypte in der Nähe von Wasser oder in natürlichen Höhlen an Steilwänden. Bei Felduntersuchungen, die zwischen Juli 1978 und Dezember 1984 in West-Victoria und im benachbarten Südosten von South Australia durchgeführt wurden, entdeckte man die meisten Nester in lebenden oder abgestorbenen *River Red Gums* (*Eucalyptus camaldulensis*), nur wenige hundert Meter von der nächsten künstlichen oder natürlichen Wasserstelle entfernt (Emison *et al.* 1994). Einige Nester befanden sich auch in *Manna Gums* (*E. viminalis*) und *Sugar Gums* (*E. cladocalyx*) sowie in tunnelartigen Hohlräumen in natürlichen Gesteinsschlackefelswänden im Tower Hill State Game Reserve in der Nähe von Warrnambool und in den Schlackensteinbrüchen bei Mortlake. Die Fundorte liegen beide in Südwest-Victoria.

Die Nisthöhlen sind gewöhnlich senkrecht oder weisen eine starke Neigung auf. Es werden jedoch auch gelegentlich waagerechte Äste benutzt. Auch die Tunnel in den Schlackenfelswänden verlaufen horizontal. Bei 13 besetzten Höhlen variierte die Tiefe von 26 cm bis 170 cm, der Durchmesser der Eingangsöffnung von 11 cm x 18 cm bis 30 cm x 45 cm. Die Nistkammer ist gewöhnlich breiter als der Öffnungsbereich, ihre größten Ausdehnungen variierten von 18 cm bis 30 cm. Die Lage des Einschlupfes war offensichtlich ohne Bedeutung für die Kakadus, denn die geringste gemessene Höhe einer Öffnung betrug lediglich 1,5 m über dem Boden in einem 3 m hohen Baumstumpf. Bei vielen Nestern befanden sich die Öffnungen zwischen 5 m und 16 m, die meisten hingegen lagen über 25 m über dem Boden. In einem einzelnen Baum wurde bis zu vier Nester entdeckt. Die Eier wurden auf eine Schicht Holzmulm am Grunde der Nisthöhle gelegt. Bei neun untersuchten Nestern fand man drei Zweiergelege, vier Dreiergelege und zwei Vierergelege. In zwei Nestern mit Jungvögeln unter einer Woche lag ein Eukalyptuszweig mit mehreren frischen Blättern. Es ist jedoch nicht bekannt, wie diese Zweige in das Nest gelangten. Eine Höhle, die von einem Corella besetzt worden war, enthielt ein Corella-Ei und ein Gelbhaubenkakadu-Ei (*Cacatua galerita*). Ob der Corella das Nest des Gelbhaubenkakadus gewaltsam übernommen hatte oder ob ein Ei von einem Kakadu in einer fremden Bruthöhle „abgelegt" wurde, ist nicht bekannt.

Bei den Felduntersuchungen in West-Victoria und im Südosten von South Australia stellte man fest, dass sich die Altvögel tagsüber beim Brüten gewöhnlich abwechselten und nachts gemeinsam in der Nisthöhle übernachteten. Am Tag brütete ein Vogel durchgehend bis zu 4,5 Stunden, bevor er zum Fressen das Nest verließ und von seinem Partner abgelöst wurde. Dieser „Schichtwechsel" wurde innerhalb der Höhle vollzogen oder wenn der nichtbrütende Altvogel von der Nahrungsaufnahme zum Nest zurückgekehrt und im Brutbaum gelandet war.

Bei den Beobachtungen an zwei Nistplätzen stellte man fest, dass tagsüber beide Altvögel (jeweils ein Partner trug eine Flügelmarke, in beiden Fällen vermutlich das Männchen) drei- oder viermal, seltener fünfmal, zum Nest zurückkehrten, oftmals gemeinsam, um die frisch geschlüpften Jungen zu füttern. Bei Einbruch der Nacht und vor Sonnenaufgang befanden sich sowohl das Männchen als auch das Weibchen im Nest, und man vermutete, dass die Adulten es normalerweise nicht während der Nacht verließen. Die Lautäußerungen, welche die Jungvögel beim Füttern von sich geben, waren bis 23.00 Uhr zu hören. Vermutlich versorgten die Eltern ihren Nachwuchs auch nachts kontinuierlich mit Nahrung. Beide Männchen suchten ihren Nistplatz das ganze Jahr über in unregelmäßigen Abständen auf und benutzten dieselbe Höhle in den aufeinander folgenden Brutzeiten (Emison *et al.* 1994).

EIER

Die Eier sind elliptisch bis elliptisch-oval und glanzlos. Die Schale ist mit feinen Vertiefungen übersät. Im Australian Museum in Sydney befindet sich ein Zweiergelege aus Hamilton (West-Victoria) mit den Eimaßen 41,1 x 31,4 mm und 41,6 mm x 31,3 mm.

HALTUNG IN MENSCHENOBHUT

Nasenkakadus galten lange Zeit als unattraktive oder gar hässliche Vögel, und ihre Haltung war nicht sehr populär. Lediglich Einzeltiere wurden regelmäßig als Käfigvogel gepflegt.

Handaufgezogene Nasenkakadus sind sehr anhänglich und stehen im Ruf, exzellente „Sprecher" zu werden. Unglücklicherweise sind die Vögel sehr laut, vor allem am frühen Morgen und kurz vor der Abenddämmerung. Daher kann eine Haltung dieser Vögel innerhalb von Städten zu Problemen mit den Nachbarn führen. Laut SINDEL unternahmen die australischen Züchter in den 70er und 80er Jahren des vorigen Jahrhunderts die ersten ernsthaften Zuchtversuche mit dieser Art. Mehrere Paare wurden in geeignete Volieren gesetzt; diese Bemühungen wurden jedoch von Tausenden wild gefangener Nasenkakadus unterlaufen, die plötzlich auf dem Vogelmarkt angeboten wurden (in SINDEL & LYNN 1989). Heutzutage stellen nur wenige Züchter in ihren Volierenanlagen Platz für Nasenkakadus zur Verfügung. Das ist sehr bedauerlich, da diese Vögel in Menschenobhut prächtige Pfleglinge sind. Meine persönliche Erfahrung mit dieser Art beschränkt sich auf einen einzelnen Vogel, den ich für nur kurze Zeit zu fotografischen Zwecken besaß.

UNTERBRINGUNG UND PFLEGE

LENDON (1979) hatte sein Brutpaar in einer Voliere untergebracht, die 5,6 m lang, 1 m breit und etwa 2,5 m hoch war. Der rückwärtige Bereich war auf einer Länge von 1,7 m als Schutzhaus geschlossen. Dieses war 30 cm höher war als die anschließende Freivoliere. Die Gitterstäbe waren 25 mm dick. Das Männchen war aufgrund eines verkrüppelten Flügels nicht in der Lage zu fliegen. Daher hatte LENDON einen speziellen Ast in der Freivoliere angebracht, auf dem der Vogel in das Schutzhaus klettern konnte. GILL (1994) hatte seine Nasenkakadus und alle weiteren Corellas entweder in Hängekäfigen untergebracht, die 3 m lang, 1,2 m breit und 1,2 m hoch waren, oder in konventionellen Volieren mit einer Länge von 8 m, einer Breite von 1,2 m oder 2,0 m und einer Höhe von 2,4 m. Diese standen nebeneinander in Reihe; zwischen den einzelnen Volieren befand sich eine gemauerte Trennwand. Ein solides Dach bedeckte auf einer Länge von 3 m den rückwärtigen Teil und auf einer Länge von 1 m den Vorderteil der Volieren. Dazwischen befand sich auf einer Länge von 4 m Maschendraht. An der Vorderseite der Volierenanlage befand sich ein 1,3 m breiter, gesicherter Laufgang. SINDELS Brutpaar war in einer Voliere von 7,3 m Länge, 1,2 m Breite und 2,2 m Höhe untergebracht. Die rückwärtige Längswand bestand vollständig aus Mauerwerk, an beiden Enden der Voliere befand sich auf einer Länge von jeweils 2 m ein Schutzhaus. Die nach Norden zeigende vordere Längswand und der Mittelteil oder die Oberseite waren mit Maschendraht abgegrenzt.

SINDEL wies darauf hin, dass Nasenkakadus im Gegensatz zu anderen Kakadus ihre Sitzäste nur wenig benagen. Ich glaube jedoch, dass sie den Fähigkeiten der Wühlerkakadus (*Cacatua pastinator*) in nichts nachstehen, wenn es darum geht, Befestigungen in der Voliere zu lösen oder Einrichtungsgegenstände aus wenig robusten Materialien auseinander zu nehmen. Ich empfehle daher, Volieren für Nasenkakadus vollständig aus soliden Metallelementen zu fertigen. Ich gehe davon aus, dass die Vögel es bevorzugen, viel Zeit auf dem Boden zu verbringen, wie sie es auch im Freiland gewohnt sind. Die Voliere sollte daher zumindest teilweise mit grobem Fluss-Sand ausgelegt sein, der mit feinem Kies vermischt wurde. Die Kakadus sind dann in der Lage, mit ihrem verlängerten Oberschnabel im Erdreich zu graben.

Es gibt Berichte, in denen von der Aggressivität der Nasenkakadus gesprochen wird. Ich würde die Vögel dieser Art nicht mit anderen vergesellschaften und jedes Paar in einer separaten Voliere unterbringen.

FÜTTERUNG

LENDON (1979) fütterte sein Brutpaar mit einer Basis-Körnermischung aus Sonnenblumenkernen, geschältem Hafer und Kanariensaat. Zusätzlich reichte er große Mengen „*Nutgrass*" (wahrscheinlich handelte es sich hierbei um das Zyperngras *Cyperus rotundus*), Disteln und reifende Wildgräser. GILL (1994) gab seinen Paaren in der Brutsaison eine Mischung aus Sonnenblumenkernen und Weißer Hirse; den größten Anteil an der Ernährung machten jedoch Pelletfutter für Papageien, Äpfel, Mangold, gekochte Bohnen, Disteln, Löwenzahn, Maiskolben, Erbsen, Vollkornbrot und Pelletfutter für Legehennen aus. Muschelkalk wurde auf *ad-hoc*-Basis gereicht, Kalziumpräparate erhielten die Vögel, wenn sie brüteten oder Jungvögel zu versorgen hatten. Im Februar, als die Mauser nach dem Brutgeschäft beendet war, ersetzte GILL das Aufzuchtfutter gegen ein Erhaltungsfutter aus Weißer Hirse und Mangold. Diese strenge Diät hielt er bis Juli aufrecht. Sie scheint sehr wichtig zu sein, um Übergewicht bei den Vögeln zu vermeiden.

SINDEL fütterte seinem Paar während der Aufzuchtzeit eine Basis-Körnermischung aus Sonnenblumenkernen, gekeimtem Mais oder Weizen, gekeimter Weißer Hirse und gekeimten Sonnenblumenkernen. Als Zusatzfutter erhielten seine Vögel ungeschälte Erdnüsse, Erbsen, Mangold, Äpfel und Vollkornbrot. Das Brot wurde von den Nasenkakadus ganz besonders bevorzugt (in SINDEL & LYNN 1989).

Ich bin sicher, dass diese Corellas es zu schätzen wissen, wenn man ihnen regelmäßig Grasbüschel anbietet. Diese könnten sie auseinander nehmen, um an die Wurzeln und fleischigen Stängelbasen zu gelangen.

ZUCHT

SINDEL wies darauf hin, dass die Nasenkakadus bei der Wahl ihrer Nisthöhle offenbar schwieriger zufrieden zu stellen sind als andere Kakaduarten (in SINDEL & LYNN 1989). Er empfiehlt, jedem Paar eine größere Auswahl an Niststämmen in unterschiedlichen Größen anzubieten, die waagerecht, senkrecht oder schräg angebracht werden sollten. Darüber hinaus ist es ratsam, manche Stämme auf den Boden zu stellen, andere hingegen in unterschiedlichen Höhen in der Voliere zu befestigen. SINDELS Paar nahm einen fast zerfallenen Stamm von 75 cm Höhe an, der einen Innendurchmesser von 30 cm aufwies. Die Eingangsöffnung befand sich seitlich am oberen Ende des Stammes, das mit einem Metalldeckel verschlossen war. SINDEL bot seinen Vögeln natürlichen Holzmulm, Humus mit modrigen Blättern, verrottendes Schnittgras, Erdreich, Torfmoos und verschiedene Mischungen dieser Komponenten als Nistmaterial an. Erfolgreich war er letztendlich jedoch mit feinen Holzspänen, mit denen er den Niststamm auffüllte. Die Nasenkakadus kamen im Frühjahr in Brutstimmung: Sie balzten lautstark und widmeten ihre Aufmerksamkeit nun zunehmend dem Niststamm. Beide Vögel sah man jetzt oft in der Nisthöhle, aus der sie einen Teil des Nistmaterials hinaustrugen. Mit aufgestellter Haube stolzierte das balzende Männchen auf sein Weibchen zu und erzeugte dabei ungewöhnliche gutturale „Jodellaute", wie sie in dieser Form von keiner anderen australischen Kakaduart bekannt sind. Die Eiablage erfolgte in einem Zeitraum von Ende August bis Anfang Oktober. Die zwei, drei oder selten vier Eier pro Gelege wurden in Abständen von zwei oder gewöhnlich drei Tagen gelegt. Die Brutdauer betrug 24 oder 25 Tage, das Weibchen begann gewöhnlich nach der Ablage des zweiten Eies mit der Bebrütung, manchmal aber auch schon nach der Ablage des ersten Eies. GILL (1994) berichtete ebenfalls von einer 24- bis 25-tägigen Brutdauer bei seinen Brutpaaren.

LENDON (1979) beschrieb ebenfalls Einzelheiten einer erfolgreichen Brut in Menschenobhut. Die ersten beiden Eier wurden in aufeinander folgenden Tagen gelegt, das dritte folgte etwa vier Tage später. Die Brutdauer betrug ungefähr 24 Tage; beide Altvögel brüteten, das Männchen fast den gesamten Tag über, das Weibchen am frühen Morgen, am späten Nachmittag und während der Nacht. Zwei Jungvögel schlüpften, es wurde jedoch nur einer aufgezogen. Während der Nestlingszeit fütterten beide Altvögel ihren Nachwuchs, nach dem Ausfliegen mit etwa sieben Wochen versorgte das Weibchen den Jungvogel nur noch selten mit Nahrung. Drei Wochen nach dem Flüggewerden schien der junge Nasenkakadu selbständig zu sein, bettelte aber noch mehrere Wochen erfolgreich beim Männchen um Futter.

Frisch geschlüpfte Nestlinge sind von gelben Dunen bedeckt. Die Vögel entwickeln sich in den ersten Lebenstagen sehr langsam. Mit zwei Wochen beginnen die Augen sich zu öffnen; wenig später brechen die Spitzen der ersten Konturfedern durch die Haut. Mit vier Wochen sind die Jungen zur Hälfte befiedert, mit etwa sechs Wochen ist das Federkleid vollständig. Sieben bis acht Wochen nach dem Schlupf verlassen die Jungen das Nest und werden noch einige Wochen von den Altvögeln mit Futter versorgt, in vielen Fällen fast ausschließlich vom Männchen. Etwa vier Wochen nach dem Ausfliegen sind die jungen Kakadus selbständig und können zehn Wochen nach dem Flüggewerden von ihren Eltern getrennt werden (in SINDEL & LYNN 1989).

MISCHLINGE/FARBMUTATIONEN

In Menschenobhut sind bisher Mischlinge mit Gelbhaubenkakadus (*Cacatua galerita*) und Rosakakadus (*Eolophus roseicapilla*) bekannt geworden. GILL (1994) berichtete von zwei Hybriden in einem gemischten Schwarm aus verwilderten Nasenkakadus und Nacktaugenkakadus (*C. sanguinea*), der seine Volierenanlage am äußeren Stadtrand von Sydney (New South Wales) aufsuchte. Anfang September 1995 am Mount Kokeby im südlichen Weizengürtel im Südwesten von Western Australia beobachtete ich einen Nasenkakadu und einen Wühlerkakadu (*Cacatua pastinator*) gemeinsam mit ihren beiden Mischlingsjungen.

Berichte über Mutationsformen sind mir nicht bekannt.

UNTERFAMILIE NYMPHICINAE Bonaparte

SCHODDE (1997) wies darauf hin, dass sich bei vergleichenden Untersuchungen der Morphologie, des Verhaltens und der Biochemie eindeutige Beweise für eine Einordnung des Nymphensittichs innerhalb der Cacatuidae ergeben hätten. Die verwandtschaftlichen Beziehungen dieser Vogelart zu anderen Spezies dieser Familie bleiben jedoch ungeklärt. Nach LENDON (1951, 1979) entspricht der auffällige Farbdimorphismus der Geschlechter dem der Rabenkakadus (*Calyptorhynchus*), vor allem dem von *C. banksii* und *C. lathami*. Bei den Nymphensittichen sei allerdings auch eine offensichtliche Variation des „Flügelstreifens" der Platycercini zu finden. Biochemische Untersuchungen weisen auf eine enge Verbindung der Nymphensittiche zu den Rabenkakadus hin. Die Flügelflecken beim weiblichen Nymphensittich legten darüber hinaus die Vermutung nahe, sie könnten homolog zu denen der Helmkakadu-Weibchen (*Callocephalon fimbriatum*) sein und weniger zu denen der Platycercini (ADAMS *et al.* 1984). COURTNEY (1996) erwähnte ebenfalls die Ähnlichkeiten in der Gefiederfärbung von Nymphensittich und Helmkakadu und streicht heraus, dass die rhythmischen Kopfbewegungen bei der Balz und die Körperhaltung beim Futterbetteln bei beiden Arten wahrscheinlich homolog sind. JOSHUA und PARKER berichteten, dass chromosomale Studien große Übereinstimmungen der Karyotypen des Nymphensittichs und des Rosakakadus (*Eolophus roseicapilla*) ergeben hätten, diese beiden sich aber ziemlich deutlich von denen der Gattungen *Cacatua* und *Calyptorhynchus* unterschieden (in LOW 1993). Im Gegensatz dazu berichteten BROWN und TOFT (1999), dass die Analyse ihrer molekularbiologischen Untersuchungen gezeigt haben, dass die nächsten Verwandten des Nymphensittichs die Rabenkakadus (*Calyptorhynchus*) seien und anschließend die Helmkakadus (*Callocephalon*) folgen. Die verwandtschaftlichen Beziehungen seien so eng, dass eine Abtrennung des Nymphensittichs in eine eigene monogererische Unterfamilie nicht gerechtfertigt sei. Ich erkenne ohne Weiteres sowohl die morphologischen als auch die biochemischen Beweise an, die den Nymphensittich stammesgeschichtlich in die Nähe der Gattungen *Calyptorhynchus* und *Callocephalon* rücken. Kein anderer Kakadu unterscheidet sich jedoch so stark von den übrigen Vertretern der Familie wie der Nymphensittich, so dass es meiner Meinung nach durchaus gerechtfertig ist, diesem Umstand dadurch Rechnung zu tragen, dass man die Unterfamilie Nymphicinae aufrechterhält.

GATTUNG NYMPHICUS Wagler

Nymphicus Wagler, Abh. bayer. Akad. Wiss., Math.-Phys. Kl, 1, 1832, S. 49. Typus nach späterer Umbenennung *Psittacus novaehollandiae* Gmelin, S. 328 (nicht S. 310) = *Psittacus hollandicus* Kerr (G. R. Gray, List Gen. Bds., 1840, S. 51)

Die einzige Art dieser Gattung ist ein kleiner schlanker Kakadu mit einem langen konischen Schwanz. Die Schwingen laufen spitz zu, der im Vergleich zur Körpergröße kleine Schnabel ist schmal, die markante Wachshaut unbefiedert. Die feine, spitz zulaufende Haube ist meistens aufgerichtet; der Vogel legt sie nur an, wenn er sich ausruht oder manchmal beim Füttern. Die Geschlechter sind durch einen Farbdimorphismus deutlich zu unterscheiden, Jungvögel ähneln den ausgewachsenen Weibchen. Beide Altvögel brüten und versorgen den Nachwuchs. Frisch geschlüpfte Nestlinge sind von gelben Dunen bedeckt, ein weiteres typisches Merkmal für ein Mitglied der Kakadufamilie.

Die Gattung kommt nur auf dem australischen Festland vor.

NYMPHENSITTICH

Nymphicus hollandicus (Kerr)

Psittacus hollandicus Kerr, Anim. Kingd. 1, Teil 2, 1792, S. 590 (New Holland = New South Wales).

E: Cockatiel, Quarrian, Cockatoo-Parrot, Crested Parrot, Weero; F: Calopsitte élégante; NL: Valkparkiet. WEITERE NAMEN

Gesamtlänge 32 cm

ADULTES MÄNNCHEN BESCHREIBUNG

Grundfarbe des Gefieders grau, mit variablem Anflug von Braun auf dem Vorderrücken und den Schirmfedern; Stirn und vorderer Scheitel blassgelb; die feinen verlängerten grau-

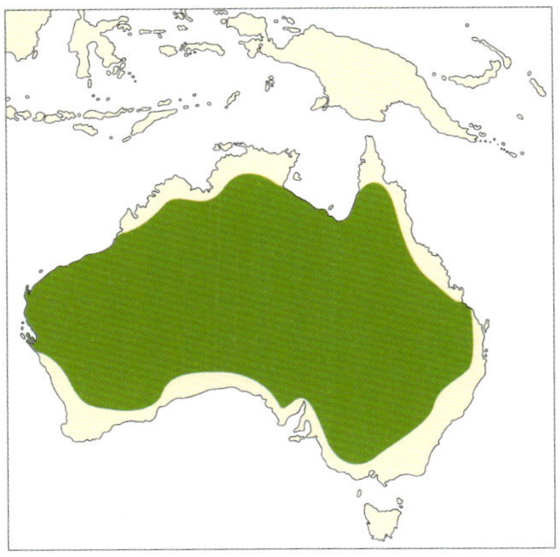

en Federn der spitz zulaufenden Haube sind kräftig gelb gesäumt und mit Gelb verwaschen; Gesichtsbereich und die Kopfseiten bis zur Kehle leuchtend gelb; auffälliger orangefarbener Fleck auf den Ohrdecken; die mittleren und äußeren großen Armdecken weiß, sie bilden einen auffälligen Streifen auf den geschlossenen Schwingen; Bürzel, Oberschwanzdecken und innere Steuerfedern blassgrau, die äußeren Steuerfedern und die Schwanzunterseite sind dunkler grau gefärbt; Schnabel grau; Iris dunkelbraun; Läufe grau; Körpermasse 73-102 g.

10 Exemplare:	Flügel 164-178 (168,7) mm	Schwanz 157-176 (165,4) mm
	Oberschnabel 14-15 (14,6) mm	Lauf 15-17 (15,8) mm

ADULTES WEIBCHEN

Allgemein blasser als die Männchen, besonders auf der Körperunterseite; Stirn und Zügel blassgelb; die grauen Haubenfedern sind nur schwach blassgelb gesäumt; die Federn rund um das Auge und die vordere Wangenregion bis zur Kehle sind blassgelb überlaufen; orangefarbener Fleck auf den Ohrdecken matter; Schenkel, After und Unterschwanzdecken blassgelb mit blassgelben Querstreifen auf den Federn, breiter und auffälliger auf den Unterschwanzdecken; Hinterrücken bis zu den Oberschwanzdecken blass bräunlich-grau, die Federn mit äußerst feinen blassgelben, fast weißen Querstreifen; eine Linie von gelblich-weißen Flecken verläuft entlang den Innenfahnen der Handdecken und äußeren Armdecken; innere Steuerfedern grau mit feiner gelblich-weißer Querstreifung und dunkelgrauen Spitzen; die äußersten Steuerfedern gelb, auf den Innenfahnen mit bräunlich grauen Querstreifen und Sprenkeln; die übrigen äußeren Schwanzfedern grau mit auffälligen gelblich-weißen Querstreifen; Körpermasse 78-100 g.

10 Exemplare:	Flügel 161-179 (169,1) mm	Schwanz 155-178 (161,5) mm
	Oberschnabel 14-15 (14,5) mm	Lauf 16-17 (16,7) mm

JUVENILE

Ähnlich den adulten Weibchen; die männlichen Jungvögel besitzen jedoch oft ein leuchtenderes Gelb im Gesichtsbereich und einen klarer umgrenzten orangefarbenen Fleck auf den Ohrdecken; Schnabel hornfarben mit einem Anflug von Grau.

VERBREITUNG

Nymphensittiche sind im gesamten Australien verbreitet, vor allem im Landesinneren. Die Art erfreut sich in Menschenobhut größter Beliebtheit, daher gibt es zahlreiche Nachweise von entflogenen Vögeln, die deutlich außerhalb ihres natürlichen Verbreitungsgebietes gesichtet wurden, besonders in der näheren Umgebung von größeren Städten. Ich bin sicher, dass die wenigen Nachweise von Tasmanien auf entflogene Nymphensittiche zurückzuführen sind.

1 Nymphensittich
Nymphicus hollandicus
ANWC 14823 adult, Männchen
Südlich des Mount-Gillen-Tals,
Macdonnell Ranges, Northern Territory
28. Mai 1972

2 Nymphensittich
Nymphicus hollandicus
ANWC 36144 adult, Weibchen
Uramurdah Claypan, Wiluna,
Western Australia
5. Mai 1978

Nymphensittiche sind in Queensland weit verbreitet, vor allem westlich der Great Dividing Range und nördlich des Gulf of Carpentaria. Nachweise aus Gebieten außerhalb des natürlichen Verbreitungsgebietes stammen vom Unterlauf des Mitchell River und gelegentlich von der Princess Charlotte Bay auf der Cape York Peninsula. Die Art erreicht die Ostküste zwischen Townsville und Maryborough. In unregelmäßigen Abständen kann man die Vögel in den Distrikten Atherton und Innisfail beobachten sowie am Stadtrand von Brisbane (STORR 1973a, 1984b). Das Verbreitungsgebiet der Nymphensittiche liegt auch in New South Wales überwiegend westlich der Great Dividing Range, obwohl die Vögel regelmäßig ostwärts bis zu den Central und Northern Tablelands sowie in das Tal im Bereich des Oberlaufs vom Hunter River vordringen (MORRIS *et al.* 1981). In Nord-Victoria kommen die Nymphensittiche selten südlich der Great Dividing Range vor. Man findet die Vögel vor allem in den semiariden Tälern des Mittel- und Oberlaufs des Murray River. Andernorts sind die Nymphensittiche spärlich und verstreut in Gebieten mit einer durchschnittlichen Jahresniederschlagsmenge unter 600 mm verbreitet (EMISON *et al.* 1987).

Die Art ist im gesamten Norden von South Australia verbreitet, im Süden tritt sie nur gelegentlich auf, von den Murray-Mallee-Distrikten südwärts bis etwa Coombe, im Südosten südwärts bis etwa Bordertown, Penola und Kingston, in der Adelaide-Region und in den südlichen Ausläufern der Mount Lofty Ranges, darüber hinaus im Port-Lincoln-Distrikt und im Süden der Lake Eyre Pensinsula (CONDON 1968, PATON *et al.* 1994). Laut STORR (1977) ist die Art fast im gesamten Northern Territory verbreitet. Das Verbreitungsgebiet reicht hier im Norden bis zu der südlichen Monsungrenze am Unterlauf des Victoria River, zum Pine-Creek-Distrikt und zum Oberlauf des Roper River. Manchmal dringen die Vögel auch bis nach Darwin und in das Hinterland der Küstenlinie vor. Sichtmeldungen liegen von South West Island in der Sir-Edward-Pellew-Gruppe vor (KEITH 1968). In Western Australia sind die Nymphensittiche weit verbreitet: von Zentrum der Kimberley Division

W.T. Cooper 80

südlich von Wyndham und Cape Leveque, in der Pilbara-Region südwärts bis etwa zu einer Linie von Toodyay und York bis nach Beverley und Lake Grace, darüber hinaus im südlichen Weizengürtel, gelegentlich auch weiter südlich bis Boyanup, Bridgetown und Broomehill (Storr 1980a, 1991).

HABITATE

Nymphensittiche meiden Wälder oder zusammenhängende dichte Baumsavannen sowie baumlose Wüsten. Man findet sie in fast allen offenen Gebieten mit lockerem Baumbewuchs einschließlich Farmland, Parks und Gärten in den ländlichen Städten. Die Vögel entfernen sich nur selten weit von den Wasserstellen und suchen besonders häufig die Nähe zu Eukalypten, überwiegend *River Red Gum* (*Eucalyptus camaldulensis*) oder *Coolibah* (*E. microthera*) entlang ständigen oder saisonalen Wasserläufen und -löchern. Auf Farmland werden die Nymphensittiche von den Bäumen angezogen, die im Umfeld angestauter Seen, an Straßenrändern und Wiesenrainen wachsen, insbesondere dort, wo Getreide angebaut wird.

Laut Storr (1984b) suchen Nymphensittiche in Queensland häufig Weideland und landwirtschaftlich genutzte Flächen mit lockerem Baumbewuchs auf, besonders wenn dort Sorghum-Hirse oder Sojabohnen angebaut werden. Longmore (1978) wies darauf hin, dass man die Vögel im Rockhampton-Distrikt im mittleren Osten von Queensland in Feuchtgebieten, Baumsavannen oder offenen Wäldern, Weideland sowie in städtischen Parks oder Gärten antrifft. Laut Templeton (1992) suchen sie in und um Nanango, Südost-Queensland, häufig die landwirtschaftlichen Nutzflächen und offenes Waldgelände auf, wohingegen Passmore (1982) darauf hinwies, dass sie weiter südlich, im Stanthorpe-Distrikt, den Sojabohnen-Anpflanzungen folgen. Nielsen (1969) weist auf die Bevorzugung des offenen Tieflands in den Darling Downs, Süd-Queensland, hin, wo die Art besonders häufig in den Getreide anbauenden Distrikten vorkommt; in Inverramsay, im Vorgebirge der Great Dividing Range sind sie trotz des ausgedehnten Anbaus von Sorghum-Hirse recht wenig verbreitet. In New South Wales sind Baumsavannen, Weideland mit lockerem Baumbewuchs und Ackerland die bevorzugten Habitate (Morris *et al.* 1981). Jones (1987) berichtete, dass man in einem Getreide anbauenden Distrikt in der Nähe von Moree im Norden von New South Wales Studien in einem Gebiet von 17 km^2 durchgeführt hatte, von denen 12 km^2 oder 71 Prozent zum Zwecke des Ackerbaus gerodet worden waren. Das übrige Areal bestand zu 17 Prozent aus Weideland, zehn Prozent aus offenem Waldland, das von *Bimble Box* (*Eucalyptus populnea*) dominiert wurde (obwohl auch größere Bestände des *Belah* (*Casuarina cristata*) vorhanden waren) und zwei Prozent aus kleinen *Brigalow*-Wäldchen (*Acacia harpophylla*). *River Red Gums* (*Eucalyptus camaldulensis*) säumten das Ufer des einzigen Wasserlaufes im Gebiet. Ich kenne diese Art gut aus dem Gunnedah-Distrikt, ebenfalls im nördlichen New South Wales, wo sie offensichtlich von der weit verbreiteten Kultivierung von Getreide profitiert hatte. Typisch ist der Anblick von Nymphensittichen auf den verbliebenen Eukalypten am Rande der abgeernteten Felder oder entlang den Straßen. Im äußersten Nordwesten von New South Wales bei Tero Creek und in der südlichen Riverina-Region bei Deniliquin stellte ich fest, dass die Vögel eng mit den *River Red Gums* entlang den Wasserläufen verbunden sind. Von dort aus flogen die Nymphensittiche auf Futtersuche in umliegendes Weide- oder Buschland. Im Norden von Victoria bevorzugen Nymphensittichen die *River Red Gums* entlang den Wasserläufen und Feuchtgebieten, Baumsavannen mit dominierender *Black Box* (*Eucalyptus largiflorens*) und Farmland mit lockerem Baumbewuchs (Emison *et al.* 1987).

Im Norden der Mount Lofty Ranges und im Süden der Flinders Ranges (östliches South Australia) beobachtete ich Nymphensittiche auf Eukalypten entlang den Vorgebirgsflüssen und im benachbarten trockenen Buschland. Laut Badman (1979) konnte man die Vögel im südlichen und westlichen Einzugsgebiet des Lake Eyre im äußersten Norden von South Australia von 1977 bis Anfang 1978 gewöhnlich auf den Bäumen unweit von Wasser antreffen. Laut Storr (1977) sind die Nymphensittiche im Northern Territory selten, in den Sandwüsten fehlen sie sogar. In den bewässerten Teilen der ariden Zone und im semiariden nördlichen Landesinneren bevorzugen sie Weideland mit lockerem Baumbewuchs. Boekel (1980) wies auf eine örtliche Habitatpräferenz bei Victoria River Downs Stations im nordwestlichen Northern Territory hin: Dort waren die Vögel in eher spärlich mit Gras bewachsenen Gebieten der Flusstäler am zahlreichsten, in den Ebenen mit dichtem Grasbewuchs hingegen selten.

Storr (1980) wies darauf hin, dass die Nymphensittiche in der Kimberley Division von Western Australia selten die Sandwüsten aufsuchten, in den bewässerten Regionen der ariden Zone und in der trockeneren Hälfte der semiariden Zone findet man sie häufig auf Weideland mit lockerem Baumbewuchs einschließlich der Flächen mit dominanten Spinifex-Bewuchs (*Triodia*), besonders in den Flussebenen oder in der Umgebung von Wasserstellen. Die baumlosen Wüsten meiden die Nymphensittiche weiträumig, im Süden sind sie in den vom Ackerbau geprägten Regionen weit verbreitet. Im Juli und August 1981 wies LOVELL Nymphensittiche an vielen Plätzen entlang der Canning Stock Route im östlichen Landesinneren nach. Die meisten Sichtmeldungen bezogen sich auf kleine Schwärme in beträchtlicher Entfernung von bekannten Wasserstellen (in HUTCHINS & LOVELL 1985). SMITH und MOORE (1992) berichteten von den Felduntersuchungen an Brutpaaren bei Burakin im Norden des Weizengürtels im Südwesten von Western Australia. Hier hat man fast die gesamte ursprüngliche Vegetation vernichtet, um Weizenfelder anzulegen und Platz für Schafherden zu schaffen. Die Vögel konzentrieren sich nun auf die verbliebenen Waldinseln und Baumbestände entlang den Straßen oder Wiesenrainen.

LOKALE POPULATIONSDICHTEN

Der Nymphensittich ist in den meisten Teilen seines riesigen Verbreitungsgebietes häufig, vor allem im Norden Australiens, wo er in manchen Gegenden recht zahlreich vorkommt. STORR (1973a) wies auf mutmaßliche Änderungen in den lokalen Abundanzen in Queensland hin und betonte, dass John GILBERT im Juni 1845 am Mitchell River noch große Schwärme beobachten konnte – ein Hinweis, dass die Art früher hier häufiger war als im heute überweideten Grasland von West-Queensland. Im Gegensatz dazu gilt der Nymphensittich heutzutage als häufiger Bewohner der mittleren Regionen Ost-Australiens. Bis zur Dürre 1902 war die Art hier ein lokaler Besucher, und in Antwort auf die Dürreperioden in den 20er Jahren kolonisierten die Vögel den Südosten des australischen Inlands, insbesondere die Darling Downs, wo sie heute die häufigste Papageienart sind. Laut BRERETON (1977) wurden im September 1965, als sehr trockene Bedingungen vorherrschten, entlang der 90 km langen Straße von Warwick nach Toowoomba, Südost-Queensland, 1,12 Nymphensittiche pro Kilometer gezählt und 2,24 Exemplare pro Kilometer entlang der 17 km langen Straße zwischen Longreach und Winton in Nord-Queensland. LEY und DAVIE (1995) stellten fest, dass die Nymphensittiche während ihrer Aufenthalte im Currawinya National Park, Südwest-Queensland, im Juli 1992 und April 1993 sehr häufig waren.

Man behauptet zwar, dass die Art in ganz New South Wales in hohen Abundanzen vertreten sei, meine Nachweise zeigen jedoch, dass dies im Wesentlichen nur für die nördliche Hälfte des Bundesstaates gilt. Hier besiedeln die Vögel in besonders hoher Dichte die von der Landwirtschaft geprägten Distrikte. In den südlichen Regionen variieren die lokalen Vorkommen beträchtlich, und die Art ist hier nicht das ganze Jahr über heimisch. Laut SCHMIDT (1978) waren die Nymphensittiche im Cobar-Distrikt im mittleren Westen von New South Wales zwischen 1968 und 1978 recht häufig, auch wenn sie diese Region nur in unregelmäßigen Abständen aufsuchten. An 36 Prozent der Tage, an denen man mit dem Erscheinen der Vögel rechnen konnte, konnte die Art auch nachgewiesen werden. SHARROCK (1981) stellte fest, dass die Vögel in und um Wagga Wagga in der südlichen Riverina-Region in Abhängigkeit von den jahreszeitlichen Klimabedingungen entweder selten oder häufig anzutreffen waren. Auch in Nord-Victoria ist die Art mäßig häufig, obgleich die Individuenzahlen von Jahr zu Jahr variieren (REID *et al.* 1973). Während der Erfassung der „Atlas"-Daten von Januar 1973 bis Juni 1986 im Verbreitungsgebiet des Nymphensittichs in Victoria betrug die Nachweisrate 15 Prozent (EMISON *et al.* 1987).

Laut CONDON (1968) sind die Nymphensittiche in South Australia häufig. Während der Erfassung der „Atlas"-Daten 1984/85 in der Region um Adelaide einschließlich der nördlichen und südlichen Ausläufer der Mount Lofty Ranges sowie der Murray-River-Mallee-Distrikte ließen sich die Nymphensittiche auf einer größeren Fläche und in größerer Zahl nachweisen als bei den Untersuchungen 1974/75 (PATON *et al.* 1994). Nach BADMAN (1979) war die Art von 1976 bis Anfang 1977 im Oodnadatta-Distrikt im Norden von South Australia mäßig häufig. Anfang September 2001 stieß ich auf einen Trupp von sieben Vögeln bei Cook an der Transcontinental Railway im äußersten Südwesten von South Australia. Mir sind keine Nachweise von der Nullarbor Plain bekannt. Nymphensittiche sind in den geeigneten Habitaten im Northern Territory mäßig häufig, im Gebiet um Darwin zählen die Vögel zu den häufigen Besuchern (STORR 1977). Im Katherine-Distrikt und im Pine-Creek-Distrikt im Norden des Northern Territory waren sie nach meinen Beobachtungen weit verbreitet, aber nicht besonders zahlreich, und die Untersuchungen von MCKEAN (1985) im Keep River National Park, im Nordwesten des Northern Territory, die von Oktober 1981 bis August 1982 durchgeführt wurden, zeigten, dass die Vögel dort nur in geringen Abundanzen vorkamen. Nymphensittiche sind sicherlich in den südlichen Distrikten zahlreicher, und es gibt Berichte von großen Beständen aus der Umgebung von Alice Springs (siehe HUTCHINS & LOVELL 1985, HOWARD 1990). In der Kimberley Division von Western Australia sind die Individuenzahlen in Übereinstimmung mit den lokalen Habitatspräferenzen jahreszeitlichen Schwankungen unterworfen. Andernorts gilt die Art allgemein als häufig, lediglich an der südlichen Grenze ihres Verbreitungsgebietes und in den ariden Gebieten und Halbwüsten im Osten ist sie örtlich selten anzutreffen (STORR 1980, 1984a, 1985b). STORR (1987) stellte fest, dass die Art im Südosten von Western Australia, in den westlichen Ausläufern der Nullarbor Plain, im Allgemeinen selten ist, obgleich sie in manchen Jahren mäßig häufig auftritt. Laut CODY (1991) lag die Populationsdichte bei Madura im Südosten von Western Australia von August 1984 bis Januar 1985 bei 0,15 Exemplaren pro Hektar Waldlandschaft und bei 1,55 Exemplaren pro Hektar Gras- und Weideland.

Der Nymphensittich ist in allen Bundesstaaten gesetzlich geschützt. Viele Vögel werden jedoch nach Erteilung von Ausnahmegenehmigungen in Hinblick auf die Vermeidung von Ernteschäden getötet.

VERHALTEN

Nymphensittiche kann man gewöhnlich in kleinen Schwärmen (seltener paarweise) bei der Suche nach Grassamen auf dem Boden oder auf dem Flug von den ufernahen Bäumen zu dem sich anschließenden offenen Tiefland beobachten. Manchmal stößt man auf größere Schwärme, besonders während der jahreszeitlichen Wanderungen, in der unmittelbaren Nähe von Getreidefeldern und bei weit abgelegenen Wasserlöchern in trockenen Gebieten. HUTCHINS und LOVELL (1985) berichteten, dass sich im August 1967 etwa 85 km nördlich von Alice Springs im Süden des Northern Territory etwa 5.000 Nymphensittiche im Laufe des Tages an einem Wasserloch einfanden. Es war ein stetiges Kommen und Gehen von Schwärmen mit jeweils bis zu 100 Exemplaren. Zu ihnen gesellten sich Tausende von Wellensittichen (*Melopsittacus undulatus*) und Zebrafinken (*Taeniopygia guttata*). JONES (1987) berichtete von Feldstudien, die von August 1980 bis Juni 1982 in vom Ackerbau geprägten Distrikten bei Moree im Norden von New South Wales durchgeführt worden waren. Nymphensittiche wurden als Einzelvögel und in unterschiedlich großen Schwärmen bis zu 500 Exemplaren nachgewiesen. Mehr als die Hälfte der beobachteten Schwärme bestand aus mehr als zehn Vögeln; die mittlere Größe einer am Boden fressenden Gruppe betrug 27 Vögel, im Flug waren es im Mittel fünf, in den Ruhepausen auf den Bäumen acht Vögel. Ein Futterschwarm mit mehr als 100 Exemplaren bildete sich nur, wenn das Hauptnahrungsgebiet nach Einfuhr der Ernte stark eingeschränkt war oder nachdem die heruntergefallenen Samen nach Regenfällen gekeimt hatten. An der Untersuchungsstelle gab es am Tag zwei Phasen, in denen sich die Vögel mit der Nahrungsaufnahme beschäftigten. Die erste begann 30 bis 50 Minuten nach Sonnenaufgang, als der erste größere Trupp in den Futtergebieten ankam. Die zweite Phase lag am Nachmittag, 60 bis 90 Minuten vor Sonnenuntergang. Beide Phasen dauerten im Mittel etwa 85 Minuten. Darüber hinaus konnten kurze Fressperioden von rund zehn Minuten während der mittäglichen Ruhephase und während der letzten Minuten des Tages, kurz vor der Nachtruhe, festgestellt werden.

Anfang Juli 1996 beobachtete ich in der Nähe von Bugaldie im Norden von New South Wales einen kleinen Trupp Nymphensittiche, der soeben eine dicht beblätterte Eukalypte am Straßenrand in der Nähe eines gestauten Teiches zur gemeinsamen Nachtruhe aufgesucht hatte. Es war schon fast dunkel, bis es sich alle Vögel ruhig auf ihrem Platz auf den äußeren Ästen des Baumes zurecht gemacht hatten. Nymphensittiche verlassen frühzeitig ihre Schlafbäume, oftmals noch vor Sonnenaufgang. In kleinen Schwärmen von zehn bis fünfzehn Vögeln fliegen sie in regelmäßigen Abständen davon und finden sich an einer nah gelegenen Stelle zusammen. Gewöhnlich handelt es sich hierbei um die obersten Äste eines abgestorbenen Baumes, wo der Schwarm etwa 30 Minuten bleibt. Die Vögel sitzen dann typischerweise auf den kräftigsten Ästen und drehen ihre Gesichter in die vorherrschende Windrichtung. Im Winter bleiben die Vögel längere Zeit an ihren Versammlungsorten und genießen das Bad in der Morgensonne. Im Hochsommer verbringen sie hingegen nur wenig Zeit dort. Auch bei anderen Aktivitäten gibt es saisonale Unterschiede: Im Winter oder an kalten, trüben Tagen ist der Zeitraum, in dem die Vögel fressen, verlängert, im Sommer ziehen sich die Nymphensittiche früher zu ihren mittäglichen Schlafplätzen in den umliegenden, Schatten spendenden Bäumen in der Nähe von Wasserstellen zurück. Hier verbringen die Vögel viele Stunden ruhig mit Dösen; sie unterbrechen die Mittagsruhe gelegentlich zur eigenen oder gegenseitigen Gefiederpflege, zum Strecken und Pflegen der Läufe und Füße. Am späten Nachmittag nehmen die Vögel die Nahrungssuche wieder auf. Kurz vor der Abenddämmerung fliegen kleine Trupps zu den Sammelplätzen, gewöhnlich blattlosen Ästen in den Kronen lebender oder abgestorbener Eukalypten, wo sich im Laufe der Zeit weitere kleine Gruppen einfinden. Wenn sich auf dem Baum eine größere Anzahl zusammengefunden hat, fliegt der gesamte Schwarm zu den nahe liegenden Schlafplätzen.

Wenn Nymphensittiche auf dem Boden oder im Schatten der Büsche und Bäume nach Futter suchen, sind sie nicht leicht zu entdecken, da sich die weichen Farbtöne ihres Gefieders gut mit dem Hintergrund vermischen. Im Flug sind die Vögel hingegen lärmend und auffällig. Ihre charakteristischen Ruflaute hört man oftmals lange, bevor man die Tiere gesehen hat. Normalerweise sind sie nicht scheu und dulden, dass man sich ihnen auf recht kurze Distanz nähert. Wenn sie sich gestört fühlen, suchen sie Schutz in einem nahe stehenden Baum und kehren, wenn die Gefahr vorüber ist, wieder auf den Boden zurück.

WANDERUNGEN

Im Norden Australiens leben Nymphensittiche hochgradig nomadisch, obgleich sie in manchen Distrikten das ganze Jahr über in unterschiedlichen Abundanzen vertreten sein können. Im Süden Australiens führen die Vögel in erster Hinsicht saisonale Wanderungen aus, das Nomadentum spiegelt sich in den wechselnden Abundanzen wieder, weniger in der Ab- oder Anwesenheit in einer bestimmten Region. Laut STORR (1984b) leben die Vögel in Queensland nomadisch, vor allem in Dürreperioden, wenn das ausgedörrte Land weitgehend verlassen ist. HORTON (1975) erwähnte, dass die Individuenzahlen im Mount-Isa-Distrikt, Nordwest-Queensland, sehr schwanken, die Art jedoch von November bis in den April oder Mai gewöhnlich häufiger ist als in den übrigen Monaten. LONGMORE (1978) wies darauf hin, dass die Nymphensittiche in und um Rockhampton im mittleren Osten von Queensland Nomaden seien und es große Schwankungen in den Individuenzahlen gebe. PASSMORE (1982) berichtete, dass die Nymphensittiche 1980/81 durch eine Dürreperiode gezwungen waren, ostwärts in den Stanthorpe-Distrikt in Südost-Queensland zu ziehen. Die Vögel sind auch in New South Wales Nomaden, obgleich ich in den von Ackerbau geprägten Regionen der Hügellagen und des Tieflands im Norden des Bundesstaates in allen Monaten des Jahres auf Nymphensittiche gestoßen bin. SCHMIDT (1978) berichtete vom Zusammenhang zwischen den Regenfällen und den Wanderungen der Nymphensittiche im Cobar-Distrikt im mittleren Westen von New South Wales. Die Vögel suchten diese Region von Mai 1972 bis Dezember 1977 regelmäßig im Frühjahr und Sommer auf und brüteten dort nach heftigen Regenfällen. Die Anzahl der Vögel und die jahreszeitliche Regelmäßigkeit der Wanderungen wurden nur von den Niederschlägen bestimmt, denn im Sommer 1972/73, inmitten einer Dürreperiode, waren die Nymphensittiche plötzlich selten. Doch im nachfolgenden Winter, in dem es wieder ausgiebig regnete, erschienen erneut zahlreiche Vögel. Laut HOBBS (1961) ist der Nymphensittich ein Sommergast im Südwesten von New South Wales, die lokalen Bestandsdichten sind jedoch variabel. Die Nachweise stammen aus einem Zeitraum vom 20. September bis 30. März, obwohl alle Vögel gewöhnlich vor Mitte Januar die Gegend verlassen hatten. Auch im Norden von Victoria sind die Nymphensittiche überwiegend Sommergäste, obwohl dort für alle Monate des Jahres Nachweise bekannt sind. Das Vorkommen ist dort immer dann besonders hoch, wenn im Landesinneren von Australiens sehr trockene Bedingungen vorherrschen (EMISON *et al.* 1987). Wenn die Vögel besonders zahlreich in einer Region auftauchen, gibt es auch immer wieder Nachweise außerhalb des eigentlichen Verbreitungsgebietes. Im Dezember 1961 entdeckte man Brutpaare in den You Yangs, einer Hügelkette in der Nähe von Geelong im mittleren Süden von Victoria (WHITBOURNE & ROBINSON 1962).

Laut STORR (1977) sind die Nymphensittiche im Northern Territory hochgradige Nomaden. In der Trockenzeit oder während einer Dürre verlassen sie teilweise oder völlig die südlichen und zentralen Gebiete. BOEKEL (1980) stellte fest, dass sie auf Victoria River Downs Station am Zusammenfluss des Wickham River und des Victoria River im Nordwesten des Northern Territory Standvögel sind. Laut CHINNER (1977) herrschten 1972 in den Macdonnell Ranges im Inneren Australiens abnorm feuchte Bedingungen vor. Schwärme von 20 bis 40 Nymphensittichen konnte man nun häufig an den Wasserlöchern beobachten. Mit der Rückkehr der Trockenheit verschwanden auch die Vögel wieder. Die Nymphensittche dehnen offenbar ihr Verbreitungsgebiet in die südlichen Regionen von South Australia aus. Hier sind sie Frühlings- und Sommergäste. Im Richtung Norden werden ihre Wanderungen allmählich unregelmäßiger und vom Auftreten der Niederschläge abhängiger. COX (1973) merkte an, dass die Vögel im Mannum-Distrikt im Osten von Adelaide im August ankämen und im Februar wieder davonzögen. Während der Erfassung der „Atlas"-Daten für die Adelaide-Region 1984/85 herrschten trockenere Bedingungen vor als bei der Datenerfassung 1974/75. Entsprechend waren die Nymphensittiche und Wellensittiche (*Melopsittacus undulatus*) in den 80er Jahren als Frühlings- und Sommergäste weiter verbreitet als zehn Jahre zuvor (PATON *et al.* 1994). Laut MACK (1970) sind die Nymphensittiche im Nordosten von South Australia in „guten Jahren" häufig, sie fehlen jedoch vollständig, wenn trockenes Klima vorherrscht. Im Oodnadatta-Distrikt im Norden von South Australia waren sie von 1976 bis Anfang 1977 mäßig häufig, konnten jedoch zwischen Mitte März und Ende Dezember 1977 nicht ein einziges Mal nachgewiesen werden (BADMAN 1979).

In der Kimberley Division von Western Australia sind die Nymphensittiche Nomaden und suchen dort die feuchtere Hälfte der semiariden Zone überwiegend in der Trockenzeit auf. Weiter südlich in der Pilbara-Region variiert ihr Vorkommen mit den Niederschlägen (STORR 1980, 1984a). Auch in der Gascoyne-River-Region und weiten Teilen des östlichen Landesinneren sind die Vögel in den „guten Jahren" mit höheren Niederschlagsmengen häufiger (STORR 1985a, 1986, 1987). Im Weizengürtel des südwestlichen Western Australia zählen die Nymphensittiche zu den unregelmäßigen Besuchern; ihre Abundanzen nehmen von Nord nach Süd ab (STORR 1991). Nach SMITH und MOORE (1992) waren sie im nördlichen Weizengürtel bei Burakin 1977/78 und 1978/79 häufige Frühlings- und Sommergäste.

Im Winter 1978 konnte kein einziger Vogel beobachtet werden. Von 1979 bis 1981 waren die Nymphensittiche dann durchgehend präsent, 1979 und 1980 im Frühling jeweils häufig anzutreffen. Im Frühling 1981 konnte man dann wiederum nur sehr wenige Paare entdecken, 1982 und 1983 keinen einzigen Vogel. Die Individuenzahlen stiegen im Burakin-Distrikt immer mit einsetzender Dürre an. Als die Niederschlagsmenge 1981 wieder höher wurde, begannen die Nymphensittiche, das Areal wieder zu verlassen. Man hat daher vermutet, dass ihre erste Ankunft Mitte der 70er Jahre Teil einer großflächigen Wanderung in den Weizengürtel war, als tiefer im Landesinneren von Australien eine Dürreperiode die Vögel zwang, dieses Gebiet zu verlassen.

FLUG

Der Flug der Nymphensittiche ist schnell und geradlinig mit gemächlichen und regelmäßigen Bewegungen der nach hinten gerichteten, zugespitzten Schwingen. Im Flug sind die weißen Flügelzeichnungen ein wichtiges Bestimmungsmerkmal. Die schlanke, stromlinienförmige Flugsilhouette erinnert an einen Vertreter der Prachtsittiche (*Polytelis*).

LAUTÄUSSERUNGEN

Bei dem charakteristischen Kontaktruf, der häufig während des Fluges zu hören ist, handelt es sich um ein lang gezogenes *quiiel-quiiel... quiiel-quiiel*, bei dem an Ende die Tonhöhe nach oben verlagert wird. Die Nymphensittiche werden als Antwort auf einen imitierten Kontaktruf rasch die Flugrichtung wenden. Ein tieftoniges *wiiie-arp... wiiie-arp* geben die Vögel von sich, wenn sie beunruhigt sind, und der Alarmruf ist ein verlängertes Kreischen. Bei der Verteidigung des Brutplatzes lassen die Männchen ein tiefes Zischen hören und zeigen Drohgebärden. Bei der Balz geben die Männchen tiefe pfeifende oder trillernde Töne von sich, die fast wie ein Lied klingen (in Sindel & Lynn 1989). Courtney (1974, 1996) beschrieb den Futterbettellaut der Jungen als weichen zischenden Triller, wohingegen die pfeifenden Lautäußerungen beim Schlucken des Futters an die der übrigen Kakadus erinnern. Mit den jungen Rosakakadus (*Eolophus roseicapilla*) und den jungen *Cacatua*-Kakadus haben die jungen Nymphensittiche den zitternden Übergangston von den Lautäußerungen beim Futterschlucken bis zur Wiederaufnahme der Futterbettellaute gemeinsam (Courtney 1996).

NAHRUNG

Nymphensittiche ernähren sich von den Samen von Gräsern, Sträuchern und Bäumen sowie von Getreidekörnern, Früchten und Beeren, möglicherweise auch von Insekten und ihren Larven. Die Vögel verzehren besonders gerne Akaziensamen, die sie auf den Ästen sitzend oder am Boden unterhalb der Bäume fressen. Im Gebiet von Dubbo im mittleren Westen von New South Wales habe ich Nymphensittiche inmitten gemischter Schwärme mit Singsittichen (*Psephotus haematonotus*) auf Stoppelfeldern beim Aufsammeln der Körner gesehen. Die Vögel fallen auch in noch nicht abgeernteten Feldern ein, insbesondere auf Sorghum-, Hirse- und Sonnenblumenfeldern. Jones (1987) wies darauf hin, dass die Nymphensittiche möglicherweise nur in den trockenen Randlagen beträchtliche Schäden anrichten können, wenn größere Schwärme von einem einzelnen Feld angezogen werden. Ich gehe davon aus, dass die Verfügbarkeit von Getreidekörnern den Nymphensittichen gestattet hat, in einigen Regionen sesshaft zu werden, so zum Beispiel im Norden von New South Wales und Süd-Queensland. Die Vögel wurden beim Fressen von Mistelbeeren (Loranthaceae) beobachtet.

Jones (1987) berichtete von den Ergebnissen einer Feldstudie bezüglich der Futterpräferenzen der Nymphensittiche, die von August 1980 und Juni 1982 in den von Ackerbau geprägten Distrikten bei Moree im Norden von New South Wales durchgeführt worden war. Die Vögel fraßen mindestens 29 verschiedenen Samen, 20 wurden anhand der Untersuchung von Kropfinhalten identifiziert, weitere neun wurden in den Gebieten bestimmt, welche die Vögel als Nahrungsplätze gewählt hatten. Nur fünf Samen waren in bedeutsamen Mengen im Kropf vorhanden, und Getreidekörner machten bis zu 80,7 Prozent des Gesamtinhalts aus. Sorghumkörner waren mit fast 60 Prozent des Gesamtinhalts bei weitem das wichtigste Einzelfutter. Sorghum spielte auch in der Mehrzahl der untersuchten monatlichen Proben die größte Rolle. Wenn Sorghum weniger oder gar nicht verfügbar war, gewannen andere Futterpflanzen an Bedeutung, besonders der Weizen. Sonnenblumenkerne stellten nur 6 Prozent des Futters, obgleich die Samen in vielen Monaten in großer Zahl zur Verfügung standen. Grassamen und bodendeckende Pflanzen machten 19,3 Prozent der Nahrung aus – darunter entfielen fast 90 Prozent auf *Phalaris paradoxa* und *Setaria* sp., der Rest auf die übrigen 17 Arten. Von den sechs Grasarten, die im Untersuchungsgebiet dominant waren, wurden nur *Dichanthium sericeum*, *Panicum decompositum* und *Phalaris paradoxa* in bedeutenden Mengen gefressen. Die Samen, die in den Futtergebieten identifiziert wurden, aber nicht in den Kropfinhalten zu entdecken waren, gehörten zu *Digitaria divaricatissima*, *Enteropogon acicularis*, *Erichloa pseudoacotricha*, *Erichloa pseudoacrotricha*, *Avena sterilis*, *Hordeum leporinum*, *Danthonia linkii*, *Physalis* sp., *Medicago polymorpha* und *Plantago turrifera*. Kleine Stücke Holzkohle bis 4 mm Länge wurden in 29 Prozent aller untersuchten Kröpfe gefunden, in 13 Prozent kleine Mineralstücke, überwiegend Quarz. Die Überreste von Insekten konnten nur in einem Fall bestimmt werden, und diese wurde offenbar unbeabsichtigt gefressen.

Laut JONES zeigen die Nymphensittiche eine Vorliebe für Getreidekörner in einem frühen Entwicklungsstadium. Sie fressen weiche Sorghum- und Weizenkörner, wann immer diese verfügbar sind. Wenn die Getreidesamen ausgereift sind, fressen die Vögel weniger Körner oder steigen auf andere Futterpflanzen um. Sie nehmen am Tag durchschnittlich 7,0 g Samen (Trockengewicht) auf, von denen 2,72 g in der morgendlichen Phase und 4,25 g in der nachmittäglichen Phase der Nahrungsaufnahme verzehrt werden.

Im Kropf eines Exemplars, das im August 1965 bei Warburton, Western Australia, gesammelt worden war, fand man die Samen von *Danthonia* und *Aristida*, die Samen von wenigen anderen Grasarten und einige nicht identifizierte Samen (HALL *et al.* 1974).

FORTPFLANZUNG

Nymphensittiche sind monogam, und fest verpaarte Vögel oder Familiengruppen sind vermutlich die grundlegende soziale Einheit. Die Paarbindung wird das ganze Jahr über aufrechterhalten und hält wahrscheinlich ein Leben lang. Zu den wichtigsten Aktivitäten zu ihrer Festigung zählen die gegenseitige Gefiederpflege und die Kopulation. Der deutliche Anstieg der Häufigkeit und Intensität von beiden Aktivitäten verkünden das Einsetzen der Brutsaison.

Im südlichen Australien reicht die Brutzeit gewöhnlich von August bis Dezember, obgleich diese örtlich von der Niederschlagsmenge beeinflusst werden kann. Bei Tero Creek im äußersten Nordwesten von New South Wales fand ich belegte Nester im April und Mai nach ausgiebigen Regenfällen. LORD (1937) berichtete, dass der Winter 1937 im Toowoomba-Distrikt, Süd-Queensland, warm und trocken war und etliche Nymphensittichpaare im April mit dem Nestbau begannen. Die Jungen waren Ende Mai ausgeflogen, und noch vor Ende Juli hatten die Altvögel mit dem nächsten Gelege begonnen. SMITH und MOORE (1992) stellten fest, dass die Nymphensittiche bei Burakin im nördlichen Weizengürtel des südwestlichen Western Australia von Anfang Juli bis Ende September mit der Eiablage beginnen; die meisten Gelege werden Anfang September gezeitigt. Es gab keine Hinweise auf Brutversuche im Herbst. Im Norden Australiens scheint die Brutsaison etwas unregelmäßig zu sein und hängt offensichtlich stärker von der Niederschlagsmenge ab. Laut STORR (1984b) reicht sie in Queensland von April bis Oktober, HORTON (1975) wies jedoch darauf hin, dass im Mount-Isa-Distrikt, Nord-Queensland, im August und September genistet wird. Hier reicht die Brutzeit möglicherweise weit in den Spätsommer hinein. Im Northern Territory brüten die Nymphensittiche im Herbst, in der Kimberley Division von Western Australia stammen die wenigen Brutnachweise aus dem Januar und Februar (STORR 1977, 1980). In der Pilbara-Region im Nordwesten von Western Australia liegt die Brutzeit von Januar bis April und von Juli bis September jeweils im Anschluss an die Winter- und Sommerregenfälle (STORR 1984a).

Das Nest befindet sich in einem hohlen Ast oder Stamm eines Baumes, im Allgemeinen in einer lebenden oder abgestorbenen Eukalypte in der Nähe von Wasser. SMITH und MOORE fanden heraus, dass sich die Nester bei Burakin im nördlichen Weizengürtel des südwestlichen Australien in kleinen Ästen oder Vertiefungen von knotigen Stammauswüchsen des *Salmon Gum* (*Eucalyptus salmonophloia*) oder *Gimlet* (*E. salubris*) befanden, und zwar in einer Höhe von 3-10 m über dem Boden. Zwei Höhlen waren groß genug, um auch Rosakakadus (*Eolophus roseicapilla*) als Nistplatz zu dienen, und das Nymphensittichpaar in einem dieser Nester wurde häufig von Rosakakadus gestört, die nach möglichen Nistplätzen Ausschau hielten. Keines der 1979 genutzten Nester wurde im nachfolgenden Jahr erneut als Brutplatz gewählt. Andernorts scheinen die Nymphensittiche hingegen regelmäßig über mehrere Jahre hinweg Gebrauch von derselben Nisthöhle zu machen. Zwei oder mehr Nester können sich in einem Baum befinden, und man hat schon Paare entdeckt, die zusammen mit Rosakakadus, Singsittichen (*Psephotus haematonotus*) und Wellensittichen (*Melopsittacus undulatus*) in einem Baum brüteten. Aggressives Verhalten von Männchen gegenüber anderen Männchen hat man bei oder in der Nähe der Nester beobachtet. Das verteidigende Männchen schlägt seinen leicht geöffneten Schnabel mit gesträubtem Gefieder und anliegender Haube nach dem Eindringling.

Ein Gelege besteht aus zwei bis acht Eiern, gewöhnlich sind es vier oder fünf. Sie werden vom Weibchen auf eine Schicht Holzmulm am Grunde der Nisthöhle gelegt. Bei Burakin im südwestlichen Western Australia bestanden die untersuchten Nymphensittichgelege aus einem Ei (zwei Gelege), aus drei Eiern (ein Gelege), vier Eiern (drei Gelege) und sieben Eiern (ein Gelege). Beide Gelege mit nur einem Ei kamen nicht zum Schlupf, und ein Gelege mit drei Eiern wurde etwa drei Wochen produziert, nachdem das erste Gelege von den Altvögeln aufgegeben worden war; es gab jedoch keinen eindeutigen Beweis, dass beide Gelege vom selben Weibchen stammten (SMITH & MOORE 1992).

In der nachfolgenden Tabelle sind die Daten des *RAOU Nest Record Scheme* zusammengefasst worden. Nicht miteinbezogen wurde ein Brutnachweis vom Gregory River, Nord-Queensland, vom 20. September, bei dem die genaue Anzahl der Jungvögel nicht bekannt war. Ein Dreiergelege, das am 17. März in New South Wales entdeckt worden war, scheiterte, während ein einzelnes Ei und ein frisch geschlüpfter Nestling am 18. März in einem weiteren Nest bei Curbon im mittleren Norden von New South Wales gefunden wurden. Von diesen Brutnachweisen abgesehen, liegen die spätesten Legedaten stets vor dem 27. Februar und die spätesten Schlupfdaten vor dem 20. Dezember.

Bundesstaat oder Region	Anzahl festgestellter Nester	Nestbaum A *Eucalyptus* B anderer C nicht bestimmt	Höhe über dem Boden	Anzahl Eier oder Nestlinge	Frühester/spätester Nachweis von Eiern	Frühester/spätester Nachweis von Nestlingen
Süd-Queensland	4	A/2 C/2	6,7 m (5,0-8,0 m)	4/3, 5/1,	22. August/ 23. September	8. Oktober
New South Wales	18	A/10 C/8	2,8 m (0,3-8,0 m)	2/1, 3/4 4/7, 5/6, 6/1	20. Septemb./ 18. März	3. Oktober/ 18. März
Victoria	7	A/7	3,6 m (1,0-5,0 m)	2/1, 3/2, 4/2 6/1, 8/1	8. Oktober/ 12. November	1. November/ 28. November
South Australia	33	A/31 B/1 C/1	3,2 m (2,0-5,0 m)	2/2, 3/5 4/16, 5/7	3. September/ 24. November	25. Septemb./ 14. Dezember

Die Brutdauer beträgt etwa 20 Tage, beide Geschlechter beteiligen sich am Brutgeschäft. Das Weibchen sitzt nachts auf den Eiern und wechselt sich tagsüber mit dem Männchen ab. SMITH und MOORE gaben keine exakten Brutdauern bei den untersuchten Nestern im Burakin-Distrikt im nördlichen Weizengürtel des südwestlichen Western Australia an; in einem Vierergelege, das sie entdeckten, als im Nest drei Eier lagen, saß zwanzig Tage später der erste Jungvogel. Ebenfalls bei Burakin wurden Bruten von einem bis fünf Jungen (in sechs untersuchten Nisthöhlen) registriert. In einer Brut mit fünf Jungen verschwand ein Nestling zwischen der ersten und dritten Woche. Auch die übrigen vier Nestlinge, die nicht flügge wurden, starben vor Erreichen der dritten Lebenswoche, teilweise kurz nach dem Schlupf. Beobachtungen am Nest ergaben, dass die Altvögel etwa bei Sonnenaufgang die Nisthöhle verließen, oftmals in Begleitung von anderen Paaren der Region. In den nachfolgenden vier Stunden kehrten sie vier- bis fünfmal zum Nest zurück, um ihre Jungen zu füttern. In der Mittagszeit waren sie nur wenig aktiv. Die Altvögel nahmen die Fütterung am frühen Nachmittag wieder auf und beendeten sie eine Stunde vor Sonnenuntergang. Die Untersuchung des Futterbreis, den die Jungen nicht verschluckt hatten, und hervorgewürgte Nahrung zeigten, dass die Nestlinge überwiegend mit Weizenkörnern, Samen des Reiherschnabels (*Erodium cicutarium*) und einer Vielzahl nicht bestimmter Grassamen gefüttert wurden. Ein Jungvogel würgte vier kleine Stücke Holzkohle hervor. – Die jungen Nymphensittiche flogen im Alter von über 23 Tagen bis über 31 Tagen aus, und in einem Nest wurden die Jungen auf ein Alter von etwa 30 Tage geschätzt, als sie sich offensichtlich zum Ausfliegen bereit machten: Sie zeigten sich oft am Nesteingang, trainierten ihre Schwingen und setzten sich sogar auf den Rand des Einschlupflochs. Zwei Wochen nach dem Ausfliegen konnte man junge Vögel beobachten, die von ihren Eltern gefüttert wurden. Familiengruppen, identifizierbar anhand der mit Flügelmarken gekennzeichneten Flügglinge, waren mindestens einen Monat, nachdem der jüngste Jungvogel ausgeflogen war, noch zusammen. Die Schlupfrate bei Burakin lag bei 70,8 Prozent, bezogen auf 24 Eier aus sieben Nestern; im Mittel flogen 2,6 Junge pro Gelege aus den zehn untersuchten Nestern aus (SMITH & MOORE 1992).

Die jungen Männchen erhielten die leuchtende Gesichtsfärbung eines adulten Vogels im Alter von sechs Monaten, die quergebänderten Schwanzfedern blieben jedoch erhalten, bis sie ihre Adultmauser vollständig abgeschlossen hatten.

EIER Die Eier sind breit-elliptisch und weiß mit einem sehr feinen Glanz. Ein Sechser-Gelege von Cunnamulla in Südwest-Queensland befindet sich heute in der H. L. White Collection in Melbourne. Die durchschnittlichen Eimaße betragen 24,5 (23,7-25,5) mm x 19,0 (18,1-20,0) mm.

Als ich an einer Bushaltestelle an der Ecke Lexington Avenue und 79th Street im geschäftigen Zentrum von Manhattan, New York City, wartete, hörte ich plötzlich vom Balkon einer Etagenwohnung ein zwitscherndes Geräusch, das mir von meinen Begegnungen mit Nymphensittichen während meiner Reisen in den einsamen offenen Weiten des australischen Landesinneren her sehr vertraut war. Dieses Ereignis zeigte eindrucksvoll, welche Beliebtheit die Nymphensittiche weltweit als Heim- und Volierenvogel genießen. Von allen australischen Papageienarten belegt der Nymphensittich hinter dem Wellensittich (*Melopsittacus undulatus*) Rang zwei auf der Beliebtheitsskala. Beide Spezies sind heutzutage vollständig domestiziert. Handaufgezogene Jungvögel werden ausgezeichnete und sehr anhängliche Heimvögel, die lernen können, eine Melodie zu pfeifen oder einige Worte zu „sprechen".

HALTUNG IN MENSCHENOBHUT

UNTERBRINGUNG UND PFLEGE

Nymphensittiche wurden unter allen denkbaren Umständen gehalten und gezüchtet. Die Palette reicht von der Haltung einzelner Paare in Vitrinen oder kleinen Käfigen bis hin zur Koloniehaltung in Volieren unterschiedlicher Größe sowie der Gemeinschaftshaltung von Paaren mit anderen Vogelarten in großen bepflanzten Anlagen. Heimvögel werden häufig auf Freisitzen oder in Käfigen mit Freiflugmöglichkeit in der Wohnung gehalten. Da die frei lebenden Nymphensittiche schnell fliegende Nomaden mit einem weiten Aktionsradius sind, bevorzuge ich in Menschenobhut ihre Unterbringung in geräumigen Volieren, in denen sie zu einem auffälligen Blickfang werden. Ich habe darüber hinaus festgestellt, dass die Vögel aktiver sind, wenn man ihnen genügend Platz zur Verfügung stellt, besonders am frühen Morgen oder am späten Nachmittag. Dann verbringen sie viel Zeit damit, laut rufend durch die Voliere zu fliegen.

Ich hielt einige Jahre lang ein hübsches Brutpaar in einer großen, geräumigen Voliere gemeinsam mit einem Paar Carnabys Weißohr-Rabenkakadus (*Calyptorhynchus latirostris*). Die Voliere war von Norden nach Süden ausgerichtet, hatte eine Länge von 8 m, von denen 2 m auf der Rückseite auf das geschlossene Schutzhaus entfielen, eine Breite von 1,8 m und eine Höhe von 3 m. Das Dach des Schutzhauses war an der Vorderwand einen Meter höher als die angrenzende Freivoliere und fiel dann schräg zur Rückwand des Hauses ab. Am höchsten Punkt der Voliere erhielten die Vögel so eine Rückzugsmöglichkeit.

Als SINDEL Brutpaare für die Etablierung der Lutinozucht zusammenstellte, erwiesen sich die nach Norden ausgerichteten Volieren mit einer Länge von 2,2 m, einer Breite von 90 cm und einer Höhe von 2,2 m als besonders geeignet. Sie waren nur an der Vorderseite geöffnet. Die Trennwände waren solide, und die Voliere war vollständig überdacht. An ihren beiden Enden war jeweils ein Sitzast angebracht, um den Bewegungsdrang der Vögel möglichst stark zu fördern. Jedes Brutpaar bezog eine eigene Voliere, und unter diesen Bedingungen erwiesen sie sich als fruchtbare Zuchtvögel (in SINDEL & LYNN 1989).

CROSS und ANDERSON (1994) berichteten, dass Nymphensittiche, die noch nicht verpaart oder noch nicht zur Zucht vorgesehen sind, oftmals gruppenweise nach Geschlechtern getrennt in großen Volieren untergebracht werden, in denen sie ausreichend Gelegenheit haben, ihre Flugfertigkeit zu trainieren. Solche Volieren sollten mindestens 1,2 m bis 1,5 m breit und 2,4 m lang sein. Die Höhe sollte so bemessen sein, dass der Halter bequem hindurchgehen kann. Es empfiehlt sich, die Voliere vollständig zu überdachen; das gewährt einen zusätzlichen Schutz vor Beutegreifern und mindert das Risiko des Eintrags von Exkrementen der Wildvögel. Zu Zuchtzwecken empfehlen CROSS und ANDERSON, die Paare separat in einem Hängekäfig unterzubringen, der 2 m lang, 90 cm breit und 1,2 m hoch ist. ANDERSON (1994) wies auf einen zusätzlichen Vorteil von Hängekäfigen bei der Zucht der Mutationsform „Weißgesicht" hin: Die Vögel verlieren ihre Neigung zur Launenhaftigkeit und werden sehr ruhig und ausgeglichen.

Nymphensittiche sind friedfertige Vögel, die in Gemeinschaft mit anderen Arten gehalten werden können, sogar mit Finken, Tauben oder Weichschnäblern. Das ermöglicht vielen Papageienliebhabern, die Brutpaare auf ihre verschiedenen Volieren zu verteilen. Die Vögel verschonen zudem in der Regel hölzerne Rahmenelemente und nagen nicht den Maschendraht durch. Die Verwendung von besonders soliden und oftmals sehr teuren Gitterelementen ist daher beim Bau der Voliere nicht notwendig.

FÜTTERUNG

Wie bei allen Vögeln, die auf sehr begrenztem Raum und mit der damit verbundenen eingeschränkten Bewegungsfreiheit gehalten werden, neigen auch die Nymphensittiche bei einer Überversorgung mit Futter oder bei einer nicht ausgewogenen Diät zur Fettleibigkeit; dies gilt es durch eine angemessene Ernährung zu vermeiden. Werden Nymphensittiche als Heimvögel in kleinen Käfigen oder Vitrinen gehalten, sollte man ihnen nicht uneingeschränkten Zugang zu Sonnenblumenkernen, Kanariensaat oder geschältem Hafer gewähren; es ist ratsam, diese Samen vollständig aus dem Basis-Körnerfutter zu entfernen. SINDEL bot seinen Brutpaaren ein Basisfutter aus Weißer Hirse an sowie als Zusatzfutter eine Tagesration gekeimter Sonnenblumenkerne, grüner Erbsen, Äpfel und Mangold; außerhalb der Brutsaison wurde die Menge des Zusatzfutters stark eingeschränkt und mit zunehmender Brutstimmung der Vögel allmählich erhöht. In der Aufzuchtzeit stand den Altvögeln reichlich Zusatzfutter zur Verfügung (in SINDEL & LYNN 1989). HUTCHINS und LOVELL (1985) empfahlen eine trockene Körnermischung aus Kanariensaat, Weißer Hirse, geschältem Hafer und Sonnenblumenkernen (zusammen mit einer reichlichen Menge zerstoßener Kardisaat) und als Zusatzfutter gequollenen Mais und Weizen, reifende Samenstände von Gräsern, Mangold, Äpfel, Sepiaschale und Holzkohle. CROSS und ANDERSON (1994) bieten ihren Vögeln eine Körnermischung aus gleichen Anteilen Kanariensaat, Japanischer Hirse, Weißer Hirse und geschältem Hafer sowie als Zusatzfutter eine Keimfuttermischung aus zwei Teilen Sonnenblumenkernen, zwei Teilen Weizen, zwei Teilen ungeschälten Hafer und einem Teil Milokorn; über jede Schale mit Keimfutter wird kurz vor dem Füttern am frühen Morgen etwas Multivitaminpulver gestreut, und alle nicht verzehrten gekeimten Samen werden vor Ende des Tages entfernt. Obwohl Äpfel Bestandteil einiger dieser empfohlenen Futtermischungen sind, zeigten meine Nymphensittiche kein Interesse an Früchten; dafür fraßen sie überaus gerne praktisch alle Arten von Grünfutter und unreife, milchige Grasähren und –rispen.

ZUCHT

Nymphensittiche sind fruchtbare Vögel und brüten mehrmals hintereinander. Eine feste Brutzeit gibt es nicht, die Art nistet zu jeder Zeit des Jahres. Die Zucht für den Heimtiermarkt zeigt fast schon Anzeichen der „Massentierhaltung", in der die Brutpaare nahezu ununterbrochen Nachwuchs produzieren. Spezialisierte Züchter von Mutationsformen greifen ebenfalls auf intensive Fortpflanzungstechniken zurück, indem sie ihre Brutpaare in Vitrinen oder kleinen Volieren mit zweckmäßig entworfenen Nistkästen halten. Laut SINDEL ist die Verwendung von Nistkästen sehr vorteilhaft, da sie leicht zu reinigen sind; bei der Nymphensittichzucht ein bedeutsamer Aspekt, da die Vögel den Kasten besonders stark verunreinigen. Oftmals ist es nötig, den Nistkasten während der Aufzuchtphase oder spätestens nach dem Ausfliegen der Jungen zu säubern (in SINDEL & LYNN 1989). Nymphensittiche bevorzugen größere Nisthöhlen, daher stellte SINDEL seinen Paaren würfelförmige Kästen mit einer Kantenlänge von 30 cm zur Verfügung. Unterhalb des Einschlupflochs mit einem Durchmesser von 75 mm war ein kurzer Sitzast angebracht. Die Eingangsöffnung selbst befand sich unmittelbar unterhalb des Deckels, der zur Erleichterung der Nistkastensäuberung abnehmbar war. CROSS und ANDERSON (1994) bevorzugen wegen der leichten Reinigung ebenfalls Nistkästen und empfehlen wie SINDEL große Boxen, um die Auswirkungen des Hitzestresses bei großen Bruten möglichst gering zu halten. Die senkrecht montierten Kästen sind 45 cm tief mit einer Grundfläche von 25 cm x 25 cm. Unterhalb der Einschlupföffnung am oberen Ende des Kastens ist ein Sitzast aus Hartholz befestigt. Der Kasten wird mit einem Gemisch aus grobem Sägemehl und Holzspänen 50-75 mm hoch befüllt.

Ich habe bei der Zucht meiner Nymphensittiche auf traditionellere Methoden zurückgegriffen und brachte mein Paar in einer großen Voliere mit zwei oder mehr Niststämmen unter. Die Vögel waren bei der Auswahl ihres Brutplatzes nicht sehr wählerisch und suchten nach der Aufzucht der ersten Brut für das Folgegelege oftmals einen anderen Niststamm aus. Die Höhe der Stämme variierte zwischen 35 cm und 55 cm, der Innendurchmesser lag zwischen 18 cm und 24 cm. Das Einschlupfloch befand sich stets seitlich, zum Beispiel als natürliche Öffnung in einem abgebrochenen hohlen Ast. Darüber hinaus verwendete ich Stämme mit runden Bohrlöchern als Eingang, vor den ich einen kurzen, vorstehenden Sitzast montierte. Ich hängte die Stämme schräg in einem Winkel von 40° auf. Meine Vögel benutzen niemals senkrechte Stämme, bei denen sich die Einschlupföffnung unterhalb der Spitze befand.

SINDEL stellte fest, dass die Männchen nur selten Balzverhalten zeigten, bei seltenen Gelegenheiten sich jedoch mit hüpfenden und kopfnickenden Bewegungen den Weibchen näherten und dabei einen tiefen Pfeifton hören ließen. HUTCHINS und LOVELL (1985) berichteten, dass balzende Männchen sich mit dicht angelegter Haube und waagerechter Körperhaltung auf ihren Sitzast ducken, sich mit leicht ausgebreiteten Flügeln den Ast entlang in Richtung des Weibchens bewegen und sich dann wieder von ihm entfernen. Dabei geben sie dumpf klingende Laute von sich. Nachdem sich das Männchen drei- oder viermal dem Weibchen genähert und sich wieder von ihm entfernt hat, folgt gewöhnlich die Verpaarung.

Laut SINDEL legt das Weibchen seine vier bis sechs Eier gewöhnlich in Abständen von zwei Tagen. Ein Gelege kann sogar bis acht oder mehr Eier umfassen. Normalerweise beginnen die Altvögel nach der Ablage des zweiten oder dritten Eies mit der Bebrütung. Nachts sitzt das Weibchen auf den Eiern, tagsüber wechselt es sich mit dem Männchen ab. Nymphensittiche brüten sehr fest und harren bei Nistkontrollen aus, bis sie hochgehoben werden. Nach SINDEL beträgt die Brutdauer 19 bis 21 Tage. Frisch geschlüpfte Nestlinge sind von gelben Dunen bedeckt und haben helle, hornfarbene Schnäbel. Mit zehn Tagen beginnen sich die Augen zu öffnen, und die Spitzen der ersten Konturfedern sind erkennbar. Einige Tage später sind diese im Bereich der Haube schon sehr auffällig, die Entwicklung der Federspitzen am Rumpf und auf den Flügeln ist mit drei Wochen weit vorangeschritten. Mit vier Wochen sind die Jungen gut befiedert, und sie verlassen das Nest mit etwa fünf Wochen (in SINDEL & LYNN 1989). HUTCHINS und LOVELL stellten fest, dass zum Beginn des Flüggewerdens zwei oder mehr Jungvögel gleichzeitig das Nest verlassen, es dann aber noch bis zu einer Woche dauern kann, bis ihnen der jüngste Vogel folgt. Soeben ausgeflogene Junge sind nervös, und in geräumigen Volieren sollte man Vorsichtsmaßnahmen ergreifen, um Verletzungen durch Kollisionen mit dem Maschendraht vorzubeugen. Die Jungen werden noch zwei oder drei Wochen von beiden Altvögeln mit Futter versorgt und können drei Wochen nach dem Flüggewerden von ihren Eltern getrennt werden (in SINDEL & LYNN 1989).

MISCHLINGE/FARBMUTATIONEN

Nymphensittiche wurden angeblich schon mit Rosellasittichen (*Platycercus eximius*), Singsittichen (*Psephotus haematonotus*) und Feinsittichen (*Neophema chrysostoma*) gekreuzt. Ich bezweifle jedoch wie SINDEL, dass es möglich ist, Nymphensittiche mit irgendeiner anderen Art zu hybridisieren (siehe SINDEL & LYNN 1989).

In der zweiten englischsprachigen Ausgabe dieses Buches schrieb ich noch von zwei Farbmutationen, die in australischen Zuchtanlagen etabliert seien. Seitdem hat sich in der Mutationszucht vieles geändert. Spezialisierte Züchter in aller Welt haben mittlerweile eine Vielzahl von Farbschlägen hervorgebracht, und in vielen Ländern wurden Vereine gegründet, die sich für die Interessen derjenigen einsetzen, die sich auf die Zucht und das Management von Nymphensittichen und ihren Mutationsformen spezialisiert haben. Es gibt zahlreiche ausgezeichnete Publikationen über die Mutationszucht, daher beschränke ich mich an dieser Stelle auf die Beschreibung von dem, was ich als die „Basis-Mutationsformen“ ansehe:

LUTINOS

Lutinos fielen erstmalig in den 50er Jahren des vorigen Jahrhunderts in den USA bei einer Brut von „normal“ gefärbten Altvögeln. Diese geschlechtsgebundene Mutation variiert in der Färbung von gebrochen weiß bis kräftig gelb. CROSS und ANDERSON (1994) wiesen darauf hin, dass die Flügel und Steuerfedern normalerweise heller als das übrige Körpergefieder gefärbt sind und Weibchen gewöhnlich mehr Gelb und Orange aufweisen als die Männchen. Die Augen sind tiefrot und werden mitunter als schwarz missgedeutet. Der Schnabel, die Wachshaut, die Läufe und Krallen sind gebrochen weiß mit einem rosafarbenen Anflug. Die Geschlechter sind im Wesentlichen gleich gefärbt, die Weibchen lassen sich jedoch anhand der gelben Querbinden auf der Unterseite der Steuerfedern und den gelben Flecken auf der Unterseite der Schwungfedern von den Männchen unterscheiden. Die Intensität und die Ausdehnung des orangefarbenen Wangenflecks sind individuell verschieden und können nicht zur Bestimmung des Geschlechts herangezogen werden. Frisch geschlüpfte Nestlinge sind mit gelben Dunen bedeckt und besitzen rote Augen. Verpaart man ein Lutino-Männchen mit einem Nicht-Lutino-Weibchen, sind die weiblichen Nachkommen rotäugige Lutinos und die männlichen Jungen dunkelrotäugige, grau gefärbte Vögel, die spalterbig auf die Lutino-Mutation und andere Erbfaktoren des weiblichen Altvogel sind (CROSS & ANDERSON 1994).

GESCHECKTE

Die Gescheckten Nymphensittiche stammen ursprünglich ebenfalls aus den USA und tauchten das erste Mal zu Beginn der 50er Jahre des vorigen Jahrhunderts auf. Bei dieser Mutationsform sind die Anteile von Grau, das wahllos über die gelben und gebrochen weißen Bereiche verteilt ist, sehr variabel. Eine regelmäßige Zeichnung gibt es nicht. Einige Vögel weisen nur wenige dunkle Federn auf, während bei anderen Grau die vorherrschende Gefiederfarbe ist. Vögel mit kaum sichtbarer grauer Zeichnung sind als „clear pieds“ bekannt und können leicht mit Lutinos verwechselt werden, besitzen jedoch im Gegensatz zu diesen dunkle Augen. CROSS und ANDERSON züchten spezifisch „clear-faced pieds“, also gescheckte Vögel, bei denen die Gesichter keine graue Färbung aufweisen. Die beiden Autoren stellten fest, dass bei den Gescheckten bevorzugt Vögel fallen, bei denen ein Viertel des Gefieders dunkel gefärbt ist. Die Geschlechterbestimmung ist wegen der Zufallsverteilung der unterschiedlich gefärbten Gefiederbereiche recht schwierig. Die meisten äußerlich sichtbaren Geschlechtsmerkmale sind bei den Gescheckten nicht erkennbar, daher ist man auf geschlechtstypische Verhaltensmuster als verlässlichstes Merkmal bei der Unterscheidung von Männchen und Weibchen angewiesen.

GEPERLTE

Es scheint bezüglich dieser attraktiven und populären geschlechtsgebundenen Mutationsform unterschiedliche Ansichten zu geben. Sie tauchte zum ersten Mal in Deutschland Ende der 60er Jahre des vorigen Jahrhunderts auf. SINDEL schloss sich der Vermutung nicht an, dass es sich um Opalin-Vögel handelt, und wies darauf hin, dass bei allen bekannten Opalinmutationen beide Geschlechter betroffen sind, bei den Nymphensittichen zeigt sich diese Mutation nur bei den Weibchen und juvenilen Männchen. Wenn die Männchen in ihr Adultgefieder mausern, verliert sich die charakteristische Zeichnung (in SINDEL & LYNN 1989). SINDEL interpretierte die Geperlten daher als Weibchen und junge Männchen mit weit ausgedehnter blassgelber Querbänderung und Fleckenzeichnung. Das Fehlen einer einheitlichen Färbung und Zeichnung der einzelnen Federn des nahezu gesamten Körpers verleiht den Geperlten ein schuppiges Aussehen. Die Federn sind grau mit gelber Zeichnung oder Säumung beziehungsweise gelb mit grauer Säumung. Das Geschlecht der Nestlinge kann erst dann bestimmt werden, wenn sich die ersten charakteristisch gestreiften oder gefleckten Spitzen der Konturfedern zeigen.

ZIMTER

Der erste Nachweis eines gezüchteten Zimter-Nymphensittichs stammt aus Belgien, ebenfalls in den 60er Jahren des vorigen Jahrhunderts. Es handelt sich um eine typische geschlechtsgebundene Mutation, bei der das Grau durch ein sehr helles Braun, Rehbraun oder Beige ersetzt ist. Die Intensität der Färbung variiert individuell. CROSS und ANDERSON wiesen darauf hin, dass die Zimtfarbe durch das Alter und das Geschlecht des Vogels beeinflusst wird und ihren Höhepunkt erreicht, wenn der Nymphensittich etwa drei Jahre alt ist. Die Geschlechter sind im juvenilen Alter identisch gefärbt, mit etwa vier Monaten zeigen sich jedoch bei den jungen Männchen die ersten gelben Striche auf dem Gesicht. Mit Erreichen der Geschlechtsreife besitzen die Männchen dann die typischen gelben Gesichter, wohingegen das braune oder gelbe Körpergefieder teilweise mit Grautönen verwaschen ist. Die Haubenfedern der Nestlinge sind blasszitronengelb, die Läufe hellbeige und die Krallen hellbraun.

SINDEL wies auf zwei offensichtlich eigenständige australische Zimter-Mutationen hin, die sich von den ursprünglichen in Belgien gefallenen Zimter-Nymphensittichen unterscheiden. Bei der ersten Mutation handelt es sich um eine geschlechtsgebundene Variante, die auf einen im Freiland gefangenen Juvenilen zurückgeht. Der Zuchtstamm erwies sich jedoch als wenig fruchtbar und konnte sich nicht besonders fest in Ost-Australien etablieren (in SINDEL & LYNN 1989). Der zweite Zimter-Zuchtstamm ist heute in Australien leicht zu erwerben. Er geht auf einen „normal" gefärbten Nymphensittich zurück, der in zweiter Generation Nachfahre eines Zimtervogels war, der in der Nähe von Kalgoorlie, Western Australia, gefangen wurde (siehe CROSS & ANDERSON 1994).

FALBEN

Wegen ihrer leuchtend roten Augen ist diese Mutation in Australien auch als „Rotäugiger Zimter" (engl. = red-eyed cinnamon) bekannt. Sie wurde das erste Mal in South Australia in den 60er Jahren des vorigen Jahrhunderts gezüchtet. Es gibt zwei Farbmorphe: Eine mit hellzimtfarbener oder rehbrauner Färbung erinnert an die Kombination aus Lutino und Zimter; beide Geschlechter sind gleich gefärbt. Bei der silbrig-braunen Morphe sind die Geschlechter zu unterscheiden: Die Weibchen erscheinen zweifarbig mit blassgelbem Gesicht, das zur Brust hin allmählich heller wird, und einem mit Grau gesprenkelten oder getönten Rücken mit einem Anflug von Braun. Die Männchen besitzen mehr Grau auf dem Rücken, die Körperunterseite ist hellgrau mit weniger Gelb. Man hat vermutet, dass es bei dieser Mutation einen Letalfaktor gibt, der verantwortlich für die hohe Nestlingssterblichkeit ist.

Laut CROSS und ANDERSON (1994) wurde erstmals in Florida zu Beginn der 70er Jahre des vorigen Jahrhunderts von einer Falben-Mutation berichtet.

SILBER

Diese Mutation trat zum ersten Mal in Western Australia zu Beginn der 80er Jahre des vorigen Jahrhunderts auf. Die Vögel sind silbergrau mit roten Augen. Bei den Flügglingen lassen sich gewöhnlich die Geschlechter unterscheiden: Die jungen Männchen sind heller gefärbt. Adulte Männchen hingegen besitzen einen dunkelgrauen Rücken. Die Läufe sind heller als bei den „normal" gefärbten Nymphensittichen, die Krallen blassgräulich braun.

PLATIN

Platin ist eine seltene Mutationsform, bei der das gesamte Gefieder blassrauchgrau gefärbt ist. Fast alle Körperfedern sind normal gelb überlaufen. Die Geschlechtsunterschiede sind fein und spiegeln sich in der unterschiedlichen Intensität der gelben Farbe im Gesicht und auf der Haube wieder (CROSS & ANDERSON 1994). Die Läufe und Krallen sind hellbeige. Die Männchen sollen mit Erreichen der Geschlechtsreife dunkler werden.

WEISSGESICHTER
Diese rezessive Mutation tauchte offensichtlich zum ersten Mal Mitte der 70er Jahre des vorigen Jahrhunderts in den Niederlanden auf. So wie sämtliche Grautöne im Gefieder der Lutinos fehlen, sind bei den Weißgesichtern alle gelben und orangefarbenen Töne verschwunden. Die Vögel sind überaus kontrastreich gezeichnet: Das Körpergefieder ist dunkelgrau, das Gesicht und die Flügelflecken sind weiß. Mit Erreichen der Geschlechtsreife sind Gesicht und Kehle der Männchen leuchtend weiß, die weißen Haubenfedern färben sich zur Spitze hin kohlengrau. Die adulten Weibchen sind matter kohlengrau gefärbt, ihr Gesicht ist schmutzigweiß überlaufen. Beide Eltern müssen den Faktor für diese Mutation tragen, um weißgesichtige Junge zu produzieren. Spalterbige Nymphensittiche erscheinen „normal" gefärbt. Frisch geschlüpfte Nestlinge können sofort anhand ihres weißen Dunengefieders als Weißgesichter identifiziert werden – eine weitere Folgeerscheinung der fehlenden Gelbpigmentierung dieser Mutation.

GELBGESICHTER
Diese Mutationsform ist in Europa Ende der 80er Jahren des vorigen Jahrhunderts etabliert worden. Es handelt sich um eine geschlechtsgebundene Mutation, bei der das Orange des Wangenflecks durch ein tiefes Goldgelb ersetzt ist. Bei den adulten Männchen ist der Fleck von der typischen gelben Gesichtsmaske umgeben. Bei einigen Vögeln sind die Federn mit dem weißen Flügelfleck matt gelb überlaufen.

Durch die Verpaarung von Vögeln unterschiedlicher Mutationsformen haben die Züchter Generationen von Nymphensittichen mit kombinierten Mutationsmerkmalen hervorgebracht, zum Teil mit bemerkenswerten Ergebnissen. Herausragend sind die „Mischlinge" mit deutlich sichtbaren Gefiedermerkmalen wie die Albinos. Ihr Erscheinungsbild ist reinweiß, die Augen sind rot. Albinos entstehen durch die Verpaarung eines Männchens, das die Faktoren für Weißgesicht und Lutino trägt, mit einem Weibchen mit den Faktoren für Weißgesicht. SINDEL benutzt den Ausdruck „conglomerate mutations" (= gehäufte, verbundene Mutationen) für die Beschreibung von Farbschlägen wie Zimt-Gescheckt-Geperlt. Bei ihrer Entwicklung sind drei oder mehr unterschiedliche Mutationen im Spiel (in SINDEL & LYNN 1989).

Ich bin besorgt, dass das starke Interesse an Mutationsformen die Aufrechterhaltung von reinen Stämmen des Nymphensittich-Wildtyps in Menschenobhut gefährdet. In den letzten Jahren musste ich leider die Erfahrung machen, dass er sehr schwierig und mit wiederholten Enttäuschungen verbunden ist, wenn man den Versuch unternimmt, einen wildfarbenen Nymphensittichstamm zu etablieren. Trotz der Beteuerungen, dass es sich bei den Eltern um Vögel eines „reinen Stammes" handele, schlüpften doch immer wieder Junge mit mutierten Merkmalen. Ich würde den lizenzierten Fang wildfarbener Vögel aus dem Freiland begrüßen, um erfahrenen Züchtern die Möglichkeit zu geben, eine Population von Nymphensittichen des Wildtyps in Menschenobhut zu halten und zu etablieren.

FAMILIE PSITTACIDAE Rafinesque

Zu dieser weit verbreiteten und mannigfaltigen Familie gehören alle Papageienarten mit Ausnahme der Kakadus. Ihnen fehlt eine aufstellbare Haube, das typische Merkmal der Kakadus, obwohl einige Spezies in der Lage sind, die Nackenfedern zu einer auffälligen „Krause" aufzurichten. Die Färbung des Gefieders reicht von einfarbig mattbraun oder grau bis zu grellen Kombinationen satter Farbtöne, vor allem Grün, Rot, Gelb und Blau, die auf nicht-carotenoide Pigmente sowie die so genannten „Dyck-Textur" zurückzuführen sind. Bei dieser handelt es sich um ein Strukturelement der Federäste, an der sich das einfallende Sonnenlicht bricht. Puderdunen sind nur rudimentär vorhanden oder fehlen. Zu den anatomischen Merkmalen zählen nach SMITH (1975) der vergleichsweise einfache Bau der Karotis-Arterien und das Fehlen einer Gallenblase. Die morphologische Untersuchung der Spermien von drei Arten haben strukturelle Unterschiede zwischen den Nicht-Kakadus, die von *Melopsittacus* und *Agapornis* repräsentiert wurden, und den Kakadus mit *Nymphicus* als Vertreter ergeben (JAMIESON *et al.* 1995). COURTNEY (1996) wies darauf hin, dass Nestlinge und noch nicht selbständige Jungvögel bei der Schluckbewegung während des Fütterns keine Laute von sich geben, wie es für junge Kakadus typisch ist. Die variablen Futterbettellaute unterscheiden sich von den recht unstrukturierten, keuchenden Bettellauten der Kakadus.

Bei vielen Arten ist ein Geschlechtsdimorphismus vorhanden, der aber bei einigen Spezies nur schwach ausgeprägt ist und bei anderen sogar gänzlich fehlt. Gewöhnlich brütet nur das Weibchen. Frisch geschlüpfte Nestlinge sind bei manchen Arten nackt, bei den meisten Spezies spärlich bis dicht mit weißen bis grauen oder fast schwarzen Dunenfedern bedeckt.

Obwohl die Vertreter der Familie oberflächlich betrachtet sehr stark in Größe, Gestalt und Gefiederfärbung variieren, lässt sich bei genauerer Betrachtung eine bemerkenswerte Gleichförmigkeit feststellen, die sich in der Unsicherheit wiederspiegelt, Unterfamilien und Gattungsgruppen abzugrenzen. SCHODDE (1997) wies darauf hin, dass die verwandtschaftlichen Beziehungen der sechs Gruppen, die in Australien und seinen Territorien vorkommen, in mehreren Fällen noch unklar sind. Als Unterfamilien behandelt er entsprechend nur taxonomische Gruppen, die klarer abgegrenzt und besser anerkannt sind. Den übrigen Gruppen weist er den Status einer Gattungsgruppe zu. Bei der systematischen Einteilung der australischen Arten folge ich SCHODDE und bewerte die Plattschweifsittiche und ihre verwandten Gattungen ebenfalls nur als Gattungsgruppe.

UNTERFAMILIE LORIINAE Selby

Die Papageienarten dieser Unterfamilie sind gemeinhin als Loris bekannt. Sie tragen ein dichtes, glänzendes Gefieder, und die meisten Arten sind prächtig gefärbt, wobei die Farben Grün, Rot und Blau dominieren. Es sind Vögel der Wipfelregion, die nur sehr selten den Boden aufsuchen. Sie fliegen in lärmenden Schwärmen von einem blühenden Baumbestand zum nächsten. Loris ernähren sich in erster Linie von Pollen, Nektar und weichen Früchten und weisen anatomische Anpassungen auf, die ihrer Ernährungsweise Rechnung tragen. Der Schnabel ist relativ lang und seitlich zusammengedrückt, an der Spitze der Zunge befinden sich verlängerte Papillen, die ihr ein „zahnbürstenartiges" Aussehen verleihen.

Nach der Untersuchung des aufgenommenen Futters beim Porphyrkopflori (*Glossopsitta porphyrocephala*) kamen CHURCHILL und CHRISTENSEN (1970) zu dem Schluss, dass die Vögel möglicherweise nicht in der Lage seien, genügend Nektar zu sammeln, um ihren Grund-Energiestoffwechsel aufrechtzuhalten. Der Hauptbestandteil der Nahrung müsse demnach also Pollen sein, und die „Pinselzunge" werde in erster Linie dazu benutzt, diesen zu ernten. HOPPER und BURBIDGE (1979) hielten jedoch dagegen, dass die Porphyrkopfloris lediglich zwei bis drei Stunden täglich benötigten, ausreichend Nektar zu sammeln, um ihren täglichen Bedarf an Nährstoffen zu decken. Es scheint also so zu sein, dass Pollen und Nektar gemeinsam die Hauptnahrung der Loris darstellen. Pollen dient den Vögeln als wichtigste Stickstoffquelle, Nektar als bedeutende Quelle von Kohlehydraten. Zu einem ähnlichen Ergebnis kam CANNON (1979): Er zeigte, dass Allfarbloris (*Trichoglossus haematodus*) etwa dieselbe Zeit aufwenden müssen wie die Porphyrkopfloris, um ihren täglichen Nährstoffbedarf zu befriedigen. Den Loris bleibt genügend Zeit, nach weiteren geeigneten blühenden Bäumen Ausschau zu halten oder sich jeden Tag der Gefiederpflege oder sozialen Aktivitäten mit Artgenossen zu widmen. Zweifellos gelten diese Ergebnisse für alle Loriarten, ihre Pinselzunge ist eine effektive Anpassung, um sowohl Pollen als auch Nektar zu ernten. Wenig ist über die physiologischen Vorgänge bekannt, welche eine Ernährung von Pollen für diese Vögel mit sich bringt. Es besteht jedoch kein Zweifel, dass der Nektar in flüssiger Form aufgenommen wird, und seine Aufnahme führt zu einer Anhäufung von Fett im Unterhautgewebe. STEINBACHER (1934) wies darauf hin, dass der Muskelmagen der Loris schwach entwickelt und nicht muskulös ist, während entlang der Wandung des Drüsenmagens zusammengesetzte Drüsen in Reihen angeordnet sind.

COURTNEY (1997) wies darauf hin, dass die Loris aufgrund der unterschiedlichen Futterbettellaute der Jungvögel in zwei Gruppen unterteilt werden können: in die Juvenilen mit zischenden Lautäußerungen und in die Jungen, die zitternde Trillertöne von sich geben. Alle australischen Loriarten gehören wie die meisten übrigen Gattungen der Papageienvögel zur ersten Gruppe.

Loris kommen nur in der Papua-Australasiatischen Region vor. Ihr Verbreitungsgebiet reicht von Henderson Island und den Marquesas Islands westwärts bis Mindanao im Süden der Philippinen und zu den Sunda-Inseln, Indonesien. Auf Neuguinea sind sie sehr stark vertreten, in Australien kommen nur sechs Arten aus drei oder möglicherweise nur zwei Gattungen vor.

GATTUNG TRICHOGLOSSUS Vigors & Horsfield

Trichoglossus Vigors & Horsfield, Trans. Linn. Soc. Lond., 15, Tafel 1, 1827 (1826), S. 287. Typus nach späterer Festlegung *Psittacus haematodus* Linné (G. R. Gray, List Gen. Bds., 1840, S. 51).

Die Vertreter dieser Gattung sind kleine bis mittelgroße Loris mit keilförmigen Schwänzen, die sich aus schmalen, zugespitzten Steuerfedern zusammensetzen. In der Umgebung der Unterschnabelbasis gibt es keinen Bereich unbefiederter Gesichtshaut. Die Geschlechter sind anhand äußerlicher Merkmale nicht zu unterscheiden, die Juvenilen ähneln den Adulten, die Enden ihrer Schwung- und Steuerfedern sind jedoch nicht abgerundet, sondern scharf zugespitzt.

Die Gattung hat ein großes Verbreitungsgebiet: Es reicht von Sulawesi und den Großen Sunda-Inseln (Indonesien) über Neuguinea und die benachbarten Inseln bis nach Nord- und Ost-Australien, zu den Salomoninseln, nach Neukaledonien und Mikronesien.

ALLFARBLORI

Trichoglossus haematodus (Linné)

Psittacus haematod. [sic] Linné, Mantissa Plant., 1771, S. 524 (Amboina ex Brisson).

WEITERE NAMEN

D: *T. h. moluccanus* ist unter dem Namen Gebirgslori, *T. h. rubritorquis* unter dem Namen Rotnackenlori bekannt; E: Rainbow Lorikeet, Coconut Lory, Swainson's Lorikeet, Blue-bellied Lorikeet, Blue Mountain Lorikeet, Blue Mountain Parrot, Bluey; *T. h. rubritorquis* ist unter den Namen Red-collared Lorikeet oder Lory bekannt; F: Loriquet arc-en-ciel, Loriquet à tête bleue, Loriquet de Swainson; NL: Lori van de Blauwe Bergen, Molukse Lori (*T. h. moluccanus*), roodkraaglori, roodneklori (*T. h. rubritorquis*).

Gesamtlänge 30 cm.

BESCHREIBUNG

ADULTES MÄNNCHEN

Kopffedern bräunlich schwarz mit leuchtend violettblauen Federschäften, die dem Gefieder ein deutlich blau gestreiftes Aussehen verleihen; Brustgefieder variabel gefärbt, gewöhnlich orangerot im Zentrum, zur Seite hin wird die Färbung orangegelb, an den seitlichen Rändern ist sie leuchtend gelb; die Brustfedern besitzen einen schmalen, tief dunkelblauen Saum, der dem Gefieder ein variables geschupptes Aussehen verleiht; die seitlichen Bauchfedern sind orange mit einer variablen dunkelblauen Querstreifung; die zentralen Bauchfedern sind tief violettblau, einige Federn besitzen breite rote Spitzen; Schenkel, die unteren Flanken und die Unterschwanzdecken sind grün mit stark ausgeprägter gelber Zeichnung und auf der Innenseite der Schenkel variabel mit Rot überlaufen; dem blauen Kopfgefieder schließt sich ein gelbgrünes Nackenband an, das übrige Gefieder der Körperoberseite ist leuchtend grün, auf dem Vorderrücken befinden sich manchmal rote Flecken; die äußeren Handschwingen sind grün und schwach mit Mattblau verwaschen; Unterflügeldecken orange; auf der Unterseite der Schwungfedern befindet sich ein breites gelbes Band; Schwanz-

oberseite grün, -unterseite olivgrün, auf den Innenfahnen der äußeren Steuerfedern mit leuchtendem Gelb; Schnabel korallenrot; Iris orangerot; Läufe grünlich-grau; Körpermasse 109-163 g.

22 Exemplare:	Flügel 139-165 (156,7) mm	Schwanz 134-163 (147,0) mm
	Oberschnabel 16-21 (18,2) mm	Lauf 16-20 (17,7) mm

ADULTES WEIBCHEN
Wie die Männchen; Körpermasse 89-162 g.

15 Exemplare:	Flügel 143-166 (150,7) mm	Schwanz 126-161 (138,8) mm
	Oberschnabel 16-20 (17,6) mm	Lauf 16-19 (17,4) mm

JUVENILE
Wie die Adulten, allerdings etwas matter gefärbt, vor allem auf der Brust: Sie ist überwiegend gelb mit wenig oder keinem Orangerot im Zentrum; Augenring blassgräulich-weiß anstatt dunkelgrau; Schnabel dunkelbraun, zur Spitze hin gelborange; Iris braun; Läufe mattgrau.

VERBREITUNG

Nordaustralien von der Kimberley Division von Western Australia ostwärts bis zum Gulf of Carpentaria und Ost-Australien von der Cape York Peninsula und den Inseln der Torres Strait über Nord-Queensland südwärts bis zur Eyre Peninsula und Kangaroo Island (South Australia) sowie auf Tasmanien; eingeführt im Perth-Distrikt im Südwesten Australiens.

Die Art ist außerhalb Australiens in Ost-Indonesien, auf Neuguinea und den angrenzenden Inseln, auf dem Bismarck-Archipel und den Salomoninseln bis nach Neukaledonien weit verbreitet.

UNTERARTEN

Obwohl Schodde (1997) Argumente anführte, der Unterart *rubritorquis* den Status einer eigenen monotypischen Spezies zu geben, stimme ich mit Christidis und Boles (1994) überein, alle australischen Allfarbloris als Unterarten der polytypischen Spezies *T. haematodus* zu bewerten. Schodde wies darauf hin, dass es innerhalb des *T.-haematodus*-Komplexes regionale Gruppierungen gibt. Abgesehen von der deutlich abgegrenzten Unterart *weberi* sind diese Gruppierungen durch Zwischenformen miteinander verbunden. Es bestehen offensichtlich Affinitäten zwischen *rubritorquis* und der *capistratus-forsteni*-Gruppe, die sich durch eine einfarbige Brust und ein breites Nackenband auszeichnen. Ich glaube, *rubritorquis* ist darüber hinaus eng mit *djampeanus* verwandt– beiden Unterarten ist ein blauer Vorderrücken gemein – und mit der sehr variablen *flavotectus*, die eine ähnliche Gefiederzeichnung auf der Körperunterseite besitzen kann (siehe Forshaw 1989). White und Bruce (1986) bezogen irrtümlich Kisar und Romang, Kleine Sunda-Inseln (Indonesien), in das Verbreitungsgebiet von *rubritorquis* mit ein. Dies beruht jedoch auf einer Fehlbestimmung von drei ungewöhnlich dunkel gefärbten Exemplaren von *flavotectus* (AMNH-Sammlung). Ein Exemplar von der Insel Romang weist auf der Körperunterseite eine besonders starke Ähnlichkeit zu *rubritorquis* auf, besitzt jedoch ein grüngelbes Nackenband (AMNH 617455). Wenn man die regionalen Gruppen als eigenständige Arten betrachten würde – eine Sichtweise, der ich mich nicht anschließen würde –, müsste *rubritorquis* in die *capistratus-forsteni*-Gruppe integriert werden.

1 Gebirgslori
Trichoglossus haematodus moluccanus
AM O28541 adult, Männchen
Tarana, New South Wales
April 1916

2 Rotnackenlori
Trichoglossus haematodus rubritorquis
ANWC 17484 adult, Männchen
25 km östlich des Fish River, China Wall,
Barkly-Tableland-Distrikt,
Northern Territory
16. Juni 1974

1. *Trichoglossus haematodus moluccanus* (Gmelin)

Diese Unterart (Beschreibung siehe oben) kommt in Ost-Australien von Nord-Queensland im Gebiet des Endeavour River und des Daintree River (wo sie auf *septentrionalis* stößt) und vom Einzugsgebiet des Norman-Flinders-River-Systems im Osten des Gulf of Carpentaria südwärts durch Ost-Queensland einschließlich der küstennahen Inseln und das östliche New South Wales bis Süd-Victoria und das südöstliche South Australia einschließlich Kangaroo Island und westwärts bis in den Süden der Eyre Pensinsula vor.

Im Osten von Queensland und New South Wales reicht das Verbreitungsgebiet landeinwärts bis zu den westlichen Hängen der Great Dividing Range. Gelegentlich dringt die Unterart in den nördlich gelegenen Regionen ihres Verbreitungsgebietes auch bis zu den östlichen Rändern der westlichen Ebenen vor (Storr 1984b, Morris *et al.* 1981). Storr (1973a) bemerkte, dass die Unterart auch auf den der Ostküste von Queensland vorgelagerten Inseln vorkommt, auch auf weiter entfernten Eilanden wie der Cumberland-Gruppe. Im Victoria liegen die Verbreitungsschwerpunkte im Südosten in Gippsland, an der Küste im Bereich der Port Phillip Bay sowie im Südwesten in den Grampians (Emison *et al.* 1987). Im Südosten von South Australia ist *moluccensis* von Yorke und vom Süden der Eyre

W.T.Cooper, 80

Peninsula bis zu den südlichen Ausläufern der Flinders Ranges und auf Kangaroo Island verbreitet, darüber hinaus im äußersten Südosten des Bundesstaates nordwärts bis etwa Naracoorte (CONDON 1968, BLAKERS *et al.* 1984). Unregelmäßige Nachweise stammen von Tasmanien (vor allem aus dem östlichen Teil der Insel) und von den größeren Inseln der Bass Strait (siehe GREEN 1989, GREEN & MCGARVIE 1971). Die Unterart wurde erfolgreich im Umkreis der Metropole Perth eingebürgert, wo ihr Verbreitungsgebiet nordwärts bis zum Moore River im Südwesten von Western Australia reicht (SCHODDE 1997).

2. *Trichoglossus haematodus septentrionalis* Robinson

Trichoglossus novaehollandiae subsp. *septentrionalis* Robinson, Bull. Liverpool Mus., 2, 1900, S. 115 (Cooktown, Queensland).

ADULTE

Wie *moluccanus*, aber mit kräftigerer violettblauer Färbung der Federschäfte auf dem Kopf; Schwanz kürzer. Körpermasse der Männchen 125-149 g, der Weibchen 115-130 g.

14 männl. Exemplare:	Flügel 136-157 (147,6) mm	Schwanz 101-133 (120,7) mm
	Oberschnabel 19-21 (19,7) mm	Lauf 16-18 (17,3) mm
13 weibl. Exemplare:	Flügel 140-154 (147,2) mm	Schwanz 113-130 (120,0) mm
	Oberschnabel 18-20 (18,8) mm	Lauf 16-18 (16,9) mm

Diese Unterart ist auf den äußersten Norden von Queensland beschränkt. Man findet sie auf den Inseln der Torres Strait mit Ausnahme von Boigu und Sabai (dort kommt *caeruleiceps* vor), auf der gesamten Cape York Peninsula südwärts im Westen bis zum Oberlauf des Gilbert River und zum Unterlauf des Norman-Flinders-River-Systems und im Osten bis zum Endeavour River und zum Daintree River, wo es ein schmales Mischgebiet mit *moluccanus* gibt.

Bei einem Exemplar von der Prince of Wales Island im Süden der Torres Strait war die Blaufärbung der Federschäfte auf dem Kopf breiter und eindeutig blasser als bei den Exemplaren von der Cape York Peninsula. Um die Bedeutung dieser Unterschiede zu bewerten, sind jedoch noch weitere Exemplare notwendig.

3. *Trichoglossus haematodus caeruleiceps* D'Albertis & Salvadori

Trichoglossus caeruleiceps D'Albertis & Salvadori, Ann. Mus. Civ. Genova, 14, 1879, S. 41 (Katau River, Süd-Neuguinea).

ADULTE

Diese Unterart unterscheidet sich von *moluccanus* durch ihre hellblauen Federschäfte am Kopf; das Nackenband ist mehr grünlich gelb; Brust ist nahezu vollständig einfarbig orangerot, die Federn sind schmal schwarz gesäumt, was dem Gefieder ein fein gestreiftes Aussehen verleiht; Zentrum des Bauchgefieders schwärzlich grün; Körpermasse der Männchen 137 g, der Weibchen 121-130 g.

Es sind keine australischen Exemplare verfügbar.

9 männl. Exemplare (Süd-Neuguinea):

Flügel 134-146 (138,8) mm	Schwanz 99-119 (108,0) mm
Oberschnabel 20-21 (20,2) mm	Lauf 18-19 (18,6) mm

8 weibl. Exemplare (Süd-Neuguinea):

Flügel 133-140 (136,8) mm	Schwanz 100-111 (105,0) mm
Oberschnabel 19-20 (19,3) mm	Lauf 17-19 (18,0) mm

Sichtmeldungen von Sabai Island im äußersten Norden der Torres Strait, Queensland, gehören vermutlich zu dieser Unterart, die im angrenzenden Neuguinea weit verbreitet ist (siehe SCHODDE 1997); sie kommt wahrscheinlich auch auf der benachbarten Boigu Island vor.

4. *Trichoglossus haematodus rubritorquis* Vigors & Horsfield

Trichoglossus rubritorquis Vigors & Horsfield, Trans. Linn. Soc. Lond., 15, Tafel 1, 1827 (1826), S. 291 (Australia = Derby, Nordwest-Australien, *apud* Mathews).

ADULTE

Sie unterscheiden sich von *moluccanus* durch die schwärzliche Hals- und Kehlregion ohne violettblaue Querstreifung; Brust leuchtend gelborange, ihre Federn sind nicht oder nur wenig dunkel gesäumt; das breite gelborangefarbene Nackenband erstreckt sich seitlich bis zum Hals und reicht hinab bis zur Brust; Vorderrücken violettblau mit variabler roter Zeichnung; Zentrum des Bauchgefieders grünlich-schwarz; Schenkel und Unterschwanzdecken sind kräftiger gelb gezeichnet; das gelbe Band auf der Unterseite der Schwungfedern ist breiter; Körpermasse der Männchen 100-140 g, der Weibchen 104-130 g.

12 männl. Exemplare:	Flügel 142-160 (151,1) mm	Schwanz 127-135 (130,4) mm
	Oberschnabel 19-22 (20,3) mm	Lauf 16-19 (17,5) mm

10 weibl. Exemplare:	Flügel 141-159 (148,4) mm	Schwanz 129-142 (133,3) mm
	Oberschnabel 19-21 (19,6) mm	Lauf 16-19 (17,4) mm

Diese isolierte Unterart kommt im Norden Australiens vor. Das Verbreitungsgebiet reicht von der Kimberley Division in Western Australia nördlich des 18. südlichen Breitengrads und ostwärts bis zum Oberlauf des Nicholson River und zum Einzugsgebiet des Leichhardt River im Gulf of Carpentaria, Nordwest-Queensland. Im Northern Territory kommt *rubritorquis* südwärts bis zum Negri River, zur Victoria River Downs Station und zum Oberlauf des McArthur River vor. Es existieren Nachweise von Augustus Island und Koolan Island (Kimberley Division von Western Australia) sowie von Melville Island, Bathurst Island, Croker Island und Elcho Island, größeren Inseln der Sir-Edward-Pellew-Gruppe, sowie von Groote Eylandt, Northern Territory.

Es gibt Hinweise, dass *rubritorquis* und die *moluccanus-septentrionalis*-Gruppe allopatrisch sind. Als geographische Barriere wird die baumlose Ebene angesehen, die sich südlich des Gulf of Carpentaria zwischen dem Leichhardt River und dem Norman-Flinders-River-System erstreckt. Wenige Nachweise von *rubritorquis* stammen aus den Gebieten östlich des Gulf of Carpentaria, und eine Sichtmeldung von Booby Island in der Torres Strait bedarf noch der Bestätigung (siehe PIZZEY 1966, DRAFFAN *et al.* 1983). Bei Mount Isa in Nordwest-Queensland wurden sowohl *moluccanus* als auch *rubritorquis* beobachtet, die Erstgenannten in Gruppen bis 12 Vögeln auf einem Golfplatz, auf dem sie 1996 oder 1997 auch gebrütet haben, von der letztgenannten Unterart existiert der Nachweis von einem oder möglicherweise noch einem weiteren Vogel (FORSYTH 1998, *briefl. Mittlg.*). Als ich vor Ort in einem Geschäft nachfragte, wurde meine Vermutung bestätigt, dass es sich bei den beobachteten Rotnackenloris um entflogene Volierenvögel gehandelt hat. Die Nachweise von Mount Isa stammen aus 1994 (FORSYTH 1999, *briefl. Mittlg.*).

HARTERT (1904) behauptete, dass KÜHN auf Kisar (Kleine Sunda-Inseln, Indonesien) zwei Exemplare erwarb, die identisch mit *rubritorquis* waren, und ein weiteres Exemplar auf Romang, das *rubritorquis* ähnlich war, aber auch einige Merkmale von *flavotectus* besaß. Aus diesem Grund schlossen BRUCE (in WHITE & BRUCE 1986) und SCHODDE (1997) diese beiden Inseln in das Gesamtverbreitungsgebiet der Rotnackenloris mit ein. Im American Museum of Natural History in New York untersuchte ich alle Bälge von *flavotectus* einschließlich die von KÜHN auf Kisar und Romang gesammelten Exemplare. Die Gefiederfärbung variierte merklich. Einige Exemplare wiesen eine große Ähnlichkeit mit *rubritorquis* auf, aber keine war identisch mit einem Vogel aus Nord-Australien. Besonders groß waren die Übereinstimmungen bei einem Balg von Romang (617455 ?), der laut Etikett der Rothschild-Sammlung als *rubritorquis* bestimmt worden war. Das breite Nackenband war jedoch nicht rot, sondern gelb. Ich zähle daher alle Exemplare von Kisar und Romang zu der variablen Unterart *flavotectus*.

ALLGEMEINES

Die erste gedruckte Darstellung eines australischen Papageis erschien in Peter BROWNS *New Illustrations of Zoology* (veröffentlicht 1774) und zeigte einen Allfarblori. Dieser farbenprächtige Vogel wurde später viele Male gemalt und gezeichnet, sein aufsehenerregendes Gefieder machte ihn zu einem der bevorzugten Motive für Illustratoren. Auch bei zahlreichen Bewohnern der größeren Städte sind die Loris sehr beliebt. Schwarmweise suchen sie täglich die Futterstellen in den Gärten auf und nehmen Früchte und flüssigen Nektar auf. Im Currumbin Sanctuary an der Küste von Südost-Queensland werden die Allfarbloris und die weniger zahlreichen Schuppenloris (*Trichoglossus chlorolepidotus*) jeden Tag gefüttert. Große Schwärme kreischender Loris fliegen herbei, um das Honigwasser aus den flachen Schalen zu trinken, welche ihnen von den Touristen hingehalten werden. Die Vögel zeigen dabei keine Scheu. Gierig versuchen sie, an die Schalen zu gelangen, und klettern dabei über Arme und Schultern der faszinierten Besucher.

HABITATE

In Australien sind die Allfarbloris in erster Linie Tieflandvögel, obwohl sie in Queensland und im nördlichen New South Wales auch in den Hochlandgebieten nicht selten anzutreffen sind. Im Norden Australiens bewohnen sie die humiden baumbestandenen Küstenregionen und Ebenen des Küstenvorlands, vor allem die *Eucalyptus-Melaleuca*-Savanne. Die Loris suchen auch Mangroven auf. Während biologischer Bestandsaufnahmen im Prince Regent River Reserve im Nordwesten der Kimberley Division von Western Australia entdeckte man im August 1974 Allfarbloris in einem isoliert stehenden Feigenbaum, auf blühenden Eukalypten und im dichten Wald mit blühenden *Albizia*-Bäumen (STORR *et al.* 1975). Im Northern Territory, südwärts bis zum Katherine-Distrikt und ostwärts bis zum Kakadu National Park, bin ich den Vögeln in den meisten bewaldeten Habitaten begegnet, einschließlich Monsunwald und auf Straßenbäumen in Darwin. Die Art schien jedoch am häufigsten in der Eukalyptus-Savanne mit *Grevillea* als dominanten Unterholzbewuchs verbreitet zu sein. In Ost-Australien kommen Allfarbloris im tropischen Regenwald, im Sklerophyllwald, in Baumsavannen, im ufernahen Buschland, auf Obstplantagen und in Forsten, in Galeriewäldern, in der Umgebung von Farmland sowie in den Parks und Gärten der Vororte größerer Städte vor. Auf den Inseln vor der Küste von Queensland kann man sie auf den Kokosnussplantagen entdecken, auf Koolan Island in der Kimberley Division von Western Australia sind die Loris häufige Bewohner der Baumsavannen und städtischen Gärten (MCKENZIE *et al.* 1995). Auf Boigu Island im äußersten Norden der Torres Strait hat man Vögel beobachtet, die in den Mangrovenwald flogen (CARTER *et al.* 1997). Von einer etwas überraschenden Bevorzugung von trockenem Sklerophyllwald berichtete GOSPER (1992) im Richmond-River-Distrikt im äußersten Nordosten von New South Wales. In diesem Habitat wurden die Loris bei Bestandsaufnahmen 1977 und 1982 an 100 Prozent beziehungsweise 97 Prozent der Beobachtungspunkte nachgewiesen, aber nur an 42 Prozent der Stellen im geschlossenen Tieflandwald. Noch seltener waren die Loris im feuchten offenen Sklerophyllwald (20 % der Stellen) und im dichten subtropischen Regenwald (3 % der Stellen). In Victoria kommen die Allfarbloris überwiegend in Lebensräumen mit hochwüchsigen Banksien vor. Ihr Verbreitungsschwerpunkt liegt im Osten des Bundesstaates im Buschland an der Küste, wo *Coast Banksia* (*Banksia integrifolia*) und *Saw Banksia* (*B. serrata*) sowie *Eucalyptus-Angophora*-Wälder wachsen. Andere Populationen kommen im *Banksia*-Buschland in den Grampians und an der Ostküste der Port Phillip Bay vor (EMISON *et al.* 1987). Die Vögel suchen regelmäßig in Schwärmen die küstennahen Strauchheidegesellschaften in Victoria und New South Wales auf. Sie werden von blühenden Banksien und Grasbäumen (*Xanthorroea*) angezogen. In West-Victoria und in der Nähe der Ausläufer der Mount Lofty Ranges und der südlichen Flinders Range in South Australia habe ich Allfarbloris auch in Mallee entdeckt. Die Vögel sind in Stadtparks und Gärten sehr häufig zu sehen. Ich habe in mehreren Städten entlang der Ostküste Schwärme beim Fressen oder Schlafen auf Straßenbäumen beobachtet. VERNON (1968) wies darauf hin, dass die Allfarbloris in den Parks und Gärten im gesamten Stadtgebiet von Brisbane vorkommen und in der Gesellschaft von Schuppenloris (*Trichoglossus chlorolepidotus*) oftmals nur weniger als einen Kilometer von der Brisbane City Hall entfernt beim Fressen beobachtet werden können. Auch in den Vororten von Sydney ist diese Art weit verbreitet, vor allem nördlich des Hafens, wo sich noch beachtliche Restbestände an Eukalypten befinden. Die Schwärme suchen regelmäßig den Hyde Park in der Nähe des Stadtzentrums auf. Auf dem gesamten Areal der Metropole Perth sind die Parkanlagen und Gärten ein bevorzugter Lebensraum der Loris. Ich habe Vögel gesehen, die den Kings Park verließen, um auf den Straßenbäumen unweit des Stadtzentrums nach Nahrung zu suchen.

LOKALE POPULATIONSDICHTEN

Im Norden Australiens wimmelt es von den allgegenwärtigen Allfarbloris, in Richtung Südost-Australien wird die Bestandsdichte hingegen zunehmend kleiner. Die Vögel sind ohne Frage an der Küste und im angrenzenden Bergland am häufigsten. Ins trockenere Landesinnere dringen sie nur entlang den baumgesäumten Wasserläufen vor. In Nord-Australien ist die Art sehr häufig, besonders in der feuchten Küstenebene. Ihre Zahl ist im Allgemeinen höher als die der Buntloris (*Psitteuteles versicolor*), obwohl im August 1975 im Drysdale River National Park im Norden der Kimberley Division von Western Australia die Buntloris viermal so häufig waren als die Rotnackenloris (JOHNSTONE *et al.* 1977). Während biologischer Bestandsaufnahmen, die zwischen 1961 und 1968 auf der Cobourg Peninsula (Northern Territory) durchgeführt wurden, war der Rotnackenlori die häufigste Papageienart (FRITH & HITCHCOCK 1974). Ähnliches stellte ich auf der Cape York Peninsula (Nord-Queensland) fest, auch dort waren die Rotnackenloris die mit Abstand zahlreichsten Papageien.

Die Loris sind sehr häufig in den nördlichen humiden und subhumiden Regionen von Queensland und häufig in der nördlichen semiariden Zone. Ihre Zahl nimmt in Richtung Süden ab, obgleich die Vögel an der Südküste und auf den angrenzenden Inseln immer noch recht häufig anzutreffen sind (STORR 1984b). Bei Bestandszählungen, die im Mai/Juni 1980 und von Dezember 1980 bis Januar 1981 im Stadtgebiet von Townsville in Nord-Queensland durchgeführt wurden, stellte man fest, dass die Allfarbloris mit einer Häufigkeit von 4,1 Exemplaren pro Hektar zu den vier dominierenden Vogelarten zählten. Im Inneren von Süd-Queensland ist die Art hingegen selten und ziemlich verstreut verbreitet. Bei biologischen Bestandsaufnahmen 1971/72 konnte man nachweisen, dass die Vögel im Stanthorpe Shire häufig und verbreitet waren, aber im Millmerran Shire (etwa 100 km weiter nordwestlich) nicht vorkamen (KIRKPATRICK & SEALE 1977, KIRKPATRICK & AMON 1977). VEERMAN (1991) vermutete, dass die Zunahme der Abundanzen in Südost-Australien – besonders in oder im Umfeld der Zentren größerer Städte – eine Folge saisonaler Wanderungen ist. Die Wahrscheinlichkeit für das Überleben von Vögeln, die neue Regionen besiedeln, vergrößert sich durch das verbesserte Nahrungsangebot infolge des weit verbreiteten Anpflanzens einheimischer Bäume und Sträucher. Ich möchte betonen, dass die sprunghafte Zunahme der Individuenzahlen in den 80er Jahren des vorigen Jahrhunderts in vielen Städten (einschließlich Sydney und Melbourne) zeitlich mit der Popularität neuer *Grevillea*-Kultivare zusammenfällt, die das gesamte Jahr über blühen. In New South Wales ist die Zahl der Allfarbloris im Nordosten am größten, obgleich auch in den Gebieten bis in den Süden von Sydney, wo die Art früher nur sporadisch in den Küstenwäldern verbreitet war, ihre Zahl gestiegen ist, in manchen Distrikten in den letzten 20 Jahren sogar recht dramatisch. Heute sind die Allfarbloris sowohl in der Küstenregion als auch im Küstenvorland weit verbreitet. Bestandsaufnahmen in Gärten haben gezeigt, dass in Canberra die Zahl und die Verbreitung zugenommen haben (VEERMAN 1991). Im Verbreitungsgebiet in Victoria konnte bei der Zusammenstellung der „Atlas"-Daten zwischen Januar 1973 und Juni 1986 eine Nachweisrate von 12 Prozent ermittelt werden (EMISON *et al.* 1987). Die Zahl der Vögel wächst in Melbourne und in der Umgebung der Metropole; südöstlich von ihr auf der Mornington Peninsula kann man häufig Schwärme von vierzig oder mehr Exemplaren beobachten (MCCULLOCH *briefl. Mittlg.* 1984). Laut PARKER und REID (1983) ist die Art im Südosten von South Australia mäßig häufig. Als 1984/85 in der Adelaide-Region die „Atlas"-Daten zusammengestellt wurden, waren alle drei sesshaften Loriarten deutlich weiter verbreitet als bei der Datenerhebung 1974/75. Diese allgemeine Zunahme der Individuenzahlen mag jedoch lediglich eine Folge einer besonders weiten Verbreitung blühender Eukalypten 1984/85 gewesen sein. In den Stadtdistrikten von Adelaide war der Anstieg der Bestandsdichte der Allfarbloris und Moschusloris (*Glossopsitta concinna*) weniger stark, vermutlich weil diese beiden Arten im Vergleich zu den Porphyrkopfloris (*Glossopsitta porphyrocephala*) weitaus seltener Mallee-Eukalypten als Futterbäume aufsuchen (PATON *et al.* 1994). Laut GREEN (1989) existieren historische Nachweise von Allfarbloris für Tasmanien von 1842 und 1871, und in den letzten 20 Jahren hat es gelegentliche Sichtmeldungen – meist von Einzelvögeln oder Paaren – gegeben.

Im Gebiet der Metropole Perth in Western Australia hat man zu Beginn der 60er Jahre des vorigen Jahrhunderts sporadisch Einzelvögel oder Paare beobachten können. Zwischen 1968 und 1971 bewegten Nachweise von einem bis sechs Loris, die in den Vororten, überwiegend in der Umgebung der University of Crawley, gesichtet wurden, STORR (1973b) zu der Annahme, die Vögel hätten ohne fremden Einfluss von der Eyre Peninsula aus Perth erreicht. Ich habe diese Behauptung nicht akzeptiert, denn alle frühen Beobachtungen der Vögel stammten von einer zentralen Stelle in Perth, von der aus sich die Art langsam ausgebreitet hatte. All dies wies darauf hin, dass die Population in Perth auf entflogene Volierenvögel zurückzuführen war. STORR und JOHNSTONE (1988) räumten später ein, dass die Vögel im Gebiet von Perth vermutlich doch Abkömmlinge von entflogenen Tieren waren, und STORR (1991) wies auf einen starken Anstieg der Individuenzahlen gegen Ende der 80er Jahre hin. Im September 2001 entdeckte ich diese Loris zahlreich im Kings Park und in den benachbarten inneren Vororten von Perth. Dass die Allfarbloris in der Lage sind, eine verwilderte Population zu etablieren, zeigte ein Nistversuch im Juli 1993 bei Coolgardie in den Eastern Goldfields von Western Australia (CHAPMAN & HAZELDEN 1994). Ein Paar, vermutlich entflogene Vögel, wurde wieder eingefangen und aus ihrer Nisthöhle zwei Eier entnommen.

Die Art ist gesetzlich geschützt, obwohl in manchen Distrikten Ausnahmegenehmigungen zur Tötung der Vögel zum Schutz der Obstplantagen erteilt werden können.

VERHALTEN

Tagsüber sieht man die Allfarbloris gewöhnlich paarweise oder in kleinen Schwärmen in großer Höhe fliegen oder beim Fressen inmitten der äußeren Äste blühender Bäume oder Sträucher. Die lärmenden Loris ziehen durch ihre ununterbrochenen kreischenden oder plappernden Lautäußerungen die Aufmerksamkeit auf sich. Bei Bestandsaufnahmen, die zwischen März 1978 und April 1979 in Südost-Queensland und im benachbarten Nordosten von New South Wales durchgeführt wurden, konnte bestätigt werden, dass das Paar die Grundeinheit der sozialen Organisation darstellt und die mittlere Schwarmgröße beim Fressen, Ruhen oder Fliegen das gesamte Jahr lang unter fünf Exemplaren lag; am häufigsten waren Zusammenschlüsse von zwei Vögeln. Die Schwarmgröße war leichten saisonalen Schwankungen unterworfen. Im Spätsommer bis Herbst waren die Loris eher geneigt, größere Schwärme zu bilden als im Spätwinter bis Frühling. Der größte Schwarm bestand aus 37 Exemplaren. In der Regel bildeten die Allfarbloris mit den Schuppenloris (*Trichoglossus chlorolepidotus*) keine gemischten Schwärme; nur in etwas mehr als 5 Prozent aller beobachteter Schwärme waren Vertreter beider *Trichoglossus*-Arten zu finden (CANNON 1984).

Deutlich größere Schwärme finden sich an künstlichen Futterstellen und gemeinschaftlichen Schlafplätzen zusammen. WATERHOUSE (1997) wies darauf hin, dass bei Oatley, einem südlichen Vorort von Sydney, Schwärme bis zu 60 Exemplaren von den Gartenfutterplätzen angelockt werden, und CANNON berichtete, dass sich bei den Futterstationen des Currumbin Sanctuary in Südost-Queensland bis zu tausend Loris zusammenfinden können. Besonders auffällig sind die abendlichen Flüge der Vögel zu den Schlafplätzen. MACGILLIVRAY (1918) beschrieb, dass eine große Zahl Allfarbloris nachts in den Mangroven entlang der windgeschützten Küstenlinie von Lloyd's Island vor der Ostküste von Queensland übernachtete. Er stellte fest, dass diese Papageien die ersten Vögel waren, die morgens zum Festland flogen, viele bereits deutlich vor Sonnenaufgang. WATERHOUSE berichtete, dass bei Oatley ein Straßenbaum über einen Zeitraum von zwei Jahren regelmäßig als Schlafbaum benutzt wurde. Jeden Abend versammelten sich auf ihm zwischen 20 und 35 Loris sowie eine größere Zahl Hirtenmainas (*Acridotheres tristis*). Bei Manly, einem nördlichen Vorort von Sydney, habe ich zahlreiche Paare und Schwärme gesehen, die über die belebten Straßen und Einkaufszentren flogen, um zu ihren Schlafbäumen an der Küste zu gelangen. Diese weithin bekannten Schlafplätze werden jeden Abend von Hunderten Loris besetzt.

Allfarbloris fressen hektisch und sind oftmals so intensiv mit der Suche nach Nektar beschäftigt, dass sie die Annäherung eines Eindringlings nicht bemerken. Ein fliegender Schwarm reagiert schnell auf die Rufe von anderen Loris, die sich in den Bäumen unter ihm der Nahrungsaufnahme widmen. Der Schwarm kreist noch einige Male am Himmel, bevor die Vögel zu den blühenden Bäumen hinabfliegen. In der größten Tageshitze unterbrechen die Allfarbloris normalerweise die Nahrungsaufnahme und ziehen sich in die Kronen hoher Bäume in der Nähe ihrer Futterplätze zurück. Sie widmen sich dann der gegenseitigen Gefiederpflege oder beißen die Blätter und Zweige von den Ästen. Am späten Nachmittag nehmen die Vögel ihre Futtersuche wieder auf. Kurz vor Sonnenuntergang beginnen sie damit, zurück zu ihren Schlafbäumen zu fliegen. Dort sind die Vögel noch längere Zeit sehr aktiv und zanken lärmend um die besten Plätzen auf den Ästen. Einige Loris verlassen die Krone, umkreisen den Baum und lassen sich dann erneut im Geäst nieder, indem sie andere Vögel beiseite drängen. Die Vertriebenen reagieren danach auf ähnliche Weise. Gewöhnlich kehrt daher erst lange nach Einbruch der Dunkelheit Ruhe auf dem Schlafbaum ein.

Allfarbloris trinken Wasser aus Blattvertiefungen oder ineinander greifenden Wedeln beziehungsweise fliegen im Wasser treibende Stämme an, um von ihnen aus das Oberflächenwasser zu erreichen. Die Vögel baden, indem sie inmitten des vom Regen oder Tau durchnässten Blätterwerks mit den Flügeln schlagen.

WANDERUNGEN

Allfarbloris sind örtlich Nomaden, und ihre Anwesenheit oder die Schwankungen der Individuenzahlen werden in vielen Distrikten von der Blütezeit der Bäume und Sträucher bestimmt. Im Norden sind in den meisten Distrikten gewöhnlich das ganze Jahr über einige Vögel anwesend. Im Süden ziehen die Loris auf der Suche nach Blüten weiter umher und verlassen daher manche Gebiete vorübergehend vollständig. Die Wanderungen sind im Allgemeinen ungerichtet, weisen in manchen Gegenden jedoch eine jahreszeitliche Rhythmik auf. Die Verfügbarkeit von künstlichen Futterquellen oder der Zugang zu verlässlichen ganzjährigen Nahrungsressourcen in Form angepflanzter Gartensträucher haben in vielen Innenstädten zur erfolgreichen Bildung von sesshaften Populationen geführt. WATERHOUSE (1997) wies darauf hin, dass diese Loris in den südlichen Vororten von Sydney keine weiten Strecken zurücklegen müssen, um zwischen den Futter-, Schlaf- und Brutplätzen zu wechseln. Ich glaube, dass die entscheidenden Auswirkungen der ganzjährig verfügbaren Futterquellen auf die Wanderbewegungen in den Städten und ihrer Umgebung noch nicht ausreichend erkannt worden sind.

VEERMAN (1991) zitierte Berichte von jahreszeitlichen Migrationen durch Armidale im nördlichen New South Wales und durch Canberra (etwa 650 km in Richtung Süden) als Nachweise für partielle Wanderungen im Jahr. Die Südgrenze für die Wanderung hat sich in den letzten 20 Jahren stetig nach Süden verschoben und nun Melbourne erreicht. Die Wiederfunde gekennzeichneter Loris und die „Atlas"-Daten weisen jedoch nicht auf eine großflächige saisonale Wanderung hin (siehe BLAKERS *et al.* 1984, EMISON *et al.* 1987). Ich vermute, dass zu den Durchzüglern in Armidale und Canberra vermutlich Vögel aus den angrenzenden Küstenregionen zählen, und ich kann keinen Hinweis entdecken, der darauf hindeutet, dass die Populationen in und um Melbourne auf Vögel zurückzuführen sind, die saisonale Nord-Süd-Wanderungen zeigen.

Laut HASELGROVE (1975) sind diese Loris zwar das ganze Jahr über auf Groote Eyland (Northern Territory) präsent, mit Beginn der Trockenzeit im April und Mai aber besonders häufig; denn dann blühen die Banksien. In Nord-Queensland wurden Vögel beobachtet, die von Thursday Island zu der nicht weit entfernten Insel Kiriri in der Torres Strait flogen, sowie eine große Anzahl von Loris, die regelmäßig die vor der Ostküste gelegenen Whitsunday Islands aufsuchen. Im Nordosten von New South Wales sind Ankunft und Abflug der Vögel vorhersehbar; in den meisten Distrikten sind einige Vögel jedoch in allen Monaten anwesend. GOSPER (1992) berichtete, dass bei Bestandsaufnahmen, die zwischen August 1977 und Juni 1982 im Richmond-River-Distrikt im nordöstlichen New South Wales durchgeführt wurden, im Winter ein Zustrom von Loris verzeichnet wurde, der zeitlich mit der Blütezeit von Nektar produzierenden Pflanzen, vor allem von *Eucalyptus*, *Banksia*, *Melaleuca* und Misteln, zusammenfiel. 1972 wurden bei Gilgai im Inverell-Distrikt, nördliches New South Wales, die ersten kleinen Trupps am 15. Juni entdeckt. Vorüberziehende Vögel konnten jeweils am Morgen und am Nachmittag durchgängig bis zum 20. Oktober gesichtet werden. Am 29. August, am 22. September und am 5. Oktober wurden mit etwa einhundert Exemplaren die höchsten Individuenzahlen ermittelt, danach schrumpfte die Zahl auf fünf oder sechs Loris (BALDWIN 1975). BOEHM (1959) berichtete, dass die Art im Sutherland-Distrikt in der Nähe der Nordgrenze des Verbreitungsgebietes im südöstlichen South Australia nur einmal nachgewiesen wurde: im April 1925, als einige Vögel bei der Nahrungsaufnahme in blühenden *Mallee Gums* (*Eucalyptus gracilis*) entlang dem Salt Creek im Süden der Stadt beobachtet wurden. Auf Kangaroo Island (South Australia) sind die Allfarbloris im Januar beim Hauptquartier des Flinders Chase National Park recht häufig anzutreffen, weil in dieser Zeit dort die *Sugar Gums* (*Eucalyptus cladocalyx*) blühen (BAXTER 1995).

Ein im Currumbin Sanctuary in Südost-Queensland beringter Vogel wurde bei Shailer Park, etwa 63 km im Nordosten, wiederentdeckt. Es handelte sich hierbei um die längste nachgewiesene Wanderstrecke für diese Art. Einen weiteren Lori, der bei Tin Can Bay gekennzeichnet worden war, fand man 45 km südwestlich bei Gympie wieder.

FLUG

Der direkte Flug der Allfarbloris ist sehr schnell mit raschen, flachen Flügelschlägen. Das „Schwirrgeräusch" ist zu hören, wenn die Vögel in niedriger Höhe fliegen. Wenn die Loris längere Strecken zurücklegen, fliegen sie in beachtlicher Höhe, bei kurzen Strecken manövrieren sie durch die Baumkronen hindurch oder an ihnen vorbei. Danach fliegen sie kreisend umher und lassen sich schließlich auf den obersten Zweigen eines Baumes nieder.

Der geschmeidige Körper mit dem spitz zulaufenden Schwanz und den langen, sich allmählich verjüngenden Schwingen verleihen diesen Loris eine charakteristische Flugsilhouette. Ebenfalls typische Erkennungsmerkmale sind der blaue Kopf und die Unterflügelfärbung mit ihren orangefarbenen Flügeldecken und dem breiten gelben Band.

LAUTÄUSSERUNGEN

Der Kontaktruf, der normalerweise im Flug ausgestoßen wird, ist ein spitzer, rollenden Schrei, der in regelmäßigen Abständen wiederholt wird. Bei der Nahrungsaufnahme geben die Vögel ohne Unterlass schrille Plapperlaute von sich, bei Ruhepausen während der größten Tageshitze bringen sie hingegen weiche zwitschernde Töne hervor. Kontaktlaute, Alarmrufe, die Lautäußerungen während der Balz und des Spiels lassen sich in zweckbetonte Kategorien der Vokalisation einordnen, die von SERPELL identifiziert wurden. Er wies darauf hin, dass die Laute allesamt identisch mit denen der Schuppenloris (*Trichoglossus chlorolepidotus*) sind (*briefl. Mittlg.* 1981).

NAHRUNG

Allfarbloris ernähren sich von Pollen, Nektar, Blüten, Früchten, Beeren, Knospen, Samen und gelegentlich von Insekten und ihren Larven. Ihre Hauptnahrung sind Pollen und Nektar aus den Blüten von *Eucalyptus*, *Angophora*, *Melaleuca* und anderen heimischen Baum- und Straucharten, vor allem der Gattungen *Banksia* und *Grevillea*, und einigen eingeführten Bäumen. Die Loris verzehren überaus gerne angebaute Früchte, vor allem Äpfel und Birnen, und können so Schäden in Obstplantagen anrichten. Sie fallen auch über Mais- und Sorghum-Felder her, um die noch nicht reifen, „milchigen" Samenstände zu fressen.

In Nord-Australien zählten die Blüten der *Darwin Stringybark* (*Eucalyptus tetrodonta*) und des *Woollybutt* (*E. miniata*), zweier dominanter Arten der *Eucalyptus*-Savanne, zur Hauptnahrung der Loris. Weitere bedeutende Futterpflanzen sind *Melaleuca*-Arten, besonders *M.*

leucadendron, *Erythrina*, *Bauhinia*, Misteln (Loranthaceae), *Bombax ceiba* und *Verticordia cunninghamii*. Im Iron Range National Park (Cape York Peninsula) habe ich Allfarbloris bei der Nahrungsaufnahme an den Blüten von *Bletharocarya involucrigera* und an Feigen gesehen. Bei Cairns und Townsville in Nord-Queensland hat man die Vögel an den Blüten von *Eucalyptus tereticornis* und *E. platyphylla* fressen sehen sowie an Mangos, die von Flughunden geöffnet worden waren. COOPER sah die Loris Ende Oktober 1997 bei Malanda in Nord-Queensland beim Verzehr kleiner Raupen, welche sie mit dem Schnabel aus den umgeschlagenen Blatträndern von *Omalanthus novoguineensis* zogen (*briefl. Mittlg.* 1997). Auf den küstenfernen Inseln von Nord-Queensland scheint die Hauptnahrungsquelle der Blütenstand der Kokosnusspalme (*Cocos nucifera*) zu sein. In der Nähe von Toowoomba in Süd-Queensland sollen die Loris ausgiebig die Beeren des eingeführten *Pepper Trees* (*Schinus areira*) fressen. Felduntersuchungen, die in Südost-Queensland und im nordöstlichen New South Wales durchgeführt wurden, ergaben, dass die Nahrung der Allfarbloris zu 87 Prozent aus Pollen und Nektar bestand, zu fünf Prozent aus Früchten, zu vier Prozent aus Blattknospen und zu vier Prozent aus Rinde, Insekten und künstlichem Futter. 41 Prozent der aufgenommenen Nahrung stammte aus *Eucalyptus*-Blüten. Zu den weiteren Futterpflanzen zählten die Gattungen *Melaleuca*, *Callistemon*, *Banksia* und *Tristania* (WYNDHAM & CANNON 1985). Darüber hinaus konnte man im nordöstlichen New South Wales noch *Silky Oak* (*Grevillea robusta*), Korallenbäume (*Erythrina variegata*), den Kampfer (*Cinnamonum camphora*), Kasuarinen und die Grasbäume der Gattung *Xanthorroea* als Futterpflanzen identifizieren. Zum Verzehr der Früchte des Kampfer pressen die Loris mit ihren Schnabelhälften den Saft aus, oder sie durchstoßen die Fruchthülle mit einem Schnabelhieb und ziehen dann die Schneide an einer Seite die Fruchtschale entlang, um auf diese Weise an den Saft zu gelangen. Nachdem die Vögel die Flüssigkeit aufgenommen haben, verwerfen sie die Schale und die Samen (GOSPER & GOSPER 1996).

WATERHOUSE (1997) berichtete, dass während der wöchentlichen Bestandsaufnahmen, die 1993/94 bei Oatley, einem südlichen Vorort von Sydney, durchgeführt worden waren, entdeckt wurde, dass die Hauptnahrungsquellen je nach Jahreszeit unterschiedlich waren. Pollen und Nektar wurden sowohl von einheimischen als auch von eingeführten Arten genommen. Eingeführte Pflanzen versorgten die Loris jedoch zu allen Jahreszeiten mit der größten Menge an Nahrung. Vor allem die eingeführten Korallenbäume waren für die Vögel eine besonders zuverlässige Futterquelle, besonders im Winter, wenn die Loris brüteten. Gartenpflanzen wie die *Schefflera actinophylla* boten lang anhaltend sowohl Pollen als auch Nektar im Sommer, während im März und April vor allem die Blüten der *Broad-leafed Paperbarks* (*Melaleuca quinquenervia*), häufige Park- oder Straßenbäume, aufgesucht wurden. Die Früchte von *Ficus microcarpa* waren während der Studie die einzigen in größeren Mengen verzehrten Früchte und örtlich von großer Bedeutung für die Loris. Zu verschiedenen Zeiten im Jahr fressen die Allfarbloris die Samen der Kasuarinen, einschließlich der einheimischen *Swamp Oaks* (*Casuarina glauca*); dabei holten sie äußerst geschickt die feinen Samen aus den Zapfen, die weiterhin am Zweig hängen bleiben. An Futterstellen in Gärten bieten die Einheimischen den Vögeln meistens Sonnenblumenkerne an, und die Loris lernten sehr schnell, diese künstliche Futterquellen zu nutzen. Zusammen mit Australischen Königssittichen (*Alisterus scapularis*) und Pennantsittichen (*Platycercus elegans*) suchen die Allfarbloris regelmäßig den Futterspender mit den Sonnenblumenkernen auf meinem Grundstück auf.

In den Mägen von Loris aus der Umgebung von Sydney hat man oftmals die Überreste von Käfern entdeckt, und manche Mägen waren sogar vollgestopft damit (in NORTH 1911). Bei der Untersuchung der Kropfinhalte von Exemplaren, die im südöstlichen South Australia gesammelt worden waren, fand man Nektar, Blütenteile, Blütenstände von Kasuarinen, Blatt- und Stängelreste, Samen (einschließlich der von *Solanum*) und eine kleine Made (LEA & GRAY 1935). Weiche Samen, Blütenteile, Nektar und Maden entdeckte man in den Mägen und Kröpfen von Exemplaren, die in Nordwest-Australien und in Queensland gesammelt worden waren (in HALL *et al.* 1974).

FORTPFLANZUNG

In Südost-Australien brüten die Allfarbloris normalerweise zwischen August und Januar, in den nördlichen Regionen kann man zu jeder Zeit des Jahres Nester finden. Laut STORR (1981) hat man in der Kimberley Division von Western Australia Bruten von April bis November nachgewiesen, im Northern Territory überwiegend von September bis Januar, aber ebenfalls im April und Mai (FRITH & DAVIS 1961, STORR 1977). Nach BRAVERY (1970) brüten die Allfarbloris im Atherton-Distrikt in Nord-Queensland zur Blütezeit des *Forest Red Gum* (*Eucalyptus tereticornis*) von Juni bis August.

Allfarbloris sind monogam, und die Paare binden sich vermutlich fürs Leben. Verpaarte Vögel neigen dazu, sämtliche Aktivitäten stets gemeinsam durchzuführen. GRIFFITHS beschrieb das Balzverhalten eines Männchens, das mit seinem Weibchen auf dem Balkongeländer eines Appartements bei Narrabeen Lake landete, einem nördlichen Vorort von Sydney (*briefl. Mittlg.* 1984). Die beiden Vögel saßen Seite an Seite, nur etwa 5 cm voneinander entfernt, und das Männchen bewegte sich auf das Weibchen zu, welches wiederum um dieselbe Distanz auf dem Geländer zurückwich. Das Männchen wölbte seinen Nacken vor, stellte seine Nackenfedern aufrecht und sträubte das Körpergefieder. Dann senkte es abrupt seinen Kopf und hob ihn wieder an, wobei es gleichzeitig seinen gesamten Körper voll aufrichtete. Es folgten eine Reihe von nickenden und verbeugenden Bewegungen. Das Männchen öffnete den Schnabel und zeigte seine zuckende Zunge. Dabei gab er einen hustenden Laut von sich, der an ein Schnauben oder Räuspern erinnerte. Dann drehte das Männchen seinen Kopf um etwa 180° und verdrehte seinen Hals so stark, dass der Schnabel fast senkrecht nach oben zeigte. Die Körperstellung war nach vorn gebeugt und leicht geduckt. Mit Nagebewegungen des geöffneten Schnabels verharrte das Männchen in dieser Position für etwa eine Sekunde und drehte dann seinen Kopf wieder in die normale Stellung. Kurz darauf wölbte es erneut seinen Nacken vor und begann von Neuem mit der Balz. Der gesamte Bewegungsablauf wurde vier- oder fünfmal in Abständen von etwa 30 Sekunden wiederholt. Der „hustende" Laut wurde mit einer Frequenz von etwa zwei Tönen pro Sekunde ausgestoßen, und zwar immer dann, wenn das Männchen sich dem zurückweichenden Weibchen näherte, aber niemals mit verdrehtem Kopf. Hin und wieder berührten sich die beiden Vögel mit den Schnäbeln und führten knabbernde Bewegungen aus, und zwar stets, wenn das Männchen seinen Kopf mit verdrehtem Hals abwärts gebogen hatte. Das rasche Verengen und Weiten der Pupille begleitete häufig die Balz. Das Männchen begann damit in der Regel, wenn es sich vor dem Weibchen mit den „hustenden" Lauten verbeugte, konnte die Pupillenbewegung aber zu jedem Zeitpunkt der Balz beenden.

Das Nest befindet sich in einem hohlen Ast oder in einem Baumloch, gewöhnlich in einem *Eucalyptus*- oder *Melaleuca*-Baum in der Nähe von Wasser. Potentielle Nisthöhlen werden vom Paar untersucht. Die Vögel verhalten sich bemerkenswert vorsichtig am Nest oder in seiner Nähe. In einem Baum lassen sich zwei oder mehr Nester entdecken, besetzte Höhlen werden gegen alle Eindringlinge verteidigt. Im Kings Park in Perth beobachtete ich ein Paar, das erfolgreich ein Paar Bauers Ringsittiche (*Barnardius zonarius*) von einem Loch vertrieb, das dieses in die Basis der Wedel einer Palme gegraben hatte. In der Nähe von Coen auf der Cape York Peninsula, Nord-Queensland, entdeckte McLennan eine Höhle mit zwei Eiern des Allfarbloris und zwei Eiern des Haubenliests (*Dacelo leachii*). Eine der Arten hatte vermutlich die andere gewaltsam aus der Nisthöhle vertrieben (in White 1922a).

Wheeler (1977) berichtete, dass Ende Juni 1977 ein Paar Allfarbloris in einer Schornsteinspalte im zweiten Stockwerk eines Gebäudes in East Bentleigh, einem Vorort etwa 14 km südwestlich vom Stadtzentrum von Melbourne, nistete. Die Eier wurden auf getrocknetes Gras gelegt, vermutlich waren es die Überreste eines alten Starennestes (*Sturnus vulgaris*), und die Jungen schlüpften Mitte Juli. Ein Nestling fiel aus dem Nest und wurde von einem Vogelfreund aufgezogen, der andere starb offensichtlich im Nest.

Die zwei, seltener drei Eier werden normalerweise auf Holzmulm gelegt, mit dem zuvor der Boden der Nisthöhle ausgelegt wurde. Nur das Weibchen brütet. Das Männchen verbringt jedoch gewöhnlich die Nacht bei seiner Partnerin in der Höhle. Die Brutdauer beträgt etwa 25 Tage. Beide Altvögel versorgen die Jungen mit Futter. Die jungen Loris fliegen mit etwa acht Wochen aus. Die Flügglinge kehren noch einige Tage lang zum Schlafen in die Nisthöhle zurück.

EIER

Die glanzlosen Eier sind breit-elliptisch. Ein Dreiergelege von *T. haematodus moluccanus*, das in der Nähe von Grafton in New South Wales gesammelt wurde, befindet sich nun in der H. L. White Collection in Melbourne und besitzt die durchschnittlichen Eimaße 27,6 (27,0-28,0) mm x 23,0 (23,0) mm. In der Austin Collection, heute Bestandteil des Australian Museum in Sydney, befindet sich ein Zweiergelege von *Trichoglossus h. rubritorquis* von Borroloola (Northern Territory) mit den Eimaßen 27,5 mm x 22,5 mm sowie 27,1 mm x 22,4 mm.

HALTUNG IN MENSCHENOBHUT

Allfarbloris sind lebhafte und prächtig gefärbte Vögel und in Menschenobhut sehr beliebt. Von Hand aufgezogene Loris werden sehr anhänglich und lernen auch zu „sprechen" oder zu pfeifen. In den letzten Jahren sind die Rotnackenloris in den Volierenanlagen Australiens etwas häufiger geworden und dort nun fast so zahlreich vertreten wie die Gebirgsloris. Low (1992) wies darauf hin, dass beide Unterarten außerhalb Australiens nur selten in Menschenobhut gehalten werden, besonders der Rotnackenlori, der nur in einem geringen Umfang gezüchtet wird. Einige Zuchtstämme des Gebirgsloris leiden unter den Folgen der Inzucht.

UNTERBRINGUNG UND PFLEGE

Nach der Eingewöhnung sind Gebirgs- und Rotnackenloris robuste Pfleglinge. Beide Unterarten wurden erfolgreich in einer Vielzahl von Volieren und Käfigen gehalten und gezüchtet, manchmal in der Kolonie mit mehreren Paaren in einer großen, geräumigen Voliere oder häufiger paarweise in kleineren Volieren oder Hängekäfigen. SINDEL (1987) hielt vor einigen Jahren in einer 15 m langen, 3 m breiten und 2,4 m hohen Voliere eine Kolonie von acht oder zehn Rotnackenloris, wobei es sich bei den Vögeln nicht nur um Paare handelte, zusammen mit einigen anderen Papageien und größeren Weichschnäblern. Die Loris brüteten regelmäßig und tolerierten die übrigen Bewohner der Voliere. Die Kolonie wurde aufgelöst, wahrscheinlich im Rahmen einer allgemeinen Umstellung der Lorihaltung auf Hängekäfige.

Größe und Gestaltung der Hängekäfige können variieren, gängige Praxis ist es jedoch, mehrere Käfige in einer Reihe zu montieren und die gesamte Anlage in einem gemeinsamen Schutzraum unterzubringen, zum Beispiel in einer nach vorn offenen Halle oder in einem Schuppen. SINDEL merkte an, dass bei einer Käfighaltung eine Länge von 1,8 m, eine Breite von 0,6 m und eine Höhe von 0,9 m pro Paar angemessen sind. LOW (1977) berichtete von einem Paar, das in einem Zeitraum von 16 Jahren Junge in einem Käfig aufgezogen hat, der lediglich 1,2 m lang, 45 cm breit und 45 cm hoch war. Ich bevorzuge ebenfalls die paarweise Haltung in Hängekäfigen und konnte bei beiden Unterarten gute Zuchterfolge in erhöht angebrachten Käfigen mit den von SINDEL empfohlenen Maßen verzeichnen. Ich befürchte jedoch, dass die reihenweise Anordnung von Käfigen in einer begrenzten, geschlossenen Umgebung gesundheitliche Risiken birgt. Daher sind meine Käfige frei stehend mit einem angemessenen geschützten Bereich.

Ich habe Allfarbloris weder in Kolonie noch in gemischten Schwärmen gehalten. Die Vögel beider Unterarten können besonders während der Brutzeit recht aggressiv werden; daher habe ich der separaten Paarhaltung stets den Vorzug gegeben. Diese Vorgehensweise hat sich als recht erfolgreich erwiesen.

FÜTTERUNG

Man kann Allfarbloris mit einer reinen Körnerfuttermischung halten und sogar züchten, doch von dieser Art der Fütterung ist dringend abzuraten, da sie nicht der natürlichen Ernährungsweise der Vögel entspricht und den Loris natürliches Futter sicherlich zugute kommt. Größere *Trichoglossus*-Arten nehmen in der Natur durchaus beachtliche Mengen Körnerfutter auf, daher zählen zur Diät meiner Vögel auch Kanariensaat und Weiße Hirse; diese Praxis wird von einigen Züchtern hingegen abgelehnt. Ich habe jedoch die Erfahrung gemacht, dass, wenn die Ernährung vielfältig ist und sowohl Trockenfutter als auch Keimfutter, Nektar, Pollen, Loribrei und Früchte mit einschließt, die Allfarbloris das Körnerfutter lediglich als Zusatznahrung fressen und es nicht in unverhältnismäßig großen Mengen konsumieren.

Ein kommerzielles Lori-Trockenmischfutter zusammen mit einem Gemisch aus gleichen Mengen Kanariensaat und Weißer Hirse steht meinen Brutpaaren ganzjährig zur Verfügung. Ergänzt wird das Futter täglich durch flüssigen Lorinektar, Früchte und Grünfutter. Zum bevorzugten Obst zählen Äpfel, Birnen und Weintrauben, zum beliebtesten Grünfutter gehören Mangold, Endiviensalat und Selleriespitzen. Der Lorinektar wird den Vögeln am späten Nachmittag zur Verfügung gestellt, die Futternäpfe werden am nächsten Morgen entfernt. So können die Loris sowohl am Abend als auch am frühen Morgen fressen, und die Überreste der Mahlzeit sind tagsüber nicht höheren Temperaturen ausgesetzt.

In Berücksichtigung der arborealen Lebensweise dieser Loris sollten alle Futter- und Wassernäpfe in erhöhter Position angebracht werden. Ich verwende Behälter aus rostfreiem Stahl oder glasierter Keramik, weil sie im Gegensatz zu anderen Gefäßen einfacher zu reinigen sind. Wenn die Loris ihr Trocken-Lorimischfutter fressen, trinken sie auch sehr viel. Dabei wird das Wasser oftmals mit Futterresten verunreinigt. Aus diesem Grund ist es notwendig, zwei- bis dreimal am Tag die Wassernäpfe neu zu füllen.

ZUCHT

Zwei gleichgeschlechtliche Vögel verhalten sich oft wie ein „richtiges“ Paar und vollziehen mitunter sogar eine enge Paarbindung. Für eine verlässliche Bestimmung des Geschlechts ist daher eine endoskopische Untersuchung oder eine DNA-Analyse erforderlich. Bei der Paarzusammenstellung kann die Unverträglichkeit der Vögel ein großes Problem sein. Sollten zwei Loris mit bekanntem Geschlecht auch nach einigen Monaten nicht harmonieren, empfiehlt sich die Neuverpaarung der Vögel.

Allfarbloris akzeptieren Nistkästen oder hohle Stämme als Nistplätze. Da Nistkästen jedoch leichter sauber zu halten sind, sollte man ihnen den Vorzug geben. Meine Paare benutzen senkrecht montierte Nistkästen, die 20 cm breit und 35 cm tief sind. Ein Sitzast befindet sich unmittelbar unterhalb des 60 mm breiten Einschlupflochs. Ich befülle den Kasten mit einer etwa 10 cm hohen Schicht grober Holzspäne, vorzugsweise von Eukalypten, und bohre eine Anzahl kleiner Löcher in den Boden, um die Entfeuchtung des Kastens zu erleichtern.

Es gibt keinen Monat im Jahr, in dem meine Vögel noch nicht genistet hätten, und manche Paare sind dauerhaft in Brutstimmung. LOW (1977) zitierte einen Bericht, in dem von einem Paar die Rede ist, das zwischen 1970 und 1975 insgesamt 20 Junge aufgezogen hat, davon 17 zur Selbständigkeit. Das Gelege umfasst gewöhnlich zwei Eier, es kommen jedoch in seltenen Fällen auch Dreiergelege vor. SINDEL (1987) wies darauf hin, dass die Abstände zwischen den einzelnen Eiablagen von Paar zu Paar und von Gelege zu Gelege beträchtlich variieren: In Fällen, in denen beide Eier zum Schlupf kamen, lagen die Intervalle bei zwei, drei, vier oder acht Tagen. Nur das Weibchen brütet. Das Männchen verbringt tagsüber hin und wieder etwas Zeit in der Nisthöhle, in der Nacht schläft es neben seiner brütenden Partnerin. Die Weibchen beginnen im Allgemeinen nach der Ablage des ersten Eies mit der Bebrütung, manche jedoch laut SINDEL erst ein bis zwei Tage nach der Ablage des ersten Eies oder sogar erst, wenn das zweite Ei im Nest liegt. Die Brutdauer kann infolgedessen zwischen 22 und 25 (im Mittel 23 Tage) variieren. Das Weibchen meines Brutpaares Rotnackenloris war in der Brutzeit äußerst „geheimnistuerisch“ und entfernte sich jedes Mal vom Nistkasten, wenn ich in die Nähe der Voliere kam. Da ich von dieser Verhaltensweise anfangs nichts ahnte, stellte ich erst beim Ausfliegen des Nachwuchses fest, dass das Weibchen gebrütet hatte. Auch bei den nachfolgenden Bruten konnte ich den Vogel niemals am oder in der Nähe des Kastens beobachten.

SINDEL merkte an, dass frisch geschlüpfte Nestlinge von büscheligen weißen Dunen bedeckt sind, die ab dem 10. Tag von dichteren grauen Dunen ersetzt werden. Mit 18 Tagen ist der Wechsel zum Sekundärdunengefieder abgeschlossen. Die Augen beginnen sich mit 14 Tagen zu öffnen, mit 22 Tagen brechen die Spitzen der Konturfedern durch die Haut, gewöhnlich zuerst am Kopf. Steuer- und Schwungfedern erscheinen etwa am 28. Tag, ihnen folgen einige Tage später die Federn auf Brust und Bauch. Mit 45 Tagen sind die Jungen fast vollständig befiedert und verlassen etwa 60 Tage nach dem Schlupf das Nest. Die Jungvögel nehmen wenige Tage nach dem Ausfliegen flüssigen Lorinektar auf, und man kann bereits kurz darauf beobachten, wie sie an Fruchtstücken nagen. Die Flügglinge werden jedoch noch drei Wochen von beiden Altvögeln gefüttert. Danach kann man sie in eine eigene Voliere umsetzen. Wenn die Adulten sogleich mit einem Nachgelege beginnen wollen, können sie sich gegenüber ihren Jungen sehr aggressiv verhalten. Dann müssen die jungen Loris sofort von ihren Eltern getrennt und unter Umständen zusätzlich gefüttert werden. SINDEL wies darauf hin, dass die Geschlechtsreife der Allfarbloris zwar offenbar schon mit acht bis neun Monaten erreicht wird, er jedoch nur wenig Bruterfolge mit Vögeln erzielt habe, die jünger als 18 Monate oder zwei Jahre waren.

MISCHLINGE/FARBMUTATIONEN

In Menschenobhut und in der Natur sind bisher Mischlinge des Allfarbloris mit dem Schuppenlori (*Trichoglossus chlorolepidotus*) und dem Moschuslori (*Glossopsitta concinna*) aufgetreten. In Menschenobhut sind darüber hinaus Unterarthybriden von *Trichoglossus haematodus* sowie Mischlinge mit dem Schmucklori (*T. ornatus*), dem Weißbürzellori (*Pseudeos fuscata*), dem Kapuzenlori (*Eos squamata*), dem Rotlori (*E. bornea*), dem Erzlori (*Lorius domicella*), dem Gelbmantellori (*L. garrulus*) und dem Australischen Königssittich (*Alisterus scapularis*) gezüchtet worden. Die Kreuzung des Allfarbloris mit der letztgenannten Art ist von Interesse als Hinweis auf eine möglicherweise bestehende Verwandtschaft der beiden Spezies (siehe COURTNEY 1997a).

Die olivfarbene Mutationsform ist sowohl vom Gebirgslori als auch vom Rotnackenlori in den australischen Volierenanlagen etabliert worden. Sie entstand aus Kreuzungen mit olivfarbenen Schuppenloris. SINDEL (1987) berichtete von einer zimtfarbenen und einer ungewöhnlichen goldgelben Mutationsform. Der gelbe Farbton wird bei dieser mit der Mauser über einen Zeitraum von mehreren Jahren ausgebildet. Weiterhin gibt es Berichte über eine graugrüne Mutationsform.

SCHUPPENLORI

Trichoglossus chlorolepidotus (Kuhl)

Psittacus chlorolepidotus Kuhl, Nova Acta Acad. Caesar. Leop. Carol., 10, 1820, S. 48 („Consp. Psittacorum"), (New South Wales).

WEITERE NAMEN

E: Scaly-breasted Lory, Green Lorikeet, Green and Gold Lorikeet, Green and Yellow Lorikeet, Green Keet, Green Parrot, Greenie; F: Loriquet écaillé; NL: Schubbenlori.

Gesamtlänge 23 cm

BESCHREIBUNG

ADULTES MÄNNCHEN
Grundfarbe des Gefieders auf Körperober- und –unterseite satt grün; Scheitel und Kopfseiten leuchtend smaragdgrün mit einem schwachen Anflug von Blau, die Schäfte der Wangenfedern mit etwas blasserer Streifung; Nacken-, obere Vorderrücken, Kehl- und Brustfedern gelb mit breiter grüner Säumung, was dem Gefieder ein schuppiges Aussehen verleiht; Bauchgefieder grün mit variabler gelber Zeichnung; einige vereinzelte Federn des seitlichen Brustgefieders mit Orange auf den im Gefieder verborgenen Basen; Unterschwanzdecken, Schenkel und untere Flanken grün mit variabler gelbgrüner Zeichnung; Unterflügeldecken und ein breites Band entlang der Unterseite der Schwungfedern leuchtend orangerot; Schwanz oberseits grün, unterseits gelboliv, die Basen der äußeren Steuerfedern auf den Innenfahnen breit orangerot gesäumt; Schnabel korallenrot; Iris orangegelb; Läufe graubraun; Körpermasse 81-92 g.

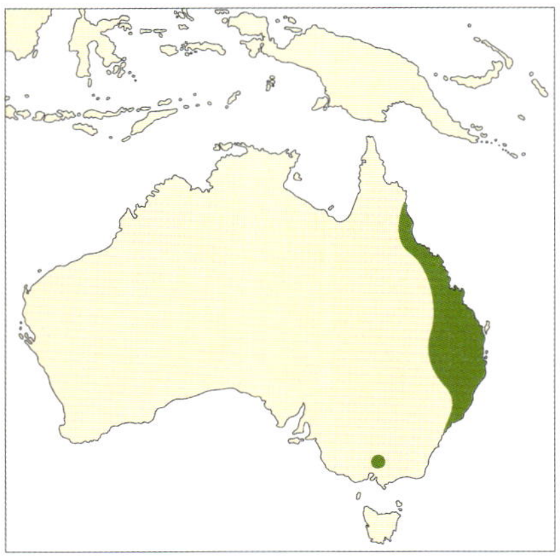

10 Exemplare:	Flügel 127-139 (132,4) mm	Schwanz 92-108 (102,6) mm
	Oberschnabel 16-17 (16,3) mm	Lauf 14-16 (14,9) mm

ADULTES WEIBCHEN
Wie die Männchen; Körpermasse 71-97 g.

10 Exemplare:	Flügel 120-133 (125,2) mm	Schwanz 94-110 (96,9) mm
	Oberschnabel 15-17 (15,9) mm	Lauf 14-16 (15,2) mm

JUVENILE
Wie Adulte, aber mit deutlich weniger Gelb auf Nacken, oberem Vorderrücken und Körperunterseite; Augenring blassgräulich-weiß anstelle von dunkelgrau; Schnabel dunkelbraun, zur Spitze hin matt gelborange; Iris braun; Läufe hellbraun.

VERBREITUNG

Nordost-Australien etwa vom 15. südlichen Breitengrad und dem Cooktown-Distrikt (Nord-Queensland) südwärts bis zum Illawarra-Distrikt in New South Wales; eingeführt im Melbourne-Distrikt einschließlich der Bellarine Peninsula und der Mornington Peninsula in Süd-Victoria.

1 Schuppenlori
Trichoglossus chlorolepidotus
AM O37656 adult, Weibchen
Wandecla, Nord-Queensland
6. Dezember 1944

2 Schuppenlori
Trichoglossus chlorolepidotus
AM O28570 adult, Männchen
Macleay River, New South Wales
21. September 1910

Es wurde behauptet, dass die Schuppenloris 1978 auch in Gebiete nördlich des 15. südlichen Breitengrades eingefallen seien und in dieser Zeit auch in den meisten Gebieten der Cape York Peninsula vorkamen (Blakers *et al.* 1984). Ich habe aber auf der Cape York Peninsula niemals Schuppenloris beobachten können, ebenso wenig konnte ich die Präsenz der Art nördlich von Cape Melville bestätigen. Ich vermute, dass eine Fehlbestimmung von Buntloris (*Psitteuteles versicolor*), die 1978 bis zur Cape York Peninsula vordrangen, für den obigen Bericht verantwortlich waren. In Queensland kommen die Schuppenloris vor allem im Osten vor, ihr Verbreitungsgebiet reicht landeinwärts bis zu den Atherton und Blackdown Tablelands, den Warrego und Carnarvon Ranges sowie bis zum Miles- bis Millmerran-Distrikt. Die Art kommt auf den küstennahen Inseln südlich von Fraser Island vor (Storr 1984b). Nielsen (1969) erläuterte, dass in Südost-Queensland die Verbreitungsgebiete der Schuppen- und Zwergmoschusloris (*Glossopsitta pusilla*) weiter nach Westen reiche als die aller anderen Loriarten.

In New South Wales beschränkt sich das Verbreitungsgebiet des Schuppenloris im Wesentlichen auf das küstennahe Tiefland und die sich anschließenden Tablelands. Manchmal dringt die Art auch entlang den nach Westen fließenden Wasserläufen landeinwärts vor. So wurden 1977 die Schuppenloris in der Nähe von Coonabarabran im Pilliga Scrub in der Nähe von Parkes und bei Cootamundra beobachtet. Im Januar 1997 entdeckte man Schuppenloris am Culgoa River bei Weilmoringle. Alle genannten Orte liegen deutlich jenseits der „normalen" westlichen Verbreitungsgrenze (siehe Rogers & Lindsey 1978, in Morris 2000).

HABITATE

Schuppenloris sind überwiegend Vögel des Tieflands, und sie kommen in fast allen ländlichen Lebensräumen sowie in Stadtparks, Gärten und auf Ackerland vor, sofern dort blühende Bäume stehen. Laut STORR (1984b) bevorzugen die Loris in Queensland offene Wälder mit blühenden Eukalypten. CANNON (1984) berichtete, dass bei Felduntersuchungen, die man zwischen März 1978 und April 1979 in Südost-Queensland und dem benachbarten nordöstlichen New South Wales durchführte, festgestellt wurde, dass die Schuppenloris auf den offenen landwirtschaftlich genutzten Flächen häufiger anzutreffen waren, während die Allfarbloris (*Trichoglossus haematodus*) den städtischen Lebensräumen mit üppiger Vegetation den Vorzug gaben. Ich habe eine ähnlich unterschiedliche Habitatpräferenz im Tal des Hastings River an der mittleren Nordküste von New South Wales feststellen können. Entlang dem Westufer des Lake Cootharaba (Südost-Queensland) habe ich die Schuppenloris in einem *Melaleuca*-Sumpfgebiet entdeckt.

In New South Wales findet man Schuppenloris überwiegend in Baumsavannen und in den küstennahen Strauchheiden (MORRIS *et al.* 1981). GOSPER (1992) berichtete von einer Bevorzugung des Sklerophyllwaldes im Richmond-River-Distrikt im äußersten Nordosten von New South Wales. Dort wurde die Art bei Felduntersuchungen, die 1977 und 1982 durchgeführt worden waren, an 90 Prozent beziehungsweise 100 Prozent der Untersuchungsstellen im trockenen Sklerophyllwald nachgewiesen sowie an 62 Prozent der Untersuchungsstellen im küstennahen feuchten Sklerophyllwald, wo die Schuppenloris zahlenmäßig deutlich die Allfarbloris übertrafen. Die Art kam lediglich an 37 Prozent der Stellen im geschlossenen Tieflandwald oder trockenen Regenwald und nur an drei Prozent der Untersuchungspunkte im geschlossenen subtropischen Regenwald vor. An der Nordküste von New South Wales sah ich die Loris häufig in den küstennahen Beständen von *Banksia integrifolia*, einem Lebensraum, dem sie offenbar stärker den Vorzug geben als die Allfarbloris. In und um Melbourne in Süd-Victoria kommen die Schuppenloris in Gebieten mit mäßigem Baumbewuchs vor, besonders in *Coast Banksias* (*Banksia integrifolia*) oder *Snow Gums* (*Eucalyptus pauciflora*) sowie in den Parks und Gärten der Vororte, wo großblütige Zier-Eukalypten angepflanzt wurden (EMISON *et al.* 1987).

LOKALE POPULATIONSDICHTEN

Im Zentrum ihres Verbreitungsgebietes, im südöstlichen Queensland und im Nordosten von New South Wales, sind die Schuppenloris sehr häufig. Ihre Zahl nimmt in Richtung der nördlichen und südlichen Verbreitungsgrenze allmählich ab. Laut STORR (1984b) ist die Art in Süden von Queensland häufig, nördlich des Wendekreises des Steinbocks hingegen mäßig häufig bis selten. In diesem Gebiet sind die Allfarbloris (*Trichoglossus haematodus*) deutlich in der Überzahl, mit lokalen Ausnahmen im mittleren Süden. JONES behauptete, dass die Zahl der Schuppenloris in den 70er Jahren des vorigen Jahrhunderts im Tal des Mary River, Südost-Queensland, abnahm. Heute ist die Art dort nicht so zahlreich wie die Allfarbloris, während sie früher die bei weitem häufigere Loriart war (*Bird Observer, Nr. 559, Juni 1978*). Schuppenloris sind in und um Brisbane in großer Zahl zu finden. Ich habe sie dort oft beobachten können, und VERNON (1968) wies darauf hin, dass man die Vögel bei der Nahrungsaufnahme in Bäumen entdeckt hat, die weniger als einen Kilometer von der Brisbane City Hall entfernt standen.

In New South Wales liegt die „Hochburg“ der Schuppenloris in den Küstendistrikten im Nordosten, doch sogar dort sind die Allfarbloris gewöhnlich zahlreicher. Ich stimme mit HOSKIN (1991) überein, der behauptete, dass die Art in und um Sydney weniger häufig sei als die Allfarbloris, ich glaube jedoch, dass sich der Bestand seit den 60er Jahren des vorigen Jahrhunderts im Gebiet der Metropole deutlich vergrößert hat, besonders südlich des Hafens, also in einem Bereich der Stadt, in dem die Vögel vor dieser Zeit nur selten beobachtet wurden. Die verwilderte Population in und um Melbourne ist klein, und es gab nur 26 Nachweise während der Zusammenstellung der „Atlas“-Daten zwischen Januar 1973 und Juni 1986 (EMISON *et al.* 1987).

Die Art ist gesetzlich geschützt, obwohl Ausnahmegenehmigungen zur Tötung der Vögel erteilt werden können, um Ernteschäden zu vermeiden.

VERHALTEN

Das Verhalten der Schuppenloris ähnelt sehr stark dem der Allfarbloris (*Trichoglossus haematodus*). Gelegentlich schließen sich Vertreter beider Arten zu gemischten Schwärmen zusammen, wobei eine Art in der Regel zahlenmäßig deutlich dominiert. CANNON (1984) berichtete, dass bei Felduntersuchungen, die zwischen März 1978 und April 1979 in Südost-Queensland und im benachbarten nordöstlichen New South Wales durchgeführt wurden, bestätigt werden konnte, dass das Brutpaar die grundlegende soziale Einheit darstellt. Beim Fressen, Ruhen oder Fliegen liegt die mittlere Schwarmgröße das ganze Jahr über im Allgemeinen unter fünf Exemplaren. Mit einer mittleren Schwarmgröße von 4,4 Exemplaren bilden sie etwas größere Schwärme als die Allfarbloris mit durchschnittlich 3,7

Exemplaren. Die Schwärme der Schuppenloris variieren nicht mit der Jahreszeit in der Größe, wie es bei den Allfarbloris der Fall ist. Die Schwarmgröße im Flug ist bei den Schuppenloris etwas größer. Der größte beobachtete Schwarm bestand aus zehn Exemplaren. Die Arten bildeten nur in fünf Prozent aller nachgewiesenen Schwärme gemischte Verbände.

Anfang März 1977 wurden die täglichen Aktivitäten der Schuppenloris acht Tage lang auf einer blühenden *Schefflera actinophylla* in einem Garten in einem Vorort von Brisbane eingehend beobachtet. Um 6.00 Uhr hatte die Loris ihren Schlafplatz in einer Eukalypte, etwa 150 m von den Futterbäumen entfernt, verlassen und verteilten sich nun über eine weite Fläche. In einer *Schefflera* fraßen bis zu 20 Exemplare. Ihre Zahl nahm bis 7.00 Uhr kontinuierlich ab, bis kein Vogel mehr zu entdecken war. Gegen 12.00 Uhr kehrten die Loris gewöhnlich wieder zu der *Schefflera* zurück und widmeten sich auf ihr bis etwa 14.00 Uhr der Nahrungsaufnahme. Regelmäßig suchten sie in dieser Zeit die dichte Baumkrone eines nicht weit entfernt stehenden Baumes auf, um sich auszuruhen und das Gefieder zu pflegen. Unter der Annahme, dass es sich jeden Tag um dieselben beiden Vögel gehandelt hat, zeigte ein Paar auffälliges Territorialverhalten. Es vertrieb andere Loris und Weißstirn-Schwatzvögel (*Manorina melanocephala*). Um 16.00 Uhr nahm die Bereitschaft zur Verteidigung des Futterplatzes ab; die Vögel fraßen nun sehr intensiv, und andere Loris und Schwatzvögel ließen sich ebenfalls zum Fressen auf der *Schefflera* nieder. Von 17.00 Uhr bis zur Rückkehr zum Schlafbaum nahm die Zahl der fressenden Vögel und die Intensität der Nahrungsaufnahme nochmals deutlich zu (HAMLEY 1977). Der Autor der Studie vermutete, dass das vorübergehende Territorialverhalten des oben genannte Paares auf die Menge und die Verfügbarkeit der Nahrungsressourcen der *Schefflera* zurückzuführen war. Gegen Abend, mit Einsetzen der Dämmerung, musste dieses streitbare Verhalten notwendigerweise nachlassen, sofern die Loris einen gemeinschaftlichen Schlafbaum nutzen wollten. Ich hatte den Eindruck, als ob HAMLEY Zeuge der Neubildungsphase eines nachbrutzeitlichen Schwarms und gleichzeitigen Aufgabe der Brutterritorien gewesen sei.

WANDERUNGEN

Schuppenloris sind lokal Nomaden, obwohl die Wanderungen in Südost-Queensland und im nordöstlichen New South Wales sich weniger durch die An- oder Abwesenheit der Vögel bemerkbar machen, sondern vielmehr durch die schwankenden Individuenzahlen. Die Loris ziehen auf der Suche nach blühenden Bäumen (besonders Eukalypten) und Sträuchern umher. Es können sich große Ansammlungen an Orten zusammenfinden, an denen die Bäume in üppiger Blütenpracht stehen. Nach der Blüteperiode verstreuen sich die Loris rasch. Die angepflanzten einheimischen und exotischen Pflanzen in den Städten bieten den Vögeln das gesamte Jahr über sichere Nahrungsquellen und fördern somit die Bildung sesshafter Populationen.

Die längste nachgewiesene Wanderung eines Schuppenloris stammt von einem Vogel, der im Currumbin Sanctuary in Südost-Queensland beringt worden war und dessen Überreste 76 km weiter südöstlich bei Mount Gravatt wiederentdeckt wurden.

FLUG

Der direkte und schnelle Flug der Schuppenloris ähnelt dem der Allfarbloris (*Trichoglossus haematodus*). Im Flug sind der einfarbig grüne Kopf und die leuchtend orangeroten Unterseiten der Flügel sehr auffällig und deshalb geeignete Hilfsmittel zur Bestimmung der Vögel.

LAUTÄUSSERUNGEN

Die kreischenden Rufe der Schuppenloris sind auffällig hochtoniger als die der Allfarbloris (*Trichoglossus haematodus*), und dieser Unterschied ist besonders gut in gemischten Schwärmen festzustellen. Kontakt- und Alarmrufe sowie Lautäußerungen beim Balz- und Spielverhalten lassen sich in zweckbetonte Kategorien der Vokalisation einordnen, die von SERPELL identifiziert wurden. Er wies darauf hin, dass die Laute allesamt identisch mit denen der Allfarbloris (*Trichoglossus haematodus*) sind (*briefl. Mittlg.* 1981).

NAHRUNG

Schuppenloris ernähren sich von Pollen, Nektar, Knospen, Beeren, Früchten und Samen sowie von Insekten und ihren Larven. *Eucalyptus*-Blüten sind die Hauptnahrungsquelle der Vögel, weiterhin sind Banksien, Grevilleen und die Grasbäume der Gattung *Xanthorroea* wichtige Futterpflanzen. In den Regionen um Sydney und Newcastle an der Küste von New South Wales suchen die Loris regelmäßig blühende Korallenbäume (*Erythrina variegata*) auf, die häufig als Straßenbäume angepflanzt werden. Im Townsville-Distrikt, Nord-Queensland, wurden die Vögel bei der Nahrungsaufnahme in blühenden *Rain Trees* (*Pithecolobium saman*) beobachtet. COOPER erzählte mir, dass sie Ende Oktober 1997 bei Malanda, ebenfalls in Nord-Queensland, kleine Raupen aus umgerollten Blatträndern von *Omalanthus novoguineensis* zogen und fraßen (*briefl. Mittlg.* 1997). Anfang August 1975 entdeckte ich entlang dem Westufer des Lake Cootharaba in Südost-Queensland eine große

Zahl Schuppenloris, die zusammen mit einigen Allfarbloris (*Trichoglossus haematodus*) auf blühenden *Paperbark Trees* (*Melaleuca quinquenervia*) Pollen und Nektar aufnahmen. Die grünen Köpfe hoben sich vor dem Hintergrund der cremeweißen Blütenstände auffällig ab. Schuppenloris fressen sehr gerne angebaute Früchte und können in Obstplantagen große Probleme verursachen. Im November 1993 fiel ein gemischter Schwarm Schuppenloris und Allfarbloris in einer Plantage in der Nähe von Lismore im nordöstlichen New South Wales ein und fraß das Fruchtfleisch der zu Boden gefallenen Zimtäpfel. Die Loris hüpften über den Boden von einer Frucht zur nächsten (GOSPER & GOSPER 1996). Gemischte Schwärme beider Loriarten suchen auch Felder mit reifendem Sorghum auf, um sich über die „milchigen" Samenstände herzumachen (LAVERY 1970, GOSPER & GOSPER 1996).

Im Herbst 1994 und 1995 wurden in der Nähe von Lismore im nordöstlichen New South Wales Schwärme mit bis zu 35 Schuppenloris beim Fressen der Früchte des Kampferbaums (*Cinnamomum camphora*) beobachtet. Es wurde auch das am Boden liegende Obst verzehrt (GOSPER & GOSPER 1996), allerdings niemals die gesamte Frucht. Die Loris verwenden zwei Techniken, um an den Fruchtsaft zu gelangen, der dann mit der „Pinselzunge" aufgeleckt wird: Zum einen wird die Fruchtschale mit der Schnabelspitze an einer Stelle punktförmig geöffnet und die Frucht dann mehrere Male mit den Schnabelhälften zusammengedrückt, um den Saft herauszupressen. Die Früchte werden gewöhnlich drei bis fünf Sekunden bearbeitet und dann verworfen. Die zweite Methode wurde wesentlich häufiger beobachtet: Die Fruchtschale wurde an einer Stelle mit dem Schnabel geöffnet und die Frucht dann in zwei Hälften gespalten. Die Samen im Inneren der Frucht wurden verworfen. Die Hälften wurde dann in den Schnabel genommen, und mit der Zunge leckten die Loris bis zu 30 Sekunden lang den Saft von der Innenseite der Frucht auf. Auf dem Boden unterhalb eines Futterbaums bildeten sich dann charakteristische Ansammlungen von gespaltenen Fruchtschalen und frei gelegten Samen.

FORTPFLANZUNG

Das Fortpflanzungsverhalten einschließlich der Balz ähnelt dem der Allfarbloris (*Trichoglossus haematodus*). Nester der Schuppenloris kann man zwischen Mai und Februar entdeckten, meist nisten die Vögel jedoch von Juni bis September (STORR 1984b). BARNARD berichtete, dass im Duaringa-Distrikt in Zentral-Queensland einst nach heftigen Regenfällen im März sehr früh im Jahr die Blütezeit der Eukalypten einsetzte. Im August saßen in den Nestern der Schuppenloris bereits Junge, in „normalen" Jahren wäre dies nicht vor Ende November der Fall gewesen (in NORTH 1911). Nach LORD (1956) liegt die Fortpflanzungszeit der Schuppenloris in der Umgebung von Towoomba in Südost-Queensland gewöhnlich in den Frühlings- und Sommermonaten. Manchmal brüten die Vögel jedoch auch im Winter, so zum Beispiel 1952, einem überaus regenreichen Jahr, als die Jungen im August ausflogen.

Das Nest befindet sich in einem hohlen Ast oder Baumloch, gewöhnlich in beträchtlicher Höhe in einer Eukalypte. Beide Altvögel beteiligen sich an der Nistvorbereitung, indem sie verrottendes Holz von den Innenwänden der Höhle nagen oder reißen und hinaustragen. Es kann bis zu sechs Wochen dauern, bis die Nisthöhle für die Eiablage präpariert worden ist. In einem Baum lassen sich zwei oder mehr besetzte Nester entdecken, die von ihren Besitzern gegen die übrigen Paare, andere potentielle Brutplatzkonkurrenten und Fressfeinde verteidigt werden.

Lloyd NIELSEN meldete dem *RAOU Nest Record Scheme* die Daten von 20 Nestern aus Südost-Queensland. Ein Nest vom 29. September 1960 stammte aus einem Gebiet, 8 km südlich von Jandowae entfernt, und enthielt zwei Eier. Die übrigen Nester wurden in der Nähe von Dalby entdeckt und allesamt 1966 untersucht. Die Ergebnisse dieser Untersuchungen sind in der nachfolgenden Tabelle zusammengefasst:

Bundesstaat oder Region	Anzahl festgestellter Nester	Nestbaum A *Eucalyptus* B anderer C nicht bestimmt	Höhe über dem Boden	Anzahl Eier oder Nestlinge	Frühester/spätester Nachweis von Eiern	Frühester/spätester Nachweis von Nestlingen
Südost-Queensland	20	A/19 C/1	9,2 m (6,0- 14,0 m)	1/3, 2/17	28. Mai/ 29. September	6. Juli/ 20.August

Die zwei, seltener drei Eier werden auf eine Schicht Holzmulm auf den Boden der Nisthöhle gelegt. Die Brutdauer beträgt etwa 25 Tage. Nur das Weibchen brütet. Das Männchen verbringt jedoch gewöhnlich die Nacht bei seiner Partnerin in der Nistkammer. Beide Altvögel füttern die Jungen, die mit etwa acht Wochen ausfliegen. Die ersten Tage kehren die Flügglinge noch zum Schlafen in die Nisthöhle zurück.

Die Eier sind rundlich bis breit-elliptisch und weisen nur wenig Glanz auf. Ein Dreiergelege aus der Nähe von Grafton in New South Wales befindet sich heute in der H. L. White Collection in Melbourne. Die mittleren Eimaße betragen 26,2 (25,8 x 26,8) mm x 19,5 (19,4 x 19,6 mm).

EIER

Der Schuppenlori ist in Menschenobhut nicht besonders beliebt, da er weniger farbenprächtig ist als die anderen australischen Loriarten. Es handelt sich trotzdem um interessante und lebhafte Vögel, die sich leicht an ein Leben in einer Voliere gewöhnen. Handaufgezogene Schuppenloris werden wunderbare Heimvögel. Und tatsächlich gewann ein zahmer Schuppenlori einen von einem nationalen Fernsehsender gesponserten Wettbewerb, in dem der „talentierteste Heimvogel" ermittelt werden sollte. Die Art ist in den bewaldeten Landschaften und Gärten in der Nähe meiner Heimatstadt sehr häufig, daher spielte sie in meiner Sammlung nie eine besondere Rolle.

HALTUNG IN MENSCHENOBHUT

In Bezug auf Unterbringung und Pflege sind die Bedürfnisse der Schuppenloris identisch mit denen der Allfarbloris (*Trichoglossus haematodus*). Laut Sindel (1987) brüten die Vögel zwar auch gut in der Koloniehaltung in einer geräumigen Voliere, die besten Ergebnisse erzielt man jedoch, wenn man die Paare einzeln in kleineren Volieren oder Hängekäfigen hält. Hutchins und Lovell (1985) wiesen darauf hin, dass die Schuppenloris zwar in einer etwas kleineren Voliere gehalten werden können als Allfarbloris, die reich gefärbte Unterseite der Schwingen jedoch nur während des Fluges in einer größeren Voliere zur Geltung kommt – ein überaus eindrucksvoller Kontrast zum ansonsten grünen Gefieder.

UNTERBRINGUNG UND PFLEGE

Ich habe diese Loris nur für kurze Zeit gehalten: Ein Paar war in einem Hängekäfig untergebracht, dessen Ausmaße mit den Käfigen für die Allfarbloris übereinstimmte.

Samen sind für die Schuppenloris ein ebenso wichtiger Bestandteil der Ernährung wie für die Allfarbloris (*Trichoglossus haematodus*). Ich reichte meinen Vögeln als Zusatzfutter ein Gemisch aus gleichen Teilen Kanariensaat und Weißer Hirse. Das Basisfutter bestand aus trockenem und feuchtem Lorimischfutter sowie Früchten und Grünfutter. Ich rate davon ab, die Loris mit einer reinen Körnerfutterdiät zu halten. Die Ernährung meiner Schuppenloris deckte sich mit der meiner Allfarbloris. Es wurden allerdings geringere Mengen an Grünfutter verzehrt.

FÜTTERUNG

Obwohl ich meine Vögel als „Brutpaar" erwarb, zeigten sie kein Interesse an dem Nistkasten, und ich vermute, es handelte sich bei ihnen um zwei Männchen. Das unterstreicht die Bedeutung einer endoskopischen oder biochemischen Geschlechtsbestimmung, falls man mit seinen Vögeln züchten möchte. Sindel (1987) behauptete, dass bei den Männchen der Kopf oftmals größer und bläulicher gefärbt sei, aber dies ist auf keinen Fall ein zuverlässiges Merkmal zur Unterscheidung der Geschlechter.

ZUCHT

Hohle Stämme oder Nistkästen werden als Nistplatz akzeptiert, wobei den Kästen wegen der leichteren Reinigung der Vorzug zu geben ist. Hutchins und Lovell (1985) empfahlen hingegen einen Stamm von 45-55 cm Länge mit einem Innendurchmesser von etwa 15 cm. Er sollte schräg in einem Winkel von 45° angebracht werden. Es empfiehlt sich, den Vögeln als Ansporn für das Brutgeschäft zusätzlich einen 35 cm hohen senkrechten Stamm anzubieten. Auf den Boden der Nisthöhlen gibt man eine Handvoll Holzkohle, welche die Trocknung der flüssigen Ausscheidungen und Futterreste erleichtert. Über die Holzkohle legt man einige Handvoll eines Gemisches von jeweils einem Drittel Holzspänen, Sägemehl und Erdreich. Sindel merkte an, dass geräumige Nistkästen während der Jungenaufzucht seltener gereinigt werden müssen, daher benutzt er Kästen mit einer Grundfläche von 22 cm x 22 cm und einer Höhe von 30 cm. Sie werden von seinen Vögeln bereitwillig angenommen. Einige Paare akzeptieren jedoch keine sehr großen Kästen.

Das Balzverhalten soll dem der Allfarbloris (*Trichoglossus haematodus*) stark ähneln, aber etwas weniger lebhaft sein (Hutchins & Lovell 1985). Sindel beschrieb, dass sich das Männchen hoch aufrichtet und sich mit gewölbtem Nacken und weit aufgerissenen Augen seinem Weibchen nähert. Es hüpft auf dem Ast umher und vollzieht dabei oftmals eine ganze Drehung. Dazu gibt es ein melodisches *kuu* von sich.

Zwischen der Ablage des ersten und des zweiten (sehr selten auch des dritten) Eies verstreichen zwei oder drei Tage. Das Weibchen beginnt mit der Bebrütung zwischen der Ablage des ersten oder zweiten Eies. Sindel berichtete, dass die meisten Eier nach 22 Tagen zum Schlupf kommen und frisch geschlüpfte Nestlinge spärlich mit silbrig-weißen Dunen bedeckt sind, die ab dem 10. Tag von grauen Dunen ersetzt werden. Mit 14 Tagen haben sich die Augen geöffnet, die Spitzen der ersten Konturfedern brechen mit 20 Tagen durch die Haut. Die Nestlingszeit wird mit 56 bis 60 Tagen angegeben, die meisten Jungvögel verlassen 57 Tage nach dem Schlupf das Nest. 30 Tage nach dem Ausfliegen besitzen die jungen Schuppenloris die Schnabel- und Irisfärbung der Adulten. Laut Sindel ist ein Brutversuch mit Vögeln, die jünger als 18 Monate sind, selten erfolgreich.

MISCHLINGE/FARBMUTATIONEN

In Menschenobhut wurden Schuppenloris erfolgreich mit einigen Unterarten des Allfarbloris (*Trichoglossus haematodus*), dem Schmucklori (*T. ornatus*) und dem Meyers Lori (*Psitteuteles flavoviridis meyeri*) gekreuzt. Die Hybridisierung mit dem Gebirgslori (*Trichoglossus haematodus moluccanus*) ist in der Natur nicht ungewöhnlich, vor allem in den städtischen Lebensräumen, wo Futterplätze gemischte Lorischwärme anlocken.

Laut Sindel (1987) sind vom Schuppenlori mehr Farbmutationen als von jeder anderen australischen Loriart bekannt. Lutinos gibt es nicht nur bei australischen Züchtern, sondern auch in Übersee, und es existieren mindestens zwei Berichte über blaue Mutationsformen, bei der Grün und Gelb durch Blau und Weiß ersetzt sind. Die olivfarbene Form wurde in den australischen Zuchtanlagen fest etabliert, und durch die Mischlingszucht wurde dieser Farbton auch auf andere Loriarten übertragen. Es gibt Hinweise auf eine jade- oder lorbeergrüne Mutation sowie Berichte über zimtfarbene Vögel.

GATTUNG PSITTEUTELES Bonaparte

Psitteuteles Bonaparte, Rev. et Mag. Zool. (2), 6, 1854, S. 157. Typus durch spätere Festlegung *Psittacus versicolor* Vigors, d.h. *Trichoglossus versicolor* Lear (G. R. Gray, Cat. Gen. Subgen. Bds, 1855, S. 88).

Da ich keinen zwingenden Grund sah, die Gattung *Psitteuteles* aufrechtzuhalten, zählte ich ihre Vertreter früher zu *Trichoglossus*. Christidis und Boles (1994) sowie Schodde (1997) fanden es jedoch verfrüht, die herkömmlichen Gattungsgrenzen innerhalb der australischen Loris zu ändern und behielten *Psitteuteles* bis zur endgültigen Klärung des taxonomischen Status durch Untersuchungen zur Homologie und Geographie der gesamten Unterfamilie Loriinae bei. Im Interesse der Gleichförmigkeit komme ich dem Wunsch nach der traditionellen Verwendung der Lori-Gattungen nach und stelle den Buntlori in die Gattung *Psitteuteles*, möchte aber nochmals betonen, dass es zurzeit keinen morphologischen oder biochemischen Hinweis gibt, die Gattung *Trichoglossus* aufzuspalten. Noch problematischer ist die Einbindung zahlreicher Arten Neuguineas, Indonesiens und der südlichen Inseln der Philippinen in die Gattung *Psitteuteles*.

Die einzige australische Art dieser Gattung ist ein kleiner Lori mit einem kurzen keilförmigen Schwanz, der aus schmalen, spitz zulaufenden Federn besteht. Der nackte weiße Augenring und die auffällige Querstreifung der Federn durch die Schaftstreifen zählen zu den herausragenden Gefiedermerkmalen. Ein Geschlechtsdimorphismus ist bekannt, aber nicht sehr auffällig. Die Jungvögel sind merklich blasser als die Adulten.

Gemäß der traditionellen Festlegung ist die Gattung *Psitteuteles* vom Süden der Philippinen über die Inseln Indonesiens ostwärts bis Neuguinea und Nord-Australien verbreitet (siehe Peters 1937).

BUNTLORI

Psitteuteles versicolor (Lear)

Trichoglossus versicolor Lear, Illustr. Psittac., Tafel 7, 1831 (= S. 36 der gebundenen Ausgabe) (keine Ortsangabe = Cape York Peninsula, Queensland, *apud* Mathews).

WEITERE NAMEN

E: Varied Lorikeet, Variegated Lorikeet, Red-capped Lorikeet, Red-crowned Lorikeet; F: Loriquet varié; NL: Bonte lori.

Gesamtlänge 19 cm

BESCHREIBUNG

ADULTES MÄNNCHEN
Stirn, Zügel und Scheitel rot; Ohrdecken leuchtend grünlich gelb; Kehle und Wangen bis zum Hinterkopf und Vorderrücken mattblau mit gelblich-grünen Schaftstreifen, was dem Gefieder ein gestreiftes Aussehen verleiht; obere Brust matt mauve-pinkfarben, die Federschäfte sind schmal gelb gezeichnet; Unterflügeldecken gelblich-grün, der Rest der Körperunterseite blassgrün, die Schaftstreifen sind heller gelblich-grün; Körperoberseite leuchtend grün, mit blasseren Schaftstreifen vor allem auf dem Vorderrücken und auf den Schulterfedern; Handschwingen dunkelgrün; Schwanzoberseite grün, die Unterseite gelblich oliv; die äußeren Steuerfedern sind auf den Innenfahnen breit gelb gesäumt; der nackte Augenring ist weiß; Schnabel orangerot; Läufe bläulich-grau; Körpermasse 49-62 g.

10 Exemplare:	Flügel 110-119 (115,7) mm	Schwanz 64-72 (67,6) mm
	Oberschnabel 12-13 (12,6) mm	Lauf 14-15 (14,8) mm

ADULTES WEIBCHEN
Wie die Männchen, die Kopfzeichnung ist jedoch allgemein matter und blasser; Stirn, Zügel und Scheitel heller rot; Ohrdecken matter grünlich-gelb, die Schaftstreifen der Federn von der Kehle bis zu den Wangen sowie auf dem Hinterkopf und dem Vorderrücken sind matter und grünlicher; die mauve-rosafarbene Färbung auf den oberen Brustfedern ist weniger ausgedehnt; Körpermasse 50-62 g.

12 Exemplare:	Flügel 108-119 (114,2) mm	Schwanz 62-74 (66,6) mm
	Oberschnabel 12-13 (12,5) mm	14-17 (14,8) mm

JUVENILE
Allgemein matter gefärbt als die adulten Weibchen mit auffällig weniger ausgeprägten Zeichnungen auf Kopf, Hals und Brust; lediglich Stirn und Zügel sind heller rot gefärbt,

manchmal sind die Kehl- und die vordere Wangenregion rötlich verwaschen; Scheitel grün; wenig oder kein Mauve-pink auf der oberen Brust; die Steuerfedern laufen spitzer zu; Schnabel braun, zur Basis hin mit Orange überlaufen; Iris blassbraun.

VERBREITUNG

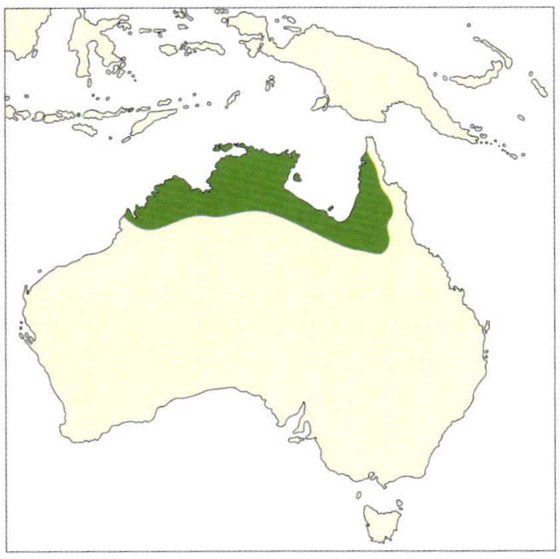

Nord-Australien von der Kimberley Division in Western Australia ostwärts bis Zentral- und Nordost-Queensland. In der Kimberley Division von Western Australia kommt der Buntlori im Wesentlichen nördlich des 18. südlichen Breitengrades vor, obwohl er im ariden Südosten gelegentlich südwärts bis in die Umgebung von Billiluna vordringt. Die Art wurde darüber hinaus auf einigen küstennahen Inseln einschließlich Koolan Island, Augustus Island und Lacrosse Island beobachtet (Storr 1980, McKenzie *et al.* 1995). Im Norden des Northern Territory ist der Buntlori weit verbreitet, sein Verbreitungsgebiet reicht im Südwesten bis zum Behn River und ausnahmsweise auch bis zu den nördlichen Ausläufern der Tanami Desert sowie im Südosten bis nach Dunmarra und Brunette Downs. Nachweise aus Gebieten, die deutlich außerhalb des eigentlichen Verbreitungsgebietes liegen, stammen von Renner Springs und der Lake Nash Homestead (Storr 1977, Gibson 1986). Buntloris wurden auf Bathurst Island, Melville Island und Elcho Island (drei größeren Inseln der Sir-Edward-Pellew-Gruppe) gesichtet, darüber hinaus auf Groote Eylandt (Keith 1968, Schodde 1997). In Nord-Queensland liegt das Verbreitungsgebiet im Zentrum und Westen der Cape York Peninsula. Es reicht im Norden bis zum Unterlauf des Wenlock River oder möglicherweise sogar bis zum Jardine River, im Süden zum Iron Range National Park und dem Quellgebiet der Flüsse, welche die Princess Charlotte Bay speisen. Im Westen reicht das Verbreitungsgebiet bis etwa Cloncurry und Mount Isa, im Osten bis nach Hughenden. Es gibt Nachweise vom Burke River etwa 75 km nördlich von Boulia und aus einem Gebiete zwischen Boulia und Windorah (Hutchins & Lovell 1985; *Bird Observer, Nr. 268, November 1970*). Lendon (1979) berichtete von weiteren isolierten Einzelnachweisen von Mackay und einem Gebiet weiter südlich bis Gin Gin. Tarr teilte mir mit, dass die Buntloris gelegentlich bis zum Townsville-Distrikt vordringen (1968, *briefl. Mittlg.*). Schodde (1997) wies darauf hin, dass diese Nachweise außerhalb des „normalen" Verbreitungsgebietes ebenso wie die Sichtmeldungen vom Atherton Tableland noch bestätigt werden müssten.

HABITATE

Der Buntlori bewohnt das tropische Tiefland. Laut Tarr (1963) kommt die Art in nahezu allen ländlichen Gebieten vor, in denen blühende Bäume stehen, besonders zahlreich jedoch in der dichten Baumsavanne. Beobachter berichteten von einer Bevorzugung für *Eucalyptus*- und *Melaleuca*-Savannen, besonders entlang den Flüssen und im Umfeld der Wasserlöcher. Laut Storr (1977) suchen die Buntloris im Northern Territory meistens bewaldete Habitate auf, im Gegensatz zu den Rotnackenloris (*Trichoglossus haematodus rubritorquis*) meidet die Art die Mangroven. Anfang Juli 1979 stieß ich während einer einwöchigen Felduntersuchung im nordöstlichen Sektor des Northern Territory in fast allen bewaldeten Lebensräumen auf Buntloris, besonders in der offenen *Eucalyptus*-Savanne bis in ein Gebiet westlich und südlich von Katherine sowie in der *Eucalyptus-Melaleuca*-Savanne entlang den Nebenflüssen des South Alligator River. In Nord-Queensland suchen die Buntloris häufig die Baumsavannen und offenen Wälder in der semiariden Zone und die Galeriewälder entlang den Wasserläufen in der ariden Zone auf (Storr 1984b).

1 Buntlori
Psitteuteles versicolor
ANWC 13833 adult, Männchen
Shady Camp, 100 km östlich von Darwin,
Northern Territory
11. Mai 1971

2 Buntlori
Psitteuteles versicolor
AM 017867 immatur, Weibchen
Cape York Peninsula, Northern Queensland
1866 (ohne Datumsangabe)

3 Brustband-Honigfresser
Certhionyx pectoralis
ANWC 18727 adult, Männchen
Bukalara Range, östlich von Mimets Base,
Barkly-Tableland-Distrikt,
Northern Territory
29. Mai 1976

Buntloris sind häufige Vögel, aber allgemein nicht so zahlreich wie die Allfarbloris (*Trichoglossus haematodus*). Laut Storr (1977) ist die Art im Northern Territory generell häufig, örtlich zuweilen jedoch selten oder für längere Zeiträume abwesend. Der Bestand der Buntloris ist im Vergleich zum Rotnackenlori starken Schwankungen unterworfen; auch das Vorkommen ist weniger gleichmäßig. Bei biologischen Bestandsaufnahmen auf der Cobourg Peninsula, Northern Territory, die zwischen 1961 und 1968 durchgeführt wurden, stellten die Beobachter fest, dass sie jeden Tag damit rechnen konnten, mehrere bis viele Male auf Rotnackenloris zu stoßen, aber selten mehr als ein oder zwei Trupps Buntloris zu Gesicht zu bekommen (Frith & Hitchcock 1974). Anfang 1979 fand ich heraus, dass beide Spezies im nordöstlichen Sektor des Northern Territory sehr häufig waren, besonders bei Katherine, wo die Buntloris in der Überzahl waren; weiter in Richtung Norden nahm die Zahl der Vögel jedoch deutlich ab. Im Drysdale River National Park, nördliche Kimberley Division von Western Australia, stellte im August 1975 ein Feldteam fest, dass die Buntloris etwa viermal so häufig wie die Rotnackenloris waren (Johnstone *et al.* 1977). Auf Koolan Island in der Kimberley Division ist die Art ein seltener saisonaler Besucher, während die Rotnackenloris hier in den meisten Monaten des Jahres häufig anzutreffen sind (McKenzie *et al.* 1995).

Laut Storr (1984b) sind die Buntloris lokal und saisonal häufig in Nord-Queensland zu beobachten. Im Mount-Isa-Distrikt sind die Vögel zwar zahlreich, der Bestand ist jedoch sehr schwankend (Horton 1975). Ich habe nach den Vögeln in Nordost-Queensland Aus-

schau gehalten und auch die ansässigen Farmer befragt. Bei meinen unregelmäßigen Abstechern in den Wenlock-River-Iron-Range-Distrikt im Osten der Cape York Peninsula konnte ich zwischen 1963 und 1996 keinen Nachweis für ihre Existenz in diesem Gebiet erbringen. Daher stimme ich der Einschätzung zu, dass die Art dort – an der Ostgrenze ihres Verbreitungsgebietes – allgemein selten ist und sie nur in höchst unregelmäßigen Abständen aufsucht. Doch manchmal dringt örtlich plötzlich und unerwartet eine große Anzahl von Vögeln ein, so geschehen 1928 bei Ebagoola im Süden der Cape York Peninsula. Zu jener Zeit waren die Buntloris dort häufig zu beobachten. 1948 sammelte man Exemplare beim Hann River, noch weiter in Richtung Südosten (THOMPSON 1935, in MACK 1953). FRITH sah während einer Bestandsaufnahme im Osten der Cape York Peninsula in der Trockenzeit von 1965 nur wenige Vögel (*pers. Mittlg.* 1968). Bei meinen Besuchen im Wenlock-River-Iron-Range-Distrikt im Osten Cape York Peninsula konnte ich sie weder 1963 noch 1966 oder 1974 entdecken. Ende Mai wurden die Buntloris erneut am Hann River nachgewiesen sowie in der Nähe des Morehead River und beim Archer River (CAMERON, *briefl. Mittlg.* 1978). Im September 1979 war die Art beim Edward River Settlement im Westen der Cape York Peninsula überaus zahlreich (Garnett & Bredl 1985).

Der Buntlori ist vollständig vom Gesetz geschützt.

VERHALTEN

Buntloris ziehen gewöhnlich in Familiengruppen oder kleinen Schwärmen umher, können sich jedoch zu großen Schwärmen zusammenschließen, wenn Bäume oder Sträucher üppig in Blüte stehen. In ihrer Verhaltensweise ähneln die Buntloris den Rotnackenloris (*Trichoglossus haematodus rubritorquis*), in deren Gesellschaft sie sich oftmals befinden. Die Buntloris sind jedoch auffällig weniger geschwätzig. Sie sind nicht besonders scheu und dulden eine Annäherung auf recht kurze Entfernung, vor allem in der Mittagshitze, wenn sie inmitten der belaubten Zweige eines Baumes sitzen und dösen. Das Gefieder der Vögel vermischt sich dabei erstaunlich gut mit dem beschatteten Blätterwerk. Bei der Nahrungsaufnahme neigen die Buntloris zu aggressivem Verhalten und versuchen Honigfresser oder andere Nektar fressende Vögel zu verjagen.

TARR (1963) hat die Buntloris bei mehreren Gelegenheiten beim Baden beobachtet; sie stürzen sich geradewegs ins Wasser und schütteln das feuchte Nass nach dem Baden aus den Flügel- und den Körperfedern. Danach fliegen die Vögel zu einem nicht weit entfernten Baum, um dort eine Zeitlang mit der Gefiederpflege zu verbringen. HUTCHINS und LOVELL (1985) berichteten, dass sie Ende September 1969 in der Nähe von Darwin eine große Anzahl von Bunt- und Rotnackenloris beim Baden inmitten von Eukalyptuslaub beobachten konnten, das von Beregnungsanlagen besprüht worden war. Die Vögel schienen sich regelrecht zu waschen, indem sie in die feuchten Blattbüschel hinein und wieder hinaus kletterten. Es waren so viele Loris, dass die Äste weit durchhingen und den Boden berührten. Anfang Juli beobachtete ich in der Nähe von Katherine im Northern Territory einen Schwarm von etwa 20 Buntloris, die sich wiederholt einem Wasserloch näherten, vermutlich um zu trinken, sie wurden jedoch jedes Mal von einem Glattstirn-Lederkopf (*Philemon citreogularis*) vertrieben. BOEKEL (1980) berichtete, dass auf der Victoria River Downs Station (Northern Territory) ein einzelner Vogel beim Versuch, aus einem Wasserloch zu trinken, von einem Krokodil erbeutet wurde.

WANDERUNGEN

Buntloris sind Nomaden, ihre Wanderungen richten sich nach der Blütezeit der Bäume und Sträucher. Im Zentrum ihres Verbreitungsgebietes lassen sich diese Zugbewegungen nur durch die schwankenden Individuenzahlen feststellen, denn einige Vögel sind das ganze Jahr über in dem Gebiet ansässig. In den meisten anderen Distrikten sind Buntloris jahreszeitliche oder unregelmäßige Besucher. Vor allem an den Grenzen des Verbreitungsgebietes können die Ankunft und der Abflug der Loris höchst unvorhersehbar sein. Auf Koolan Island in der Kimberley Division von Western Australia sind sie nur gegen Ende der Trockenzeit anwesend, wenn *Eucalyptus miniata* blüht (MCKENZIE *et al.* 1995). Laut COLLINS (1995) suchen die Buntloris den Broome-Distrikt an der südlichen Verbreitungsgrenze offensichtlich nur in der feuchten Jahreszeit auf. MCKEAN (1985) wies darauf hin, dass die Art im Keep River National Park an der Grenze des Northern Territory zu Western Australia zwar nomadisch lebt, aber zu jeder Jahreszeit nachgewiesen wurde. Laut BOEKEL (1980) sind die Buntloris im Gebiet des Zusammenflusses des Wickham River und des Victoria River im Nordwesten des Northern Territory sesshaft. DEIGNAN (1964) erinnerte sich, dass 1948 während der amerikanisch-australischen Wissenschaftsexpedition nach Arnhem Land in der Nähe von Darwin gegen Ende März zunächst nur kleine Trupps gesichtet wurden, die Loris nach dem 6. April jedoch plötzlich sehr häufig wurden. MCKEAN hat die Buntloris in der Region um Darwin in jedem Monat des Jahres nachgewiesen, ein Nistnachweis gelang ihm jedoch in diesem Gebiet nicht (in SINDEL 1987). LENDON (1979) fasste die Nachweise zusammen, die er bei drei Abstechern in das Northern Territory erfassen konnte. Das unterstreicht sehr gut, wie unvorhersehbar die Buntloris in ihrem Verbreitungsgebiet auftreten; selbst wenn Eukalypten weithin blühten, waren die Loris in manchen Distrikten auffällig selten und in anderen überaus häufig.

Laut STORR (1984b) sind die Buntloris in Nord-Queensland Nomaden, er gibt jedoch auch zu bedenken, dass die Vögel im Nordwesten, vom Gulf of Carpentaris südwärts bis zum Mount-Isa-Distrikt, überwiegend zu den regelmäßig auftretenden saisonalen Wanderern zählen. Die Individuenzahlen können von Jahr zu Jahr stark schwanken, während weiter in Richtung Osten sowohl die Wanderbewegungen als auch die Anzahl der Vögel unregelmäßig oder unvorhersehbar sind. HORTON (1975) wies darauf hin, dass im Mount-Isa-Distrikt die Individuenzahlen sehr variieren, im Winter und Frühling jedoch stets große Schwärme anzutreffen sind, wenn die *Bloodwoods* (*Eucalyptus terminalis*) blühen. Don PAYNE, der seit langer Zeit in Cloncurry wohnt, behauptete, dass die Buntloris seit 50 Jahren regelmäßige Besucher der Argylla Ranges zwischen Mount Isa und Cloncurry sind. Sie kommen dort gewöhnlich im Juni an, wenn die *Bloodwoods* (*E. terminalis* und *E. polycarpa*) und etwas später auch die *Bauhinia*- und *Melaleuca*-Bäume blühen. 1980 setzte die Blütezeit einen Monat früher ein als gewöhnlich, und die Vögel erschienen ebenfalls einen Monat früher (in SINDEL 1987). Laut BERNEY (1906) sind die Loris weiter in Richtung Osten im Richmond-Distrikt zwischen Dezember und April, wenn dort keine Bäume blühen, praktisch nicht anwesend. Beim Edward River Settlement im Westen der Cape York Peninsula wurde Ende August 1979 ein Trupp von sechs Exemplaren entdeckt. Dann plötzlich waren die Buntloris im September sehr zahlreich, als die Blütezeit von *Melaleuca stenostachya* begann.

FLUG

Der Flug ist schnell und geradlinig. Laut SEDGWICK (1947) neigen die Vögel dazu, in sehr dicht gedrängter Formation zu fliegen, aus der sich allerdings Einzeltiere oder kleine Trupps für einige Zeit absondern können.

LAUTÄUSSERUNGEN

Der Kontaktruf, ein schriller Kreischton, wird von den Vögeln fast unablässig im Flug ausgestoßen. Beim Fressen lassen die Buntloris hochtonige Plapperlaute hören, während der Pausen in der größten Tageshitze geben sie weiche zwitschernde Laut von sich. Buntloris sind weitaus weniger lärmend als die größeren Rotnackenloris (*Trichoglossus haematodus rubritorquis*), ihre Rufe sind weicher und weniger durchdringend sowie auffällig höher in der Tonlage. Die Rufe sind weithin hörbar, und die Loris sind im Allgemeinen früher zu hören als zu sehen.

NAHRUNG

Buntloris ernähren sich von Nektar, Pollen, Blüten, Früchten, Beeren und wahrscheinlich auch von Insekten und ihren Larven. Die Vögel bevorzugen den Pollen und Nektar der Blüten folgender Bäume und Sträucher: *Bloodwoods* (*Eucalyptus terminalis, E. polycarpa*), *Paperbark Trees* (*Melaleuca leucadendron*), *Bauhinia*-Bäume und *Grevillea pteridifolia*. In der Nähe von Normanton (Nord-Queensland) wurden sie bei der Nahrungsaufnahme an Blüten des *Kapok Tree* (*Cochlospermum heteronemum*) beobachtet (PIZZEY 1966). Anfang Juli 1979 sah ich etwa 20 km westlich von Katherine (Northern Territory) zwei Paare beim Fressen auf einem einzeln stehenden, blühenden *Darwin Stringybark* (*Eucalyptus tetradonta*), auf dem zur selben Zeit auch Brustband-Honigfresser (*Certhionyx pectoralis*) und Gilb-Honigfresser (*Lichenostomus flavescens*) nach Nahrung suchten. Einige Kilometer weiter westlich entdeckte ich einen großen gemischten Futterschwarm von Buntloris und Rotnackenloris in einem Wäldchen aus blühendem *Silver Box* (*E. pruinosa*).

Um zu trinken, klettern die Buntloris zu den Enden weit überhängender Äste, von denen aus sie einen Wasserlauf erreichen können, oder sie lassen sich auf einem exponierten Zweig eines im Wasser liegenden oder treibenden Baumstamms nieder.

FORTPFLANZUNG

Buntloris brüten in allen Monaten des Jahres, obgleich die Zeit von April bis September oder Oktober (im Norden Australiens die Trockenzeit) von ihnen scheinbar bevorzugt wird. In den Argylla Ranges, zwischen Cloncurry und Mount Isa, Nord-Queensland, beginnen die Loris laut SINDEL (1987) Anfang Juli mit der Eiablage; die Jungen fliegen Ende August bis Anfang September aus. Wenn die Nahrung im Überfluss vorhanden ist, wird oftmals eine zweite Brut aufgezogen. 1980 setzte im selben Gebiet die Blütezeit der Eukalypten einen Monat früher als gewöhnlich ein. Entsprechend schritten auch die Buntloris früher zur Brut. Laut STORR (1977) stammen die Brutnachweise im Northern Territory aus dem Januar und Juni. In der Kimberley Division von Western Australia hat man Eier zu Beginn des Monats Mai nachgewiesen (in NORTH 1911).

Das Nest befindet sich in einem hohlen Ast oder Baumloch, vorzugsweise in *Eucalyptus*- oder *Melaleuca*-Bäumen, die in der Nähe von Wasser stehen. SINDEL (1987) stellte fest, dass die von ihm untersuchten Nester in waagerechten oder schrägen Asthöhlen bis zu einer Neigung von 45° lagen und die Höhlen oftmals länger als einen Meter waren. In den Argylla Ranges zwischen Mount Isa und Cloncurry (Nord-Queensland) entdeckte man drei Buntlorinester und ein Cloncurrysittichnest (*Barnardius barnardi*) in einem großen, weit ausladenden Eukalyptusbaum, der einzeln etwa 150 m von einem ausgetrockneten Flussbett entfernt stand. Möglicherweise vergrößern die Loris die Nisthöhle, indem sie Holz von den Innenwänden nagen. Beide Geschlechter beteiligen sich an der Vorbereitung der Nestkammer für die Eiablage. Der Boden wird mit Holzmulm oder Bruchstücken von Baumtermitennestern ausgelegt. WHITE (1922c) berichtete, dass in drei Nestern, die in der Nähe von Coen auf der Cape York Peninsula (Nord-Queensland) gefunden wurden, die Eier auf Eukalyptusblättern lagen und in einem dieser Nester die Blätter von den Vögeln in kleine Stücke zerbissen worden waren. In einem Bericht von der Napier Broome Bay in der Kimberley Division von Western Australia wird geschildert, wie ein Paar Buntloris ein Paar Sonnenastrilde (*Neochmia phaeton*) aus einer kleinen Baumhöhle vertrieb und in sehr kurzer Zeit das Nest entfernte, das die Prachtfinken in der Höhle gebaut hatten (HILL 1911).

Ein Gelege besteht normalerweise aus zwei bis vier Eiern, selten fünf. Über das Fortpflanzungsverhalten im Freiland ist wenig bekannt, obgleich WHITE (1922c) ein Männchen beobachtet hatte, welches von einer Nisthöhle davonflog, in der sich Eier befanden. Nach dem Ausfliegen schließen sich die jungen Buntloris mit den Adulten zu Futterschwärmen zusammen.

EIER

Die runden bis breit-elliptischen Eier sind nur schwach glänzend. Ein Vierergelege aus der Nähe von Coen auf der Cape York Peninsula (Nord-Queensland) befindet sich heute in der H. L. White Collection, Melbourne. Die Eimaße betragen 24,0 (22,5-25,2) mm x 20,0 (19,4-20,6) mm.

HALTUNG IN MENSCHENOBHUT

Der Buntlori ist ein reizvoller Volierenvogel. Die Art hat entscheidend von den verbesserten Haltungsmethoden in den letzten Jahrzehnten profitiert und ist seit Mitte der 80er Jahre des vorigen Jahrhunderts fest bei den australischen Züchtern etabliert. LOW (1992) wies darauf hin, dass die Art nicht in den Sammlungen außerhalb Australiens präsent sei. Ich habe nur für kurze Zeit zwei Paare besessen. Buntloris sind wunderbare Volierenvögel, ihre ungewöhnliche und sehr attraktive Gefiederfärbung wird durch ihr ruhiges und sehr vertrauensvolles Wesen vervollkommnet, vor allem bei den freundlichen Männchen. Als ich aus beruflichen Gründen gezwungen war, auf die Haltung sämtlicher Loris zu verzichten, widerstrebte es mir sehr, die beiden Paare abzugeben.

UNTERBRINGUNG UND PFLEGE

Ich kenne Züchter, die mehrere Paare Buntloris zusammen mit Prachtfinken, Täubchen und Weichschnäblern in großen bepflanzten Volieren gehalten haben, und die Loris sind in dieser Umgebung zweifellos ein sehr ansprechender Blickfang. Sie verhalten sich nicht aggressiv gegenüber anderen Vögeln und zerstören auch nicht die Blätter der Gehegepflanzen. SINDEL (1987) gelangen seine ersten Zuchterfolge mit drei Paaren in der Gruppenhaltung in einer bepflanzten Voliere mit einer Grundfläche von etwa 8 m^2. Er gibt jedoch aufgrund der besseren Zuchtergebnisse der paarweisen Haltung in kleineren Gehegen oder Hängekäfigen den Vorzug. Im Adelaide Zoo hatte man die Buntloris erfolgreich in Volieren gepflegt, die 5 m lang, 1,4 m breit und 2 m hoch waren. Auf der Rückseite befand sich auf einer Länge von 2 m ein geschlossenes Schutzhaus (HUTCHINS & LOVELL 1985).

Ich hatte meine beiden Paare jeweils in einem Hängekäfig mit 1,8 m Länge, 60 cm Breite und 90 cm Höhe untergebracht. Die Rückseite der Käfige war als Schutzhaus vollständig geschlossen; in ihm hatte ich den Nistkasten angebracht. Die Vorderseite war mit einer Wand und einem Dach gegen Regen und Wind geschützt. Die Käfige waren von Ost nach West ausgerichtet, so dass die nach Norden geöffnete Seite höchstmöglich dem Sonnenlicht ausgesetzt war. Das Schutzhaus bot den Loris eine sichere Zuflucht vor den vorherrschenden Westwinden.

Im deutlichen Gegensatz zu den Rotnackenloris (*Trichoglossus haematodus rubritorquis*), die ebenfalls ausschließlich in Nord-Australien beheimatet sind, gelten die Buntloris nicht als besonders widerstandsfähige Vögel. Sie benötigen auf jeden Fall Schutz vor Feuchtigkeit und kalten Winden. Diese Schutzmaßnahmen lassen sich erheblich leichter in einem Hängekäfig oder in einem kleinen Gehege verwirklichen als in einer geräumigen und bepflanzten Voliere. SINDEL hält die Buntloris für die heikelsten Pfleglinge unter den australischen Loriarten, die sehr schwer zu halten und zu züchten seien.

FÜTTERUNG

Laut SINDEL (1987) sollte man ein besonderes Augenmerk auf die Ernährung der Buntloris legen, da die Vögel zur Fettleibigkeit neigen und sehr leicht lethargisch werden. Ich fütterte meine Vögel sowohl mit einem trockenen als auch mit einem feuchten Lorimischfutter. Das erstgenannte stand ihnen jederzeit zur Verfügung, das letztgenannte bot ich nur am späten Nachmittag an und entfernte die Futterreste am nächsten Morgen, bevor sie den warmen Tagestemperaturen ausgesetzt waren. Die bevorzugten Früchte waren Äpfel, Birnen und Weintrauben, welche sie täglich erhielten. Früh am Morgen stellte ich jedem Vogel einen frisch gepflückten *Grevillea*- oder *Callistemon*-Blütenstand zur Verfügung. Ich klemmte die Stände in eine spezielle Halterung an den Sitzästen ein. Die Loris nahmen zunächst ausgiebig Blütennektar und Pollen auf, bevor sie das andere Futter anrührten. Auf die Fütterung von Samen verzichtete ich; auch Grünfutter wurde von meinen Vögeln nur höchst selten gefressen.

Buntloris verunreinigen schnell ihr Trinkwasser, vor allem, wenn der Napf nicht weit vom Behälter mit dem Trockenlorifutter montiert ist. Daher befestigte ich einen weiteren Trinkwassernapf am anderen Ende des Käfigs. Beide Näpfe wurden mindestens zweimal am Tag gegen frische ausgetauscht.

ZUCHT

Ich habe es außerordentlich bedauert, dass ich gezwungen war, die Haltung der Buntloris aufzugeben, bevor sie die Gelegenheit zum Brüten hatten. Ein „echtes" Paar zusammenzustellen ist aufgrund des deutlichen Geschlechtsdimorphismus nicht so schwierig wie bei anderen Loriarten. Die Nichtverträglichkeit kann jedoch ein Problem werden; daher sollte man die Paare neu kombinieren, wenn man feststellt, dass zwei Vögel kein Interesse an der Fortpflanzung zeigen.

In Australiens Zuchtanlagen zeigen die Buntloris die Neigung, zu bestimmten Zeiten im Jahr zu brüten, gewöhnlich zwischen Juni und Oktober beziehungsweise Anfang November. SINDEL (1987) wies darauf hin, dass das Balzverhalten dem anderer australischer Loris ähnelt, aber weniger intensiv sei. Die Männchen richten sich in voller Höhe auf, wölben den Nacken nach vorn und hüpfen mit nickenden Kopfbewegungen und starken Pupillenkontraktionen den Ast entlang. Die Vögel verbeugen sich und nicken mit dem Kopf und geben dabei ständig weiche Plapperlaute von sich. Bei der Balz führen beide Partner sehr intensiv wiegende Körperbewegungen aus (HUTCHINS & LOVELL 1985). Zum Brüten werden sowohl hohle Niststämme als auch Nistkästen akzeptiert. Den Kästen ist jedoch wegen der leichteren Säuberung der Vorzug zu geben. SINDEL bietet seinen Buntloris waagerechte Nistkästen an. Einige Vögel benutzen sie nicht nur als Nistkästen, sondern auch zum Schlafen außerhalb der Brutsaison. HUTCHINS und LOVELL empfahlen einen Niststamm mit einer Höhe von 60-80 cm und einem Innendurchmesser von etwa 14 cm, der waagerecht oder mit einer leichten Neigung angebracht werden sollte.

SINDEL stellte fest, dass die Eier im Abstand von zwei bis drei Tagen gelegt werden. Das Weibchen beginnt gewöhnlich nach der Ablage des zweiten Eies mit der Bebrütung. Das Männchen beteiligt sich nicht daran, verbringt aber viel Zeit im Stamm oder Kasten und sitzt bei seinem Partner. Die Brutdauer beträgt etwa 22 Tage. Frisch geschlüpfte Nestlinge tragen graue Dunenbüschel, die ab etwa dem zehnten Tag durch Sekundärdunen ersetzt werden. Die Spitzen der ersten Konturfedern brechen wenig später durch die Haut. Mit 35 Tagen sind die Jungen voll befiedert; sie fliegen mit 37 bis 41 Tagen (im Mittel mir 39 Tagen) aus. Drei Monate nach dem Flüggewerden mausern die Jungen in das Adultgefieder, und mit 12 Monaten sind sie geschlechtsreif.

MISCHLINGE/FARBMUTATIONEN

Es gibt einen Bericht über die Hybridisierung mit einem Rotnackenlori (*Trichoglossus haematodus*), aus dem ein fertiler Jungvogel hervorging. Dieser produzierte wiederum fertile Nachkommen mit einem Gebirgslori (*Trichoglossus haematodus moluccanus*). Ein Jungtier aus dieser Verpaarung konnte erfolgreich mit einem Schuppenlori (*Trichoglossus chlorolepidotus*) gekreuzt werden. Das Paar produzierte ein Gelege mit befruchteten Eiern (in SINDEL 1987).

NICHOLSON (1990) behauptete, dass es vom Buntlori olivfarbene und gelbliche Mutationsformen gebe, ging jedoch nicht weiter ins Detail.

GATTUNG GLOSSOPSITTA Bonaparte

Glossopsitta Bonaparte, Revue Mag. Zool., (2) 6, 1854, S. 157. Typus nach späterer Festlegung *Psittacus australis* Latham *nec* Gmelin = *Psittacus concinnus* Shaw (G. R. Gray, Cat. Gen. Subgen. Bds, 1855, S. 88).

Glossopsitta ist eine homogene Gruppe mit drei sehr eng verwandten Arten, die ausschließlich im Süden Australiens vorkommen. Ich halte nichts davon, die Gattung auf weitere Spezies auszudehnen. So sind die Argumente, die für eine Einbindung einiger kleinerer rotschnäbeliger *Trichoglossus*-Arten vorgetragen werden, wenig überzeugend (siehe LOW 1977). Lediglich die Einordnung des Veilchenloris (*Trichoglossus goldiei*) in die Gattung *Glossopsitta* verdient es, eingehender untersucht zu werden. Die Art wurde bisher von einer Gattung in die nächste geschoben, und es wird wiederholt erwähnt, dass ihr Verwandtschaftsgrad zu anderen Loriarten ungeklärt ist. LENDON (1979) beobachtete in Zoos lebende Veilchenloris und kam zu der Überzeugung, dass diese Art zur Gattung *Glossopsitta* gehöre, eine Einschätzung, der sich LOW anschloss. Ich habe bereits früher meine Zweifel über die Korrektheit der Zuordnung des Veilchenloris in die Gattung *Trichoglossus* geäußert und angedeutet, die Vögel könnten möglicherweise eng mit *Charmosyna* verwandt sein. Eine ausführliche Untersuchung der taxonomischen Stellung der Arten von Neuguinea liegt jedoch außerhalb der Thematik dieses Buches. Es soll an dieser Stelle lediglich erwähnt werden, dass *Charmosyna* und *Vini* offenbar die nächsten Verwandten von *Glossopsitta* sind, so dass zu erwarten ist, dass eine oder mehr Arten der Zierloris (*Charmosyna*) eines Tages zur Gattung *Glossopsitta* verschoben werden. Der Veilchenlori könnte ebenfalls dazu gehören. Zoogeographisch betrachtet, ist die Verbindung des Veilchenloris mit *Charmosyna* oder *Trichoglossus* jedoch weitaus annehmbarer als die Einordnung in *Glossopsitta*.

Die drei *Glossopsitta*-Arten sind kleine Loris mit kurzen keilförmigen Schwänzen. Der kleine und zarte Schnabel ist schwarz und bei einer Art (*G. concinna*) zur Spitze hin korallenrot gefärbt. Im Oberschnabel befindet sich eine auffällige Schnabelkerbe. Ein farbiges Band auf der Flügelunterseite ist nicht vorhanden. Der Geschlechtsdimorphismus ist bei *G. concinna* schwach ausgeprägt, bei den beiden anderen Arten sind die Geschlechter anhand äußerer Merkmale nicht zu unterscheiden.

MOSCHUSLORI

Glossopsitta concinna (Shaw)

Psittacus concinnus Shaw, Nat. Misc., 3, 1791, Tafeltext 87 („New Holland" = New South Wales *apud* Mathews, 1912).

WEITERE NAMEN

E: Musk Lorikeet, Musky Lorikeet, Musk Lory, Green Keet, Keet, Green Leek, Red-crowned Lorikeet, Red-eared Lorikeet, Red-cheeked Lorikeet, Red-cheek, King Parrot; F: Loriquet musqué, Loriquet à bandeau rouge; NL: Muskuslori.

Gesamtlänge 22 cm

BESCHREIBUNG

ADULTES MÄNNCHEN
Grundfarbe des Gefieders leuchtend grün, blasser und gelblicher auf der Körperunterseite; Stirn, Zügel und ein breites Band, das sich vom Auge über die Ohrdecken bis zu den Halsseiten erstreckt, sind leuchtend rot; Scheitel und Hinterkopf blau; Nacken und Vorderrücken bronzebraun mit einem Stich ins Grüne; die ausgedehnten gelben Gefiederbereiche auf den Brustseiten sind bei geschlossenen Flügeln nicht sichtbar; Unterschwanzdecken gelblichgrün; Schwanz oberseits grün, unterseits gelboliv, die äußeren Steuerfedern sind auf den Innenfahnen an der Basis orangerot gesäumt; Schnabel korallenrot, zur Basis hin grauschwarz; Iris orange; Läufe grünlich-braun; Körpermasse 60-90 g.

15 Exemplare:	Flügel 128-137 (131,2) mm	Schwanz 80-93 (87,6) mm
	Oberschnabel 12-14 (13,2) mm	Lauf 14-16 (14,7) mm

ADULTES WEIBCHEN
Wie Männchen, aber blasser, das Blau auf dem Scheitel ist weniger ausgedehnt; Körpermasse 61-73 g.

10 Exemplare:	Flügel 122-134 (128,9) mm	Schwanz 84-99 (89,5) mm
	Oberschnabel 12-14 (13,1) mm	Lauf 14-16 (14,5) mm

JUVENILE
Matter als die adulten Weibchen, besonders auf Scheitel, Nacken und Vorderrücken; die Zeichnungen am Kopf sind orangerot; das Gelb auf den Brustseiten ist weniger ausgedehnt; Schnabel braun, fast schwarz an der Schnittkante; Iris braun.

VERBREITUNG

Südost-Australien von Südost-Queensland bis nach Tasmanien und zum Südosten von South Australia einschließlich Kangaroo Island. Die Art wurde im Gebiet der Metropole Perth (Western Australia) eingeführt, hat dort aber offenbar nicht überlebt.

UNTERARTEN

1. Glossopsitta concinna concinna (Shaw)

Das Verbreitungsgebiet der Nominatform, die oben beschrieben wurde, deckt sich mit dem Gesamtverbreitungsgebiet des Moschusloris auf dem australischen Festland. Bei den Vögeln, die in dem Gebiet der Metropole Perth (Western Australia) eingeführt wurden, handelte es sich offenbar auch um Vögel der Nominatform.

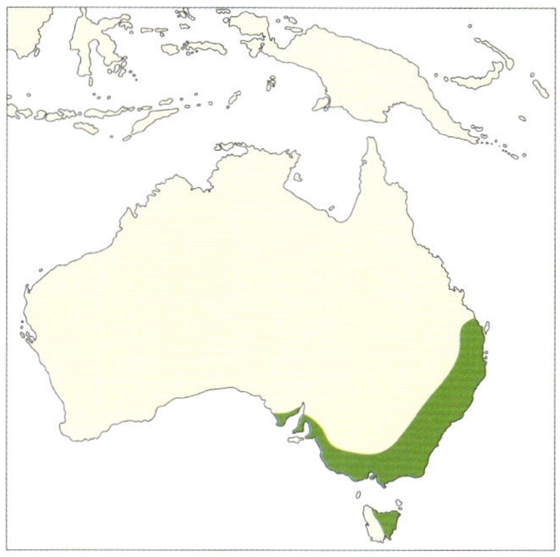

In Südost-Queensland kommt die Nominatform im Wesentlichen südlich des 27. südlichen Breitengrades und östlich der Westhänge der Great Dividing Range vor. Gelegentlich dringen die Vögel in den Norden bis in den Chinchilla-Distrikt und zu den Bunya Mountains vor. Storr (1984a) wies darauf hin, dass die Nachweise aus weiter nördlich gelegenen Regionen noch bestätigt werden müssen. Schodde (1997) bezweifelte die Berichte über vagabundierende Vögel, die nordwärts bis zu den Dawson Ranges und Expedition Ranges (mit einem Nachweis aus der Nähe von Duaringa) gezogen sein sollen (siehe Barnard & Barnard 1925). In New South Wales ist die Nominatform weit verbreitet und kommt landeinwärts bis zum Ostrand des westlichen Tieflands vor. Die am weitesten westlich stammenden Nachweise kommen von Moree, Warren, West Wyalong und Barham, Sichtungen weit außerhalb des Hauptverbreitungsgebietes von Murray River jenseits von Wentworth (Morris *et al.* 1981). In den alpinen Lebensräumen der Southern Highlands kommen die Moschusloris nicht oder nur sehr selten vor, und ich vermute, dass die wenigen Nachweise aus der Region um Canberra auf entflogene Volierenvögel oder fehlbestimmte Schwalbensittiche (*Lathamus discolor*) zurückzuführen sind.

In Victoria fehlen die Moschusloris nur in den alpinen Lebensräumen des Nordostens. Im äußersten Nordwesten des Bundesstaates ist die Unterart nur sporadisch verbreitet. In der *Bird List* des Mid Murray Field Naturalists' Trust, die 1975 zusammengestellt wurde, werden Nachweise von Vögeln zitiert, die von Wood Wood und Manangatang bis in den Nordwesten von Swan Hill stammen. Im Südosten von South Australia kommt die Nominatform auf Kangaroo Island, im Süden der Eyre Peninsula, im Süden der Yorke Peninsula nordwärts bis zu den Mount Lofty Ranges bis etwa Orroroo vor. Darüber hinaus reicht das Verbreitungsgebiet bis in den äußersten Südosten des Bundesstaates nordwärts bis zu den Mallee-Gebieten am Murray River.

2. *Glossopsitta concinna didimus* Mathews
Glossopsitta concinna didimus Mathews, Austr. Av. Rec., 2, 1915, S. 127 (Tasmanien).

ADULTE
Wie die Nominatform, aber mit weniger Blau auf dem Scheitel, bei den Weibchen fast vollständig fehlend; Körpermasse der Männchen 59-76 g, der Weibchen 59-79 g.

20 männl. Exemplare:	Flügel 122-134 (128,9) mm	Schwanz 80-99 (88,2) mm
	Oberschnabel 12-13 (12,4) mm	Lauf 13-16 (14,6) mm
20 weibl. Exemplare:	Flügel 121-134 (125,4) mm	Schwanz 80-90 (84,9) mm
	Oberschnabel 11-13 (12,3) mm	Lauf 13-16 (14,5) mm

Diese Unterart unterscheidet sich nur sehr wenig von der Nominatform und kommt ausschließlich auf Tasmanien vor, wo sie überwiegend in den östlichen Gebieten zu finden ist. Umherziehende Vögel erreichen auch King Island. Meine Untersuchungen an tasmanischen Moschusloris bestätigten die Annahme, dass die Vögel tendenziell auf dem Scheitel weniger Blau besitzen als die Exemplare des Festlands. Dieses Merkmal unterliegt jedoch auch einer starken individuellen Variationsbreite. So stellte ich bei einem männlichen Exemplar von Launceston, Tasmanien (NMV.R6164), einen kräftigen Anflug von Blau auf dem Scheitel fest, bei einem anderen Männchen von Lilliput in Victoria war der Scheitel hingegen nur schwach blau verwaschen. Die individuelle Variation könnte auf das Alter und dem Gefiederverschleiß der Bälge zurückzuführen sein. Daher ist es notwendig, die Gültigkeit der Unterart *didimus* anhand des Gefieders lebender adulter Moschusloris zu überprüfen.

HABITATE

Moschusloris kommen in fast allen bewaldeten ländlichen Regionen vor, wo blühende oder Früchte tragende Bäume und Sträucher wachsen. Im dichten Bergwald ist die Art nicht besonders zahlreich, sie bevorzugt offene Landschaften einschließlich der Galeriewälder und Baumbestände am Rand von Acker- und Weideflächen sowie Obstplantagen, Stadtparks und Gärten. Bei Bendigo in Victoria habe ich Moschusloris beim Fressen auf Straßenbäumen beobachtet, die weniger als 200 m vom Ortszentrum entfernt standen. In Adelaide (South Australia) kann man die Loris regelmäßig in den Parkanlagen in der Nähe des Stadtzentrums sehen. Feine regionale Unterschiede in den Habitatpräferenzen wurden aus Victoria berichtet: Im Norden in Richtung der Great Dividing Range suchen die Moschusloris überwiegend die *Box-Ironbark*-Wälder und Baumsavannen mit dominierenden Beständen des *River Red Gum* (*Eucalyptus camaldulensis*) und *Grey Box* (*E. microcarpa*) auf, während sie im Süden überwiegend in Wäldern mit *Red Ironbark* (*E. sideroxylon*) und *Red Bloodwood* (*E. gummifera*) sowie in Baumsavannen mit dominierenden *Forest Red Gums* (*E. tereticornis*) oder örtlich *River Red Gums* bewohnen (EMISON *et al.* 1987). Moschusloris wurden auch in Mallee nachgewiesen.

LOKALE POPULATIONSDICHTEN

Der Moschuslori ist in weiten Teilen Südost-Australiens die häufigste Loriart, besonders abseits der Küstenregionen. In Queensland sind die Vögel im äußersten Süden auf den Westhängen der Great Dividing Range nordwärts bis Dalrymple Creek häufig; andernorts in Queensland ist die Art selten (STORR 1984b). Bei biologischen Bestandsaufnahmen 1971/72 in zwei Landkreisen von Südost-Queensland stellte man fest, dass die Moschusloris in den offenen Wäldern der Stanthorpe Shire häufig und zahlreich vorkamen, aber in der etwa 100 km weiter nordwestlich gelegenen Millmerran Shire vollständig fehlten (KIRKPATRICK & SEARLE 1977, KIRKPATRICK & AMOS 1977). In der Umgebung von Brisbane sind die Moschusloris seltener als die beiden *Trichoglossus*-Arten (VERNON 1968).

In New South Wales sind die Moschusloris mäßig häufig, westlich der Great Dividing Range sollen sie zahlreicher sein. Ich habe festgestellt, dass ihre Bestände in den südlichen Regionen größer als im Norden sind, besonders in den Baumsavannen an der Küste. Im Norden von New South Wales sind die Moschusloris gewiss auffälliger als im Westen. Während der vergangenen 20 Jahre hat ihre Zahl an der mittleren Küste und auf dem Gebiet der Metropole Sydney offenbar zugenommen, vermutlich infolge der größeren Verfügbarkeit von Futterquellen, da einheimische Sträucher – vor allem Grevilleen und Banksien – eine sehr ausgedehnte Verbreitung als Ziersträucher gefunden haben. 1995 waren die Moschusloris in großer Zahl an der mittleren Küste, im Stadtgebiet von Sydney und in der Illawarra-Region anwesend. 1998 konnten erneut Schwärme mit Hunderten Loris in den küstennahen Vororten von Sydney entdeckt werden (MORRIS & BURTON 1997, *NSW Bird Notes, Nr. 28, 1998, S. 10*). In einem unberührten Waldgebiet in der Nähe von Eden an der äußersten Südküste von New South Wales ermittelte man eine Dichte von bis zu 0,2 Exemplaren pro Hektar (KAVANAGH *et al.* 1985).

Moschusloris sind auch in Victoria häufig. In diesem Bundesstaat habe ich sie besonders zahlreich in den *Eucalyptus*-Savannen (einschließlich Mallee) des Bendigo-Distrikts angetroffen. Bei biologischen Bestandsaufnahmen 1974/75 in der Grampians-Edenhope-Region in Südwest-Victoria stellte man fest, dass die Moschusloris weit verbreitet und häufig waren (EMISON *et al.* 1978). Bei der Zusammenstellung der „Atlas"-Daten zwischen Januar 1973 und Juni 1986 konnte im Verbreitungsgebiet in Victoria eine Nachweisrate von 11 Prozent ermittelt werden, ein deutlich höherer Wert als bei den beiden anderen *Glossopsitta*-Arten (EMISON *et al.* 1987). Laut PARKER und REID (1983) sind die Moschusloris mäßig häufig im Südosten von South Australia. Während der Zusammenstellung der „Atlas"-Daten 1984/85 in der Adelaide-Region waren alle drei ansässigen Loriarten verbreiteter als noch bei der Zusammenstellung der Daten 1974/75, obwohl dieser allgemeine Anstieg der Individuenzahlen auch lediglich die üppige Eukalyptusblüte 1984/85 widergespiegelt haben kann. In den Stadtdistrikten von Adelaide erhöhten sich die Bestände von Moschus- und Gebirgslori (*Trichoglossus haematodus moluccanus*) nicht so stark, vermutlich weil diese beiden Arten die Mallee-Eukalypten weniger häufig als Futterbäume nutzen als die Porphyrkopfloris (*Glossopsitta porphyrocephala*) (PATON *et al.* 1994). ASHTON (1996) berichtete, dass die steigende Zahl der Moschus- und Gebirgsloris im Aldinga Scrub Conservation Park, etwa 45 km südlich von Adelaide, auf die zusätzlichen Futterplätze in den Gärten in der Umgebung des Parks zurückzuführen sei.

Moschusloris sind die einzigen häufigen Loris in Ost-Tasmanien (siehe GREEN 1989). NEWMAN erläuterte mir, dass ihr Auftauchen außerhalb der Distrikte mit Obstanbau schwierig vorherzusagen ist. Stößt man dann auf die Vögel, handelt es sich meist um große Schwärme (*briefl. Mittlg.* 1978). GREEN und MCGARVIE (1971) berichteten über Nachweise von King Island um 1950 und Ende April 1966.

Entflogene Moschusloris wurden erstmals im September 1975 auf dem Gebiet der Metropole Perth in Western Australia beobachtet. Später fand man heraus, dass die Vögel im Bereich der Stadt auch gebrütet hatten (LONG 1981). Trotz gründlicher Nachforschungen konnten nach 1981 keine Moschusloris mehr in Perth nachgewiesen werden, so dass man davon ausgehen muss, dass die Etablierung einer verwilderten Population gescheitert ist (STORR & JOHNSTONE 1988).

VERHALTEN

Moschuslorischwärme entdeckt man gewöhnlich, wenn sie in großer Höhe vorüberfliegen oder wenn sie auf den äußersten Ästen einer blühenden Eukalypte umherklettern und nach Pollen und Nektar suchen. Es sind außerordentlich laute Vögel, die man oftmals in Gesellschaft von anderen Loriarten oder Schwalbensittichen (*Lathamus discolor*) antrifft. Beim Fressen sind Moschusloris sehr unaufmerksam, so dass man sich ihnen auf recht kurze Distanz nähern kann. Selbst wenn auf den Schwarm geschossen wird, verlassen die Vögel nur sehr zögerlich ihren Futterbaum. Ihr Gefieder verschmilzt hervorragend mit dem Laub der Bäume, ihre Anwesenheit wird jedoch untrüglich durch ihr unaufhörliches Geschrei und die Bewegungen der Blätter und Blütenstände verkündet. Es hat den Anschein, als ob innerhalb eines Schwarms die Paarbindung aufrecht erhalten wird. Gegen Abend, kurz bevor sich die Loris zur Nachtruhe begeben haben, kann man die Paare bei der gegenseitigen Gefiederpflege beobachten. Im dichten Blätterwerk der gemeinschaftlichen Schlafbäume finden sich viele Vögel zusammen. Das lautstarke Gezänk um die besten Schlafplätze zieht sich bis weit nach Sonnenuntergang hin. Bei Sonnenaufgang verlassen die Loris ihren Schlafbaum.

HUTCHINS und LOVELL (1985) beschrieben die täglichen Aktivitäten von Vögeln, die sie bei der Nahrungsaufnahme in einer Obstplantage im Gebiet der Tea Tree Gully, etwa 20 km nordöstlich von Adelaide (South Australia), beobachtet hatten. Die Loris erschienen jeden Morgen etwa um 7.00 Uhr auf der Plantage und fraßen ohne Unterbrechungen bis etwa 13.00 Uhr. Dann verließen die ersten Trupps den Futterplatz. Zur Mittagszeit war kein Lori mehr anwesend. Als die Vögel mit der Nahrungsaufnahme beschäftigt waren, konnte man sich ihnen problemlos bis auf einen Meter Entfernung nähern. Schlugen sie dann allerdings Alarm, flog der gesamte Schwarm mit großer Geschwindigkeit auf. Etwa Mitte des Nachmittags kehrten die Loris in kleinen Schwärmen mit 10-15 Exemplaren zur Plantage zurück. Dort widmeten sie sich bis etwa 18.00 Uhr der Nahrungsaufnahme, bevor sie mit dem Rückflug zu den Schlafplätzen begannen. Es dauert nicht lange, bis auch der letzte Moschuslori die Plantage verlassen hatte.

WANDERUNGEN

In den meisten Gegenden (und besonders an den Rändern ihres Verbreitungsgebietes) sind die Moschusloris Nomaden. Sie wandern allerdings weniger intensiv umher als andere Loriarten. Ihre Ortswechsel sind eher saisonaler Natur und vorhersehbar. Die Loris neigen dazu, bestimmte Orte in regelmäßigen Abständen über einen Zeitraum von mehreren Jahren aufzusuchen. In einigen Distrikten erscheinen die Schwärme nur in den Sommermonaten, auch wenn an manchen Orten die Eukalypten in den anderen Monaten des Jahres blühen. Es gibt Hinweise, dass in bestimmten Regionen kleine Populationen der Moschusloris Standvögel sind. Hier kann man Paare das ganze Jahr über in regelmäßigen Abständen in einem Terrain beobachten, bei dem es sich um dauerhafte Brutterritorien handeln könnte. Ich vermute jedoch, dass diese Sesshaftigkeit eine Anpassung an die verlässliche ganzjährige Versorgung mit Nahrungsquellen in den Stadtparks und Gärten beziehungsweise in Obstplantagen und auf Ackerland ist. Im Gegensatz dazu können Waldbrände und der damit einhergehende lang anhaltende Verlust an Futterbäumen dramatische Wanderbewegungen auslösen.

Die Moschusloris sind in New South Wales und Südost-Queensland örtlich Nomaden (MORRIS *et al.* 1981, STORR 1984b). Auf meinem Grundstück im Tal des Hastings River an der mittleren Nordküste von New South Wales habe ich in den vergangenen sechs Jahre nur bei einer einzigen Gelegenheit Moschusloris entdecken können. Weiter südlich tauchte 1995 eine große Anzahl der Vögel an der mittleren Küste, im Stadtgebiet von Sydney und im Illawarra-Distrikt auf. An der Südküste waren die Loris weniger zahlreich präsent, weil die Winterblüte des *Spotted Gum* (*Eucalyptus maculata*) in diesem Jahr sehr ungleichmäßig war (MORRIS & BURTON 1997). Als die Loris in dem Gebiet der Metropole Sydney erschienen, gelang bei Picnic Point durch die Sichtung von 20 Exemplaren der erste Nachweis von Moschusloris für diesen Distrikt seit mehr als 20 Jahren. Im Gegensatz dazu sind die Loris das ganze Jahr über in der Eurobodalla Shire und der Bega Shire an der Südküste anwesend (in MORRIS & BURTON 1997). MARCHANT (1992) berichtete von einer Studie, die in der Nähe von Moruya im Eurobodalla Shire zwischen 1975 und 1984 durchgeführt wurde und zeigte, dass die Art dort ein unsteter, aber regelmäßiger Gast außerhalb der Brutsaison war. Von September bis Dezember waren die Loris dort am häufigsten. Zwischen 1975 und 1980

1 Moschuslori
Glossopsitta concinna concinna
AM O28469 adult, Männchen
Liverpool, New South Wales
1903 (keine Datumsangabe)

2 Moschuslori
Glossopsitta concinna concinna
AM O20412 immatur, Männchen
Keine Ortsangabe, New South Wales
Keine Datums- oder Jahresangabe

tauchten die Vögel in der Region recht regelmäßig auf, besonders zahlreich 1978 zur Blütezeit der *Spotted Gums*. Ab Oktober 1980 wurden sie elf Monate lang nicht mehr gesehen, vermutlich weil nach einem Waldbrand längere Zeit kein Baum mehr blühte. 1984 waren die Moschusloris zur Blütezeit der Eukalypten wieder sehr häufig. An der Westgrenze des Verbreitungsgebietes in New South Wales kann das Vorkommen höchst unregelmäßig sein. So war zum Beispiel ein Nachweis in Parkes im mittleren Westen von 30 Exemplaren Mitte Juni 1997 erst die zweite Sichtmeldung in der Region in einem Zeitraum von 22 Jahren (in Morris 2000).

In Victoria sind die Moschusloris Nomaden und wandern auf der Suche nach blühenden Eukalypten weit umher. Während der Zusammenstellung der „Atlas"-Daten zwischen Januar 1973 und Juni 1986 gab es jedoch keine Hinweise auf regelmäßige Migrationen über weite Distanzen (Emison *et al.* 1987). Im Chiltern-Distrikt (Nord-Victoria) wurden die Bestände zwischen 1987 und 1995 intensiv beobachtet und systematisch gezählt. Die Moschusloris kamen in diesem Distrikt nur sporadisch vor; sie konnten zwar in jedem Jahr nachgewiesen werden, in den meisten Monaten jedoch nicht. Die Art war nur dann sehr häufig, wenn die von ihnen bevorzugten Eukalypten in üppiger Blüte standen (Traill *et al.* 1996). Bei Bendigo in Zentral-Victoria sind die Loris gegen Ende des Frühlings und im Sommer, wenn die *Ironbarks* und die eingeführten *Sugar Gums* (*E. cladocalyx*) blühen, häufig, weiter südwestlich im Ballarat-Distrikt stammen die meisten Nachweise aus den Sommermonaten (*Bird Observers Group 1976*, Thomas & Wheeler 1983). Im Südosten von South Australia sind die Moschusloris Sommergäste. Die Zahl der Vögel variiert sehr stark (Parker & Reid 1983). Hutchins und Lovell (1985) wiesen darauf hin, dass im Herbst und Winter bestimmte Gebiete von South Australia von Moschusloris aufgesucht werden, besonders in den Mount Lofty Ranges und auf Kangaroo Island. Anfang Dezember 1983, nur einen Tag nach dem Ausbruch von verheerenden Waldbränden in South Australia und Victoria, waren die Vögel in den städtischen Gebieten rund um Adelaide recht zahlreich. In und um Adelaide habe ich in jedem Monat des Jahres Moschusloris angetroffen.

Von besonderem Interesse ist die Behauptung von Green (1989), dass die Moschusloris über die Bass Strait zögen; sie erreichen Tasmanien angeblich im Frühling und fliegen im Herbst wieder zurück zum Festland. Bei der Zusammenstellung der Daten für den *Atlas of Australian Birds* zwischen 1977 und 1981 konnte jedoch kein Hinweis auf eine erhebliche Migration über die Bass Strait entdeckt werden. Die Nachweisraten im Sommer (2,5 %) und im Winter (1,9 %) waren nur geringfügig unterschiedlich, obgleich die Individuenzahlen an jedem Nachweisort stetigen Schwankungen ausgesetzt waren (Blakers *et al.* 1984). Brown (1996) wies darauf hin, dass es in Ost-Tasmanien mehrere Orte gibt, wo man Moschusloris zu jeder Zeit des Jahres antreffen kann.

Die Überreste eines bei Yilki in South Australia am 17. Dezember 1985 beringten Vogels wurde etwa ein Jahr später etwa 59 km weiter nördlich entdeckt (in Higgins 1999).

FLUG

Der geradlinige Flug der Moschusloris ist sehr schnell, und das „Schwirren" der Flügelschläge ist gut zu hören, wenn die Vögel in geringer Höhe vorüberziehen. Im Flug lassen sich die Moschusloris leicht anhand der gelblich-grünen Flügelunterseiten von den beiden *Trichoglossus*-Arten und dem Schwalbensittich (*Lathamus discolor*) unterscheiden.

LAUTÄUSSERUNGEN

Der Kontaktruf, den die Vögel stets im Flug hören lassen, ist ein schriller, metallisch klingender Schrei, der hochtoniger ist als der Ruf des Gebirgsloris (*Trichoglossus haematodus moluccanus*), aber deutlich dunkler als die Rufe der beiden anderen *Glossopsitta*-Arten. Die Nahrungsaufnahme wird von einem unaufhörlichen Geplapper begleitet.

NAHRUNG

Zur Nahrung der Moschusloris zählen Pollen, Nektar, Blüten, einheimische und kultivierte Früchte, Beeren und Samen sowie Insekten und ihre Larven. Die bevorzugte Nahrung sind Pollen und Nektar aus Eukalyptus-Blüten, und die Vögel nehmen weite Wege auf sich, um blühende Eukalypten zu finden. Darüber hinaus fressen die Loris sehr gerne Blattflöhe und Schildläuse mitsamt ihrer schützenden Schilde, die sie von den Unterseiten der Blätter absammeln.

Man hat Moschusloris bei der Nahrungsaufnahme an den Blüten des *Red Bottlebrush* (*Callistemon citrinus*), der *Silky Oak* (*Grevillea robusta*) und von *Angophora* spp. beobachtet, und die Knospen oder jungen Triebe dieser Sträucher und Bäume werden ebenfalls gefressen. In der Nähe von Sydney hat man gemischte Schwärme von Moschus- und Schuppenloris (*Trichoglossus chlorolepidotus*) bei der Nahrungsaufnahme auf *Swamp Mahogany* (*Eucalyptus robusta*) und *Grey Ironbark* (*E. paniculata*) beobachtet. Ende März 1975 sah ich weniger als 200 m von Stadtzentrum von Bendigo in Zentral-Victoria entfernt

W.T. Cooper

Moschuslorischwärme auf blühenden *Sugar Gums* (*Eucalyptus cladocalyx*), die als Straßenbäume angepflanzt worden waren. Die Vögel blieben den ganzen Tag über in diesen Bäumen.

Moschusloris können in Obstplantagen erheblichen Schaden anrichten und fallen darüber hinaus auch in Getreidefeldern ein, um sich von den „milchigen" Ähren zu ernähren. HUTCHINS und LOVELL (1985) berichteten von Moschuslorischwärmen, die in einer Plantage etwa 20 km nordöstlich von Adelaide (South Australia) Birnen fraßen. Die Vögel erschienen in der Plantage, als die ersten Früchte zu reifen begannen. In der Nähe von Grafton an der Nordküste von New South Wales wurden gemischte Schwärme mit Gebirgsloris (*Trichoglossus haematodus moluccanus*) und Schuppenloris (*T. chlorolepidotus*) beim Fressen an reifenden Sorghumrispen beobachtet (GOSPER & GOSPER 1996). LENDON (1951) sah große Ansammlungen von Moschusloris beim Verzehren von reifenden Weizenkörnern.

Bei der Untersuchung der Kropf- und Mageninhalte zweier Exemplare, die in South Australia gesammelt worden waren, wurden Samen, pflanzliches Material und mehrere kleine Raupen entdeckt (LEA & GRAY 1935). ROSE (1997) berichtete, dass im Magen eines Exemplars, das bei Nowra an der Südküste von New South Wales gesammelt worden war, Staubgefäße und eine Schmetterlingsraupe gefunden wurde. Am selben Ort konnte man darüber hinaus Loris bei Fressen an *Callistemon*-Blüten beobachten.

FORTPFLANZUNG

Die Brutsaison der Moschusloris dauert normalerweise von August bis Januar, Nistnachweise gibt es jedoch auch aus den übrigen Monaten. In New South Wales stammen die Gelegenachweise aus einem Zeitraum von August bis Januar, während in Victoria bei der Zusammenstellung der „Atlas"-Daten zwischen Januar 1973 und Juni 1986 Bruten in den Monaten August, Oktober und März nachgewiesen wurden (MORRIS *et al.* 1981, EMISON *et al.* 1987). Im südöstlichen South Australia und im Süden der Mount Lofty Ranges habe ich Moschusloris im September und Oktober an ihren Nisthöhlen beobachten können. Brown (1996) wies darauf hin, dass überraschend wenige Brutnachweise von Tasmanien existieren. Im Juli 1996 wurde in einer gefällten Eukalypte ein Nest entdeckt, in dem sich zwei Jungvögel befanden. Sie wurden auf zehn Tage geschätzt; die Eiablage musste daher Ende Juni stattgefunden haben.

Das Nest liegt in einem hohlen Ast oder in einem Baumloch, gewöhnlich in einer lebenden Eukalypte in Wassernähe. Zwei oder mehr Nester lassen sich auf einem Baum entdecken; in der Regel liegen diese in beträchtlicher Höhe über dem Boden. Nähert sich ein Eindringling, werden die Altvögel recht hektisch und fliegen laut kreischend vor dem Nisthöhleneingang umher. Beide Geschlechter beteiligen sich an der Säuberung und Vorbereitung der Nisthöhle vor der Eiablage. Die zwei, seltener auch mehr Eier werden auf eine Schicht Holzmulm auf den Boden des Nestes gelegt. Über das Brutverhalten im Freiland ist wenig bekannt, wahrscheinlich ähnelt es dem Verhalten von Vögeln in Menschenobhut.

EIER

Die schwach glänzenden Eier sind breit-elliptisch. In der North Collection, die sich heute im Australian Museum in Sydney befindet, gibt es ein Zweiergelege aus der Nähe von Orange (New South Wales) mit den Eimaßen 25,0 mm x 20,4 mm und 24,1 mm x 19,8 mm. Die Echtheit eines ungewöhnlich großen Geleges mit vier Eiern aus Glenalle (New South Wales), das sich heute in der H. L. White Collection in Melbourne befindet, darf angezweifelt werden. Die Eimaße betragen 24,6 (23,2-25,2) mm x 20,0 (19,4-20,6) mm.

HALTUNG IN MENSCHENOBHUT

Bevor kommerzielles Futter im Handel erhältlich war, gehörten die Moschusloris nicht zu den häufigen Volierenvögeln. Sie standen in dem Ruf, schwierig zu haltende Pfleglinge zu sein, die in Menschenobhut nicht sehr alt werden und kaum einmal zur Brut schreiten. Dieser unvorteilhafte Ruf war wahrscheinlich die Folge der gescheiterten Versuche, die Moschusloris ebenso unspezialisiert zu halten wie die großen *Trichoglossus*-Arten. Zweifellos hat der Moschuslori von den verbesserten Haltungsmethoden profitiert und ist heute in den Voliere der australischen Züchter fest etabliert. LOW (1998) stellte fest, dass die Art immer noch nicht häufig sei, ihre Bestände in Übersee aber stetig anwachsen.

Der Moschuslori ist eine weitere Art, die in meiner Sammlung nie eine besondere Rolle gespielt hat. Abgesehen von einem Einzelvogel, den ich einst für Fotoarbeiten hielt, pflegte ich nur bei einer Gelegenheit für kurze Zeit ein Paar. Wenn ich einen lebenden Vogel in der Hand hielt, habe ich niemals einen besonderen Moschusgeruch wahrgenommen, der für diese Loris angeblich so typisch ist und ihnen den Namen verliehen hat.

UNTERBRINGUNG UND PFLEGE

Laut SINDEL (1987) sind Moschusloris, wenn sie ausgewogen ernährt werden, robuste, lebhafte und wunderbare Volierenvögel, auch wenn sie in Hängekäfigen gehalten werden. Es ist zwar möglich, die Loris in sehr geräumigen Volieren in der Kolonie brüten zu lassen, die besten Brutergebnisse erzielt man jedoch mit Paaren, die separat untergebracht sind. HUTCHINS und LOVELL (1985) haben anhand eigener Erfahrungen festgestellt, dass die Moschusloris eine dicht bepflanzte Voliere mit recht großen Ausmaßen bevorzugen und in dieser Umgebung die besten Brutergebnisse erzielen. WILSON (1992b) sprach sich bei der Unterbringung von Moschusloris ebenfalls für größere Volieren aus. Seine Paare hat er in Anlagen von mindestens 4 m Länge, 1 m Breite und 2,4 m Höhe untergebracht. Moschusloris sind in sehr großen Volieren ein attraktiver Blickfang. Im Taronga Zoo in Sydney habe ich oftmals die Brutkolonie dieser Vögel bewundert. Es war sehr beeindruckend, wenn die Paare in der begehbaren Großvoliere über den Köpfen der Besucher hinweg ihre Runden drehten.

Das Paar Moschusloris, das ich für kurze Zeit hielt, hatte ich in einem Hängekäfig untergebracht, der in seinen Maßen mit denen meiner Allfarbloripaare (*Trichoglossus haematodus*) übereinstimmte. Die Vögel machten stets einen zufriedenen Eindruck, ich bin aber sicher, dass sie in einer größeren Voliere wesentlich lebhafter gewesen wären.

Paare verhalten sich normalerweise gegenüber Vögeln anderer Arten nicht aggressiv und können in gemischten Schwärmen auch mit Finken, Tauben oder kleineren Papageien gehalten werden. Laut SINDEL ist aggressives Verhalten die Ausnahme, nicht die Regel. In großen Gemeinschaftsvolieren hat er niemals das winzigste Anzeichen aggressiven Verhaltens gegenüber Tauben, Finken, Grassittichen, Princess-of-Wales-Sittichen (*Polytelis alexandrae*) oder sogar Porphyrkopfloris (*Glossopsitta porphyrocephala*) entdeckt. Es ist jedoch möglich, dass manche Paare während der Brut und Aufzucht aggressiv gegenüber anderen Vögeln reagieren können. Es ist daher ratsam, in dieser Zeit besonders wachsam zu sein.

FÜTTERUNG

Wenn Moschusloris ausschließlich mit Körnermischfutter ernährt werden, überleben sie nicht lange. In den zurückliegenden Jahren war eine ungeeignete Fütterung der Vögel wahrscheinlich der Grund für die hohe Sterblichkeitsrate unter den Moschusloris – eine Erfahrung, die viele Züchter machen mussten. Ich bin tatsächlich der Meinung, dass es ratsam ist, Körnerfutter ganz aus der Fütterung der Vögel zu verbannen. Moschusloris gedeihen prächtig mit kommerziellem trockenen und feuchten Lori-Mischfutter sowie als Zusatzfutter Früchte (besonders Äpfel und Birnen) und Grünfutter. Die Vorliebe für Grünfutter variiert jedoch sehr individuell. Das trockene Lori-Mischfutter sollte jederzeit verfügbar sein, der flüssige Nektar ab dem späten Nachmittag gereicht werden. Dann können die Loris am Abend und am frühen Morgen davon fressen, bevor die Futterreste durch die Wärme des Tages verderben. Meine Vögel zeigten nur wenig Interesse am Grünfutter, fraßen jedoch ausgesprochen gerne Obst. Jeden Tag verspeisten sie mehr gewürfelte Äpfel oder Birnen als die größeren *Trichoglossus*-Arten. HUTCHINS und LOVELL (1985) vermuteten, dass in Würfel geschnittenes Obst zusammen mit zerpflücktem Grünen Salat, geriebener Möhre und einem maßvollen Anteil eines hochwertigen Papageienkuchens ebenfalls als täglich angebotenes Zusatzfutter geeignet sind. WILSON (1992b) gibt seinen Vögeln ebenfalls Papageienkuchen: Jeder Vogel erhält einen Mürbeteigwürfel mit 12 mm Kantenlänge. Darüber hinaus reicht WILSON seinen Loris blühende Eukalyptus-Zweige. Die Vögel lassen sich Pollen und Nektar der Blüten schmecken.

ZUCHT

Ich habe Brutpaare gesehen, bei denen die Geschlechter äußerlich zu unterscheiden waren: Die rote Zeichnung am Kopf war bei den Männchen dunkler und der mit Blau verwaschene Gefiederbereich auf dem Scheitel war ausgedehnter und dunkler als bei den Weibchen. SINDEL (1987) warnte jedoch zu Recht davor, diese Unterschiede bei der Bestimmung der Geschlechter überzubewerten. Denn es gibt auch Weibchen mit leuchtend blauem Scheitel und blass gefärbte Männchen. Daher ist es dringend zu empfehlen, seine Vögel endoskopisch oder anhand einer DNA-Analyse auf das Geschlecht hin untersuchen zu lassen. Sollten Vögel mit bekanntem Geschlecht auch nach einigen Monaten nicht harmonieren, müssen sie neu verpaart werden.

Brutpaare können eine recht hohe Fortpflanzungsrate aufweisen. LOW (1998) berichtete vom einem Weibchen, das im Chester Zoo in einem Zeitraum von vier Jahren 16 Gelege produziert hatte, zwölf bestanden aus zwei Eiern, zwei aus einem Ei, eins aus drei Eiern und bei einem Gelege ist die Zahl der Eier unbekannt. Aus diesen 30 oder mehr Eiern schlüpften 14 Nestlinge, von denen sieben aufgezogen wurden. Zwischen 1990 und 1996 zog ein Züchter aus Washington (USA) 25 Jungvögel von Hand auf, die von zwei Paaren stammten; 19 Junge gingen allein auf eines der Paare zurück. Eine festgelegte Brutperiode gibt es nicht, und WILSON (1992b) bemerkte, dass einige Paare seiner Sammlung zwischen Spätwinter und Herbst drei oder vier Gelege produzierten.

Die Paarbindung ist recht stark, und verpaarte Vögel verbringen viel Zeit mit der gegenseitigen Gefiederpflege. SINDEL stellte fest, dass das Balzverhalten weitaus weniger ausgeprägt ist als bei den *Trichoglossus*-Arten. Gewöhnlich beschränkt es sich auf rhythmisches Kopfnicken, wobei der Nacken vorgewölbt und die Augen weit aufgerissen werden. Manchmal sind bei der Balz tiefe Pfeiftöne zu hören.

Es ist empfehlenswert, seinen Tieren ganzjährig Nistkästen anzubieten, da die Loris in ihnen auch schlafen. WILSON stellt seinen Vögeln senkrechte Kästen mit einer Grundfläche von 20 cm x 20 cm und einer Tiefe von 30 cm zur Verfügung. Die senkrechten Nistkästen, die SINDEL verwendet, sind etwas größer (Grundfläche 23 cm x 23 cm); 60–70 mm unterhalb des Schlupflochs ist ein Sitzast angebracht. SINDEL stellte die Vermutung auf, dass Nistkästen mit einer größeren Grundfläche noch geeigneter sind. Der Kasten wird mit einer 5 cm hohen Lage aus Holzspänen befüllt. Das Weibchen legt in Abständen von zwei oder drei Tagen zwei Eier. Es kümmert sich allein um die Bebrütung, das Männchen leistet ihm jedoch nachts gewöhnlich Gesellschaft im Kasten.

Überraschend unterschiedlich fallen die Berichte über die Brutdauer aus: Die Angaben reichen von 19 bis 27 Tage mit einem Durchschnittswert von 22 Tagen. SINDEL berichtete von einem Weibchen mit einer Brutdauer von 26 und 27 Tagen, das bei früheren Bruten nur 23 Tage auf den Eiern gesessen hatte. Frisch geschlüpfte Nestlinge besitzen lange silbrigweiße Dunen, die etwa ab dem 12. Tag von grauen Sekundärdunen ersetzt werden. Mit etwa 14 Tagen haben sich die Augen geöffnet, die Spitzen der ersten Konturfedern sind wenige Tage später sichtbar. Die Jungen verlassen etwa sieben Wochen nach dem Schlupf das Nest. Im Alter von drei Monaten hat sich die Schnabelbasis orange gefärbt, die Farbe der Iris ähnelt der eines adulten Vogels, ist jedoch noch etwas matter. Laut SINDEL schreiten einige Vögel bereits mit einem Jahr zur Brut, die meisten Moschusloris brüten jedoch nicht, bevor sie das zweite Lebensjahr erreicht haben.

MISCHLINGE/FARBMUTATIONEN

Mischlinge des Moschusloris sind mit dem Allfarblori (*Trichoglossus haematodus*) im Freiland bekannt. Fertile Hybriden konnten in Menschenobhut mit Gebirgs- und Rotnackenloris, Schuppenloris (*Trichoglossus chlorolepidotus*) und dem Zwergmoschuslori (*Glossopsitta pusilla*) gezüchtet werden.

SINDEL (1987) berichtete, dass sich durch Kreuzung mit olivfarbenen Schuppenloris nach vier Generationen ein olivfarbener Moschuslori entwickelte. Dieser Vogel besaß dieselben Rot- und Gelbfärbungen wie ein wildfarbener Moschuslori, die Grüntöne waren bei ihm jedoch olivgrün, das Blau war gräulich.

Darüber hinaus gibt es laut SINDEL sowohl im Freiland als auch in Menschenobhut gelb gesprenkelte Moschusloris. Dabei handelt es sich aber um eine nicht vererbbare, vorübergehende Gefiederveränderung, die sich entweder mit der nächsten Mauser verliert oder aber zum Tod des Vogels führt. Diese abweichende und oftmals sehr ausgedehnte Gefiederzeichnung geht wahrscheinlich auf eine Krankheit zurück oder ist die Folge von Mangel- oder Fehlernährung.

ZWERGMOSCHUSLORI

Glossopsitta pusilla (Shaw)

Psittacus Pusillus Anonymus = Shaw, in White, Journ. Voy. New South Wales, 1790, S. 262, Tafel 48 (New South Wales).

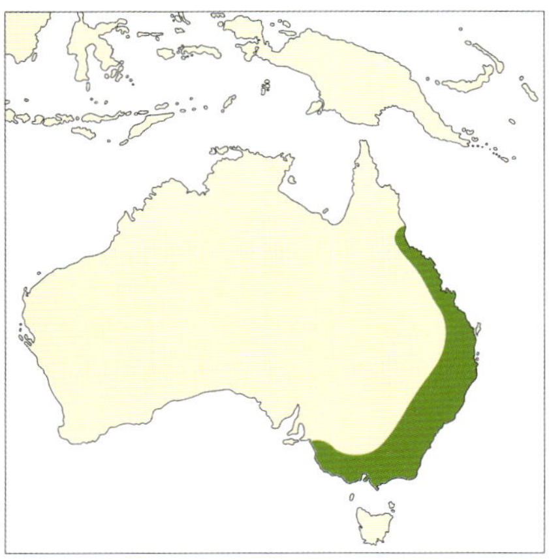

E: Little Lorikeet, Little Lory, Red-faced Lorikeet, Red-faced Lory, Little Keet, Green Keet, Green Parakeet, Green Leek, Jerryang, Gizzie, Slit; F: Loriquet nain, Loriquet à masque rouge, Petit Loriquet; NL: Dwerglori.

Gesamtlänge 15 cm

ADULTES MÄNNCHEN

Grundfarbe des Gefieders leuchtend grün, heller und gelblicher auf der Körperunterseite; Stirn, Zügel, Kehle und vordere Wangenfedern leuchtend rot, eine auffällige Gesichtsmaske bildend; Ohrdecken grün mit blassgrünen Schaftstreifen, die dem Gefieder ein gestreiftes Aussehen verleihen; Nacken und Vorderrücken bronzebraun mit einem Stich ins Grüne; Handschwingen dunkelgrün, auf den Außenfahnen sehr schmal blassgelb gesäumt; Unterflügeldecken gelblich-grün; Schwanz oberseits grün, unterseits gelboliv, die äußeren Steuerfedern sind an der Basis auf den Innenfahnen orangerot gesäumt; Schnabel schwarz; Iris orangegelb; Läufe grünlich-grau; Körpermasse 30-48 g.

10 Exemplare:	Flügel 100-104 (101,7) mm	Schwanz 53-65 (59,0) mm
	Oberschnabel 10-11 (10,8) mm	Lauf 12-13 (12,5) mm

ADULTES WEIBCHEN
Wie die Männchen; Körpermasse 34-53 g.

10 Exemplare:	Flügel 93-106 (99,2) mm	Schwanz 56-65 (62,3) mm
	Oberschnabel 10-11 (10,6) mm	Lauf 12-13 (12,6) mm

JUVENILE
Die Gefiederfärbung ist allgemein etwas blasser als bei den Adulten; die Gesichtsmaske ist deutlich blasser und mehr orangerot; Nacken und Vorderrücken grün mit einem Anflug von Mattolivbraun; die Wachshaut und der nackte Augenring sind blassgrau anstelle von dunkelgrau; Schnabel dunkelolivbraun; Iris braun.

VERBREITUNG

Östliches und südöstliches Australien von Nord-Queensland bis zum Südosten von South Australia und möglicherweise auf Tasmanien.

Im Osten von Queensland ist der Zwergmoschuslori sowohl im Gebirge als auch im Tiefland verbreitet. Die Art kommt nordwärts bis zum Atherton Tableland vor, ein Nachweis außerhalb des eigentlichen Verbreitungsgebietes stammt aus dem Cooktown-Distrikt. Zwergmoschusloris sind auf Magnetic Island, Curtis Island, Fraser Island und Stradbroke Island nachgewiesen. Landeinwärts reicht das Verbreitungsgebiet bis zu den Westhängen der Great Dividing Range vom Mareeba-Ravenshoe-Distrikt südwärts durch die Carnarvon Range bis Chinchilla (Schodde 1997, Venables 1998). In New South Wales stimmt das Verbreitungsgebiet des Zwergmoschusloris etwa mit dem des Moschusloris (*Glossopsitta concinna*) überein. Die westliche Grenze von *pusilla* scheint der östliche Rand des zentralen Tieflands von Australien zu sein. Nachweise stammen von Moree, Gulargambone, Peak Hill, aus den Weddin Mountains, von der Cocopara Range und aus dem Deniliquin-Distrikt (Morris *et al.* 1981). Wie der Moschuslori meidet der Zwergmoschuslori die alpinen Lebensräume der Southern Highlands in New South Wales und der Eastern Highlands in Victoria. Im Zentrum und im Süden von New South Wales ist die Art weit verbreitet, im Nordwesten hingegen sehr selten und nur aus der Umgebung des Murray River bekannt. In der *Bird List* des Mid Murray Field Naturalists' Trust, die im Juli 1975 zusammengestellt wurde, gibt es einen Hinweis auf ein gelegentliches Vorkommen aus einem Gebiet von Narrung bis zum Nordwesten von Swan Hill. Laut Schodde kommen die Zwergmoschusloris im Südosten von South Australia überwiegend in den Distrikten Kingston und Naracoorte vor, früher erreichten die vagabundierenden Vögel auch die Mount Lofty Ranges und das angrenzende Tiefland, die Yorke Peninsula und möglicherweise auch Kangaroo Island. Im Osten Tasmaniens soll es sehr zerstreut einige Orte geben, an denen Zwergmoschusloris gesichtet wurden. Der einzig bestätigte Nachweis stammt aber offenbar aus Epping (siehe Sharland 1958).

HABITATE

Zwergmoschusloris findet man in bewaldeten Habitaten überall dort, wo blühende oder Früchte tragende Bäume zu finden sind. Man sieht die Vögel häufiger im offenen Gelände, besonders in Baumbeständen entlang den Wasserläufen oder auf Farmland. Diese Beobachtungen haben zu der Behauptung geführt, dass die Zwergmoschusloris Landschaften mit spärlichem Baumbewuchs als Lebensraum bevorzugen. Ich habe die Loris jedoch auch häufig in hochgewachsenen Wäldern an der Küste und im Hügelland beobachten können und vermute, dass die Einschätzung, ihr bevorzugtes Habitat sei das offene Gelände, darauf zurückzuführen ist, dass sie dort besonders leicht zu entdecken sind.

Laut Storr (1984b) suchen die Zwergmoschusloris in Ost-Queensland häufig die trockenen Eukalyptuswälder auf. Venables (1998) hingegen wies darauf hin, dass die Art in Nord-Queensland charakteristisch für die Restbestände an feuchtem montanen Sklerophyllwald sind, wo größere Bestände an hochgewachsenen *Flooded Gums* (*Eucalyptus grandis*) vorkommen. Bravery (1970) stellte fest, dass die Vögel in der Atherton Shire, Nord-Queensland, dem feuchten Sklerophyllwald den trockeneren Gebieten im Norden den Vorzug geben. Roberts (1979) berichtete, dass die Loris in Südost-Queensland offene und feuchte Sklerophyllwälder bewohnen. In New South Wales kommt die Art überwiegend in Sklerophyllwald und auf Baumsavannen vor (Morris *et al.* 1981). Gosper (1992) berichtete von einer Bevorzugung des trockenen Sklerophyllwaldes im Richmond-River-Distrikt im äußersten Nordosten von New South Wales, wo diese Art bei Bestandsaufnahmen, die 1977 und 1982 durchgeführt wurden, an 93 Prozent beziehungsweise an 83 Prozent der Untersuchungsstellen im trockenen Sklerophyllwald nachgewiesen wurde. Im geschlossenen subtropischen Regenwald lag die Nachweisrate bei nur elf Prozent, im feuchten Sklerophyllwald, im geschlossenen Tieflandwald und im trockenen Regenwald sogar nur zwischen drei und fünf Prozent. An verschiedenen Orten in New South Wales stieß ich in einer Vielzahl von Lebensräumen einschließlich des recht dichten feuchten Sklerophyllwalds im Tiefland der Küste als auch im Hügelland, in den trockeneren offenen Wäldern oder Baumsavannen im Westen des Bundesstaates (besonders dort, wo *Ironbarks* vorherrschten), in den Resten der ursprünglichen Baumsavanne inmitten von Acker- und Weideland, insbesondere in der Nähe von Obstplantagen, sowie in Stadtparks oder Gärten auf Zwergmoschusloris. Lediglich in den küstennahen Strauchheiden habe ich die Vögel im Gegensatz zu anderen Loriarten niemals beobachten können. Es existieren jedoch gelegentliche Nachweise von Küstenabschnitten, wo größere *Banksia*-Bestände wachsen.

In Victoria kommen die Loris in nahezu allen Wäldern und Baumsavannen vor, in denen es blühende Eukalypten gibt. Die Vögel dringen sogar in die subalpine Zone vor, wenn dort in den Baumsavannen die *Snow Gums* (*Eucalyptus pauciflora*) blühen. In den meisten Regionen ihres Verbreitungsgebietes findet man sie stets in Verbindung mit bestimmten *Eucalyptus*-Gesellschaften (Emison *et al.* 1987). Im nördlichen Hügelland und in der Nähe von Melbourne kommen die Zwergmoschusloris überwiegend in den *Box-Ironbark*-Wäldern vor und sind eng mit dem Vorkommen der *River-Red-Gum*-Bestände (*Eucalyptus camaldulensis*) verbunden. Im Osten von Victoria bevorzugen die Loris innerhalb eines Gebietes in den Gippsland Plains mit einer jährlichen durchschnittlichen Niederschlagsmenge zwischen 400 mm und 700 mm Baumsavannen mit dominierenden *Forest Red Gums* (*E. tereticornis*) oder *Stringybark*-Wälder in den feuchteren Regionen mit einer jährlichen durchschnittlichen Niederschlagsmenge zwischen 700 mm und 1.000 mm. In Richtung Westen, in oder in der Nähe der Grampians Range, kommen die Loris in Baumsavannen mit *Yellow Box* (*E. melliodora*) oder in Mischwäldern von *Grey Box* (*E. microcarpa*) und *Yellow Gum* (*E. leucoxylon*) vor. Parker und Reid (1983) wiesen darauf hin, dass die Loris im südöstlichen South Australia überwiegend in den *River-Red-Gum*-Savannen zu entdecken seien.

LOKALE POPULATIONSDICHTEN

1 Zwergmoschuslori
Glossopsitta pusilla
ANWC 17521 adult, Männchen
Wilson's Farm, 25 km südlich von Cowra, New South Wales
6. Juli 1974

2 Zwergmoschuslori
Glossopsitta pusilla
MV B11978 adult, Weibchen
Karbethong Hill, Mallacoota, Victoria
16. März 1976

3 Zwergmoschuslori
Glossopsitta pusilla
AM O45118 adult, Männchen
Munghorn Gap Nature Reserve, 34 km östlich von Mudgee, New South Wales
23. Oktober 1974

Zwergmoschusloris sind zwar – örtlich und jahreszeitlich betrachtet – in ihrem gesamten Verbreitungsgebiet häufig, aber letztendlich doch diejenige Loriart mit den geringsten Vorkommen in Ost-Australien, und in einigen Regionen hat die Flurbereinigung zu einem deutlichen Bestandsrückgang geführt. Laut Storr (1984b) sind die Vögel in Ost-Queensland an manchen Orten und zu bestimmten Jahreszeiten sehr häufig anzutreffen, im Allgemeinen jedoch nur mäßig häufig im Landesinneren und wenig häufig bis selten im Küstentiefland. Gill (1970) führte die Art als häufigen Bewohner des Kaban-Ravenshoe-Distrikts (nordwestlich von Cardwell in Nord-Queensland). Im Gebiet um Rockhampton im mittleren Osten von Queensland und im Südosten des Bundesstaates sind die Loris häufig (Longmore 1978, Roberts 1979). 1971/72 stellte man bei biologischen Bestandsaufnahmen in der Stanthorpe Shire und der Millmerran Shire, Südost-Queensland, fest, dass die Zwergmoschusloris in offenen Wäldern häufig bis sehr häufig vorkamen (Kirkpatrick & Searle 1977, Kirkpatrick & Amos 1977). Passmore (1982) wies jedoch darauf hin, dass diese Art in und um Stanthorpe die seltenste Loriart sei. Templeton (1992) berichtete, dass bei Nanango, ebenfalls in Südost-Queensland, gelegentlich kleine Trupps bis zu sechs Vögeln beobachtet werden. Seit den 40er Jahren des vorigen Jahrhunderts sind die Individuenzahlen stark geschrumpft; damals konnte man noch regelmäßig Schwärme mit über 30 Exemplaren entdecken.

Im östlichen New South Wales sind die Zwergmoschusloris häufige Vögel (Morris *et al.* 1981). Im Richmond-River-Distrikt, im äußersten Nordosten des Bundesstaates, führte man zwischen 1977 und 1982 an verschiedenen Stellen Bestandszählungen durch. Dabei stellte sich heraus, dass die Art in den von ihnen bevorzugten Habitaten fast ebenso häufig war wie die beiden *Trichoglossus*-Spezies, in den übrigen Lebensräumen aber deutlich seltener (Gosper 1992). An Beobachtungsstellen bei Armidale auf dem New England Tableland im nördlichen New South Wales wurde eine Dichte von weniger als 0,01 Exemplaren pro Hektar ermittelt (Ford *et al.* 1986). Low (1986) beschrieb die schädlichen Auswirkungen der Landschaftsrodung auf die seit jeher genutzten Brutplätze der Loris in den Baumsavannen an einer anderen Stelle auf dem New England Tableland, und eine der Hauptbrutpopulationen wurde auf diese Weise stark gefährdet. Ich weiß von ähnlichen Verlusten von bekannten Brutgebieten durch die Flurbereinigung im mittleren Westen von New South Wales. Hoskin (1991) behauptete, dass die Zwergmoschusloris in und um Sydney die am weitesten verbreitete Loriart sei; ihre Individuenzahlen sind jedoch nicht so hoch wie die der übrigen Arten und deutlich geringer als in früheren Jahren. Sindel (1987) wies auf den

W.T.Cooper. 79.

Bestandsrückgang in den südwestlichen Vororten hin. Dort musste die Baumsavanne, in der die Vögel früher vorkamen, dem Siedlungsbau weichen. Die meisten Nachweise stammen heute aus den äußeren Vororten, wo Reste der ursprünglichen Baumsavannenvegetation oder Parks den Vögeln geeignete Futterplätze bescheren. Anfang 1998 registrierte man einen ungewöhnlichen Nachweis von 15 Exemplaren im Centennial Park in der Nähe des Stadtzentrums (siehe *N.S.W. Bird Notes, Nr. 28, September 1998, S. 10*).

Zwergmoschusloris sind in Victoria mäßig häufig. In diesem Bundesstaat wurde innerhalb des Verbreitungsgebietes während der Zusammenstellung der „Atlas“-Daten zwischen Januar 1973 und Juni 1986 eine Nachweisrate von sieben Prozent ermittelt. Dies war die geringste Rate für alle dort vorkommenden Loriarten (EMISON *et al.* 1987). Ihre „Hochburg“ haben die Vögel offenbar in den zentralen Distrikten entlang den nördlichen Hügelregionen der Great Dividing Range. Hier habe ich die Art manchmal recht zahlreich angetroffen. Im Chiltern-Distrikt in Nord-Victoria, in dem zwischen 1987 und 1995 ausführliche und systematische Zählungen durchgeführt wurden, waren die Zwergmoschusloris häufig bis sehr häufig (TRAILL *et al.* 1996). Auch in und um Bendigo, Zentral-Victoria, sind die Loris häufige Vögel, weiter in Richtung Südwesten im Ballarat-Distrikt hingegen ziemlich seltener Besuche (BIRD OBSERVERS GROUP 1976, THOMAS & WHEELER 1983). Bei biologischen Bestandsaufnahmen, die 1974/75 in der Grampians-Edenhope-Region im südwestlichen Victoria durchgeführt wurden, waren die Loris zwar weit verbreitet anzutreffen, aber nicht häufig (EMISON *et al.* 1978). Bemerkenswert ist, dass die Art entlang der westlichen Küste der Port Phillip Bay selten ist oder fehlt; man sollte eigentlich erwarten, dass von hier aus die umherziehenden Loris nach King Island und Tasmanien starten.

Shane PARKER wies darauf hin, dass der Zwergmoschuslori in South Australia die seltenste Loriart ist und einige Nachweise vermutlich auf Fehlbestimmungen von Porphyrkopfloris (*Glossopsitta porphyrocephala*) zurückzuführen sind (*briefl. Mittlg.* 1978). Im Südosten ist seine Zahl infolge der großflächigen Rodungen dramatisch gesunken, und die Art zählt heutzutage zu den seltenen Brutgästen (PARKER & REID 1983). In dem Gebiet nordwärts bis zu den Mount Lofty Ranges und den angrenzenden Ebenen sind die Vögel lediglich seltene nichtbrütende Besucher. PARKER verwirft den einzigen bekannten Nachweis von Kangaroo Island, da er zu einer untypischen Jahreszeit ermittelt wurde und die Beobachter darüber hinaus den auf der Insel häufigen Porphyrkopflori nicht nachgewiesen haben.

Ich bezweifle, dass es heutzutage Zwergmoschusloris auf Tasmanien gibt. SHARLAND (1958) wies auf vier Fundorte im Osten der Insel hin, aber nur bei Epping wurde die Art sicher identifiziert. Der einzige Nachweis aus jüngerer Zeit ist eine Sichtmeldung von etwa 50 Exemplaren am South West Cape vom 5. Februar 1997 (*Wingspan, Jahrg. 7, Nr. 1, März 1997, S. 36*). In Hinblick auf die bisher fehlenden Nachweise aus früheren Jahrzehnten weigere ich mich, diese sehr ungewöhnliche Sichtung zu akzeptieren, und vermutete, dass es sich bei den Vögeln um Schwalbensittiche (*Lathamus discolor*) gehandelt hat.

Der Zwergmoschuslori ist gesetzlich geschützt.

VERHALTEN

Ich bin bei zahlreichen Gelegenheiten auf Zwergmoschusloris gestoßen und hatte stets den Eindruck, dass es sich um typische Bewohner der Baumwipfelregion handelte. Sie zeigten eine auffällige Bevorzugung für die Lebensräume in den Baumkronen, sei es in den höchsten Baumriesen oder in den krüppelwüchsigen Mallee-Eukalypten. Die Loris flogen nur selten zu den tiefer liegenden Äste der Bäume hinab. Anfang der 80er Jahre des vorigen Jahrhunderts stammten bei Feldstudien zum Fressverhalten von Baumsavannenvögeln an verschiedenen Untersuchungsstellen bei Armidale im nördlichen New South Wales 78 Prozent aller Nachweise von fressenden Zwergmoschusloris aus Höhen zwischen 10 m und 14 m. Die Vögel hielten sich stets in einer Höhe von mehr als 6 m auf (FORD *et al.* 1986). Aufgrund der geringen Körpergröße und des überwiegend grün gefärbten Gefieders sind Zwergmoschusloris im Feld schwieriger zu beobachten als die übrigen Loriarten. Man sieht sie gewöhnlich in kleinen Trupps (manchmal in Gesellschaft anderer Arten) über die Baumwipfel fliegen. Mit schrillen Tönen kündigen sie schon von weitem ihr Kommen an. Große Schwärme finden sich an Orten zusammen, wo Eukalypten in voller Blüte stehen und für ein üppiges Nahrungsangebot sorgen. Bei der Nahrungsaufnahme in den Baumkronen sind die Loris perfekt getarnt; hin und wieder konnte ich jedoch Vögel beobachten, die weithin sichtbar auf einem hervorstehenden toten Ast saßen und die ersten Sonnenstrahlen am frühen Morgen genossen. Beim Fressen zeigen die Loris eine bemerkenswert geringe Fluchtdistanz und gestatten dem Beobachter sehr bereitwillig, sich dicht zu nähern.

COOPER berichtete mir von einem Schwarm, der am Abend offenbar von seinem Futtergebiet zum Schlafplatz flog (*briefl. Mittlg.* 1978). Bei Bungwahl an der unteren Nordküste von New South Wales wurde Mitte Februar 1978 während eines Flächenbrandes ein Schwarm von 10 bis 25 Loris im Flug beobachtet. Zwischen 18.30 Uhr und 19.00 Uhr folgten ihnen weitere 200 Exemplare. Die Vögel flüchteten vor dem Rauch der schwelenden Asche aus einem Gebiet, in dem sie in den Baumkronen der *Blackbutts* (*Eucalyptus pilularis*) Nahrung gesucht hatten.

WANDERUNGEN

In einigen Distrikten sind die Zwergmoschusloris das ganze Jahr über mit variablen Individuenzahlen anwesend. Andernorts sind sie regelmäßige Sommer- oder Wintergäste, die beispielsweise jedes Frühjahr ihre angestammten Brutgebiete aufsuchen. In den meisten Regionen ihres Verbreitungsgebietes führen die Vögel jedoch ein Leben als Nomaden, und ihre Anwesenheit und Anzahl sind abhängig vom Angebot und der Qualität der Futterbäume. BRAVERY (1970) stellte fest, dass die Loris in Teilen der Atherton Shire, Nord-Queensland, sesshaft sind, und GILL (1970) berichtete, dass sie auch im Kaban-Ravenshoe-Distrikt, ebenfalls im Norden von Queensland, Standvögel seien. NIELSON (1969) wies darauf hin, dass sie bei Rockwood im südöstlichen Queensland in allen Monaten nachgewiesen werden konnten. Dasselbe gilt für die Pilliga-Region im Norden von New South Wales. Laut SMITH (1984) ließen sich die Loris an den Untersuchungsstellen im Bega-Distrikt an der Südküste von New South Wales in allen Jahreszeiten nachweisen.

Laut LONGMORE (1978) sind Zwergmoschusloris saisonale Brutgäste im Rockhampton-Distrikt im mittleren Osten von Queensland. COURTNEY berichtete, dass die Vögel etwa im April im Glen-Innes-Distrikt im nördlichen New South Wales auftauchen und ab Mitte Dezember wieder davonfliegen. Lediglich die Brutpaare suchen von Januar bis März in regelmäßigen Abständen ihre traditionellen Brutplätze auf (in LOW 1998). Auf meinem Anwesen im Tal des Hastings River an der unteren Nordküste von New South Wales ist die Art überwiegend ein Wintergast. MARCHANT (1992) berichtete, dass die Loris an einer Untersuchungsstelle in der Nähe von Moruya an der Südküste von New South Wales zwischen 1975 und 1984 regelmäßige (aber auch unstete) nichtbrütende Wintergäste waren. Besonders häufig waren sie von September bis Dezember anwesend. Nach 1980 wurde die Art weniger häufig und nicht mehr regelmäßig nachgewiesen. Von September 1980 bis August 1981 konnte kein Zwergmoschuslori mehr in dieser Region entdeckt werden, vermutlich infolge eines Buschfeuers und der sich anschließenden Dürreperiode. 1984 waren die Loris jedoch wieder häufig; in diesem Jahr boten die blühenden *Spotted Gums* (*Eucalyptus maculata*) ein besonders reichhaltiges Nahrungsangebot.

In Victoria stehen Wanderbewegungen der Zwergmoschusloris stets mit der jahreszeitlich bedingten Blüte der Eukalypten in Zusammenhang. Im Frühling, Sommer und Herbst sind die Loris weit verteilt. Die *Red Gums* (*Eucalyptus tereticornis*, *E. camaldulensis*) blühen im Sommer, *Yellow Box* (*E. melliodora*) und *Grey Box* (*E. microcarpa*) überwiegend im Frühling und Herbst. Im Winter finden sich die Schwärme jedoch in den Gebieten mit blühenden *Red Ironbarks* (*E. sideroxylon*) und *Yellow Gums* (*E. leucoxylon*) zusammen (EMISON *et al.* 1987). Im Chiltern-Distrikt in Nord-Victoria wurden zwischen 1987 und 1995 ausführliche und systematische Zählungen durchgeführt; dabei konnte man die Zwergmoschusloris in fast allen Monaten des Jahres nachweisen (TRAILL *et al.* 1996). Bei Bendigo in Zentral-Victoria sind die Loris Ende des Frühlings und im Sommer häufig, denn in dieser Zeit blühen dort die *Red Ironbarks* und die eingeführten *Sugar Gums* (*Eucalyptus cladocalyx*). Weiter in Richtung Südwesten im Ballarat-Distrikt konnte man die Art in allen Monaten mit Ausnahme des Oktobers nachweisen (BIRD OBSERVERS GROUP 1976, THOMAS & WHEELER 1983).

Zwergmoschusloris sind während des Frühlings und Sommers im südöstlichen South Australia Brutgäste, ihr Auftreten in einem Gebiet nordwärts bis zu den Mount Lofty Ranges beschränkte sich einst auf Herbst und Winter (PARKER & REID 1983, BLAKERS *et al.* 1984).

FLUG

Der schnelle und geradlinige Flug der Zwergmoschusloris besteht aus einer Folge schneller Flügelschläge. Wenn die Vögel weite Strecken zurücklegen wollen, fliegen sie in großer Höhe und auf direktem Weg zu ihrem Ziel. Wenn sie von einem Baum aufgescheucht werden, bahnen sie sich hingegen ihren Weg durch die Zweige der Baumkronen hindurch. Im Flug lassen sich Zwergmoschusloris von den Porphyrkopfloris (*Glossopsitta porphyrocephala*) anhand ihrer gelblich-grünen Unterflügelfärbung unterscheiden.

LAUTÄUSSERUNGEN

Der Kontaktruf der Zwergmoschusloris ist ein hochtoniger rollender Kreischlaut, den COOPER als „Kettengerassel" bezeichnete, eine treffende Beschreibung der Töne, die von den Loris im Flug ausgestoßen werden. Bei der Nahrungsaufnahme lassen die Loris unaufhörlich Plapperlaute hören.

NAHRUNG

Zwergmoschusloris ernähren sich von Pollen, Nektar, Blüten, einheimischen und angebauten Früchten, Beeren und wahrscheinlich auch von Insekten und ihren Larven. Ihre Hauptnahrung sind Pollen und Nektar von *Eucalyptus* und *Melaleuca*. Man hat die Vögel bei der Nahrungsaufnahme an Loquats (*Eriobotrya japonica*) und an Beeren von mindestens zwei Mistelarten (*Amyema cambagei, A. gaudichaudii*) beobachtet. Dabei fraßen die Loris nicht das den Samen umhüllende Fruchtfleisch der Beeren, sondern leckten lediglich den Saft auf. Sie gingen sehr behutsam vor, so dass die Beeren nach der Mahlzeit noch an ihren Fruchtstielen befestigt waren. Laut HAINES (1946) suchten die Zwergmoschusloris im Wallangarra-Distrikt im südöstlichen Queensland zur Nahrungsaufnahme stets die Blüten von *Amyema*-Misteln auf, während die Moschusloris (*Glossopsitta concinna*) blühenden Eukalypten den Vorzug gaben. Die genannten Pflanzen blühen zu unterschiedlichen Zeiten im Jahr, so dass man die beiden Loriarten nur selten gemeinsam beobachten konnte.

Bei Feldstudien zum Fressverhalten von Baumsavannenvögeln, die zu Beginn der 80er Jahre des vorigen Jahrhunderts an zwei Untersuchungsstelle in der Nähe von Armidale im nördlichen New South Wales durchgeführt wurden, entdeckte man 64 Prozent der nachgewiesenen Zwergmoschusloris auf *Blakely's Red Gum* (*Eucalyptus blakelyi*) und 36 Prozent an den Blüten der *Yellow Box* (*E. melliodora*) (FORD *et al.* 1986). Auf der Beecroft Peninsula an der Südküste von New South Wales entdeckte ich Mitte Januar 1978 eine große Ansammlung Nektar fressender Vögel, die von üppig blühenden Beständen von *Lambertia formosa*, *Banksia serrata* und *Red Bloodwoods* (*Eucalyptus gummifera*) angelockt worden waren. Bemerkenswert war die Verteilung der Vogelarten auf den Futterbäumen: Die Zwergmoschusloris suchten nur in den Baumkronen der Eukalypten nach Nahrung und verteidigten diesen Platz vehement gegen Weißaugen-Honigfresser (*Phylidonyris novaehollandiae*).

FORTPFLANZUNG

Zwergmoschusloris brüten zwischen Juni und Dezember beziehungsweise Januar. Aus dem Norden des Verbreitungsgebietes existieren sogar Brutnachweise aus dem Mai. Das Nest befindet sich in einem hohlen Ast oder in einer Stammhöhle, oftmals in einem hoch gelegenen Astloch in einer lebenden Eukalypte, die in der Nähe von Wasser steht. Zwei oder mehr Paare können in einem Baum brüten. Man hat auch schon Paare entdeckt, die in demselben Baum nisteten wie Moschusloris (*Glossopsitta concinna*), Rosellasittiche (*Platycercus eximius*) und Singsittiche (*Psephotus haematonotus*) (in NORTH 1911). LOW (1998) beschrieb ein Nest in einem Astloch eines Eukalyptusbaums, dessen Eingangsöffnung einen Durchmesser von 30-40 mm aufwies. Die Höhle war 55 cm tief.

Laut BOYD (1987) gibt es zu Beginn der Brutzeit reichlich Gezänk unter den Paaren, die nach geeigneten Nisthöhlen suchen, und man kann mitunter bis zu sechs Vögel beobachten, die sich gegenseitig von Ast zu Ast scheuchen. Wochen vor der Eiablage halten sich die Paare vor dem Schlupfloch zur Bruthöhle auf, benagen unter anderem die Füße des Partners oder protestieren mit halblauter Stimme. SINDEL (1987) stellte fest, dass einige Nester entdeckt wurden, die rund um die Eingangsöffnung mit Exkrementen verschmutzt waren und in der Aufzuchtzeit übel rochen. Zur selben Zeit fand man an anderen Orten Nester mit Jungvögeln, die sauber und trocken waren. Vielleicht ist hier die Ernährung der Altvögel ausschlaggebend für diese gegensätzlichen Bedingungen.

Lloyd NIELSEN hat dem *RAOU Nest Record Scheme* Einzelheiten von zehn Nestern mitgeteilt, die er 1966 in der Umgebung von Dalby in Südost-Queensland untersucht hatte: Die Daten dieser Nester und von vier weiteren Nestern, die in New South Wales entdeckt wurden, sind in der folgenden Tabelle zusammengefasst:

Bundesstaat oder Region	Anzahl festgestellter Nester	Nestbaum A *Eucalyptus* B anderer C nicht bestimmt	Höhe über dem Boden	Anzahl Eier oder Nestlinge	Frühester/spätester Nachweis von Eiern	Frühester/spätester Nachweis von Nestlingen
Südost-Queensland	10	A/10	8,8 m (7,0-12,0 m)	3/4, 4/4 5/2	6. Juli/ 12. August	4. August/ 12. August
New South Wales	4	A/4	14,0 m (10,0-18,0 m)	2/1 4/3	18. November	4. Septemb./ 18. November

COURTNEY beschrieb die Balz der Zwergmoschusloris am Nest. Die Vögel bewegten ihren Kopf unmittelbar vor ihrem Partner auf und nieder, als sie offensichtlich durch ein eindringendes Paar Zwergmoschusloris aufgeschreckt wurden (in LOW 1998). BOYD berichtete, dass sowohl das Männchen als auch das Weibchen eine beträchtliche Zeit in der Höhle verbringen, bevor sie diese säuberten. An der Nistvorbereitung beteiligen sich beide Altvögel.

Die drei oder vier, seltener fünf Eier werden vom Weibchen auf eine Schicht Holzmulm gelegt, mit der zuvor der Boden der Nisthöhle ausgelegt worden war. BOYD hat im Laufe seiner Untersuchungsjahre festgestellt, dass sich unter 20 bis 30 Nestern lediglich ein Fünfergelege befindet. Über die Brutbiologie der Zwergmoschusloris im Freiland ist wenig bekannt, sie stimmt aber vermutlich mit dem Nistverhalten von Vögeln in Menschenobhut überein.

EIER

Die runden Eier besitzen eine leicht glänzende Oberfläche. Ein Fünfergelege von Cobbora, New South Wales, das sich heute in der H. L. White Collection in Melbourne befindet, besitzt die Eimaße 19,5 (19,0-20,0) mm x 16,4 (16,0-16,7) mm.

HALTUNG IN MENSCHENOBHUT

Die Zwergmoschusloris wurden in den Volieren der australischen Züchter mittlerweile fest etabliert. Dieser Umstand ist fast vollständig der Tatsache zu verdanken, dass heutzutage geeignetes kommerzielles Lorifutter zur Verfügung steht. Die Vögel haben sich wie auch die Porphyrkopfloris (*Glossopsitta porphyrocephala*) bemerkenswert schnell an das neue, künstliche Futter gewöhnt. Vor etwas mehr als einem Jahrzehnt waren Zwergmoschusloris noch seltene Pfleglinge, die in dem Ruf standen, äußerst schwer zu halten oder zu züchten zu sein. Heute gelten sie als ideale Volierenvögel, die bereitwillig zur Fortpflanzung schreiten. Ich hielt einige Jahre lang Brutpaare des Zwergmoschusloris in meiner Anlage. Es handelte sich um die reizvollsten Vögel meiner Sammlung mit einem sehr zutraulichen Wesen. Als ich aus beruflichen Gründen häufig unterwegs sein musste, war ich schweren Herzens gezwungen, diese Vögel wie alle anderen Loriarten auch zu veräußern.

UNTERBRINGUNG UND PFLEGE

Mehrere Loripaare können zusammen mit Prachtfinken, Täubchen oder Weichschnäblern in einer großen bepflanzten Voliere gehalten werden, wo sie zu einem sehr ansprechenden Blickfang werden. Zwergmoschusloris sind die friedlichsten unter den australischen Loris und zerstören keine Pflanzen. Daher lassen sie sich auch gut in bepflanzten Volieren halten. WILSON (1992c) wies darauf hin, dass Zwergmoschusloris besonders lebhaft sind und geräumige Anlagen zu schätzen wissen. Er hatte sein Paar in einer Voliere untergebracht, die 4 m lang, 1 m breit und 2,3 m hoch war. Die Oberseite war fast vollständig von einem Fiberglasdach beschattet. Nur in der Mitte gab es eine zentrale Öffnung (etwa 1 m x 60 cm). Das Dach befand sich etwa 15 cm oberhalb des Maschendrahtdachs der Voliere, um im Sommer eine bessere Durchlüftung zu gewährleisten. HUTCHINS und LOVELL (1985) erwähnten ebenfalls, dass Zwergmoschusloris eine Vorliebe für bepflanzte Volieren haben, und sie vermuteten, dass es für die lebhaften Vögel von Vorteil sei, wenn man in die Anlage hoch wachsende Laubgewächse setzt.

Laut SINDEL (1987) haben Zwergmoschusloris bereits erfolgreich in der Schwarmhaltung gebrütet, seine eigenen Zuchterfolge gelangen ihm jedoch nur mit einzeln in Hängekäfigen gehaltenen Paaren. Ich hielt meine Paare ebenfalls in frei stehenden, erhöhten Käfigen von 1,8 m Länge, 60 cm Breite und 90 cm Höhe. An einem Ende befand sich ein vollständig geschlossenes Schutzhaus, in dem sich der Nistkasten befand. Um den Vögeln einen Schutz vor Wind und Regen zu bieten, war der Sitzast am anderen Ende der Voliere von einem Dach und einer soliden Wand abgeschirmt. Der Käfig war von Osten nach Westen ausgerichtet, so dass die nach Norden gerichtete Seite dem maximalen Sonnenlicht ausgesetzt war. Das Schutzhaus sollte die Loris vor allem vor den häufig auftretenden starken Westwinden bewahren.

Obwohl diese Loris den Eindruck erwecken, sehr widerstandsfähig zu sein, glaube ich doch, dass es nötig ist, sie gegen widrige Wettereinflüsse abzuschirmen. Meine Vögel hassten Zugluft und zogen sich bei Wind schnell in das Schutzhaus zurück. Im Gegensatz dazu liebten sie Sonnenbäder über alles, besonders am frühen Morgen. Dann nahmen sie auf ihren Ästen eine Position ein, die es ihnen ermöglichte, die ersten Sonnenstrahlen des Tages aufzufangen. Darüber hinaus badeten sie sehr gerne bei Nieselregen. Sie sträubten dabei ihr Gefieder, während sie kopfunter am Maschendraht hingen. Vor kräftigen Regengüssen flüchteten sie jedoch in das Schutzhaus.

FÜTTERUNG

WILSON (1992c) gab Rezepte für die Zubereitung von trockenem und feuchtem Lorifutter für Zwergmoschusloris an. Meine Vögel gediehen jedoch auch mit dem kommerziellen Lori-Mischfutter sehr gut, das ich anhand der Inhaltsstoffe ausgesucht hatte. Ich achtete dabei vor allem auf eine ausgewogene Diät der Vögel. Das Trockenfutter stand den Loris jederzeit zur Verfügung, den flüssigen Lorinektar reichte ich am späten Nachmittag und entfernte die Reste am frühen Morgen, damit sie tagsüber nicht den warmen Temperaturen ausgesetzt waren. An Obst bevorzugten die Loris Äpfel, Birnen und Weintrauben, welche sie täglich erhielten. Früh am Morgen erhielt jeder Vogel einen frisch gepflückten *Grevillea*- oder *Callistemon*-Blütenstand, den ich in einer Halterung in der Nähe eines Astes befestigte. Die Loris bedienten sich zunächst bei den Blüten, bevor sie irgendein anderes Futter zu sich nahmen. Trockene Samen waren kein Bestandteil ihres Futters, Grünfutter nahmen meine Zwergmoschusloris nur selten an. Dafür schätzten sie es sehr, wenn ich ihnen belaubte Eukalyptus-Zweige in ein Gefäß steckte und dieses an der Innenseite des Maschendrahts in der Voliere befestigte. Die Loris verbrachten viel Zeit damit, im nassen Blattwerk zu baden, bevor sie die Zweige entlaubten und die Rinde schälten. Ich reichte meinen Paaren auch blühende Eukalyptus-Zweige, wann immer sie zur Verfügung standen, damit sich die Loris den Nektar und den Pollen der Pflanzen schmecken lassen konnten. WILSON gab seinen Paaren täglich kleine Mürbeteigstücke als Zusatzfutter. In der Aufzuchtzeit erhöhte er die Ration. Meine Vögel zeigten an Papageienkuchen kein größeres Interesse und konsumierten nur gelegentlich kleine Mengen.

Ich musste feststellen, dass Zwergmoschusloris sehr schnell ihr Trinkwasser verunreinigten, vor allem, wenn sich das Gefäß zu nahe beim Behälter für das Trockenlorifutter befand. Daher brachte ich am anderen Ende der Voliere ein zweites Trinkwassergefäß an. Beide Gefäße wurden mindestens zweimal am Tag neu gefüllt.

ZUCHT

Gelegentlich sind bei manchen Paaren die Geschlechter anhand äußerer Merkmale zu unterscheiden: Die Männchen besitzen eine ausgedehntere rote Gesichtsmaske, das Rot ist dunkler als beim Weibchen. Es ist aber nicht ratsam, ausschließlich auf solche Merkmale zu vertrauen, wenn man Brutpaare zusammenstellen will. Für eine zuverlässige Bestimmung des Geschlechts empfiehlt sich daher die Endoskopie oder die DNA-Analytik. Zwergmoschusloris brüten saisonal. Laut SINDEL (1987) lag in seinen Volieren in Sydney der früheste und der späteste Eiablagetermin am 26. Juni beziehungsweise am 21. Oktober. Harold MEXSENAAR aus Brisbane berichtet von einem etwas früheren Zeitpunkt. In seinen Volieren schritten die Weibchen von Mai bis Oktober zur Eiablage. Es wurden zwei Gelege produziert; falls eine der beiden Bruten scheiterte, auch ein drittes (in LOW 1998). Meine Paare begannen selten vor Ende Juli mit dem Brutgeschäft und zogen stets zwei Bruten pro Jahr auf.

BOYD (1987) beschrieb die frühen Phasen der Balz, die zu Beginn aus dem rhythmischen Kopfnicken des Männchens besteht, wobei es die Pupillen weit aufreißt. Dabei gibt es weiche Trillerlaute von sich. Die Intensität der Körperbewegungen nimmt schnell zu, so dass nicht nur der Kopf auf und nieder bewegt wird, sondern der gesamte Körper mitschwingt. Die Füße bleiben fest mit dem Ast verbunden. Auch das Weibchen kann sich auf diese Weise an der Balz beteiligen, allerdings weniger intensiv als sein Partner. Die Werbung wird begleitet durch erregte Gefiederpflege: Der Schnabel wird hektisch durch das Rückengefieder oder die Handschwingen des Partners gezogen. Das Männchen kratzt sich nun häufig am Kopf. Wenn das Männchen sein Weibchen auf dem Ast verfolgt, behält es die rhythmischen Auf- und Niederbewegungen seines Körpers bei. Plötzlich stoppt das Weibchen und greift das Männchen mit denselben ruckartigen Bewegungen an, aber offenbar ohne böse Absichten. Schwankend entfernt sich das Männchen von seinem Weibchen und nähert sich ihm wieder. Seine Bewegungen ähneln denen der größeren *Trichoglossus*-Arten. Das Männchen platziert nun wiederholt einen seiner Läufe auf dem Rücken des Weibchens, um es dazu zu drängen, die Paarungsstellung einzunehmen. SINDEL wies darauf hin, dass das Zwergmoschuslori-Männchen im Gegensatz zu den *Trichoglossus*-Arten nicht seinen Hals reckt, obwohl es sich dem Weibchen in möglichst hoch aufgerichteter Haltung nähert.

Die Brut der Zwergmoschusloris ist eine sehr unsaubere Angelegenheit, und es ist daher notwendig, das Nistmaterial im Kasten regelmäßig zu erneuern, vor allem, wenn Jungvögel im Nest sitzen. Nistkästen für diese Vögel sollten so konstruiert sein, dass sie die Reinigung während der Aufzucht erleichtern. SINDEL gibt waagerechten Kästen den Vorzug, die eine Länge von 30 cm, eine Breite von 15 cm und eine Tiefe von 17,5 cm aufweisen. Das schmale Schlupfloch befindet sich an einem Ende des Kastens an der Spitze einer der breiteren Seitenwände. Der Kasten wird in einem Winkel von 15° montiert, damit die Eier in einer Ecke zusammenbleiben. Meine Paare brüteten erfolgreich in senkrechten Nistkästen mit einer Höhe von 25 cm und einer Grundfläche von 16 cm x 16 cm. Auf der Vorderseite an der Spitze des Kastens befand sich unmittelbar unterhalb des Schlupflochs (Durchmesser 45 mm) ein Ast. In den Boden habe ich eine Reihe von Löchern mit 3 mm Durchmesser gebohrt, damit die flüssigen Ausscheidungen besser abfließen konnten, nachdem sie durch die 50 mm dicke Schicht aus groben Holzspänen im Nest gesickert waren.

Laut SINDEL werden die Eier in Abständen von zwei oder drei Tagen gelegt (meistens sind es zwei). Die Brutdauer beträgt 20 bis 22 Tage, die große Mehrheit der Jungvögel schlüpft am 20. Tag. ROWLANDS merkt an, dass sich das Männchen nicht an der Bebrütung der Eier beteiligt, dem Weibchen aber beim Füttern der Jungen hilft (in HUTCHINS & LOVELL 1985).

Frisch geschlüpfte Nestlinge tragen silbrig-weiße Dunen, die ab dem 10. Tag durch kürzere und dickere graue Sekundärdunen ersetzt werden. Etwa zur selben Zeit beginnen sich die Augen zu öffnen. Die Spitzen der ersten Konturfedern brechen mit 20 Tagen durch die Haut, zwischen dem 35. und 40. Lebenstag sind die Jungen voll befiedert. Laut SINDEL fliegen sie zwischen dem 39. und 46. Tag nach dem Schlupf aus, im Durchschnitt nach 44 Tagen. Jungvögel kann man etwa drei Wochen nach dem Flüggewerden von ihren Eltern trennen. Mit einem Jahr sind die Vögel ausgewachsen und geschlechtsreif.

Ein Altvogel, wahrscheinlich das Männchen, oder vielleicht sogar beide Altvögel eines meiner Brutpaare attackierte regelmäßig seine Jungen, wenn sie voll befiedert waren. Er riss ihnen Kopf- und Rückenfedern aus; möglicherweise versuchte das Männchen auf diese Weise, seine Jungen zum Ausfliegen zu drängen. Ich entfernte die Jungen aus dem Nest und zog sie von Hand auf. Kurz nachdem der Nachwuchs das Nest verlassen hatte und sich wieder frisches Nistmaterial im Kasten befand, legte das Weibchen das erste Ei des Folgegeleges.

MISCHLINGE/FARBMUTATIONEN

SINDEL erzählte mir, dass er durch die Kreuzung von Zwergmoschusloris mit olivfarbenen Moschusloris (*Glossopsitta concinna*) versucht hatte, olivfarbene Zwergmoschusloris zu züchten. Der Mischling war jedoch unfruchtbar (*pers. Mittlg.* 1998).

Ein unbestätigter Bericht über einen Lutino-Vogel in einer Voliere in Nord-Queensland scheint der einzige Hinweis auf eine Mutationsform des Zwergmoschusloris zu sein (siehe SINDEL 1987).

PORPHYRKOPFLORI

Glossopsitta porphyrocephala (Dietrichsen)

Trichoglossus porphyrocephalus Dietrichsen, Trans. Linn. Soc. Lond., 17, 1837, S. 553 (New Holland = South Australia *apud* Mathews). Neuer Name für *Psittacus purpureus*, *nec* Müller, Gmelin oder Lesson.

WEITERE NAMEN

D: Blauscheitellori; E: Purple-crowned Lorikeet, Porphyry-crowned Lorikeet, Blue-crowned Lorikeet, Purple-capped Lorikeet, Purple-capped Lory, Purple-capped Parakeet, Zit Parrot; F: Lori à couronne pourpre; NL: Purperkroonlori.

Gesamtlänge 16 cm

BESCHREIBUNG

ADULTES MÄNNCHEN
Stirn gelborange, Zügel und Region vor und über dem Auge rot, Scheitel dunkelpurpurn; Ohrdecken blassorange mit Gelb verwaschen, manchmal schwach mit Orangerot überlaufen; das übrige Kopfgefieder ist leuchtend gelblich-grün; Kehle und Brust- und Bauchgefieder sind blassblau gefärbt; Flanken, Schenkel und Unterschwanzdecken sind gelblich-grün; die gelben Flecken seitlich der Brust sind bei angelegten Flügeln nicht zu sehen; Nacken und Vorderrücken bronzebraun mit einem Anflug von Grün; das übrige Gefieder auf der Körperoberseite ist leuchtend grün; Flügelbug leuchtend blau; Handschwingen dunkelgrün, auf den Außenfahnen sehr schmal blassgelb gesäumt; Unterflügeldecken karmesinrot; Schwanz oberseits grün, unterseits dunkelolivgelb; die äußeren Steuerfedern sind auf den Innenfahnen an der Basis orangerot gesäumt; Schnabel schwarz; Iris braun; Läufe grau; Körpermasse 37-50 g.

10 Exemplare:	Flügel 100-109 (104,8) mm	Schwanz 59-66 (62,6) mm
	Oberschnabel 10-12 (11,3) mm	Läufe 12-14 (13,1) mm

ADULTES WEIBCHEN
Wie die Männchen; Körpermasse 40-50 g.

10 Exemplare:	Flügel 98-111 (105,5) mm	Schwanz 59-64 (61,2) mm
	Oberschnabel 10-12 (10,9) mm	Läufe 12-14 (13,4) mm

JUVENILE
Stirn blassgelb, Zügel gelborange; Scheitel überwiegend grün mit vereinzelten purpurrötlich-schwarzen Federn; Ohrdecken einfarbig, blasser gelb; Nacken und Vorderrücken matt grün mit einem variablen Anflug von Bronzebraun; Kehle, Brust- und Bauchgefieder matt gräulich-blau; Schnabel bräunlich-schwarz.

VERBREITUNG

Porphyrkopfloris sind im Südwesten und im Südosten Australiens (ohne Tasmanien) verbreitet. Mir ist kein bestätigter Nachweis aus dem südlichen Zentral-Australien bekannt. Es ist allerdings möglich, dass die Loris das Gebiet zwischen der Ostgrenze der Great Australian Bight bei Neale Junction und Madura in Western Australia und dem Yalata Aboriginal Reserve in South Australia gelegentlich sowohl nördlich als auch südlich der Nullarbor Plain überfliegen.

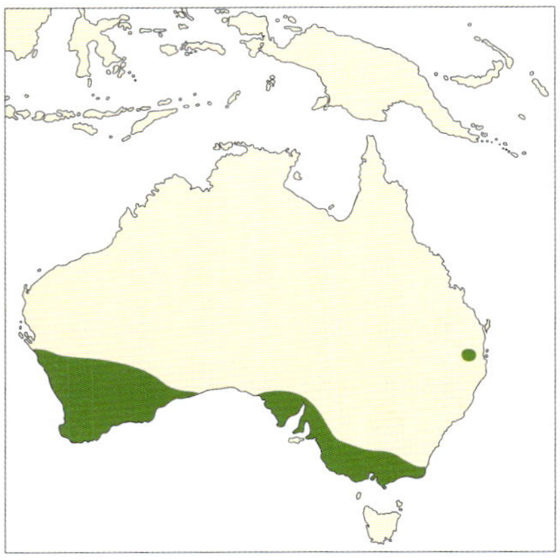

Der Porphyrkopflori ist die einzige Loriart, die in Südwest-Australien heimisch ist. Dort sind die Vögel südlich und westlich der Mulga-Eukalyptus-Linie weit verbreitet (Storr & Johnstone 1979). Die Nordgrenze des Verbreitungsgebietes liegt etwa beim 30. südlichen Breitengrad. Nachweise außerhalb des Hauptverbreitungsgebietes reichen bis zu den südlichen Ausläufern der Great Victoria Desert. Dort hat man Porphyrkopfloris bei Neale Junction und in der Nähe von Cosmo Newbery gesichtet. Im Südosten Australiens gibt es nur in den küstennahen Gebieten gelegentliche Nachweise östlich des 126. östlichen Längengrades (siehe Storr 1986, 1987). Porphyrkopfloris zählen zu den sporadischen Besuchern von Rottnest Island und Bald Island im Südwesten Australiens (Storr 1991). Im südlichen South Australia ist die Art weit verbreitet einschließlich Kangaroo Island. Die am weitesten nördlich gelegenen Nachweise stammen von Nonning Station im östlichen Teil der Gawler Ranges und aus dem Gebiet bei Leigh Creek im nördlichen Teil der Flinders Ranges. Im Südosten von South Australia und in Victoria konzentriert sich das Vorkommen der Porphyrkopfloris südlich des Murray River. In New South Wales beschränkt sich ihre Verbreitung im Wesentlichen auf den äußersten Südwesten. Weitere sporadische und vereinzelte Nachweise aus südlichen Regionen reichen nordwärts bis Junee, Albury und Nowra (Morris *et al.* 1981).

Es widerstrebt mir, den Nordosten von New South Wales und den Südosten von Queensland ebenfalls zum Verbreitungsgebiet der Porphyrkopfloris zu rechnen, da keiner der unbestätigten Nachweise aus diesen Gebieten überzeugend ist. Einige sind möglicherweise auf Fehlbestimmungen von Schwalbensittichen (*Lathamus discolor*) zurückzuführen. McGill (1959) zweifelte einen Nachweis vom Tweed River an, da es auf der Liste der dort beobachteten Vogelarten weitere offensichtliche Ungenauigkeiten gab (siehe Mellow 1908). Zwischen 1946 und 1975 gab es vier unbestätigte Sichtmeldungen aus dem benachbarten Südost-Queensland, die den Verdacht nahe legen, dass die Porphyrkopfloris in regelmäßigen Abständen ihr Hauptverbreitungsgebiet verlassen, um in die weiter nördlich gelegenen Distrikte vorzudringen. Graeme Chapman erzählte mir, dass er im Juli 1967 hoch über dem Paroo River im Norden von Wanaaring im äußersten Nordwesten von New South Wales kleine Loris im Flug gesehen hat. Er vermutete, dass es sich um Porphyrkopfloris handelte. Aus dieser Region hatte es zuvor keinen Nachweis für diese Art gegeben (*pers. Mittlg.* 1967). Diese Beobachtung zusammen mit einem Nachweis aus dem Tarawi Nature Reserve, etwa 160 km nordwestlich von Wentworth im äußersten Südwesten von New South Wales, lassen vermuten, dass die Porphyrkopfloris dem Fluss-System des Darling River folgen, wenn sie nach Norden in den Süden von Queensland vordringen (siehe Clark 1999).

1 Porphyrkopflori
Glossopsitta porphyrocephala
ANWC 11718 adult, Männchen
Warburton Road,
90 km südlich von Neale Junction,
Western Australia
23. Mai 1969

2 Porphyrkopflori
Glossopsitta porphyrocephala
SAM B20109 immatur, Weibchen
Kaniva, Victoria
Mai 1892 (keine Datumsangabe)

3 Weißstirn-Honigfresser
Phylidonyris albifrons
ANWC 36095 adult, Männchen
15 km ostsüdöstlich von Wiluna,
Western Australia
30. April 1978

Porphyrkopfloris sind in hohem Maße Bewohner des australischen Inlandes, obgleich sie auch in nahezu allen baumbestandenen Lebensräumen vorkommen können, in denen ihnen blühende oder Früchte tragende Bäume oder Sträucher als Nahrungsquellen zur Verfügung stehen. Es ist die einzige Loriart, die in den trockenen Mallee-Gebieten weit verbreitet ist. In Südwest-Australien kommen die Vögel vor allem in den Eukalyptuswäldern, auf Baumsavannen und im Buschland vor, darüber hinaus in den hochwüchsigen Wäldern mit dominierenden Beständen von *Karri* (*Eucalyptus diversicolor*) und *Jarrah* (*E. marginata*) im humiden südwestlichen Zipfel des Kontinents sowie auf den Baumsavannen der trockenen Gebiete des Weizengürtels, in denen *E.-wandoo-E.-salmonophloia*-Gesellschaften vorherrschen. Die Porphyrkopfloris findet man darüber hinaus in den offenen Baumsavannen oder auf niedrigwüchsigem Mallee-Buschland in den ariden und halbwüstenartigen Regionen an der östlichen Grenze ihres Verbreitungsgebietes. Laut Abbott (1995) bewohnen die Porphyrkopfloris in der Porongurup Range im südwestlichen Western Australia *Karri*- und *Jarrah*-Wälder, während Hopper und Burbidge (1979) berichteten, dass die Vögel weiter in Richtung Nordwesten in der Nähe von Cranbrook im südlichen Weizengürtel einen völlig anderen Lebensraum bevorzugen: die niedrig wachsenden, buschigen Strauchheiden mit Mallee-Eukalypten.

Auch in South Australia wurden die Porphyrkopfloris in einer Vielzahl von Wäldern und Baumsavannen sowohl in den humiden Distrikten als auch in den ariden bis halbwüstenartigen Regionen nachgewiesen. In und um Adelaide werden die Vögel von den Gärten, Parkanlagen, Plantagen und Ackerflächen angelockt, insbesondere in den Distrikten mit

W.T. Cooper 80.

zahlreichen Obstplantagen. Laut MATTHEW und CARPENTER (1993) kommen die Loris bei Nonning Station im Osten der Gawler Ranges in der offenen Baumsavanne vor, in der *Red Mallee* (*Eucalyptus socialis*) und *Horse Mulga* (*Acacia ramulosa*) dominieren und im Unterholz *Senna*, *Dodonaea*, *Eremophila* und *Alectryon*-Sträucher wachsen. In den Mount Lofty Ranges konnte ich die Loris auf Eukalypten entlang den Wasserläufen oder am Rand von Weiden beobachten, darüber hinaus auf Baumsavanneninseln inmitten von Ackerland, in Obstplantagen und Gärten. Man sieht die Vögel oft auf Straßenbäumen in den Städten. Im Murray-Mallee-Gebiet im Nordosten des Bundesstaates kommen sie in niedrigem offenen Mallee-Buschland vor. THOMPSON (1997) wies darauf hin, dass die Art in und um Adelaide nicht auf große Bestände unberührten Lebensraums angewiesen sind, sondern dass die Vögel truppweise bei der Nahrungssuche in den Parks der Vororte zu sehen sind.

Das bevorzugte Habitat der Porphyrkopfloris in Victoria ist die *Grey-Box*-Savanne (*Eucalyptus microcarpa*) mit einer durchschnittlichen Jahresniederschlagsmenge unter 700 mm. Die Loris kommen darüber hinaus in anderen Eukalyptuswäldern oder –savannen vor und fliegen auch zu den blühenden Ziergehölzen in den Städten und Gärten von Farmen, um dort Nahrung zu suchen (EMISON *et al.* 1987). Gelegentlich sind die Vögel auch in Küstennähe nicht selten, besonders in Gebieten, in denen die Vegetation des Landesinneren bis zur Küstenlinie vordringt (John MCKEAN, *pers. Mittlg.* 1967). Bei biologischen Bestandsaufnahmen, die 1974/75 in der Grampians-Edenhope-Region im südwestlichen Victoria durchgeführt wurden, entdeckte man die Porphyrkopfloris in *Grey-Box*- und *River-Red-Gum*-Savanne (*Eucalyptus camaldulensis*) (EMISON *et al.* 1978). Im mittleren und westlichen Victoria habe ich festgestellt, dass die Anpflanzungen mit den eingeführten *Sugar Gums* (*E. cladocalyx*) das bevorzugte Futterhabitat sind. In und um Melbourne beobachtete ich die Porphyrkopfloris oftmals in Parks und Gärten, sie suchten regelmäßig auf blühenden Straßenbäumen nach Futter einschließlich der Bäume auf den Parkplätzen des Tullamarine Airport. Im südlichen New South Wales sollen sie vor allem in den Baumsavannen und im hochwüchsigen Strauchland häufig sein, besonders in Mallee-Gebieten (MORRIS *et al.* 1981).

LOKALE POPULATIONSDICHTEN

Obwohl die Porphyrkopfloris in manchen Jahreszeiten oder an bestimmten Orten immer noch sehr zahlreich sind, hat der Bestand allgemein abgenommen, in den Distrikten mit weitflächigen Rodungen und dem damit einhergehenden Verlust an Lebensräumen oftmals dramatisch. Im Gegensatz dazu haben die Vögel von den Anpflanzungen geeigneter Futterbäume in oder in der Nähe der Städte sowie auf Farmland profitiert. Dort nehmen die Bestände zu. Laut STORR (1991) sind die Porphyrkopfloris im Südosten und äußersten Süden des südwestlichen Western Australia häufig, wenig häufig westlich der Darling Range und selten nördlich des 31. südlichen Breitengrades. SAUNDERS und INGRAM (1995) dokumentierten den Bestandsrückgang im Weizengürtel von Western Australia und wiesen darauf hin, dass die ursprünglichen Baumsavannen durch die weitflächigen Rodungen in den mittleren und südlichen Regionen weitestgehend verschwunden sind. Zu Beginn des 20. Jahrhunderts waren die Porphyrkopfloris in den Wongan Hills noch zahlreich, in den 70er Jahren jedoch bereits verschwunden. Weiter südlich verschwanden sie auch aus den Gebieten nördlich von Dowerin, in denen sie in den 30er Jahren noch häufig gewesen waren. Im letzten Jahrzehnt waren Porphyrkopfloris auch im Northam-Distrikt noch ein vertrauter Anblick, heutzutage sieht man nur noch selten eine Handvoll Vögel in dieser Gegend. Aus der Kellerberrin-Region sind die Loris ebenfalls fast verschwunden, im Hyden-Distrikt in Richtung Südosten hat es in den letzten Jahren keinen Nachweis mehr gegeben.

LENDON (1979) vermutete, dass die Porphyrkopfloris die häufigste und am weitesten verbreitete Loriart in South Australia sei, die vor allem in den Vororten von Adelaide zahlreich vorkomme. Ich kann dieser Einschätzung nur beipflichten, da ich in South Australia einschließlich Kangaroo Island häufiger auf diese Vögel gestoßen bin als andernorts in ihrem Verbreitungsgebiet. Bei der Zusammenstellung der „Atlas"-Daten 1984/85 in der Adelaide-Region stellte man fest, dass die drei dort vorkommenden Loriarten deutlich weiter verbreitet waren als bei den Bestandsaufnahmen 1974/75. Es kann jedoch sein, dass dies lediglich die Folge der besonders üppigen und weitflächigen Eukalyptusblüte 1984/85 war. Im Vergleich zu den Moschusloris (*Glossopsitta concinna*) und Allfarbloris (*Trichoglossus haematodus*) nutzen die Porphyrkopfloris öfter Mallee-Eukalypten als Futterbäume; dies erklärt womöglich die stärkere Zunahme der Individuenzahlen dieser Spezies in den städtischen Distrikten von Adelaide (PATON *et al.* 1994). Laut BAXTER (1995) sind die Porphyrkopfloris auf Kangaroo Island nicht so zahlreich wie die Gebirgsloris. Im Südosten von South Australia ist die Art mäßig häufig (PARKER & REID 1983).

In Victoria sind die Porphyrkopfloris mäßig häufig. Dort wurde während der Zusammenstellung der „Atlas"-Daten zwischen Januar 1973 und Juni 1986 eine Nachweisrate von acht Prozent innerhalb des Verbreitungsgebietes ermittelt (EMISON *et al.* 1987). Dieser Wert war nur wenig höher als der des Zwergmoschusloris (*Glossopsitta pusilla*) (7 %), aber deutlich niedriger als der des Moschusloris (*Glossopsitta concinna*) (11 %) und des Gebirgsloris (*Trichoglossus haematodus moluccanus*) (12 %). Die „Hochburg" der Porphyrkopfloris liegt offenbar in Zentral- und West-Victoria, wo ich die Vögel lokal manchmal sehr zahlreich angetroffen habe. In und um Bendigo in Zentral-Victoria ist die Art häufig, weiter in Richtung Südwesten im Ballarat-Distrikt mit einer mäßigen Häufigkeit vertreten (BIRD OBSERVERS GROUP 1976, THOMAS & WHEELER 1983). Während biologischer Feldstudien, die 1974/75 in der Grampians-Edenhope-Region im südwestlichen Victoria durchgeführt wurden, stellte man fest, dass die Loris zwar weit verbreitet, aber nur lokal häufig waren. Ihr Vorkommen hing maßgeblich von der Blütezeit der Eukalypten ab (EMISON *et al.* 1978). Im Chiltern-Distrikt in Nord-Victoria wurden zwischen 1987 und 1995 ausführliche Beobachtungen und systematische Zählungen durchgeführt. Dabei fand man heraus, dass Porphyrkopfloris von den drei dort vorkommenden Loriarten die seltenste war (TRAILL *et al.* 1996). HOBBS erwähnte zwar, dass die Vögel regelmäßige Wintergäste im äußersten Südwesten von New South Wales seien und regelmäßig in der Nähe von Euston brüteten, die Nachweise aus dieser Region zeigen jedoch, dass die Loris in der gesamten südlichen Region wenig häufig bis selten sind (in LENDON 1979, MORRIS *et al.* 1981). Eine Sichtmeldung von zwei Exemplaren im Tarawi Nature Reserve im Nordwesten von Wentworth Ende März 1997 war erst der neunte Nachweis für diesen Bundesstaat und der erste seit 17 Jahren (in MORRIS 2000).

Vier Nachweise stammen aus dem südöstlichen Queensland – ein Schwarm wurde im Januar 1946 am Oberlauf des Lockyer River beobachtet (FORD 1956), ein weiterer in der Nähe von Brisbane im Herbst 1970 (SLATER, *Qd. Orn. Soc. Newsl., 2 [3], 1971, S. 4*), drei Exemplare bei Ipswich Ende November 1975 (WILLIAMS, *Qd. Orn. Soc. Newl. 7 [1], 1976, S. 3*) und ein nicht datierter Bericht von Cunningham's Gap (STORR 1984b).

Am Eyre Bird Observatory im südöstlichen Western Australia wurde in der Blütezeit der Eukalypten eine Bestandsdichte von sechs Vögeln pro Hektar ermittelt (in BLAKERS *et al.* 1984). Bei Dumbleyung im südlichen Weizengürtel von Western Australia hatte man 55 Paare entdeckt, die zeitgleich in einem Gebiet von 2,5 ha Fläche brüteten (SERVENTY 1958).

Porphyrkopfloris sind gesetzlich geschützt.

VERHALTEN

Das Verhalten der Porphyrkopfloris ähnelt dem der Zwergmoschusloris (*Glossopsitta pusilla*), die Vögel neigen jedoch eher dazu, auch die tiefer liegenden Zweige oder blühende Sträucher zum Fressen aufzusuchen. Man sieht die Loris gewöhnlich in kleinen Trupps, sie können sich jedoch auch zu größeren Schwärmen zusammenfinden, zum Beispiel an Orten, wo Eukalypten üppig in Blüte stehen. Porphyrkopfloris suchen oftmals gemeinsam mit Moschusloris (*Glossopsitta concinna*) oder Zwergmoschusloris nach Nahrung. PEARSON berichtete, dass sich die Porphyrkopfloris beim Fressen auf Straßenbäumen auf zwei oder drei benachbarte Bäume verteilen, während die Moschusloris enger beieinander bleiben und die Nahrungsbäume truppweise verlassen (in LOW 1998). In den obersten Ästen eines Baumes sind die Loris schwierig zu entdecken, da ihre Gefiederfarben perfekt mit dem Laub verschmelzen. Beim Fressen zeigen die Porphyrkopfloris eine sehr geringe Fluchtdistanz gegenüber dem Menschen und gestatten es ihm, sich auf kurze Entfernung zu nähern. Die Loris suchen sich als nächtliche Schlafplätze dicht belaubte Wipfelregionen hoher Bäume aus, die manchmal viele Kilometer von den Futtergebieten entfernt stehen (BOEHM 1959). Man hat jedoch auch schon Loris in Baumhöhlen beim Schlafen entdeckt. HUTCHINS und LOVELL (1985) berichteten, dass sie kurz vor Sonnenuntergang noch zahlreiche Loris auf den oberen Ästen einer Eukalypte beobachtet hatten, die dann wenig später zügig ihre Schlafhöhlen für die Nachtruhe aufsuchten. Laut GARSTONE (1974) lassen sich im südlichen Weizengürtel im Südwesten von Western Australia zu jeder Zeit des Jahres Paare auf Bäumen mit Höhlen entdecken, ein Hinweis darauf, dass die Art die Nacht in diesen verbringt.

Der oftmals zitierte Bericht, dass sich die Porphyrkopfloris auf den Boden fallen lassen, wenn sie auf ihren Futterbäumen aufgeschreckt werden, dürfte zu sehr verallgemeinert sein. HUTCHINS und LOVELL bezogen sich auf beunruhigte Vögel, die sich plötzlich von einem Baum oder Strauch hinabstürzten, dann wieder an Geschwindigkeit aufnahmen und davonflogen. Dieses Verhalten zeigen die Loris nicht bei allen Gelegenheiten, und es ist offenbar auch für die Moschusloris (*Glossopsitta concinna*) typisch. Im März 1963 testete ich diese Behauptung in der Nähe von Kojonup in Western Australia an vier fressenden Porphyrkopflorischwärmen. Als ich unterhalb des Futterbaumes ein lautes Geräusch machte, flogen die Loris in alle Richtungen davon. Manchmal schlossen sie sich bereits in der

Luft wieder truppweise zusammen und flogen über die Baumkronen hinweg zu einem anderen Futterbaum oder kreisten laut kreischend am Himmel, bevor sie wieder zu dem Baum zurückkehrten, von dem ich sie zuvor aufgescheucht hatte.

WANDERUNGEN

Porphyrkopfloris sind Nomaden, und ihre Wanderungen oder örtlichen Bestandsschwankungen hängen im wesentlichen von der Blütezeit der Eukalypten ab. In einigen Küstenregionen mit verlässlichen Niederschlagsmengen ist diese jahreszeitlich gut vorhersehbar, in den trockenen Lebensräumen im Landesinneren von Australien jedoch hochgradig unregelmäßig. Die Porphyrkopfloris können daher in manchen Distrikten für viele Monate abwesend sein, in anderen Regionen sind sie hingegen regelmäßige Sommer- oder Wintergäste. Ihre Zahl ist häufig nicht gleichmäßig, und meist sind nur wenige Exemplare das ganze Jahr über in einem Gebiet anzutreffen. Hinzu kommt in unregelmäßigen Abständen das plötzliche Eindringen von großen Schwärmen in Gebiete, in denen die Vögel seit vielen Jahren nicht mehr oder noch nie präsent waren.

1948 veranlasste die enge Beziehung zwischen den Wanderungen der Porphyrkopfloris und der Eukalyptusblüte die Imker von Western Australia, die Royal Australasian Ornithologists Union um eine Studie über die Migration dieser Loriart zu ersuchen. 1947 hatte ein „schlechtes Nektarjahr“ zu heftigen Verlusten bei den Bienenzüchtern geführt. Die Loris waren von ihren sonst üblichen Futterplätzen fern geblieben, und auch eine intensive Suche nach ihnen brachte keinen Erfolg. Hätte man sie und ihre Nahrungsgründe entdeckt, da waren sich die Imker sicher, hätte man zahlreiche Bienenvölker retten können.

Storr und Johnstone (1988) wiesen darauf hin, dass diese Loris nichtbrütende Gäste der Küstenebenen am Swan River im südwestlichen Western Australia sind. Dort konnte man die Art in allen Monaten des Jahres nachweisen, aber besonders häufig zwischen Februar und Juni, wenn die *Marris* (*Eucalyptus calophylla*) blühen, und von Oktober bis Dezember zur Blütezeit der *Flooded Gums* (*E. rudis*). Laut Saunders und Ingram (1995) sind die Porphyrkopfloris im Weizengürtel im Südwesten von Western Australia dort sesshaft, wo ausgedehnte Flächen geeigneten Lebensraums zur Verfügung stehen. Andernorts im Weizengürtel kommen die Vögel nicht vor oder sind wenig häufige Nomaden. Garstone (1974) berichtete, dass die größeren Schwärme im Narrogin-Katanning-Distrikt im südlichen Weizengürtel nomadisch leben, aber stets eine Handvoll Loris in der Region das ganze Jahr über nachgewiesen werden kann. Laut Abbott (1995) ließen sich die Porphyrkopfloris in der Porongurup Range im südwestlichen Western Australia bei fast allen Bestandsaufnahmen, die zwischen 1974 und 1993 durchgeführt wurden, entdecken; die Vögel waren besonders zahlreich während der üppigen *Karri*-Blüten (*Eucalyptus diversicolor*) im Juni 1986, im September 1991 und im April 1992. McKenzie und Rolfe (1995) berichteten, dass bei biologischen Bestandsaufnahmen, die im Sommer 1980 sowie im Herbst und Frühling 1981 im Boorabbin-Southern-Cross-Distrikt in den Eastern Goldfields von Western Australia durchgeführt wurden, nur zwei Nachweise aus dem Frühling stammten, die übrigen 50 aus dem Sommer. Die Art ist an der östlichen Verbreitungsgrenze im Südwesten von Western Australia nomadisch (Storr 1986, 1987).

In allen Monaten des Jahres habe ich Porphyrkopfloris in und um Adelaide beobachten können, ebenso in vielen Städten der Mount Lofty Ranges, wo verlässliche Futterquellen in Gärten, Parks und Obstplantagen sowie auf den als Stadtbäume angepflanzten Ziereukalypten die Bildung von sesshaften Populationen unterstützten. Andernorts im südlichen South Australia sind die Loris saisonale oder unregelmäßige Besucher, deren Zahl von der Verfügbarkeit von Nahrung abhängt. Laut Baxter (1980) fehlen die Vögel im Belair Recreation Park in den Mount Lofty Ranges und 9 km südlich von Adelaide nur im Mai und Juni, wenn das Nahrungsangebot knapp ist. Parker und Reid (1983) wiesen darauf hin, dass die Vögel im Südosten überwiegend im Frühling und Sommer anwesend sind. Laut Attwill (1972) stammt der früheste Nachweis im Naracoorte-Distrikt im südöstlichen South Australia in den Jahren zwischen 1941 und 1971 vom 22. August, der späteste vom 21. November. Im äußersten Westen von Victoria, einer „Hochburg“ dieser Spezies, sind die Porphyrkopfloris das ganze Jahr über anwesend, andernorts in diesem Bundesstaat sind sie nomadisch und fliegen mitunter weite Strecken zu Gebieten, die deutlich außerhalb ihres „normalen“ Verbreitungsgebietes liegen (Emison *et al.* 1987). In unregelmäßigen Abständen – oftmals liegen viele Jahre zwischen den Ereignissen – fallen außergewöhnlich große Schwärme Porphyrkopfloris in regelmäßig besuchte Gebiete ein und lassen die Individuenzahlen in die Höhe schnelle. Oder die Vögel tauchen plötzlich in Distrikten auf, in denen sie bisher nicht vorkamen oder seit langer Zeit nicht mehr nachgewiesen wurden. Im Bendigo-Distrikt im mittleren Victoria sind die Loris Ende Frühling und Sommer häufig; dann blühen ihre bevorzugten Eukalypten. Weiter in Richtung Südwesten im Ballarat-Gebiet kommen die Vögel ebenfalls überwiegend im Frühling und Sommer vor, obgleich sie örtlich im Herbst die Anpflanzungen des eingeführten *Sugar Gums* (*Eucalyptus cladocalyx*) aufsuchen (Bird Observers Group 1976, Thomas & Wheeler 1983). Laut Learmonth (1953) sind die Porphyrkopfloris im Portland-Distrikt im äußersten Südwesten von Victoria nahezu sesshaft. Im Januar 1951 stieg die Zahl aller drei dort vorkommenden Loriarten sprunghaft an und lag erheblich höher als in den zurückliegenden 13 Jahren. 1977/78 wurden Porphyrkopflorischwärme in den Gippsland Plains entdeckt, am östlichen Rand ihres Verbreitungsgebietes in Victoria. Durch solche plötzliche Vorstöße erreichen die Loris vermutlich auch Orte im südlichen New South Wales, wo man bei seltenen Gelegenheiten große Schwärme nachweisen konnte. Bourke (1960) berichtete, dass mehrere hundert Porphyrkopfloris bei Rand in der Riverina-Region gemeinsam mit großen Ansammlungen der beiden anderen *Glossopsitta*-Spezies und dem Schwalbensittich (*Lathamus discolor*) Ende Mai 1958 einfielen und bis Anfang August blieben. Lediglich die Schwalbensittiche blieben noch bis Ende September. Laut McGill (1959) wurden Anfang April 1958 vier kleine Schwärme mit jeweils etwa 100 Porphyrkopfloris bei Bega an der äußersten Südküste von New South Wales beobachtet.

FLUG

Der Flug des Porphyrkopfloris ähnelt dem des Zwergmoschusloris (*Glossopsitta pusilla*); obwohl McGill (1959) anmerkte, dass er langsamer sei. Wenn die Vögel in geringer Höhe fliegen, kann man das „schwirrende" Geräusch der Flügelschläge hören. Tote oder verletzte Exemplare findet man bisweilen unterhalb von Telegraphenleitungen oder Schutznetzen; sie wurden allesamt Opfer von Zusammenstößen während des Fluges.

Im Flug lassen sich Porphyrkopfloris von den Zwergmoschusloris anhand der karmesinroten Flügelunterseite unterscheiden.

LAUTÄUSSERUNGEN

Der normale Kontaktlaut, den die Vögel unablässig während des Fluges von sich geben, ist ein schrilles *tsit-tsit-tsit*, das in schneller Folge wiederholt wird. Im Gegensatz zu den Rufen der Zwergmoschusloris (*Glossopsitta pusilla*) fehlt diesem Ruf der kreischende Tonfall, ein weiteres Hilfsmittel zur Bestimmung der Art. Beim Fressen geben die Vögel scharfe, metallisch klingende Plapperlaute von sich.

NAHRUNG

Porphyrkopfloris ernähren sich von Pollen, Nektar, Blüten, einheimischen und angebauten Früchten, Beeren sowie Insekten und ihren Larven. Ihre wichtigste Nahrungsquelle sind blühende Eukalypten. Man hat die Loris auf vielen verschiedenen Arten bei der Nahrungsaufnahme beobachtet, darüber hinaus auf *Banksia*, *Grevillea*, *Hakea* und *Melaleuca* sowie an *Amyema-miquelii*-Misteln und dem eingeführten Teufelszwirn (*Lycium ferocissimum*) (in Higgins 1999). Porphyrkopfloris fressen Blattflöhe und nehmen (eventuell unbeabsichtigt) Thripse auf.

Laut Hopper und Burbidge (1979) hat man die Loris bei Cranbrook im südlichen Weizengürtel von Western Australia beim Fressen auf zwei benachbarten *Apple Mallees* (*Eucalyptus buprestium*) beobachtet. Ein Lori suchte mehrere hundert Blüten auf, setzte sich in dichte Blütenstände hinein und bediente sich aus allen erreichbaren Blüten. Dann bewegte er sich einige Zentimeter weiter, so dass er innerhalb der zwanzig Beobachtungsminuten lediglich eine waagerechte Strecke von drei Metern zurücklegte. Die Loris wählten offensichtlich bevorzugt frisch geöffnete Blüten mit senkrecht stehenden, fest verwachsenen Staubgefäßen im Blütenkelch aus, und die gesamte Blüte wurde für ein bis drei Sekunden in den Schnabel genommen. Durch den zur Hälfte geöffneten Schnabel konnte man sehen, wie die Zunge mit kreisenden Bewegungen über die Innenseite des Blütenkelchs hinwegstrich. Dabei wurden die Staubgefäße zwischen Zungen und Schnabel zusammengedrückt, so dass der Pollen von den Antheren auf die klebrige Oberfläche der Zunge gelangte. Mit den bürstenartigen Papillen wurde gleichzeitig der Nektar aus dem Grund des Blütenkelchs aufgesammelt. Als man Blüten untersuchte, die zuvor von den Porphyrkopfloris „bearbeitet" worden waren, stellte man fest, dass die Staubgefäße nur wenig beschädigt worden waren.

Storr (1991) wies darauf hin, dass die Porphyrkopfloris im Südwesten von Western Australia besonders von den Blüten des *Flat-topped Yate* (*Eucalyptus occidentalis*), *Salmon Gum* (*E. salmonophloia*), *Karri* (*E. diversicolor*), *Wandoo* (*E. wandoo*), *Flooded Gum* (*E. rudis*), *Marri* (*E. calophylla*), *Western Blackbutt* (*E. patens*), *Stocking Tree* (*E. kondinensis*), *Red Morrell* (*E. longicornis*), *York Gum* (*E. loxophleba*), *Mallet* (*E. astringens*), *Red-flowered Moort* (*E. nutans*), *Powderbark* (*E. accedens*), verschiedener Mallee-Eukalypten und *Slender Banksia* (*Banksia attenuata*) angezogen werden. An der östlichen Grenze des Verbreitungsgebietes im südöstlichen Western Australia suchen die Loris ebenfalls eine Vielzahl blühender Eukalypten auf einschließlich *Salmon Gum* (*E. salmonophloia*), *Gimlet* (*E. salubris*), *Merrit* (*E. flocktoniae*), *Open-fruited Mallee* (*E. annulata*), *Yate* (*E. cornuta*),

Redwood (*E. transcontinentalis*), *Capped Mallee* (*E. pileata, E. eremophila, E. celastroides*), *Red Mallee* (*E. gracilis*) und *Gooseberry Mallee* (*E. calycogona*) (STORR 1986, 1987). Im März 1963 beobachtete ich bei Blackwood in South Australia mehrere Porphyrkopfloris, die gemeinsam mit Moschusloris (*Glossopsitta concinna*) eine Obstplantage aufsuchten und die reifenden Birnen fraßen. Die Vögel richteten dabei erheblichen Schaden an. Manche von ihnen ließen sich von den Bäumen auf den Boden nieder, um die heruntergefallenen Früchte zu verzehren. Anfang März 1976 sah ich in der Nähe der Kelly Caves auf Kangaroo Island (South Australia) einen Futterschwarm auf blühenden *Sugar Gums* (*Eucalyptus cladocalyx*). In Victoria gibt es Sichtmeldungen von Porphyrkopfloris, die auf blühenden *River Red Gums* (*E. camaldulensis*), *Grey Box* (*E. microcarpa*), *Manna Gums* (*E. viminalis*), *Pink Gums* (*E. fasciculosa*), *Swamp Gums* (*E. ovata*), *Brown Stringybarks* (*E. baxteri*), *Slender-leafed Mallees* (*E. foecunda*) und den eingeführten *Scarlet-flowering Gums* (*E. ficifolia*) nach Nahrung suchten (EMISON *et al.* 1987). BOURKE (1960) berichtete, dass ein Paar bei Rand im südlichen New South Wales in einem Garten auf einer blühenden *Boobialla* (*Myosporum insulare*) beobachtet wurde.

Im Magen eines Exemplars, das in den Mount Lofty Ranges in South Australia gesammelt wurde, fand man mehrere Staubgefäße und große Mengen an Pollen des *Cup Gum* (*Eucalyptus cosmophylla*), der zu jener Zeit in Blüte stand (CLELAND 1918).

FORTPFLANZUNG

Die Brutzeit der Porphyrkopfloris reicht normalerweise von August bis Dezember, bei besonders günstigen Bedingungen beginnen die Vögel jedoch schon im Mai mit der Brut oder dehnen die Brutzeit bis in den Januar aus. Das Nest befindet sich in einem hohlen Ast oder in einer Stammhöhle einer lebenden oder toten Eukalypte in der Nähe von Wasser. In einem Baum können zwei oder mehr Nester belegt sein, und hin und wieder brüten die Porphyrkopfloris sogar in lockeren Kolonien. Dann sind alle verfügbaren Höhlen in einem Areal Brutpaaren besetzt. Bei Dumbleyung im südlichen Weizengürtel von Western Australia entdeckte man im September 1956 auf einer Fläche von etwa 2,5 Hektar im Wasserschutzgebiet nicht weniger als 55 brütende Paare (SERVENTY 1958). In solchen Gebieten herrscht ständig reges Treiben der brütenden oder aufziehenden Vögel, die unablässig damit beschäftigt sind, zu ihren Futterplätzen und wieder zurück zum Nest zu fliegen.

HUTCHINS und LOVELL (1985) fanden Nester in Stämmen oder hohlen Ästen lebender Bäume; manchmal war die Eingangsöffnung so eng, dass die Loris nur mit Mühe hindurchschlüpfen konnten. In einer Höhle lag die nur 8 cm breite Nistkammer 50 cm von der Eingangsöffnung entfernt. Ein anderes Nest in einer Mallee-Eukalypte wies eine 10 cm breite Öffnung auf, die etwas weitere Nistkammer befand sich in etwa 30 cm Tiefe. Eric SEDGEWICK stieß im Warren National Park in der Nähe von Pemberton im äußersten Südwesten von Western Australia am 31. Oktober 1973 auf ein Nest, das in einer Höhle im Stamm eines riesigen, auf 40 m geschätzten *Karri* (*Eucalyptus diversicolor*) lag (*RAOU Nest Record Card*). Die Daten von weiteren Nestern aus dem südwestlichen Western Australia, die an das RAOU Nest Record Scheme geschickt wurden, sind in der folgenden Tabelle zusammengefasst worden:

Bundesstaat oder Region	Anzahl festgestellter Nester	Nestbaum A *Eucalyptus* B anderer C nicht bestimmt	Höhe über dem Boden	Anzahl Eier oder Nestlinge	Frühester/spätester Nachweis von Eiern	Frühester/spätester Nachweis von Nestlingen
Südwest-Australien	8	A/8	4,9 m (4,0-7,0 m)	1/1, 2/1 3/2, 4/4	31. Juli/ 19. Oktober	31. Juli/ 13. November

HUTCHINS und LOVELL wiesen darauf hin, dass sich beide Altvögel bei der Nistvorbereitung beteiligen. Ein normales Gelege besteht aus drei oder vier Eiern, die auf eine Schicht Holzmulm am Boden der Nistkammer gelegt werden. Bei einem observierten Nest stellte man fest, dass das Männchen beträchtliche Zeit damit verbrachte, bei seiner brütenden Partnerin in der Nisthöhle zu sitzen. In regelmäßigen Abständen verließ einer der Loris für etwa 30 Minuten das Nest, kehrte danach für eine kurze Pause in die Höhle zurück und flog dann wieder davon. Bei zahlreichen Gelegenheiten sah man einen Altvogel für einen längeren Zeitraum auf einem Ast unmittelbar über der Nisthöhle sitzen. In einem Nest mit Jungvögeln (einen Tag vor dem Ausfliegen) beobachtete man, dass zwar beide Eltern ihren Nachwuchs mit Futter versorgten, aber nur kurz nach Sonnenaufgang, ein weiteres Mal gegen 14 Uhr und vermutlich ein drittes Mal nach Sonnenuntergang, kurz bevor sich die beiden Adulten zur Nachtruhe in das Nest zurückzogen (in LOW 1998). Die Flügglinge wurden sehr schnell selbständig; bereits eine Woche nach dem Ausfliegen waren sie nicht mehr auf die Fütterung durch die Eltern angewiesen. Die jungen Porphyrkopfloris suchten jedoch in dieser Zeit abends noch gemeinsam mit den Altvögeln die Nisthöhle zum Schlafen auf (HUTCHINS & LOVELL 1985).

EIER

Die breit-elliptischen Eier sind glanzlos. Ein Vierergelege von Moora in Western Australia, das sich heute in der H. L. White Collection in Melbourne befindet, weist folgende Eimaße auf: 20,3 (19,8-21,0) mm x 16,7 (16,5-16,9) mm.

HALTUNG IN MENSCHENOBHUT

Die Fortschritte, die in Australien in den letzten 20 Jahren bei der Haltung und Zucht von Loris erzielt wurden, lassen sich besonders eindrucksvoll mit der Zucht der Porphyrkopfloris belegen. Vor 1980 war die Art die mit Abstand seltenste in der australischen Papageienhaltung, und selbst erfahrene Züchter fanden es schwierig, die Vögel über einen längeren Zeitraum in guter Verfassung zu halten. Heute ist der Porphyrkopflori in zahlreichen australischen Volierenanlagen zu finden, und ich stimme mit der Einschätzung von SINDEL (1987) überein, dass diese Art die fruchtbarste und erfolgreichste unter den kleinen Loris in Menschenobhut darstellt. Laut LOW (1998) wird der Porphyrkopflori außerhalb Australiens nicht gehalten, eventuell mit Ausnahme von Neuseeland.

Ich hielt einige Jahre lang Brutpaare in meiner Anlage, und für mich waren es die attraktivsten aller australischen Loriarten. Ihre prachtvolle Gefiederfärbung wird durch ein äußerst freundliches, verspieltes Wesen ergänzt – eine Kombination, welche die Porphyrkopfloris zu sehr reizvollen Volierenvögel macht.

UNTERBRINGUNG UND PFLEGE

Bei angemessener Unterbringung und Pflege gedeihen Porphyrkopfloris in Menschenobhut hervorragend. Ihre durchschnittliche Lebenserwartung soll bei etwa acht Jahren liegen (SHEPHARD 1989). SINDEL (1987) berichtete von guten Zuchtergebnissen bei der Schwarmhaltung in großen bepflanzten Volieren. Er betonte jedoch, dass weitaus bessere Resultate bei der separaten Unterbringung der Paare in Hängekäfigen erzielt werden. Bei der gemeinsamen Haltung von zwei oder drei Paaren in geräumigen, bepflanzten Volieren sind die Porphyrkopfloris lebhafter und neigen nicht so sehr zur Ausbildung von Übergewicht, ihre Fortpflanzungsaktivitäten werden durch diese Haltungsform allerdings beeinträchtigt. SINDEL räumte ein, dass Brutpaare, die zwei oder mehr Jahre in einem Hängekäfig gelebt haben, gelegentlich stark übergewichtig werden. Wenn diese Vögel in eine große Voliere umgesetzt werden, erlangen sie durch die Bewegung und Flugübungen schnell wieder ihre optimale Brutkondition. Porphyrkopfloris sind normalerweise recht friedliche Vögel, die in größeren Volieren gemeinsam mit Prachtfinken, Täubchen und Weichschnäblern vergesellschaftet werden können. SINDEL erinnerte sich jedoch, dass ein Paar in seiner Anlage aggressiv auf Grassittiche (*Neophema*) reagierte.

Ich hielt meine Paare separat in 1,8 m langen, 60 cm breiten und 90 cm hohen Hängekäfigen. An einem Ende befand sich ein vollständig geschlossenes Schutzhaus, in dem der Nistkasten angebracht war. Der Sitzast am anderen Ende des Käfigs war durch ein Dach und eine solide Rückwand vor Regen und Wind geschützt. Der Käfig war von Osten nach Westen ausgerichtet, so dass die nach Norden gerichtete Seite dem maximalen Sonnenlicht ausgesetzt war. Das Schutzhaus sollte die Loris vor allem vor den häufig auftretenden starken Westwinden bewahren.

Meine Vögel liebten das Sonnenbaden, vor allem am frühen Morgen. Dann flogen sie flugs einen Sitzast an, auf dem sie die ersten Strahlen der Sonne einfangen konnten. Die Porphyrkopfloris genossen darüber hinaus das Baden im Nieselregen. Sie flogen bei den ersten Tropfen umgehend ans Gitter, hingen dort kopfüber und schlugen bei gesträubtem Gefieder mit ihren ausgebreiteten Flügeln. Kam jedoch stärkerer Regen auf, zogen sich die Loris sofort in ihr Schutzhaus zurück. Nach dem Regen erklommen sie oftmals das Gitterdach und nahmen geschickt die Tropfen zwischen den Maschen auf. Meine Porphyrkopfloris verabscheuten Zugluft, vor allem im Spätwinter und zeitigen Frühjahr, wenn böige Westwinde vorherrschen. Die Vögel suchten dann stets geschützte Sitzäste auf. Die Porphyrkopfloris schliefen nachts gewöhnlich im Nistkasten, der ihnen ganzjährig zur Verfügung stand. Ich konnte niemals, wie manchmal zu lesen ist, einen Vogel beobachten, wie er kopfunter am Gitterdach hängend schlief (siehe SHEPHARD 1989).

FÜTTERUNG

Meine Paare Porphyrkopfloris erhielten dasselbe Futter wie meine Zwergmoschusloris (*Glossopsitta pusilla*). Beide Arten gediehen gut mit kommerziellem trockenen und feuchten Lorimischfutter, das ich aufgrund der Inhaltsstoffe, die eine ausgewogene Ernährung gewährleisteten, ausgesucht hatte. Ich fand heraus, dass die Vögel dazu neigten, übermäßig viel vom Trockenlorifutter zu fressen, falls ihnen nicht täglich Zusatzfutter angeboten wurde, vor allem die Blütenstände von *Grevillea* und *Callistemon*. Ich vermute, dass eine zu eintönige Fütterung verantwortlich für das regelmäßig berichtete Übergewicht der Vögel ist. Ich kann darüber hinaus bestätigen, dass Porphyrkopfloris dazu neigen, den Futterplatz arg zu verunreinigen. Meine Vögel verdarben stets das Trinkwasser, dessen Napf in der Nähe des Gefäßes mit dem Trockenlorifutter angebracht war, mit Futterresten. Einen zweiten Trinkwassernapf hatte ich am anderen Ende der Voliere montiert. Beide Gefäße wurden am späten Morgen und am späten Nachmittag gegen frische ausgetauscht, also jeweils nach den Hauptfresspausen der Loris.

ZUCHT

Die Männchen meiner Brutpaare konnte ich anhand der leuchtenderen und kräftigeren orangefarbenen Ohrdecken von den Weibchen unterscheiden. Auf die Aussage solcher rein äußerlicher Unterschiede sollte man bei der Zusammenstellung von Paaren allerdings nicht zu sehr vertrauen, für eine zuverlässige Geschlechtsbestimmung empfiehlt sich die DNA-Analyse oder die Endoskopie. Porphyrkopfloris sind weniger an eine feste Brutsaison gebunden als die Zwergmoschusloris (*Glossopsitta pusilla*), und Brutversuche sind aus den meisten Monaten des Jahres gemeldet worden. In den Volieren von SINDEL (1987) in Sydney legten die Porphyrkopfloris lediglich in den heißesten Sommermonaten Januar und Februar keine Eier. Bei zwei Gelegenheiten nisteten meine Paare erfolgreich im Spätherbst, als die Eier im April und Mai gelegt wurden. Zwergmoschusloris schritten hingegen selten vor Ende Juli zur Eiablage. Es wurden fast ausnahmslos zwei Bruten hintereinander aufgezogen. Und es kam vor, dass die Altvögel im Drang, mit dem Folgegelege zu beginnen, Federn von Kopf und Rücken des jüngsten Nestlings rupften, um ihn zum Ausfliegen zu bewegen.

Laut SINDEL ist die Balz des männlichen Porphyrkopfloris weniger eindrucksvoll als die des Zwergmoschusloris (*Glossopsitta pusilla*). Der Vogel richtet sich zu voller Höhe auf, bewegt seinen Kopf auf und nieder und nähert sich auf einem Ast hüpfend dem Weibchen. Die Pupillen werden dabei nicht so auffällig aufgerissen wie bei den *Trichoglossus*-Arten, was möglicherweise auf die dunklere Augenfärbung zurückzuführen ist.

Porphyrkopfloris verunreinigen wie die Zwergmoschusloris beim Brüten sehr stark ihren Nistkasten. Das häufige Auswechseln des von den Ausscheidungen durchnässten Nistmaterials ist in der Aufzuchtzeit notwendig. Der Nistkasten sollte daher so konstruiert sein, dass er die Reinigung erleichtert. SINDEL bevorzugt die waagerechten Kästen, welche er auch für die Zwergmoschusloris verwendet. In meiner Anlage nisteten beide Arten erfolgreich in senkrechten Nistkästen gleicher Bauart.

Nur das Weibchen brütet, das Männchen verbringt jedoch viel Zeit damit, seiner Partnerin im Nistkasten Gesellschaft zu leisten. Laut SINDEL brüten die Vögel zwischen 19 und 22 Tagen, wobei eine Brutdauer von 20 Tagen am häufigsten zu sein scheint. Frisch geschlüpfte Nestlinge besitzen silbrig-graue Dunen, die ab dem 12. Tag schrittweise von kürzeren grauen Sekundärdunen ersetzt werden. Mit 12 Tagen haben sich die Augen geöffnet, ab dem 22. Tag brechen die Spitzen der ersten Konturfedern durch die Haut. Die Jungen sind mit 45 Tagen voll befiedert. In einer Volierenanlage bei Brisbane verfolgte MEZSENAAR eine schnellere Entwicklung der Jungvögel. Die silbrig-grauen Primärdunen wurden bereits ab dem sechsten Tag durch die dunkler grauen Sekundärdunen ersetzt. Die Augen begannen sich ab dem 9. Tag zu öffnen, die Spitzen der ersten Konturfedern brachen mit 16 Tagen durch die Haut. Bereits mit 38 Tagen waren die Jungen voll befiedert (in LOW 1998). Es ist überraschend, wie sehr die Nestlingszeit der einzelnen Jungvögel variieren kann: Das Alter beim Ausfliegen liegt zwischen 39 und 60 Tagen (SINDEL 1987, in LOW 1998). SINDEL berichtete, dass die jungen Porphyrkopfloris in seinen Volieren gewöhnlich mit 52 Tagen das Nest verlassen; das Alter variiert jedoch zwischen 45 und 60 Tagen. Es gab keinen offensichtlichen Grund, warum die Porphyrkopfloris eine längere durchschnittliche Nestlingszeit aufweisen als die Zwergmoschusloris (*Glossopsitta pusilla*). WILLIAMS berichtete aus Western Australia von einer auffälligen Variation in der Nestlingsdauer. Er fand heraus, dass Jungvögel in tiefen Kästen mitunter zwei Wochen länger im Nest blieben als diejenigen in nicht so tiefen Kästen. Sie flogen früher aus und waren in der Lage, sicher auf einem Ast zu sitzen (in LOW 1998). Jungvögel bekommen etwa drei Monate nach dem Ausfliegen ihr Adultgefieder und sind mit sechs Monaten geschlechtsreif. SINDEL erinnerte sich, dass ein Paar in seiner Zuchtanlage im Alter von sechs Monaten erfolgreich Junge aufgezogen hat.

MISCHLINGE/FARBMUTATIONEN

Es gibt einen Bericht über die Mischlingszucht des Porphyrkopfloris mit dem Zwergmoschuslori (*Glossopsitta pusilla*). SINDEL erzählte mir, dass er versucht hat, einen olivfarbenen Porphyrkopflori zu züchten und zu diesem Zweck einen Porphyrkopflori und einen olivfarbenen Moschuslori (*Glossopsitta concinna*) gekreuzt hatte. Der Mischling erwies sich jedoch als unfruchtbar (*pers. Mittlg.* 1998).

BOEHM (1959) berichtete, dass im Oktober 1927 auf den Mount Mary Plains im Murray Mallee von South Australia ein Nest mit zwei leuchtend gelben Jungvögeln entdeckt wurde, die cremefarbene Schwung- und Steuerfedern besaßen. Das Rot, Orange und Purpur am Kopf waren unverändert geblieben, die Augen jedoch rosa gefärbt. SINDEL (1987) bestimmte diese Jungvögel als eine fortgeschrittene zimt-gelbe Mutation, da bei Lutino- oder Albino-Jungvögeln der purpurfarbene vordere Scheitel weiß gefärbt gewesen wäre. NICHOLSON (1990) berichtete vom Auftreten gelber und zimtfarbener Mutationsformen in australischen Zuchtanlagen, LOW (1998) von einem bei Nhill (West-Victoria) beobachteten zimtfarbenen oder dilutierten Wildvogel (= mit „verdünnten" Farben), bei dem das Grün weitestgehend durch ein blasses Gelb ersetzt war. Darüber hinaus gibt es einen Bericht über einen rotäugigen Zimter (SHEPHARD 1989).